Der Springer-Verlag. Stationen seiner Geschichte 1842–1992

Teil I: 1842–1945, verfaßt von Heinz Sarkowski
Teil II: 1945–1992, verfaßt von Heinz Götze

Der Springer-Verlag

STATIONEN
SEINER GESCHICHTE
TEIL II: 1945–1992

Verfaßt von Heinz Götze

Mit 566 Abbildungen und 25 Tabellen

Springer-Verlag Berlin Heidelberg GmbH

HEINZ GÖTZE
Dr. phil. Dr. med. h.c. mult., FRCPath(Hon.)
Ehrenbürger der Universität Göttingen
Ehrensenator der Paris Lodron-Universität Salzburg
Ehrenmitglied der Heidelberger Akademie der Wissenschaften
und zahlreicher in- und ausländischer wissenschaftlicher Gesellschaften
Träger des Großen Bundesverdienstkreuzes mit Stern,
der goldenen Ehrennadel des Börsenvereins des Deutschen Buchhandels
und der Ehrennadel der Deutschen Bibliothek Leipzig

Ludolf-Krehl-Straße 41
D-69120 Heidelberg

Frontispiz Seite II: Hauptportalseite des Verlagsgebäudes Heidelberg, Tiergartenstraße 17 (Aufnahme: Dieter Wurster, Berlin). Der Bau wurde im Juli 1980 begonnen und im Februar 1982 fertiggestellt. Der Entwurf stammt vom Architekten BDA Chrysanth von Steinbüchel, der auch die Baudurchführung überwachte. – Plastische Gruppe ›Der Dialog‹ vor dem Hauptportal, gestaltet von Klaus Horstmann-Czech: eine runde, unvollständige Scheibe carrarischen Marmors, dem ein fehlendes Segment gegenübersteht – These und Antithese, die nach Vereinigung und Vollendung streben, die von der Kugel symbolisiert wird. Der Dialog ist die Grundform geistiger Auseinandersetzung und damit ein Ausdruck des Wesens wissenschaftlichen Denkens, dem unser Verlag dient. In dem daneben stehenden, jedoch in die Gruppe einbezogenen Dodekaeder sah Platon das Abbild des Universums.

ISBN 978-3-662-31252-0   ISBN 978-3-540-92889-8 (eBook)
DOI 10.1007/978-3-540-92889-8

Die Deutsche Bibliothek – CIP-Einheitsaufnahme
Springer-Verlag ⟨Berlin⟩:
Der Springer-Verlag. – Berlin; Heidelberg; New York; London; Paris; Tokyo;
Hong Kong; Barcelona; Budapest: Springer
Stationen seiner Geschichte.
Teil 2. 1945–1992: mit 25 Tabellen/verf. von Heinz Götze. – 1994

NE: Götze, Heinz

Dieses Werk ist urheberrechtlich geschützt. Die dadurch begründeten Rechte, insbesondere die der Übersetzung, des Nachdrucks, des Vortrags, der Entnahme von Abbildungen und Tabellen, der Funksendung, der Mikroverfilmung oder der Vervielfältigung auf anderen Wegen und der Speicherung in Datenverarbeitungsanlagen, bleiben, auch bei nur auszugsweiser Verwertung, vorbehalten. Ein Abdruck von Teilen dieses Werkes ist mit ausdrücklicher, schriftlicher Genehmigung des Verlags zulässig.

© Springer-Verlag Berlin Heidelberg 1994
Ursprünglich erschienen bei Springer-Verlag Berlin Heidelberg New York 1994.
Softcover reprint of the hardcover 1st edition 1994

Hinweise zur Herstellung am Ende des Buches
Gedruckt auf säurefreiem Papier – 08/3140-543210
SPIN 10090641

INHALTSVERZEICHNIS

Tabellen, Übersichten und Graphiken X
Vorwort XIII
Einleitung XVII

ERSTER ABSCHNITT
Neubeginn und Wiederaufbau (1945–1950)

Berlin 1
Heidelberg 7
Göttingen 7
München 10
Freiburg im Breisgau 11
Der Wiener Springer-Verlag 12
Wiederaufnahme der Exporttätigkeit 14
Seitenblick nach London 16

ZWEITER ABSCHNITT
Konsolidierung (1950–1965)

Probleme der ersten Nachkriegsjahre 18
Heidelberger Anfänge 22
Medizin 23
Mathematik 24
Rechtswissenschaft 25
Kontakt mit Göttingen 26
Handbücher 27
Zeitschriften 29
Technik 36
Springer-Verlag Wien 37
Personalstand und Raumprobleme 38
    Berlin 39
    Heidelberg 40
Ausbau der Heidelberger Planung 41
Die Handbücher 44
Handbücher für Chemiker 51
    Beilsteins Handbuch der Organischen Chemie .. 51
    Gmelin – Handbuch der Anorganischen Chemie .. 55

Weitere Planungsvorhaben 56
Die Facharztzeitschriften 58
Mathematik 59
Biologie. Chemie. Physik 61
Zusammenarbeit mit der Arbeitsgemeinschaft für
    Osteosynthesefragen (AO) 63
Das Wiener Haus 68
Übergänge 69

DRITTER ABSCHNITT
Niederlassungen in Übersee

VORBEREITUNGSPHASE 74
Die englische Sprache 74
Der Aufbau des englischsprachigen Programms 77
Das Vordringen in die englischsprachigen Märkte.
    Copublishing agreements 84

SPRINGER-VERLAG NEW YORK 87
Die Gründung 87
    ›Weißbuch‹ 87
    Klärende Studien 88
    Wiederholtes Drängen 88
    Erste Entscheidung 89
    Gesellschafterbeschluß vom 2. März 1964 89
    Vorbereitungen vor Ort 90
Unterstützung durch die Mutterfirma 98
Probleme 99
    Copyright 99
    Einfuhrzoll 100
    US-Nachdrucke – ›Trading with the
        Enemy Act of 1917‹ 100
    Zeitschriftensubskriptionen 101
Erfreuliches 102
Grune & Stratton 102
Das (zeitweilige) New Yorker Verlagssignet 102
Umsatzentwicklung 103
Lager Secaucus 106
Liquidierung New Yorks? 106
Planung. Englischsprachige Titel 107
    Mathematik 108
    Informatik 109
    Medizin 110
    Biologie 111

Wechsel in der Führung 111
    10jähriges Jubiläum 112
    20jähriges Jubiläum 114
    25jähriges Jubiläum 116

TOKYO · JAPAN 117
    Anknüpfen an alte Beziehungen 117
    Die Lage nach dem Zweiten Weltkrieg 119
    Aufbau neuer Beziehungen 119
    Das neue Engagement 122
    Aktive Verkaufspolitik 123
    Erweiterte Zielsetzungen 126
    Übernahme von Eastern Book Service (EBS) 127
    Springer-Verlag Tokyo 132
    Internationale Konzepte der Springer-Gruppe ... 134
    Cosmos Book Inc. 134
    Ausblick in die Zukunft 135
    Faksimileausgabe Engelbert Kaempfer 137

BEIJING · CHINA 139
    Vorgeschichte und erster Besuch 1974 139
    Wiederaufnahme der Verbindungen 1978 141
    Die Brücke nach Wuhan am Yangtse 143
    Verbindungen nach Shanghai 146
    Der Bibliothekar vom London Hospital:
        James T.S. Yang 147
    Ausstellungstätigkeit 149
    Kontakte mit der chinesischen Wissenschaft 149
    Verbindungen zur Nankai-Universität in Tianjin . 152
    Minister für Wissenschaft und Technologie 153
    Das Urheberrecht in China 154
    ›Deutsche Medizin‹ 156
    Special Book Acquisition Fund Department
        (SBAFD) 157
    Messen und Kongresse 158
        Internationale Buchmessen in Beijing 158
        Internationaler Chirurgenkongreß Beijing 1986 .. 158
        Internationaler Krebskongreß 158
    Niederlassung in Beijing? 159
    Übersetzungstätigkeit 160

HONG KONG 161

NEW DELHI · INDIEN 164

VIERTER ABSCHNITT
Niederlassungen in Europa

DARMSTADT · STEINKOPFF	168
LONDON	169
PARIS	174
MOSKAU · UdSSR/GUS	179
Export in die UdSSR	179
Urheberrecht	179
Springer-Verlag und VAAP	180
Akademie der Wissenschaften in Moskau	182
Mezhdunarodnaja Kniga	183
Buchausstellungen	184
WARSCHAU · POLEN	196
BASEL UND BOSTON · BIRKHÄUSER	198
ZÜRICH · FREIHOFER	202
BARCELONA · SPANIEN	204
Lizenzgeschäfte mit Spanien	204
Ausblick nach Südamerika	206
Barcelona	207
MAILAND	207
BUDAPEST	208

FÜNFTER ABSCHNITT
Der Springer-Verlag 1965–1992

ARBEITSSTÄTTEN	210
Berlin	210
Lange & Springer	213
Heidelberg	216
Wien	220
ORGANISATION	221
Gesellschaftsform	221
Struktur	222
Direktorium	223
FUNKTIONSBEREICHE	225
Planung	225
Rechtsbeziehungen zwischen Verlag und Autoren	226

Verlagsbüro	228
Herstellung	229
Historisches	229
Erscheinungsbild der Produktion	232
Das Bollwage-Konzept	232
Wandel der technischen Verfahren	233
Internationale Produktion	235
Technische Weiterentwicklungen:	
Computer production	237
SGML (Standard Generalized Markup Language)	238
Umweltprobleme	239
Der Hersteller	239
Universitätsdruckerei H. Stürtz AG in Würzburg	240
Württembergische Graphische Kunstanstalt	
Gustav Dreher in Stuttgart	243
Information und Dokumentation	244
Dokumentationszentren und -organe	244
Neue Medien	247
Audiovisuelle Medien	250
Fotokopierwesen	254
Werbung und Vertrieb (›Corporate Development‹,	
›Customer Services‹)	257
Adressenpool	260
Wissenschaftliche Kommunikation (WIKOM)	262
Anzeigen und Besondere Dienste	264
Finanzverwaltung	267
EDV	268
Personal	270
DAS INTERNATIONALE VERLAGSPROGRAMM	273
Vorbemerkungen	273
Das internationale Ausgreifen der verlegerischen	
Arbeit	273
»Long-Distance Management«	276
Wirtschaftliche und personelle Aspekte	277
Schlaglichter auf das Programm:	278
Medizin	278
Innere Medizin	281
Chirurgie/Orthopädie	284
Radiologie	291
Neurowissenschaften	293
Pathologie	301
Pharmakologie	305
Dermatologie	306
Gynäkologie	307

HNO	308
Humangenetik	309
Ophthalmologie	309
Biologie	310
Mathematik	316
Computer Science/Informatik	324
Physik	329
Chemie	335
Geologie und Mineralogie	338
Technik	340
›Hagers Handbuch der pharmazeutischen Praxis‹	349
Rechtswissenschaften	350
Wirtschaftswissenschaften	351
Der ›Gesenius‹	353
Lehrbücher	354
Jack Lange	357
Loseblattausgaben	359
STRATEGISCHE VERLAGSPLANUNG	361
MITARBEIT IN BUCHHANDELSGREMIEN	368
Internationale stm-Gruppe	368
Börsenverein des Deutschen Buchhandels	370
DAS JUBILÄUM 1992	372
EPILOG	379

ANHANG

Julius-Springer-Schule	383
Mitarbeiterjubiläen	384
Inhaberübersicht	387
Literatur	388
Register	392
Bildquellennachweis	412

Tabellen, Übersichten und Graphiken

Nach 1945 wiederaufgenommene und gegründete Zeitschriften	30
Personalentwicklung im Springer-Verlag Berlin 1949–1958	39
M. Müller et al.: Manual der Osteosynthese – AO-Technik	66

Zeitschriften, die auf die englische Sprache umgestellt wurden	80
Verlagstätigkeit in New York 1964–1992	95
Umsatzentwicklung im Springer-Verlag New York 1964–1992 (Relation $ zu DM)	96
Entwicklung des Dollarkurses 1964–1992 (Jahreshöchstwerte) in Relation zur DM	97
Umsatzentwicklung der Bücher und Zeitschriften im Springer-Verlag New York 1964–1992	103
Umsatzentwicklung des Springer-Verlags New York 1965–1969 im Vergleich zu Stechert & Hafner, Johnson Bookseller und Harrassowitz	104
Gesamt-Erstauslieferung des Springer-Verlags Berlin/Heidelberg, New York im Vergleich zur Titelproduktion des Springer-Verlags New York 1964–1992	105
Buchumsatz des Springer-Verlags New York 1991 nach Planungsgebieten und Verkaufskanälen	107
Die Mitglieder des Board of Directors und die ›Officers‹ des Springer-Verlags New York, Inc.	116
Umsatzentwicklung der Bücher und Zeitschriften in Japan 1974–1992	130
Umsätze von Eastern Book Service (EBS) in den Jahren 1975–1992	135
Umsatzentwicklung der Bücher und Zeitschriften in China 1974–1992	140
Umsatz mit dem ›Special Book Acquisition Fund Department‹ (SBAFD) in Beijing 1984–1990	157
Umsatz des Springer-Verlags France 1988–1992	178
Ausstellungen des Springer-Verlags in der UdSSR 1973–1990	187
Institutionen in der Sowjetunion, mit denen wir zusammengearbeitet haben	191
Umsatzentwicklung der Bücher und Zeitschriften mit der UdSSR/GUS 1973–1992	194
Umsatz mit den »Sozialistischen« Ländern 1989	195
Buch- und Zeitschriftenproduktion Birkhäuser Basel und Boston 1986–1992	201
Personalentwicklung der deutschen Betriebsstätten 1946–1992	211
Personalentwicklung im Springer-Verlag Berlin und Heidelberg sowie die Gesamtentwicklung 1965–1992	212
Springer-Firmengruppe im Überblick	222
Die internationalen Verlagsniederlassungen und ihre Funktionen	224

Signalfarben der Fachbereiche 1967–1976–1987 232
Filmprogramm ›Operative Frakturenbehandlung‹ 252
Übersicht aus dem ›Bildungsprogramm 1993‹ 272
Ausgewählte medizinische Titel des letzten Jahrzehnts 280
Facharztzeitschriften 283
M. Kirschner: Allgemeine und spezielle Operationslehre 286
Informatikzeitschriften 325
Übersetzungen von Lange Medical Publications 357
Die vier Stufen der Entfaltung vom nationalen Verlag
   zur globalen verlegerischen Präsenz 365
Herkunft der Erstauslieferungen 1970–1992
   nach Betriebsstätten 366
Erstauslieferungen 1988–1992 aufgeteilt nach
   Fachgebieten 367

VORWORT

> Eine Chronik schreibt nur derjenige,
> dem die Gegenwart wichtig ist.
> *Goethe*, ›Maximen und Reflexionen‹

Der vorliegende zweite Band der Geschichte unseres Verlages unterscheidet sich in mehrfacher Weise vom ersten. Heinz Sarkowski hat dort mit großem historischen Verständnis die durch glückliche Fügung nahezu vollständig erhaltene Verlagskorrespondenz in eindrucksvoller Weise erschlossen und zum Sprechen gebracht.* Für die von mir übernommene Periode liegt die Korrespondenz in unausschöpfbarer Fülle vor, deren sachgemäße Durcharbeitung nicht nur viele Jahre in Anspruch genommen, sondern auch die Unmittelbarkeit der Darstellung beeinträchtigt hätte. So zog ich es vor, vom Erlebten auszugehen, Erlebtes zu schildern und aufgrund der Korrespondenz zu vertiefen. Dabei geht es keineswegs nur um Selbsterlebtes, sondern um die persönliche Erfahrung vieler Verlagsangehöriger, die ich weiter unten genannt habe.

Seit Gründung der Tochterfirma in New York verzweigt sich das Geschehen in parallel verlaufende Teilentwicklungen, und der Wechsel der Schauplätze unterbricht wiederholt den kontinuierlichen Ablauf der Ereignisse und den zeitlichen Fluß der Berichterstattung. Dabei war gelegentliche Wiederholung von Sachverhalten unvermeidlich.

An manchen Stellen schien es sinnvoll, bestimmte Entwicklungslinien nicht zu unterbrechen, sondern im Zusammenhang über die Periodeneinteilung hinweg zu beschreiben.

An erster Stelle danke ich Henrik Salle, der dem Verlag seit 1935 angehört und die gesamte hier geschilderte Periode tätig miterlebt hat, für seinen wertvollen Rat und seine Hinweise. Ebenso danke ich Heinz Sarkowski für die wirkungsvolle Unterstützung aufgrund seines historischen Verständnisses und seiner Sachkenntnis; er hat freundlicherweise das Register angefertigt.

---

* Hinweise auf diesen Vorgänger werden durch ein Kürzel und die beigefügte Seitenzahl ergänzt, z.B. [HS: 222]. Bei anderen Literaturhinweisen steht der Name des Autors in eckigen Klammern, gegebenenfalls ergänzt durch einen Seitenhinweis.

Schließlich danke ich Günter Holtz, besonders für seine Beiträge zur Geschichte New Yorks, und Horst Drescher für seine Mithilfe als Zeitzeuge maßgeblicher Vorgänge der letzten Dezennien. Den folgenden Mitarbeitern fühle ich mich verbunden für Auskünfte und Berichte aus Gebieten, in denen sie selbst aktiv und erfolgreich tätig waren: W. Beiglböck, W. Bergstedt, B. Brouder, C. Byrne, D. Czeschlik, H.-U. Daniel, W. Engel, A. Fössl, M. Gast, R. Gebauer, M. Gohlke, D. Götze, B. Grossmann, J. L. von Hagen, J. Heinze, T. Hildebrandt, T. Hirano, M. Hofmann, G. Holtz, M. Kalow, A. de Kemp, Ch. Kobayashi, B. Lewerich, H. K. V. Lotsch, E. Lückermann, H. Maas, H. und A. Mayer-Kaupp, N. und R. Mehra, C. Michaletz, W. Müller, C. Osthoff, P. O'Hanlon-Saarbach, L. Picht, P. Porhansl, G. Ralle, H. Riedesel, G. Rossbach, S. Schaub, I. Scholz, L. Siegel, R. Siegle, R. Sparfeld, M. Sperling, R. Stumpe, A. Tendero, Th. Thiekötter, J. Thuss, J. Tovar, Ch. Voss, J. Wieczorek, H. Wössner.

K.-F. Koch hat größte Geduld und Umsicht bei der herstellerischen Gestaltung des Textes und der Illustrationen gezeigt. Mit Sorgfalt hat er die erforderlichen Korrekturen verarbeitet und dem Autor vielfache Hilfestellung geleistet. L. Picht danke ich für die stilistische Durchsicht der Texte und M. Badenhop für ihre redaktionelle Unterstützung. Meine Mitarbeiterinnen M. Passon und N. Schoch haben mir beim Recherchieren geholfen und Texte geschrieben. Ihnen allen sei herzlich gedankt.

Es sei noch ein Wort zur reichlichen Abbildungsausstattung dieses Bandes gesagt:

Die Verästelung und Spezialisierung der Fachdisziplinen in weltweit diversifizierte Forschungszentren mit ständig wachsendem wissenschaftlichen Personal hat zu einer unerhörten Vermehrung der wissenschaftlichen Literatur geführt, die sich im zahlenmäßigen Wachstum der von uns jährlich veröffentlichten Bücher und Zeitschriften widerspiegelt (s. Abb. S. 105 und 366). Auch wenn dabei der Beitrag des einzelnen Autors immer häufiger in der Gruppenarbeit aufgeht, so bewirkt dennoch die Leistung einzelner den Fortschritt der Wissenschaft insgesamt. Die Arbeit des wissenschaftlichen Verlages wird geprägt von den vertrauensvollen Beziehungen zu seinen Autoren. Das sollte durch die Abbildung einer zwangsläufig lückenhaften Auswahl besonders eng mit uns verbundener Forscher- und Ärztepersönlichkeiten ausgedrückt werden.

Ortsnamen werden in deutscher Schreibweise wiedergegeben. Eine Ausnahme bildet China, für deren Orts- und Landschaftsnamen die neuere Transkription angewandt wird. Bei chinesischen Personennamen wurde zur Vermeidung von Mißverständnissen der Familienname kursiv gesetzt.

Für genaue bibliographische Angaben aller in diesem Bande genannten Bücher und Zeitschriften sei auf die folgenden Titel verwiesen:

- Der Springer-Verlag. Katalog seiner Veröffentlichungen 1842–1945. Bearbeitet von Hans-Dietrich Kaiser (Bücher) und Wilhelm Buchge (Zeitschriften). Herausgegeben von Heinz Sarkowski (1992).
- Der Springer-Verlag. Katalog seiner Zeitschriften 1843–1992. Bearbeitet von Wilhelm Buchge (1994).
- Springer Complete Catalogue 1842–1992. Herausgegeben vom Springer-Verlag (1992). CD-ROM, Diskette mit Preisinformation und Installationsdiskette (jeweils 3.5" und 5.25") sowie Handbuch in Englisch und Deutsch.

Für das Jubiläum wurde die Herausgabe einer Verlagsgeschichte in zwei Bänden geplant. Teil I, die Jahre 1842 bis 1945 umfassend, wurde von Heinz Sarkowski bearbeitet und erschien pünktlich zur Jubiläumsfeier in Berlin am 10. Mai 1992. Teil II, die Jahre 1945 bis einschließlich 1992 umfassend, wird hiermit vorgelegt. Der Berichtsschlußtermin Ende 1992 wird in einigen Fällen überschritten, etwa bei der Angabe jüngst erfolgter Neuauflagen behandelter Werke o. ä.

Heinz Götze

EINLEITUNG

Zum besseren Verständnis der verlegerischen Tätigkeit sei ein Überblick über die Entstehung und historische Entfaltung der wissenschaftlichen Publizistik vorangestellt.

Die Geburt des wissenschaftlichen Verlages. Die Figur des wissenschaftlichen Verlegers und seiner Aufgaben spiegelt sich in der geschichtlichen Entwicklung der wissenschaftlichen Literatur seit der Erfindung des Buchdrucks (um 1450). Ursprünglich waren Drucker und Verleger die gleiche Person. Die Aufgaben des Verlegers lösten sich allmählich von den Funktionen des Druckers. Der Weg von Gutenberg führte zum Beruf des Verlegers als Anreger oder auswählender Vermittler einerseits und des Technikers der schwarzen Kunst andererseits, der seine Arbeit als bestmöglichen Dienst an der Sache verstand. Diese Entwicklung fand äußeren Ausdruck darin, daß der Verleger bis heute auf dem Titelblatt eines Buches oder einer Zeitschrift erscheint, der Drucker im Impressum eines Werkes.

Die Verbreitung des Wortes und die Organisation der Wissenschaft. Vernachlässigen wir hier die Welt der Belletristik und rücken die uns interessierende wissenschaftlich-technische Literatur ins Blickfeld, so wird deutlich, daß erst mit der Erfindung des Buchdrucks ein wissenschaftlicher Gedankenaustausch auf breiterer Basis und über größere Entfernungen hin möglich geworden war. Die Folgezeit war gekennzeichnet vom Aufkeimen neuer Ideen, der Gewinnung naturwissenschaftlicher Erkenntnisse und ihrer Auswirkung auf den technischen Fortschritt. Dieser Prozeß ging einher mit der Gründung der großen nationalen Akademien:

1603 Accademia Nazionale dei Lincei in Rom;
1635 Académie Française in Paris;
1652 Akademie der Naturforscher Leopoldina
     in Schweinfurt;
1660 Royal Society in London.

Es bildete sich ein System wissenschaftlicher Arbeit heraus, das die durch Satz und Vervielfältigung geschaffenen Vorteile der räumlichen und zeitlichen Verbindungen voll ausnutzte. Es kann als ein Kreislauf folgendermaßen beschrieben werden:

1. Rezeption der gedruckten und verbreiteten Information.
2. Verarbeitung dieser Information nach wissenschaftlichen Grundsätzen.
3. Produktion neuer Ergebnisse mit wissenschaftlichen Methoden.
4. Niederschrift, Druck und Verbreitung der neu produzierten Ergebnisse an einen beliebig weiten Kreis innerhalb möglichst kurzer Fristen.
5. Rezeption der neuen Information und weitere Verarbeitung im Sinne des Kreisprozesses [GÖTZE (3), (4)] um weitergehende Gedanken und neue Ergebnisse zu produzieren.

Dabei wird deutlich, daß der wissenschaftliche Produktionsvorgang aufs engste mit der Rezeption verbreiteten Wissens verbunden ist. Diese Rezeption kann auf mündlichem oder schriftlichem Wege erfolgen, zum entscheidenden Teil aber erfolgt sie seit Erfindung der Buchdruckerkunst über gedruckte Medien, deren Text jederzeit nachprüfbar und reproduzierbar ist. Mit anderen Worten: ohne die gedruckte Information in wissenschaftlichen Büchern und Zeitschriften wäre die Entwicklung der Wissenschaften – einschließlich ihrer technischen Auswirkungen – nicht denkbar gewesen.

Das gedruckte Wort und sein Autor – Autor und Verlag – Urheberrecht. Im Gefolge dieser Verschwisterung von Rezeption–Produktion–Proliferation und der entscheidenden Rolle, die das gedruckte Wort dabei spielt, haben sich »symbiotische« Formen der Verbindung des wissenschaftlich Tätigen mit seiner Literatur entwickelt, um so mehr, als eben diese Wissenschaftler sowohl rezipierend als produzierend an dem skizzierten Kreislauf teilnehmen, dessen Vehikel das gedruckte Wort ist. Hieraus wiederum haben sich – wie ich es nennen möchte – »anthropomorphe« Formen der Literaturpraxis entwickelt. Der Wissenschaftler lebt mit seinen Büchern und Zeitschriften. Er schätzt dabei Informationsquellen, die verläßlich auf hohem Niveau informieren – mit einem Maximum an Qualität und Schnelligkeit. Er bemüht sich seinerseits um eine entsprechend klare und zugleich ästhetisch ansprechende Form der Information wenn er selbst das Ergebnis seiner produktiven Phase dem Buch oder der Zeitschrift zur Verbreitung anvertraut (vgl. hierzu [ECKMANN]).

Der wissenschaftliche Verleger versucht, die publizistischen Wünsche und Anregungen seiner Autoren und Herausgeber im Rahmen des beschriebenen Kreislaufes so gut wie möglich zu verwirklichen und gibt selbst Anregungen aufgrund seiner Kenntnisse der Bedürfnisse des Wissenschaftsbereichs einerseits und des Marktes andererseits. Dieser *Markt* setzt sich zusammen aus Wissenschaftlern und Technikern mit ihrem Nachwuchs, ferner aus wissenschaftlichen Institutionen, Bibliotheken, Industrieunternehmen und schließlich aus dem Verwaltungsbereich und dem Kreis der am wissenschaftlich-technologischen Fortschritt Interessierten. Damit wird dreierlei bewirkt: die Erhaltung des oben beschriebenen Kreislaufs des wissenschaftlichen Fortschritts, die Ausbildung des wissenschaftlichen und technischen Nachwuchses, die Übersetzung des wissenschaftlich-technologischen Fortschritts in die Praxis und die Information der Allgemeinheit.

Im Laufe der Zeit haben sich die technischen und logistischen Möglichkeiten der Herstellung und Verbreitung gedruckter Informationen zunehmend verbessert. Die 1886 abgeschlossene Internationale Berner Urheberkonvention zum Schutze des Urhebers hat nicht nur die ungehinderte Verbreitung des Wissens aus dem begrenzten Bereich landeshoheitlicher Privilegien in internationale Dimensionen ermöglicht, sondern der gewaltigen Ausbreitung geistigen und wissenschaftlichen Gedankenaustausches sicheren Grund gegeben, ohne den die weltweite wissenschaftlich-technologische Entwicklung des letzten Jahrhunderts nicht denkbar gewesen wäre.

Kostenminimierung bei der Herstellung und die Ausnutzung aller organisatorischen Möglichkeiten des Versandes erlauben heute die Bestellung und Entgegennahme einer Zeitschrift oder eines Buches praktisch an jedem Ort der Welt. Die nach dem Zweiten Weltkrieg zunehmende Verwendung der englischen Sprache für die Vermittlung wissenschaftlicher Information hat eine weitere Förderung weltweiten Gedankenaustausches im Bereich von Forschung und Entwicklung bewirkt.

Rudolf Virchow hat in seinem Vorwort zu dem 1854 bis 1876 erschienenen ›Handbuch der Speziellen Pathologie und Therapie‹ die Rolle des Verlegers bei dieser Entfaltung der medizinischen Literatur wie folgt charakterisiert: »... der erste Gedanke, ein Werk dieser Art zu begründen, gebührt dem Verleger ...« An anderer Stelle: »Männer der Wissenschaft können der Industrie eines Verlegers nicht entbehren ... Manches bedeutende Werk würde ohne diese Spekulation nie zutage gefördert sein. Allein die eifrigste Industrie kann nicht alle berühmten Männer für sich gewinnen, noch vermag sie alle Weisheit flüssig zu machen.«

Das heutige Bild der wissenschaftlichen Publizistik. Im Laufe der geschichtlichen Entwicklung haben sich bestimmte Typen wissenschaftlicher Informationsorgane herausgebildet.

1. Die wissenschaftlichen Periodika:

a) die Originalienzeitschrift (Primärzeitschrift),
b) die Fortschritts- bzw. Ergebnisse-Berichte (Sekundärliteratur), die über die wissenschaftlichen Erkenntnisse im Rahmen eines bestimmten Fachgebietes innerhalb eines gewissen Zeitraumes zusammenfassend berichten,
c) die Referate-Zeitschriften (Sekundärliteratur), die über die Literatur eines bestimmten Fachgebietes regelmäßig und möglichst vollständig referieren.

2. Das wissenschaftliche Buch:

a) die wissenschaftliche Spezialmonographie, die der Primärzeitschrift vergleichbar ist und die über die Ergebnisse der wissenschaftlichen Arbeit eines Forschers oder Forscherteams monographisch berichtet,
b) das Referenzbuch, in dem über ein größeres wissenschaftliches Thema zusammenhängend berichtet und das zugrundeliegende Tatsachenmaterial ausgebreitet wird,
c) das wissenschaftliche Handbuch, das in extenso über den Stand der Forschung in einem größeren, zusammenhängenden Sachgebiet möglichst vollständig berichtet und die relevante Literatur nachweist,
d) wissenschaftliche Atlanten,
e) das wissenschaftliche Lehrbuch,
f) das Taschenbuch mit kurzgefaßten Darstellungen und ausgewählten Daten eines bestimmten Wissensgebietes,
g) die Datensammlungen (Tertiärliteratur).

Für die *wissenschaftlich-technische* Forschung stehen heute die Primärzeitschriften und die Spezialmonographien im Zentrum des Blickfeldes. In ihnen wird die Front der Forschungsarbeit sichtbar. Gedankenaustausch und kritische Auseinandersetzung zwischen verschiedenen Forschergruppen in verschiedenen Ländern ist auf die Information durch diese Primärliteratur angewiesen.

Eine weitere Gruppe von Publikationen gilt der Information über Anwendungsbereiche, die durch die Sekundär- und Tertiärliteratur erfolgt. Beispielsweise verfolgen bestimmte medizinische Zeitschriften den ausschließlichen Zweck, den Arzt in der Praxis über die neuesten Erkenntnisse in Diagnose und Therapie zu informieren. Gleiches gilt für bestimmte Zeitschriften der Physik, der Chemie und der Technik, die in erster Linie über die Anwendungsmöglichkeiten informieren und die Verbindung zwischen Wissenschaft und Industrie herstellen. Facharztzeitschriften in der Medizin, Zeitschriften für technische Sparten wie Elektrotechnik, Holzforschung, Werkstattechnik, Maschinenbau etc. verfolgen das gleiche Ziel. Man ist berechtigt zu sagen, daß es keinen praktischen und technologischen Fortschritt ohne die Information durch wissenschaftliche Zeitschriften und Buchliteratur gäbe.

Die vorstehenden Ausführungen zeigen, daß das wissenschaftliche Verlagswesen ein vollständiges Instrumentarium für die verschiedenen Informationsstufen geschaffen hat. Es dient der kritischen Auseinandersetzung unter den Wissenschaftlern in gleicher Weise wie der Weitergabe relevanter wissenschaftlicher Ergebnisse an die Industrie, an praxisorientierte Informationsempfänger und schließlich an die Öffentlichkeit. Die Art und Weise des Informationstransfers durch den wissenschaftlichen Verlag auf den verschiedenen Stufen hat sich im Wandel der Zeiten den jeweiligen Erfordernissen angepaßt.

In den letzten Jahrzehnten wurde Gutenbergs Kunst durch elektronische Systeme ergänzt, teilweise ersetzt. Electronic production bedeutet, daß der traditionelle Satz mit beweglichen Lettern von Foto- und Computersatz und entsprechenden Reproduktionsverfahren abgelöst wurde. Das Ergebnis dieser technischen Neuerungen ist im allgemeinen immer noch ein gedrucktes und gebundenes Buch oder eine Zeitschrift.

Eingangs war von der Figur des wissenschaftlichen Verlegers die Rede und seiner Herkunft aus der Sphäre Gutenbergs. Vieles hat sich seither gewandelt, vieles ist geblieben – so vor allem die enge Bindung zur Technik der Vervielfältigung, mit der Gutenberg die weltweite Verbreitung des gedruckten Wortes angestoßen hatte. Zwar sind anstelle der beweglichen Lettern computergesteuerte Satzaggregate getreten, doch das Ziel ist das gleiche geblieben: »alle Weisheit flüssig zu machen«, wie sich Rudolf Virchow ausdrückte, d. h. die Information in *übersichtlich* gestalteter und ästhetisch ansprechender Form *schnell* verfügbar zu machen. Auch der moderne Verleger tut gut daran, der äußeren Gestaltung seiner »Medien« sehr viel Aufmerksamkeit zu schenken.

Seine erste Aufgabe ist allerdings die *Gewinnung* und die Auswahl der zu vervielfältigenden Information. Hier steht der Verleger in einer von allen anderen produzierenden Industrien grundverschiedenen Ausgangslage, denn er kann seinen Rohstoff nicht vom Lager bestellen.*

Der Verleger ist dadurch ausgezeichnet, daß er sich die »Weisheit« auswählend selbst erschließen muß durch engen persönlichen Kontakt mit geistig schaffenden Persönlichkeiten. Hierzu gehört neben selbstverständlicher Sachkenntnis Begeisterungsfähigkeit, Sensibilität, Mut und immer wieder von neuem *Risikobereitschaft*, denn es gibt nur einen begrenzten Kreis von Manuskripten, denen man den Erfolg ohne weiteres ansehen kann. Selbstverständlich muß der Verleger in der Lage sein, seine Risiken wirtschaftlich abschätzen zu können, doch wird es hierfür nie eine sichere Methode geben. Das Risiko kann nur beherrscht werden durch persönliche Erfahrung, Zuhilfenahme und Auswertung zugänglicher Erfahrungswerte, vor allem aber durch intuitives Erfassen von Situationen und Chancen und schließlich durch Vorstellungskraft für zukünftige Entwicklungen. Es wird nie gelingen können, ein Verlagsunternehmen mit ausschließlich finanz- und organisationstechnischen Mitteln auf- oder auszubauen. Dies um so weniger in einer Zeit unerhörter Dynamik wie der unseren. Die biologische Kraft allen Lebens ist das Wachstum. Der Verlag ist davon nicht auszuschließen. Das heißt, daß es ein sogenanntes »Nullwachstum« für ein gesundes Unternehmen kaum gibt. In einer Umgebung sich ständig verändernder Bedingungen muß auch der Verleger erfindungsreich sein.

Die Zukunft der gedruckten Medien. Datenbanken. Die oft gestellte Frage, ob der Einsatz von Computern das gedruckte Wort in Buch und Zeitschrift verdrängen wird, muß differenziert beantwortet werden. Wenden wir den Blick zurück auf die am Schluß des vorigen Abschnitts beleuchtete Situation der wissenschaftlichen Primärzeitschriften, so sprechen zahlreiche Faktoren für das Weiterleben dieser Medien in gedruckter Form – unabhängig von den eben erwähnten Verbesserungen der computergestützten *Herstellung* [LOCK].

Den Hauptgrund für das Fortbestehen sehe ich in der »anthropomorphen« Gestalt der gedruckten Medien: Format, Einteilung, Anordnung, Erreichbarkeit, Benutzbarkeit haben im Laufe der Jahrhunderte eine durch die realen Bedürfnisse und kognitiven Erfahrungen des Lesers optimierte Form erhalten.

---

* Diese völlig andere Natur des Produktionsvorganges im Verlagswesen wird in der Managementliteratur kaum beachtet.

Die Möglichkeit, ein Zeitschriftenheft oder ein Buch zu jeder Zeit und überall lesen oder durchblättern zu können (»browsing«), wird auch weiterhin als attraktiv empfunden werden. Außerdem weiß jeder wissenschaftlich Arbeitende, daß er beim Blättern in einer Zeitschrift auf der Suche nach bestimmten Themen unerwartet etwas ganz Anderes, aber Hochinteressantes finden kann, das vielleicht wichtiger ist als das, was er ursprünglich suchte.

Auch die sehr menschliche Komponente des Praktisch-Ästhetischen sollte nicht vergessen werden. Mir hat ein bedeutender Mathematiker erklärt, daß ihm die ganze Wissenschaft keinen Spaß mehr mache, wenn er nicht das Ergebnis seiner Arbeit in einer weltweit angesehenen und drucktechnisch vorbildlich ausgestatteten wissenschaftlichen Zeitschrift publiziert sähe. Ein gutes Buch, ein guter Zeitschriftenartikel enthält das Ergebnis wissenschaftlicher, experimenteller und denkerisch-dialektischer Bemühungen, geordnet von einem schöpferischen Verstand. Dieses Ergebnis im Buch, im Zeitschriftenartikel körperlich – nicht nur im unsichtbaren Speicher – vor sich zu sehen, ist ein Erlebnis, das wiederum schöpferische Kräfte auslöst.

Darüber hinaus bieten die auf Papier gedruckten Medien folgende Vorteile:

1. die schnelle, globale und preiswerte Verbreitung aufgrund eines im Laufe der Zeit sinnreich entwickelten Verteilersystems mit optimierter Kostenstruktur;
2. die Herstellungsmöglichkeit zahlreicher jederzeit erreichbarer Exemplare bei der mögliche Verluste einzelner Exemplare für die Erhaltung des wissenschaftlichen Textes irrelevant sind (Dokumentationscharakter).

Die stereotypen Klagen über die ständig wachsende Flut mehr oder weniger wertvoller wissenschaftlicher Veröffentlichungen sind unrealistisch. Solange die wissenschaftlich-technologische Forschung wächst, wird das dazugehörige Publikationswesen ebenfalls wachsen müssen. Wie anders kann sich wissenschaftliche Aktivität darstellen? Sicher nicht im anonymen Versinken in die unsichtbare Welt elektronischer Datenbanken. Wohl aber muß es bei der ständig wachsenden Datenproduktion in aller Welt geeignete Stellen geben, die diese Daten sammeln, speichern und abrufbereit halten. Das konnte bis vor kurzer Zeit noch in vielen Bereichen mit Hilfe gedruckter Datensammlungen geschehen. Der wachsende Datenzufluß zwingt zum Übergang auf elektronische Speichersysteme, die gerade zur rechten Zeit auf den Plan getreten sind. Ihr Problem ist es, die Möglichkeiten zur vollen Erschließung der Daten und ihrer komplexen Verknüpfung durch geeignete ›Retrieval‹-Systeme zu schaffen und ständig zu verbessern, um mit der Entwicklung der Forschung Schritt halten zu können [DE KEMP].

In den siebziger Jahren traten einige Bibliothekare – auch in Deutschland – die Flucht nach vorn an und kauften Computeranlagen nicht nur für verwaltungstechnische Zwecke, sondern zur Volltextspeicherung als Ergänzung des Bücherbestandes. Es geschah aus der Überzeugung, daß die zukünftige Bibliothek der wissenschaftlichen Literatur der elektronische Datenspeicher sei. Die Zukunft der Bücher *und* Zeitschriften hielten sie für besiegelt.

Inzwischen hat man sich stillschweigend daran gewöhnt, die Zeitschriften davon auszunehmen. Man hat sogar sehen müssen, daß statt eines Rückganges eine beachtliche Zunahme an Zeitschriften festzustellen ist – wie nicht anders zu erwarten bei der gewaltigen Ausbreitung der wissenschaftlichen Forschung. Jetzt sagt man: die gedruckten Zeitschriften bleiben wohl (zunächst) erhalten, aber bei den Büchern sähe man ja den Rückgang. Diese Argumentation ist eine Selbsttäuschung, denn der Grund für den Rückgang des Absatzes wissenschaftlicher Bücher und Monographien liegt in der seit Jahrzehnten unzureichenden Dotierung der Anschaffungsetats der Bibliotheken. Durch die zusätzlichen Ausgaben für Computer, Fotokopierer und für ›Library Automation‹ wird der Beschaffungsetat zusätzlich beschnitten. Die Bibliothekare geben sich größte Mühe, ihre Zeitschriftenfortsetzungen zu halten, weil eine Unterbrechung der laufenden Reihen – mit Recht – vermieden werden soll. Ein kläglicher Rest des Etats – falls überhaupt einer verbleibt – wird dann auf Bücher verwendet.

In Wirklichkeit aber bleibt das Interesse am Buch voll bestehen – nicht nur in der Belletristik und im Kunstbereich –, wie man in Regionen feststellen kann, in denen noch ausreichende Bibliotheksetats vorhanden sind. Demoskopische Beobachtungen der letzten Jahrzehnte lassen eine Polarisierung der Lesergewohnheiten insofern erkennen, als die häufig Lesenden noch mehr lesen, während bei den selten Lesenden die Neigung zum Lesen schwindet.

Gefahr droht dem gedruckten Wort und seinem geistigen Urheber vom *schrankenlosen* Fotokopieren und von der *gebührenfreien* Einspeisung der Primärinformation in die verschiedenartigsten Informationssysteme und Informationsnetzwerke. Trotz der Novellierung des deutschen Urheberrechts (1985) – in anderen Ländern erfolgte ähnliches – wird nach wie vor und in zunehmendem Maße durch *unkontrollierte* Nutzung den Originalveröffentlichungen erheblicher Schaden zugefügt. Der Bezug der *Originalienzeitschriften*, die die *Primärinformation* bieten, wird damit gefährdet.

Da Kopierer, Dokument-Delivery-Systeme, Datenbasen und Informationsnetze keine Primärinformation *produzieren*, sondern von den Primärinformationen in Originalienzeitschriften *abhängig* sind und sie benutzen, muß *urheberrechtlich* dafür gesorgt werden, daß für diese Nutzung angemessene Gebühren an Autoren und Verlage der Originalpublikationen entrichtet werden, wenn ein leistungsfähiges Informationssystem erhalten bleiben soll, was für Wissenschaft und Technologie gleichermaßen wichtig ist. Hier fehlt es noch an geeigneten urheberrechtlichen Konstruktionen. Die Anpassung des Urheberrechts folgt dem technischen Fortschritt zu langsam. Die langfristigen Folgen urheberrechtlicher Unterlassungen werden dabei verkannt.

Neben den informations*vermittelnden* elektronischen Medien, von denen bisher die Rede war und zu denen auch die *audiovisuellen* Medien gehören, gesellen sich inzwischen ›elektronische‹ *Originalienzeitschriften*, deren Entwicklung wir aufmerksam verfolgen. Sie werden vor allem für die schnelle Verbreitung neuer spezialwissenschaftlicher Daten als Arbeitsmaterial sinnvoll sein können und eher den persönlichen wissenschaftlichen Gedankenaustausch ersetzen, weniger die zeitbeständige dokumentarische Publikation von Forschungsergebnissen.

ERSTER ABSCHNITT
Neubeginn und Wiederaufbau (1945–1950)

Auf den sichtbaren und unsichtbaren Trümmern des Zweiten Weltkrieges wurde von den damaligen Inhabern des Unternehmens, Ferdinand Springer, Julius Springer und Tönjes Lange, die alle die Mitte des Lebens längst überschritten hatten, mit unerhörtem Elan der Verlag wieder auf den richtigen Kurs gebracht. Die materiellen und personellen Voraussetzungen für die Wiederaufnahme von Autorenkontakten, die Bereitstellung von Produktionsmöglichkeiten und die Reorganisation des Werbe- und Vertriebsapparates wurden unter veränderten Bedingungen geschaffen. Die Orientierung erfolgte am Status quo ante, wobei nicht der Zustand vor Kriegsende gemeint war, sondern das Bild des Verlages in den zwanziger und in den ersten Jahren des vierten Jahrzehntes unseres Jahrhunderts.

Berlin

Der Verlag hatte seit seiner Gründung im Jahre 1842 bis zum Ende des Zweiten Weltkrieges — abgesehen von den Anfängen in der Buchhandlung der Breiten Straße — zwei feste Standorte im Zentrum Berlins gehabt: von 1858 bis 1911 am Monbijouplatz [HS: Abb. S. 46] und von 1911 bis 1948 in der Linkstraße 23/24 [HS: Abb. S. 218].

1 *Ferdinand Springer (1881–1965) begann gleich nach Kriegsende mit dem Wiederaufbau seiner Firmen.*

Das Kriegsende fand Inhaber und Mitarbeiter ihrer vertrauten Wirkungsstätte beraubt. Das Verlagsgebäude war durch Luftangriffe seit Ende 1943 zu zwei Dritteln zerstört. Um die Arbeit fortsetzen zu können, waren im Sommer 1944 von der Kaiser-Wilhelm-Gesellschaft zur Förderung der Wissenschaften in der Boltzmannstraße 3, Berlin-Dahlem, Räume gemietet worden, die der Verlag allerdings nur kurze Zeit nutzen konnte. Nach dem Einzug der Westalliierten wurde die Ausweichstelle im August 1945 von den Amerikanern beschlagnahmt. Der Verlag und Lange & Springer blieben auf das stark beschädigte, nur noch teilweise benutzbare Haus in der Linkstraße beschränkt, wo sich schon im Mai 1945 die ersten Mitarbeiter eingefunden hatten, um die Lage zu sondieren. Es waren etwa zwanzig Männer und Frauen, die ohne Verzug mit den Aufräumungsarbeiten begannen. Sie richteten Dach, Fenster und Türen her, um wieder arbeiten zu können. Gleichzeitig wurden Teile des Lagers

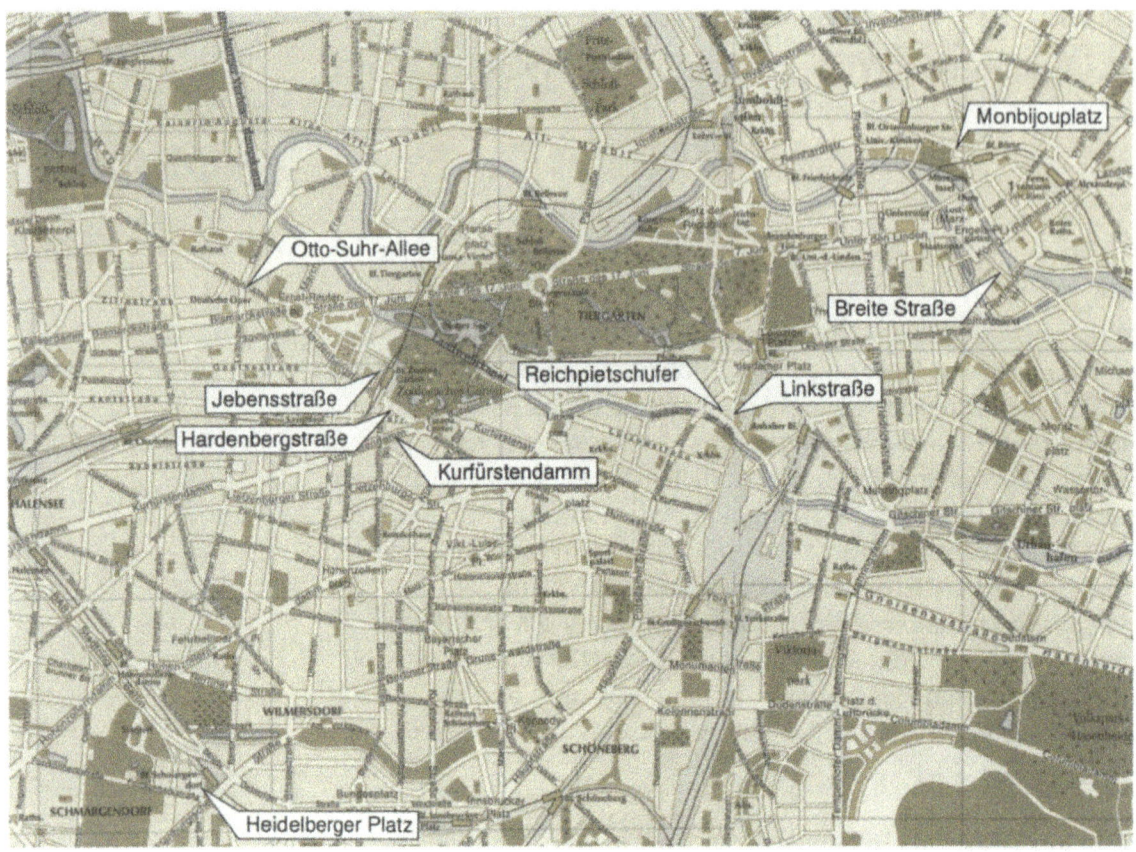

2 *Stadtplan Berlins von 1967, in dem die Verlagsstandorte erkennbar sind. Außerhalb des Plans die kurzfristig genutzten Betriebsstätten in Dahlem (Schorlemer Allee und Boltzmannstraße).*

aus den Trümmern geborgen. Da die Ostseite der Linkstraße und damit das Verlagsgebäude zum sowjetrussischen Sektor gehörte, war die geordnete Wiederaufnahme der Arbeit schwierig. Die östliche Baufluchtlinie war Sektorengrenze, während die Linkstraße selbst im britischen Sektor lag. Ende 1945 gelang es Tönjes Lange, Räume im Gebäude des früheren Heereswaffenamtes in der Jebensstraße 1 zu mieten, in denen ein Teil der Mitarbeiterschaft untergebracht werden konnte. In der Jebensstraße arbeiteten Ferdinand Springer bis zu seiner Übersiedlung nach Heidelberg im Frühjahr 1946 und Julius Springer, der seine Tätigkeit Anfang 1947 wieder aufgenommen hatte, wenngleich er erst später formell als Teilhaber wieder in die Firma eintrat. T. Lange blieb mit den von ihm unmittelbar geleiteten Abteilungen, zu denen die Buchhandlung Lange & Springer gehörte, in der Linkstraße.

Brief von Tönjes an seinen Bruder Otto Lange, Wien, vom 15. Oktober 1945 (Auszug):

Lange & Springer ist leider zuguterletzt mit beiden Häusern noch vollständig zerstört worden. Der größere Teil unserer Bücher und Zeitschriften aus der Linkstr. und den übrigen Lagern, auch denen von

Lange & Springer, ist beschlagnahmt worden und hat den Weg nach Osten antreten müssen. Trotz des enormen Tempos dehnte sich die Aktion, bei der die eigenen Kräfte, soweit sie sich wieder gemeldet hatten, und fremde Kräfte halfen, über mehrere Wochen aus. Die Linkstraße hat weitere Schäden erlitten. Unsere Ausweichstelle in Dahlem wurde von der amerikanischen Militärregierung mit dem gesamten Inventar beschlagnahmt. Die Akten mußten zunächst im Keller des Instituts verstaut werden und konnten einige Wochen später zunächst ins Materialprüfungsamt geschafft werden. Dort werden sie zur Zeit wieder geordnet, damit der Umzug der Herstellungsabteilungen in die neu gemieteten Räume, die in einem großen Bürohaus in der Jebensstraße beim Bahnhof Zoo liegen, leichter vonstatten gehen kann. Wann wir mit dem Herstellen beginnen können, ist eine Frage der Zeit. Die Lizenz ist vor Wochen beantragt, aber die Zustimmung liegt noch nicht vor, und dann spielt ja das Problem der Druckereien noch eine Rolle. Wir erwarten dieser Tage Herrn Gosse, der mit unserem russisch sprechenden Angestellten, Herrn Munsky, und einem Oberstleutnant der russischen Gesundheitsverwaltung aus dem Hauptquartier in Karlshorst nach Leipzig gefahren ist, zurück. Es sollen dort die Möglichkeiten für den Druck russischer Lehrbücher für Medizin untersucht werden, für den wir dann eventuell zu sorgen haben werden. Aber noch ist da nichts geklärt.

3 *Julius Springer (1880–1968) betreute das technische Verlagsprogramm.*

Dr. Ferdinand Springer ist aus Roßkaten schon vor Monaten zurückgekehrt und hat auch später seine Frau nachholen können. Sie haben so gut wie alles verloren bis auf Schmuck und einige Bilder und wohnen zur Zeit bei Prof. Zutt in Westend. Dr. F.S. ist zur Zeit auf einer Reise nach West- und Südwestdeutschland, um unter anderem die Verhältnisse bei den mit uns verbundenen Firmen zu erkunden und was sich dort sonst so machen läßt...

Lange & Springer hat sich in den Räumen unserer ehemaligen Buchhaltung im 1. Stock des Verlages einen behelfsmäßigen Verkaufsraum eingerichtet, in dem es schon leidlich lebhaft zugeht. Am meisten kaufen die russischen Wissenschaftler in Uniform. Mit der Buchhaltung können wir nur klein wieder anfangen, auch schon aus dem Grunde, weil wir so gut wie gar keine Maschinen mehr haben. Sie sind fast alle den Beschlagnahmen anheimgefallen. In Guben ist nichts gerettet, wie wir schon feststellen lassen konnten. Calau wird diese Woche untersucht, aber ich mache mir in bezug auf Calau auch keine Hoffnungen. Ich möchte, da es mir gerade einfällt, hier noch nachholen, daß beide Firmen bereits seit Monaten registriert sind, aber der Verlag kann ja ohne die Lizenz der Besatzungsmächte nichts machen. Einstweilen stellen wir mit einem schon wesentlich reduzierten Personalstand fest, was uns an Vorräten verblieben ist und wie hoch sich der Wert der abtransportierten Bücher und Zeitschriften annähernd stellt. Mit der Arbeit im Winter wird es in der Linkstr. schwierig werden, da wir hier noch keinen Strom haben. Im Keller steht hoch das Grundwasser. Nach Schleichers Urteil soll das Auspumpen eine unrentable Angelegenheit sein, für die wir nicht einmal die Kosten aufbringen könnten. Ausserdem würde es keinen Sinn haben, solange der allgemeine Grundwasserspiegel von Berlin sich nicht wieder senkt. Bei den Nachbarkellern ist es das gleiche Bild, d.h. das Fuggerhaus ist sowieso soweit zerstört, daß es nicht benutzbar ist. Damit ist auch unsere Kantine weggefallen.

4 *Tönjes Lange (1889–1961), Statthalter in schwerer Zeit, wurde 1959 von der Freien Universität Berlin zum Dr. med. h.c. promoviert.*

Mit der Teilübersiedlung in die Jebensstraße hatte der Verlag seinen offiziellen Sitz im britischen Sektor, was im Hinblick auf die Verlagslizenz bedeutsam war, die schon am 25. Oktober 1945 (C.B.8.B.) nur für Bücher erteilt worden war. Für Zeitschriften wurden nur Einzelgenehmigungen gewährt, etwa für ›Der Züchter‹ Anfang 1946 durch die Russen oder für ›Die Naturwissenschaften‹ im April 1946 durch die Amerikaner. Die am 5. August 1946 schließlich erteilte amerikanische Lizenz (Register Nr. US W 1093) umfaßte hingegen Bücher *und* Zeitschriften. Aus dem unten wiedergegebenen Brief F. Springers an Charles Brown geht allerdings hervor, daß am 17. Oktober 1947 fünf der wichtigsten Zeitschriften noch immer nicht zugelassen waren. Das Einzelgenehmigungsverfahren erklärt sich aus der Schwierigkeit, eine ausreichende Papierzuteilung zu gewährleisten.

Brief F. Springers an Charles Brown vom 17. Oktober 1947 (Auszug):

Auf Rat von Mr. Edwards erbitte ich Ihre Hilfe in folgender Angelegenheit:

Aus Gründen, die ich nicht kenne, und die mir unverständlich sind, hat die mir vorgesetzte amerikanische Behörde, Information Control Stuttgart mir die Lizenzen für die Wiederaufnahme folgender Zeitschriften, die zu den wichtigsten und bekanntesten meines Verlages gehören, verweigert:

Langenbecks Archiv für Chirurgie (vereinigt mit
    Deutsche Zeitschrift für Chirurgie)
Archiv für Ohren-, Nasen- und Kehlkopfheilkunde (vereinigt
    mit Zeitschrift für Hals-Nasen-Ohrenheilkunde)
Zeitschrift für Anatomie und Entwicklungsgeschichte
Zeitschrift für vergleichende Physiologie.

Endlich die neue

Zeitschrift für angewandte Physik,

die als Fortsetzung meiner altbekannten Zeitschrift für Instrumentenkunde erscheinen soll.

Die Mehrzahl der Zeitschriften sind die einzigen ihres Gebietes, und ihr Nichterscheinen würde die Forschung auf dem betreffenden Gebiete lahm legen.

Ein sachlicher Grund für die Nichterteilung der Lizenzen kann nicht angegeben werden, da ich für diese Zeitschriften die erforderlichen sehr geringen Papiermengen aus vorhandenen Vorräten entnehmen kann, also keine neuen Papieranforderungen für sie stellen würde.

5 (s. gegenüberliegende Seite)
Amerikanische Verlagslizenz vom 5. August 1946 für Bücher und Zeitschriften, erteilt an Ferdinand Springer in Heidelberg. (Nach dem nicht mehr reproduzierbaren Original neu gesetzt.)

Der Lizenzzwang endete mit der Inkraftsetzung des Besatzungsstatutes am 21. September 1949. Für die drei Westsektoren Berlins, in denen weder das Besatzungsstatut noch das Grundgesetz galten, endete der Lizenzzwang erst am 15. Januar 1952.

MILITARY GOVERNMENT – GERMANY
MILITÄRREGIERUNG DEUTSCHLAND

INFORMATION CONTROL – NACHRICHTENKONTROLLE

LICENSE
ZULASSUNG
US W 1093

1. Subject to the conditions set forth in Paragraph 2, the following-named person
1. Gemäß den im Paragraph 2 festgesetzten Bedingungen, ist die folgende Person

Ferdinand Springer
Heidelberg, Neue Schloßstraße 26

hereinafter referred to as "licensee" is authorized to engage in the following activities:

welche im Nachfolgenden als „Zulassungsinhaber" bezeichnet wird, autorisiert, folgende Tätigkeit auszuführen:

Books and Periodicals　　　　Bücher und Zeitschriften

2. This license is granted subject to the following conditions:
2. Diese Zulassung ist erteilt unter folgenden Bedingungen:

a) That all laws, ordinances, regulations and instructions of Military Government are complied with.

a) Daß alle Gesetze, Verordnungen, Vorschriften und Anweisungen der Militärregierung befolgt werden.

b) That this license be prominently displayed on the premises of the licensee at all times.

b) Daß diese Zulassung im Betrieb des Zulassungsinhabers jederzeit öffentlich angeschlagen ist.

c) That all newspapers, books, periodicals, pamphlets, posters, printed music, or other publications, sound recordings or motion picture films published or produced under this license shall bear in such manner as may be prescribed the legend: Published (or produced) under Military Government Information Control License No. US W 1093.

c) Daß sämtliche Zeitungen, Bücher, Zeitschriften, Broschüren, Plakate, Musikalien oder irgendwelche andere Veröffentlichungen, ebenso Schallplatten und sonstige Tonaufnahmen und Filme, die gemäß dieser Zulassung hergestellt oder veröffentlicht werden, folgende Aufschrift in vorgeschriebener Weise tragen: „Veröffentlicht (oder hergestellt) unter der Zulassung Nr. US W 1093 Nachrichtenkontrolle der Militärregierung".

d) That no person, not reported on the application for this license as having a financial interest in the business enterprise conducted under this license, shall be given nor shall receive any part of the profits of the business enterprise, nor shall any interest in the business enterprise be held for any such person, except with the express written permission of Military Government.

d) Daß keine Person, die nicht in diesem Gesuch als an diesem Geschäftsunternehmen finanziell interessiert eingetragen ist, irgendeinen Anteil an dem Nutzen aus dem Geschäftsunternehmen erhält; ferner, daß kein finanzieller Anteil an dem Geschäftsunternehmen für eine im Gesuch nicht erwähnte Person ohne ausdrückliche schriftliche Erlaubnis der Militärregierung zurückbehalten wird.

e) Other conditions:　　　　e) sonstige Bedingungen:

None　　　　Keine

3. This license is not granted for a stated term, is not a property right, is not transferable and is subject to revocation without notice or hearing.
3. Diese Zulassung wird für keine bestimmte Zeitfrist erteilt und stellt kein Eigentumsrecht dar; sie ist nicht übertragbar und kann ohne Kündigungsfrist oder Untersuchung rückgängig gemacht werden.

Stuttgart, 5. August 1946

J. H. HILLS
Colonel
Chief, Information Control Division
Württemberg-Baden
[Stempel]

6 *Haus Reichpietschufer 20, Sitz des Springer-Verlags in Berlin von 1948 bis 1958.*

Am 16. Juli 1946 erhielt der Springer-Verlag Berlin die vom Bezirksarbeitsamt Charlottenburg im Auftrag des Magistrats der Stadt Berlin erteilte allgemeine Gewerbegenehmigung, die nur eine Handelserlaubnis, aber keine Produktionsgenehmigung war. Ende 1946 umfaßte der Personalbestand des Verlages und der Buchhandelsfirma Lange & Springer schon wieder 76 Mitarbeiter. Im Oktober 1948 zogen die meisten Abteilungen einschließlich Lange & Springer von der Linkstraße in ein gleichfalls beschädigtes, aber noch einigermaßen bewohnbares Gebäude am Reichpietschufer 20, unweit der Linkstraße. Der zügig wachsende Raumbedarf konnte durch sukzessive Wiederinstandsetzung und durch Zumietung des benachbarten Hauses Schellingstraße 5–7 zunächst gedeckt werden.

Ende 1948 bestanden am Reichpietschufer 20 die folgenden Abteilungen:

I	Buchhaltung	O. Müller
II	Herstellung Bücher	G. Schulz
III	Anzeigen	G. Halfter
IV	Herstellung Zeitschriften	F. Soschka
V	Expedition	R. Lönnies
V Z	Zeitschriften Springer/Lange & Springer	F. Schröer
VI	Werbung	W. Wolff
	Direktwerbung Lange & Springer	E. Schwartz
VII	Statistik, Honorarabrechnung	H. Krüger

Im Mai 1945 übernahm F. Springer, der 1942 seine Firmenanteile hatte verkaufen müssen, erneut die Leitung in Berlin [HS: 372]. Im Herbst 1946 entschloß er sich, seine Tätigkeit von Heidelberg aus fortzusetzen, um die abgerissenen Verbindungen mit seinen Autoren und Herausgebern leichter aufnehmen oder neue Kontakte knüpfen zu können. Heidelberg war vom Kriege verschont geblieben. F. Springer wurde begleitet von Lotte Röseler, seiner Sekretärin, und von seiner Cousine Luise Koeniger, ferner von dem langjährigen Leiter der Herstellungsabteilung, Paul Gosse [HS: Anm. 64]. Dieser sollte eine Herstellungsabteilung aufbauen, die die traditionellen Ansprüche des Hauses erfüllen konnte. Ein weiterer Begleiter war Georg Kuder als Leiter der Medizinischen Zentralblattabteilung (bis Juni 1970). Diese fand ab 1947 im Dachgeschoß der Heidelberger Akademie der Wissenschaften am Karlsplatz Unterkunft. Das Hauptgebäude des noch nicht wieder eröffneten ›Heidelberg College‹ in der Neuenheimer Landstraße 24 wurde der erste Standort des Heidelberger Hauses.

1947 zählte das Heidelberger Unternehmen mehr als zwanzig Mitarbeiter, darunter Armgart Gädeke (später Mayer-Kaupp), Dora Großhans, Charlotte Schmidt und Otto Hoffbauer, die noch heute bei uns arbeiten oder erst kürzlich pensioniert wurden. Die Mitarbeiterzahl wuchs bis zum Jahre 1950 auf 57, und es ergaben sich Raumprobleme, ebenso wie in Berlin.

Heidelberg

7 (oben) *Im Heidelberg College, Neuenheimer Landstraße 24, fand der Heidelberger Verlagszweig seine erste Arbeitsstätte.* – 8 *Die Heidelberger Akademie der Wissenschaften, Karlstraße 4, war der erste Standort für die Abteilung der medizinisch-biologischen Zentralblätter.*

Bedeutende Kaiser-Wilhelm-Institute der Naturwissenschaften hatten sich nach dem Kriege in Göttingen niedergelassen. Angesichts der politischen Lage und der Abschnürung Berlins entschied sich F. Springer im Rahmen seiner Dezentra-

Göttingen

MILITARY GOVERNMENT – GERMANY
MILITÄRREGIERUNG DEUTSCHLAND
INFORMATION CONTROL – NACHRICHTENKONTROLLE

LICENSE
ZULASSUNG NR. C.B.8.B.

1. Subject to the conditions set forth in Paragraph 2, the following-named person
1. Gemäß den im Paragraph 2 festgesetzten Bedingungen, ist die folgende Person

Dr. Ferdinand Springer

hereinafter referred to as "licensee" is authorized to engage in the following activities:
welche im Nachfolgenden als „Zulassungsinhaber" bezeichnet wird, autorisiert, folgende Tätigkeit auszuführen:

Publication of books only   Ausschließlich von Büchern

2. This license is granted subject to the following conditions:
2. Diese Zulassung ist erteilt unter folgenden Bedingungen:

a) That all laws, ordinances, regulations, and instructions of Military Government are complied with.

a) Daß alle Gesetze, Verordnungen, Vorschriften und Anweisungen der Militärregierung befolgt werden.

b) That this license be prominently displayed on the premises of the licensee at all times.

b) Daß diese Zulassung im Betrieb des Zulassungsinhabers jederzeit öffentlich angeschlagen ist.

c) That all newspapers, ~~books~~, periodicals, pamphlets, posters, ~~printed music~~, or other publications, sound recordings or motion picture films published or produced under this license shall bear in such manner as may be prescribed the legend: Published (or produced) under Military Government Information Control License No. C.B.8.B.

c) Daß sämtliche Zeitungen, ~~Bücher~~, Zeitschriften, Broschüren, Plakate, ~~Musikalien~~ oder irgendwelche andere Veröffentlichungen, ebenso Schallplatten und sonstige Tonaufnahmen und Filme, die gemäß dieser Zulassung hergestellt oder veröffentlicht werden, folgende Aufschrift in vorgeschriebener Weise tragen: „Veröffentlicht (oder hergestellt) unter der Zulassung Nr. C.B.8.B. der Nachrichtenkontrolle der Militärregierung".

d) That no person, not reported on the application for this license as having a financial interest in the business enterprise conducted under this license, shall be given nor shall receive any part of the profits of the business enterprise, nor shall any interest in the business enterprise be held for any such person, except with the express written permission of Military Government.

d) Daß keine Person, die nicht in diesem Gesuch als an diesem Geschäftsunternehmen finanziell interessiert eingetragen ist, irgendeinen Anteil an dem Nutzen aus dem Geschäftsunternehmen erhält; ferner, daß kein finanzieller Anteil an dem Geschäftsunternehmen für eine im Gesuch nicht erwähnte Person ohne ausdrückliche schriftliche Erlaubnis der Militärregierung zurückbehalten wird.

e) Other conditions:

e) sonstige Bedingungen:

As laid down in Information Services Control Instructions to licensed publishers (form "PUBNS 1") and any further instructions which may be issued from time to time.

Gemäß den Anweisungen an Verleger, die eine Verlagszulassung innehaben (Information Services Control Formular: "PUBNS 1") und sonstigen Anweisungen, die in Zukunft veröffentlicht werden mögen.

3. This license is not granted for a stated term, is not a property right, is not transferable and is subject to revocation without notice or hearing.
3. Diese Zulassung wird für keine bestimmte Zeitfrist erteilt und stellt kein Eigentumsrecht dar; sie ist nicht übertragbar und kann ohne Kündigungsfrist oder Untersuchung rückgängig gemacht werden.

Control Commission
for Germany
25 Oct. 1945
[Stempel]

lisationspolitik, Göttingen zu einer »Zentrale für unsere Tätigkeit auf dem Gebiete der exakten Wissenschaften« werden zu lassen.

Das verlagspolitische Motiv für die Göttinger Niederlassung — und später für seinen Gang nach Heidelberg — hat F. Springer in einem Brief an Henrik Salle vom 21. Januar 1946 erläutert. Infolge der Dezentralisation wissenschaftlicher Institutionen — etwa der Kaiser-Wilhelm-Gesellschaften von Berlin nach Göttingen und Tübingen — hielt er auf weite Sicht eine Dezentralisation der Arbeitsstätten des Verlages ebenfalls für notwendig, »auch wenn die Zonengrenzen fallen«.

F. Springer hatte zu Göttingen enge Beziehungen und war am 1. Februar 1930 aufgrund seiner Verdienste um die mathematischen Wissenschaften von der dortigen Philosophischen Fakultät zum Ehrendoktor promoviert worden.

Die isolierte Lage Berlins hatte sich beim Wiederbeginn der verlegerischen Tätigkeiten als hinderlich erwiesen. Kontakte zu westdeutschen oder gar zu ausländischen Autoren waren äußerst mühsam. Das gleiche galt für den Verkehr mit westdeutschen Druckereien und für die Beschaffung von Papier. Sie erforderte von den Verlagen Speziallizenzen, die in jeder Besatzungszone anderen Bedingungen unterworfen waren. Für Göttingen als erstem Platz der geplanten Dislozierung sprach die frühzeitige Erteilung der britischen Lizenz — schon am 24. Oktober 1945 — und schließlich der Umstand, daß die Aufsichtsinstanz für die wissenschaftliche Arbeit in der britisch besetzten Zone — Research Branch of the British Military Government — in Göttingen residierte. Die Eintragung der Niederlassung ins Handelsregister erfolgte am 4. Januar 1947. Nachdem sich herausgestellt hatte, daß Salle bereits im Sommer 1945 aufgrund einer Verkettung von Zufällen nach Göttingen gelangt war, lag es nahe, ihn als erfahrenen und dem Hause eng verbundenen Mitarbeiter mit der Gründung der Niederlassung zu betrauen. Salle gab sich der neuen Aufgabe mit Begeisterung hin. Er richtete das Verlagsbüro in der Weenderstraße 60 ein, einem alten Fachwerkhaus aus dem 16. Jahrhundert, an der Ecke des Kirchplatzes der Jacobikirche.

Als Salle nach dem Ausscheiden von Julius Springer aus dem Verlag am 1. Januar 1962 die Leitung des Fachbereiches Technik übernahm und im Herbst/Winter 1961/62 nach Berlin übersiedelte, wurde das Büro in der Weenderstraße 60 in der zweiten Januarhälfte 1962 aufgelöst. Die langjährige Mitarbeiterin T. Langes, Johanna Vahlteich, betreute bis zum 31. Dezember 1964 eine Kontaktstelle des Verlages in Göttingen-Geismar. Danach entfiel der Ortsname Göttingen im Verlagsimpressum.

9 (s. gegenüberliegende Seite) *Britische Lizenz vom 25. Oktober 1945, die für den Verlagsort Göttingen ausschließlich für Bücher erteilt worden war. »... irgendwelche anderen Veröffentlichungen« mußten nach Punkt 2c die Zulassungsnummer tragen. (Nach dem nicht mehr reproduzierbaren Original neu gesetzt. Durchgestrichene Wörter sind auch im Original durchgestrichen.)*

München

Im Jahre 1918 war der 40 Jahre vorher — am 1. Januar 1878 — in Wiesbaden gegründete Medizinverlag J. F. Bergmann in den Besitz des Springer-Verlages gelangt [GÖTZE (2); HS: 234f. und 314, Abb. S. 236]. Wiesbaden war zu jener Zeit kein günstiger Platz mehr für die erforderlichen Autorenkontakte, weshalb die Verlegung des Firmensitzes nach München beschlossen und am 1. Januar 1920 mit Umzug in die Trogerstraße 56, München-Bogenhausen, vollzogen wurde. Ab 1. Januar 1930 übernahm der Springer-Verlag die Auslieferung der Bergmann-Produktion.

Nach dem Zweiten Weltkrieg erhielt der Bergmann-Verlag am 20. Oktober 1948 die Lizenz der amerikanischen Militärregierung. Es war ein Glücksfall, daß in jenen Jahren des Aufsichselbstgestelltseins eine starke und sichere örtliche Führung in der Person von Friedrich Probst zur Stelle war mit einem Stab loyaler Mitarbeiter. Nach fast zwanzigjähriger Unterbrechung wurden wieder verlegerische Aufgaben angepackt, wobei es sich zunächst um die Neubelebung von Zeitschriften und bewährten alten Titeln handelte. Es galt zugleich, neue Satz- und Druckmöglichkeiten zu erkunden und zu nutzen. Zum Glück boten die Lager bei der Universitätsdruckerei Stürtz, Würzburg, noch unversehrte Bestände von Monographien und Handbüchern, eine glückliche Fügung in Anbetracht der Vernichtung oder des Abtransportes anderer Lager. Es kam zu einer reibungslosen Zusammenarbeit zwischen Bergmann und Springer sowohl im Planungs- und Herstellungs- als auch im Vertriebsbereich. 1977 konnten die medizinischen Bestände des Verlages

10 *Das Haus am Agnes-Bernauer-Platz 8 in München war von 1977 bis 1989 Domizil des Verlags J. F. Bergmann und bis 1992 Sitz der Münchner Technikplanung des Springer-Verlags.*

J. F. Lehmann übernommen werden, in dessen Gebäude in München-Laim, Agnes-Bernauer-Platz, der Verlag J. F. Bergmann am 1. Oktober 1977 übersiedelte.

In den neuen Räumen wurde zugleich ein Springer-Planungsbüro eingerichtet. Es erwies sich als vorteilhaft, die zahlreichen Autoren in München von dort aus zu betreuen; das galt insbesondere für unsere medizinischen Autoren und Herausgeber, in deren Händen so wichtige Zeitschriften wie die ›Klinische Wochenschrift‹ und später ›Der Internist‹ lagen. Aber auch für die technische Planung unseres Hauses war München ein wichtiger Standort — nicht nur im Hinblick auf die bedeutende Münchner Technische Hochschule, sondern auch auf die Hochschulen in Stuttgart und Karlsruhe, ebenso wie für die Kontakte zur ETH Zürich, die alle von München aus besser erreichbar waren als von Berlin. Dazu kam noch die Verbindung zu so bedeutenden Industriefirmen wie Siemens, München und Erlangen, und zahlreichen anderen maßgebenden Industriebetrieben im süddeutschen Raum. Aus diesem Grunde übernahm im April 1969 Manfred Hofmann die Leitung eines technischen Verlagsbüros des Springer-Verlages München, das bis heute erfolgreich tätig ist.

11 *Rudolf Weiß (1909–1972) folgte Friedrich Probst (1895–1974) 1968 in der Leitung des Bergmann Verlags.*

Die allgemeine wirtschaftliche Entwicklung zwang zu Konzentrationsmaßnahmen, die im Januar 1989 zur Eingliederung von J. F. Bergmann in den Springer-Verlag führte. Damit ging eine Reduktion des Personalbestandes einher, der dem Charakter der verbleibenden Kontaktstelle angepaßt wurde.

Freiburg im Breisgau

Neben der Zulassung in den amerikanisch und britisch besetzten Bereichen des westlichen Teiles Deutschlands war am 9. Oktober 1947 auch die Lizenz beim französischen Militärgouverneur in Baden-Baden beantragt und im Frühjahr 1948 erteilt worden. Eine offizielle, wenn auch nur formale Niederlassung erfolgte als »Briefkastenfirma« in Freiburg i. Br., Johanniterstraße 4, mit dem Geschäftsführer Franz Joseph Großmann, einem leitenden Mitarbeiter des Herder-Verlages und Vater unseres späteren Mitarbeiters Bernd Grossmann. Die handelsgerichtliche Eintragung trägt das Datum vom 6. April 1948. Es bestand aber in diesem Raum kein Bedürfnis für eine Autorenbetreuung, die nicht von Heidelberg aus hätte wahrgenommen werden können — abgesehen davon, daß die Papierbeschaffung in der französisch besetzten Zone ungewöhnlich schwierig war. Es existiert kein Springer-Buch mit einem Freiburger Impressum. Das dortige Büro wurde am 6. Oktober 1949 liquidiert.

Der Wiener Springer-Verlag

Der Springer-Verlag Wien stand bei Kriegsende unter der Leitung von Otto Lange (26. April 1887 bis 12. Mai 1967). Er hatte den Wiener Verlag seit 1924 geleitet. Seine Frau Maria erhielt am 6. März 1936 die Prokura [HS: 249f. und 365f.].

Im April 1945 wurden Verlagshaus und Lager in der Schottengasse 4 durch Brand völlig zerstört. Da ein erheblicher Teil des Buch- und Zeitschriftenlagers bereits vorher ausgelagert worden war, entging ein Großteil der Bestände der Zerstörung. Es blieben Vorräte in größerem Umfang erhalten als im deutschen Verlag. Noch im gleichen Jahr fand die Firma in der Mölkerbastei 5 ein neues Domizil.

Der neue österreichische Staat hatte ausländischen Firmenbesitz beschlagnahmt [HS: Anm. 51]. Aufgrund der Tatsache, daß O. Lange seit 1935 die österreichische Staatsangehörigkeit besaß, durfte er selbst zwar den Verlag weiterführen, die deutschen Partner hatten jedoch ihre Rechte verloren. F. Springer drängte auf Rückgabe und zeigte sich ungeduldig über den langsamen Gang der Verhandlungen. Doch mußte O. Lange [HS: Abb. S. 365] vorsichtig taktieren, um die nach damaligem Recht österreichische Firma nicht zu gefährden. Ein Brief von Ferdinand an Julius Springer vom 30. Juni 1949 beleuchtet die Situation: »Ich sehe eben Deinen Brief an Otto Lange vom 25. Juni und möchte Dich bitten, zurzeit keinen Briefwechsel mit ihm zu führen. Ich bin dabei, unsere Rechte ihm gegenüber durchzukämpfen und habe meinen Verkehr mit ihm auf den sich daraus

12 *Das Signet des Springer-Verlags Wien wurde in dieser heutigen Form 1980 von Max Bollwage entworfen.*

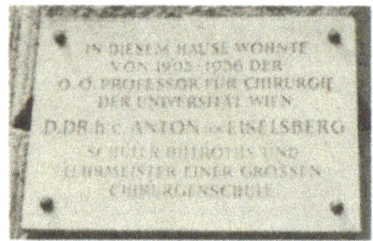

13 *Gedenktafel für den Chirurgen Anton v. Eiselsberg, der 1923 Ferdinand Springer gebeten hatte, die ›Wiener Klinische Wochenschrift‹ zu übernehmen. Dies gab den Anlaß zur Gründung des Springer-Verlags Wien. Die Tafel befindet sich rechts neben dem Eingang zum alten Verlagshaus an der Mölkerbastei 5 in Wien, Innere Stadt.*
14 *Zwei Etagen im Gründerzeit-Palais an der Mölkerbastei 5 (hier das Portal) waren seit 1945 für fast 50 Jahre, bis 1991, die Unterkunft des Wiener Springer-Verlags.*

Der Wiener Springer-Verlag

ergebenden Briefwechsel beschränkt, den ich rein formell halte...« Es gelang schließlich nach langen Verhandlungen, bei denen Hofrat Hans Dechant eine wichtige Rolle spielte, am 9. Juni 1954 F. Springer wieder als Partner in Wien mit der gleichen Beteiligungsquote wie O. Lange einzutragen. Der Verkehr mit Wien spielte sich wieder ein — wenn auch von beiden Seiten mit einer gewissen Zurückhaltung.

Nach Langes Tod am 12. Mai 1967 wurde sein langjähriger Mitarbeiter Wilhelm Schwabl am 10. Juni zum Geschäftsführer ernannt. Ihm folgte nach seiner Pensionierung Ende 1983, am 9. Februar 1984 Bruno Schweder. Schweder erlag am 12. Okto-

15, 16, 17 *Otto Lange (1887 bis 1967), Bruder von Tönjes Lange, war der erste Verlagsleiter des Wiener Hauses (seit 1924). Ihm folgte 1967 sein langjähriger Mitarbeiter Wilhelm Schwabl (1909). Rudolf Siegle (1944) gehört dem Springer-Verlag Wien seit 1977 an. Seit 1988 ist er Geschäftsführer als Nachfolger Bruno Schweders.*

18 *Heinz Götze, Konrad F. Springer und Georg F. Springer anläßlich des 50jährigen Jubiläums des Wiener Verlags, das am 2. Mai 1974 im Wiener Schwarzenberg-Palais gefeiert wurde.*

ber 1987 einer schweren Krankheit; seit dem 3. Februar 1988 liegt die Führung des Wiener Hauses in der Hand von Rudolf Siegle.

Wiederaufnahme der Exporttätigkeit

Unmittelbar nach dem Zweiten Weltkrieg gab es für den Absatz von Büchern innerhalb Deutschlands zunächst keine Probleme, da nach den Verlusten der Kriegszeit jede Art wissenschaftlicher Literatur höchst begehrt war. Das änderte sich schlagartig, als die Währungsreform vom 21. Juni 1948 die Mittel eines jeden Bürgers zunächst auf sein Kopfgeld von 40 DM reduzierte [UMLAUFF].

Auch vorher schon war es eine berechtigte Sorge der Verlagsleitung gewesen, daß der Binnenmarkt allein ohne Exportmöglichkeiten keine dauerhafte Aufbauarbeit garantieren würde. Wohl war direkter Export theoretisch möglich, konnte aber nur auf dem Frachtweg erfolgen, nicht per Drucksache, was den Versand von Zeitschriftenheften an Einzelabnehmer im Ausland verhinderte. Verhandlungen über die Wiederaufnahme des Exports fanden am 11. Juli 1947 beim Berliner Magistrat statt, und am 7. Oktober des gleichen Jahres gelang es, mit der britischen Exportstelle ›JEIA‹ (Joint Export and Import Agency), Hannover, über die Buch- und Zeitschriftenausfuhr erfolgreich zu verhandeln. Es hatte schon zahlreiche Anfragen alter Kunden aus dem Ausland gegeben; nun endlich konnten die ersten 3000 Auslandsangebote für inzwischen wieder erscheinende Zeitschriften versandt werden. In diese Zeit, auf den 15. Oktober 1947, fiel der erste Besuch von Robert Maxwell, der als tschechischer Staatsangehöriger freiwillig in einer britischen Einheit gedient und für seinen mutigen Kriegseinsatz das ›Military Cross‹ erhalten hatte. Er fühlte sich zum Verlagswesen hingezogen und machte dem Springer-Verlag das Angebot, aufgrund seiner persönlichen Verbindungen als britischer Presseoffizier, den Export des Springer-Verlages beschleunigt in Gang zu bringen. Er wollte auch dafür sorgen, daß die wertvollen Bestände, die nach Österreich ausgelagert worden waren, für den Verlag gerettet würden, um sie von London aus weltweit zu verbreiten. Dies war für F. Springer unter den obwaltenden Umständen ein interessantes Angebot, denn es war nach Besatzungsrecht strittig, ob diese Vorräte dem deutschen oder dem österreichischen, also einem ausländischen, Verlag gehörten. Die Überführung der Bestände aus Österreich nach London begann im Oktober 1948 und dauerte bis zum Frühjahr 1949. Maxwell hatte vorher in London die ›European Periodicals Publicity and Advertising Company Ltd.‹ (EPPAC) gegründet und

> **LANGE, MAXWELL & SPRINGER**
>
> are specialists in the procurement and distribution to Libraries and Institutes in all countries of German Scientific Books and Journals, in particular the publications of Springer-Verlag, Berlin-Goettingen-Heidelberg, J. F. Bergman, Munich, Wilhelm Ernst & Sohn, Berlin, Walter de Gruyter & Co., Berlin, Urban & Schwarzenberg, Berlin-Munich, Verlag Chemie G.m.b.H., Weinheim-Berlin.
>
> We have in London stocks of all the post-war productions of the above publishing houses, and are in a position to obtain any scientific publication still available in Germany, or to accept orders for future productions.
>
> Lange, Maxwell & Springer are also distributors of the publications of Butterworth Scientific Publications Ltd., and Butterworth-Springer Ltd.

19 *Anzeige aus dem Katalog des Jahres 1949 für das Vertriebsunternehmen Lange, Maxwell & Springer.*

mit einer am 18. November 1947 angekündigten und im April 1948 eröffneten Dauerausstellung deutsche Druckerzeugnisse in London gezeigt. Für Januar 1948 wurde der Beginn des Zeitschriftenexportes geplant und ein erstes Angebot aufgrund der vorhandenen Bestände aufgestellt. Bestellungen folgten bald, eine der größten am 2. Februar 1948 von der finnischen Buchhandlung Akateeminen Kirjakauppa. Die JEIA stimmte zu, daß ab 1. Januar 1949 alle über die EPPAC bestellten Zeitschriften ohne besondere Zollformalitäten unmittelbar an die einzelnen Abnehmer in alle Welt versandt werden konnten. Von diesem Zeitpunkt an übernahm die Universitätsdruckerei H. Stürtz AG in Würzburg den Auslandsversand unserer Zeitschriften.

Am 1. September 1949 wurde das Gemeinschaftsunternehmen Lange, Maxwell & Springer (LMS) gegründet, das in Zukunft neben der EPPAC ausschließlich Springer-Literatur verbreiten sollte. An eine verlegerische Tätigkeit von LMS war nicht gedacht.

Die Verlagsinhaber waren nicht mit fliegenden Fahnen auf die Angebote von Robert Maxwell eingegangen. Es gab Bedenken, sich in eine der bisherigen Politik des Hauses zuwiderlaufende Abhängigkeit zu begeben. Man meinte zudem aufgrund vieler Anfragen aus dem Ausland, daß die bestehenden Schwierigkeiten als Übergangserscheinungen anzusehen seien und die Auslandsbeziehungen sich in absehbarer Zeit normalisieren würden. Es war zu befürchten, daß uns die ausländischen Kunden den Zwang und die damit verbundenen Komplikationen, unsere Produktion nur über London beziehen zu können, als Schwäche auslegen würden. Wenn die Zusammenarbeit mit Maxwell dennoch zustande kam, so deshalb, weil es damals bei nüchterner Beurteilung nur auf diese Weise möglich erschien, innerhalb eines vernünftigen Zeitraumes die für die weitere Produktion dringlich erforderlichen Mittel, insbesondere Devisen, zu erhalten. Diese Erwartungen haben sich erfüllt, denn Maxwell konnte sich über manche innerdeutsche Schwierigkeit jener Zeit als Angehöriger der britischen Besatzungsmacht hinwegsetzen. Die Zusammenarbeit mit EPPAC und LMS gestaltete sich allerdings mühselig wegen der Unerfahrenheit des Londoner Personals. Wichtige Mitarbeiter des Springer-Verlags mußten deshalb in den Jahren 1949 bis 1952 während monatelanger Aufenthalte in London die Organisationsgrundlagen für eine reibungslose Exportarbeit legen. Hier entstand für den Verlag ein Risiko, dessen Übernahme nur verstehen kann, wer sich die Gesamtsituation 1949 kurz nach der Blockade Berlins vergegenwärtigt. 1952 wurde dann aufgrund wachsender Schwierigkeiten mit den von Maxwell geleiteten Firmen der Vertrag nicht mehr in der alten Form erneuert, sondern nur noch Einzelverabredungen getroffen und die Zusammenarbeit ohne Ausschließlichkeitsanspruch von seiten Maxwells bis 1958 weitergeführt. Im gesamten Zeitraum der Zusammenarbeit mit EPPAC, Lange, Maxwell & Springer, und I. R. Maxwell & Co., d. h. vom 1. Februar 1948 bis zum 31. Dezember 1958, wurde ein Gesamtnettoumsatz von rund 20,5 Mio. DM erzielt.

Seitenblick nach London

Es war der Wunsch F. Springers, nicht nur um die Wiedergewinnung der ausländischen Märkte zu kämpfen, er wollte sich auch verlegerisch aus der Nachkriegsenge Deutschlands befreien. Seine Zuneigung zu England, das er als Student erlebt und das ihn beeindruckt hatte [HS: 156], ließ den Blick dorthin gleiten, zumal der Weg durch den Vertrieb über London vorgebahnt war.

In unseren Akten befindet sich ein ›Certificate of Incorporation‹ einer Firma Springer Publishing Company Limited vom 15. Oktober 1948. Möglicherweise war dies ein erster Versuch in Richtung auf das 1949 zustande gekommene Joint Venture mit der Firma Butterworth Scientific Publications Ltd. Die ersten Fäden waren von Paul Rosbaud gesponnen worden, der über gute Kontakte in England verfügte und damals noch persona grata bei F. Springer war. Der zuständige Partner von Butter-

20 *Entwurf eines Signets für die geplante Firma Butterworth Scientific Publications Ltd. von Ferdinand Springer in Grasse/Frankreich, dem Stiefbruder von Georg F. und Konrad F. Springer.*

worth war Hugh Quennell, ein Finanzier ohne echtes Interesse am wissenschaftlichen Verlagswesen. Vom ersten Zusammentreffen zwischen Springer und Quennell wird folgender Wortwechsel überliefert:

Quennell (in arrogantem Ton): »Well, Mr. Springer, what are you doing in England?«
Springer: »I am glad, Mr. Quennell, that you did not ask: What the hell are you doing in England?«

Damit war das Eis gebrochen, das persönliche Verhältnis reibungslos. Das Zitat zeigt die für F. Springer charakteristische humorvolle Schlagfertigkeit. Am 21. April 1949 wurde die Firma Butterworth-Springer Ltd. ins Leben gerufen, wobei der Springer-Verlag seine planerische und herstellerische Erfahrung beisteuern sollte, Butterworth das erforderliche Kapital.

Die Leitung von Butterworth-Springer lag bei dem Engländer Rex Foy als General Manager. Rosbaud war Planungsleiter und Salle verantwortlich für die Herstellung; er pendelte in dieser Zeit zwischen Göttingen und London. Es zeigte sich aber bald, daß die Zielvorstellungen zwischen Butterworth und Springer zu stark divergierten. Quennell war an möglichst schnellem Kapitalumschlag und hohen Gewinnen interessiert und nicht am zielstrebigen Aufbau eines hochqualifizierten wissenschaftlichen Verlages. Das Joint Venture wurde im Frühjahr 1951 wieder gelöst. Die Gründung von Pergamon Press war mit dieser Auflösung insofern verknüpft, als Maxwell die ›Shares‹ von Butterworth-Springer Ltd. übernahm und der Name in Pergamon Press umgewandelt wurde. Das Signet dieser neuen Firma hatte der Schreiber dieser Zeilen entworfen. Zur Zeit dieses Überganges hatte Butterworth-Springer bereits drei Zeitschriften übernommen, die dann auf Pergamon Press übergingen, darunter das wertvolle Springer-Archiv ›Spectrochimica Acta‹, das von Alois Gatterer, dem Leiter des Astrophysikalischen Laboratoriums der Vatikanischen Sternwarte, der Specola Vaticana in Castel Gandolfo, herausgegeben wurde.

21 *Signet von Pergamon Press, entworfen von Heinz Götze und die griechische Münze, nach der es gestaltet wurde.*

22 *›Spectrochimica Acta‹, Bd. 2, Heft 5, 1942. Man beachte, daß im vierten Kriegsjahr noch ein »feindlicher Ausländer« auf dem Umschlag genannt wurde.*

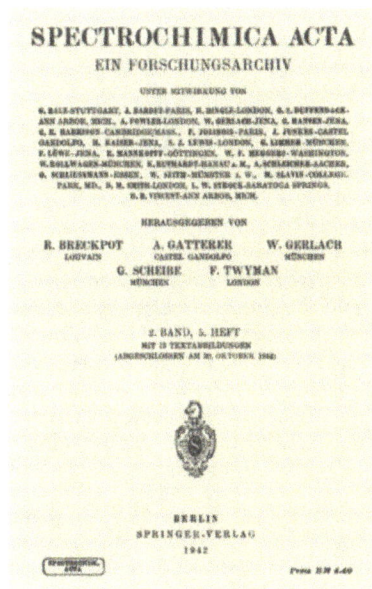

ZWEITER ABSCHNITT
Konsolidierung (1950–1965)

Probleme der ersten Nachkriegsjahre

Die Währungsreform vom 21. Juni 1948 hatte die monetäre Grundlage für einen wirtschaftlichen Neuanfang gelegt, doch waren in den vorangegangenen Jahren schon entscheidende Schritte getan und programmatische Zeichen gesetzt worden (vgl. die Übersicht der bereits vor der Währungsreform wiederbegonnenen Zeitschriften auf S. 30f.). Kapital stand nicht zur Verfügung wie unseren holländischen, britischen und US-amerikanischen Konkurrenzfirmen. Wohl aber kam ein ideelles Kapital zur Geltung: das jahrzehntelang aufgebaute und bewahrte Ansehen des Springer-Verlages aufgrund seines hohen Qualitätsanspruchs. Der Verlag hatte sich ferner stets ausgezeichnet durch Treue und Loyalität gegenüber seinen Autoren und Herausgebern. Diese Loyalität wurde erwidert – auch von jenen, die im Dritten Reich emigrieren mußten. In ähnlicher Weise honorierten Lieferantenfirmen alte und langjährige Partnerschaft durch hilfreiche Haltung beim Wiederbeginn. Hier sind die Papierfabrik Scheufelen in Oberlenningen zu nennen, die Universitätsdruckerei H. Stürtz AG in Würzburg und die alten Druckereibetriebe im Osten. Dankbar erinnern wir uns auch des Vertrauens, das uns die Deutsche Bank gerade während der schwierigen Anfangszeit und der kritischen Aufbaujahre entgegenbrachte; es ist hierbei besonders O. Gebhardts, H. Kapferers, beide Heidelberg, und Heinz G. Rothenbüchers, Mannheim, zu gedenken.

Nicht zuletzt aber war es der Stab treuer und loyaler Mitarbeiter, ausgestattet mit Kenntnissen und Erfahrungen aus vorangegangenen Jahrzehnten, ohne deren Einsatz das Aufbauwerk kaum hätte gelingen können. Es sei hier – stellvertretend für zahlreiche andere – Henrik Salle genannt, dessen Vater, Victor Salle, bereits als Schüler und Assistent von Wilhelm His an der I. Medizinischen Klinik der Inneren Medizin der Charité mit dem Springer-Verlag 1910 in Berührung gekommen war [HS: 132 ff.] und der 1920 die Redaktion des Kongreßzentralblattes für Innere Medizin und 1923 die Redaktion der im Jahre vorher gegründeten ›Klinischen Wochenschrift‹ übernommen hatte. Henrik Salle war am 25. November 1935 in den Verlag eingetreten, als J. Springer sich zum Ausscheiden entschließen

23 *Henrik Salle (1910) war von 1947 bis 1962 Direktor der Verlagsniederlassung in Göttingen. Danach übernahm er die Leitung des Fachbereichs Technik, insbesondere des ›Landolt-Börnstein‹ in Berlin. Gleichzeitig leitete er bis 1976 den Herstellungsbereich.*

24 *Paul Gosse (1888–1968) gehörte dem Springer-Verlag seit 1902 an. Bis 1967 leitete er den Heidelberger Herstellungsbereich.* – **25** *Gotthelf Schulz (1902–1987, links) war bis 1972 Leiter der Buchherstellung in Berlin. Franz Soschka (1902–1972, rechts) war, ebenfalls bis 1972, für die Berliner Zeitschriften-Herstellung verantwortlich.*

mußte und F. Springer eines verläßlichen Assistenten aus dem Bereiche der Technik bedurfte. Es sind ferner die treuen Stützen der Verlagsherstellung zu nennen, der unvergessene Paul Gosse in Heidelberg, der bei seinem Ausscheiden im Jahre 1967 dem Verlag 65 Jahre gedient hatte, Gotthelf Schulz und Franz Soschka in Berlin, die die überaus schwierige Verbindung mit den Druckereien im östlichen Teil Deutschlands von Berlin aus mit Geschick und Durchhaltevermögen aufrecht erhielten. Für den Vertrieb war es Rudolf Lönnies, unterstützt von Friedrich Schröer (s. Abb. S. 214) für das Zeitschriftenwesen, Reinhold Halling (s. Abb. S. 267) für die Buchhaltung, sowie Eberhard Frömmel (s. Abb. S. 214) für Lange & Springer und Max Niderlechner (s. Abb. S. 214) für das Antiquariat; er war umfassend gebildet und der »gute Geist« des Hauses [WENDT].

26 *Rudolf Lönnies (1900–1978, rechts) war bis 1971 ideenreicher und unermüdlicher Verkaufsleiter des Springer-Verlags. 1925 in das Unternehmen eingetreten, erhielt er 1947 Prokura. Sein langjähriger Mitarbeiter Horst Drescher (1927, links) leitete seit 1981, nachdem er bereits 1973 die Werbeabteilung übernommen hatte, den Vertrieb. Sein besonderes Verdienst war der Ausbau der Verlagsbeziehungen zur Sowjetunion und zu Polen. 1991 zog sich Drescher vom aktiven Verlagsleben zurück.*

27 *Paul Hövel (1904–1989) arbeitete seit 1945 für den Verlag. Seit 1950 unterstützte er Tönjes Lange. Nach Langes Tod (1961) betreute Hövel bis 1972 dessen Aufgabenbereich.*

28 *Armin Würfel (1899–1960), von 1953 bis 1960 Vorstand der Universitätsdruckerei H. Stürtz AG, hat den Offsetdruck energisch gefördert.*

T. Lange, nach dem erzwungenen Ausscheiden von J. und F. Springer der treue und großherzige Sachwalter des Verlags, hatte kurz nach Kriegsende Paul Hövel als seinen persönlichen Mitarbeiter in das Berliner Verlagshaus aufgenommen. Hövel hatte in den vorangegangenen Jahren als Leiter der Wirtschaftsstelle des Deutschen Buchhandels die Arbeitsmöglichkeiten des Verlages gefördert bzw. Behinderungen auszuschalten versucht [HS: 342; Anm. 75]. Hövel betreute nach dem Hinscheiden T. Langes (8. Mai 1961) dessen Arbeitsgebiete Organisation, Verwaltung, Personal mit großem Verantwortungsbewußtsein. Er diente dem Unternehmen in loyaler Weise. Nach seiner Pensionierung 1972 sammelte er Material für eine Verlagsgeschichte, die allerdings unter dem Mangel des damals noch nicht wiederentdeckten Archivs mit der gesamten Korrespondenz seit 1858 litt und deshalb 1982 nur als Privatdruck erscheinen konnte.

Eines der großen Probleme der Nachkriegszeit war es, die erforderliche Satz- und Druckkapazität bereitzustellen und das Papier zu beschaffen. Es war zwischen Ferdinand und Julius Springer vereinbart, daß die technische Literatur im wesentlichen durch die gut bekannten Druckereien im Osten, wie Interdruck, früher Brandstetter und Spamer, Andersen Nexö, früher und jetzt wieder Haag-Drugulin in Leipzig, Druckhaus Köthen, Pierer in Altenburg und J. Beltz in Langensalza hergestellt werden sollten. Auch der Landolt-Börnstein gehörte zu den im Osten herzustellenden Werken. Der Mauerbau im Jahre 1961 hatte diese Verbindungen wohl erschwert, aber nicht trennen können, denn die DDR machte ihre Einkäufe bei Springer von entsprechenden Aufträgen an ihre Druckereien abhängig; es war ein Kompensationsgeschäft. F. Springer hatte seinem Heidelberger Bereich die Kapazität der technisch hochqualifizierten Universitätsdruckerei H. Stürtz AG reserviert [HS: 214f.]. Anfang der fünfziger Jahre konnte zusätzlich die Mitarbeit der ›Wiesbadener Graphischen Betriebe‹ gewonnen werden, deren Mitbegründer Armin Würfel — vormals Mitinhaber von Brandstetter in Leipzig — später (1. Januar 1953 bis 24. Juni 1960) Direktor der Universitätsdruckerei Stürtz wurde. Versuche mit anderen westdeutschen Betrieben wie August Bagel, Düsseldorf und C. H. Beck in Nördlingen erwiesen sich, zum Teil wegen der Entfernungen vom Verlagsort, als nicht ausbaufähig. Wohl aber kamen fruchtbare Verbindungen mit Brühl, Gießen, Triltsch, Würzburg und Peter in Rothenburg o. T. zustande. Mitte der fünfziger Jahre wurde der Kontakt zu Beltz aufgenommen, der sich nach Verstaatlichung seiner Druckerei in Langensalza 1949 in Weinheim niederließ mit einer Druckerei in Hemsbach (1966).

Die entscheidenden Impulse in diesen Jahren gingen von F. Springer aus. Sein Elan erinnert an seine mutigen verlegerischen Initiativen, die er zur Verwunderung seiner Berufskollegen unmittelbar nach dem Ersten Weltkrieg entfaltete, als er sich trotz rückläufiger Absatztendenzen stark in der Mathematik engagierte, was unter anderem zum Übergang der berühmten ›Mathematischen Annalen‹ von Teubner zu Springer geführt hatte [HS: 261 f.]. F. Springer war eine Persönlichkeit, die alle, die länger mit ihm zusammenarbeiten konnten, aber auch seine Besucher, durch seine von höchster Intelligenz beflügelte, überaus rasche Auffassungsgabe, seinen lebendigen Charme und sein großes Einfühlungsvermögen beeindruckte. Es konnte geschehen, daß Springer eine knappe, treffende Antwort gab, bevor der Gesprächspartner sein Anliegen zu Ende formuliert hatte. Diesem Stile entsprachen seine Briefe, die nur selten länger als eine halbe Seite waren. Sein schwungvoll knapper Namenszug war Ausdruck seiner Persönlichkeit. Er war für den Außenstehenden nicht immer leicht zugänglich, sondern umgab sich mit einer »persona«, die Distanz gebot und geeignet war, sein im Grunde warmherziges Wesen eher zu verhüllen. In einer eigenen, bereits im ersten Band zitierten Darstellung seines Lebenslaufes für den ›Rotary Club‹ in Heidelberg vom 13. Mai 1952 hat er sich selbst treffend charakterisiert. Aus diesem Bericht sei hier ein für seine Wiederaufbautätigkeit bezeichnender Passus wiedergegeben:

29 *Der erste Verlagskatalog nach dem Krieg erschien im April 1948. Er umfaßte 23 Seiten und bot Titel an, die noch über den Krieg gerettet werden konnten, Neubearbeitungen ehemals erfolgreicher Bücher sowie Titel »in Vorbereitung«.*

Der Wiederaufbau unserer Firmen schien zunächst fast hoffnungslos. Unsere Berliner Geschäftshäuser waren teils halb, teils völlig zerstört, das Wiener Haus vollständig mit allen Vorräten. Unsere Druckerei in Würzburg lag in Trümmern. Durch Kriegseinwirkung hatten wir Schäden an Vorräten in Höhe von 7 bis 8 Millionen Mark erlitten, und im Laufe des Juni und Juli 1945 entnahmen die Russen ohne Quittung und ohne Zahlung für mehr als 18 Millionen RM Vorräte, die nach Rußland abtransportiert wurden. Es war hierbei interessant, daß die Entnahme nicht wahllos, sondern auf Grund genauer Listen aus Moskau erfolgte. Umso fühlbarer waren natürlich die Verluste. Es blieben uns außer unserem guten Namen nur etwa 10 % unserer Vorräte als Betriebskapital. Die Verwertung dieser verbliebenen Vorräte war wesentlich beeinträchtigt durch die Tatsache, daß man in USA während des Krieges und nachher fast 300 unserer für den Export bedeutenden Verlagswerke nachgedruckt hatte!

In all den neuen Situationen, vor denen die Firma und ihre Leiter täglich stehen, ist eines unverändert geblieben: Die feste Entschlossenheit, der Wissenschaft, aber auch der deutschen Sprache als Ausdrucksmittel der Forschung durch Deutsche zu dienen. Erfüllung dieser Aufgabe bestimmt auch das Schicksal unserer Verlage...

F. Springer sprach nicht viel über seine verlagspolitischen Gedanken — in der Überzeugung, daß kein Theoretisieren den verlegerischen Instinkt ersetzen kann. Er nahm den Faden dort wieder auf, wo er 1942 gewaltsam abgeschnitten worden war. Er verfolgte die Pläne für die großen Handbücher weiter, ebenso wie die Ergebnis- und Fortschrittsberichte auf den Gebieten der Naturwissenschaften, der Medizin und der Mathematik, ferner Monographienreihen wie die ›Grundlehren der mathematischen Wissenschaften‹. Die Arbeit an diesen Objekten, möglichst mit alten bewährten Herausgebern, wurde zügig aufgenommen. Das gleiche galt für die Zentralblätter der Medizin und der Mathematik.

Heidelberger Anfänge

Karl Jaspers und der Chirurg Karl Heinrich Bauer, der erste Nachkriegsrektor der Heidelberger Universität, hatten sich um die Wiedereröffnung der ältesten Universität Deutschlands und damit um die Schaffung der Voraussetzungen für die Wiederaufnahme freier Forschung und Lehre erfolgreich und beispielhaft bemüht. Beiden Persönlichkeiten war Springer als Verleger und Mensch verbunden [DE ROSA]. In jener für die Prägung der geistigen Grundlagen der Universität entscheidend wichtigen Zeit vertraute Jaspers dem Springer-Verlag seine Schrift ›Die Idee der Universität‹ an, das erste Werk des Verlages nach dem Krieg. Es erschien Ende Juni 1946 und stellte keine Neuauflage des im Jahre 1923 erschienenen Buches dar, sondern »einen neuen Entwurf aufgrund der Erfahrung der beiden letzten schlimmen Jahrzehnte« (Vorwort Jaspers). Diese Schrift wurde bald nach Erscheinen in der russisch besetzten Zone verboten.

1913 hatte Springer das Erstlingswerk von Jaspers, die ›Allgemeine Psychopathologie‹ [HS: 190f.] und 1931 sein Haupt-

30 *Karl Heinrich Bauer (1890 bis 1978) wurde 1943 als Nachfolger von Martin Kirschner auf den Heidelberger Lehrstuhl für Chirurgie berufen. Als erstem Nachkriegsrektor gelang ihm im August 1945 die Eröffnung der Ruperto Carola als erster deutscher Hochschule nach dem Krieg.* – **31** *Karl Jaspers (1883 bis 1969) bekleidete nach etwa vierzigjähriger Heidelberger Zeit ab 1948 den Baseler Lehrstuhl für Philosophie. 1958 erhielt er den Friedenspreis des Deutschen Buchhandels, 1964 den Orden pour le mérite.*

 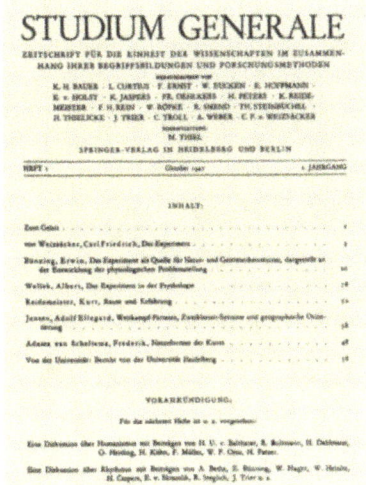 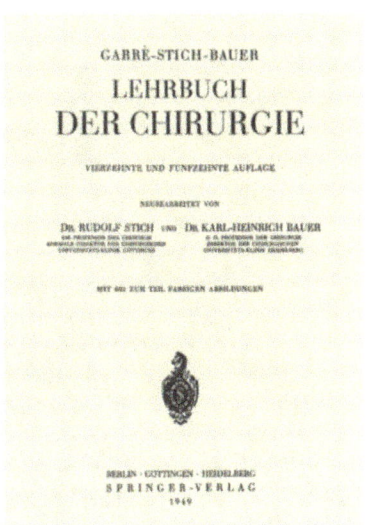

werk, die dreibändige ›Philosophie‹, verlegt, die wir 1986 in einer von Jeanne Hersch besorgten französischen Übersetzung vorlegten.

Gesprächen zwischen Springer und Jaspers entsprang der Gedanke zur Gründung der Zeitschrift ›Studium Generale‹, die ab 1947 unter der Leitung von Manfred Thiel erschien mit der Zielsetzung, das fachübergreifende Gespräch, das der Spezialisierungstendenz zum Opfer zu fallen drohte, nicht nur wach zu halten, sondern zu fördern auf der Grundlage der Idee der »universitas literarum«. Die großen Fortschritte im einzelnen, insbesondere in den Naturwissenschaften, schienen sich sehr oft zu Lasten eines Gesamtbildes der wissenschaftlichen Entwicklung auszuwirken. Der verzweifelte Spruch kam auf, daß man immer mehr über immer weniger wisse. Es war ein schlechtes Zeichen, daß das Konzept des ›Studium Generale‹ der skizzierten, unaufhaltsamen Entwicklung schließlich 1971 selbst zum Opfer fiel, zum Schaden einer Gesamtbildung, derer wir heute dringender bedürfen denn je.

32 Karl Jaspers' ›Die Idee der Universität‹ war als Heft 1 der Reihe ›Schriften der Universität Heidelberg‹ 1946 erschienen. Die weiteren Titel der Reihe dokumentieren die Arbeit der Universität in den Jahren des Neubeginns. – 33 Ende November 1947 erschien das erste Heft von ›Studium Generale‹. Springer hatte die Zeitschrift angeregt und bei Karl Jaspers große Unterstützung gefunden. – 34 Das ›Lehrbuch der Chirurgie‹ von C. Garrè und A. Borchard (1920 begonnen) wurde seit 1933 von R. Stich, ab 1949 von K. H. Bauer fortgeführt.

Karl Heinrich Bauer [LINDER (1–3)] war ein verläßlicher Freund und Berater, der als Autor und Herausgeber Springer vielfach verbunden war — einmal durch die Weiterführung des ›Lehrbuches der Chirurgie‹ von Carl Garrè und Rudolf Stich (13. Auflage 1944), das 1949 in 14. und 15. Auflage als Garrè/Stich/Bauer erschien. Auch sein grundlegendes Werk ›Das Krebsproblem‹ (1949) vertraute er Springer an. Von seiten beider prominenter Autoren konnte Springer auf die volle Unterstützung seiner Bemühungen hoffen.

Medizin

 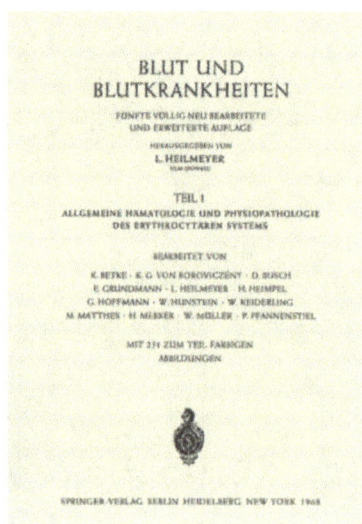 

35 *Herbert Schwiegk (1906–1988) war von 1952 bis 1956 Ordinarius für Innere Medizin an der Poliklinik Marburg; anschließend wurde er auf den Lehrstuhl seines Lehrers Gustav von Bergmann an die Universität München berufen. Außerdem war Schwiegk der maßgebliche medizinische Berater des Verlags. – **36** ›Handbuch der inneren Medizin‹, Bd. 2, Teil 1, 5. Aufl. 1968. – **37** ›Klinische Wochenschrift‹, 24./25. Jg., Heft 1/4, 1946.*

Springer eignete eine erstaunliche Menschenkenntnis, die ihn selten im Stich ließ. Sie bewährte sich auch bei der wichtigen Frage, wo der Verleger den besten und sachlichsten Rat erhalten könne. Es bildete sich eine dauerhafte Beziehung zu dem Internisten und Bergmann-Schüler Herbert Schwiegk, dessen von großer Sachkenntnis und Weitblick getragenes Urteil sich sowohl bei der Herausgabe des ›Handbuchs der Inneren Medizin‹ wie bei der ›Klinischen Wochenschrift‹ und später beim ›Internist‹ bewährte. Schwiegk war weit über den Zeitraum der Tätigkeit Springers hinaus dem Verlag in treuer Anhänglichkeit verbunden, die er auf seine Schüler Eberhard Buchborn und Gerhard Riecker übertrug.

Im Bereiche der Pathologie und der pathologischen Anatomie hörte Springer vor allem auf Robert Rössle in Berlin, Franz Büchner in Freiburg, Erich Letterer in Tübingen und Frédéric Charles Roulet in Basel, später auf den aus der Heidelberger Schule hervorgegangenen Wilhelm Doerr. Einer seiner besonders geschätzten medizinischen Berater war der Berliner Pharmakologe Wolfgang Heubner [HS: Abb. S. 329], mit dem ihn eine seltene Duzfreundschaft verband. Heubners bedeutender Schüler Hans Herken hat diese freundschaftliche Verbindung zum Verlag in treuer Weise weitergepflegt (s. auch S. 305 ff.).

Mathematik

Für das von Springer mit großem Interesse verfolgte Gebiet der Mathematik stand ihm Friedrich Karl Schmidt zur Seite, den umfassende Sachkenntnis, hohe Allgemeinbildung und lebendige Entscheidungsfreude auszeichneten. Schmidt, dem Verlag seit 1935 verbunden, verdanken wir im wesentlichen die

Mathematik – Rechtswissenschaft

Gestaltung des ersten Nachkriegsprogramms auf dem Gebiete der Mathematik. Hierbei waren die alten persönlichen Beziehungen Springers nach Göttingen hilfreich, das seit Carl Friedrich Gauß (1777–1855) zu einem Weltzentrum der Mathematik geworden war und unter Bernhard Riemann, David Hilbert und Felix Klein neue Blütezeiten erlebte. Hilberts Schüler Richard Courant, Direktor des Göttinger Mathematischen Institutes vor seiner Emigration in die Vereinigten Staaten im Jahre 1934, blieb zeit seines Lebens ein treuer Freund des Verlages [HS: 261 ff.]. Courant verband in glücklichster Weise höchste wissenschaftliche Ansprüche mit einem unkomplizierten Sinn auch für die praktischen Probleme des Verlages. Er war damit ein idealer Berater, dessen stets pragmatisch konzipierten, nie utopischen Anregungen der Verleger gern zu folgen geneigt war. Er hat dem Verlag bei allen späteren Bemühungen, die Verbindungen zu US-amerikanischen Mathematikern herzustellen, in freundschaftlicher und uneigennütziger Weise geholfen, gemeinsam mit seinen Schülern Fritz John und Peter Lax.

38 *Richard Courant (1888–1972) hat bald nach dem Ende des Zweiten Weltkriegs die persönlichen und verlegerischen Beziehungen zu Ferdinand Springer wiederaufgenommen und war oft zu Gast in Heidelberg.* – **39** *Der Mathematiker Friedrich Karl Schmidt (1901 bis 1977), bis 1946 an der Universität Jena, wurde als ordentlicher Professor nach Münster berufen und lehrte ab 1952 an der Universität Heidelberg.* – **40** *Der Verwaltungsrechtler Hans Peters (1896 bis 1966) war bereits seit 1928 Springers Berater für das juristische Programm und Mitherausgeber der ›Enzyklopädie der Rechts- und Staatswissenschaften‹.*

Ein persönlicher Vertrauter und verantwortungsbewußter Ratgeber war der Verwaltungsrechtler Hans Peters, einer der Mitherausgeber der ›Enzyklopädie der Rechts- und Staatswissenschaften‹, überzeugter Katholik und engagierter Gegner des Naziregimes. Er und seine Mitherausgeber Wolfgang Kunkel und Erich Preiser erweckten 1947 die Enzyklopädie zu neuem Leben. Peters empfahl den Schreiber dieser Zeilen im Jahre 1948 an F. Springer, der ihn ab 15. Februar 1949 in seine noch kleine Heidelberger Arbeitsgruppe aufnahm.

Rechtswissenschaft

Kontakt mit Göttingen Von Heidelberg aus hielt Ferdinand Springer — wie schon bemerkt — besonders engen Kontakt zu Göttingen, das er als ein Aktionszentrum für die gesamten Naturwissenschaften ansah, angesichts der dort angesiedelten bedeutenden Forschungsinstitute sowohl an der Universität als auch in den Kaiser-Wilhelm-Instituten. Die Universität besaß darüber hinaus eine bedeutende medizinische Fakultät, zu der gleichfalls Verbindungen bestanden bzw. hergestellt wurden, etwa zu dem Chirurgen Hans Hellner, dem Internisten Rudolf Schoen und dem Otolaryngologen Hermann Frenzel. Salle gewann in jener Zeit Arnold Eucken als Hauptherausgeber für die 1946 mit dem 34. Jahrgang wieder aufgenommene Zeitschrift ›Die Naturwissenschaften‹ und für die Arbeit an der sechsten Auflage des ›Landolt-Börnstein‹ (siehe Bericht A. Eucken im Vorwort zu Band I.1, 1950, S. XVII). Eucken vertrat die gleiche Auffassung, die auch Siegfried Flügge später zur Übernahme der Herausgeberschaft des neuen Handbuchs der Physik bewogen hatte, und äußerte dazu explizit, daß er seine wissenschaftliche Ernte in die Scheuer gebracht und jetzt seine Erfahrungen und seine Autorität zum Nutzen der Allgemeinheit verwenden wolle. Er trat in Verbindung mit den wieder erreichbaren Herausgebern des ›Landolt-Börnstein‹ wie Georg Joos, Walther Roth, Ernst Schmidt und später Ellen Lax, gewann sie zu erneuter Mitarbeit und verpflichtete neue Herausgeber wie Julius Bartels und Paul ten Bruggenkate.

Als die Arbeitsbelastung durch ›Die Naturwissenschaften‹, den ›Landolt-Börnstein‹ und den wieder in Gang gekommenen Institutsbetrieb zu groß wurde, gewann Eucken den damaligen Göttinger Privatdozenten Karl Heinz Hellwege für die Unter-

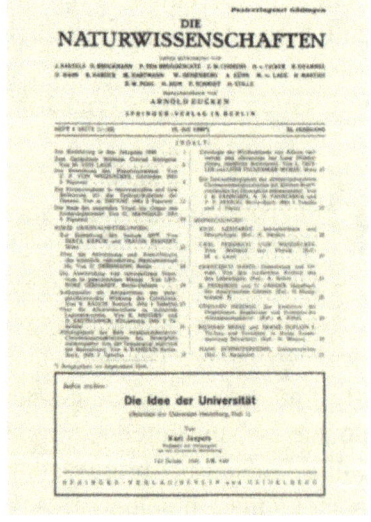

41 *Arnold Eucken (1884–1950), erster Nachkriegsherausgeber der ›Naturwissenschaften‹ und des ›Landolt-Börnstein‹.* – **42** *›Die Naturwissenschaften‹ gehörten 1946 neben den Zeitschriften ›Ärztliche Wochenschrift‹, ›Klinische Wochenschrift‹ und ›Der Züchter‹ zu den ersten wiederentstandenen Zeitschriften.*

  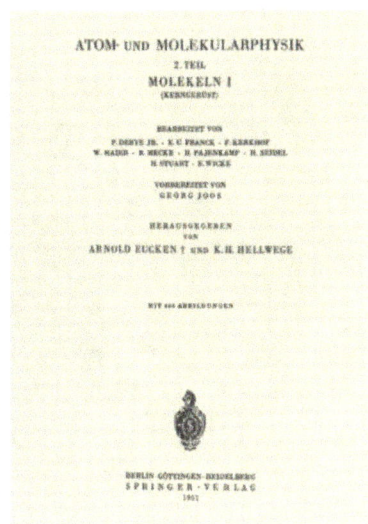

stützung seiner Redaktionsarbeit. Ein Herausgebervertrag mit Hellwege wurde 1950 geschlossen. Dies war der Auftakt zu einer besonders fruchtbaren Phase des ›Landolt-Börnstein‹ unter der engagierten Führung von Hellwege, der 1952 als Professor für Technische Physik nach Darmstadt berufen wurde. Er vereinigte einen kenntnisreichen Überblick über die moderne Physik mit der für die Redaktion eines solchen Werkes erforderlichen Organisationskraft. Eine glückliche Fügung war es, daß in seiner Frau Anne Marie Hellwege eine aus der weiteren Entwicklung des ›Landolt-Börnstein‹ nicht mehr wegzudenkende, bewegliche redaktionelle Kraft bereitstand, die seit 1958 regelmäßig Nordamerika (International Documentation Conference, Washington/DC) besuchte, um dort Autoren zu gewinnen. Sie nahm Kontakt auf zum ›National Bureau of Standards‹, Washington/DC, zur ›Bell Telephone‹ in Murray Hill/NJ und zu Datenzentren in Oak Ridge/TN, Boston/MA und Berkeley/CA. In der gleichen Absicht besuchte sie 1984 japanische Physikinstitute.

43 *Karl Heinz Hellwege (1910) war von Eucken als engagiertes Redaktionsmitglied für den ›Landolt-Börnstein‹ verpflichtet worden. Darüber hinaus war er Berater des Verlags auf dem Gebiet der Technik.* – **44** *Otfried Madelung (1922) trat 1985 die Redaktionsnachfolge von Hellwege für den* (**45**) *›Landolt-Börnstein‹ an.*

Noch vor der Währungsreform wurden Vorbereitungen getroffen für Neuauflagen von drei für die Medizin grundlegenden Handbüchern. Sie bildeten eine in ihrer Bedeutung für die damalige Zeit heute kaum mehr zu ermessende Grundlage für die wieder beginnende medizinische Forschung. In vorderster Linie stand das ›Handbuch der inneren Medizin‹, dessen sich Herbert Schwiegk annahm. Ferner wurden neue Bände des ›Handbuchs der mikroskopischen Anatomie‹ konzipiert, begründet von Wilhelm von Möllendorff und seit 1955 von Wolf-

Handbücher

46 *Robert Rössle (1876–1956) wurde 1931 Nachfolger auf dem Lehrstuhl Otto Lubarschs in Berlin; er beriet den Verlag auf seinem Fachgebiet.* – **47** *Unter der Ägide Erwin Uehlingers (1899–1980) erschienen weitere 13 Teilbände des ›Handbuchs der speziellen pathologischen Anatomie und Histologie‹; er war außerdem Mitherausgeber von ›Virchows Archiv‹ und des Doerr/Seifert/Uehlinger ›Spezielle pathologische Anatomie‹.* – **48** *Wolfgang Bargmann (1906–1978), Herausgeber des ›Handbuchs der mikroskopischen Anatomie‹ und der ›Zeitschrift für Zellforschung und mikroskopische Anatomie‹.*

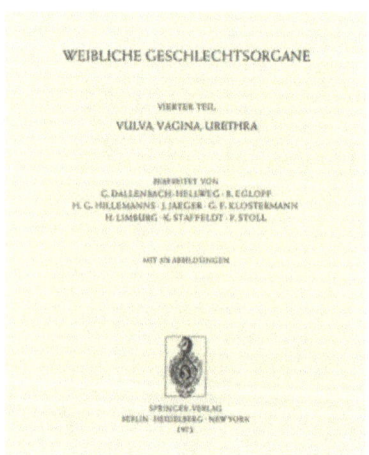

gang Bargmann fortgeführt, sowie des ›Handbuchs der speziellen pathologischen Anatomie und Histologie‹ von Friedrich Henke und Otto Lubarsch, das Robert Rössle 1931 übernommen hatte und das seit 1956 von Erwin Uehlinger, Zürich, fortgeführt wurde.

1948/49 begann die Planung eines neuen Physikhandbuchs mit internationaler Beteiligung. An eine Neuauflage des ersten, sehr erfolgreichen Handbuchs der Physik, dem ›Geiger/Scheel‹ (1926 bis 1929), war nach den stürmischen Fortschritten der Forschung seit jenen Jahren nicht mehr zu denken [HS: 272ff.]. Mayer-Kaupp prüfte die Möglichkeiten und nahm mit Siegfried Flügge, Freiburg i. Br., Verbindung auf, der im Winter 1948/49 erstmals Heidelberg besuchte. Diskussionspartner für dieses Projekt war Paul Rosbaud, ein nach England emigrierter Physiker, der vor dem Zweiten Weltkrieg Springer beraten hatte [HS: 360f.]. Rosbaud verfügte über ausgezeichnete, weltweite Verbindungen. Er war entschieden der Auffassung, daß sich der Plan eines neuen Handbuchs der Physik nicht mehr allein von Deutschland aus durchführen lasse, allenfalls in Verbindung mit einem angelsächsischen Verlag. 1952 hielt Springer die Zeit für gekommen, das Projekt ernstlich in Angriff zu nehmen, und Rosbaud wurde aufgefordert, in England nach einem Experimentalphysiker und einem Theoretiker Ausschau zu halten, die als Mitherausgeber in Frage kämen. Als deutscher Herausgeber war Flügge vorgesehen. Rosbaud brachte 1953 für eine Konferenz in London die von ihm vorgeschlagenen Herausgeber an den Besprechungstisch. Diese forderten aber, vermutlich von Rosbaud beeinflußt, die Federführung für dieses Handbuch zu erhalten und sämtliche Vertragsabschlüsse der

Handbücher – Zeitschriften

  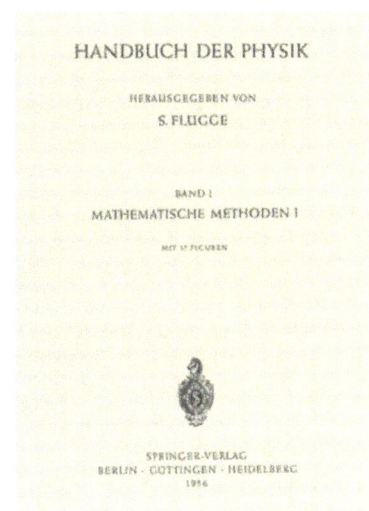

neu gegründeten Firma Pergamon Press zu übertragen. Das war zuviel für F. Springer; die Londoner Konferenz führte den endgültigen Bruch mit Rosbaud herbei, und die Planung des Handbuchs für Physik lag nunmehr ausschließlich in Heidelberg bei Mayer-Kaupp und dem Gesamtherausgeber Flügge.

Die ersten beiden Bände erschienen 1955. Bis 1988 konnten 55 Bände herausgebracht werden. Leider hat Flügge Ende der sechziger Jahre die Segel gestrichen und die letzten Bände Mayer-Kaupp überlassen. Die rasche Entwicklung der Physik in jener Zeit entwuchs dem von Flügge entworfenen Gesamtplan, was letzten Endes wohl auch der Grund für seinen Rückzug war. So ist dieses Handbuch bei all seiner großen Bedeutung, die es erlangt hat, ein Torso geblieben.

50 *Siegfried Flügge (1912) gab das neue ›Handbuch der Physik‹ von 1955 bis Ende der sechziger Jahre heraus.* – **51** *Hermann Mayer-Kaupp (1901) war ein enger Mitarbeiter Ferdinand Springers und erster Planungsleiter in Heidelberg auf den Gebieten Physik, Chemie und Biologie. Er war von 1947 bis 1973 im Springer-Verlag tätig.* – **52** *›Handbuch der Physik‹, Bd. 1, 1956.*

In jenen ersten Jahren des mutigen Wiederbeginns wurden eine Reihe der bedeutendsten Zeitschriften des Verlages wieder aufgelegt, die über längere oder kürzere Zeit zur Einstellung gezwungen worden waren.

Die wissenschaftlichen Zeitschriften stellen den ersten Kontakt eines Verlages zur Welt der Forschung und ihren Trägern her. Die Verbindung mit ihnen und ihren wissenschaftlichen Gesellschaften ist für den Verleger lebensnotwendig. Sie ist geeignet, das für die verlegerische Arbeit unerläßliche Vertrauensverhältnis zwischen Autorenschaft und Verlag zu begründen und in der gemeinsamen Arbeit für eine Zeitschrift zu pflegen. Damit wird zugleich der Boden bereitet für die Zusammenarbeit in weiteren Bereichen der Publizistik, etwa für Lehr- und Handbücher und für wissenschaftliche Monographien. In neue-

Zeitschriften

49 (s. gegenüberliegende Seite) *Henkel/Lubarsch ›Handbuch der speziellen pathologischen Anatomie und Histologie‹, Bd. 7, Teil 4, 1972.*

1945

Juristische Blätter, 68. Jg. (1945/46). Hrsg. H. Klang (W)

1946

Ärztliche Wochenschrift, 1. und 2. Jg. Hrsg. R. Degkwitz, H. v. Kress, F. Redeker, W. Wachsmuth

Elektrotechnik und Maschinenbau mit industrieller Elektronik und Nachrichtentechnik, 63. Jg. Hrsg. L. Kneißler (W)

Klinische Wochenschrift, 24./25. Jg. Hrsg. K. H. Bauer, L. Heilmeyer, A. Jores, K. Lang. Schriftleitung: H. Schwiegk

Monatshefte für Chemie, 76. Bd. Hrsg. L. Ebert, E. Späth, F. v. Wessely (W)

Die Naturwissenschaften, 33. Jg. Hrsg. A. Eucken

Österreichische Bauzeitschrift, 1. Jg. Hrsg. E. Czitary (W)

Österreichische Zeitschrift für öffentliches Recht und Völkerrecht, Bd. 1. Hrsg. A. Verdroß (W)

Österreichische zoologische Zeitschrift, Bd. 1. Hrsg. O. Storch (W)

Österreichisches Ingenieur-Archiv, Bd. 1. Hrsg. F. Magyar, K. Wolf (W)

Wiener klinische Wochenschrift. 58. Jg. Hrsg. L. Arzt, R. Übelhör. (W)

Zeitschrift des österreichischen Ingenieur- und Architekten-Vereines, 91. Jg. Hrsg. F. Willfort (W)

Zentralblatt für die gesamte Forst- und Holzwirtschaft, 70. Jg. (1946/47). Hrsg. H. Flatscher, M. Schreiber (W)

Der Züchter, 17./18. Jg. Hrsg. G. Becker, H. Kappert, H. Kuckuck, K. Pätau, H. Stubbe

1947

Acta Physica Austriaca, Bd. 1 (1947/48). Hrsg. K. W. F. Kohlrausch, H. Thirring (W)

Berg- und hüttenmännische Monatshefte, 92. Jg. Hrsg. W. Petraschek (W)

Der Chirurg, 17./18. Jg. Hrsg. K. H. Bauer, H. Hellner, A. Hübner, O. Kleinschmidt

Frankfurter Zeitschrift für Pathologie, 59. Bd. Hrsg. A. Lauche

HNO, Bd. 1 (1947–1948–1949). Hrsg. C. v. Eicken, H. Frenzel, W. Lange, E. Lüscher, A. Seifert, O. Steurer, J. Zange

Ingenieur-Archiv, XVI. Bd. (1947/48). Hrsg. R. Grammel

Mathematische Annalen, 120. Bd. (1947/49). Hrsg. H. Behnke, R. Courant, H. Hopf, K. Reidemeister, F. Rellich, B. L. van der Waerden

Meteorologische Rundschau, 1. Jg. (1947/48). Hrsg. K. Keil

Naunyn-Schmiedebergs Archiv für Experimentelle Pathologie und Pharmakologie, 204. Bd. Hrsg. F. Büchner, L. Heilmeyer, W. Heubner

Der Nervenarzt, 18. Jg. Hrsg. K. Beringer, J. Zutt

Österreichische Chemiker-Zeitung, 48. Jg. Hrsg. R. R. Schäfer (W)

Österreichische Zeitschrift für Telegraphen-, Telephon-, Funk- und Fernsehtechnik, 1. Jg. Hrsg. V. Petroni (W)

Studium Generale, 1. Jg. (1947–1948). Hrsg. M. Thiel

Virchows Archiv für Pathologische Anatomie und Physiologie und für Klinische Medizin, 314. Bd. Hrsg. R. Rössle

Wiener Zeitschrift für Nervenheilkunde und deren Grenzgebiete, Bd. 1 (1947/48). Hrsg. O. Kauders, H. Reisner (W)

Wilhelm Roux' Archiv für Entwicklungsmechanik der Organismen, 143. Bd. (1947/49). Hrsg. B. Romeis, A. Kühn

1948

Albrecht von Graefes Archiv für Ophthalmologie vereinigt mit Archiv für Augenheilkunde (Knapp-Schweigger-Hess), 148. Bd. Hrsg. E. Engelking, W. Löhlein, O. Marchesani, A. Wagenmann, K. Wessely

Archiv für Dermatologie und Syphilis, 186. Bd. Hrsg. L. Arzt, S. Hellerström, E. Hoffmann, F. Hussels, A. Marchionini, G. Miescher, G. A. Rost, W. Schönfeld

Archiv für Meteorologie, Geophysik und Bioklimatologie. Serie A, Meteorologie und Geophysik, Bd. 1 (1948/49). Hrsg. W. Mörikhofer, F. Steinhauser (W)

Archiv für Psychiatrie und Nervenkrankheiten vereinigt mit Zeitschrift für die gesamte Neurologie und Psychiatrie, Archiv-Band 118–179, Zeitschrift-Band 179. Hrsg. K. Beringer, E. Kretschmer, W. Scholz, R. Jung, T. Riechert

Biochemische Zeitschrift, 318. Bd. Hrsg. F. G. Fischer, K. Lang

Deutsches Archiv für Klinische Medizin, 193. Bd. Hrsg. H. Assmann, P. Martini, H. Reinwein, R. Schoen, R. Siebeck

Deutsche Zeitschrift für die gesamte gerichtliche Medizin, 39. Bd. (1948/49). Hrsg. H. W. Gruhle, W. Laves, G. Strassmann

Deutsche Zeitschrift für Nervenheilkunde, 158. Bd. Hrsg. M. Nonne, H. Pette, V. v. Weizäcker

Fresenius' Zeitschrift für analytische Chemie, 128. Bd. Hrsg. A. Kurtenacker

Gesetze und Verordnungen sowie Gerichtsentscheidungen betreffend Lebensmittel (Beilage zur Zeitschrift für Lebensmittel-Untersuchung und -Forschung), 88. Bd. Hrsg. S. W. Souci

Nach 1945 wiederaufgenommene und gegründete Zeitschriften. (W) = Springer-Verlag Wien

Monatshefte für Mathematik,
52. Bd. Hrsg. J. Radon (W)

Monatsschrift für Kinderheilkunde, 96. Bd. (1948/49).
Hrsg. H. Kleinschmidt

Österreichische Zeitschrift für Elektrizitätswirtschaft, 1. Jg.
Hrsg. K. Selden (W)

Österreichische Zeitschrift für Kinderheilkunde und Kinderfürsorge, Bd. 1. Hrsg. A. Reuß (W)

Pflügers Archiv für die gesamte Physiologie des Menschen und der Tiere, 249. Bd. Hrsg.
E. Abderhalden, A. Bethe,
A. v. Muralt, H. Rein

Planta – Archiv für Wissenschaftliche Botanik, 35. Bd.
Hrsg. W. Ruhland, O. Renner

Tschermaks Mineralogische und Petrographische Mitteilungen,
Bd. 1. Hrsg. F. Machatschki,
H. Leitmeier (W)

Zeitschrift für Astrophysik,
24. Bd. Hrsg. W. Grotrian,
E. v. d. Pahlen, A. Unsöld

Zeitschrift für Hygiene und Infektionskrankheiten, 127. Bd. Hrsg.
R. Doerr, H. Schlossberger

Zeitschrift für Induktive Abstammungs- und Vererbungslehre,
82. Bd. Hrsg. H. Bauer,
A. Kühn, G. Melchers, F. Oehlkers, K. Pätau, H. Stubbe

Zeitschrift für Kinderheilkunde,
65. Bd. Hrsg. Ph. Bamberger,
K. Bennholdt-Thomsen, R. Degkwitz, F. Goebel, H. Kleinschmidt, E. Moro, A. Nitschke,
C. Noeggerath, E. Rominger,
B. de Rudder, O. Ullrich

Zeitschrift für Krebsforschung,
56. Bd. (1948/50).
Hrsg. G. Domagk

Zeitschrift für Physik, 124. Bd.
Hrsg. M. von Laue, R. W. Pohl

Zentralblatt für Hals-, Nasen- und Ohrenheilkunde..., 38. Bd.
(1948/49). Hrsg. H. J. Denecke

Zentralblatt für Mathematik...,
29. Bd. Hrsg. H. L. Schmid

1949

Arbeitsphysiologie, Internationale Zeitschrift für die Physiologie des Menschen bei Arbeit und Sport, 14. Bd. (1949/1952).
Hrsg. E. H. Christensen,
G. Lehmann

Archiv für Gynäkologie, 176. Bd.
Hrsg. H. Martius, C. Kaufmann

Archiv für Ohren-, Nasen- und Kehlkopfheilkunde vereinigt mit Zeitschrift für Hals-, Nasen- und Ohrenheilkunde. Archiv-Bd. 155, Zeitschrift-Bd. 52–155.
Hrsg. C. v. Eicken, H. Frenzel,
W. Lange, E. Lüscher, A. Seiffert, O. Steurer, J. Zange

Archiv für Orthopädische und Unfall-Chirurgie, 44. Bd.
(1949/1951). Hrsg. K. H. Bauer,
G. Hohmann, A. Hübner

Der Bauingenieur, 24. Jg.
Hrsg. F. Schleicher, A. Mehmel

Beiträge zur Klinik der Tuberkulose, 101. Bd. Hrsg. L. Brauer,
H. W. Knipping, F. Redeker,
W. Rudolff, H. Wurm

Berichte über die gesamte Biologie, Abteilung A: Berichte über die wissenschaftliche Biologie, 64. Bd. Hrsg. E. Bünning,
K. v. Frisch, M. Hartmann

Berichte über die gesamte Biologie, Abteilung B: Berichte über die gesamte Physiologie und Experimentelle Pharmakologie, 135. Bd. Hrsg. K. Lang

Berichte über die allgemeine und spezielle Pathologie, 1. Bd.
Hrsg. W. Doerr

Heidelberger Beiträge zur Mineralogie und Petrologie, 1. Bd.
Hrsg. O. H. Erdmannsdörffer

Kongreßzentralblatt für die gesamte innere Medizin mit Einschluß der Kinderheilkunde,
118. Bd. Hrsg. H. Schwiegk

Konstruktion, 1. Jg.
Hrsg. F. Sass, F. Zur Nedden

Mathematische Zeitschrift,
51. Bd. Hrsg. K. Knopp

Monatsschrift für Unfallheilkunde und Versicherungsmedizin,
52. Jg. Hrsg. H. Bürkle de la Camp, A. Hübner, B. Martin

Österreichische Wasserwirtschaft,
1. Jg. Hrsg. J. Kar (W)

Protoplasma, Bd. 39 (1949/50).
Hrsg. J. Spek, F. Weber (W)

Psychologische Forschung,
23. Bd. Hrsg. J. v. Allesch,
H. W. Gruhle

Werkstattstechnik und Maschinenbau, 39. Jg. Hrsg. O. Kienzle

Zeitschrift für d. Anatomie und Entwicklungsgeschichte, 114.
Bd. (1949/50), Hrsg. C. Elze

Zeitschrift für Angewandte Physik, 1. Bd. Hrsg. W. Meißner, R. Vieweg, G. Joos

Zeitschrift für die Gesamte Experimentelle Medizin zugleich Fortsetzung der Zeitschrift für Experimentelle Pathologie und Therapie, 115. Bd. (1949/50).
Hrsg. W. R. Hess, A. Schittenhelm, H. Schwiegk, K. Wezler,
E. Wollheim

Zeitschrift für Klinische Medizin,
145. Bd. Hrsg. G. v. Bergmann, G. Katsch, W. Löffler,
W. Wollheim

Zeitschrift für Menschliche Vererbungs- und Konstitutionslehre,
29. Bd. (1949/50). Hrsg. K. H. Bauer, G. Just, E. Kretschmer

Zeitschrift für Parasitenkunde,
14. Bd. (1949/50). Hrsg. A. Hase

Zentralblatt für Haut- und Geschlechtskrankheiten ...,
72. Bd. Hrsg. G. A. Rost,
W. Schönfeld

Zentralblatt für die gesamte Neurologie und Psychiatrie,
105. Bd. Hrsg. H. Kranz,
K. Schneider

Zentralblatt für die gesamte Ophthalmologie ..., 50. Bd.
Hrsg. E. Schreck

Zentralorgan für die gesamte Chirurgie ..., 111. Bd.
Hrsg. F. Linder

Nach 1945 wiederaufgenommene und gegründete Zeitschriften (Fortsetzung)

53 *Seit 1992 wird die ›Klinische Wochenschrift‹ unter dem Titel ›The Clinical Investigator‹ weitergeführt.*

54 *Nepomuk Zöllner (1923) war Mitarbeiter am ›Handbuch der inneren Medizin‹ und führte ab 1984 die Hauptschriftleitung der ›Klinischen Wochenschrift‹.*

rer Zeit treten hinzu: die wissenschaftlichen Filme, Publikationen im Bereich der neuen (elektronischen) Medien, gemeinsame Ausbildungs- und Kongreßunternehmen.

Ferdinand Springer betrachtete die wirtschaftliche Seite der Herausgabe von Zeitschriften in folgendem Rahmen: Ein Drittel der Zeitschriften erzielt Überschüsse, mit denen die Verluste eines zweiten Drittels gedeckt werden können; ein drittes Drittel arbeitet ausgeglichen. Das heißt, daß insgesamt mit den Zeitschriften keine, auf jeden Fall keine großen Gewinne gemacht wurden. Ihr Nutzen für den Verlag lag in der ideellen Bedeutung der Zeitschriften und in ihren bereits beschriebenen Wegbereiterfunktionen. Die wachsende wirtschaftliche Bedeutung des Zeitschriftengeschäfts für den wissenschaftlichen Verlag hat dieses Konzept wesentlich verändert.

Die angesehene ›Klinische Wochenschrift‹ war eine der ersten Zeitschriften, die schon im Jahre 1946 mit dem 24./25. Jahrgang unter der Redaktion von Karl Heinrich Bauer, Ludwig Heilmeyer, Arthur Jores und Konrad Lang wieder erscheinen konnte. Ihre Schriftleitung lag in den Händen von Herbert Schwiegk, der die Zeitschrift rasch wieder zu einem weithin und vor allem auch im Ausland anerkannten Organ der klinikrelevanten medizinischen Grundlagenforschung entwickelte. Mit dem Jahrgang 60 (1982) ging die Schriftleitung (geschäftsführende Herausgeberschaft) auf Schwiegks langjährigen Mitarbeiter Hans Jahrmärker über, der der Redaktion schon seit 1961 angehört hatte.

Mit dem 62. Jahrgang (1984) übernahm Nepomuk Zöllner die Hauptschriftleitung im Rahmen eines aus Angehörigen der verschiedenen Sparten der Inneren Medizin neu formierten und verjüngten Redaktionsstabes. Vom 1. Januar 1983 bis 1991 lag die redaktionelle Betreuung bei H.J. Clemens, dem Planungsleiter des Verlages J.F. Bergmann; von ihm ging sie auf Claudia Osthoff über.

Im Interesse weiterer Förderung der internationalen Verbreitung erhielt die ›Klinische Wochenschrift‹ ab 1992 den englischsprachigen Haupttitel ›The Clinical Investigator‹.

Vom Jahrgang 35 (1957) bis zum Jahrgang 62 (1984) wurde Georg F. Springer, Evanston/IL, USA, als einer der ständigen Mitarbeiter genannt.

In der Biologie hatte sich, wie in anderen der später unter dem Begriff »Life Sciences« zusammengefaßten Disziplinen, im Laufe der zwanziger Jahre durchgesetzt, was der Physiologe Alexander von Muralt im Vorwort zu seiner ›Einführung in die Praktische Physiologie‹, Berlin 1943, [HS: 377] die »messende Physiologie« genannt hatte, anders ausgedrückt: der Primat ei-

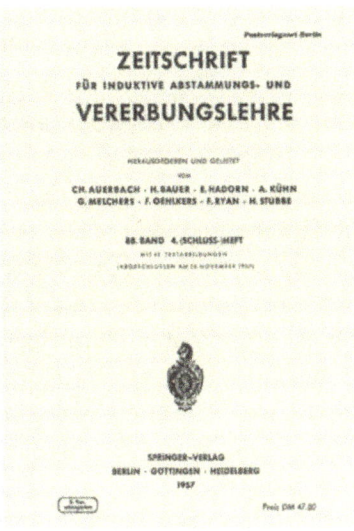

55 *Von 1946 bis 1976 war Georg Melchers (1906) Direktor des Max-Planck-Instituts für Biologie in Tübingen und seit 1947 an der dortigen Universität Honorarprofessor für Botanik; Herausgeber der* **(56)** *›Zeitschrift für Induktive Abstammungs- und Vererbungslehre‹, Bd. 88, Heft 4, 1957.*

ner quantitativen Betrachtungsweise, die zugleich in den molekularen Bereich vordrang. Die Institute der Kaiser-Wilhelm-Gesellschaft in Berlin waren die Promotoren der biologischen Forschung gewesen und hatten neue Schwerpunkte gesetzt. Hier knüpfte die Biologie nach dem Kriege an. Gebiete wie die Pflanzenphysiologie, die Physiologie des Nervensystems und das weite Feld der Genetik wurden mit Begeisterung vorangebracht. Jüngere Forscher wie Max Delbrück, Nikolai W. Timoféeff-Ressovsky, Gerhard Schramm und Anton Lang hatten für längere oder kürzere Zeit am Kaiser-Wilhelm-Institut in Berlin-Dahlem gearbeitet und waren zum Teil nach dem Kriege mit dem KWI nach Tübingen übergesiedelt. Besonders enge Beziehungen des Verlages bestanden zu Anton Lang. Er hatte als »Staatenloser« im Institut von Fritz von Wettstein als wissenschaftlicher Assistent in der Abteilung von Georg Melchers gearbeitet. Seit 1937 war er in der Schriftleitung der ›Berichte über die wissenschaftliche Biologie‹ tätig gewesen und wohnte nach dem Krieg bis zu seiner Auswanderung (1949) nach Canada und den USA in Heidelberg und wirkte als Berater F. Springers. Er war Mitarbeiter an den ›Fortschritten der Botanik‹ von 1941 (Bd. 10) bis 1961 (Bd. 23) und an der ersten Auflage des ›Handbuchs der Pflanzenphysiologie‹ (1950–1967). Später, von 1967 bis 1991, gehörte er der Redaktion der ›Planta‹ an.

1948 hatte der Springer-Verlag durch die Vermittlung des Herausgebers Georg Melchers, der der Familie Julius Springers seit längerer Zeit freundschaftlich verbunden war, die ›Zeitschrift für Induktive Abstammungs- und Vererbungslehre‹ (1958–1966 ›Zeitschrift für Vererbungslehre‹, seit 1967 ›Mole-

57 *›Planta‹, Bd. 35, Heft 1/2, 1947.*

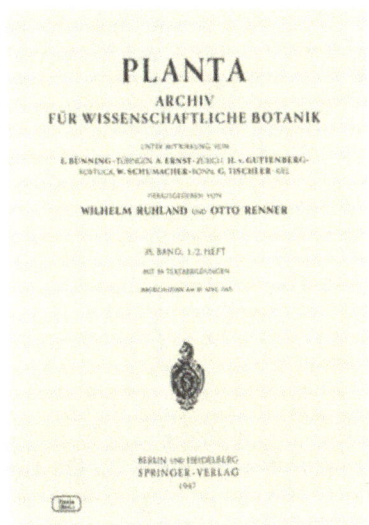

cular and General Genetics‹), vom Verlag Bornträger übernommen. Sie ist bis zum Jahre 1984 von Melchers redigiert worden, der schon 1935 als Mitherausgeber tätig war. Am 1. Juli 1984 ging die Hauptredaktion an H. Saedler über, 1989 an J. Campos-Ortega.

Auch die Herausgeber der Zeitschrift ›Chromosoma‹ waren in Tübingen ansässig. Die ›Chromosoma‹ bildete ursprünglich zusammen mit der ›Zeitschrift für Induktive Abstammungs- und Vererbungslehre‹ und mit ›Protoplasma‹ eine Gruppe. Langjähriger kompetenter Herausgeber der ›Chromosoma‹ war Hans Bauer. In seinem großen Herausgeberkollegium befand sich seit 1964 (bis 1989) auch Wolfgang Beermann. Heutige Herausgeber sind Wolfgang Hennig (seit 1976) und Peter B. Moens (seit 1990).

Im Jahre 1946 ist die Zeitschrift ›Der Züchter‹ im 17./18. Jahrgang wieder erstanden unter der Redaktion von Gustav Becker, Hans Kappert, Hermann Kuckuck, K. Pätau und Hans Stubbe. Sie trug den Untertitel ›Zeitschrift für theoretische und angewandte Genetik‹. 1947 wurde die drei Jahre vorher eingestellte, von Wilhelm Ruhland und Hans Winkler herausgegebene ›Planta, Archiv für wissenschaftliche Botanik‹ mit dem 35. Band wieder aufgenommen. Sie war und ist eine der international führenden Zeitschriften der wissenschaftlichen Botanik, die sich späterhin ganz der englischen Sprache öffnete, ohne den Titel ändern zu müssen.

Im Publikationsbereich der Biologie überwiegt im Springer-Verlag der Anteil der Botanik gegenüber der Zoologie, einmal wohl, weil in der Pflanzenkunde die praktischen Anwendungen einen größeren Raum einnehmen; sicher aber hat dabei auch das starke Interesse F. Springers und seines Sohnes K. F. Springer an der Botanik eine bedeutsame Rolle gespielt.

Im Jahr 1947 begannen die 1868 von Alfred Clebsch und Carl Neumann gegründeten ›Mathematischen Annalen‹ [HS: 261f.] wieder zu erscheinen. Der Redaktion dieser international angesehenen Zeitschrift hatten so bedeutende Mathematiker wie Felix Klein, David Hilbert und Albert Einstein, Otto Blumenthal und Erich Hecke angehört. Sie wurde nunmehr von Heinrich Behnke, Richard Courant, Heinz Hopf, Kurt Reidemeister, Franz Rellich und Bartel L. van der Waerden, der der Zeitschrift schon seit 1934 verbunden war, weitergeführt.

1948 erschien der 128. Band der 1861 gegründeten ersten chemischen Spezialzeitschrift der Welt: ›Fresenius' Zeitschrift für Analytische Chemie‹ (›Fresenius' Journal of Analytical Chemistry‹) [GÖTZE (3)]. Sie wird gemeinsam mit dem Fresenius-Institut für Analytische Chemie in Wiesbaden herausgege-

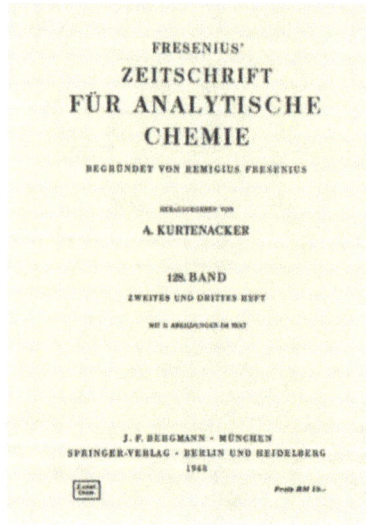

58 ›*Fresenius' Zeitschrift für Analytische Chemie*‹, *Bd. 128, Heft 2/3, 1948.*

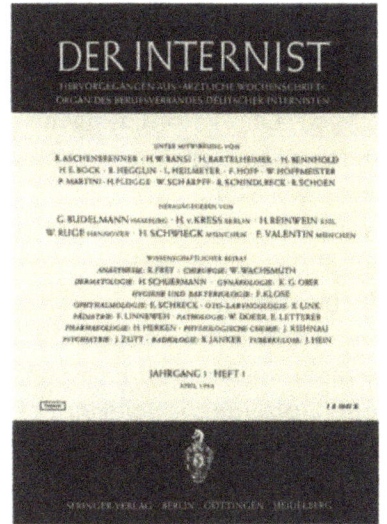 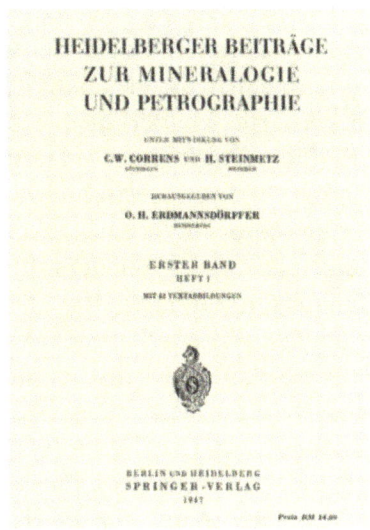

59 ›Der Internist‹, Jg. 1, Heft 1, 1960. – **60** ›Heidelberger Beiträge zur Mineralogie und Petrographie‹, Bd. 1, Heft 1, 1947.

ben. Für den Wiederanfang war Albin Kurtenacker gewonnen worden, der die Zeitschrift hervorragend betreute.

Die Bemühungen jener ersten Jahre erstreckten sich keineswegs nur auf die wünschenswerte Wiederingangsetzung bewährter wissenschaftlicher Journale. 1946 war die ›Ärztliche Wochenschrift‹ neu gegründet worden mit dem Ziel rascher und sachgerechter Information des praktisch tätigen Arztes. Die Herausgeber waren Rudolf Degkwitz, Hans Freiherr von Kreß, Franz Redeker und Werner Wachsmuth. Die Neugründung dieser Zeitschrift bald nach Kriegsende spiegelt das lebhafte Informationsbedürfnis nach einer langen Zeit mangelnder Unterrichtung über die Fortschritte der Medizin auf ihren verschiedenen Teilgebieten. Die im Laufe der Zeit immer weitergehende, einschneidende Spezialisierung machte es zunehmend schwierig, anhand von Originalarbeiten unterschiedlichster Herkunft ein homogenes, den Praktiker ansprechendes Gesamtbild des medizinischen Fortschritts zu vermitteln. Ein Trend zum Fachjournal wurde erkennbar. Dies alles mußte zur Einstellung der ›Ärztlichen Wochenschrift‹ führen, die 1960 im neuen Konzept einer Facharztzeitschrift ›Der Internist‹ aufging, dessen Idee geplanter Themenhefte mit ausschließlich angeforderten Übersichtsarbeiten über ein größeres, aktuelles Themengebiet sehr erfolgreich wurde und die Gründung weiterer *Facharztzeitschriften* im Gefolge hatte (s. S. 283).

Andere Neugründungen waren die ›Meteorologische Rundschau‹ (1947), die ›Heidelberger Beiträge zur Mineralogie und Petrographie‹ von Otto H. Erdmannsdörffer (1947), und schließlich die ›Zeitschrift für Angewandte Physik‹ mit den Herausgebern Walther Meißner, Richard Vieweg und Georg Joos (1949).

Die Erneuerung von 59 bestehenden und der völlige Neubeginn von weiteren acht Zeitschriften zwischen 1946 und 1950 kennzeichnen die Produktivität jener Jahre besser als es noch so begeisterte Schilderungen vermöchten. Die Anforderungen an die Finanzkraft des wiedererstandenen Unternehmens waren enorm, der verlegerische Mut bemerkenswert.

An dieser Stelle sei dankbar vermerkt, daß der Verlag von Anbeginn seiner Wiederaufbauarbeit an die fruchtbaren Verbindungen zur alten Kaiser-Wilhelm-Gesellschaft zur Förderung der Wissenschaften anknüpfen konnte, die im Jahre 1947 in Max-Planck-Gesellschaft umbenannt worden war. Es bestanden nicht nur vertrauensvolle Kontakte zu den jeweiligen Präsidenten, sondern auch verlegerische Zusammenarbeit mit zahlreichen wissenschaftlichen Instituten der Gesellschaft.

Das Gleiche gilt für unsere Verbindungen zur traditionsreichen Gesellschaft Deutscher Naturforscher und Ärzte, deren Tagungsberichte wir in unseren Zeitschriften ›Die Naturwissenschaften‹ und ›Klinische Wochenschrift‹ bis 1981 regelmäßig veröffentlichten. Beide Zeitschriften sind Organ sowohl der Max-Planck-Gesellschaft als auch der Gesellschaft Deutscher Naturforscher und Ärzte.

Technik Der Planungsbereich Technik hat im Springer-Verlag seit jeher eine besonders große Rolle gespielt [HS: 93ff., 196ff., 294ff.]. Der Vorteil der Veröffentlichungen dieses Gebietes ist es stets gewesen, daß sie sich vornehmlich an den Praktiker in der Industrie, in der Wirtschaft oder im Bauwesen wandten und daher vom Bibliotheksabsatz unabhängiger waren. Julius Springer d. J. hat diese Verlagssparte zeitlebens mit umfassender Sachkenntnis und sichtbarem Erfolg gepflegt. Nach seinem Wiedereintritt in die Firma Anfang 1947 betreute er die Technik allein, da H. Salle durch die von F. Springer für die Göttinger Niederlassung gestellten Aufgaben voll in Anspruch genommen war. Wohl konnte Salle von Göttingen aus eine Reihe von Technik-Autoren in Hannover und Braunschweig besuchen, doch war man dort mehr am Wiederaufbau des Lehrbetriebes und an der Beschaffung wichtiger neuer Literatur interessiert als an der Verfolgung eigener literarischer Pläne.

Eines der ersten im Bereich Technik wieder herausgebrachten bedeutsamen Bücher war das Werk ›Maschinenelemente‹ von Gustav Niemann, Braunschweig, dessen erster Band im Jahre 1950 erschien und das bis heute zu den Standardwerken des Maschinenbaus gehört.

61 *Friedrich Sass (1883–1968) gründete 1949 die Zeitschrift (**62**) ›Konstruktion‹ und war ihr Herausgeber bis 1963.*

Noch im Jahre 1947/48 konnte das ›Ingenieur-Archiv‹ mit dem XVI. Band unter der Redaktion von Richard Grammel wiedererscheinen, 1949 der 24. Jahrgang von ›Der Bauingenieur‹ mit Ferdinand Schleicher und Alfred Mehmel. Unter der Redaktion von Friedrich Sass und Franz Zur Nedden wurde der erste Jahrgang der ›Konstruktion‹ vorgestellt und gleichfalls noch 1949 der 39. Jahrgang von ›Werkstattstechnik und Maschinenbau‹ von Otto Kienzle.

63 *(unten) ›Vorankündigung neuer Bücher‹ des Springer-Verlags Wien vom Mai 1950.*

Springer-Verlag Wien

Parallel zu den geschilderten Ereignissen in Deutschland schuf Otto Lange in Wien — weitgehend unabhängig von Berlin und Heidelberg — mit Umsicht und Zielstrebigkeit die Voraussetzungen für die verlegerische Zukunft des österreichischen Verlages. Ausgelagerte Papierbestände waren durch glückliche Umstände erhalten geblieben, so daß in überraschend kurzer Zeit nach dem totalen Zusammenbruch die Arbeit wieder aufgenommen werden konnte. Schon 1945 erschienen acht, 1946 fünfzehn, 1947 siebenundzwanzig und 1960 sechzig Bücher! Der Schwerpunkt der Buchproduktion lag zunächst bei der Technik und Rechtswissenschaft. Das Medizinprogramm wurde eher vorsichtig ausgebaut. Unter den Büchern des Jahres 1945 befinden sich bemerkenswert langlebige Titel wie Theodor Bödefeld/Heinrich Sequenz: ›Elektrische Maschinen‹ oder Fritz Chmelka/Ernst Melan: ›Einführung in die Festigkeitslehre‹ und ›Einführung in die Statik‹. 1945 begann auch eine der bedeutendsten Reihen des Wiener Hauses, die ›Fortschritte der Chemie organischer Naturstoffe‹, begründet und herausgegeben von László Zechmeister. 1946 erschien Karl

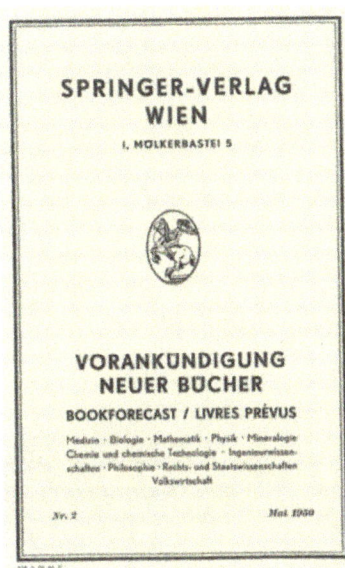

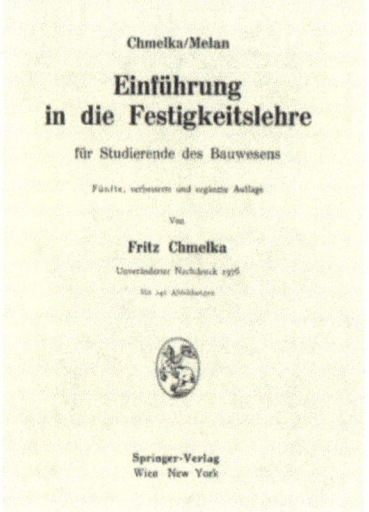

64 Chmelka/Melan ›Einführung in die Festigkeitslehre‹, 5. Aufl. 1972 von Fritz Chmelka – 65 Adolf Pucher ›Lehrbuch des Stahlbetonbaues‹, 3. Aufl. 1961.

Girkmann: ›Flächentragwerke‹, ein noch heute lieferbares Standardwerk. 1947/48 begann Walter Wittenberger: ›Rechnen in der Chemie‹, das erfolgreichste Werk der Wiener Produktion, das bis in die Gegenwart hohe Verkaufszahlen erreicht, und Victor Kraft: ›Mathematik, Logik, Erfahrung‹, die erste Springer-Publikation des »Wiener Kreises«. Auch 1949 wartet mit erstaunlich langlebigen Titeln auf: das Standardlehrbuch ›Vorlesungen über höhere Mathematik‹ von Adalbert Duschek und Adolf Pucher: ›Lehrbuch des Stahlbetonbaues‹. In diesem Jahr begegnen wir in der Medizin dem gleichfalls zu einem Standardwerk gewordenen ›Lehrbuch der Stimm- und Sprachheilkunde‹ von Richard Luchsinger und Gottfried E. Arnold. Das Jahr 1950 bringt zwei juristische Klassiker: Fritz Schwind: ›Römisches Recht‹ und Alfred Verdroß: ›Völkerrecht‹.

1950 war das Gründungsjahr der ›Acta Neurochirurgica‹, jetzt herausgegeben von Fritz Loew, einem Schüler von Wilhelm Tönnis und des ›Journal of Neural Transmission‹, gegründet von Walter Birkmayer und Arvid Carlsson. Alte, traditionsreiche Zeitschriften nahmen ihre regelmäßige Folge wieder auf, wie die ›Juristischen Blätter‹ (gegründet 1872), ›Protoplasma‹ (gegründet 1926) und die 1851 gegründete ›Österreichische botanische Zeitschrift‹, die 1948 fortgesetzt wurde und seit 1974 als ›Plant Systematics and Evolution‹ erscheint.

Personalstand und Raumprobleme

Trotz des wirtschaftlichen Druckes, den die schnelle Wiederaufnahme der verlegerischen Tätigkeit erzeugte und der 1949/50 zu kritischen Lagen geführt hatte — etwa der gelegentlich unvermeidbaren Auszahlung der Monatsgehälter in zwei

66 *Das Berliner Verlagshaus am Heidelberger Platz 3 wurde 1958 vom Springer-Verlag zunächst gemietet und 1983 erworben.*

Raten —, wurde das Aufbauprogramm unbeeinträchtigt weitergeführt. Die Dynamik der Personalentwicklungen in Berlin und Heidelberg bezeugt die optimistische Grundhaltung.

1949	151 Beschäftigte	1954	232 Beschäftigte
1950	186 Beschäftigte	1955	251 Beschäftigte
1951	195 Beschäftigte	1956	260 Beschäftigte
1952	211 Beschäftigte	1957	272 Beschäftigte
1953	223 Beschäftigte	1958	290 Beschäftigte

Personalentwicklung im Springer-Verlag Berlin 1949–1958

Berlin. Ende 1950 belief sich die Mitarbeiterzahl auf 186 in Berlin und 57 in Heidelberg. Der entsprechend wachsende Raumbedarf wurde am Reichpietschufer durch sukzessive Wiederinstandsetzung weiterer Räume und durch Zumietung des benachbarten Hauses Schellingstraße 5–7 für gewisse Zeit gedeckt. Die Anzeigenabteilung war »Am Karlsbad« untergekommen. Den Standort Jebensstraße 1 hatte man im Oktober 1951 aufgegeben. 1953 brachte ein neben dem Hauptgebäude am Reichpietschufer errichteter Flachbau zeitweilig Entlastung.

Die Ausweitung unserer Planungs- und Verkaufsbemühungen, die mit einem entsprechend wachsenden Personaletat verbunden war, führte zu weiterem Raumbedarf. Wir fanden schließlich — zehn Jahre nach dem Auszug aus der Linkstraße — das noch jetzt von uns genutzte Gebäude am Heidelberger Platz 3. Es gehörte der Kassenzahnärztlichen Bundesvereinigung in Köln und war zu jener Zeit an den ›Sender Freies Berlin‹

(SFB) vermietet. Der Umzug fand im Oktober 1958 statt, und erstmals nach dem Kriege konnten wieder sämtliche Abteilungen des Berliner Verlages und der Buchhandlung Lange & Springer in einem Hause vereinigt werden. Durch zweckmäßigen Innenausbau ließen sich sämtliche Raumwünsche erfüllen. Die Funktionen eines leistungsfähigen Verlagsunternehmens hatten sich wieder formiert: die Planungsabteilung Technik, die Herstellungsabteilungen der in Berlin betreuten Bücher und Zeitschriften, Werbe- und Verkaufsabteilung, die Abteilung Finanzen und Verwaltung, die Personalabteilung, die Anzeigenverwaltung und die Buchhandlung Lange & Springer mit ihrer Antiquariatsabteilung.

Heidelberg. Demgegenüber beschränkte sich das Heidelberger Haus 1949/50 auf die Planungsabteilung, eine Herstellungsabteilung für Bücher und Zeitschriften und die medizinische Zentralblattabteilung. Das ›Zentralblatt Mathematik‹ wurde von Berlin betreut.

Die Heidelberger Arbeitsgruppe bestand in jenen Tagen aus Hermann Mayer-Kaupp als Planungsmitarbeiter Springers, dem Herstellungsleiter Paul Gosse, dem Leiter der Medizinischen Zentralblattabteilung Georg Kuder, Luise Koeniger, die sich um Buchhaltung und Organisationsfragen kümmerte, und der bemerkenswerten Sekretärin Lotte Roeseler und dem Schreiber dieser Zeilen — eine verlegerische Kerntruppe voller Hingabe an die gestellten Aufgaben. Neben der damals noch üblichen Samstagsarbeit versammelte Springer jeweils am Sonntagmorgen um 11 Uhr seine kleine Schar zur Besprechung der von der Post abgeholten Korrespondenz um sich.

Dies war die Zeit, in der Konrad Ferdinand Springer und Heinz Götze in der Herstellung im ersten Stock des ›Heidelberg College‹ saßen, dem Arbeitsbereich Paul Gosses. Von Anfang an herrschte freundschaftliches Einvernehmen, und es wurde schon damals über die Zukunft eines wissenschaftlichen Verlages und die Bedeutung der englischen Sprache sehr eingehend diskutiert.

Daneben gab es eine Verbindungsstelle zur Werbeabteilung in Berlin und Büros für Finanzwesen und Personal. Doch auch für diese Aktivitäten entstand ein zunehmender Raumbedarf, der im Hause Neuenheimer Landstraße 24, dem Gebäude des ehemaligen ›Heidelberg College‹, nicht mehr befriedigt werden konnte. Zudem sollte das College seiner ursprünglichen Bestimmung wieder zugeführt werden. Bei der Suche nach Ausweichmöglichkeiten kamen Gespräche mit dem Besitzer des nahegelegenen Hauses Neuenheimer Landstraße 28–30 zustande, der

67 *Konrad F. Springer (1925), der Urenkel des Verlagsgründers, wurde 1963 Mitgesellschafter des Springer-Verlags.*

68 *Der erste Standort des Springer-Verlags am Neckar: Neuenheimer Landstraße 28–30.*

bereit war, den eingeleiteten Umbau seines stattlichen Besitzes, der ausschließlich für Wohnzwecke gedacht war, auf unsere Bedürfnisse umzustellen. Wir zogen 1956 in das neue Gebäude, deren Stockwerke wir wie folgt nutzten:

Erdgeschoß	Postein- und -ausgang, Telefonzentrale, Fotokopierer, Lagerräume, Garage
1. Stockwerk	Zentralblattabteilung
2. Stockwerk	Geschäftsleitung, Allgemeine Verwaltung
3. Stockwerk	Herstellung Bücher und Zeitschriften, Werbeabteilung

Im Laufe der Jahre wurden sukzessive weitere verfügbare Räume übernommen.

Ausbau der Heidelberger Planung

Die Planung lag in Heidelberg seit Wiederbeginn der verlegerischen Tätigkeit in den Händen von F. Springer selbst und seinem Mitarbeiter H. Mayer-Kaupp, zu denen am 15. Februar 1949 H. Götze gestoßen war. Im Zeichen zielstrebigen Wachstums waren jedoch weitere Kräfte zu gewinnen. 1961 wurde Wolfgang Geinitz für die Medizinplanung und 1964 Klaus Peters auf Empfehlung von Reinhold Remmert, Münster/Westfalen, für die Mathematikplanung gewonnen, dessen Aufgabe ab Herbst 1980 Joachim Heinze übernahm.

In Heidelberg gingen die von F. Springer persönlich betreuten Gebiete Medizin, Biologie, Mathematik und die ›Enzyklopädie der Rechts- und Staatswissenschaft‹ seit 1949 Zug um Zug an H. Götze über, der von Wolfgang Bergstedt (seit 1954), Geinitz und Peters unterstützt wurde. Physik und Chemie lagen weiterhin bei Mayer-Kaupp.

69 *Armgart Mayer-Kaupp (1926) war eine der ersten Mitarbeiterinnen des Heidelberger Springer-Verlags (Eintritt 1946); am 1.1.1962 erhielt sie Prokura. Frau Mayer-Kaupp betreute die Zeitschriftenherstellung und seit 1974 das Zeitschriftenwesen in Heidelberg insgesamt, d. h. den Verkehr mit den Herausgebern und die Wirtschaftlichkeitskontrolle. – **70** Wolfgang Bergstedt (1928) trat 1956 in den Springer-Verlag in Heidelberg ein. Zuvor war er zwei Jahre für den zur Springer-Gruppe gehörenden Bergmann Verlag in München tätig gewesen. Seit 1960 betreute er neben den Planungsaufgaben die Abteilung Rechte und Lizenzen. Von 1979 bis zu seiner Pensionierung 1989 widmete sich Bergstedt ausschließlich der Medizinplanung.*
71 *Wolfgang Geinitz (1917) war von 1961 bis 1978 Planer für den Fachbereich Medizin im Springer-Verlag.*

F. Springer nahm H. Götze mit Wirkung vom 1. Januar 1957 als persönlich haftenden Mitgesellschafter in die Firmen des Springer-Verlages auf, im vollen Einvernehmen mit seinen Sozien J. Springer und T. Lange. Julius Springer teilte diesen Entschluß den Mitarbeitern des Berliner Hauses in einer Ansprache mit.

Dieses Ereignis stand in Zusammenhang mit Gedanken und Überlegungen an die Zukunft, die F. Springer im darauffolgenden Jahr in einem Brief an T. Lange vom 5. Mai 1958 formulierte:

Bei unserem letzten Zusammensein haben wir uns klar gemacht, wie ein personeller »Mobilmachungsplan« aussehen würde. Ich habe meinerseits in Herrn Dr. Götze einen vollwertigen Nachfolger finden können, während Sie und mein Vetter Julius zurzeit nur durch je zwei Personen zu ersetzen wären (Sie durch Lönnies und Hövel, Julius durch Salle und Gaebeler. Die Personalfrage Sortiment müssen wir noch besprechen). Ich schlage vor, diese Frage bei der nächsten Bilanzsitzung eingehend zu besprechen und zu regeln.

K. F. Springer war 1952 zur Erfahrungserweiterung als Volontär zum Verlag J. F. Bergmann nach München gegangen und noch im gleichen Jahr nach Wien (1952–53). Vom Februar 1954 bis Juni 1955 arbeitete er in New York bei Lange, Maxwell & Springer, unterbrochen durch ein Volontariat in der Direktwerbung von McGraw-Hill vom Oktober 1954 bis zum Mai 1955. Es drängte ihn jedoch zurück zum Biologiestudium, das er bereits 1947/48 in Zürich und Lausanne begonnen hatte und dem er sich 1956 in Zürich wieder zuwandte, um es 1963 mit der Promotion zum Dr. phil. abzuschließen. Er kehrte nach Heidelberg in den Verlag zurück. Dort wurde eine Aufteilung der Zuständigkeiten vereinbart und in einem Protokoll niedergelegt:

Ausbau der Heidelberger Planung

Abgrenzung der Arbeitsgebiete des Springer-Verlages Berlin-Göttingen-Heidelberg und des Verlages J. F. Bergmann, München, aufgrund einer Besprechung zwischen HG und KFS am 1. November 1962 in Heidelberg:

Medizin	HG
Biologie	KFS
Chemie, Biochemie	KFS
Physik, Astrophysik	KFS
Mathematik	HG
Geologie, Mineralogie, Bodenkunde	KFS
Rechts- und Staatswissenschaft	HG
Philosophie	HG
Technik	HG
Verwaltung, Organisation (Arbeitsbereich Dr. Hövel)	HG und KFS gemeinsam

Die Werke Beilstein, Handbuch der Organischen Chemie, und Landolt-Börnstein wird HG weiter betreuen, ebenso die im Zusammenhang mit dem Landolt-Börnstein von ihm bearbeiteten Neuplanungen (Neue Serie). Herr Dr. Götze wird ferner aus der Gruppe der von ihm begonnenen Periodica die ›Kybernetik‹, die ›Residue Reviews‹ und eine noch in Planung befindliche Zeitschrift für Morphogenese weiter betreuen. Die von HG eingeleiteten Handbücher für Bodenkunde (Giesecke) und Geochemie (Correns) werden nach einer Übergangszeit Herrn Konrad Springer übergeben.

In allen Fällen wird vorausgesetzt, daß ein Gedankenaustausch über wichtige Entscheidungen stattfindet und daß Anregungen ausgetauscht werden im Sinne der früheren Zusammenarbeit zwischen den Herren Dr. Ferdinand Springer und Dr. Julius Springer.

Die Übernahme der Arbeitsgebiete durch Herrn K. F. Springer soll nach einer Übergangszeit allgemeiner Einarbeitung stufen- bzw. gebietsweise erfolgen. Als erstes wird Herr K. F. Springer die Biologie von Herrn Dr. Götze übernehmen.

Bis zu ihrem Tode hatten F. und J. Springer die Ziele des Verlages bestimmt. In Berlin sorgte zur gleichen Zeit T. Lange mit einer bewährten Gruppe erfahrener Mitarbeiter, unterstützt

72 *Rundschreiben zur Aufnahme von Heinz Götze in den Gesellschafterkreis des Springer-Verlags.*

73 *Johannes Gaebeler (1909–1966) war von 1962 bis 1966 Henrik Salles Partner in der Technikplanung.*
74 *Manfred Hofmann (1928) war von 1969 bis 1992 Technikplaner für den Springer-Verlag im neugeschaffenen Münchner Büro.*

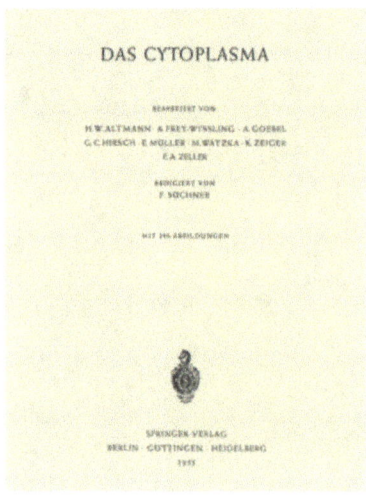

von P. Hövel, für die Funktionsfähigkeit der Abteilungen Werbung und Vertrieb, Lagerhaltung, Anzeigen-, Personal- und Finanzwesen. Der Planungsbereich Technik wurde nach dem Ausscheiden J. Springers Ende 1961 unter der Leitung von H. Salle in den Gesamtbereich der Verlagsplanung integriert und zwischen 1962 und 1966 gemeinsam mit Johannes Gaebeler geführt. Ab 1. Juli 1968 trat Manfred Hofmann hinzu, der seit 1969 das von mir initiierte Technikbüro in München übernahm und bis Ende 1992 geleitet hat.

Die Arbeiten der beiden Verlagsorte Berlin und Heidelberg waren aufs engste miteinander verbunden und aufeinander angewiesen; es entwickelte sich ein Zusammengehörigkeitsgefühl, das durch die lebendige Diskussion gelegentlicher Meinungsdivergenzen eher gestärkt wurde.

Die Handbücher

Ferdinand Springer hatte trotz kritischer Rufe von vielen Seiten die Handbuchkonzeption unbeirrt fortgeführt. Bestehende Handbucheditionen wurden wieder aufgenommen und neue mit Optimismus begonnen, wie das ›Handbuch der allgemeinen Pathologie‹ seit 1955 mit den Herausgebern Franz Büchner, Freiburg i. Br., Erich Letterer, Tübingen, und Frédéric Charles Roulet, Basel, oder das von Wilhelm Ruhland begründete und von ihm als Hauptherausgeber betreute ›Handbuch der Pflanzenphysiologie‹, das zwischen 1955 und 1967 in achtzehn Bänden erschien. Es trug von Anfang an den englischsprachigen Untertitel ›Encyclopedia of Plant Physiology‹ und enthielt eine von Band zu Band zunehmende Anzahl englischsprachiger Beiträge (der letzte, 16. Band etwa zu 80%) neben gelegentlichen Artikeln in französischer Sprache.

75 (oben) ›Handbuch der allgemeinen Pathologie‹, Bd. 2, Teil 1, 1955.

76, 77, 78 *Franz Büchner (1895 bis 1991), Erich Letterer (1895–1982) und Frederic Charles Roulet (1902 bis 1985) waren Herausgeber und Autoren des ›Handbuchs der allgemeinen Pathologie‹. Alle drei waren beratend für den Verlag tätig.*

Es ist schon damals oft eingewandt worden, daß diese Form zusammenfassender Darstellungen eines großen Fachgebietes überholt und auch nicht mehr durchführbar sei. De facto fanden die Handbücher großes Interesse, weil in ihnen der Stand des Wissens zu einem bestimmten Zeitpunkt festgehalten und mit kritischer Literaturauswahl erschöpfend belegt war [HS: 260f.]. Vom ›Handbuch der Pflanzenphysiologie‹ wurden alle Bände ausverkauft. Voraussetzung für den Erfolg war die Erfüllung des Anspruchs der kritischen Erfassung des jeweils behandelten Wissensgebietes in seiner Entwicklung bis zum Zeitpunkt des Erscheinens eines Bandes. Zahlreiche Handbücher bzw. Handbuchbände sind zu zeitlosen Klassikern geworden, wie etwa der Beitrag über die Wellenmechanik von Wolfgang Pauli im alten ›Handbuch der Physik‹ von Hans Geiger und Karl Scheel (2. Aufl. 1933), der in das nach dem Kriege neu begonnene ›Handbuch der Physik‹ (Hrsg. S. Flügge, 1958) fast unverändert übernommen werden konnte. In vielen Fällen haben Handbücher zur Grundlegung und Durchsetzung eines bestimmten Fachgebietes entscheidend beigetragen. Hierzu gehören einige Handbücher klinisch-medizinischer Thematik, etwa das mit Wilhelm Tönnis und Herbert Olivecrona begonnene und in den Jahren 1954 bis 1974 herausgegebene ›Handbuch der Neurochirurgie‹, das mitgeholfen hat, das neue Fach Neurochirurgie und seine in enger Zusammenarbeit mit der Neurologie und Neuropathologie erzielten Therapieerfolge durchzusetzen. Tönnis war Schüler des Würzburger Chirurgen Fritz König gewesen und ging dann zum Neurochirurgen Olivecrona nach Stockholm, mit dem ihn zeitlebens eine enge Freundschaft verband. K. J. Zülch legte in diesem Handbuch erstmals eine Pathologie der Hirntumoren vor, deren Klassifikation er später in einer Monographie ›Classification of Brain Tumours, Report of the International Symposium at Cologne, August 30–September 1, 1961‹ niederlegte: Zülch hatte in Breslau bei dem Neurologen Otfrid Foerster gearbeitet, der zu den deutschen Vätern der Neurochirurgie zählt [ZÜLCH].

Auch das von Ernst Derra 1958/59 herausgegebene dreibändige ›Handbuch der Thoraxchirurgie/Encyclopedia of Thoracic Surgery‹ gehört hierher. Es erschien mit zweisprachigem Titel und spiegelte die beachtlichen therapeutischen Fortschritte wider, besonders im Bereich der Herzchirurgie. Durch umfassende internationale Autorenbeteiligung in deutscher oder englischer Sprache stellte es eine eindrucksvolle internationale Dokumentation des »state of the art« dieser medizinischen Disziplin dar. 1976 wurde es ergänzt durch den Band ›Herzchirurgie‹ (Derra/Bircks).

79 *Wilhelm Tönnis (1898–1978) gründete 1954 gemeinsam mit Herbert Olivecrona, Stockholm, das ›Handbuch der Neurochirurgie‹.*

80 *Der Neuropathologe Klaus-Joachim Zülch (1910–1988) war nicht nur Autor zahlreicher Werke zur Neuroradiologie, sondern auch ein enger Berater des Verlags. Seine Hauptleistung war die Klassifizierung der Hirntumoren.*

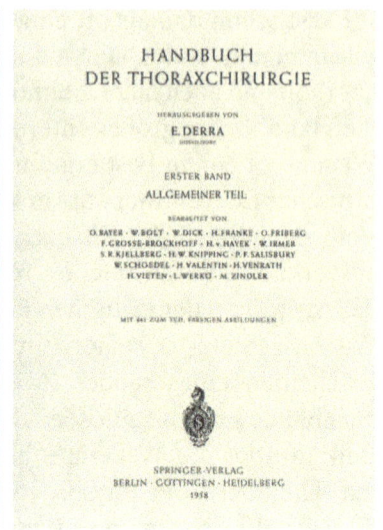

81, 82 *Ernst Derra (1901–1979) gab 1958/59 das ›Handbuch der Thoraxchirurgie‹ heraus.*

Als Hilfe für den praktisch tätigen Chirurgen war die 1927 von Martin Kirschner begründete und nach ihm benannte handbuchartige Operationslehre gedacht. Sie wurde ab 1950 von Rudolf Zenker herausgegeben, später von Georg Heberer, München, und Rudolf Pichlmayr, Hannover, fortgeführt. Sie enthält so bedeutende Bände wie die ›Allgemeine Chirurgie‹ von Gerd Hegemann, die ›Gynäkologischen Operationen‹ von Carl Kaufmann und Karl Günther Ober, damals Köln, und die ›Augenärztlichen Operationen‹ von Günter Mackensen und Helmut Neubauer. Für die Urologie, die ursprünglich noch in der Kirschnerschen Operationslehre vertreten war, schufen Carl-Erich Alken, Homburg/Saar, Egon Wildbolz in Bern, Victor Dix in London und Henry Weihrauch in San Francisco

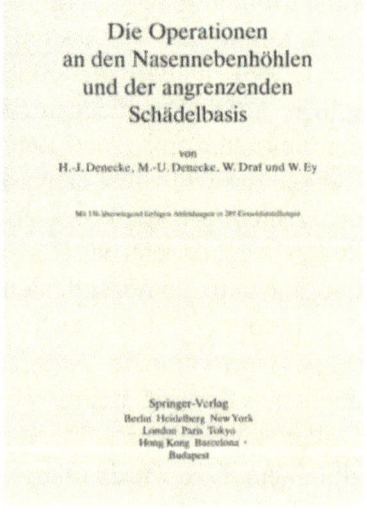

83 *Rudolf Zenker (1903–1984) war unter Martin Kirschner Oberarzt an der Heidelberger Chirurgischen Klinik. Nach Kirschners Tod, 1942, übernahm Zenker neben der stellvertretenden Leitung der Klinik auch dessen literarisches Erbe; darunter die Kirschnersche ›Allgemeine und spezielle Operationslehre‹, die 1927/40 ihre erste Auflage erlebte. Heute wird sie von Georg Heberer und Rudolf Pichlmayr herausgegeben. – **84** ›Allgemeine und spezielle Operationslehre‹, Bd. 5, 3. Aufl. 1992, Teil 2.*

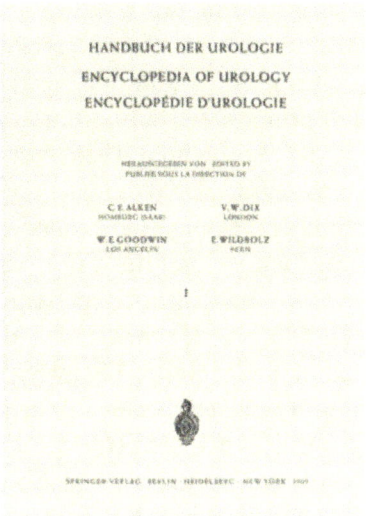

85 *Carl Erich Alken (1909–1986) war der Begründer und Mitherausgeber des ›Handbuchs der Urologie‹.* – **86** *›Handbuch der Urologie‹, Bd. 1, 1969.*

von 1958 bis 1982 das ›Handbuch der Urologie‹ in 20 Einzelbänden.

Das von dem Anatomen Titus Ritter von Lanz, München, mit dem Chirurgen Werner Wachsmuth konzipierte Anatomiewerk ›Praktische Anatomie‹ für den operativ tätigen Chirurgen war 1935 begonnen und kontinuierlich weitergeführt worden. Die sorgfältige, den Erfordernissen des Chirurgen Rechnung tragende Darstellung der anatomischen Verhältnisse erforderte eine exakte und zugleich ideenreiche Vorbereitung durch einfühlsame Zeichner wie Siegfried Nüssl, der das Fach ›Medizinisches Zeichnen‹ an der Münchner Kunstakademie lehrte. Später waren Zeichner wie Irmgard Daxwanger, Ludwig Josef Grassl, H. Hoheisel, Jörg Kühn oder Julius S. Pupp tätig. Die

87 *Werner Wachsmuth (1900–1990) begründete zusammen mit dem Anatomen Titus Ritter von Lanz die ›Praktische Anatomie‹ mit dem Ziel, die anatomischen Grundlagen chirurgischen Handelns darzustellen.* – **88** *›Praktische Anatomie‹, Bd. 1, Teil 4, 2. Aufl. 1972.*

Fertigstellung der Bände zögerte sich länger hinaus als es dem Verlag und den Benutzern lieb sein konnte. Das Werk, das sich seit Anbeginn der besonderen Zuneigung und Förderung F. Springers erfreute, steht nunmehr, nahezu 60 Jahre nach dem ersten Erscheinen 1935, vor der Vollendung. Inzwischen ist auch Anfang 1993 der wichtige Band über die chirurgische Anatomie des Bauches erschienen; es fehlen noch der dritte Teil des Kopfbandes und der Thoraxband.

Über die frühzeitigen Bemühungen um eine Neuauflage des ›Handbuchs der inneren Medizin‹, die im wesentlichen in den Händen von Herbert Schwiegk lag, wurde bereits berichtet. Die Redaktion des Bandes über die Lungenkrankheiten war dem geistreichen Internisten Wilhelm Löffler in Zürich anvertraut worden. Die Zusammenarbeit mit ihm erforderte häufigere Besuche in seiner Klinik. Im Umfeld dieser Reisen entstanden fruchtbare Kontakte zu zahlreichen schweizerischen Ärzten. Von nachhaltigem Einfluß wurde die Begegnung mit dem Pathologen Erwin Uehlinger, der im Laufe der Jahre einer der engagiertesten Herausgeber von ›Virchows Archiv‹, des ›Handbuchs der speziellen pathologischen Anatomie und Histologie‹ und der ›Speziellen pathologischen Anatomie‹ wurde, zusammen mit Wilhelm Doerr und später Gerhard Seifert. Uehlingers Hauptinteresse galt der Knochenpathologie und der Röntgendiagnostik pathologischer Befunde. Auch die Verbindungen mit Adolf Zuppinger in Bern und zu Alexis Labhart [LABHART] in Zürich stammen aus jener Zeit. Uehlinger war ein zuverlässiger Ratgeber. Ich verdankte ihm die Bekanntschaft mit Kurt Benirschke, damals Dartmouth Medical School, Hanover/NH, einem gebürtigen Deutschen, der sein Medizinstudium und die

89 *Der Pathologe Kurt Benirschke (1924) studierte und promovierte in Hamburg, ging 1949 nach Harvard zur Weiterbildung in der Pathologie und wurde schließlich an die Dartmouth Medical School, Hanover/NH berufen. 1970 wechselte er nach San Diego/CA in eine Gruppe ›Reproduktionsmedizin‹. Er entwickelte ein Forschungsprogramm für den San Diego Zoo.* – **90** *Harold G. Jacobson (1912) war 1976 – zusammen mit Ronald Murray und Jack Edeiken – erster Herausgeber der Zeitschrift ›Skeletal Radiology‹.*

weitere akademische Karriere in den USA durchlaufen hatte. Uehlinger vertraute ihm den Teilband ›The Pathology of the Human Placenta‹ im Henke-Lubarsch an, zusammen mit Fritz Strauß und Shirley G. Driscoll (2nd edition 1990). Uehlinger ermutigte mich ferner zum Besuch bei Harold G. Jacobson am Montefiore Hospital and Medical Center, Bronx/NY, mit dem die Zeitschrift ›Skeletal Radiology‹ gegründet wurde.

Mit E. Uehlinger, K. Benirschke und H. Jacobson entstanden im Laufe der engen Zusammenarbeit gute Freundschaften. Autor und Verleger treffen sich in der gemeinsamen Bemühung um Geltung und Durchsetzung geistiger Anliegen — wenn auch aus verschiedenen Aktionsrichtungen. Im Laufe der Zeit können Verwandtschaft der Denkungsart, der Einschätzung geistiger Leistung und schließlich die Zuneigung zum anderen Menschen unsichtbare Hürden übersteigen lassen. Dies betrachtet der Verleger, der sich ganz und gar seinem Beruf verschrieben hat, als glückliche Fügung.

Heinz Vieten, verantwortlicher Radiologe im Bereich der Chirurgie an der damaligen Medizinischen Hochschule in Düsseldorf, war von Hause aus Physiker [VIETEN: 110ff.; HEUCK]. Gelegentlich verschiedener Besuche in Düsseldorf bei E. Derra, dem Herausgeber des ›Handbuches der Thoraxchirurgie‹, traf ich 1955 mit H. Vieten zusammen, und wir besprachen die Herausgabe eines zwölfbändigen, umfassenden Handbuches der medizinischen Radiologie. In einer denkwürdigen Sitzung während des Deutschen Röntgenkongresses in Frankfurt am Main im Jahre 1957 wurden die Herausgeberverträge unterzeichnet. Manche Mitglieder der Deutschen Röntgengesellschaft hielten H. Vieten für zu jung für eine solch verantwor-

91, 92, 93 *Heinz Vieten (1915 bis 1985), Begründer und erster Hauptherausgeber des ›Handbuchs der medizinischen Radiologie‹, sowie Franz Strnad (1908–1973) und Adolf Zuppinger (1904–1991), seine Mitherausgeber.*

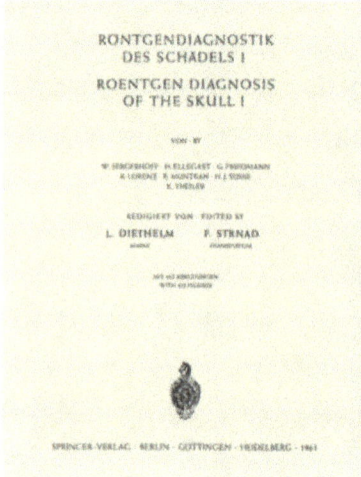

94 ›Handbuch der medizinischen Radiologie‹, Bd. 7, Teil 1, 1963.
95 Dieses Handbuch wurde von Lothar Diethelm (1910), Ordinarius für Radiologie in Kiel, ab 1967 in Mainz, seit 1963 als Mitherausgeber betreut. 1970 wirkte er mit bei der Gründung unserer Zeitschrift ›Neuroradiology‹. – **96** Friedrich H. W. Heuck (1921), seit 1971 Mitherausgeber des ›Handbuchs der medizinischen Radiologie‹, war Berater des Verlags und Begründer der Reihe ›Radiology Today‹, die er gemeinsam mit Martin Donner, Washington/DC, betreute.

tungsvolle Aufgabe! Vieten hatte sich für die Einbeziehung weiterer Herausgeber ausgesprochen, und es war gelungen, Franz Strnad (Frankfurt am Main), Olle Olsson (Lund) und Adolf Zuppinger (Bern) zu gewinnen. 1963 trat Lothar Diethelm (Kiel, ab 1961 in Mainz) hinzu, nachdem er bereits als Subeditor erfolgreich tätig gewesen war. Der plötzliche Tod von Strnad am 4. Mai 1973 war ein schwerer Verlust für die Handbucharbeit. Um so erfreulicher war es, daß 1974 Friedrich Heuck, Stuttgart, und Klaus Ranniger, Richmond/VA, USA, für die redaktionelle Mitarbeit gewonnen werden konnten. Ranniger, der aus Deutschland kam, gewann hervorragende amerikanische Autoren, erlebte aber leider das Erscheinen seines Bandes (1977) nicht mehr. Ab 1966 wurden englischsprachige Beiträge in das Handbuch aufgenommen, das wir 1969 beim XII. Internationalen Radiologenkongreß in Tokyo erstmals einem weiteren Kreis von Radiologen vorstellen konnten. Besonders wertvoll und erfolgreich war der siebte Band über Schädeldiagnostik aus der Wiener Schule (G. Holzknecht), der 1963 in zwei Teilen erschien.

Dieses Handbuch markierte den Beginn einer führenden Stellung des Springer-Verlags im Bereich der medizinischen Radiologie, die später mit der Facharztzeitschrift ›Der Radiologe‹ und einer Reihe von sechs internationalen englischsprachigen Spezialzeitschriften systematisch ausgebaut werden konnte: 1970 ›Neuroradiology‹, 1973 ›Pediatric Radiology‹, 1976 ›Gastrointestinal Radiology‹, 1976 ›Skeletal Radiology‹, 1977 ›Cardiovascular Radiology‹ und 1979 ›Urologic Radiology‹. Es folgten 1981 das frankophone europäische Organ ›Radiologie‹ und in der jüngsten Vergangenheit die gesamteuropäische Zeitschrift (1991) ›European Radiology‹.

Unser Handbuchprogramm erstreckte sich auch auf Planungsgebiete außerhalb der Medizin und Biologie. 1961 erschien im Technikbereich das ›Handbuch der Regelungstechnik‹ von Georg Bleisteiner, Karlsruhe, und Walter Mangoldt, Erlangen. Als Herausgeber und Autoren waren Vorstandsmitglieder und Mitarbeiter der Firma Siemens beteiligt, ein schönes Zeugnis der alten, bis in die jüngste Zeit reichenden literarischen Zusammenarbeit mit dieser bedeutenden Firma.

Im Rahmen der ungestümen Nachkriegsentwicklung der Naturwissenschaften hatte sich die Geochemie zu einer selbständigen Disziplin entfaltet, vor allem aufgrund der Möglichkeiten, Abläufe in der Natur experimentell nachzuvollziehen. Mit Karl H. Wedepohl, Göttingen, der schon sehr früh mit den (Heidelberger) ›Beiträgen zur Mineralogie und Petrologie‹ (›Contributions to Mineralogy and Petrology‹) verbunden war, wurde 1964 die Herausgabe eines rein englischsprachigen ›Handbook of Geochemistry‹ verabredet. Es erschien in sechs Bänden als Loseblattsammlung, die es erlaubte, die Stichworte jeweils in der Reihenfolge ihrer Fertigstellung erscheinen zu lassen. Nur so war es möglich, das über Erwarten umfangreiche Material in verhältnismäßig begrenztem Zeitraum von knapp zehn Jahren herauszubringen, bei unermüdlichem Einsatz des Hauptherausgebers. Dieses Werk bedeutete einen Meilenstein in der Geschichte der Geochemie und wird noch heute verlangt.

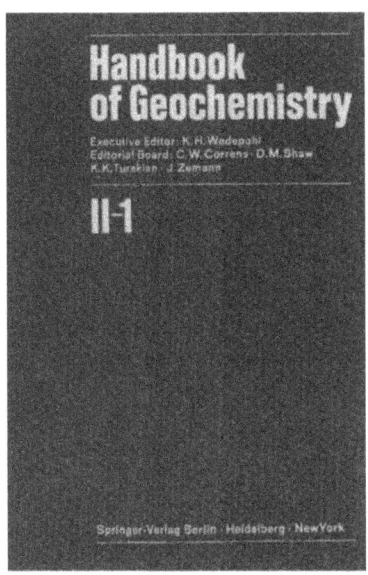

97 ›Handbook of Geochemistry‹, Bd. 2, Teil 1, 1969 (Einband). Dieses Handbuch erschien in 6 Bänden. Es war die erste Loseblattausgabe des Verlags.

Die Handbuchidee fand in den Vereinigten Staaten trotz gegenteiliger Behauptungen Anerkennung und Pflege. Das zeigte die Gründung eines ›Handbook of Physiology‹ (1954–1958, herausgegeben von John Field), das sich im Vorwort ausdrücklich auf die deutsche Handbuchtradition beruft und insbesondere auf das von 1926 bis 1932 im Springer-Verlag erschienene ›Handbuch der normalen und pathologischen Physiologie‹ hinweist, das von Albrecht Bethe, Gustav von Bergmann, Gustav Embden und Alexander Ellinger herausgegeben worden war — es wurde vereinfacht als »Der Bethe-Embden« bezeichnet. Die Neukonzeption eines Handbuchs der gesamten Physiologie von Deutschland aus schien uns damals verfrüht angesichts der großen international erzielten Fortschritte auf allen Gebieten dieses Faches.

Handbücher für Chemiker

Beilsteins Handbuch der Organischen Chemie. Friedrich Konrad Beilstein (1838–1906) veröffentlichte in den Jahren 1881 bzw. 1883 ein zweibändiges Handbuch der Organischen Chemie. Auf rund 2200 Seiten waren etwa 15000 Verbindungen beschrieben worden. Seit 1916 ist das Handbuch in der verlegerischen und damit wirtschaftlichen Verantwortung

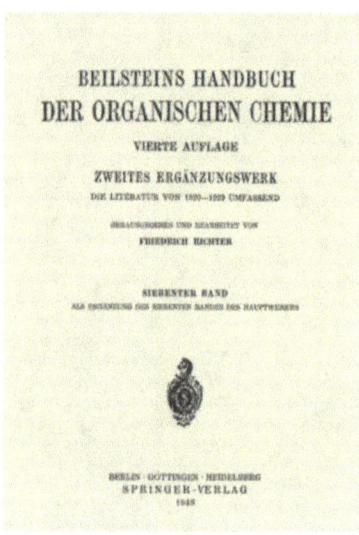

98 ›Beilsteins Handbuch der Organischen Chemie‹, 4. Aufl., 2. Ergänzungswerk, Bd. 7, 1948.

99 Friedrich Richter (1896–1961), seit 1933 alleinverantwortlicher Leiter der Beilstein-Redaktion. 1951 wurde er zum ersten Vorstand der Beilstein-Stiftung bestellt.

des Springer-Verlags, der seit dieser Zeit auch die Verlagsrechte besitzt [HS: 231 ff.]. 1918 erschien der erste Band mit dem Springer-Signet. Bis zum vierten Ergänzungswerk der 4. Auflage, das die Literaturperiode bis 1959 umfaßte, werden auf etwa 280000 Seiten insgesamt rund 1,5 Mio. Verbindungen vorgestellt. Im fünften, auf die englische Sprache umgestellten Ergänzungswerk für die Literaturperiode 1960–1979 werden etwa 3,5 Mio. neue Verbindungen dargestellt. Ab 1980 kommen jährlich zwischen 0,3 und 0,5 Mio. hinzu [BEILSTEIN].

Unmittelbar nach Kriegsende, am 21. Juni 1945, hatte es Ferdinand Springer »als eine der wichtigsten Aufgaben betrachtet, die deutsche chemische Literatur wieder aufzubauen«. Friedrich Richter, der bereits 1923 mit der Bearbeitung des ersten Ergänzungswerks zur 4. Auflage betraut worden war und seit 1933 als alleinverantwortlicher Leiter der Beilstein-Redaktion fungierte, versuchte nach Kriegsende die Kräfte wieder zu sammeln und mit dem Springer-Verlag Fühlung aufzunehmen.

1944 waren die Beilstein-Mitarbeiter zunächst nach Zobten und dann nach Tharandt bei Dresden evakuiert worden und in der dortigen Forstakademie untergekommen. Nach Kriegsende kehrte die Redaktion nach Berlin zurück, wo die amerikanische Besatzungsmacht das vorhandene Material beschlagnahmte. Im Frühjahr 1946 wurde die Beilstein-Redaktion von Berlin nach Frankfurt verlegt, wo ihr innerhalb der Bibliothekseinrichtungen der Farbwerke Höchst eine neue Arbeitsmöglichkeit geboten wurde. Schon am 13. Juni 1946 hatte Richter an Springer berichtet: »Wir haben vor acht Tagen mit der direkten Manuskriptarbeit für Band VII des 2. Ergänzungswerks begonnen — ein denkwürdiger Moment!«

Am 3. Januar 1947 bestellte die US-Militärregierung Richter zum Treuhänder des »Unternehmens Beilstein«. In Höchst arbeitete das Beilstein-Institut zunächst weiter unter Aufsicht der Militärregierung, die der Redaktion Ende 1946 das beschlagnahmte Material »for future operations« übergab. Das gesamte Beilstein-Vermögen — bestehend aus Arbeitsmitteln und Verträgen — wurde dem Hessischen Amt für Vermögenskontrolle überantwortet, bis es am 6. Januar 1951 wieder an die amerikanische Militärregierung fiel, die es schließlich am 19. Juli 1951 dem neuzugründenden Beilstein-Institut für Literatur der Organischen Chemie anvertraute, das am 1. August 1951 eine Verfassung als rechtsfähige Stiftung des bürgerlichen Rechts erhielt. Richter wurde Stiftungsvorstand. Gegen die vertraglichen Vereinbarungen, die Richter als Treuhänder des Handbuchs mit dem Springer-Verlag getroffen hatte, wurden seitens der amerikanischen Militärregierung keine Einwände erhoben.

Handbücher für Chemiker

Die neue Beilstein-Stiftung trat nach dem Wunsche ihrer Gründer in die Rechte und Pflichten der vormaligen Deutschen Chemischen Gesellschaft ein. Springer war bereit, seine alten Verpflichtungen als Verleger des Unternehmens wieder zu übernehmen und das Werk weiterzuführen — unter den damaligen wirtschaftlichen Verhältnissen ein kühner und weitschauender Entschluß. Die erforderlichen Mittel waren erheblich und mußten großzügig vorfinanziert werden. Die Zusammenarbeit zwischen Richter und Springer gründete ausschließlich auf dem in jahrzehntelanger erfolgreicher Zusammenarbeit aufgebauten Vertrauensverhältnis, so daß es schon 1948 möglich wurde, die Bände VII und VIII des zweiten Ergänzungswerkes und 1949 die Bände VI, IX und X erscheinen zu lassen. In den Jahren 1950 und 1951 folgten je drei weitere Bände.

Die vom Verlag eingeleiteten Vertriebsbemühungen stießen auf die weltweit verbreiteten, zahlreichen Beilstein-Nachdrucke [HS: Anm. 46], die unter amerikanischem Kriegsrecht (»Trading with the Enemy Act«) erschienen waren und noch in den sechziger Jahren vertrieben werden durften.

100 *Hans-Günther Boit (1916 bis 1985) folgte Friedrich Richter im Dezember 1961 in der Leitung des Beilstein-Instituts (bis 1978). Sein Nachfolger wurde Reiner Luckenbach.*

Die überall wieder einsetzende wissenschaftliche Tätigkeit führte zum raschen Anschwellen der chemischen Literatur in einem bis dahin nicht für möglich gehaltenen Ausmaß. So stieg die Produktion des Beilstein von 78 Druckbogen im Jahre 1960 bereits im Jahre 1970 auf 380 Bogen und schließlich auf 900 Druckbogen im Jahre 1980. Richter hatte durchaus mit Erweiterungen der Jahresproduktion gerechnet, aber nur an einen Maximalausstoß von 120 Druckbogen gedacht und danach sogar eine rückläufige Bewegung vermutet. Sein Nachfolger Hans-Günther Boit (1961–1978) sah die Literaturflut voraus und traf die Vorbereitungen zu ihrer Bewältigung. Mit dieser wachsenden Datenmenge wuchsen die Schwierigkeiten, die Berichterstattung rascher an die Gegenwart heranzuführen. Die Wunschvorstellung eines Abstands von nicht mehr als fünf Jahren zwischen Erscheinungstermin der Literatur und der Berichterstattung im Beilstein erschien immer unrealistischer.

1957 zog die Beilstein-Redaktion von Höchst in die von der Stadt Frankfurt am Main zur Verfügung gestellten Räume des Carl-Bosch-Hauses, und 1958 wurde Friedrich Schnedler zum Syndikus der Stiftung bestellt [SCHNEDLER]. Er hat in dieser Funktion bis Ende 1981 klug und verantwortungsbewußt im Dienste der Verwaltung und der Finanzgebarung des Institutes gewirkt. Er wußte auch, daß gegenseitiges Vertrauen die Basis erfolgreicher Zusammenarbeit ist.

Am 26. Oktober 1954 wurde der Vertrag über ein viertes Ergänzungswerk abgeschlossen, der am 3. Dezember 1954 vom

101 *Die Festschrift ›100 Jahre Beilstein (1881–1981)‹ erschien anläßlich der Jubiläumsfeier am 13. Mai 1981 in der Jahrhunderthalle Frankfurt/Main-Höchst.*

Stiftungsrat bestätigt wurde. Der ursprüngliche Vertrag sieht eine bindende Verabredung jeweils nur für jedes neu zu beginnende Ergänzungswerk vor (F. Richter am 21. Dezember 1954 an F. Springer).

Eine gewisse Konkurrenz schien dem Beilstein durch die von Elsevier begonnene ›Encyclopedia of Organic Chemistry‹ unter der Redaktion eines früheren Beilstein-Mitarbeiters, Fritz Radt, zu erwachsen. 1940 war der erste Band erschienen. Dieses Werk war auf etwa 38 Bände (mit Abschlußtermin 1962) geplant; jeweils alle zehn Jahre sollten Ergänzungsbände erscheinen. Richter war (Brief vom 13. Juni 1947 an F. Springer) aufgefordert worden, die Leitung dieser Enzyklopädie gemeinsam mit Radt zu übernehmen, war aber nicht darauf eingegangen. Die Elseviersche Enzyklopädie ist ein Torso geblieben, nur die dritte Serie, Band XII–XIV mit zahlreichen Teil- und Supplementbänden, ist erschienen. Im Jahre 1957 ist sie nach Verhandlungen mit P. Bergmans, Elsevier-Verlag, von Springer erworben worden.

Das Beilstein-Handbuch erlebte eine erfolgreiche Absatzentwicklung, die 1969 ihren Höhepunkt erreichte mit einem Verkauf von 2372 Exemplaren pro Band. Sie entsprach einem realistischen Bedürfnis von Industrie und Hochschulen und war zum Teil die Folge einer ungewöhnlich großzügigen Ausgabenpolitik, insbesondere in den USA für »education, research and development«. So verkauften wir – um ein nahezu anekdotenhaftes Beispiel zu nennen – 1969 einen kompletten Beilstein zum Preise von DM 37000 an ein Teachers' College in Texas auf Veranlassung des gerade neu ernannten Professors für Chemie. Der Bibliothekar interessierte sich dabei sehr viel mehr für die erforderlichen laufenden Regalmeter als für den Preis!

Das Aufsichtsgremium des Beilstein ist der von der Max-Planck-Gesellschaft eingesetzte Stiftungsrat. Unter dem Vorsitz des Nobelpreisträgers Richard Kuhn wurde es kurz vor dessen Tode zur Regel gemacht, daß ein Vertreter des Verlages zu den Stiftungsratssitzungen als Gast eingeladen wurde.

Unter Theodor Wieland als Vorsitzenden des Stiftungsrates und Rainer Luckenbach als Vorstand wurde am 13. Mai 1981 in der Jahrhunderthalle in Frankfurt am Main-Höchst das hundertjährige Bestehen des ›Beilstein-Handbuchs der Organischen Chemie‹ festlich begangen [BEILSTEIN; GÖTZE (7)].

Die nicht mehr linear, sondern nahezu logarithmisch anwachsende Anzahl neu gefundener organischer Verbindungen ließ spätestens zu Beginn der achtziger Jahre erkennen, daß ihre Erfassung und Ordnung in gedruckten Medien an natürliche Kapazitätsgrenzen stoßen würde.

Der Verlag machte frühzeitig auf die Notwendigkeit der elektronischen Datenerfassung und -speicherung aufmerksam, ließ aber dabei nicht unerwähnt, daß die erforderliche Umstellung Kosten verursachen würde, die die Möglichkeiten eines sich selbst tragenden wirtschaftlichen Verlagsunternehmens bei weitem überschreiten würde und für die es auch späterhin kein ausreichendes »return on investment« geben könne. Selbst nach der kostspieligen Grundausstattung (Hardware) pflegt der Aufwand für die laufend zu ergänzende »Software« und die erforderliche Anpassung der »Hardware« das Ausmaß der zu erwartenden Erlöse weit zu übersteigen.

Der Einsicht des Bundesministers für Forschung und Technologie und seines für die Informationsdienste zuständigen Ministerialdirigenten Hans Donth ist es zu danken, daß die Finanzierung der Online-Verfügbarkeit des Datenmaterials der Chemie in großzügiger Weise vom Bundesministerium für Forschung und Technologie getragen wurde. Die damit ermöglichte Umsetzung im Rahmen des Beilstein-Institutes erfolgte zügig unter der Leitung von Clemens Jochum. Die Sicherung der weiteren Finanzierung steht zur Diskussion.

Gmelin – Handbuch der Anorganischen Chemie. Die vorausschauenden Vorstellungen der Direktorin des Gmelin-Institutes, Margot Becke-Goehring, führten Anfang der siebziger Jahre zu gemeinsamen Überlegungen, die von dem Gedanken bestimmt waren, daß eine getrennte Datensammlung für organische und anorganische Chemie angesichts der modernen Entwicklung der chemischen Forschung nicht mehr vertretbar sei [BECKE-GOEHRING]. Darüber hinaus schien das Absatzpotential des 1817 gegründeten Gmelin-Handbuchs der Anorganischen Chemie zu jener Zeit noch nicht voll ausgeschöpft. Mit Zustimmung der Gesellschaft Deutscher Chemiker wurde deshalb am 8. November 1973 ein Kommissionsverlagsvertrag zwischen der Max-Planck-Gesellschaft zur Förderung der Wissenschaften und dem Springer-Verlag über Gmelins Handbuch der Anorganischen Chemie geschlossen. Die M. Becke und mich damals bewegende Auffassung war die Zusammenführung beider Datenwerke, des Beilstein und des Gmelin, zu einem umfassenden chemischen Informationsinstrument. Die Erfüllung dieser Vorstellung ist bisher an juristischen Gegebenheiten, vielleicht auch am fehlenden Mut, juristische Konzepte neuen Erfordernissen anzupassen, gescheitert. Der Gmelin-Absatz konnte für eine Reihe von Jahren zwar gefördert werden, unterlag aber in der Folge der weltweiten Tendenz rückläufiger Bibliotheksetats.

102 *Zum 200. Geburtstag des Chemikers Leopold Gmelin gab die Deutsche Bundespost 1988 diese Sonderbriefmarke heraus.*

103 *Nach erfolgreicher Lehrtätigkeit an der Universität Heidelberg übernahm Margot Becke-Goehring (1914) 1969 die Leitung des Gmelin-Instituts in Frankfurt/Main. –* **104** *Ekkehard Fluck (1931), Nachfolger von M. Becke-Goehring in der Leitung des Gmelin-Instituts.*

Am 1. Juli 1979 übernahm Ekkehard Fluck, Heidelberg, die Leitung des Gmelin-Institutes. Er stellte das Werk auf die englische Sprache um, aus der überzeugenden Einsicht, daß nur damit eine weitere weltweite Akzeptanz gesichert würde. Dies war bei einem deskriptiven Werk wie dem Gmelin besonders wichtig. Nach wenigen Jahren folgte auch der Beilstein dieser Umstellung.

Seit Dezember 1991 ist die Gmelin-Datenbank am Markt. Ein Unterschied zur Beilstein-Datenbank besteht insofern, als das deskriptiv konzipierte Gmelin-Handbuch sich mit der Gmelin-Datenbank zu einem umfassenden Gmelin-Informationssystem ergänzt, während die Datensysteme im Beilstein-Handbuch und in der Beilstein-Datenbank identisch sind [FLUCK: 40]. Hier macht sich ein konzeptioneller Unterschied zwischen Beilstein und Gmelin bemerkbar im Verhältnis von Handbuch zur Datenbank. Während das Beilstein-Handbuch zukünftig aus der Datenbank generiert werden soll — und damit inhaltlich mit ihm identisch ist — bleiben Gmelin-Handbuch und Gmelin-Datenbank zwei getrennte, sich inhaltlich ergänzende Komponenten *eines* Gmelin-Informationssystems.

Weitere Planungsvorhaben

Aus Göttingen, das nicht nur ein Zentrum der Mathematik und Physik, sondern auch der Geowissenschaften war, stammte ein erfolgreiches Werk: ›Die Genese der metamorphen Gesteine‹ von Helmut G. F. Winkler (1965), von dem nicht nur nach kurzer Zeit eine zweite Auflage notwendig wurde, sondern das in einer englischen Übersetzung, die wir 1965 im Hinblick auf die Gründung des Springer-Verlags New York 1964 veranstalteten, zu unserem größten Erfolg auf dem amerikanischen

Markt wurde. ›Petrogenesis of Metamorphic Rocks‹ erlebte fünf Auflagen mit insgesamt über 30000 verkauften Exemplaren, von denen die Hälfte in die USA ging. Dieses Buch übte weltweit einen großen Einfluß auf Forschung und Praxis aus.

Die ›Gesellschaft für Biologische Chemie‹ veranstaltete jährlich wissenschaftliche Zusammenkünfte in Mosbach (Baden), deren Berichte seit 1951 im Springer-Verlag erscheinen, als ›Mosbacher Colloquien‹ jedem Biochemiker geläufig. Die Artikel der ersten neunzehn Bände waren im wesentlichen in deutscher Sprache abgefaßt. Ab Band 20 (1969) tragen die Bände englische Sachtitel unter dem Reihentitel ›Colloquium Mosbach‹.

H. Mayer-Kaupp stellte im Bereiche der angewandten Mathematik/Physik eine für die Zukunft wichtige Brücke in die Vereinigten Staaten her zu Clifford Truesdell in Baltimore/MA, einem weit gebildeten, originellen und wissenschaftlich anspruchsvollen Autor und Herausgeber. 1957 wurde auf seine Anregung und unter seiner Herausgeberschaft das ›Archive for Rational Mechanics and Analysis‹ gegründet und 1960 das ›Archive for History of Exact Sciences‹. 1964 folgte die ebenfalls von Truesdell herausgegebene Buchreihe ›Springer Tracts in Natural Philosophy‹. All diese Unternehmungen sind noch heute lebendig. Truesdell war darüber hinaus ein hochgeschätzter Buchautor und hat Wertvolles zum ›Handbuch der Physik‹ beigetragen.

1962 gründeten wir mit Francis A. Gunther, Riverside/CA, die ›Residue Reviews‹. F. A. Gunther hatte längere Zeit im Bereich Pflanzenschutzmittel bei Bayer, Leverkusen, gearbeitet und betreute die Pestizidforschung an der University of Ca-

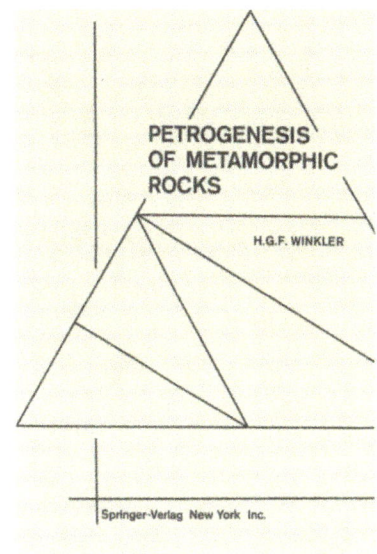

105 *Helmut G. F. Winkler ›Petrogenesis of Metamorphic Rocks‹, 1965 (Umschlag).*

106 *Clifford Truesdell (1919), Gründer und Herausgeber des ›Archive for Rational Mechanics and Analysis‹ (seit 1957) und des* (**107**) *›Archive for History of Exact Sciences‹ (Bd. 1, Nr. 4, 1961). –* **108** *›Colloquium der Gesellschaft für Biologische Chemie in Mosbach (Baden)‹, Bd. 20, 1969. Bd. 1–18 unter dem Titel ›Colloquium der Gesellschaft für Physiologische Chemie‹.*

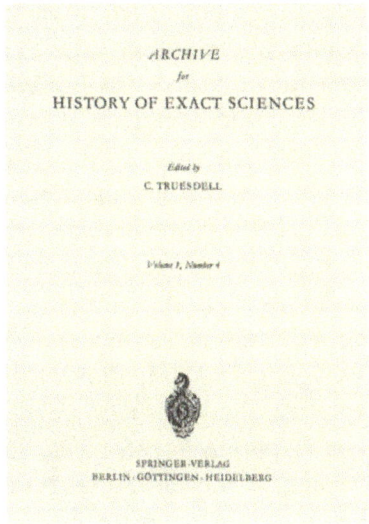
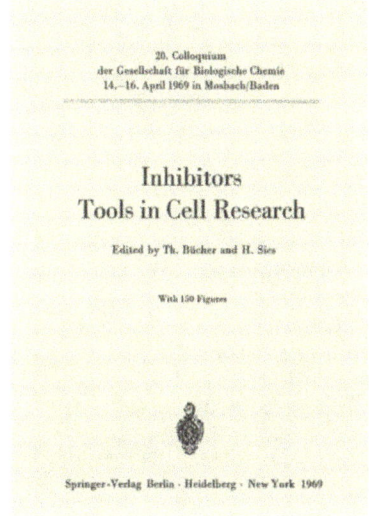

lifornia, Riverside/CA. Er war ein äußerst engagierter und erfolgreicher Herausgeber. Ab Band 98 (1987) wurde der Titel erweitert in ›Reviews of Environmental Contamination and Toxicology‹.

Die Facharztzeitschriften

Im Bereich des medizinischen Zeitschriftenwesens entstanden — wie schon berichtet — 1928 (1946) die Facharztzeitschrift ›Der Chirurg‹, 1928 (1947) ›Der Nervenarzt‹, 1950 ›Der Hautarzt‹ unter der Redaktion von Alfred Marchionini. Der Neigung zur *Fachzeitschrift* entsprach auch eine vom Chirurgen K. H. Bauer initiierte Anregung F. Springers an Rudolf Frey vom 18. September 1950, eine deutschsprachige Zeitschrift für Anästhesiologie zu gründen. Frey reagierte positiv; die Zeitschrift ›Der Anaesthesist‹ erschien 1952 mit ihrem ersten Heft.

Ich versuchte, diesem Zeitschriftentyp, zu dem grundsätzlich auch der 1947 entstandene HNO-Wegweiser gehörte, eine Gestalt zu geben, die es dem Facharzt erlauben sollte, sich neben seinem harten beruflichen Einsatz schnell und zuverlässig über die praxisrelevanten Ergebnisse der Forschung zu informieren. Sachkenner einzelner Teilgebiete sollten selektiv und in einer Weise referieren, die dem Praktiker Hilfen für seine tägliche Arbeit geben konnte. Eine solche Ausrichtung war in den bereits bestehenden Facharztzeitschriften nicht von heute auf morgen zu bewirken, da die Redaktionen an der Publikation praxisorientierter Originalarbeiten festhalten wollten.

Die Neugründung der Facharztzeitschrift für innere Medizin, ›Der Internist‹, die an die Stelle der ›Ärztlichen Wochenschrift‹ trat, war geeignet, die neuen Absichten zu verwirklichen und »die Ergebnisse der wissenschaftlichen medizinischen Forschung in die Sprache des Praktikers zu übersetzen«. Hervorragende Internisten wie Herbert Schwiegk (München), Hans Freiherr von Kreß (Berlin) und Helmuth Reinwein (Kiel) stellten sich begeistert in den Dienst der Sache. Der Zielsetzung entsprechend sollte die Zeitschrift in engstem Einvernehmen und erfolgversprechender redaktioneller Zusammenarbeit mit dem gleichzeitig gegründeten Berufsverband der Internisten gestaltet werden. Aus diesem Kreise stammten die ungewöhnlich engagierten Herausgeber Günther Budelmann (Hamburg), Wolfgang Ruge (Hannover), Fritz Valentin (München) und Maximilian Guido Broglie (Wiesbaden). Das Ziel, ausschließlich von Experten angeforderte Übersichtsarbeiten aufzunehmen, begegnete nur am Anfang einer gewissen Zurückhaltung. Im Laufe der Zeit, während sich die Zeitschrift wachsender Ver-

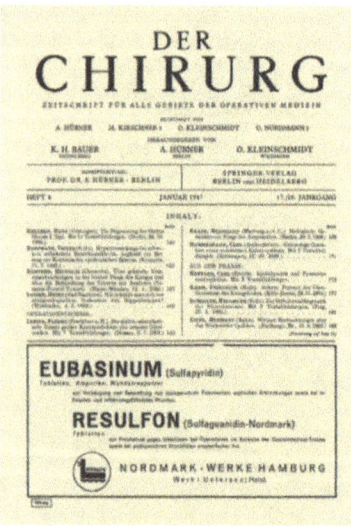

109 ›Der Chirurg‹, 17./18. Jg., Heft 4, 1947.

Die Facharztzeitschriften – Mathematik

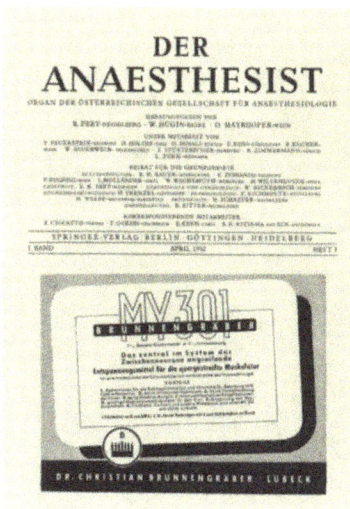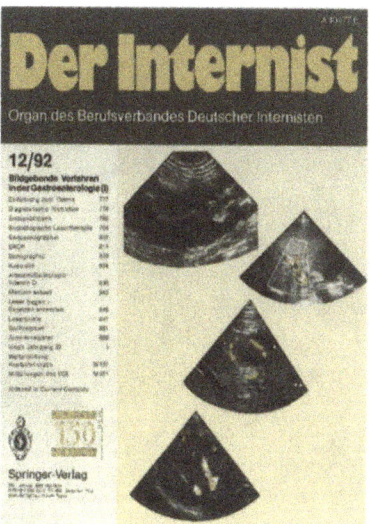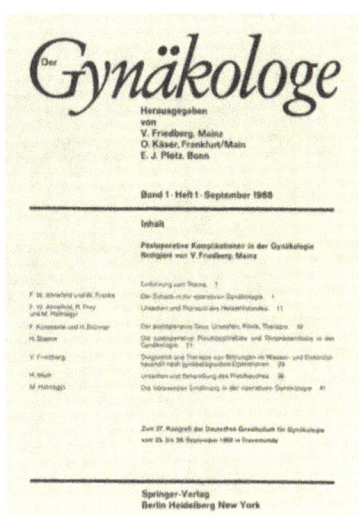

breitung erfreute und die Beiträge bei den Lesern lebhafte Resonanz fanden, wurde es immer leichter, hervorragende Autoren zu gewinnen. Jedes Heft war einem wichtigen und aktuellen Thema gewidmet. Es wurde darauf geachtet, daß nicht über die Köpfe der Leser hinweg geschrieben wurde. Ein Grund für den Erfolg lag vor allem in der harmonischen und von großem Verständnis, ja Begeisterung für die Idee der Zeitschrift getragenen redaktionellen Arbeit. Seit 1960 tagte die Schriftleitung jährlich am Eröffnungssonntag des Wiesbadener Internistenkongresses und entwarf die Heftgestaltung für zwei Jahre im voraus. Im Jahre 1992 zählt ›Der Internist‹ 23 700 Abonnenten!

Mit dem ›Internist‹ war ein Vorbild gegeben für die weiterhin planmäßig neu gegründeten, bisher acht Zeitschriften dieses Typs: ›Der Radiologe‹ (1961), ›Der Urologe A und B‹ (1962), ›Der Gynäkologe‹ (1968), ›Der Orthopäde‹ (1972) ›Der Pathologe‹ (1979), ›Der Unfallchirurg‹ (1985) und schließlich ›Der Ophthalmologe‹ (1992). Die vor dem ›Internist‹ entstandenen Facharztzeitschriften ›Der Chirurg‹, ›Der Nervenarzt‹, ›Der Anaesthesist‹ und ›Der Hautarzt‹ paßten sich dem Konzept des ›Internist‹ in gewissem Umfang an, ohne jedoch auf Originalarbeiten zu verzichten.

110 ›*Der Anaesthesist*‹, *Bd. 1, Heft 1, 1952.* – **111** ›*Der Internist*‹, *Bd. 33, Heft 12, 1992.* – **112** ›*Der Gynäkologe*‹, *Bd. 1, Heft 1, 1968.*

Während meiner ersten, noch mit dem Schiff unternommenen USA-Reise im Jahre 1962 erlebte ich eine Reihe von Begegnungen, die für die weitere Entwicklung der internationalen Autorenkontakte des Springer-Verlags, insbesondere im Bereich der Mathematik, nachhaltige Bedeutung erhielten. Nach einem Besuch im Courantschen Institut in New York — es

Mathematik

113 *Peter Hilton (1923), langjähriger Berater des Verlages auf dem Gebiet der Mathematik und Herausgeber der ›Ergebnisse der Mathematik‹ von 1964 bis 1983.*
114 *Raman Chandrasekharan (1920), Mathematiker am Tata Institute in Bombay, wurde 1965 an die Eidgenössische Technische Hochschule in Zürich als Nachfolger von Hermann Weyl berufen.*
115 *Der Mathematiker Paul R. Halmos (1916) berät seit 1970 den Springer-Verlag New York.*

war noch nicht das schöne und weiträumige ›Richard Courant Institute for Mathematical Sciences‹ in der Mercer Street — traf ich das erste Mal auch Paul Halmos in Ann Arbor/MI. Er beriet damals den Verlag Van Nostrand. Nach meinen Einführungsworten fragte er, ob der Springer-Verlag beabsichtige, seine hohen Preise für Mathematikbücher beizubehalten? In solchem Falle sei es wohl besser, die Unterhaltung mit seiner Frau fortzuführen — und zwar über archäologische Themen! (Frau Halmos war daran sehr interessiert). Die Preise unserer ersten englischsprachigen Bücher lagen über dem amerikanischen Preisniveau, da wir eben erst begonnen hatten, in den angelsächsischen Markt einzudringen — zwei Jahre vor der Niederlassung in New York! Es entspann sich dann doch ein sehr lebhaftes Gespräch, in dessen Verlauf Paul Halmos eine Reihe von Gedanken und Anregungen entwickelte, die mich beeindruckten: Er meinte, ich täte gut daran, für meine »mathematischen Welteroberungspläne« — wie er es nannte — an drei große Regionen zu denken und mich hier jeweils eines Beraters in diesen Regionen zu versichern. Für die USA dachten wir dabei an Peter Hilton, den mir schon Beno Eckmann in Zürich als Herausgeber der ›Ergebnisse der Mathematik‹ empfohlen hatte. Er arbeitete damals in Cornell, Ithaca/NY und wurde ein ausgezeichneter Berater und ein treuer Freund des Verlages [HILTON].

Für die Region »jenseits des Eisernen Vorhanges« riet Halmos zu Szökefalvi-Nagy, mit dem sehr erfreuliche Kontakte zustande kamen, die allerdings angesichts der politischen Behinderungen begrenzt blieben. Für Europa empfahl Halmos Reinhold Remmert, damals noch in Erlangen, mit dem ich mich bald nach meiner Rückkehr in »Gebhards Hotel« in Göttingen zum ersten Male persönlich traf. Es war der Beginn einer glück-

Mathematik – Biologie. Chemie. Physik

116 *Marcel Berger (1927), seit 1979 Mitherausgeber der ›Inventiones Mathematicae‹ und seit 1982 Mitherausgeber der ›Grundlehren der mathematischen Wissenschaften‹.*
117 *Friedrich Hirzebruch (1927), seit 1956 Ordinarius für Mathematik in Bonn und Direktor des dortigen Max-Planck-Instituts für Mathematik.* – **118** *Saunders MacLane (1909), Professor für Mathematik in Chicago und langjähriger Mitherausgeber der »Gelben Sammlung«.*

lichen, freundschaftlichen und sehr erfolgreichen Zusammenarbeit zum Wohle unseres Mathematikprogramms, für das uns so viele bedeutende Fachgenossen ihre volle Unterstützung gewährten, so Heinrich Behnke, Marcel Berger, Henri Cartan, Raman Chandrasekharan, S. S. Chern, Albrecht Dold, Beno Eckmann, Revaz Valerianovich Gamkrelidze, Hans Grauert, Friedrich Hirzebruch, Fritz John, Peter Lax, Gert H. Müller, Jean-Pierre Serre, Karl Stein, Jacques Tits und André Weil. P. Halmos selbst wurde, nachdem Van Nostrand die Mathematik aufgegeben hatte, zum verläßlichen Berater unserer New Yorker Planungsabteilung für Mathematik: Walter Kaufmann-Bühler und Rüdiger Gebauer.

In Chicago besuchte ich den langjährigen Mitherausgeber und Autor der ›Grundlehren der mathematischen Wissenschaften‹, Saunders MacLane, mit dem wir bis heute eng verbunden sind. In Stanford an der Westküste kam es zu einer eindrucksvollen Begegnung mit dem chinesischen Mathematiker *Chung* Kai Lai, dem Autor eines richtungweisenden Werkes in der Gelben Sammlung über ›Markov Chains with Stationary Transition Probabilities‹ (1960), das 1967 eine zweite Auflage erlebte. Im Rahmen unserer späteren Aktivitäten in China konnte *Chung* im Jahre 1983 ›Collected Papers‹ seines Lehrers *Hsu* Pao-Lu herausgeben, in Zusammenarbeit mit *Cheng* Ching-Shui und *Chiang* Tse-Pei.

Biologie. Chemie. Physik

In den fünfziger Jahren belebte Karl von Frisch, Ordinarius für Zoologie in München und Herausgeber unserer ›Zeitschrift für Vergleichende Physiologie‹, die 1927 von Richard Goldschmidt gegründete Reihe ›Verständliche Wissenschaft‹,

119, **120** *Karl von Frisch (1886 bis 1982) erhielt 1973 den Nobelpreis für seine bedeutenden Forschungen über die Sprache der Bienen. Sein Buch ›Aus dem Leben der Bienen‹ in der Reihe ›Verständliche Wissenschaft‹, die er seit 1935 herausgab, erschien 1993 in 10. Auflage im Rahmen der 1992 neu gegründeten Springer-Sachbuchreihe.*

für die er selbst den »Klassiker«, das 1927 erschienene ›Bienenbuch‹ beigetragen hatte [FRISCH], das neun Auflagen erlebte. Ich versuchte, dieser naturwissenschaftlich bestimmten Reihe eine geisteswissenschaftliche Ergänzung zu geben mit Hans Freiherr von Campenhausen, Heidelberg, als Herausgeber. Der erste Band der neuen Reihe stammte von Johannes Friedrich über die ›Entzifferung verschollener Schriften und Sprachen‹ — Friedrich hatte das Hethitische entziffert. Der Band erschien 1954; er fand lebhaften Beifall. Aus einem Brief Ferdinand Springers an seinen Vetter Julius vom 23. Februar 1953 geht hervor, daß Richard Goldschmidt, der Begründer der Reihe, bereits eine geisteswissenschaftliche Ergänzung geplant hatte mit Wilhelm Röpke als Herausgeber. 1973 gründete ich in New York eine verwandte Reihe ›Heidelberg Science Library‹.

Zu den Buchreihen, die in der ersten Wiederaufbauperiode begonnen oder neu herausgegeben wurden, gehören die von Fritz von Wettstein [HS: Abb. S. 288] begründeten ›Fortschritte der Botanik‹, die 1932 mit dem ersten Band erschienen waren. 1948 wurde die Folge mit Band 12 wieder aufgenommen, der über die Jahre 1942–1948 berichtete. Ab Band 36 (1975) wandelte sich der Titel dieser jährlich mit je einem Band erscheinenden Reihe in ›Progress in Botany‹. In unserem Jubiläumsjahr erscheint der 53. Band. Seit 1990 sind die Beiträge durchgehend in englischer Sprache abgefaßt.

1949 begannen die ›Fortschritte der Chemischen Forschung‹, eine wissenschaftliche Buchreihe über die Forschungsergebnisse des jeweiligen Jahres, dem der Band gewidmet war.

Im Bereiche der Physik gelang es Mayer-Kaupp, Christian Gerthsen für ein Buch ›Physik‹ mit dem Untertitel ›Ein Lehr-

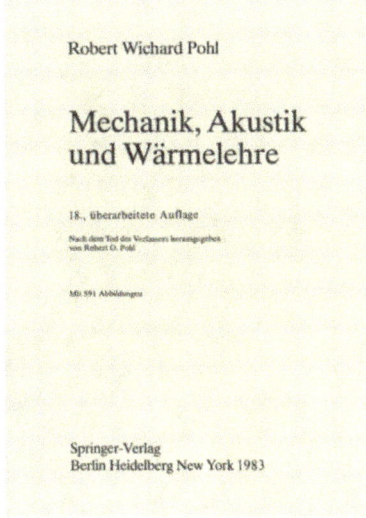

buch zum Gebrauch neben Vorlesungen‹ zu gewinnen. Es hat zur Ausbildung aller derzeit aktiven deutschen Physiker maßgeblich beigetragen. Es sind seit 1948 über 200000 Exemplare verkauft worden. Ab der 6. Auflage erfolgte die Bearbeitung durch Hans O. Kneser und ab der 12. Auflage durch Helmut Vogel. Gleichzeitig erschienen Neuauflagen der drei Bände der klassischen ›Einführung in die Physik‹ von Robert Wichard Pohl: Band 1 (Mechanik, Akustik und Wärmelehre), 12. Auflage 1953, Band 2 (Elektrizitätslehre), 13./14. Auflage 1949 und Band 3 (Optik, ab 9. Auflage: Optik und Atomphysik), 7./8. Auflage 1948. Alle Bände haben zahlreiche weitere Auflagen erlebt, Bd. 1: 18. Aufl. 1983; Bd. 2: 21. Aufl. 1975; Bd. 3: 13. Aufl. 1976.

Zu den bemerkenswerten Neugründungen jener Zeit (1961) gehörte die Zeitschrift ›Kybernetik‹, die sich einer von Norbert Wiener (1948) angeregten, auf die Biologie übertragenen neuen Forschungsrichtung widmete. Als Herausgeber konnte ich Werner Reichardt vom Max-Planck-Institut für Biologische Kybernetik in Tübingen gewinnen, der dieses junge, zukunftsträchtige Forschungsgebiet mit Enthusiasmus und bemerkenswerter Experimentierbegabung energisch förderte.

121 Der Experimentalphysiker Robert W. Pohl (1929) war ein enger Freund Ferdinand Springers und Verfasser erfolgreicher Lehrbücher der Physik. – 122 R.W. Pohl ›Einführung in die Physik‹, Bd. 1, 18. Aufl. 1983. – 123 Gerthsen/Vogel ›Physik‹, 17. Auflage von H. Vogel 1993.

S chließlich kam Ende der fünfziger, Anfang der sechziger Jahre eine verlegerisch folgenreiche Verbindung zustande mit Martin Allgöwer, Oberarzt bei Rudolf Nissen an der Chirurgischen Universitätsklinik in Basel. Nach einer 1957 erschienenen Monographie über die Behandlung von Verbrennungen wandte sich Allgöwer nach seiner 1956 erfolgten Berufung als

Zusammenarbeit mit der Arbeitsgemeinschaft für Osteosynthesefragen (AO)

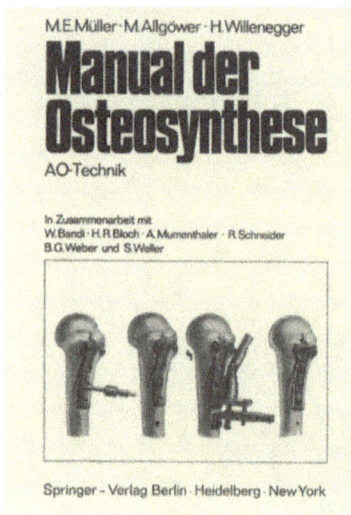  

124, 125, 126 *Das ›Manual der Osteosynthese‹ wurde 1967 von Martin Allgöwer (1917) gemeinsam mit Maurice E. Müller (1918) und Hans Willenegger erarbeitet.*

Chef der Chirurgischen Abteilung des Kantonspitals Chur in Graubünden gemeinsam mit dem orthopädischen Chirurgen Maurice Müller in St. Gallen (ab Ende 1957 in Bern) Problemen der operativen Frakturenbehandlung zu. Chirurgen wie Fritz König, Albin Lambotte, der belgische Orthopäde Robert Danis und andere hatten bereits wertvolle praktische Erfahrungen in diesem Bereich gesammelt. 1958 lud Martin Allgöwer in Absprache mit Maurice Müller, dem Pionier der neuen Methode, Kollegen wie Hans Willenegger und Robert Schneider nach Chur ein zur Gründung einer Arbeitsgruppe, die sich mit der theoretischen und praktischen Weiterentwicklung der operativen Knochenbruchbehandlung befassen sollte. Die Formulierung der Namensgebung »Arbeitsgemeinschaft für Osteosynthese*fragen*« (AO) sollte auf die Problematik der Methode hinweisen, um kritiklose Anwendung zu vermeiden. Die eng-

127 *Forschungszentrum der Arbeitsgemeinschaft für Osteosynthesefragen in Davos, das im Juni 1992 fertiggestellt wurde.*

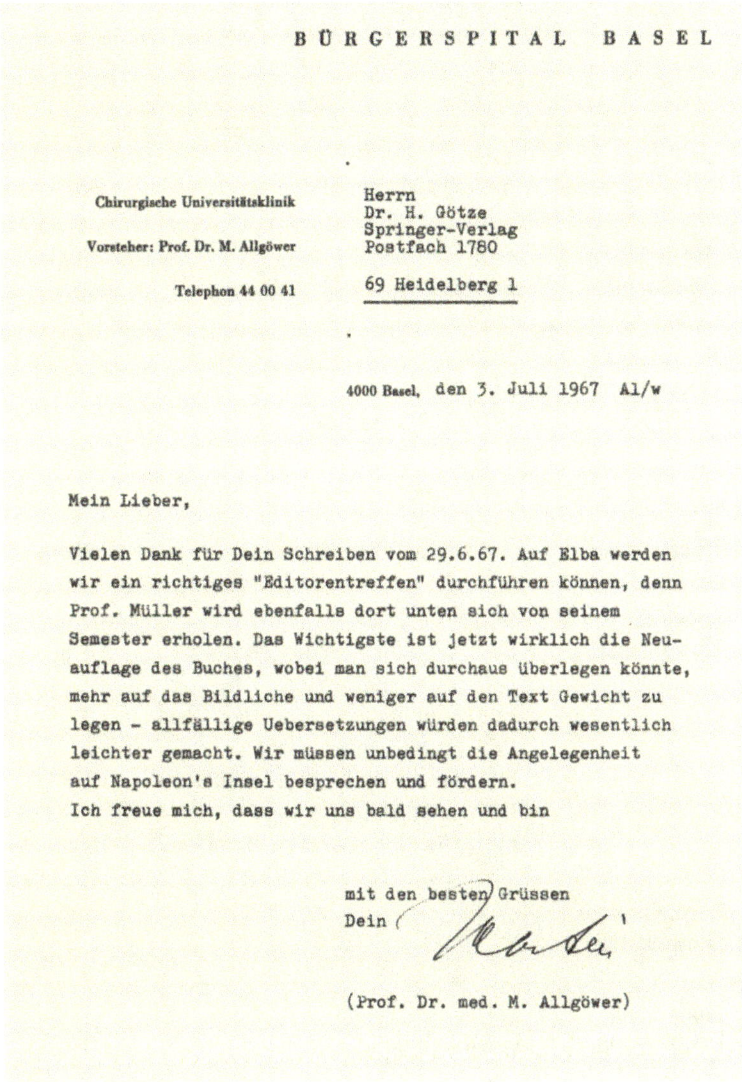

BÜRGERSPITAL BASEL

Chirurgische Universitätsklinik
Vorsteher: Prof. Dr. M. Allgöwer

Telephon 44 00 41

Herrn
Dr. H. Götze
Springer-Verlag
Postfach 1780

69 Heidelberg 1

4000 Basel, den 3. Juli 1967 Al/w

Mein Lieber,

Vielen Dank für Dein Schreiben vom 29.6.67. Auf Elba werden
wir ein richtiges "Editorentreffen" durchführen können, denn
Prof. Müller wird ebenfalls dort unten sich von seinem
Semester erholen. Das Wichtigste ist jetzt wirklich die Neuauflage des Buches, wobei man sich durchaus überlegen könnte,
mehr auf das Bildliche und weniger auf den Text Gewicht zu
legen - allfällige Uebersetzungen würden dadurch wesentlich
leichter gemacht. Wir müssen unbedingt die Angelegenheit
auf Napoleon's Insel besprechen und fördern.
Ich freue mich, dass wir uns bald sehen und bin

mit den besten Grüssen
Dein

(Prof. Dr. med. M. Allgöwer)

128 *Brief Allgöwers vom 3.7.1967 an Heinz Götze.*

lische Version lautete: ›Association for the Study of Internal Fixation‹ (ASIF). Allgöwer stellte mich Müller im Winter 1959/60 anläßlich eines Skiwochenendes ihrer Arbeitsgruppen in Flims vor. Es war der Beginn einer bis heute lebendig gebliebenen, weitreichenden und vertrauensvollen Verbindung. Bereits am 24. Oktober 1962 wurde ein Vertrag über ›Technik der Operativen Frakturenbehandlung‹ geschlossen, der erste Band einer geplanten »Trilogie«; er erschien im Folgejahr 1963. Neben der Technik sollten die wissenschaftlichen Grundlagen in einem weiteren Bande abgehandelt werden und in einem dritten die Klinik. Die rasche Verbreitung der neuen Methode zwang jedoch zur Konzentration aller Anstrengungen auf die weitere Ausarbeitung und Verfeinerung der operativen Technik. Schon

Maurice E. Müller, Martin Allgöwer, Robert Schneider, Hans Willenegger

Manual der Osteosynthese – AO-Technik

Ausgabe	1. Auflage	
	Erscheinungsjahr Verlag	Verkaufte Exemplare
Deutsche Originalausgabe	1969 Springer-Verlag, Heidelberg	7 600
Englische Übersetzung	1970 Springer-Verlag, Heidelberg	9 380
Französische Übersetzung	1970 Masson, Paris 1974 (1. Nachdruck) Masson, Paris	2 000 945
Italienische Übersetzung	1970 Aulo Gaggi, Bologna	1 500
Spanische Übersetzung	1971 Edit. Cientifico-Medica, Barcelona 1972 (1. Nachdruck) Edit. Cientifico-Medica, Barcelona 1975 (2. Nachdruck) Edit. Cientifico-Medica, Barcelona 1977 (3. Nachdruck) Edit. Cientifico-Medica, Barcelona	1 006 1 000 1 028 2 000
Portugiesische Übersetzung		
Japanische Übersetzung	1971 Igaku Shoin, Tokyo	1 500
Serbokroatische Übersetzung		
Chinesische Übersetzung	1983 Springer-Verlag, Heidelberg	1 000
Niedrigpreisausgabe		
		28 959

Dieser Titel gehört zu den erfolgreichsten des Springer-Verlags. In der Übersicht über die jeweiligen Verlage der Fremdsprachenausgaben spiegelt sich zugleich die expansive Kraft des Unternehmens. Wurden die französische, italienische, spanische und japanische Übersetzung der ersten Auflage noch Verlagen des jeweiligen Sprachraums anvertraut, so sind an der zweiten Auflage nur noch zwei ausländische Verlage beteiligt. Die dritte Auflage wird jeweils von Springer-Firmen in den verschiedenen Ländern bzw. von der Mutterfirma verlegt.

2. Auflage		3. Auflage		Insgesamt verkauft
Erscheinungsjahr Verlag	Verkaufte Exemplare	Erscheinungsjahr Verlag	Verkaufte Exemplare	
1977 Springer-Verlag, Heidelberg	14780	1992 Springer-Verlag, Heidelberg	5000	27380
1979 Springer-Verlag, Heidelberg	21270	1991 Springer-Verlag, Heidelberg	16520	47170
1980 Springer-Verlag, Heidelberg	2771	1995 (in Vorbereitung) Springer-Verlag, Heidelberg		5716
1981 Piccin Editore, Padova	2040	1993 Springer-Verlag, Heidelberg	383	3923
1980 Springer-Verlag, Heidelberg Edit. Cientifico-Medica, Barcelona	4000	1993 Springer-Verlag, Barcelona	1002	10036
		1993 Editora Manole Ltda. São Paulo	1000	1000
1988 Springer-Verlag, Tokyo 1990 (1. Nachdruck) Springer-Verlag, Tokyo 1991 (2. Nachdruck) Springer-Verlag, Tokyo	1600 800 400	1994 (in Vorbereitung) Springer-Verlag, Tokyo		4300
1981 Metalka Ljubljana, Ljubljana	2000			2000
		1995 (in Vorbereitung) People's Medical Publ. House, Beijing		1000
		1992 Springer-Verlag, Heidelberg	5000	5000
	49661		28905	107525

Anfang 1965 folgte eine englische Ausgabe: ›Technique of Internal Fixation of Fractures‹. Das Werk war bald vergriffen; die Dispositionen für eine neue Auflage wurden anläßlich eines gemeinsamen Urlaubes mit Allgöwer und Müller auf der Insel Elba (1967) geplant. Die laufende Schulungsarbeit, Dokumentation und Verbesserungsversuche ließen keine Zeit zur geplanten Manuskriptarbeit an der Neuauflage. Wohl aber wurde die Schaffung eines »Manuals« für die Praxis als dringend notwendig erachtet. Müller begann noch im Urlaub mit dem Diktat eines Textes, der die Grundzüge für das 1967 in erster Auflage erschienene ›Manual der Osteosynthese‹ lieferte. Es erlebte zwei Neuauflagen, 1977 und 1992, mit jeweils zahlreichen Nachdrucken. Die letzte, unter der Schriftführung von Allgöwer erstellte Auflage enthält über das rein Technische hinaus Hinweise auf die wissenschaftlichen Grundlagen. Neben den wiederholt nachgedruckten deutschen Auflagen sind im Laufe der Jahre zahlreiche Übersetzungen erschienen (s. Tabelle).

Das Wiener Haus

Neben den beschriebenen vielfältigen verlegerischen Anstrengungen in Deutschland setzte auch der Springer-Verlag Wien seine Planung der Aufbaujahre zügig fort. Wieder befinden sich langlebige Titel im Programm, wie Alfred Kopecky/Rudolf Schamschula: ›Mechanische Technologie‹, Adolf Pucher: ›Einflußfelder elastischer Platten‹ und Franz Gschnitzer: ›Lehrbuch des österreichischen bürgerlichen Rechts‹. Im Jahre 1954 erschien das erste Heft des ersten Bandes der erfolgreichen Reihe ›Protoplasmatologia‹, und 1955 begann das insgesamt zehn Bände zählende Standardwerk von Kurt Michel: ›Wissenschaftliche Photographie‹.

129 *Der Ingenieur Hans List (1896) ist seit 1949 Herausgeber der Wiener Springer-Reihe ›Die Verbrennungskraftmaschine‹.* – **130** *Günther Winkler (1929) gründete 1967 die Buchreihe ›Forschungen aus Staat und Recht‹, die sich in kurzer Zeit zur zentralen österreichischen politischen Reihe zu Fragen des öffentlichen Rechts entwickelte.*

Übergänge

Am 12. April 1965 traf uns die Nachricht vom Hinscheiden des langjährigen Seniorchefs unserer Firmen, Ferdinand Springer, der über Jahrzehnte die verehrte Leitfigur des Unternehmens gewesen war, das er mit souveräner Hand geführt hatte – ein wahrhaft »königlicher Kaufmann«, wie ihn einer seiner Autoren genannt hatte. Die letzten Jahre seines Lebens waren von einer heimtückischen Krankheit überschattet, die für einen geistig so lebendigen Menschen als besonders tragisch empfunden werden mußte.

Seine große, allseits bewunderte Leistung beim Aufbau des Verlags seit seinem Eintritt in das Unternehmen am 1. Januar 1904 sind in Teil I dieser Verlagsgeschichte (1842–1945) ausführlich dargestellt worden. Nach dem Ausscheiden seines Vetters Julius im Jahre 1935 trat Ferdinand Springer im Tagesgeschäft aus politischer Vorsicht immer seltener in Erscheinung und überließ seinem Partner Tönjes Lange die Vertretung des Verlags nach außen. Nachdem er 1942 als »Halbjude« selbst hatte ausscheiden mußten [HS: 371f.], bestand sogar eine Kontaktsperre zum Verlag, die auch Lange aus Sicherheitsgründen respektieren mußte. Nur Rosbaud als freier Mitarbeiter wagte es, ihm über die Ereignisse im Verlag zu berichten.

Bei Kriegsende stand F. Springer im 65. Lebensjahr und baute den Verlag mit ungewöhnlicher Energie wieder auf: in

Übergänge

131 (oben) *Feier zum 70. Geburtstag Ferdinand Springers am 29. August 1951 (von links): Erich Bethe, Physiologe in Frankfurt/Main, Tönjes Lange, Berlin, Elisabet Springer, Ferdinand Springer, Lisa Heubner und Heinrich Pette, Neurologe in Hamburg.*

Berlin unterstützt von Lange und seinem Vetter Julius, in Heidelberg seit dem 15. Februar 1949 entlastet von H. Götze.

Springers Nachkriegsarbeit wird am besten dokumentiert durch den letzten vor seinem Tod herausgegebenen Verlagskatalog für 1964. Bei einem Umfang von 336 Seiten haben allein die Handbücher, auf deren Schaffung und Wiederbelebung nach dem Krieg er besonders stolz war, mit 713 Teilbänden einen Anteil von 49 Seiten.

Obwohl Springer im deutschen Buchhandel persönlich kaum in Erscheinung getreten ist — hier ließ er Tönjes Lange gern den Vortritt —, war er an berufspolitischen Fragen seines Aufgabengebietes durchaus interessiert. So gehörte er zu den Initiatoren der nach dem Krieg wiederbelebten Arbeitsgemeinschaft Wissenschaftlicher Verleger (AWV) und war damit der Nachfolger seines Sozius T. Lange, der die AWV von 1942 bis 1945 geleitet hatte. Er berief die erste Nachkriegssitzung 1947 nach Heidelberg ein und war auch für einige Jahre deren Vorsitzender. Springer war es im wesentlichen auch zu danken, daß der deutsche wissenschaftliche Verlag nach dem Krieg seine traditionellen Aufgaben wieder übernahm. Der Hauptausschuß der Deutschen Forschungsgemeinschaft (DFG) hatte die Gründung von Universitätsverlagen nach angelsächsischem Vorbild geplant, da man dem deutschen Verlag den Wiederaufbau nach der Zerstörung am Ende des Zweiten Weltkrieges nicht meinte zutrauen zu können [SIEBECK]. Springer, Mitglied des Verlagsausschusses der DFG, schien diesen Vorschlag zur Verblüffung vieler Anwesender zunächst zu befürworten. »Das wäre«, erinnerte sich später ein Anwesender [SCHNEIDER], »für die wissenschaftlichen Privatverlage eine erhebliche Entlastung, denn dann bliebe ihnen der Ärger mit schlecht gehenden Monographien erspart und ein großer Teil der kostspieligen Lektorenarbeit. Im Endergebnis würden die Universitätsverlage dann die wissenschaftliche Langeweile pflegen und der Privatverlag die interessante, auch gut verkäufliche und risikolose Literatur.« Während seines Oxforder Studienaufenthaltes 1899/1900 [HS: 156] hatte Ferdinand Springer erwogen, Diplomat zu werden ...!

Er war sich gleichwohl bewußt, daß auch verlegerische Konzepte [HS: 163f.] dem Wandel der Zeit angepaßt werden müssen. Die Hinwendung zum Englischen als Publikationssprache für naturwissenschaftliche Literatur verfolgte er aber mit großer Sorge und innerem Widerstand: Ein Jahr vor seinem Tod hatte er schließlich meinem Drängen zur Gründung einer Niederlassung in New York nachgegeben. Er starb am 12. April 1965 und fand auf dem Handschuhsheimer Friedhof neben seiner zwei

Jahre zuvor verstorbenen Frau Elisabet seine letzte Ruhe. Arthur Georgi, Mitinhaber des befreundeten Verlags Paul Parey, würdigte ihn in einem Nachruf mit den Worten:

... Dr. Ferdinand Springer war ein Mann von seltenen Gaben und von einer ebenso ungewöhnlichen Ausstrahlungskraft. Seine hohe Intelligenz, gepaart mit einer bei seinem starken Temperament auffälligen Diszipliniertheit im Denken und Handeln, seine Fähigkeit, blitzschnell Menschen, Ideen und Situationen zu erfassen und weitsichtig ebenso schnell klarumrissene Entschlüsse zu fassen, seine Willensstärke und seine an systematischem Denken geschulte verlegerische Phantasie sowie seine menschliche und sachliche Großzügigkeit befähigten ihn zu Leistungen, die die Menschen der wissenschaftlichen Welt anzogen wie ein Magnet.

Von den beiden Weggefährten war ihm T. Lange am 8. Mai 1961 vorausgegangen. J. Springer folgte ihm am 20. November 1968.

Julius Springer hatte mit reicher Erfahrung, gediegener Sachkenntnis und größter Zuverlässigkeit den Bereich »Technik« betreut, der immer einen beachtlichen Anteil am Erscheinungsbild und Erfolg des Unternehmens gehabt hat. Seit 1904 hatte er am weiteren Ausbau des von seinem Vater Fritz Springer aufgebauten Technikverlags gewirkt und war am 1. Januar 1907, neben seinem Vetter Ferdinand d. J., Mitinhaber des Verlags geworden. Aufgrund des Reichsbürger-Gesetzes wurde er im Oktober 1935 genötigt, aus dem Verlag auszuscheiden [HS: 344 ff.]. Demütigungen blieben ihm nicht erspart. So kam er im November 1938 für einige Wochen in das Konzentrationslager Oranienburg, und sein Vermögen war zeitweilig beschlagnahmt worden. Zurückgezogen überstand er die Jahre bis zum Ende des Krieges.

Am 1. Januar 1947 wurde Julius Springer wieder Teilhaber und betrieb mit großem Erfolg in fünfzehn Jahren den Wiederaufbau des Technikverlags. Sein Autor Friedrich Sass ehrte ihn zum 75. Geburtstag im ›Börsenblatt‹ [Bbl. 1955: 277]:

Unübersehbar ist die Zahl der von ihm herausgegebenen wertvollen technischen Werke, ohne deren Besitz wir Ingenieure das nicht leisten könnten, was heute von uns verlangt wird. Zeuge sein zu können, wie manches dieser Werke entstanden ist und entsteht, wie keine Mühe und keine Kosten gescheut werden, um es in vollendeter Form darzustellen, wie der Geist der Sorgfalt und Gewissenhaftigkeit von ihm auf seine Mitarbeiter übergegangen ist, muß jedem, der hierzu Gelegenheit hat, einen reinen Genuß gewähren. – Doch am höchsten steht wohl die Gabe, die Julius Springer in hohem Maß besitzt: das Vermögen, vorauszusehen, der bewundernswerte Weitblick, mit welchem er das Schaffen neuer technischer Werke anregt, der feine Spürsinn, mit dem er es versteht, geeignete Mitarbeiter unter den jüngeren Ingenieuren zu entdecken ...

132 *Die Brüder Otto und Tönjes Lange.*

Alle, die Julius Springer näher kennenlernten, bewunderten seine ausgeglichene und menschlich warmherzige Art des Umgangs mit Autoren und Mitarbeitern; nichts Bitteres war aus den Jahren des Leidens zurückgeblieben.

Am 20. November 1968 starb er und wurde am 27. November auf dem Zehlendorfer Friedhof in Berlin beigesetzt. Seine Aufgaben in der Technikplanung waren schon im Januar 1962 auf Salle übergegangen, der bis dahin die Zweigstelle in Göttingen geleitet hatte.

Am 8. Mai 1961 war Tönjes Lange an den Folgen eines Unfalls verstorben. Er war eine großzügige, allem Menschlichen gegenüber aufgeschlossene Persönlichkeit, der treue Paladin des Unternehmens, dem er vierzig Jahre verbunden war. Als Geschäftsführer baute er die Hirschwaldsche Buchhandlung [HS: 246ff.] zu einer wissenschaftlichen Versandbuchhandlung aus und brachte sie als Exportunternehmen zu hohem Ansehen; 1941 wurde sie in Anerkennung seiner Verdienste in Lange & Springer umbenannt. 1933 wurde Lange Generalbevollmächtigter des Springer-Verlags und 1935 — nach dem Ausscheiden von J. Springer — neben F. Springer Teilhaber des Verlags. Lange sicherte damit den Fortbestand des Unternehmens in diesen schwierigen Jahren. Um einer Zwangsarisierung des Verlags zuvorzukommen, übernahm er auf Wunsch F. Springers mit seinem Bruder Otto auch die restlichen Firmenanteile. Mit Geschick und gelegentlich auch mit List gelang es ihm, dem Verlag seine Unabhängigkeit in diesen die Existenz des Unternehmens gefährdenden Jahren zu bewahren [HS: 378ff.]

Nach dem Krieg gab Lange seine Firmenanteile wieder an Ferdinand Springer zurück, wie es 1935/42 vereinbart worden war. Wegen seiner Verdienste um das Unternehmen wurde er als Teilhaber auf Lebenszeit aufgenommen. Die organisatorische Leitung des Unternehmens, der Wiederaufbau nach dem Krieg — insbesondere die Neustrukturierung des Vertriebs — waren im wesentlichen sein Verdienst. Bei allen Belastungen nahm er es zudem noch auf sich, den Verlag aus seiner »splendid isolation« herauszuführen und ließ sich 1956 in den Vorstand des Börsenvereins wählen. Seine Verdienste um den Gesamtbuchhandel hat Reinhard Jaspert [Bbl. 1959: 1557] gewürdigt, den Nachruf schrieb ihm Werner Dodeshöner und führte u. a. aus [DODESHÖNER: 750]:

Er war ein Mann ... der ruhigen, aber bestimmenden Gebärde, fußend auf der Ausgeglichenheit seines bremensischen Erbes – eine seltene Erscheinung also in unserer hektischen, immer auf Effekte bedachten allgemeinen Art zu leben und zu wirken. In seinen Ratschlägen und Entscheidungen fühlte man eine ebenso gelassene wie sichere Hand, die oftmals in Debatten und Diskussionen aus These und Antithese einen gültigen Entschluß formte. Diese Fähigkeit, richtige Wege zu erkennen und sie für alle gangbar zu machen, war es auch, die ihn im Wiederaufbau des Springer-Verlages aus dem Nullpunkt-Stadium heraus nach dem Kriege so erfolgreich sein ließ. Er kannte nicht nur den Buchhandel in allen seinen Besonderheiten, sondern auch die jeweils bevorstehenden Probleme eines Zeitabschnitts.

An Ehrungen hat es nicht gefehlt. So verlieh ihm die Freie Universität Berlin zu seinem 60. Geburtstag als erstem den Dr. med. h.c. und die Technische Hochschule Darmstadt die Würde eines Ehrensenators.

Langes Aufgaben im administrativen Bereich übernahm Paul Hövel, der dem Verlag seit Juni 1945 angehörte. Im Sommer 1972 schied Hövel nach Vollendung seines 68. Lebensjahres aus und widmete sich Studien zur Geschichte des Verlags [HÖVEL]. Am 4. Dezember 1989 starb er im 86. Lebensjahr.

DRITTER ABSCHNITT
Niederlassungen in Übersee

VORBEREITUNGSPHASE

Die englische Sprache Schon die ersten Gespräche mit K. F. Springer 1949 hatten unsere Überzeugung gefestigt, daß sich nach dem Ende des Zweiten Weltkrieges die Voraussetzungen für die Tätigkeit eines deutschen wissenschaftlichen Verlages entscheidend verändert hatten, ganz besonders im Hinblick auf die Weltgeltung der deutschen Sprache als Wissenschaftssprache. Die Verlagerung der Forschungsschwerpunkte in den angelsächsischen Raum, insbesondere in die USA, hatte der englischen Sprache als zukünftiger lingua franca der internationalen Wissenschaft Geltung verschafft — auch wenn sich das Deutsche, vor allem in Osteuropa — seine alte Stellung in einem gewissen Umfang bis heute bewahren konnte. Die übrigen Länder Europas, in denen Deutsch als Wissenschaftssprache verbreitet gewesen war, vor allem Skandinavien, hatten sich ganz auf das Englische umgestellt. Die zahlreichen aus Deutschland emigrierten Wissenschaftler schrieben die Sprache ihrer neuen Heimat. Schließlich hatte bald nach dem Kriege die Aufgeschlossenheit und Hilfsbereitschaft amerikanischer Forschungsinstitute in allen Wissenschaftsbereichen zahlreiche begeisterte, wissenschaftshungrige junge Forscher aus Europa in die USA gezogen, um dort mit den neuen Ergebnissen der wissenschaftlichen Arbeit und ihren Methoden vertraut zu werden.

Bei diesen Veränderungen spielte die fortschreitende Spezialisierung eine bedeutsame Rolle. Sie führte u. a. dazu, daß nicht mehr jedes der zahlreichen Arbeitsgebiete in einem einzelnen Lande gleich gut vertreten sein konnte. Die Zusammenarbeit spielte sich in weltweitem Rahmen ab. So war unter »wissenschaftsgeographischem« Blickpunkt ein nationaler Rahmen wissenschaftsverlegerischer Betätigung nicht mehr möglich. Hinzu kam die beschriebene Schwerpunktverschiebung vom Deutschen zum Englischen, in ihrer Bedeutung dem Übergang von der Gelehrtensprache Latein in die Nationalsprachen im 18. Jahrhundert verwandt. Dies ist heute sichtbar, war aber zu jener Zeit keineswegs allgemein akzeptiert [GÖTZE (1)].

Die Überwindung der Schwierigkeiten, die sich dem Wiederbeginn der verlegerischen Tätigkeit ganz allgemein entgegenstellten, beanspruchte zunächst alle Kräfte des Verlegers. Es galt, sich im deutschsprachigen Raume selbst wieder durchzusetzen. Das erwachende Interesse des Auslands an den traditionsreichen deutschen wissenschaftlichen Zeitschriften wurde oft als Zeichen allmählicher Wiedergewinnung der alten Positionen gewertet, und es ist charakteristisch für jene Zeit, daß der emigrierte Pharmakologe Otto Krayer in Harvard, der dem Springer-Verlag freundschaftlich verbunden war, an Ferdinand Springer schrieb, die Zeit werde kommen, da man auch in den USA die deutschen wissenschaftlichen Bücher wieder auf die vorderen Regale zurückstellen müsse. Diese Mitteilung beeindruckte F. Springer nachhaltig.

133 *Der Pharmakologe Otto Krayer (1899–1982) habilitierte sich 1929 in Berlin und wurde 1930, nach dem Tod seines Lehrers Paul Trendelenburg, geschäftsführender Direktor des Pharmakologischen Instituts der Friedrich-Wilhelm-Universität. 1933 verließ Krayer Deutschland und gelangte über London und Beirut nach Boston, wo er von 1937 bis zu seiner Emeritierung 1966 in Harvard, als Direktor des Pharmakologischen Instituts, lehrte. (Vgl. auch ›O. Krayer zum 65. Geburtstag‹, in ›Naunyn Schmiedebergs Archiv‹, Bd. 248 bis 250, 1964/65).*

Solche Aussagen stützten die ablehnende Haltung gegenüber einer wachsenden Verwendung der englischen Sprache. Selbst englische Zusammenfassungen deutschsprachiger Beiträge wurden verworfen, die ein wichtiger Anreiz für ausländische Leser gewesen wären, die Zeitschrift überhaupt zur Hand zu nehmen. Hamperl schreibt in seinen Lebenserinnerungen: »Dr. Ferdinand Springer war ein, man könnte fast sagen, fanatischer Verfechter der deutschen Sprache bei Publikationen aus der Überzeugung heraus, daß der Gebrauch und die Verbreitung der deutschen Sprache eines der Fundamente seiner verlegerischen Tätigkeit darstelle. Jahrelang habe ich mit ihm um eine englische Übersetzung der Zusammenfassungen bei den Arbeiten in der Zeitschrift für Krebsforschung gerungen« [HAMPERL: 241].

Hinzu kam, daß der Gedanke, von Deutschland aus ein englischsprachiges Verlagsprogramm aufzubauen, vielen abenteuerlich erschien, zumal man natürlich sah, daß damit über kurz oder lang ein Ausgreifen der Verlagstätigkeit in den englischsprachigen Raum unausweichlich werden würde.

In den Niederlanden lagen zu jener Zeit die Dinge anders, da man sich hier in der Wissenschaft schon früher der englischen Sprache bedient hatte. Frankreich hielt aus traditionellen Gründen in den Wissenschaften an seiner Sprache fest, was seinen Verlagen später den Weg zur internationalen Publizistik erschwerte. Die offizielle Haltung in Frankreich hat sich seither wenig verändert.

Aber auch die Neigung deutscher Wissenschaftler, sich der englischen Sprache zu bedienen, war begrenzt. Die aus den USA zurückkehrenden jungen Forscher mußten sich zunächst mit deutschsprachigen Publikationen an ihren heimatlichen Universitäten wieder durchsetzen. Gleichzeitig aber trachteten sie danach, ihre neuen Forschungsergebnisse in englischer Spra-

> **Französisch nicht mehr Sprache der Wissenschaft**
>
> Paris, 7. November (AFP)
>
> Den „Unsterblichen" der „Academie Francaise" wurde jetzt ein Bericht unterbreitet, aus dem hervorgeht, daß „die französische Sprache als Ausdrucksform in den wissenschaftlichen Disziplinen" in den letzten Jahren einen schweren Rückschlag erlitten habe. Als bezeichnend für diese Tendenz wurde die Einwilligung der in Frankreich veröffentlichten technischen Zeitschriften genannt, jetzt Beiträge ihrer französischen Mitarbeiter in englischer Sprache abfassen zu lassen, um diesen Zeitschriften eine bessere Verbreitung außerhalb Frankreichs zu sichern.

134 *Zeitungsausschnitt aus ›Die Welt‹ vom 8.11.1959.*

135 *Marcel Bessis (1917–1994), Schüler von Jean Bernard, bedeutender Hämatologe. Bessis gründete 1975 die Zeitschrift ›Blood Cells‹. 1973 kam sein Buch ›Living Blood Cells and their Ultrastructure‹ als englische Übersetzung des französischen Titels heraus.*

che in amerikanischen Zeitschriften zu veröffentlichen, was wiederum die deutschen Zeitschriften benachteiligte. Wir sahen uns daher zunächst in unseren Hoffnungen getäuscht, daß unser Vorgehen von der jüngeren Wissenschaftlergeneration lebhaft begrüßt würde.

Ein bezeichnendes Beispiel mag die Lage beleuchten: Es gelang mir nicht, einen wichtigen Beitrag des uns durchaus wohlgesonnenen deutschen Nobelpreisträgers Feodor Lynen in englischer Sprache für unsere ›Ergebnisse der Physiologie‹ zu gewinnen. Er bot uns eine deutsche Übersetzung seines den ›Physiological Reviews‹ eingereichten englischen Manuskriptes an. Wir mußten natürlich ablehnen, denn der Abdruck einer Übersetzung des englischen Originalmanuskriptes wäre ein Schlag gegen alle Bemühungen gewesen, unsere Publikationsorgane im englischsprachigen Raum attraktiv zu machen — Bemühungen, die der Wiedererringung der Geltung der deutschen Wissenschaft und ihrer Publikationen dienten. Wir erhielten aber auch ermutigenden Zuspruch Weiterschauender, im besonderen aus den theoretischen Fächern der Medizin und aus dem naturwissenschaftlichen Bereich — etwa von Georg Melchers, Tübingen, dem Hauptherausgeber der ›Zeitschrift für Induktive Abstammungs- und Vererbungslehre‹ oder von den Pathologen W. Doerr, Heidelberg und E. Uehlinger, Zürich. In Frankreich war Marcel Bessis ein Verfechter der Benutzung des Englischen als lingua franca der Wissenschaften [BESSIS]. Gegenüber der englischen Sprache besonders aufgeschlossen zeigten sich die Mathematiker, die in ihrer von der Muttersprache des Autors unabhängigen Formelsprache ohnehin ein international verständliches Medium besaßen.

Textsatz in einer fremden Sprache wurde in deutschen Druckereien mit einem Kostenaufschlag belegt. Darüber hinaus mußten in unserem Hause englischsprachige Copyeditoren eingesetzt werden, um die Qualität der Sprache zu prüfen, gegebenenfalls zu verbessern. Es war also nicht so, wie von mancher Seite argumentiert wurde, daß wir Englisch als Publikationssprache nur wegen des erhofften höheren Gewinns aufgrund höheren Absatzes propagierten. Natürlich war auf lange Sicht die weitere Verbreitung unserer Zeitschriften das Ziel, weil es der einzige Weg zur Sicherung des Fortbestandes der deutschen wissenschaftlichen Literatur war. Die Erreichung dieses Ziels war allerdings mit beachtlichen Investitionen und großem Risiko des Verlags verbunden.

Die Einsicht in die Zwangsläufigkeit der Entwicklung setzte sich erst allmählich durch. Im späteren Verlauf führte sie dazu, daß international renommierte französische Autoren zu uns kamen, um ihre Forschungsergebnisse in englischer Sprache veröffentlichen zu können, was ihnen in Frankreich über lange Zeit erschwert wurde.

Auch der Export unserer Buch- und Zeitschriftenproduktion nach Japan wäre zum Erliegen gekommen, wenn wir uns nicht der englischen Sprache bedient hätten, denn die japanischen Wissenschaftler hatten sich in überwiegendem Maße dem Englischen als Zweitsprache zugewandt. Die Vorherrschaft des Deutschen — etwa in der japanischen Medizin des 19. und beginnenden 20. Jahrhunderts — war zu Ende [HS: Anm. 69].

Selbstverständlich behielt und behält die deutsche Sprache eine entscheidende Bedeutung für unsere verlegerische Tätigkeit. Man denke allein an unser Lehrbuchprogramm, an die Fachbuch- und Weiterbildungsliteratur in Deutschland und in unseren deutschsprachigen Nachbarländern. Hierzu gehört die Literatur für den Praktiker, die besonders in der Technik, aber auch in anderen Sparten stets eine große Rolle gespielt hat — neuerdings vor allem in der Informatik. Es gehört hierher aber auch die systematisch ausgebaute Gruppe der nunmehr insgesamt elf medizinischen Facharztzeitschriften mit dem Flaggschiff ›Der Internist‹, unserer auflagenstärksten Zeitschrift.

Der Anteil der deutschen Sprache an der Gesamtproduktion beträgt auch heute noch mehr als 40%. Im osteuropäischen Raum gewinnt in unseren Tagen die deutsche Sprache wieder an Bedeutung. Die Stellung der englischen Sprache als bevorzugtes Medium der internationalen wissenschaftlichen Literatur bleibt davon unberührt.

Konrad F. Springer und ich hielten an der Ende der vierziger Jahre konzipierten Zielvorstellung fest, mit unserer Tätigkeit als wissenschaftlicher Verlag in die von der englischen Sprache getragene internationale Welt vorzudringen. Zur Verwirklichung dieses Konzepts bedurfte es eines festen Willens und geduldigen Durchhaltevermögens. Die erste Stufe auf diesem Weg war der Aufbau eines englischsprachigen Verlagsprogramms.

136 *Einer unserer ersten englischsprachigen Buchtitel: Oliver Dimon Kellogg ›Foundations of Potential Theory‹ (›Grundlehren der mathematischen Wissenschaften‹, Bd. 31, 1929).*

E ine Entscheidung, sich in Zukunft aus den beschriebenen Gründen der englischen Sprache als Publikationsmedium wissenschaftlicher Literatur zuzuwenden, war von weittragender allgemeiner Bedeutung. Die Gewinnung deutschsprachiger Autoren allein zur Abfassung ihrer Manuskripte in englischer Sprache hätte nicht ausgereicht, unser Ziel zu erreichen, weiterhin als internationaler wissenschaftlicher Verlag zu gelten, der in allen Sparten der sich rasch entwickelnden Forschung

Der Aufbau des englischsprachigen Programms

137 *Erwin Straus (1891–1974) war bereits seit 1935 mit dem Titel ›Vom Sinn der Sinne. Ein Beitrag zur Grundlegung der Psychologie‹ Autor des Springer-Verlags (2. Auflage 1956).*

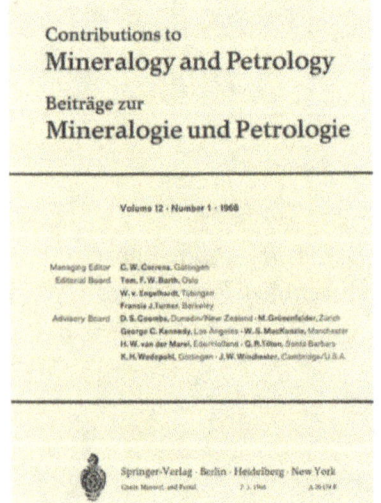

138 *Einer unserer ersten englischsprachigen Zeitschriftentitel: ›Contributions to Mineralogy and Petrology‹, Bd. 12, Heft 1, 1966.*

präsent sein wollte. Die neueren Fortschritte in den verschiedensten Forschungsgebieten der Naturwissenschaften, Medizin und Mathematik wurden im Rahmen einer weltweiten Zusammenarbeit errungen, in der die nationale Zugehörigkeit eines Wissenschaftlers von untergeordneter Bedeutung war. Für uns folgte daraus, daß wir versuchen mußten, die besten Autoren zu gewinnen, unabhängig von ihrer nationalen Zugehörigkeit.

Wir konnten dies zunächst nur von unserer deutschen Ausgangsbasis her bewirken. Dabei kamen uns unsere alten, zum Teil emigrierten Autoren zu Hilfe, die den Kontakt mit uns gehalten oder wiederaufgenommen hatten, z.B. Richard Courant, New York; Anton Lang, East Lansing/MI; László Zechmeister, Pasadena/CA; Otto Krayer und sein Schüler Ullrich Trendelenburg, Harvard, Boston/MA; Erwin Straus, Lexington/KY, um nur einige wenige Beispiele zu nennen. Auch die Verbindung mit ausländischen Mitgliedern unserer Zeitschriftenredaktionen waren wertvoll. Wir versuchten deshalb, bedeutende ausländische Wissenschaftler für unsere Herausgebergremien zu gewinnen. Wichtig waren dabei Verbindungen, die von jüngeren deutschen Wissenschaftlern im Ausland geknüpft worden waren.

Zur Aufrechterhaltung des internationalen Interesses an unseren traditionsreichen Archivzeitschriften war die Öffnung zur neuen Weltsprache der Wissenschaft unabdingbar. In der Übersicht auf S. 80 sind die Periodika aufgeführt, für die wir den Gebrauch der englischen Sprache nach einer kürzeren oder längeren Übergangsperiode obligatorisch machten. In den vorangegangenen Abschnitten wurde bereits auf entsprechende Beispiele aufmerksam gemacht. Es war aber nicht allein die Sprache, die den Weg in das internationale wissenschaftliche Gespräch bahnen konnte. Der Inhalt der Zeitschriften mußte dem wissenschaftlichen Weltstandard entsprechen. Auf manchen Forschungsgebieten war unser Nachholbedarf größer und die Attraktion der entsprechenden Zeitschriften deshalb geringer als auf Gebieten, die besser Schritt gehalten hatten, etwa im Bereiche der exakten Naturwissenschaften und der Mathematik. Nur Zeitschriften hohen Niveaus konnten auch jene jüngeren deutschen Wissenschaftler anziehen, die durch Auslandsaufenthalte Anschluß an wissenschaftliches Weltniveau gefunden hatten.

Voraussetzung für all das war die Entfaltung entsprechender Aktivitäten in Deutschland selbst; dies brauchte Zeit und Geduld. Mühe und Geduld sind Leitworte, die wir in jener Zeit besonders beherzigen mußten. Nicht alle Wissenschaftler in Deutschland schienen die Zusammenhänge zu verstehen. Um so dankbarer waren wir jenen, die unsere Bestrebungen unterstützten. Besonders charakteristische Beispiele mögen hier für viele andere stehen: Angesichts der großen Fortschritte auf den Gebieten der Naturwissenschaften und der Medizin in den angelsächsischen Ländern hielten sich in Deutschland im Rahmen einer erstarrten Fächertradition Fachgebiete am Leben wie »Hygiene«, die bei uns durch die von Robert Koch gegründete ›Zeitschrift für Hygiene und Infektionskrankheiten‹ vertreten war, deren Herausgeber — Hans Schlossberger und später Walter Kikuth — eindrucksvolle und wissenschaftlich hervorragende Persönlichkeiten waren, die versuchten, die große Tradition der Zeitschrift zu erhalten. Kikuth, der die Redaktion von Schlossberger übernahm, war unseren Gedanken durchaus aufgeschlossen; es fehlte aber in Deutschland das wissenschaftliche Umfeld. Deshalb versuchten wir Kontakt zur schweizerischen Wissenschaft aufzunehmen, die zwar ebenfalls durch die Kriegszeiten behindert war, aber durch ihre fortdauernden Kontakte mit dem wissenschaftlichen Ausland, gestützt auf große Traditionen in der Medizin und der Chemie, die Fäden schneller wieder aufnehmen konnte. So war es möglich, die ›Ergebnisse der Hygiene, Bakteriologie, Immunitätsforschung und experimentellen Therapie‹, herausgegeben von R. Doerr und H. Schlossberger, nach Umwandlung in ›Ergebnisse der Mikrobiologie, Immunitätsforschung und experimentellen Therapie‹ (ab 1957) durch modernere Forscher wie W. Kikuth, K. F. Meyer, E. G. Nauck und insbesondere auch durch J. Tomcsik, Basel und W. Henle, Philadelphia, nicht nur der englischen Sprache zuzuführen, sondern ihnen auch wissenschaftlich ein neues Gesicht zu geben. W. Henle half mir dann entscheidend bei der weiteren Fortentwicklung zu den ›Current Topics in Microbiology and Immunology‹ (ab 1967) mit einer hervorragenden Gruppe international renommierter Herausgeber: W. Arber, S. Falkow, W. Henle, P. H. Hofschneider, J. R. Humphrey, J. Klein, P. Koldovsky, H. Koprowski, O. Maaloe, F. Melchers, R. Rott, H. G. Schweiger, L. Syrucek, P. K. Vogt.

Ein besonders eindrucksvolles Beispiel für die von uns angestrebte Internationalisierung — bzw. zunächst Europäisierung — war ›Pflügers Archiv‹, bei dem der Prozeß durch die verständnisvolle Mitwirkung des uns freundschaftlich verbundenen Berner Physiologen Alexander von Muralt [HS: Abb. S. 374] in exemplarischer Weise gelang. Ferdinand Kreuzer, der 18 Jahre Hauptherausgeber von ›Pflügers Archiv‹ war, beschreibt diese Umwandlung in einem persönlichen Brief vom 18. Dezember 1991 wie folgt:

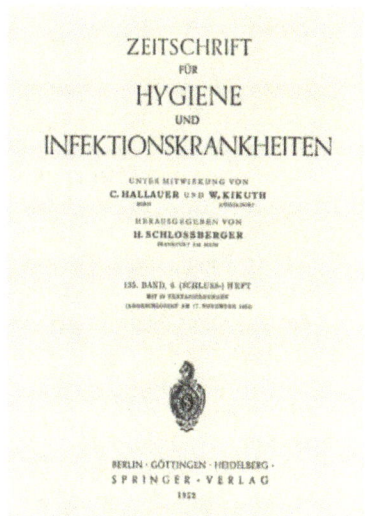
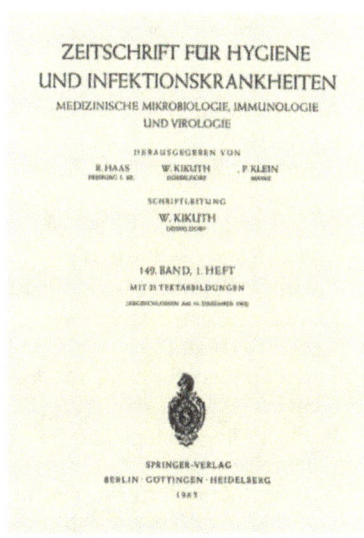

139, **140** ›*Zeitschrift für Hygiene und Infektionskrankheiten*‹, *Bd. 135, Heft 6, 1952 und Bd. 149, Heft 1, 1962.*

Contributions to Mineralogy (ab 1967)
vorher: Heidelberger Beiträge zur Mineralogie und Petrographie, ab 1958 Beiträge zur Mineralogie und Petrographie

European Journal of Biochemistry (ab 1967)
vorher: Biochemische Zeitschrift

Molecular and General Genetics (ab 1968)
vorher: Zeitschrift für Vererbungslehre

Oecologia (ab 1968)
vorher: Zeitschrift für Morphologie und Ökologie der Tiere

Theoretical and Applied Genetics (ab 1968)
vorher: Der Züchter

Astronomy and Astrophysics (ab 1969)
vorher: Zeitschrift für Astrophysics

European Journal of Clinical Pharmacology (ab 1971)
vorher: Pharmacologia Clinica

Journal of Comparative Physiology A (ab 1972)
vorher: Zeitschrift für vergleichende Physiologie

Medical Microbiology and Immunology (ab 1972)
vorher: Zeitschrift für medizinische Mikrobiologie (ab 1966); davor: Zeitschrift für Hygiene und Infektionskrankheiten

Naunyn-Schmiedeberg's Archives of Pharmacology (ab 1972)
vorher: Naunyn Schmiedebergs Archiv für Pharmakologie

Applied Physics A: Solids and Surfaces (ab 1973)
vorher: Zeitschrift für angewandte Physik (bis 1971 inkl.); (ab 1973) – 1972 angekündigt als International Journal of Applied Physics

Applied Physics B: Photophysics and Laser Chemistry (ab 1973)
vorher: Zeitschrift für angewandte Physik (bis 1971 inkl.); (ab 1973) – 1972 angekündigt als International Journal of Applied Physics

Research in Experimental Medicine (ab 1973)
vorher: Zeitschrift für die gesamte experimentelle Medizin einschließlich experimenteller Chirurgie

Archives of Microbiology (ab 1974)
vorher: Archiv für Mikrobiologie

Cell and Tissue Research (ab 1974)
vorher: Zeitschrift für Zellforschung und mikroskopische Anatomie

European Journal of Applied Physiology and Occupational Physiology (ab 1974)
vorher: Internationale Zeitschrift für angewandte Physiologie einschließlich Arbeitsphysiologie; davor: Arbeitsphysiologie

Histochemistry (ab 1974)
vorher: Histochemie/Histochemistry/Histochimie; davor: Zeitschrift für Zellforschung und mikroskopische Anatomie, Abt. Histochemie

Psychological Research (ab 1974)
vorher: Psychologische Forschung

Virchows Archiv A: Pathological Anatomy and Histopathology (ab 1974)
vorher: Virchows Archiv für pathologische Anatomie und Physiologie und klinische Medizin, ab 1968 Virchows Archiv A: Pathologische Anatomie und klinische Pathologie

Virchows Archiv B: Cell Pathology (ab 1974)
vorher: Frankfurter Zeitschrift für Pathologie, ab 1968 Virchows Archiv B: Zellpathologie

Archives of Toxicology (ab 1975)
vorher: Archiv für Toxikologie, davor: Fühner/Wielands Sammlung von Vergiftungsfällen

Biological Cybernetics (ab 1975)
vorher: Kybernetik

Journal of Neurology (ab 1975)
vorher: Zeitschrift für Neurologie; davor: Deutsche Zeitschrift für Nervenheilkunde

Roux's Archives of Developmental Biology (ab 1975)
vorher: Wilhelm Roux's Archiv für Entwicklungsmechanik der Organismen

Zeitschrift für Physik B: Condensed Matter (ab 1975)
vorher: Physik der kondensierten Materie/Physique de la matière condensée/Physics of Condensed Matter. 1974 Physics of Condensed Matter

Zeitschriften, die auf die englische Sprache umgestellt wurden

Archives of Dermatological
Research (ab 1976)
vorher: Archiv für dermatologische Forschung

European Journal of Pediatrics
(ab 1976)
vorher: Zeitschrift für Kinderheilkunde

Human Genetics (ab 1976)
vorher: Humangenetik/
Human Genetics/Génétique
humaine; davor: Zeitschrift
für menschliche Vererbungs-
und Konstitutionslehre

International Archives of Occupational and Environmental
Health (ab 1976)
vorher: Internationales
Archiv für Arbeitsmedizin;
davor: Archiv für Gewerbepathologie und Gewerbehygiene

Lung (ab 1977)
vorher: Pneumonologie/Pneumonology; davor: Brauers
Beiträge zur Klinik der Tuberkulose

Psychopharmacology (ab 1977)
vorher: Psychopharmacologia

Archives of Orthopaedic and
Trauma Surgery (ab 1978)
vorher: Archiv für orthopädische und Unfall-Chirurgie

Archives of Gynecology and
Obstetrics (ab 1979)
vorher: Archiv für Gynäkologie

Journal of Cancer Research and
Clinical Oncology (ab 1979)
vorher: Zeitschrift für Krebsforschung und klinische Onkologie

Zoomorphology (ab 1981)
vorher: Zoomorphologie;
davor: Zeitschrift für Morphologie und Ökologie der Tiere

Anatomy and Embryology
(ab 1982)
vorher: Zeitschrift für Anatomie und Entwicklungsgeschichte

Graefe's Archives for Clinical
and Experimental Ophthalmology (ab 1983)
vorher: v. Graefes Archiv
für klinische und experimentelle Ophthalmologie

European Biophysics Journal
(ab 1984)
vorher: Biophysics of Structure and Mechanism (ab
1974); davor: Biophysik

Radiation and Environmental
Biophysics (ab 1984)
vorher: s. European Biophysics Journal

Der Unfallchirurg (ab 1985)
vorher: Unfallheilkunde/
Traumatology

Probability Theory and Related
Fields (ab 1986)
vorher: Zeitschrift für Wahrscheinlichkeitstheorie und
verwandte Gebiete

European Journal of Plastic
Surgery (ab 1987)
vorher: Chirurgia plastica

Parasitology Research (ab 1987)
vorher: Zeitschrift für Parasitenkunde

Surgical and Radiologic
Anatomy (ab 1987)
vorher: Anatomia clinica

Fresenius' Journal of Analytical
Chemistry (ab 1990)
vorher: Fresenius' Zeitschrift
für analytische Chemie

Annals of Hematology
(ab 1991)
vorher: Blut

Archive of Applied Mechanics
(ab 1991)
vorher: Ingenieur-Archiv

European Archives of Oto-
Rhino-Laryngology (ab 1991);
vorher: Archives of Oto-Rhino-Laryngology (bis 1990)
davor: Archiv für klinische
und experimentelle Ohren-,
Nasen- und Kehlkopfheilkunde

European Archives of Psychiatry
and Clinical Neurosciences
(ab 1991)
vorher: European Archives of
Psychiatry and Neurological
Sciences (bis 1990),
davor: Archiv für Psychiatrie
und Nervenkrankheiten

Journal of Legal Medicine
(ab 1991)
vorher: Zeitschrift für Rechtsmedizin; davor: Deutsche
Zeitschrift für die gesamte gerichtliche Medizin

Zeitschrift für Physik A:
Hadrons and Nuclei (ab 1991)
vorher: Zeitschrift für Physik
A: Atomic Nuclei

Clinical Investigation (ab 1992)
vorher: Klinische Wochenschrift

Der Ophthalmologe (ab 1992)
vorher: Fortschritte der
Ophthalmologie

Zeitschriften, die auf die englische Sprache umgestellt wurden (Fortsetzung)

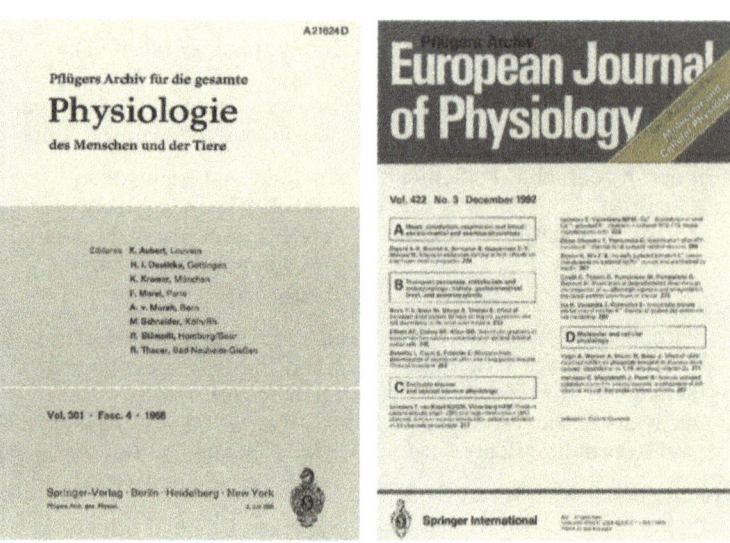

141 *Ferdinand Kreuzer (1919) war 1968 maßgeblich an der Umstellung von ›Pflügers Archiv‹ ins Englische beteiligt. Von diesem Zeitpunkt bis 1986 war er Hauptherausgeber der Zeitschrift. –* **142** *›Pflügers Archiv‹, vor (Bd. 301, Heft 4, 1968) und* **(143)** *nach der Umstellung auf die englische Sprache (Bd. 422, Heft 3, 1992).*

Reminiscing the transformation of Pflügers Archiv in 1968 and its consequences

Publishers and the editorial board, particularly A. von Muralt, felt that the moment had come to broaden the international scope and to change the design of the Journal. In particular, usage of the English language was now highly recommended, German and French remaining optional, editors should be attracted also from non-German speaking countries, a new and contemporary cover design was adopted, the name of the Journal was extended by adding ›European Journal of Physiology‹, and peer review by at least two referees was made compulsory. The »new« Journal started with Volume 302, 1968, the first issue being dedicated to von Muralt who was thus honored by the publishers and his fellow editors on his 65th birthday and retirement for finishing 30 years of service and for having been most influential in encouraging the great change. The first editors from non-German speaking countries, X. Aubert, Louvain, and F. Morel, Paris, entered the editorial board with Volume 299, 1968. With Volume 302, 1968, they were followed by J. Th. F. Boeles, Amsterdam, E. Gutmann, Praha, G. Moruzzi, Pisa, and F. Kreuzer, Nijmegen, and, with Volume 306, 1969, by U. S. von Euler, Stockholm. In spite of resistance from some German physiologists, it was decided to accept only papers written in English starting with Volume 385, 1980.

In terms of personal remembrance, it may be of some interest to recall certain events »behind the screens« outside the realm of Pflügers Archiv, that occurred at the very time of transforming Pflügers Archiv. The majority of the Dutch professors of physiology (united in the so-called »Fysiologen Convent«) advocated the participation of the Netherlands in the »new« Pflügers Archiv. This was implemented during a meeting of Max Schneider with Boeles and Kreuzer in our home in Nijmegen on February 20, 1968. But just the day before we heard that two Dutch physiologists had agreed to found, with a well-known Dutch publisher, a new journal to be called ›European Journal of Physiology‹ which, however, did not materialize due to the rapid implementation of internationalizing Pflügers Archiv. Furthermore, there were, at that time, also some ideas floating between Benelux and Switzerland to establish a new »Burgundian« Journal of Physiology replacing the Acta Physiologica et Pharmacologica Neerlandica and the Helvetica Physiologica et Pharmacologica Acta. After this idea was dropped, too, in connection with the extension of Pflügers Archiv, the Helvetica Physiologica et Pharmacologica Acta (Volume 1 of 1943–Volume 26 of 1969) and the Acta Physiologica et Pharmacologica Neerlandica (Volume 1 of 1950–Volume 15, 1969/70) were discontinued soon afterwards.

The further development of Pflügers Archiv after 1968 fully justified the decisions taken at that time. The submission of papers from all over the world (in spite of the new name, also papers from outside of Europe were admitted) increased steadily so that the selection procedure had to be made more and more severe, resulting eventually in a rejection rate of up to 50%. The impact factor of Pflügers Archiv increased in the period of 1975–1989 from 1810 to 3488 (for comparison in 1989: Journal of Physiology (London) 4635, American Journal of Physiology 3075, Journal of Applied Physiology 2095).

144 *Klaus Thurau (1928), Physiologe in München, Schüler K. Kramers (Göttingen). Sein Hauptarbeitsgebiet ist die Nierenphysiologie. Seit 1986 ist Thurau koordinierender Herausgeber von ›Pflügers Archiv‹ als Nachfolger von Ferdinand Kreuzer.*

So wurde das älteste noch existierende Journal der Physiologie von einer deutschsprachigen in eine englischsprachige europäische Zeitschrift unter dem Titel: ›Pflügers Archiv – European Journal of Physiology‹ überführt, beginnend mit Band 302, 1968. Sie ist ein ideales, frühes Beispiel für die Verwirklichung gesamteuropäischer Zusammenarbeit, für die sich der Springer-Verlag auch weiterhin konsequent eingesetzt hat. Betrachtet man das Verzeichnis der Periodika, die wir in der beschriebenen Weise allmählich in englischsprachige Zeitschriften — zum Teil mit englischem Titel — umgewandelt haben, so wird sichtbar, welch lange Zeit dieser Prozeß gebraucht hat, welche Geduld und welches Durchhaltevermögen erforderlich waren, um ihn zu einem erfolgreichen Abschluß zu bringen. Es handelt sich um rund fünfzehn Jahre. Inzwischen war 1963 Konrad F. Springer als Gesellschafter in die Verlagsleitung eingetreten. Er widmete sich insbesondere dem Ausbau der Biologie und der Geologie (s. S. 43). In seinem Bereich wurde 1968 die alte ›Zeitschrift für Morphologie und Ökologie der Tiere‹ in ›Oecologia‹ umgewandelt — ein Zeichen für die Betonung der von K.F. Springer besonders geförderten Ökologie in unserem Verlagsprogramm.

1967 gelang die Gründung des ›European Journal of Biochemistry‹ als offizielles Organ der Federation of European Biochemical Societies (FEBS). Der Springer-Verlag stellte hierfür die in der großen Zeit der Entwicklung der Biochemie im Bereiche der Kaiser-Wilhelm-Institute in Berlin-Dahlem führende, 1906 von Carl Neuberg begonnene ›Biochemische Zeitschrift‹ [HS: 166ff.] als Traditionsorgan zur Verfügung, obwohl sie noch immer einen beachtlich hohen Abonnentenstand hielt. Ein Kreis jüngerer europäischer Biochemiker stellte sich mit Begeisterung hinter diesen Plan. Die Konzentration der besten Originalarbeiten aus Europa in der neuen Zeitschrift legte Zeugnis ab von den erfolgreichen Forschungsleistungen in Europa, deren Ergebnisse bisher in zahlreichen nationalen Fachblättern verstreut und damit mehr oder weniger versteckt geblieben waren. Innerhalb des Verlags hat sich insbesondere H. Mayer-Kaupp dieser Entwicklung gewidmet. Es entstand ein enger Kontakt mit der FEBS und insbesondere mit dem Schriftleiter Claude Liébecq in Liège, aber auch mit dem Zeitschriftenkommittee der FEBS in London, vornehmlich repräsentiert durch S. Prakash Datta.

Die skizzierte Entwicklung der Umwandlung deutschsprachiger in europäische oder internationale englischsprachige Organe wurde ergänzt durch eine große Anzahl von Zeitschriftenneugründungen, die von vornherein entweder im europäischen oder internationalen Rahmen geplant waren. Solche englischsprachig konzipierten Organe waren leichter zu entwickeln, als alte umzuwandeln, da von vornherein ein Redaktionsstab zur Verfügung stand, der die Idee dieser Gründungen überzeugend vertrat, während bei den Umwandlungen stets ein gewisser Traditionalismus bestehender Redaktionen zu überwinden war.

Das Gesamtergebnis hat all diese Bemühungen reich belohnt: Die alten deutschsprachigen Zeitschriften konnten ihre Tradition in modernem Rahmen in einer neuen, weltweiten wissenschaftlichen Diskussion maßgeblich weiterführen. Die hier geschilderte Entwicklung bei den Zeitschriften galt auch für Ergebnisse bzw. Fortschritteberichte wie etwa ›Progress in Botany‹, die 1974 aus ›Fortschritte der Botanik‹, 1932 von Fritz von Wettstein gegründet, hervorging. Neugründungen, wie ›Recent Results in Cancer Research‹ (1965) wurden mit einem zwei- oder mehrsprachigen Titel versehen.

145 *Claude Liébecq (1921) ist seit dem ersten Band des ›European Journal of Biochemistry‹ (FEBS), 1967, dessen Herausgeber.*

Das Vordringen in die englischsprachigen Märkte. Copublishing agreements

Die sorgfältige Beobachtung des weltweiten wissenschaftlichen Fortschritts, seiner Aktionsräume und der ihn bewegenden Persönlichkeiten und Arbeitsgruppen war für den Ausbau unseres englischsprachigen Programms selbstverständlich geworden. Ebenso wichtig aber war die Beobachtung der entsprechenden Absatzmärkte. Regionen starken wissenschaftlichen Lebens sind zugleich interessante Verkaufsregionen für wissenschaftliche Literatur. Länder und Ländergruppen, die wissenschaftlich-technologischen Fortschritt im Interesse eigener wirtschafts- und industriepolitischer Entwicklungen anstreben, waren aussichtsreiche Märkte.

Der Aufbau eines englischsprachigen Verlagsprogramms zog sich über längere Zeit hin und mußte von parallel zu entwickelnden weltweiten Absatzbemühungen begleitet werden, weil sonst das Ganze zum Scheitern verurteilt gewesen wäre.

Das heißt: wir hatten nicht nur das englischsprachige Produktionsprogramm zu planen, wir mußten gleichzeitig die erforderlichen Absatzwege und Verbreitungsmöglichkeiten schaffen, um das Ganze zum Erfolg zu führen. Die Notwendigkeit, zwei schwierige Ziele gleichzeitig anzupacken und erfolgreich zu Ende zu führen, widersprach grundsätzlich einem strategischen Grundgesetz der Schwerpunktbildung! Unsere Investitionskraft wurde dadurch ungewöhnlich beansprucht.

Die Ausweitung unseres Absatzes auf den internationalen angelsächsischen Markt, einschließlich derjenigen Weltteile, in denen Englisch als Verkehrssprache und Sprache der Wissenschaft gepflegt wurde, geschah zunächst durch vorgeschobene »Brückenköpfe«. Diese bestanden in Bemühungen um »Copublishing agreements« mit US-amerikanischen und britischen Verlagen.

In den Vereinigten Staaten waren während und nach dem Zweiten Weltkrieg bedeutende Wissenschaftsverlage entstanden — häufig nach dem Muster deutscher und anderer europäischer Häuser. Zum Teil wurden sie gegründet von emigrierten deutschen oder österreichischen Verlegern wie Academic Press, New York, Interscience, New York (später in den Verlag J. Wiley eingegliedert) und Grune & Stratton, New York. In Amsterdam war der Verlag North-Holland entstanden (später von Elsevier übernommen) und Pergamon Press in London/Oxford. Sie alle richteten ihre Arbeit auf das ständig wachsende Potential englischsprachiger wissenschaftlicher Publizistik.

Ich versuchte zunächst, Copublishing agreements mit Verlagen in den USA herbeizuführen. Verabredungen mit Prentice Hall, Interscience und vor allem mit Academic Press wurden getroffen. Der Kontakt mit dem Verlag Prentice Hall ergab sich während der Frankfurter Buchmesse 1962 in einem Gespräch mit dem Firmenpräsidenten John G. Powers. Über den erfolgreichen Abschluß des Agreements hinaus entdeckten wir gemeinsame Interessen, die die Grundlage für weiteren Gedankenaustausch und wachsende freundschaftliche Beziehungen bildeten. Sie sollten sich für den Verlag, insbesondere für die Tochterfirmen in New York und Tokyo, hilfreich auswirken. Powers hatte bereits Erfahrungen im Buchhandel mit Japan gesammelt. Er wurde — nach seinem Ausscheiden aus dem

146 *John Powers (1916), mit Frau Kimiko, beriet den Springer-Verlag bei der Gründung der Tochterunternehmen in New York und Tokyo. Von 1975 bis 1992 war er Mitglied des Board of Directors in New York und Tokyo.*

147 *Walter J. Johnson (1912) emigrierte von Leipzig in die Vereinigten Staaten von Amerika und gründete 1942 in New York den Verlag Academic Press sowie die Buchhandlung W. J. Johnson Bookseller. Johnson brachte in den Jahren vor der Gründung des Springer-Verlags New York zahlreiche englisch-sprachige Springer-Titel in Gemeinschaft mit Academic Press heraus.*

Verlag Prentice Hall — Mitglied des Board of Directors sowohl von Springer-Verlag New York als auch von Eastern Book Service und Springer-Verlag Tokyo.

Academic Press war von zwei Angehörigen der hochangesehenen Leipziger Verlagsfirma Akademische Verlagsgesellschaft im Jahre 1942 gegründet worden: Walter Johnson und seinem Schwager Kurt Jacoby. Waren vorher weitaus die meisten amerikanischen medizinischen Zeitschriften Gesellschaftsorgane gewesen, so führten die neuen Verlage das in Europa verbreitete System wissenschaftlicher Zeitschriften ein, die von Verlegern gegründet und von jedweden wissenschaftlichen Gruppierungen unabhängig waren. Auch die Formen wissenschaftlicher Sekundärliteratur wie ›Ergebnisse der ...‹, ›Fortschritte der ...‹ fanden unter den amerikanischen Bezeichnungen, ›Results‹ bzw. ›Recent Results‹, ›Progress in ...‹ bzw. ›Reviews in ...‹ Eingang in die amerikanische Literatur und errangen bald hohes wissenschaftliches Niveau und weite Anerkennung.

Walter J. Johnson hatte darüber hinaus in New York die wissenschaftliche Buchhandlung Johnson Bookseller mit einer sachkundig entwickelten Antiquariatsabteilung gegründet. Er pflegte engen Kontakt mit dem unter der Leitung von Max Niderlechner stehenden Antiquariat von Lange & Springer, das er wiederholt besuchte, um Antiquariatsgespräche zu führen und einzukaufen.

In Atlantic City fanden jährlich im Frühjahr Meetings der ›Federation of American Societies for Experimental Biology‹ statt — kurz ›Federation Meetings‹ genannt. Sie waren mit einer ausgedehnten Buchausstellung aller einschlägigen Verlage des In- und Auslandes verbunden. Academic Press — d. h. W. Johnson — fand sich in vorbildlich kollegialer Weise bereit, unsere englischsprachigen Neuerscheinungen an seinem Stand zu zeigen und half auch sonst mit gutem Rat für den »Newcomer«. Unter den ausgestellten Büchern befanden sich die aufgrund der Copublishing agreements ausgewählten englischsprachigen Titel unserer Produktion, von denen jeweils bis zu 1500 Exemplaren von Academic Press fest übernommen wurden. Diese Exemplare erhielten, den Regeln des Copublishing entsprechend, das Impressum beider Verlage — Springer und Academic Press. Der relativ große, für die Vereinigten Staaten und Kanada bestimmte Auflagenanteil erklärt sich aus der großzügigen Bereitstellung staatlicher Mittel im Erziehungsbereich und im Rahmen von ›Research and Development‹ in jenen Jahren.

Die Bemühungen um Copublishing-Vereinbarungen mit britischen Verlagen erforderten besondere Geduld und Zielstrebigkeit, waren aber von nicht geringer Bedeutung für den Aufbau unserer Präsenz an einem buchhändlerisch so wichtigen Platz wie London, von dem größter Einfluß in die Länder des Commonwealth ausstrahlte, in einen Bereich, der im internationalen Buchhandel unter der Bezeichnung »The Traditional British Market« geläufig ist. Es lag zudem nahe, für unsere englischsprachigen Bemühungen in dem Lande Akzeptanz zu finden, in dem Sir Stanley Unwin nicht müde geworden war, sich für die Durchsetzung der deutschen Buchhandelsstruktur und des Systems des festen Ladenpreises einzusetzen.

Copublishing agreements kamen mit Churchill Livingstone, mit der Longman-Gruppe, den Verlagen Heinemann, Chapman & Hall und Allen & Unwin zustande.

So hilfreich dieses Copublishing zunächst in vieler Hinsicht war, als Dauerlösung konnte es nicht genügen. Wir hatten nur begrenzten Einfluß auf die Preisbildung und Verbreitung unserer Produktion, die zudem nicht unter unserem alleinigen Imprint erschien, ein bedeutsamer Faktor für die Autorenwerbung in jenen Ländern. Langfristig mußten wir selbst und allein in Erscheinung treten, um das Ziel einer Fortentwicklung des deutschen Springer-Verlages zum international anerkannten Wissenschaftsverlag zu erreichen.

SPRINGER-VERLAG NEW YORK

V iele der in den vorangegangenen Kapiteln geschilderten Maßnahmen waren als Vorbereitung für eine Tochtergründung in den USA anzusehen. F. Springer setzte diesem Gedanken Widerstand entgegen. Dabei mögen die Erfahrungen mit Butterworth im Jahre 1949 eine Rolle gespielt haben.

Die Gründung

Schon 1954 hatte ich mit K. F. Springer verabredet, daß dieser während seines USA-Aufenthalts Daten und Fakten für eine mögliche Niederlassung in den Vereinigten Staaten sammle. In einer Aktennotiz vom 3. August 1958 machte ich auf die Dringlichkeit unserer Präsenz in den USA aufmerksam und wandte weiterhin meine Überzeugungskraft auf, dieses Ziel zu erreichen. Taktvolles Handeln war erforderlich, um die Zukunft des Unternehmens in einer nach dem Zweiten Weltkrieg sich neu formierenden Welt zu sichern.

›*Weißbuch*‹. Im Oktober 1960 stellte ich ein ›Weißbuch‹ zusammen mit allen verfügbaren Argumenten und Daten. So alte

148 *Günter Holtz (1920) trat 1951 in den Springer-Verlag ein und wurde 1952 Leiter der Anzeigenabteilung, 1962 Leiter der Werbung. Er bereitete unsere Niederlassung in New York vor und wurde 1964 ihr erster Geschäftsführer bis zu seiner Rückkehr nach Berlin 1971. Anschließend war er bis zu seiner Pensionierung 1981 Leiter des Bereichs Werbung und Vertrieb.*

Freunde des Hauses wie Richard Courant waren der Überzeugung, daß ein Ausgreifen nach Amerika für den Verlag unausweichlich sei, wenn er seine Weltgeltung wiedererlangen wollte. Im Kreise der Firmenpartner hatte ich außer in K. F. Springer, der sich allerdings zu jener Zeit in Zürich seinem Studium der Biologie widmete, keine Verbündeten. Wohl aber sah Ferdinand Springers Berater auf dem Gebiete der Mathematik, F. K. Schmidt, die Dinge realistischer, wenngleich auch er seine Argumente sehr vorsichtig vorbrachte.

Nach vielen weiteren Diskussionen legte ich F. Springer schließlich einen Text vor, der eine Versicherung enthielt, daß die jüngere Generation grundsätzlich am Standort des Verlages in Deutschland festhalten werde — ungeachtet möglicher Tochtergründungen in den Vereinigten Staaten. Dies brachte eine Wendung in seiner Haltung, aus der hervorging, daß es ihm sehr darum ging, die kulturellen Wurzeln des Unternehmens in Deutschland nicht aufzugeben. Dies war auch nicht unsere Absicht.

Klärende Studien. Es konnte daraufhin eine Reihe praktischer Überlegungen angestellt werden. Günter Holtz wurde aufgefordert, sich während einer Reise in die Vereinigten Staaten im Frühjahr 1963 umzuschauen. Seine Beobachtungen legte er in einer neunseitigen Studie über die Gründung einer Niederlassung des Springer-Verlags in den USA am 15. Juli 1963 vor.

Eine weitere Detailstudie von Holtz vom 6. September 1963 trug den Titel: »Überlegungen zur Rentabilitätsfrage einer Niederlassung des Springer-Verlags in den USA.« Die dort angestellten Betrachtungen gingen von der Annahme aus, daß in den ersten vier bis fünf Jahren Anlaufverluste, dann aber von Jahr zu Jahr wachsende Betriebsgewinne entstehen würden. Da nach amerikanischem Recht Betriebsverluste bis zu fünf Jahren vorgetragen werden können, war damit zu rechnen, daß nach einigen weiteren Jahren die Anfangsverluste getilgt sein würden. Diese Annahmen haben sich später bestätigt.

Wiederholtes Drängen. In einer ausführlichen Aktennotiz vom 22. Oktober 1963 wies ich wiederholt auf die wachsende Dringlichkeit hin, eine eigene Niederlassung in den USA zu schaffen, da sonst weder die weitere Gewinnung englischsprachiger Autoren möglich, noch die Abwanderung bedeutender deutscher, beziehungsweise europäischer Autoren zu amerikanischen oder holländischen Verlagen zu verhindern wäre.

Auch die Gründung neuer internationaler Zeitschriften ebenso wie die Verwandlung bestehender deutschsprachiger

Die Gründung

Organe in englischsprachige wäre unmöglich geworden. Die Internationalisierung war aber für die meisten der bestehenden Periodika lebenswichtig.

Eine eigene Präsenz im englischsprachigen Raum war ferner für die Erschließung neuer Märkte in Asien, Australien, Afrika und im nichtdeutschsprachigen Europa unentbehrlich. Daraufhin wurde das Thema im Kreise der Inhaber — einschließlich Otto Lange, Wien — erneut erörtert und die Gründung einer kleinen Niederlassung in den Vereinigten Staaten erwogen. Es sollten danach weitere Einzelfragen recherchiert und geklärt werden: die Standortfrage, die Rechtsfrage und die steuerlichen Auswirkungen. Ferner waren die Zollbestimmungen und die Werbemöglichkeiten in den USA zu untersuchen.

Erste Entscheidung. Am 28. November 1963 fiel die Entscheidung für eine »Kleine Lösung«. Es war dabei eher an eine Kontakt- und Werbestelle gedacht als an eine selbständig operierende Firma. Die Arbeitsaufnahme wurde für den 1. Juli 1964 vorgesehen, einen Termin, der sich wegen der erforderlichen Vorbereitungen bis September 1964 verzögerte.

Erst nach der Entscheidung vom 28. November war es möglich, externe Informationsquellen, wie die Deutsche Botschaft in Washington/DC, die Deutsch-Amerikanischen Handelskammern in Berlin und New York sowie Rechtsberater und Banken anzusprechen.

Über den geeigneten Ort der geplanten Gründung wurde rasch Einigkeit erzielt. Boston und New York standen im Gespräch; die Entscheidung fiel für New York, das von Europa ebenso gut erreichbar war wie von allen größeren Städten Amerikas. New York war zudem Standort zahlreicher anderer Verlage; damit konnte die Personalgewinnung erleichtert werden. Diese Entscheidung hat sich im Laufe der Jahre bewährt. Die Namensfindung hatte in den Vorüberlegungen im Sommer 1964 eine große Rolle gespielt. Der bevorzugte Name ›Springer Press‹ schied wegen der Verwechslungsgefahr mit der Firma ›Springer Publishing‹ aus. Diesen Verlag hatte Bernhard Springer (1907–1970), der älteste Sohn von Julius Springer d. J., der 1937 in die USA emigriert war, 1951 gegründet. So entschieden wir uns für die Verwendung unseres deutschen Firmennamens ›Springer-Verlag‹.

Gesellschafterbeschluß vom 2. März 1964. Am 2. März 1964 wurde ein endgültiger Gesellschafterbeschluß über die Gründung von Springer-Verlag New York unterzeichnet. Zwei Wo-

149 *Ludwig Kempe (1915), aus Deutschland stammender Chirurg, der während seiner Zeit am Walter Reed Hospital in Bethesda/Maryland das erfolgreiche Werk ›Operative Neurosurgery‹ (1970) verfaßte.*

chen später traf G. Holtz in New York ein, um vor Ort die noch offen Fragen zu klären und mit den Vorbereitungsarbeiten zu beginnen. Bis Ende Mai hatte er sein »Hauptquartier« im inzwischen abgerissenen und schon damals nur noch von vergangener Pracht zehrenden Beekman Tower Hotel aufgeschlagen, unterstützt von einer stundenweise tätigen Sekretärin.

Eine der wichtigsten Aufgaben war neben den notwendigen Erkundungen die Wahrnehmung der Funktion als Anlauf- und Kontaktstelle für die Autoren, die K. F. Springer und ich bereits gewonnen hatten, aber auch für Kontakte zu neuen Autoren in den USA und Kanada. Zu den frühen Begegnungen gehörten beispielsweise Myron C. Ledbetter und Keith R. Porter, mit denen ich ein Buch ›Introduction to the Fine Structure of Plant Cells‹ beim VI. Internationalen Elektronenmikroskopiekongreß 1966 in Kyoto verabreden konnte. Auch die Kontakte mit dem Neurochirurgen Ludwig Kempe, den Holtz beim Harvey Cushing Meeting 1963 in Los Angeles kennengelernt hatte, gehörten in jene Zeit.

Vorbereitungen vor Ort. Holtz nahm die Verbindung mit den Buchhandelsfirmen auf, die schon für uns tätig waren, vor allem Stechert & Hafner, W. J. Johnson Bookseller und Intercontinental Medical Booksellers New York, die Henry Stratton gehörte. Für unsere geplanten Verkaufsbemühungen waren aber auch Firmen wichtig wie Zeitlin & Verbrügge in Los Angeles, Mary S. Rosenberg in New York, George Elliot als Großhändler medizinischer Bücher, Taylor Carlisle Bookstore in New York und Florida, Technical Book Company in Los Angeles, German Bookstore in Los Angeles und vor allem Stacey's Booksellers mit damals drei Einzelhandelsgeschäften im Westen und bekannt als bedeutender Großhändler wissenschaftlicher Literatur in den USA.

Heinz Meilicke, der damalige Rechtsberater Springers, empfahl uns für die Klärung der rechtlichen Fragen unserer geplanten Neugründung die angesehene Wall-Street-Anwaltsfirma Sullivan & Cromwell. Der Seniorpartner dieser Kanzlei, Mr. Sharpe, gab uns nicht nur entscheidende Hinweise über »the American way of business«, sondern schuf später auch die rechtlichen Grundlagen für die Gesellschaftsgründung.

Nach eingehenden Beratungen wählten wir für die Gründung von Springer-Verlag Inc. das Recht des Staates Delaware, das anpassungsfähigste ›corporate law‹, besonders für Gesellschaften nichtamerikanischer Eigentümer.

H. Meilicke empfahl die Zwischenschaltung einer Springer Export GmbH als Eigentümerin der New Yorker Firma, die

Die Gründung

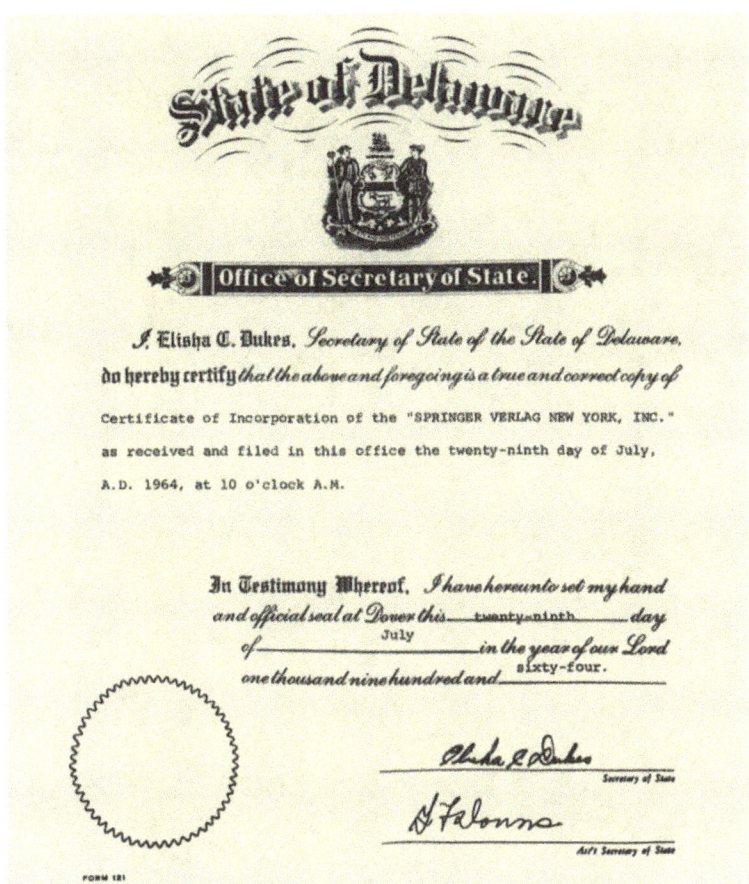

150 *Gründungsurkunde des Springer-Verlags New York vom 29. 7. 1964.*

151 *Heinz Gottwald (1905–1984) von der Chemical Bank in New York. Berater des Verlags in allen Finanzfragen und Mitglied des Board of Directors von 1966 bis 1983.*

wiederum Eigentum des Springer-Verlags Berlin Heidelberg und des Springer-Verlags Wien ist mit einem geringen Gesellschaftskapital. Wien sollte zu einem Zehntel am Springer-Verlag New York beteiligt sein.

Mr. Sharpe von Sullivan & Cromwell führte uns bei Arthur Young ein, einer der bedeutendsten amerikanischen Wirtschaftsprüfungs- und -beratungsfirmen, mit der wir noch heute in vielfach bewährter Verbindung stehen. William W. Conklin und die Leiter der Abteilung für internationale Steuerfragen, Jessey Miles, Peter Dolan, Solon Lang, Lester Schner und schließlich James Davidson waren und sind unsere hochgeschätzten Partner. Durch Arthur Young kamen wir schließlich mit Heinz Gottwald in Verbindung, dem Leiter der ›International Division‹ der ›Chemical Bank‹. Er war in Potsdam geboren und nach seiner Bankausbildung nach Amerika gegangen. Über lange Jahre beriet er uns in allen Finanzfragen und wurde 1967 Mitglied des Board of Directors des Springer-Verlags New York, dem er bis zu seinem Tod am 20. November 1984 angehörte.

152 *In diesem Gebäude – 175, Fifth Avenue –, das die New Yorker nach der Form seines Grundrisses Flatiron Building nennen, residiert der Verlag seit seiner Gründung im September 1964, zunächst im 19. Stockwerk, später auf insgesamt fünf Etagen. Der bemerkenswerte Stahlgerüstbau mit Kalksteinverkleidung ist von Daniel Hudson Burnham 1902 vollendet worden und war damals der erste Wolkenkratzer in Manhattan. Das Gebäude wurde 1979 in das National Register of Historic Places eingetragen. Mit seinem spitz zulaufenden Grundriß zwischen Broadway und Fifth Avenue hat es immer wieder bedeutende Fotografen angeregt. Das hier gezeigte Bild ist 1986 von Bo Parker aufgenommen worden und stammt aus der Sammlung von Fotos des Flatiron von Peter Gwillim Kreitler. Das Gebäude gliedert sich in eine Basiszone, einen 14stöckigen, aufstrebenden Teil und eine Kapitellzone. Unsere Aufnahme läßt die ästhetisch gelungene Gliederung erkennen, insbesondere auch die vom siebten bis zum vierzehnten Stockwerk durchlaufenden drei Reihen vorgewölbter Fenstergruppen, die der großen Wandfläche einen ruhigen Rhythmus verleihen.*

Die Gründung

Wiederholte weitere Besprechungen fanden in Heidelberg statt, mit Kurzbesuchen von Holtz aus New York. Es stellte sich schon in diesem Stadium heraus, daß die gedachte »Kleine Lösung« ohne die von uns erwartete Wirkung geblieben wäre. Es galt vielmehr, eine eigene Auslieferung einzurichten.

Die Möglichkeit einer Verlagsauslieferung fanden wir bei der Firma Mercedes Book Distributor in Brooklyn/NY, deren äußere Ausstattung damals nicht fürstlich war, aber dem Zwang zum bescheidenen Anfang voll entsprach. Wir sind inzwischen — nach einer längeren Periode eigener Verlagsauslieferung — zu dieser Firma zurückgekehrt, die sich günstig entwickelt hat.

Der offizielle Geschäftsbeginn war auf den 8. September 1964 angesetzt, den Tag nach Labour Day, an dem nach langer Sommerpause das offizielle akademische Leben wieder in Bewegung kommt.

Holtz hatte im obersten Stockwerk des sogenannten ›Flatiron Building‹ 90 m² Büroraum angemietet. Dieses im Winkel zwischen Broadway und Fifth Avenue spitz zulaufende, 1902 errichtete Gebäude war der erste »Wolkenkratzer« New Yorks im Stahlgerüstbau mit Steinquaderverkleidung. Es gilt bis heute

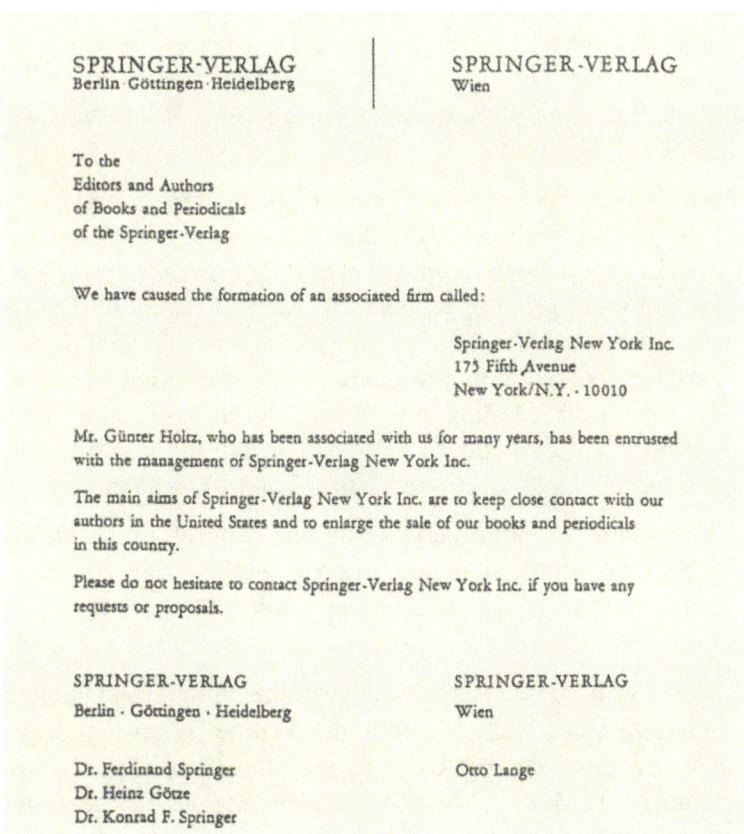

153 *Rundschreiben an die Autoren des Springer-Verlags in dem Günter Holtz als Geschäftsführer des New Yorker Verlagshauses vorgestellt wurde.*

als »landmark«. Unsere Anschrift lautete und lautet noch heute 175, Fifth Avenue. Inzwischen bewohnen wir dort mehrere Stockwerke.

Am 21. August 1964 war von Deutschland und Österreich aus eine formelle Mitteilung über die Gründung unserer Firma an alle Herausgeber und Autoren der Springer-Verlage gelangt. Anzeigen waren zwischen dem 14. September und 3. Oktober 1964 in wichtigen amerikanischen wissenschaftlichen Zeitschriften plaziert worden. Eine erste Direktwerbung, die das gesamte USA-Adressenmaterial des deutschen und österreichischen Verlages nutzte, zusätzlich aber viele Gesellschaftslisten amerikanischer Verlage einschloß, verließ am 8. September 1964 das Haus. Die Reaktion mit Anforderungen von Einzelprospekten und Katalogen war lebhaft und beschäftigte den kleinen Stab von vier Mitarbeitern bis in die späten Abendstunden, selbst an den Wochenenden. Auch die telephonischen Reaktionen auf unsere Ankündigungen waren äußerst lebhaft, wobei wir uns jahrelang über ein Kuriosum amüsierten: ein Anrufer wollte »Mr. Springer« sprechen. Darüber informiert, daß »Mr. Springer« nicht in New York sei, wollte man dann »Mr. Verlag« sprechen, weil die große Mehrzahl unserer amerikanischen Partner hinter dem Wort »Verlag« den Namen einer zweiten Person vermutete.

Das für New York entworfene Arbeitskonzept — es stellte auch die Basis für unsere weiteren Gründungen dar, ist kurz wie folgt zu beschreiben:

1. Schaffung wirksamerer Verkaufsmöglichkeiten unserer europäischen Produktion vor Ort durch Anpassung an die landesüblichen Gepflogenheiten für Werbung, Verkauf und Inkasso. Der wichtigste Unterschied zu Europa bestand im Fehlen eines wissenschaftlichen Sortiments im europäischen Sinne. Deshalb spielte die unmittelbare Ansprache möglicher Kunden durch ein Mailing system und durch »salesmen« eine wesentliche Rolle ebenso wie die enge Zusammenarbeit mit den bestehenden Buchhandelsfirmen und Großhändlern.

2. Pflege unmittelbarer Verbindung mit Autoren und Herausgebern des deutschen und österreichischen Verlages »vor Ort«. Aufbau neuer Verbindungen mit US-amerikanischen Autoren.

3. Die Kosten für den Betrieb des Unternehmens einschließlich Personalkosten sollten durch die Handelsspanne gedeckt werden. Erst wenn dieses Ziel erreicht war und Überschüsse gemacht würden, sollte sich die New Yorker Tochterfirma verlegerisch betätigen.

Die Gründung

Jahr	Bücher			Zeitschriften			Insgesamt
	US-Produktion	Produktion anderer Herkunft*	Insgesamt	US-Produktion	Europäische Produktion (Springer)	Insgesamt	
1964	–	–	65	–	–	–	65
1965	–	–	401	–	141	141	542
1966	–	–	784	6	222	228	1012
1967	–	–	1288	19	330	349	1637
1968	–	–	1540	20	434	454	1994
1969	–	–	2116	22	762	784	2900
1970	–	–	2417	32	1031	1063	3480
1971	–	–	2564	57	1341	1398	3962
1972	–	–	2556	181	1716	1897	4453
1973	–	–	3199	373	2452	2825	6024
1974	–	–	3818	464	3790	4254	8072
1975	–	–	5376	988	4441	5429	10805
1976	–	–	5103	921	4432	5353	10456
1977**	1873	5865	7738	1731	5139	6870	14608
1978	2703	6129	8832	1882	5986	7868	16700
1979	3885	6843	10728	2485	7274	9759	20487
1980	4199	7559	11758	2677	8579	11256	23014
1981	5223	7943	13166	2868	9663	12531	25697
1982	5040	7148	12188	3179	10397	13576	25764
1983	5424	8269	13693	2559	8504	11063	24756
1984	6058	8260	14318	3813	7135	10948	25266
1985	6474	9249	15723	4419	7336	11755	27478
1986	7284	12380	19664	5132	8834	13966	33630
1987	7380	12786	20166	6125	12773	18898	39064
1988	9365	14287	23652	6641	15132	21773	45425
1989	10285	14283	24568	7176	15945	23121	47689
1990	10374	14640	25014	7867	15366	23233	48247
1991	11272	14139	25411	7979	10726	18705	44116
1992	11094	14093	25187	7611	12058	19669	44856

Hinweis:
* Produktion anderer Herkunft: Europäische und Großhandelstitel.
** Vor 1977 waren die US-Buchtitel und die Buchtitel europäischer Herkunft als »Imprint« gekennzeichnet ohne Unterscheidung der Herkunft.

Verlagstätigkeit in New York 1964–1992 (in Tsd. US-$)

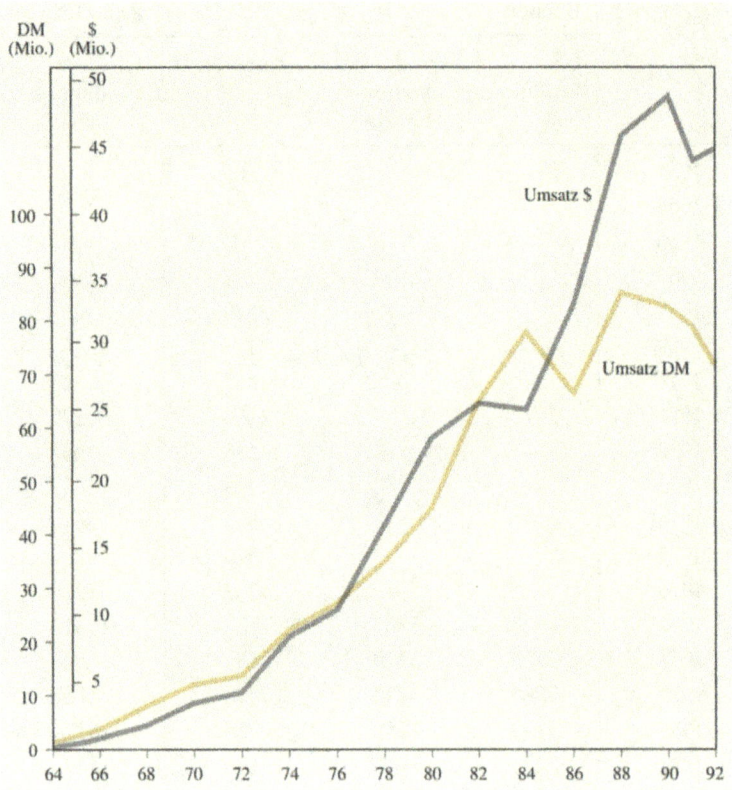

Umsatzentwicklung des Springer-Verlags New York 1964–1992 (Relation $ zu DM)

Das »return on investment« an die Mutterfirma, die ohnehin verhältnismäßig wenig eingesetzt hatte, erfolgte planmäßig. Die ungewöhnliche Umsatzsteigerung der europäischen Produktion in den Vereinigten Staaten (s. Abb. S. 95) belegt dies deutlich. Der »break-even point«, d. h. eine ausgeglichene Jahresbilanz, wurde 1969, also nach fünf Jahren erreicht, die Deckung der gesamten Anfangsinvestitionen 1973, nach neun Jahren. Es ist allerdings hinzuzufügen, daß der durch die Verkaufstätigkeit New Yorks für die europäische Produktion erzeugte Mehrumsatz — unabhängig von Gewinnen in New York — den europäischen Firmen von Anfang an beachtliche Liquidität zufließen ließ.

Die letzten vier Monate des Jahres 1964 nach der Gründung am 1. September 1964 können als Vorbereitungszeit gelten. 1965 erzielten wir schon einen Umsatz von US-$ 542 000, der bis zum Jahre 1969 auf $ 2 900 000 anwuchs. Die Zahl der Mitarbeiter erhöhte sich entsprechend von 7 auf 32 bis Ende 1969. Dabei erfolgten 1969 noch immer Direktlieferungen des deutschen und österreichischen Verlages an USA-Kunden im Werte von rund $ 1 200 000 — zumeist waren es die großen Fortsetzungswerke wie Beilstein und Landolt-Börnstein. Es liefen aber auch

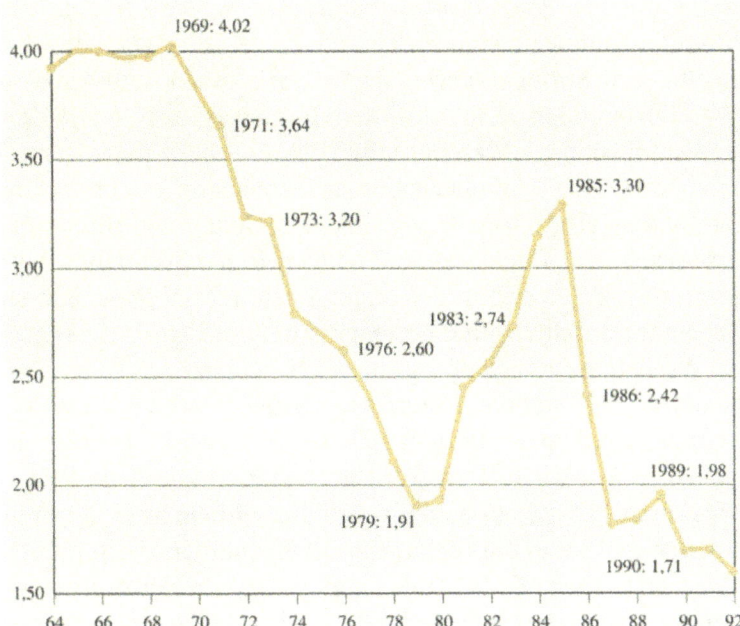

Entwicklung des Dollarkurses (Jahreshöchstwerte) 1964–1992 in Relation zur DM

zahlreiche Zeitschriftensubskriptionen über deutsche Exportfirmen wie Harrassowitz und amerikanische Importfirmen wie Johnson Bookseller und Stechert & Hafner, mit denen wir besonders enge Kontakte hielten. Diese langsame Umstellung lag durchaus in unserem Sinne; wir wollten keine abrupten Veränderungen, die uns eher Schaden zugefügt hätten. Die bisher zuverlässig und erfolgreich für uns tätig gewesenen Export- und Importfirmen sollten nicht vor den Kopf gestoßen werden.

Der Erfolg der ersten Jahre war zweifellos in gewissem Umfang der Bereitstellung erstaunlicher Geldmittel der US-Administration für Forschung und Lehre in jener Zeit zu danken. Andererseits hatten wir mit Wechselkursschwankungen zu kämpfen. Gegen Ende der sechziger Jahre mußten wir uns an schrumpfende Bibliotheksetats gewöhnen, was im umgekehrten Verhältnis zum wachsenden Angebot an wissenschaftlicher Literatur stand und den Wettbewerb unter den Verlagen empfindlich verschärfte.

Wir sind oft gefragt worden, wie der deutsche und österreichische Verlag in einer Zeit, in der nach den schweren Verlusten des Zweiten Weltkriegs erheblicher Kapitalmangel herrschte, die Gründung von Springer-Verlag New York finanzieren konnten. Der effektive Kapitaleinsatz war erstaunlich niedrig, selbst unter Berücksichtigung der Dollar-DM-Relation von 1:4. Das nominelle Gründungskapital betrug US-$ 75000, von denen aber bis zum Jahresende 1964 nur $ 35000 wirklich einbezahlt und durch die Anlaufkosten verbraucht worden waren. Im Rumpfgeschäftsjahr vom 8. September bis 31. Dezember 1964 erzielte der Springer-Verlag New York einen Umsatz von $ 105 000 und finanzierte die weitere Expansion auf längere Zeit im wesentlichen mit Warenkrediten des deutschen und österreichischen Hauses. Für amerikanische Beobachter war unsere im Kapitalmangel gründende »Politik der kleinen Schritte« verwunderlich. Zur Jahreswende 1964/65 waren schon sieben Mitarbeiter tätig, die sich in den angemieteten 90 m² Büroräumen allerdings nur schlängelnd bewegen konnten. Da wir die weiteren Wachstumsaussichten optimistisch beurteilten, wurde beschlossen, zwei weitere, kurzfristig verfügbare Büroräume von nochmals rund 80 m² auf dem gleichen Stockwerk hinzuzumieten. So gingen wir in New York hoffnungsvoll ins Jahr 1965.

Der erste Schritt war getan, wir fühlten Boden unter unseren Füßen. Nun kam es darauf an, uns aus eigener Kraft erfolgreich weiterzubewegen. Es half uns dabei weder ein mit der amerikanischen Welt vertrauter »editor«, noch irgend ein anderer mit den amerikanischen Handelsgepflogenheiten erfahrener Mitarbeiter im Bereiche von Werbung und Vertrieb. Erstens hätten wir sie nicht bezahlen können, zweitens wäre kaum irgendein guter Mann von einer größeren Firma in unser winziges, noch dazu ausländisches Unternehmen gekommen.

Wohl aber gelang es uns jetzt leichter, unter Hinweis auf unsere Vertriebsorganisation in New York gute amerikanische Autoren für uns zu gewinnen. K.F. Springer und ich knüpften auf zahlreichen Reisen Verbindungen zu amerikanischen Wissenschaftlern an und bauten zielstrebig eine englischsprachige Liste auf.

Unterstützung durch die Mutterfirma

Die Aufbauarbeit in New York fand Zuspruch und tätige Hilfe von allen Stellen der deutschen Springer-Firmen. Erfahrene Mitarbeiter wurden für kürzere oder längere Perioden nach New York delegiert, um die Arbeitsweise und die besonderen Probleme New Yorks kennenzulernen und zugleich mit dem Einsatz eigener Erfahrungen weiterzuhelfen. So war Ilse Schollmeyer schon in der Anlaufphase im Herbst 1964 für mehr als vier Monate in New York, um die Auftragsbearbeitung in Anlehnung an die in Berlin und Bielefeld üblichen Gepflogenheiten aufzubauen. Im Frühjahr 1965 folgten Besuche von Paul Hövel, Reinhold Halling, dem Leiter der Buchhaltung, und Erich Lobbes von der Verlagsauslieferung in Bielefeld. Bald kamen Mitglieder der Heidelberger Herstellungsabteilung zur Unterstützung der ersten zaghaften Schritte einer eigenen

New Yorker Produktion. 1970/71 ging Gisela Teusen, spätere G. Delis, für ein halbes Jahr nach New York zur Unterstützung der Zeitschriftenherstellung. Ihr folgte am 1. November 1975 Gaby Schmitz als langjährige Leiterin der Zeitschriftenherstellung in New York bis zu ihrer Rückkehr am 1. Oktober 1986. Schließlich war Ute Bujard ab 1976 für insgesamt fünfzehn Jahre in der New Yorker Buchherstellung tätig, von 1987 bis 1991 als Vice President und Leiterin des Herstellungsbereiches. So entstand eine menschliche Verflechtung zwischen der Muttergesellschaft und ihrer New Yorker Tochter, die einen erfreulichen Teamgeist erzeugte, der die wachsende amerikanische Mitarbeitergruppe einbezog. G. Holtz hatte es verstanden, diesen Teamgeist aufzubauen, der keine Besserwisserei zuließ. Es war eine unabdingbare Voraussetzung für den erfolgreichen Auf- und Ausbau unserer New Yorker Firma.

154 *Ute Bujard (1942), stellvertretende Bereichsleiterin Herstellung im Springer-Verlag Heidelberg.*

Im folgenden werden eine Reihe von Schwierigkeiten geschildert, auf die wir zwar vorbereitet waren, deren Lösung sich jedoch in der Praxis als schwierig erwies.

Probleme

Copyright. Eines der schwierigsten Probleme ergab sich aus der amerikanischen Copyright-Gesetzgebung. Die Vereinigten Staaten gehörten keiner der beiden großen internationalen Urheberrechtsabkommen an — weder der Berner Konvention, noch der Universal Copyright Convention. Um unsere Verlagswerke urheberrechtlich zu schützen, mußte für jedes einzelne Werk ein Antrag beim Copyright Office in Washington/DC gestellt werden. Das amerikanische Copyright-Gesetz enthielt eine auf amerikanische Schutzzolltraditionen zurückgehende, sogenannte »manufacturing clause«, die gebot, daß Werke amerikanischer Autoren in den USA nur dann schutzfähig sind, wenn sie auch dort hergestellt werden. Zwar gab es eine Härteklausel, die mit einem »ad-interim copyright« einen Urheberrechtsschutz für zwei Jahre gewährte, wenn die Einfuhr auf 500 Exemplare begrenzt wurde.

Das Exekutivorgan des Copyright Office war eine Dienststelle der New Yorker Zollverwaltung, die die Einhaltung der Bestimmungen peinlich überwachte und aus langer Erfahrung alle Tricks kannte, mit denen versucht wurde, das Gesetz zu umgehen. Interpretationsbedürftige Sonderfälle waren jene bei uns nicht seltenen Werke, bei denen amerikanische und nichtamerikanische Autoren gemeinsam als Verfasser zeichneten. Wir konnten aber weder der wachsenden Anzahl amerikanischer Autoren den Verzicht auf Urheberrechtsschutz zumuten, noch uns mit der Einfuhr von 500 Exemplaren begnügen.

Es blieb deshalb nur der Ausweg, Werke amerikanischer Autoren in den USA selbst herzustellen, was wir zunächst nicht vorgesehen hatten, auf jeden Fall nicht schon nach so kurzer Zeit. Wir bedurften dazu kompetenter Mitarbeiter in der Herstellung. Wir halfen uns zunächst mit Nachdrucken von Filmen oder anderen Vorlagen des deutschen und österreichischen Hauses. Bald aber wurde die eigene Produktion in New York unumgänglich, die bis zum Aufbau einer arbeitsfähigen Herstellungsabteilung durch freie — »free-lance« — Mitarbeiter bewältigt wurde. Dieser Aufbau wurde zusätzlich erzwungen durch Streiks der »longshoremen«, der Hafenarbeiter, die gelegentlich wochenlang dauerten und sich auf die gesamte Ostküste erstreckten. Auch die Umleitung der Sendungen aus Europa über kanadische Häfen war selten erfolgreich, weil sich die kanadischen mit den amerikanischen Hafenarbeitern solidarisierten. Es ist leicht vorstellbar, in welche Zwangslage wir gerieten, wenn ein wichtiges Werk, für das die Werbung schon mit einem bestimmten Erscheinungstermin begonnen hatte und für das zahlreiche Vorbestellungen vorlagen, an Bord eines Schiffes oder an einer New Yorker Pier festlag. Die geschilderte Lage zwang uns auch zur Herstellung unserer Werbemittel in New York, was ebenfalls zunächst nicht geplant war.

Einfuhrzoll. Der »Schutzzollmentalität« entsprach es auch, daß die Vereinigten Staaten bis Dezember 1966 bei der Einfuhr von englischsprachigen Büchern einen Zoll von 7% erhoben, was unsere Kalkulationen erheblich belastete. Erst mit Wirkung vom 1. Januar 1967 traten die USA dem »Florence Agreement« bei, in dem schon Jahre vorher die meisten Kulturländer vereinbart hatten, die Einfuhr von wissenschaftlichen, erzieherischen und bildenden Werken nicht durch Zollschranken zu behindern.

US-Nachdrucke — ›Trading with the Enemy Act of 1917‹. Kopfschmerzen bereitete uns allen schließlich die von der US-Regierung erfolgte Beschlagnahme aller deutschen Patente, Warenzeichen und Urheberrechte während des (Ersten und) Zweiten Weltkrieges aufgrund des ›Trading with the Enemy Act of October 6, 1917‹. Amerikanische Verlage konnten Lizenzen für Nachdrucke und Übersetzungen beantragen und zahlten dafür eine Lizenzgebühr von nur 7,5% ihres Ladenpreises — 10% für Übersetzungen — an die zuständige Behörde: ›Office of the Alien Property Custodian‹. Da es sich dabei um einfache und billige Nachdrucke handelte, ohne Belastungen durch Satz, Umbruch, Abbildungsbeschaffung, Honorare etc., konnten die Preise dieser Ausgaben kostengünstig kalkuliert werden. Insgesamt 238 Titel in 390 Bänden [HS: 381] waren auf diese Weise für uns in den Vereinigten Staaten unverkäuflich geworden. Erst am 22. Oktober 1962* wurde die Geltung des Gesetzes für die Bundesrepublik Deutschland aufgehoben, wobei die amerikanischen Nachdruckverlage ihre Vorräte weiterhin ausverkaufen durften. Davon war auch der Beilstein betroffen, der vom Verlag Edwards in Ann Arbor/MI in großem Umfang nachgedruckt worden war [SARKOWSKI (1)].

Zeitschriftensubskriptionen. Ein internes Problem ganz anderer Art war der Umgang mit den Subskriptionen für unsere Zeitschriften. Hier gab es grundsätzliche Unterschiede in der Praxis europäischer und amerikanischer Wissenschaftsverlage. Wir hatten für unsere Archivzeitschriften, »Primärzeitschriften«, feste Bandpreise eingeführt. Der effektive Anfall von Heften und Bänden pro Jahr konnte jedoch nur geschätzt werden. Wir wollten die Bandumfänge lediglich vom tatsächlich eingehenden, wertvollen Beitragsmaterial abhängig machen und nicht von einem vorgegebenen Umfang, der die Herausgeber gegen Jahresende gezwungen hätte, entweder die Bände mit weniger guten Arbeiten zu füllen oder — im umgekehrten Falle — wichtige Arbeiten nicht sofort publizieren zu können. Da die amerikanischen Bibliothekare für ihr Budget den Gesamtpreis für das folgende Jahr genau kennen mußten, führten wir einen »Maximalpreis« pro Jahr ein und druckten hierfür eine entsprechende Liste. Dieses Verfahren erforderte bei der üblichen Vorauszahlung der Zeitschriftenpreise für das kommende Jahr eine sorgfältig überwachende Buchführung. Für die amerikanischen Zeitschriftenagenturen (Subscription Agencies) war das Verfahren hingegen sehr einfach: ihre Kunden zahlten den festgesetzten fixen Jahrespreis bei Auftragserteilung durch einen beigefügten Scheck, der keiner Quittung bedurfte. Es blieb uns nichts anderes übrig, als uns den amerikanischen Gepflogenheiten anzupassen. Da New York in US-Dollar fakturierte, an die Muttergesellschaften jedoch in DM gezahlt werden mußte, ergaben sich Kursschwankungsverluste, die nur zum Teil durch Kurssicherungsmaßnahmen begrenzt werden konnten.

* ›Amendment to Trading with the Enemy Act‹. Dies war der offizielle Titel; er schlug sich als ›Public Law 87–846, Title II, Section 205, 76 Stat. III5‹ in den amerikanischen Gesetzbüchern nieder.

Erfreuliches Unsere Erfolge in New York erregten bald bei anderen Wissenschaftsverlegern in Europa Aufmerksamkeit, und es war nicht verwunderlich, daß sich einige an uns wandten mit der Anfrage, ob wir für sie die Auslieferung in den Vereinigten Staaten übernehmen wollten. In Anbetracht unserer noch bescheidenen Kapazitäten mußten wir solche Anfragen sehr selektiv beantworten, doch gab es für eine Reihe von Jahren eine erfreuliche Zusammenarbeit mit der Verlagsgruppe Centrex, die mit dem Philips-Konzern verbunden war, und mit dem Verlag Reidel, ebenfalls in Holland.

Außerdem erhielten wir schon kurz nach Beginn unserer New Yorker Werbetätigkeit Ende 1964/Anfang 1965 Anfragen und Aufträge aus Mexiko, Argentinien, Brasilien, ja sogar aus einigen asiatischen Ländern, die sich mit ihren Buchbezügen in den Nachkriegsjahren vorwiegend auf den amerikanischen Markt ausgerichtet hatten. Dies waren erfreuliche Vorgänge, die uns erlaubten, hilfreiche Erfahrungen für unsere späteren Bemühungen in anderen Ländern der Welt zu sammeln.

Grune & Stratton Am 14. März 1966 fand ein Zusammentreffen zwischen Henry Stratton, dem Inhaber von Grune & Stratton, Holtz und mir in New York statt. Stratton informierte uns, daß er seinen nicht großen, aber renommierten Verlag im Laufe des Jahres 1966 verkaufen wolle, da er keine leiblichen Erben habe. Grune & Stratton verlegte ausgezeichnete Zeitschriften wie ›Metabolism‹, ›Blood‹ und ›Circulation‹. Nach internen Beratungen und Besprechungen mit Arthur Young & Co. und der Chemical Bank entschieden wir uns, von diesem Kauf abzusehen. Wir waren der Auffassung, daß die erforderliche Aufnahme eines Bankkredits belastender für uns gewesen wäre als der langsame Ausbau eines eigenen, auf uns selbst zugeschnittenen Programms aus eigener Kraft. Wir verfolgten die »Politik der kleinen Schritte«, auf die ich bereits zu sprechen kam.

Das (zeitweilige) New Yorker Verlagssignet Im Jahre 1967 war das Bedürfnis entstanden, die New Yorker Firma als eigenständiges, wenn auch eng mit den europäischen Häusern verbundenes Unternehmen durch ein individuelles Verlagssignet kenntlich zu machen, das in gewisser Anlehnung an das deutsche Signet zwei gegenläufige Pferdeköpfe zeigte. Es war ab 1970 für eine Reihe von Jahren das Verlagskennzeichen auf Buchrücken und Titelseiten New Yorker Bücher und Zeitschriften und wurde auch für die Werbung verwendet. Nach der Gründung weiterer europäischer und

überseeischer Firmen kehrte New York 1984 zum traditionellen, 1975 von Max Bollwage neugestalteten Signet der Mutterfirma zurück, das auch von allen anderen Tochterfirmen benutzt wurde.

155 (s. gegenüberliegende Seite unten) *Signet des Springer-Verlags New York von 1970 bis 1984.*

Die Entwicklung des Umsatzes der New Yorker Firma mit Büchern und Zeitschriften der Mutterfirmen entsprach unseren Erwartungen. Die graphische Darstellung auf S. 104 veranschaulicht deutlich, daß die erfolgreiche Tätigkeit unserer New Yorker Firma von 1964 bis 1969 — dem Jahr, in dem New York erstmals eine ausgeglichene Bilanz zeigte — die Importe der Buchhandlungen Johnson Bookseller und Stechert & Hafner in keiner Weise negativ beeinflußt hatte, eine damals für uns erstaunliche Tatsache. Den im Rezessionsjahr 1968 erkennbaren Einschnitt bekam auch der Springer-Verlag New York zu spüren. Er behinderte aber seinen Aufstieg nicht, was die Bedeutung New Yorks für die Mutterfirma besonders anschaulich macht.

Umsatzentwicklung

Bereits 1966 verkaufte Springer New York mehr Exemplare unserer Produktion (ohne Beilstein) als die beiden New Yorker Importfirmen zusammen. Der Anteil unserer New Yorker Firma am Gesamtumsatz mit den Vereinigten Staaten, einschließlich Harrassowitz, erhöhte sich bis 1969 auf etwa 70%. Besonders eindrucksvoll war die Umsatzentwicklung bei den

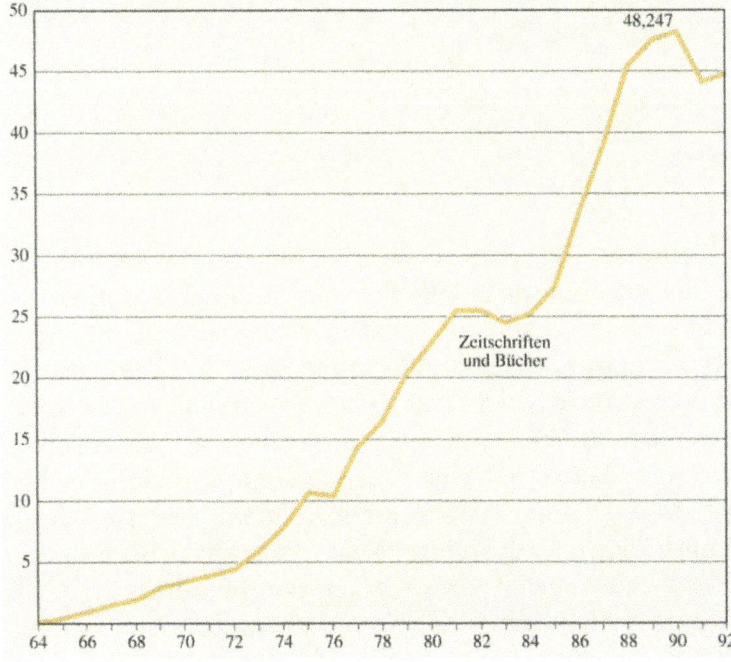

Umsatzentwicklung der Bücher und Zeitschriften des Springer-Verlags New York 1964–1992 (in Mio. US-$)

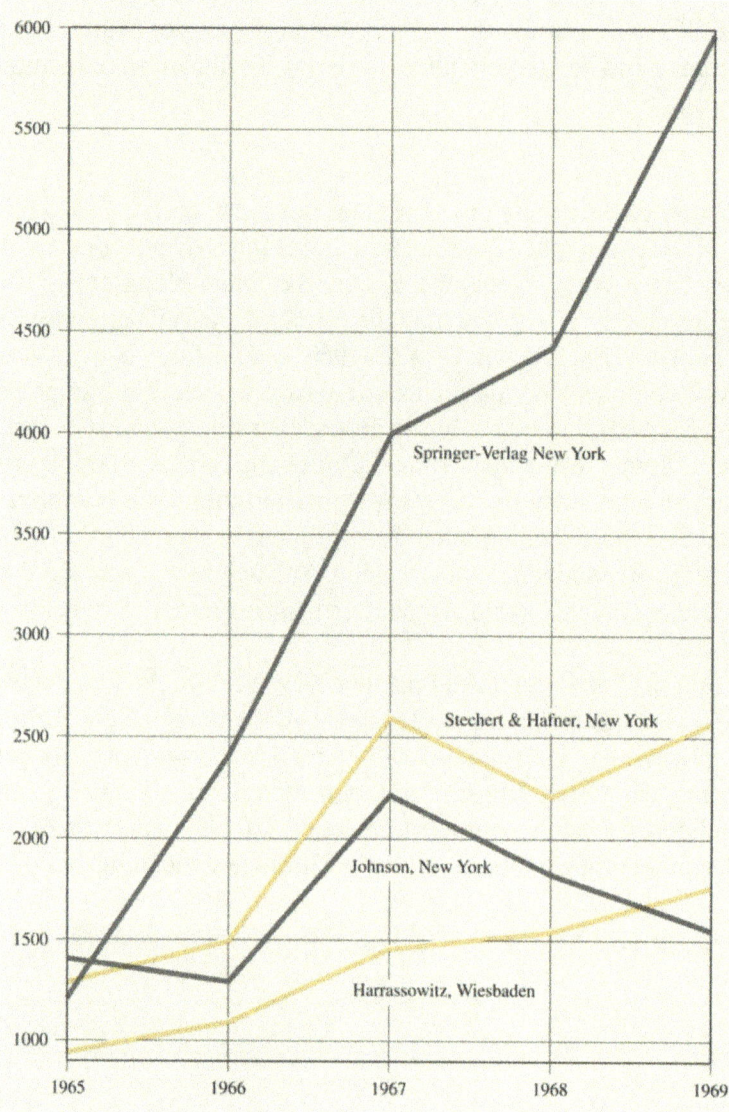

Umsatzentwicklung des Springer-Verlags New York 1965–1969 im Vergleich zu Stechert & Hafner, Johnson Bookseller und Harrassowitz (Umsatz in Tsd. DM)

Zeitschriften. Während sie sich bei den beiden Importbuchhandlungen Johnson Bookseller und Stechert & Hafner von 1966–1968 um rund 33% erhöhte, wuchs sie beim Springer-Verlag im gleichen Zeitraum um rund 80%! Aus der Tatsache, daß Johnson und Stechert auch nach der Gründung New Yorks ihren Zeitschriftenumsatz steigern konnten, ist zu schließen, daß keine wesentlichen Umsatzverlagerungen von Johnson und Stechert auf Springer stattgefunden hatten, sondern daß die Umsatzsteigerung bei Springer New York ausschließlich unserer Präsenz und Aktivität zuzuschreiben war. Im ganzen hatte sich der Zeitschriftenumsatz mit New York im Zeitraum von vier Jahren — 1966 bis 1969 — mehr als verdoppelt.

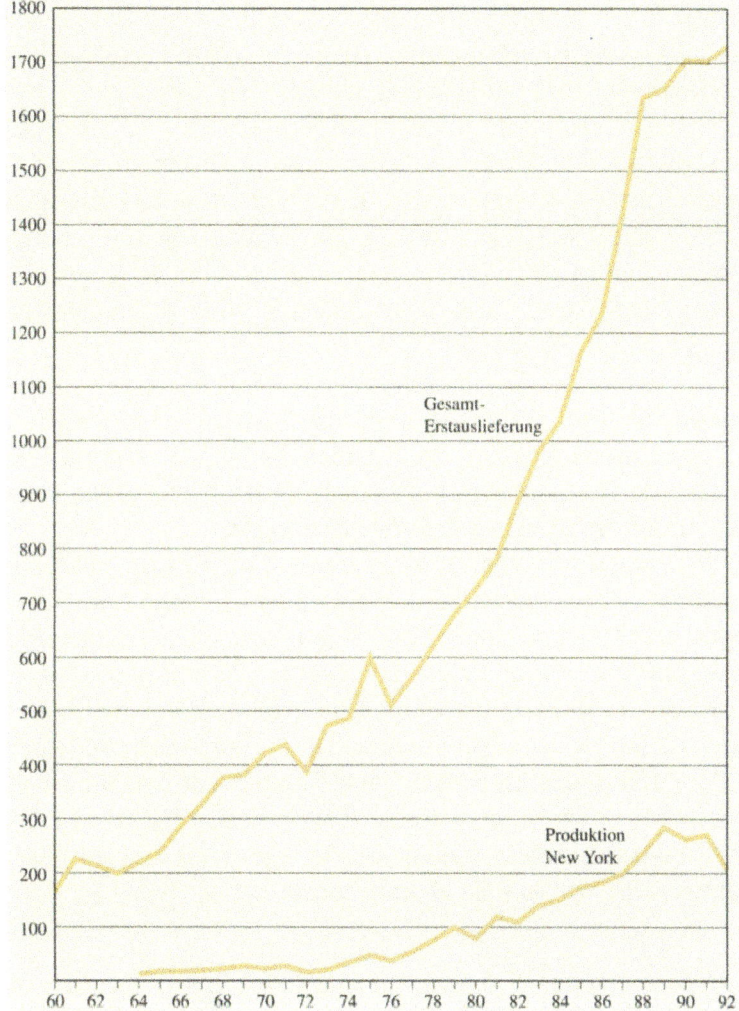

Gesamt-Erstauslieferung einschl. Neuauflagen (ohne Große Handbücher und Nachdrucke) des Springer-Verlags Berlin/Heidelberg, New York im Vergleich zur Titelproduktion des Springer-Verlags New York 1964–1992

Sorgfältige Vergleiche der Umsatzentwicklung der New Yorker Importfirmen und des Springer-Verlages bis 1969 führen zu dem Ergebnis, daß sich vom Zeitpunkt der Gründung New Yorks am 1. September 1964 bis Ende 1969 der durch Springer-Verlag New York zusätzlich erzielte Umsatz des Stammhauses mit den USA ca. DM 7,5 Mio. betrug. Dabei ist nur die reine Vertriebsfunktion New Yorks für den deutschen Springer-Verlag berücksichtigt, nicht aber die eigene Verlagsaktivität New Yorks, die wesentlich zur Stärkung unserer Stellung im USA-Markt und unseres Ansehens bei den Autoren beigetragen hat [GÖTZE (6)].

Unabhängig von der Umsatz- und Bilanzentwicklung in New York selbst ist der Umsatz der *Mutterfirmen* mit New York von größter Bedeutung (s. Tabelle S. 95). Hier ist die einzigartige Leistung der New Yorker Firma für die wachsende Produktionskraft der Mutterfirma ablesbar! Die Umsatzsteigerung hat zugleich die Verkaufsauflagen erhöhen und damit unsere Kalkulation verbessern können mit dem Ergebnis, marktgerechtere Ladenpreise zu erzielen, ohne den Erlös zu schmälern.

Neben der Importleistung für die Mutterfirmen hat der Springer-Verlag New York — ebenso wie die später gegründeten Tochterfirmen — eine wachsende Eigenproduktion entwickelt, deren Anteil am Gesamtumsatz New Yorks von Jahr zu Jahr angestiegen ist. Im Jahre 1991 betrug das Verhältnis des Umsatzes europäischer Titel (EUP) zu den in New York hergestellten Titeln (USP) etwa 70 zu 30.

Wir haben damals oft diskutiert, was wir besonders im Bereiche der Medizin der starken sales force der Konkurrenz entgegensetzen könnten. Man sprach von über 50 salesmen bei Saunders. Das konnte sich natürlich nur bei einem großen Programm mit zahlreichen Lehrbüchern lohnen.

Wir haben nur wenige sogenannte ›Commission salesmen‹ engagiert, die gleichzeitig auch für andere Verlage tätig waren und bemühten uns gleichzeitig, eine immer besser ausgearbeitete Direktwerbung aufgrund ausgewählten und gepflegten Adressenmaterials aufzubauen. Eine erfahrene Vertretermannschaft kann jedoch die Voraussagbarkeit der Absatzzahlen erhöhen und den überaus wichtigen Kontakt mit den Bibliothekaren besser pflegen — was in Zeiten unzulänglicher Bibliotheksetats besonders wichtig ist. Ein gezielter Einsatz guter salesmen ist von unschätzbarem Wert.

Lager Secaucus

Wir richteten 1975 unser eigenes Lager in Secaucus/NJ ein. Dort erfolgte zugleich die gesamte Auftragsbearbeitung. Erst 1991 beschlossen wir, aus Rentabilitäts- und Flexibilitätsgründen, ab Januar 1993 wieder, wie schon in früheren Jahren, die Lagerhaltung und Auslieferung dem inzwischen vorzüglich organisierten Mercedes Distribution Service, Brooklyn, anzuvertrauen und das Lager Secaucus aufzugeben.

Liquidierung New Yorks?

Die Aufbauleistung New Yorks verlief natürlich nicht geradlinig. H. Meilicke empfahl deshalb 1969, eine Abschreibung von DM 850000 auf die Beteiligung des Springer-Verlags Berlin am Springer-Verlag New York vorzunehmen. Eine solche Abschreibung wäre einer nicht vertretbaren Liquidierung New Yorks gleichgekommen. Unsere Treuhandfirma unterstützte meine Argumente. In der Tat haben die Bilanzergebnisse der Jahre 1970, 1971 und 1972 gezeigt, daß eine Abschreibung innerhalb dieser Jahre aufgelöst worden wäre! So hat die weitere Entwicklung die ursprüngliche Entscheidung für New York nicht nur gerechtfertigt, sondern geradezu als lebensnotwendigen Schritt erwiesen.

Vier Jahre nach Erreichen des »break-even point«, neun Jahre nach der Verlagsgründung, waren sämtliche Investitionen und die in den Anfangsjahren eingetretenen Verluste durch Erlöse gedeckt — ein angesichts der überaus geringen Anfangsinvestition beachtliches Ergebnis.

Planung. Englischsprachige Titel

Ohne die in relativ kurzer Zeit durch New York bewirkte Umsatzverbesserung wäre der zügige Aufbau einer englischsprachigen Verlagsliste in Europa nicht möglich gewesen. Der Aufbau einer solchen Liste war die Voraussetzung für die weitere Entfaltung erfolgreicher Vertriebsaktivitäten auf anderen Weltmärkten, etwa in Japan, wo wir nur mit unserer englischsprachigen Produktion Absatzchancen hatten.

Die Buch- und Zeitschriftenpläne, die in New York — oder durch Mithilfe New Yorks in Europa — angelaufen waren, erforderten bald die Schaffung eines eigenen Planungssekretariates in New York — im wesentlichen als Kontaktstelle zwischen den angesprochenen Autoren und den Planungsabteilungen des

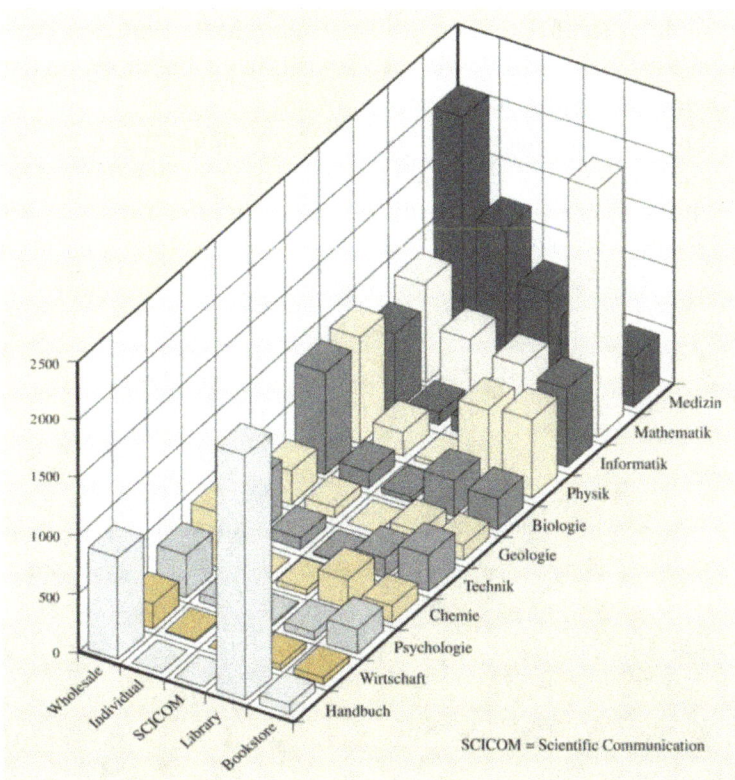

Buchumsatz des Springer-Verlags New York 1991 nach Planungsgebieten und Verkaufskanälen (in Tsd. US-$)

deutschen bzw. österreichischen Verlages. Bald genügte auch dieses kleine Planungskontaktbüro nicht mehr, insbesondere nachdem aus bereits genannten Gründen im Frühjahr 1966 beschlossen wurde, daß der Springer-Verlag New York in verstärktem Maße selbst produzieren sollte.

Für unsere Planung galt es zunächst, den Markt zu analysieren, um die erfolgversprechenden Segmente zu erkennen.

Es ergaben sich für uns drei Hauptzielrichtungen: Mathematik, Medizin/Psychologie und Biologie. Daneben standen kleinere Planungsgruppen für Geologie, Physik/Chemie und Engineering, die wir seit jüngerer Zeit nur noch in der Mutterfirma bzw. in London pflegen.

Mathematik. Wir fühlten uns der amerikanischen Konkurrenz auf dem Gebiete der Mathematik gewachsen. Zu Beginn unserer Arbeit in New York standen bereits etwa siebzig englischsprachige Titel aus dem Gesamtbereich der Mathematik zur Verfügung. Wir waren darüber hinaus mit zahlreichen amerikanischen Autoren und Herausgebern im Bereich der Mathematik schon von Heidelberg aus verbunden. So zählte Saunders Mac Lane in Chicago seit 1966 zu den Mitherausgebern der ›Grundlehren der mathematischen Wissenschaften‹, Peter Hilton betreute seit 1964 die ›Ergebnisse der Mathematik‹, und der Wahrscheinlichkeitstheoretiker Kai Lai *Chung* hatte 1964 den Band ›Markov Chains with Stationary Transition Probabilities‹ zu den »Grundlehren« beigesteuert.

Wir hatten in unserem deutschen Mathematikprogramm eine tragfähige und breite Basis, die letzten Endes zurückging auf die Gründung der ›Mathematischen Zeitschrift‹ 1918, den Erwerb

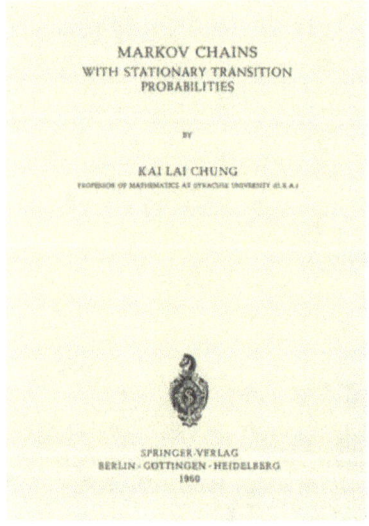

156 *Kai Lai Chung* ›Markov Chains with Transition Probabilities‹ (»Gelbe Reihe«, Bd. 104, 1960).
157, 158 *Fritz John (1910 bis 1994) und Peter Lax (1926) waren beide Schüler Richard Courants sowie langjährige Berater und Autoren des Verlags.*

der ›Mathematischen Annalen‹ im Jahre 1920 und die Gründung der Sammlung ›Grundlehren der mathematischen Wissenschaften‹ – die »Gelbe Sammlung« – im Jahre 1921. Wir hatten ferner in New York mit Richard Courant und seinen Schülern Fritz John und Peter Lax vom ›Courant Institute of Mathematical Sciences‹ zuverlässige und treue Berater. Auch alle anderen Mitglieder dieses Institutes standen uns hilfsbereit gegenüber.

Nachdem der Verlag Van Nostrand Ende der sechziger Jahre die Mathematik aufgegeben hatte, konnten wir einen Teil seines Programms erwerben. Paul Halmos, der bisher Van Nostrand beraten hatte, stand uns nunmehr zur Verfügung. Die Betreuung der mathematischen Liste erfolgte zunächst durch die Planungsabteilung Mathematik in Heidelberg, seit dem 1. September 1964 durch Klaus Peters vertreten. Er setzte sich in jenen Jahren ebenso für New York wie für Heidelberg ein. Ausschlaggebend für den Publikationsort war der Sitz des Autors oder des Herausgebers einer Reihe oder eines Bandes.

159 *Walter Kaufmann-Bühler (1944 bis 1986), Mathematikplaner in New York und Autor einer 1981 im Springer-Verlag erschienenen Biographie von Carl Friedrich Gauß.*

Am 3. April 1973 übernahm Walter Kaufmann-Bühler das New Yorker Programm Mathematical Sciences, zuletzt als Editorial Director. Nach dem Tod Kaufmann-Bühlers am 22. Dezember 1986 übernahm Rüdiger Gebauer am 16. März 1987 dessen Nachfolge und wurde 1989 für die gesamte Planung in New York verantwortlich. Die gemeinsamen Bemühungen von Heidelberg und New York haben uns auf dem Gebiet der Mathematik zu einer führenden Stellung in der Welt verholfen. Dies kam in der Übertragung der Veröffentlichung der Proceedings des Internationalen Mathematiker-Kongresses in Kyoto 1990 in überzeugender Weise zum Ausdruck (s. S. 319).

Informatik. Der Ausbau unserer weltweiten verlegerischen Pläne auf dem Gebiet der Informatik (»computer science«) ließ das Bedürfnis entstehen, unmittelbare Kontakte mit den amerikanischen Zentren dieses Forschungsgebietes an der amerikanischen Westküste — dem sogenannten Silicon Valley – zu

160 *Das Büro des Springer-Verlags in Santa Clara/CA.*

161 *Rüdiger Gebauer (1951), Planer für Mathematik und Computer Science in New York, Nachfolger von Walter Kaufmann-Bühler; seit 1989 Planungsleiter in New York.*

suchen. Gerhard Rossbach war bereit, dorthin zu gehen, um Informationen einzuholen und Autoren zu gewinnen. Der Plan wurde 1986 in die Tat umgesetzt und Rossbach war viereinhalb Jahre in Santa Barbara tätig. Dieses Büro war zunächst eine Außenstelle der Abteilung Informatik des Springer-Verlages Heidelberg, wurde aber im Januar 1987 dem Springer-Verlag New York unterstellt. Rossbach kehrte im Oktober 1990 nach Heidelberg zurück nach kurzer Einarbeitung eines Nachfolgers. Diese Lösung erfüllte die gestellten Erwartungen nicht, so daß Hans-Ulrich Daniel und Rüdiger Gebauer ein neues Konzept erarbeiteten und als Leiter eines neuen Büros an der Westküste in Santa Clara Allan Wylde gewinnen konnten. Die Eröffnung wurde am 7. November 1991 gefeiert.

Medizin. In der Medizin standen wir einer Phalanx großer amerikanischer Verlage gegenüber wie Saunders, Williams & Wilkins, Mosby und anderen. Es kam hinzu, daß die klinische Medizin — im Gegensatz etwa zur Mathematik — nationale, geografische Züge zeigt. Dies behinderte den Erfolg von Übersetzungen in beiden Richtungen.

Dennoch haben wir auch in der Medizin Flagge gezeigt. Es ergaben sich gute Anknüpfungspunkte in der Pathologie durch Werner Kirsten in Chicago, der aus der ausgezeichneten Frankfurter Schule hervorgegangen war, durch Kurt Benirschke, den ich durch Erwin Uehlinger kennengelernt hatte und durch den Röntgenologen Klaus Ranniger, der von Deutschland nach Richmond/VA berufen worden war. Die Reihe unserer bis dahin erschienenen medizinischen Titel ist in der Jubiläumsbroschüre 1974 zusammengestellt.

Zwei Serien, die wir in unserem neuen Wirkungsbereich gründeten, verdienen es, hier gesondert genannt zu werden. Einmal die ›Monographs on Endocrinology‹, für deren Hauptherausgeberschaft ich Leo T. Samuels, Salt Lake City, gewinnen konnte mit Th. Mann, Cambridge (England), Alexis Labhart, Zürich, und Josef Zander, damals Heidelberg, als Mitherausgeber. Von 1967–1982 gehörte auch M. M. Grumbach, San Francisco, dazu. Der erste Band erschien 1967, die weiteren folgten in unregelmäßigen Abständen. Die Betreuung und Produktion der Reihe erfolgte von Heidelberg aus. Dennoch gehört sie sinngemäß hierher, da nur vom Standort New York aus die Kontakte mit US-amerikanischen Autoren gepflegt werden konnten. K. F. Springer und ich besuchten in jenen Jahren viele amerikanische Universitäten und wissenschaftliche Institute.

Das zweite Reihenwerk waren die ›Comprehensive Manuals of Surgical Specialities‹ (CMSS), ein Plan, den ich vor Mitte der siebziger Jahre an Richard Egdahl herantrug. Er war der Chirurg der Medical School der Boston University. Ich hatte schon früher mit ihm Kontakt gesucht über das Thema ›Medical Engineering‹. Den beispielhaften ersten Band ›Manual of Endocrine Surgery‹ der Serie bestritt Egdahl selbst zusammen mit L. A. Ayala (1975). Bei der zweiten Auflage 1989 wirkten A. J. Edismud und C. S. Grant mit. Die Bände dieser Reihe sollten dem operierenden Chirurgen durch knappen, aber erschöpfenden Text und vor allem durch leicht eingängige, farbig gestaltete Operationszeichnungen bei seiner Arbeit helfen und ihm den neuesten Stand der Klinik und der operativen Technik vermitteln. Richard Egdahl war hierfür der ideale Herausgeber. Einige dieser Bände sind ins Deutsche übersetzt worden und hatten auch in unserem Sprachbereich Erfolg. Egdahl hat sich darüber hinaus intensiv mit Health-care-Problemen befaßt und Maßgebliches zu diesem Thema veröffentlicht. Wir baten ihn 1986, als wissenschaftlicher Berater Mitglied des Board of Directors unseres New Yorker Verlages zu werden.

Als Medical Editors waren in New York vom 3. Dezember 1973 bis 10. April 1979 Charles Visokay und vom 1. Juli 1983 bis 31. Januar 1991 Robert Kidd tätig. Seither betreut William Day das Medizinprogramm.

Biologie. Fruchtbare Ansätze für eigene Pläne ergaben sich auch in der Biologie, die von Konrad F. Springer aufgenommen und gemeinsam mit Mary Lou Motl (2. Oktober 1972 bis 30. April 1979) und Mark Licker (1. Februar 1976 bis 26. Mai 1989) verfolgt wurden.

162 *Bernd Grossmann (1928) leitete als Nachfolger von Günter Holtz von 1970 bis 1978 den Springer-Verlag New York. Danach war er für den Verlag als Sachverständiger für internationale Vertriebsfragen und für Rechte und Lizenzen tätig. Ab 1985 widmete er sich – zunächst als Entlastung von Heinz Götze – den Verbindungen mit China.*

Nach einer die ganze Person fordernden und zugleich faszinierenden Aufbauarbeit hatte Holtz 1970 den verständlichen Wunsch, nach Europa zurückzukehren, um dort die Leitung des gesamten Vertriebsbereiches der Mutterfirma zu übernehmen. In dieser Funktion war er ein willkommener und stets einsatzbereiter Partner bei der Erschließung neuer Absatzmärkte für den Springer-Verlag. Wir haben in diesen Jahren intensiv sowohl für die Autorengewinnung als auch für den Absatz unserer Produktion gemeinsam gewirkt. Holtz gehörte der Firma seit Oktober 1957 an, ursprünglich als Leiter der Anzeigenabteilung; 1962 hatte er zusätzlich die Werbeabteilung übernommen.

In New York folgte ihm Bernd Grossmann als Vice President und Chief Executive Officer. Grossmann hatte während seiner früheren Tätigkeit für den Herder-Verlag in Freiburg beträcht-

Wechsel in der Führung

163 *Die ersten zehn Jahre seiner New Yorker Niederlassung ließ der Springer-Verlag in der Jubiläumsschrift ›1974 Ten Years Springer-Verlag New York‹ lebendig werden.*

164 *Francis A. Gunther (1918), langjähriger Herausgeber der ›Residue Reviews‹.*

liche buchhändlerische Erfahrungen sowohl in angelsächsischen als auch in spanischsprachigen Ländern erworben. Er führte in New York das inzwischen in beständigere Gewässer steuernde Schiff mit Sachkenntnis und Umsicht.

10jähriges Jubiläum. In Grossmanns Amtszeit fiel die Feier des zehnjährigen Verlagsjubiläums, die wir 1974 im University Club, 1 West 54th Street (Ecke Fifth Avenue) in New York, begingen. Hans-Lukas Teuber, Direktor des Instituts für Psychologie am Massachusetts Institute of Technology, hielt einen glänzenden Festvortrag über das Gedächtnis, von dessen brillantem Aufbau alle Zuhörer begeistert waren. Da der Vortrag völlig frei gehalten wurde, liegt leider keine schriftliche Fassung vor. Sein tragischer Tod 1975 hat eine geplante Niederschrift verhindert. Ich hatte Teuber für die Mitwirkung bei der Neukonzeption unserer Zeitschrift ›Psychologische Forschung‹ im Sinne einer naturwissenschaftlichen Psychologie, gemeinsam mit Detlev Ploog, München, gewonnen. Darüber hinaus setzte er sich für unser ›Handbook of Sensory Physiology‹ ein.

Anläßlich jenes Jubiläums erschien eine schmale Broschüre: ›1974 Ten Years Springer-Verlag New York‹ mit einem historischen Abriß, einer Darlegung der Ziele des Verlages und einer Danksagung an unsere Autoren und Herausgeber der ersten Dekade. Es folgte eine Art »Laudatio« auf die Tätigkeit des Verlages von Peter Hilton, unserem Berater für Mathematik, zugleich Mitherausgeber der ›Ergebnisse der Mathematik‹. Schließlich berichtete unser erster Herausgeber Francis A. Gunther über seine Erfahrungen mit Springer New York. Es folgte ein geistvolles Aperçu von Kurt Benirschke über den Springer-Verlag in Amerika, die Bemühungen zur Erzielung hoher Qualität seiner Publikationen und das in der relativ kurzen Zeit von zehn Jahren erreichte Profil der Firma und seiner Veröffentlichungen. Den Abschluß bildete ein Artikel des Konrad Springer besonders nahestehenden Peter J. Wyllie, der in humorvoller Weise über seine Begegnung mit »an unusual publisher« berichtete.

Grossmann ging 1978 auf eigenen Wunsch nach Deutschland zurück, um als Beauftragter für ausländische Beziehungen seine Erfahrungen im internationalen Buchhandel, im Bereich der Lizenzvergabe und des Urheberrechts einzusetzen. 1984 kehrte er nach New York zurück, um Sonderaufgaben wahrzunehmen und das US-Büro von Lange & Springer zu betreuen. Er unterstützte mich nach dem Ausscheiden von Holtz bei meinen wachsenden Buchhandels- und Autorenkontakten in China, die ihn bis zu seinem Ausscheiden voll beanspruchten.

In New York erhofften wir uns vom Einsatz eines im Verlagsbuchhandel versierten Amerikaners günstige Auswirkungen auf den weiteren Gang unseres Unternehmens. Wir engagierten 1978 Robert L. Biewen, der in der Tat für den amerikanischen Bereich vorzüglich agierte. Es zeigten sich aber bald grundsätzliche Differenzen: die Doppelfunktion des Springer-Verlags New York als amerikanische Vertriebsstelle der Mutterfirmen einerseits, sowie als eigenständiges amerikanisches Verlagsunternehmen andererseits blieb ihm fremd. Er fühlte sich nicht motiviert, die Produktion eines nichtamerikanischen Verlagsunternehmens in den Vereinigten Staaten durchzusetzen, obwohl der Umfang dieses Importgeschäftes den Umfang der eigenen Verlagsproduktion New York bei weitem überstieg — etwa im Verhältnis ⅔ zu ⅓. Er machte schließlich den Vorschlag, eine amerikanische Agentur mit Einfuhr und Vertrieb der europäischen Produktion zu betrauen! Es war klar, daß wir dem nicht folgen konnten, und wir trennten uns deshalb 1980 in gutem Einvernehmen.

165 *Jolanda L. von Hagen (1935) gehörte dem Springer-Verlag New York von 1965 bis 1975 an und wurde 1982 (bis 1990) seine Präsidentin.*

Seit längerer Zeit hatte ich Kontakt mit Robert E. Baensch, der als Sohn des Radiologen Willy Baensch nach den USA gekommen und dort im Verlagswesen ausgebildet worden war. Die deutsche Herkunft in Verbindung mit langjähriger amerikanischer Erfahrung schien eine gute Voraussetzung für die Bewältigung der in New York gestellten Aufgaben zu sein.

Baensch begann seine Tätigkeit am 17. Juli 1980. Es wurde beschlossen, die Präsidentschaft des New Yorker Verlages dem vor Ort tätigen Hauptverantwortlichen zu übertragen, um damit nach innen und nach außen die Selbständigkeit des New Yorker Unternehmens zu dokumentieren.

Baenschs Interessen lagen, was wir durchaus begrüßten, auf dem wirtschaftlich-finanziellen Gebiet; sie führten jedoch zu einer gewissen Einseitigkeit in Richtung auf ein eingeengtes Jahresbilanzdenken, das Planungs- und Vertriebsfragen als sekundär einstufte. Die wachsenden Auffassungsdifferenzen zwangen leider schon am 21. Juni 1982 zur Trennung von Baensch.

In die Bresche sprang Jolanda L. von Hagen, die dem Springer-Verlag New York bereits von 1965 bis 1975 als Treasurer angehört hatte. Sie war anschließend zum Verlag MacGraw-Hill gegangen. Ab 15. September 1980 war sie wieder im Springer-Verlag Berlin tätig — ab 1. Januar 1981 als Leiterin der Abteilung Verkauf und Verkaufsförderung und stellvertretende Leiterin des Bereiches Vertrieb, den Horst Drescher nach dem Ausscheiden von G. Holtz Ende 1980 als Bereichsleiter übernommen hatte.

166 *Bernard Brouder (1934) begann seine Verlagslaufbahn 1964 bei Readers' Digest in New York. 1975 kam er zu Springer New York, wo er heute Finanzchef und seit 1990 Executive Vice President ist.*

Sie stand in New York als President und Chief Executive Officer einer schwierigen Aufgabe gegenüber und führte ihr Amt weit über die ursprünglich vorgesehene Zeitspanne von drei Jahren gewissenhaft bis zum Jahre 1990. Sie bemühte sich in dieser Zeit mit Erfolg um eine verständnisvolle Zusammenarbeit mit den amerikanischen Bibliotheken und wurde im Juni 1988 Mitglied des Board of Directors des Copyright Clearing Center (CCC).

Sehr lebhaften Gedankenaustausch pflegten wir mit dem Direktor der William H. Welch Medical Library der Johns Hopkins University in Baltimore/MD, Richard Polascek, den ich von seiner Tätigkeit (1964–1969) als Leiter der Bibliothek der damals von Ludwig Heilmeyer gegründeten Universität Ulm kannte. Wir wählten Polascek 1981 als Repräsentanten des US-Bibliothekswesens in das Board of Directors, dem er bis 1986 angehörte.

20jähriges Jubiläum. In die Amtszeit von J.L. von Hagen fiel das zwanzigjährige Verlagsjubiläum, das wir 1984 im Union Club, 101 East 69th Street, begingen. Für den Festvortrag hatten wir Kurt Benirschke gewonnen, der über ein Thema sprach, das ihm besonders am Herzen lag: ›Vanishing Animals‹. Gemeinsam mit unserem Board Member John G. Powers hatten wir Andy Warhol zu dieser Feier eingeladen, der von Benirschkes Vortrag tief beeindruckt war. Ich bat ihn daraufhin, das von Benirschke zu erwartende Manuskript, das wir veröffentlichen wollten, zu illustrieren, wozu er sich sogleich bereit erklärte. Das Ergebnis war ein ungewöhnliches Werk mit dem Vortragstitel ›Vanishing Animals‹. Es fand lebhaftes Echo und hat wohl zu einem Teil dazu beigetragen, die Aufmerksamkeit auf dieses so bedeutsame Thema zu lenken [SPRINGER NEW YORK].

Die Jubiläumsschrift enthielt ein Verzeichnis aller seit 1964 in New York erschienenen Titel und einem von Konrad F. Springer und mir gezeichneten Einführungsbeitrag mit einer Darlegung der zukünftigen Ziele des Unternehmens.

167 *Walter Kaufmann-Bühler in der New Yorker Jubiläumsschrift: »Als Ergebnis dieser 20 Jahre können wir auf etwa 1100 Bücher und auf über 30 Zeitschriften zurückblicken«.*

Two decades are not a long time in the life of a scientific publishing house—long enough, though, for us to sum up what has been achieved and then set goals for the future.

Springer-Verlag New York was founded by a German company at a time when it had become apparent that the English language would become the connecting link in a new worldwide constellation of scientific cooperation. The international events in science and politics during the 1930's and early 1940's accelerated this process. After the war, the first natural tendency was to restore the former status quo. The often basically altered prerequisites, however, added new impulses. To the critical observer it soon became apparent what remained of the pre-war state of affairs and where conditions had changed radically. Where the future would lead had to be deducted from these observations. Between recognizing a new course and deciding to adopt it, weighty decisions have to be made and the readiness demonstrated to take short-term risks in the interest of a good and successful future. On the one hand were the forces of continuity, together with a hesitancy to take risks; on the other was a new vision of the future and the challenge to tackle this future.

One of these challenges was to enter the world of the English language, especially in the United States, where modern scientific development in the preceding period had been concentrated and decisively promoted. Our answer to this development was the establishment of Springer-Verlag New York in 1964. The purpose of the new office was to represent the European offices in the United States and to develop its own publishing program.

It must be gratefully noted that we were well accepted in our new location—our new home—in the spirit of fair competition. The image that Springer-Verlag New York presents today confirms the correctness of our decisions and justifies the great efforts associated with it. We now feel part of the American publishing community. We have succeded not only in creating an effective marketing center for North America for our English publications, but also in developing a remarkable publication program based in New York and coordinated with the Springer-Verlag offices in Berlin, Heidelberg and now also Tokyo.

Pausing to reflect today, 20 years after the establishment of Springer-Verlag New York, we can see the following goals for the future:

1. Continuing our close, trusting relationship with authors and advisors, with whom we are inseparably associated, in North America and throughout the world.
2. Maintaining the high level of quality appropriate to each publication, taking the demands of the market into consideration.
3. Promoting and marketing all of the Springer publications, from Berlin, Heidelberg, Vienna, Tokyo and New York in the whole of North America and maintaining the good contacts with librarians and all channels of distribution.
4. Promoting, in a continuous dialogue with our readers, our publications in all areas of mathematics, computer science, natural sciences, medicine, psychology, and technology, not just in pure science, but also, and ever-increasingly, in applied science, textbooks, and literature for the practitioner. It is becoming more and more important to reach a mass market beyond the library market.
5. Early recognition and cultivation of new areas and new posibilities for development in pure and applied science.

With these five guiding principles, we can confidently set out on the path into the future. In order to achieve our goals, we require a motivated staff, the support of a proven tradition of high quality, and entrepreneurial elan. In this way, we should be able to lead our New York office happily and successfully, even through difficult times, for the benefit of international publishing and therefore, of science itself and its international responsibilities.

168 *Aus dem Festvortrag Kurt Benirschkes zum 20jährigen Jubiläum des New Yorker Springer-Verlags ist 1986 ein wertvolles Buch erwachsen: ›Vanishing Animals‹. Zusammen mit Andy Warhol wurde hier der Artenschutz auf außergewöhnliche Weise in das Bewußtsein der Menschen gerückt, durch sachliche Information in Verbindung mit künstlerisch eindrucksvoller Darstellung. Hier Warhols ›Whooping Crane‹ (Schreikranich), von dem weltweit keine hundert Exemplare mehr zu finden sind.*

169 (s. gegenüberliegende Seite)
Hans-Ulrich Daniel (1951) wurde 1990, nach fünfjähriger Planertätigkeit im Heidelberger Fachbereich Physik, die verantwortungsvolle Führung des Springer-Verlags New York anvertraut.

Die Mitglieder des Board of Directors und die ›Officers‹ des Springer-Verlags New York, Inc.

25jähriges Jubiläum. Jolanda L. von Hagen richtete auch das 25jährige Jubiläum des New Yorker Verlages aus, das am 7. Juni 1989 im Museum of Modern Art festlich begangen wurde. Den Festvortrag hielt Heinz-Otto Peitgen über ›The Beauty of Fractals‹, der technisch glänzend vorbereitet war und die Zuhörer durch die faszinierende, sich ständig neu formierende Welt der Fraktale leitete; es war ein besonderes Erlebnis.

Der Springer-Verlag New York stellte in diesem Jubiläumsjahr 280 Bücher her und betreute über 50 wissenschaftliche Zeitschriften bei einem Personalstand von 220 Mitarbeitern.

In dieser Zeit wurde der wirtschaftliche Druck rückläufiger Bibliotheksetats mehr und mehr spürbar, eine für Hochschulen und Forschungsinstitute gleichermaßen fatale Entwicklung.

Am 1. Juli 1990 trat Hans-Ulrich Daniel die Nachfolge von Jolanda von Hagen als President und Chief Executive Officer an

Die Mitglieder des Board of Directors

Ferdinand Springer	1964–1965
Heinz Götze	seit 1964
Konrad F. Springer	seit 1964
Georg F. Springer	1964–1974
Otto Lange	1964–1966
Heinz Gottwald	1967–1982
Günter Holtz	1967–1980
Wilhelm Schwabl	1967–1985
Hermann Mayer-Kaupp	1968–1973
Bernd Grossmann	1971–1977
Claus Michaletz	seit 1974
John G. Powers	1975–1993
Bernard Brouder	seit 1979
Robert L. Biewen	1979
Robert E. Baensch	1980–1982
Richard Polacsek	1981–1986
Jolanda L. von Hagen	1982–1991
Peter J. Dolan	1983–1987
Richard Egdahl	1986–1992
Fritz Lamb	seit 1986
Hans-Ulrich Daniel	seit 1991
Dietrich Götze	seit 1990

Die ›Officers‹ von 1964–1992

Chairman of the Executive Committee:
seit 1981 Heinz Götze

Chairman of the Board:
1964–1965 Ferdinand Springer
1966 Otto Lange
seit 1967 Konrad F. Springer

President:
1964–1965 Otto Lange
1966–1980 Heinz Götze

President and Chief Executive Officer:
1980–1981 Robert E. Baensch
1982–1990 Jolanda L. von Hagen
seit 1990 Hans-Ulrich Daniel

Executive Vice President:
1964–1970 Günter Holtz
1971–1973 Bernd Grossmann
seit 1990 Bernard Brouder

Executive Vice President and Chief Executive Officer:
1974–1978 Bernd Grossmann
1978–1980 Robert L. Biewen
1980 Robert E. Baensch

Senior Vice President:
1977–1989 Bernard Brouder
1984–1988 Alvin A. Abbott
1986 Thomas Ingegneri

Vice President:
1971–1975 Jolanda L. von Hagen (Holschuh)
1974–1977 George Bogden
1975–1976 Bernard Brouder
1976–1977 Frank Corless
1976–1978 Charles Visokay
1977–1978 Robert Dundas
1978–1979 Claes Sjögreen
1981–1983 Alvin A. Abbott
1987–1991 Ute Bujard
seit 1987 Dennis Looney
seit 1992 Rüdiger Gebauer
seit 1992 Craig van Dyck

Assistant Vice President:
1974–1975 Roy Hunt
1974–1986 Walter Kaufmann-Bühler
1974–1975 Mary Lou Motl
1974 Ingrid Risop
1974 Herbert Stillman
1974–1979 Inge Valentine
1974–1975 Charles Visokay
1975–1978 Thomas Day

Treasurer:
1964–1965 Günter Holz
1966–1975 Jolanda L. von Hagen (Holschuh)
1976–1981 Bernard Brouder
1982 Jack A. Myers
seit 1984 Dennis Looney
seit 1986 Mary Ann Pendleton

Controller:
1969–1970 Jolanda L. von Hagen (Holschuh)
1981 Jack Myers
1986–1993 Mary Ann Pendleton

Secretary:
1964–1965 Ilse Schollmeyer
1966–1970 Inge Valentine
1971–1973 Albrecht von Hagen
1974–1977 Victor Borsodi
seit 1978 Bernard Brouder

Assistant Secretary:
1964–1970 Wolfgang Bergstedt
1970 Albrecht von Hagen

und führt seitdem das Unternehmen, das neben seinen eigenen Aufgaben die schwere Last der Regeneration der 1985 erworbenen, aber tief verschuldeten Firma Birkhäuser Boston mitgetragen hat; sie wird gemeinsam mit Edwin Beschler sachkundig in eine gesündere Zukunft geführt.

Für Ende des Jahres 1992 wurde die Auflösung unseres Lagerhauses in Secaucus und die Übertragung der Lager- und Auslieferungstätigkeit an die Firma Mercedes beschlossen, die schon Ende der sechziger Jahre für uns tätig war, inzwischen aber ihre Dienstleistungen wirkungsvoll ausgebaut und verbessert hat.

New York ist und bleibt unsere Hauptbrücke in den angelsächsischen Sprachraum und in einen Bereich intensiven wissenschaftlichen Lebens.

Über alle Vorgänge innerhalb des Dezenniums 1960 bis 1970, in dem unsere erste überseeische Gründung vorbereitet und durchgeführt wurde, habe ich am 17. Juli 1970 anläßlich der Bilanzsitzung des deutschen Springer-Verlages in Heidelberg ausführlich berichtet [GÖTZE (6)].

TOKYO · JAPAN

Ende der fünfziger, Anfang der sechziger Jahre wurde die Vorherrschaft der Vereinigten Staaten in der weltweiten wissenschaftlichen Entwicklung deutlich sichtbar. Gleichermaßen bedeutsam aber wurde ein anderes Phänomen, dessen Potential und Schubkraft für die Weltwirtschaft damals nur für wenige erkennbar war: Japan, das nach dem Ende des Zweiten Weltkrieges mit größter Zielstrebigkeit an die Reorganisation seines politischen und wirtschaftlichen Lebens gegangen war. Dabei hielt man sich nicht lange bei Ressentiments gegenüber den USA auf — im Gegenteil: Man versuchte, sich so viel wie möglich von der Wissenschaft und Technik jenes Landes anzueignen, das offensichtlich so erfolgreich war. In Europa war man noch zu sehr mit sich selbst beschäftigt, und dort, wo man weiterdachte, richteten sich die Blicke gleichfalls auf die Vereinigten Staaten. Die Beziehungen Japans zu Deutschland, die insbesondere auf dem Gebiete der Medizin sehr weit zurückreichen [KRAAS und HIKI], traten ein wenig in den Hintergrund, auch wenn die Erinnerung an den Schüler Robert Kochs, Shibasaburo Kitasato, und den Mitarbeiter Paul Ehrlichs, Sahachiro Hata, noch lebendig war. Das Ansehen deutscher For-

Anknüpfen an alte Beziehungen

170 *Tadashi Tsukasa (1893–1986) war von 1947 bis 1971 Präsident der Buchhandels- und Verlagsfirma Maruzen. Zwei weitere Jahre führte er die Präsidentschaft ehrenhalber.*

scher und Ärzte wie Engelbert Kaempfer (1651–1716), Franz von Siebold (1796–1866) [KEENE] und Erwin Bälz (1849–1913) lebte unvermindert fort [ISHIBASHI].

Springer hatte seit Ende des 19. Jahrhunderts vorzügliche Verbindungen mit den großen japanischen Buchhandelsfirmen gehabt, die zugleich Verlage waren, vor allem mit Maruzen und Nankodo. Die großen Entfernungen beschränkten allerdings zu jener Zeit die Aufrechterhaltung der Kontakte auf den Korrespondenzweg. Nach dem Zweiten Weltkrieg galt es in Deutschland eher als Abenteuerlust, wenn vereinzelt Kaufleute oder Ärzte nach Japan reisten. Carl-Erich Alken, Mitherausgeber des ›Handbuches der Urologie‹, war auf Einladung eines japanischen Schülers in den fünfziger Jahren nach Japan geflogen und konnte sehr lebendig davon berichten. Es schien mir lohnenswert zu versuchen, die alten Verlagsbeziehungen wieder zu erneuern und sie unter dem Aspekt der weltweiten Hinwendung zur englischen Sprache womöglich noch enger zu knüpfen. Dem galt mein Ziel nach unserer Etablierung in New York. Konkrete Hinweise auf die aktuellen Verhältnisse im japanischen Verlagsbuchhandel vermittelte mir John Powers bereits bei unserem ersten Zusammentreffen während der Frankfurter Buchmesse im Jahre 1961.

Ich nutzte die Gelegenheit des VI. Internationalen Kongresses für Elektronenmikroskopie, der vom 28. August bis zum 4. September 1966 in dem gerade neu erbauten Kongreßzentrum in Kyoto stattfand, um mir ein unmittelbares Bild der Lage zu verschaffen. Wir verfügten über einschlägige Publikationen und hatten die umfangreichen Proceedings des IV. Elektronenmikroskopie-Kongresses in Berlin aus dem Jahre 1958 verlegt. Ich traf eine Reihe unserer Autoren wie Miller, Porter, Stoeckenius und Zeitler. Im Anschluß an den Kongreß hielt ich mich in Tokyo auf, um die Firma Nankodo zu besuchen und dem Präsidenten der Firma Maruzen, Tadashi Tsukasa, meine Aufwartung zu machen. Wie viele der Wirtschaftsführer nach der Meiji-Restauration (1868) entstammte Tsukasa einer alten Adelsfamilie. Er besaß das persönliche Recht, den Heiligen Bezirk des höchsten, mit dem Kaisertum verbundenen Shinto-Schreines auf der Halbinsel Iseshima zu Pferde zu betreten.

Er hatte einige Jahre vorher den Springer-Verlag in Berlin aufgesucht, und ich wurde überaus liebenswürdig aufgenommen, besonders auch von seinem für den Import verantwortlichen Mitarbeiter K. Sakurai, der mich durch die Abteilungen führte, die mit uns zusammenarbeiteten. Die überall herrschende Sorgfalt und Ordnung beeindruckten mich.

Herr Sakurai bedeutete mir, daß in Japan angesichts der veränderten Weltlage das Interesse an deutscher wissenschaftlicher Literatur bedauerlicherweise zurückgegangen sei und wohl auch schwer wiederbelebt werden könne. Meine Antwort, daß ich gekommen sei, um unsere alten Verbindungen zu stärken, und zwar mit unserer neuen englischsprachigen Literatur, rang ihm ein erstauntes »Ah, sodesuka!« ab, das Verwunderung und Anerkennung zugleich ausdrückte. Aus den Gesprächen mit Sakurai ging deutlich hervor, daß deutschsprachige Bücher in Japan nicht mehr die Resonanz fanden wie in der Vergangenheit und daß vor allem jüngere Wissenschaftler kaum noch Deutsch, sondern Englisch lernten. Diese Entwicklung war unaufhaltsam und hätte zum »Aussterben« unserer deutschsprachigen wissenschaftlichen Literatur in Japan geführt. Sakurai war lebhaft interessiert an unserer englischsprachigen Verlagsliste, die ich ihm erläuterte. Diese ausführlichen Gespräche wurden von Tsukasa und Sakurai als Ausgangspunkt einer neuen, noch engeren Zusammenarbeit betrachtet, die für uns große Bedeutung erhalten sollte. Maruzen besaß schon damals (1966) dreizehn stattliche Filialen in allen Teilen Japans — heute sind es vierzig. Bei allen Besprechungen vertrat ich auch die Interessen des Springer-Verlages in Wien und wies mit Stolz auf unsere Firma in New York hin.

Die Lage nach dem Zweiten Weltkrieg

Von Tokyo aus flog ich nach San Francisco, um an der Westküste der USA Mathematiker zu besuchen und anschließend über New York nach Deutschland zurückzukehren. In New York besprach ich die Ergebnisse meines Tokyobesuches mit G. Holtz, dessen internationale Vertriebserfahrungen und Unvoreingenommenheit gegenüber neuen Unternehmungen mir stets sehr wertvoll waren. Ich forderte ihn zur Teilnahme an meiner nächsten Reise nach Japan auf. Es ist heute kaum mehr vorstellbar, daß dieses japanische Engagement damals nur als eine Idée fixe betrachtet wurde — leider leben solche Betrachtungsweisen auch heute noch. Die Vorstellungskraft reicht oft nicht aus, zukünftige Entwicklungsmöglichkeiten zu erfassen.

Die Flugzeit von Frankfurt nach Tokyo betrug damals genau das Doppelte der heutigen, und man sah in den Straßen noch Männer und Frauen im Kimono!

Bei der zweiten Reise vom 26. Mai bis 6. Juni 1968 war es möglich, die persönlich und brieflich wiedergewonnenen Kontakte zu vertiefen. Es fanden die ersten Berührungen mit Igaku Shoin Ltd. statt, einem Medizinverlag, der von Ichiro Kanehara gegründet, von dessen Sohn Hajime Kanehara als

Aufbau neuer Beziehungen

171 *Von links: Heinz Götze, Takao Tsubaki, Robin de Clive-Lowe, Izumi Hasegawa, Hajime Kanehara. Kanehara war lebhaft an der Entwicklung der AV-Medien interessiert. Er hatte unseren ersten AO-Film (s. S. 251) für Japan übernommen. Anläßlich eines meiner Tokyo-Besuche 1972 stellte er die SONY-Version vor.*

172 *Choei Ishibashi (1893–1990), Professor für Kinderheilkunde an der Universität Tokyo und Ehrendoktor der medizinischen Fakultät der Universität Gießen (1957).*

General Manager und ab 1. September 1974 als Präsident geleitet wurde.

Es entwickelten sich freundschaftliche Kontakte mit Hajime Kanehara aufgrund gemeinsamer Interessen auf dem Gebiete der damals noch im Experimentierstadium befindlichen audiovisuellen Medien. Kanehara erlag im Jahre 1978 viel zu früh einem Krebsleiden. Die Firma wurde vom Leiter des Editorial Department, Professor Izumi Hasegawa, weitergeführt. Der Sohn Yu Kanehara leitete die New Yorker Tochterfirma; er kehrte 1985 nach Tokyo zurück, um die Führung des Verlags zu übernehmen. Die Zusammenarbeit mit Igaku Shoin war stets von einem besonderen Vertrauensverhältnis getragen. Der Aufbau dieser guten Beziehungen wurde gefördert durch den originellen Direktor der Foreign Division, Takao Tsubaki. Seine Persönlichkeit verkörperte die besten Seiten des japanischen Wesens; er selbst war lange Zeit No-Spieler gewesen. Gute Kontakte entwickelten sich auch zu den Managern des Publishing Department, Naobumi Ando und Masao Akita. Es bestand damals lebhaftes Interesse an unseren englischsprachigen Publikationen, wie Ludwig G. Kempe, ›Operative Neurosurgery‹ oder am AO-Manual von Maurice Müller und Martin Allgöwer.

Im Oktober 1969 kam durch Vermittlung des Präsidenten der Japanischen Krebsgesellschaft, Tomizo Yoshida, ein erster Kontakt mit Choei Ishibashi [ISHIBASHI] zustande, dem Präsidenten der ›Internationalen Medizinischen Gesellschaft Japans‹. Er war Kinderarzt, ein Freund unseres Landes und sprach fließend deutsch. Er war ständiger Gast der Karlsruher Therapiewoche. Die medizinische Fakultät der Universität Gießen hatte ihm 1957 die Ehrendoktorwürde verliehen.

Ishibashi war Gründungsrektor der Dokkyo Medizinischen Hochschule (April 1973), die aus der von hochrangigen japanischen Familien geförderten Deutschen Schule hervorgegangen war. Choei Ishibashi war gleichzeitig Dekan der Fakultät; ihm folgte als Rektor und Dekan Sensaburo Isoda. Zur Einweihung der neuen Fakultätsbibliothek am 12. März 1975 überreichte ich ein persönliches Exemplar der ›Anatomischen Tafeln‹ von Johann Adam Kulmus, eines deutschen Anatomen aus Riga, die einen großen Einfluß auf die Entwicklung der japanischen Medizin genommen hatten [SUGITA]. Choei Ishibashi hat die Entwicklung des Springer-Engagements in Japan bis zu seinem Tode am 25. September 1990 mit wohlwollender Unterstützung begleitet. Einen weiteren Freund besaßen wir in dem ehemaligen japanischen Konsul in Berlin, Tadashi Imai.

173 *Osamu Matsubara (1917) ist Generaldirektor der Buchhandels- und Verlagsfirma Kinokuniya mit insgesamt 57 Zweigstellen und 53 Buchhandlungen. Der Hauptsitz befindet sich in Tokyo.*

Bei Maruzen empfingen uns 1968 wiederum Präsident T. Tsukasa und K. Sakurai in gewohnt liebenswürdiger Weise. Wir lernten Masao Nakata kennen, der als Executive Director die wichtigste Verbindung zum Topmanagement darstellte. Die Anzahl der Niederlassungen im ganzen Land hatte sich inzwischen weiter vergrößert, unter anderem durch eine Tochterfirma in Sapporo, der wichtigsten Universitätsstadt des Nordens.

Ein weiterer Besuch galt Kinokuniya Bookstore Co. Ltd. Mit dem Director O. Matsubara und seinen Mitarbeitern H. Sagara und T. Kaneko gelangten wir zu ausgezeichneten Verabredungen über »standing orders« und »stock orders« für englischsprachige Titel. Kinokuniya war sehr aktiv auf dem Gebiete der Mathematik, Physik und Chemie tätig. Wir verabredeten deshalb Ausstellungen mathematischer Bücher in japanischen Universitäten. Außerdem war Kinokuniya an der Herstellung von Asian Reprints auf dem Gebiete der Mathematik interessiert, etwa an dem Verlagswerk ›Functional Analysis‹ unseres Autors Kosaku Yosida. Im Laufe der Zeit haben sich zu Kinokuniya sehr freundschaftliche Beziehungen entwickelt, besonders zu seinem Generaldirektor O. Matsubara, mit dem wir oft informative Fachgespräche pflegten [GÖTZE (4)].

Mit dem Präsidenten der Firma Overseas Publications Ltd., T. Kuroda und dem Leiter seines Book Department K. Ohmura konnten wir »standing orders« und »stock orders« für englische, aber auch für deutschsprachige Titel verabreden. Ein weiterer Besuch galt Japan Publications Trading Company Ltd. mit dem Executive Director T. Murayama. Diese Firma beschäftigte sich erfolgreich mit dem Handel in außerjapanische ostasiatische

Länder. Wir lernten dort Liu Sinn Min vom Malaysia Publishing House Ltd. kennen, der in enger Zusammenarbeit mit Murayama den indonesischen Markt von Singapore aus betreute. Weitere Kontakte fanden mit United Publishers Services Ltd. statt und seinem General Manager S. Saito.

Den Abschluß der Besuchsrunde bei Verlagsbuchhandlungen bildete US-Asiatic Co. mit Niederlassungen in Osaka und Nagoya und den Hauptinteressengebieten Physik, Elektronik, Life Sciences und makromolekulare Chemie.

Lehrreich war die Begegnung mit der amerikanischen Firma Harry N. Abrams Inc. und ihrem Vizepräsidenten Charles S. Terry. Beide sind uns bei Kontakten mit Druckereien sehr behilflich gewesen. Japan war damals noch ein relativ billiges Herstellungsland. Wir suchten deshalb Verbindungen mit Toppan Printing Company Ltd., mit Dai Nippon Printing Ltd. und mit der Tosho Printing Company Ltd. Mit allen Firmen standen wir für kürzere oder längere Zeit in Verbindung. Die praktische Zusammenarbeit endete, als sich das japanische Preisniveau dem europäischen angepaßt hatte.

Das neue Engagement

Der Besuch von 1968 hatte die Grundlagen für die Weiterentwicklung unseres Engagements in Japan gelegt. Ziel des Aufenthalts war die Vertiefung der persönlichen Kontakte mit japanischen Buchhändlern gewesen, einen Überblick über die Lage aus eigener Anschauung zu gewinnen und schließlich den Abschluß von Auslieferungsvereinbarungen (»standing orders« etc.) mit japanischen Buchhändlern vorzubereiten. Die Struktur des japanischen Buchhandels ist derjenigen Mitteleuropas enger verwandt als der in den Vereinigten Staaten. Der Besuch hatte die im September 1966 gewonnenen ersten Eindrücke bestätigt: Die damals sichtbar gewordenen Tendenzen der Hinwendung zur englischen Sprache kamen noch deutlicher zur Geltung. Das äußerte sich unter anderem darin, daß alle Verhandlungen nur in englischer Sprache geführt wurden — Kenntnisse der deutschen Sprache waren nur noch selten anzutreffen. Wir mußten erkennen, daß sich der Umsatz mit deutschsprachiger Literatur im günstigsten Falle auf der alten Höhe halten, wahrscheinlich aber zurückgehen würde. Es war klar, daß wir diesen Mangel durch intensiven Einsatz für unser englischsprachiges Programm ausgleichen mußten, ganz auch im Hinblick auf die eindrucksvolle und erstaunliche Entwicklung der japanischen Wissenschaft und Technologie. Dies war ein weiterer Beweis für die Richtigkeit unseres Engagements im englischsprachigen Bereich, der heute offenkundig ist.

Wir stießen bei unseren Kontakten und Recherchen auch auf
die Konkurrenz bedeutender englischer und amerikanischer
Verlage, die schon seit Jahren aktive Vertretungen in Japan
besaßen. Das galt für Firmen wie Butterworth, Elsevier, North-
Holland, Van Nostrand, Plenum Press und viele andere, die
zum Teil durch die von Robin de Clive-Lowe gegründete Firma
Eastern Book Service vertreten waren. Diese besaß großzügig
eingerichtete Ausstellungsräume für die Literatur ihrer Klien-
ten in unmittelbarer Nähe der ›Tokyo-Universität‹.

Es wurde uns klar, daß wir die zahlreichen neuen Möglich- *Aktive Verkaufspolitik*
keiten, Verkaufskontakte zu entwickeln, nicht allein auf
den Korrespondenzweg beschränken konnten. Dem standen
nicht nur die Entfernung, sondern auch Mentalitätsunter-
schiede entgegen. Schließlich bildete die völlig anders struktu-
rierte Sprache und ihre Schrift ein entscheidendes Hindernis. Es
war beispielsweise unmöglich, Adressenlisten in lateinischer
Schrift anzulegen, ohne Kenntnis der Umschrift, für die nicht
allein das phonetische Element bestimmend ist.

Wir mußten uns also zu einer aktiven Verkaufspolitik entschließen, und dazu gehörte eine eigene Repräsentanz allein aus
den genannten sprachlichen Gründen. Wir versuchten noch
während unseres Aufenthalts in Tokyo, auch dieses Problem zu
lösen. Mr. Yamakawa von der US Asiatic Company Ltd. hatte
uns eine erfahrene japanische Buchhändlerin, Shizuko Yazawa
empfohlen, die wir nach Prüfung anderer Möglichkeiten noch in
Tokyo engagierten. Diese Eile war notwendig, weil S. Yazawa
Angebote amerikanischer Firmen vorlagen. Die Alternative,
uns unter die Obhut von Eastern Book Service zu begeben,
verwarfen wir damals wegen der relativ höheren Kosten und
weil wir uns gerade am Anfang einen unserem Programm angepaßten, individuellen Service wünschten. Die Gefahr, daß
eine weibliche Repräsentanz in Japan mit Schwierigkeiten zu
rechnen hätte, glaubten wir gering einschätzen zu können, so
lange ihr kein großer Mitarbeiterstab unterstellt war. Diese
Auffassung hat sich bestätigt. S. Yazawa hat in den nächsten
Jahren ihre Aufgabe mit großem Fleiß, Geschick und viel Erfolg
wahrgenommen und hat uns dazu verholfen, den japanischen
Buchhandel ein wenig besser von innen her kennenzulernen.

In jenen Jahren war die äußerliche Emanzipation der Japaner
noch nicht vollständig vollzogen. Selbst in den Straßen Tokyos,
nicht zu sprechen von Kyoto, waren kimonotragende Frauen
und Männer durchaus nicht selten. Man sollte jedoch auch heute
nicht vergessen, daß die europäische Kleidung aus Japanern

noch keine Europäer gemacht hat, und das ist sicher gut so. Wer in Japan — ähnliches gilt für China — ein Geschäft betreiben will, tut gut daran, sich mit der Geschichte und den Lebensformen dieses tüchtigen Inselvolkes zu befassen, das sich in so erstaunlich kurzer Zeit — es waren 1968 erst hundert Jahre seit der Meiji-Restauration vergangen — aus einer von der Außenwelt hermetisch abgeschlossenen Gesellschaft mit einer alten, konservativen Kulturtradition in einen westlichen Demokratien angepaßten Industriestaat verwandelt hatte. Ich möchte so weit gehen zu sagen, daß die Beschäftigung mit der Kultur ostasiatischer Länder die Voraussetzung für eine erfolgreiche Zusammenarbeit im wirtschaftlichen Bereich darstellt. Zum Nachdenken anregende Beispiele lernen wir von der japanischen Schriftstellerin Hisako Matsubara [MATSUBARA: 14f.]:

> Im Westen herrscht, so scheint mir, das Prinzip der Härte vor. Dies gilt besonders für Deutschland. Vielleicht liegt es an der Lichtarmut vieler Monate, an dem grauen Wetter, an der feuchten Kühle der Luft. Wahrscheinlicher aber liegt es an jahrhundertealten, allmählich verfestigten Erfahrungen, die die Menschen hart gemacht haben: Ihre Heimat — Mitteleuropa — ist geographisch offen und gegen Feinde schlecht geschützt. Daraus erwuchs ein Verhaltensmuster, in dem die Härte den Umgang der Menschen miteinander prägte. Sanftheit hatte keinen Platz. Statt dessen erhoben die Menschen die Härte zum Lebens- und Überlebensprinzip. Alle glaubten und redeten sich ein, daß sie sich nur durch ständige Härte behaupten könnten.
>
> Deshalb ist es noch heute so, daß viele Menschen in Deutschland geradezu aggressiv reagieren, wenn man ihnen sanft begegnet. Sie halten Sanftheit für ein Zeichen der Schwäche, und Schwäche der anderen löst bei ihnen einen nur historisch verständlichen Automatismus aus, der tief im Unterbewußtsein verwurzelt ist: Sie wollen, ja, müssen sich als die Stärkeren aufspielen. Die umgekehrte Reaktion beobachtet man auch: Falls ihnen jemand mit überlegener Härte entgegentritt, falten sie sich zähneknirschend zusammen.
>
> Japaner verhalten sich in vergleichbaren Situationen in der Regel ganz anders: Sanftheit wirkt auf sie beängstigend. Sie werden eher nachgiebig und zeigen Entgegenkommen, wenn man sanft zu ihnen ist.

Darüber hinaus hatte unser Besuch von 1968 eine wichtige Erfahrung deutlich bestätigt: Nur ein persönlicher Kontakt an Ort und Stelle kann Neues in Gang setzen und Altes zum Erfolg führen. Reiner Korrespondenzverkehr ist unzureichend. Dies gilt nicht nur für Japan!

Die Gruppe der Buchhandlungen und Verlage, die wir kennenlernten, hat sich im Laufe der Zeit verändert und erweitert. Die Firmen Yurinsha und Mathematica haben in den folgenden Jahren und bis heute für die Verbreitung unserer mathematischen Produktion eine wichtige Rolle gespielt, ebenso der Verlag Ohmsha für die Technik-Literatur.

S. Yazawa besaß aufgrund ihrer bibliothekarischen Ausbildung gute Voraussetzungen für die von uns gestellten Aufgaben. Sie sollte ständigen Kontakt mit unseren Geschäftspartnern halten, uns bei der Kundenbetreuung und bei Werbemaßnahmen unterstützen und bei der Gewinnung neuer Kunden behilflich sein. Werbung und Vertrieb hatten Priorität, Autorenkontakte mußten zurückstehen und sich vorerst auf den Korrespondenzweg beschränken.

Anläßlich des XII. Internationalen Radiologenkongresses in Tokyo vom 6. bis 11. Oktober 1969 unternahm ich eine dritte Reise. Wir stellten alle bis dahin erschienenen Bände unseres 1963 begonnenen ›Handbuchs der Medizinischen Radiologie‹ aus. Es fand große Beachtung, wenngleich bedauert wurde, daß es nicht in englischer Sprache abgefaßt war. Für den Aufbau unseres internationalen Images waren solche Ereignisse bedeutsam.

Neben dem Trend zur englischen Sprache war erstmals eine wachsend zurückhaltendere Einstellung gegenüber den Vereinigten Staaten von Amerika festzustellen, besonders in der jüngeren Generation. Damit ging eine den alten Traditionen entsprechende positivere Einstellung zu Deutschland einher, die aber wenig Einfluß auf kommerzielle Vorgänge ausübte — dies wohl auch wegen mangelnder Resonanz aus Deutschland.

Unsere Bücher waren im Vergleich mit den japanischen ungewöhnlich teuer infolge eines allgemeinen »Mark-up« für importierte Bücher, dessen Höhe vom japanischen Buchhändlerverband festgesetzt wurde. Es schien deshalb wichtig, den japanischen Markt an unseren »Asian Reprints« zu beteiligen. Es waren dies vollständige Nachdrucke von Büchern, die in preisgünstigen Druckereien Asiens auf einfachem Papier hergestellt wurden, um sich dem dortigen niedrigen Verkaufspreisgefüge anpassen zu können. Das Copyright bleibt beim Originalverleger. Die Verbreitung muß auf Niedrigpreisländer beschränkt bleiben. Die Einbeziehung des japanischen Marktes war deshalb für uns von Bedeutung, weil damit die Expansion des japanischen Buchhandels nach Korea, Indonesien, Malaysia und den Philippinen für uns wirksam wurde.

Wir strebten eine begrenzte Lagerhaltung an, um wichtige Titel kurzfristig verfügbar zu halten. Vor weiterreichenden Entscheidungen versuchten wir, unsere Stellung am japanischen Markt zu analysieren und die vor uns liegenden Aufgaben zu definieren. Unser Mitarbeiter Klaus Dymorz hielt sich vom 16. Oktober bis zum 23. Dezember 1970 in Japan auf, um entsprechende Entscheidungsgrundlagen für unser weiteres Vorgehen zu erarbeiten.

Erweiterte Zielsetzungen

Zwei wesentliche Forderungen schälten sich als Voraussetzungen für eine zügige Weiterentwicklung unserer Absatzchancen in Japan heraus:

— eine gewisse Lagerhaltung, um unsere Titel kurzfristig erreichbar zu machen, sei es durch ein eigenes Lager oder durch Lagerhaltung bei befreundeten Firmen;
— der Aufbau einer eigenen ›mailing list‹ für Japan.

Es war erfreulich zu sehen, daß wir bei Maruzen, Igaku Shoin, Nankodo und Kinokuniya großes Verständnis für unsere Probleme fanden. Wir überlegten, unsere Vertretung Eastern Book Service anzuvertrauen. Der Gründer und Inhaber Robin de Clive-Lowe war ein versierter Buchhändler aus Neuseeland. Er war mit einer Japanerin verheiratet und sprach fließend Japanisch. Er führte seine Firma geschickt und hatte die Anzahl der von ihm vertretenen Verlage begrenzt, um sich jeder einzelnen Firma intensiv und erfolgreich widmen zu können. Holtz und ich standen seit 1968 mit ihm in Kontakt, waren allerdings aus weiter oben genannten Gründen zunächst eigene Wege gegangen. Das zügige Wachstum unserer japanischen Geschäfte erforderte jetzt eine größere Lösung. Am 8. Juni 1971 unterzeichneten wir daher einen Repräsentanzvertrag mit Robin de Clive-Lowe. Zur gleichen Zeit — Ende 1971 — verließ uns Mrs. Yazawa, die nach besten Kräften geholfen hatte, unsere Marktkontakte in Japan aufzubauen.

In diesen und in den folgenden Jahren gewann die wissenschaftlich-technische Entwicklung in Japan zunehmend an Gewicht. Auf vielen Gebieten erreichten japanische Firmen international führendes Niveau, etwa in der Computer- und Radiotechnik, Unterhaltungselektronik, Optik und Schiffbaukunst. In der Medizin waren die Entwicklungen in der Gastroenterologie ebenso bemerkenswert wie die Fortschritte in der Neurophysiologie und in verschiedenen Sparten der Biologie. Dies führte zum kräftigen Ausbau der wissenschaftlichen Literatur und ihrem Eindringen in die westliche Welt. Die Gründung einer Zweigstelle des Verlages Igaku Shoin in New York kann dafür als symptomatisch gelten. Ebenso stieg der Bedarf an westlicher Literatur in Japan.

Unsere Umsatzentwicklung von 1966 bis 1977 zeigte eine stetige Aufwärtsentwicklung, die den Gedanken an eine eigene Vertriebsfirma des Springer-Verlags nahelegte.

Übernahme von Eastern Book Service (EBS)

In jenen Jahren begann in Japan eine nationale Rückbesinnung auf die eigene Kulturtradition als Reaktion auf die vorangegangenen Jahre nahezu rückhaltloser Bewunderung der USA. Diese Bewegung wurde markiert durch den am 25. November 1970 erfolgten rituellen Selbstmord des japanischen Schriftstellers Yukio Mishima, der als symbolischer Akt des Aufrufes zur Rückbesinnung auf japanische Traditionen verstanden werden sollte. Diese Bewegung führte zu einer Art Xenophobie. Robin, mit einer Japanerin verheiratet, war um die Zukunft seiner Kinder besorgt und entschloß sich, in seine Heimat Neuseeland zurückzukehren. Ich bat John G. Powers, bei Robin zu sondieren, ob er unter den obwaltenden Umständen bereit sei, EBS an den Springer-Verlag zu verkaufen; ein solch indirektes Vorgehen empfahl sich aus mancherlei Gründen.

Powers hatte verschiedene Besprechungen mit Robin und gab mir am 8. November 1976 eine positive Antwort. Weitere Diskussionen und Verhandlungen führten am 9. September 1977 zur Unterzeichnung eines Übernahmevertrages und eines gleichzeitigen Consulting Agreements mit Robin für fünf Jahre. Dem Board of Directors von EBS gehörten an:

Heinz Götze (Chairman of the Board), Heidelberg
Konrad F. Springer, Heidelberg,
Claus Michaletz, Berlin,
John G. Powers (Member of the Board of Springer-Verlag New York, Inc.), New York

Die Executive Officers vor Ort waren:

Hiroto Katakura, Executive Director,
Ken Ohmura, General Manager,
Masakatsu Nakai, Sales Manager and Auditor,
Hideharu Hanaoka, Chief Information Center.

Das Büro von Eastern Book Service befand sich in günstiger Lage, unmittelbar gegenüber dem alten Eingang zur Universität Tokyo, dem »Roten Tor«, japanisch: »Akamon«. Im Februar 1979 bezogen wir modernere Räume in der Nähe des »Tigertores«, japanisch: »Toranomon«.

Dies war ein entscheidender und weittragender Schritt für die Präsenz des Springer-Verlages in Japan. Seine Bedeutung und die weitere Entwicklung unseres Japan-Umsatzes muß vor dem Hintergrund unserer kritischen Position in Japan Mitte der sechziger Jahre gesehen werden, als der Markt für deutschsprachige Literatur im Schwinden begriffen war.

Der befreundete japanische Gelehrte, Schrift- und Teemeister Honan Tayama schrieb uns ein Glückwunschgedicht für das

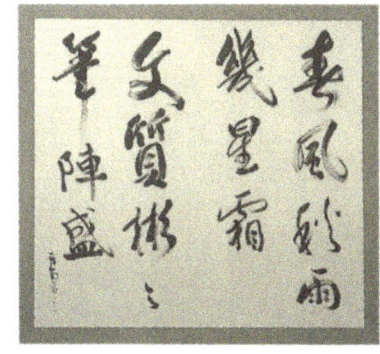

174 *Kalligraphie von Honan Tayama: Glückwunschgedicht für die Eröffnung des neuen Büros in der Nähe des Tigertores. In freier Übersetzung: »Im Laufe der Zeit wird der Verlag weiter gedeihen«.*

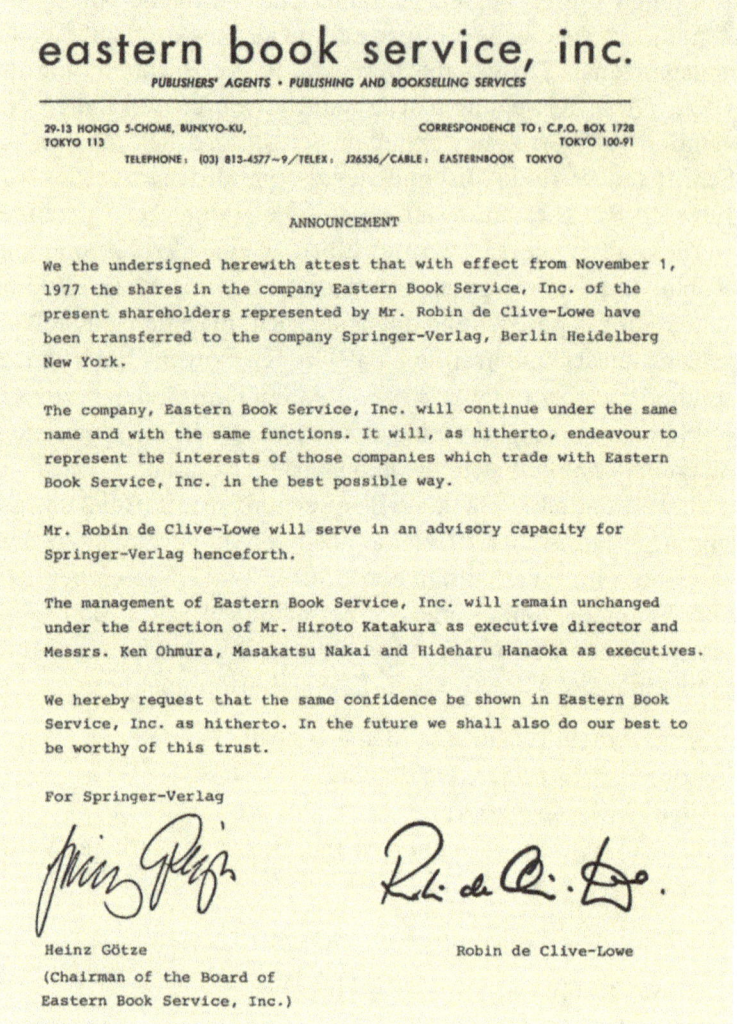

175 *Bekanntgabe der Übernahme von Eastern Book Service (EBS) Tokyo durch den Springer-Verlag am 1.11.1977.*

neue Büro. Es lautet in freier Übersetzung: ›Im Laufe der Zeit wird der Verlag weiter gedeihen‹.

Am 1. November 1977 gingen sämtliche EBS-Anteile Robins und seiner Familie an den Springer-Verlag über. Ende des Jahres erhielten die Mitarbeiter von Eastern Book Service, nunmehr Angestellte des Springer-Verlags, die Neujahrsgrüße der Mutterfirma. Die Umsatzentwicklung bestätigte die gehegten Erwartungen (1975 bis 1992; s. Tabelle S. 135).

Mit Eastern Book Service stand uns nunmehr nicht nur eine erfahrene Verkaufsorganisation zur eigenen Verfügung, sondern auch ein unvergleichliches Werbeinstrument. So konnten jetzt zahlreiche Springer-Buchausstellungen veranstaltet werden, etwa mit Maruzen ab 6. März 1978 und mit Igaku·Shoin, ab 8. September 1980 in Tokyo.

Übernahme von Eastern Book Service (EBS)

NEW YEAR GREETING ANNOUNCEMENT
To all members of staff and co-workers of
EASTERN BOOK SERVICE, INC. TOKYO

Dear Ladies and Gentlemen,

As we start the new year of the horse we look forward to an exciting, productive and happy 1978. For the Eastern Book Service company, 1977 brought substantial changes inasmuch as, with effect from November 1, 1977, the shares in the company were transferred from the then shareholders, represented by Mr. Robin de Clive-Lowe, to the company Springer-Verlag Berlin - Heidelberg - New York (with the horse in its colophon!).

However, for the internal structure of Eastern Book Service's organisation no intrinsic changes will occur as a result. We shall continue under the same name and the same functions. We shall, as hitherto, endeavour to represent the interests of all those companies which trade with Eastern Book Service in the best possible way.

Mr. Robin de Clive-Lowe will serve in an advisory capacity for Springer-Verlag henceforth.

In future Eastern Book Service will be headed by a board of directors comprising the following members:

a) Non-resident board members:

  Heinz Götze, co-owner and managing director
  Springer-Verlag, Heidelberg (chairman of the board)

  Konrad F. Springer, co-owner and managing director
  Springer-Verlag, Heidelberg

  Claus Michaletz, managing director
  Springer-Verlag, Berlin

  John G. Powers, member of the board of Springer-Verlag
  New York, Inc., New York

b) Japan-based executives:

  Hiroto Katakura, Executive Director
  Ken Ohmura, General Manager
  Masakatsu Nakai, Sales Manager and auditor
  Hideharu Hanaoka, Chief, Information Center

For all members of staff of Eastern Book Service, to whom we are sending this greeting, no major changes in their employment will result from the change in the tenure of shares.

Rather we are relying on your continuing firm, committed and successful collaboration.

In this spirit we should like to send you our kind regards for the New Year, together with best wishes for good health for yourselves and your families.

Heinz Götze
(chairman of the board)

176 *Neujahrsgrüße des Springer-Verlags an seine neuen Mitarbeiter von Eastern Book Service (EBS) in Tokyo, 1978.*

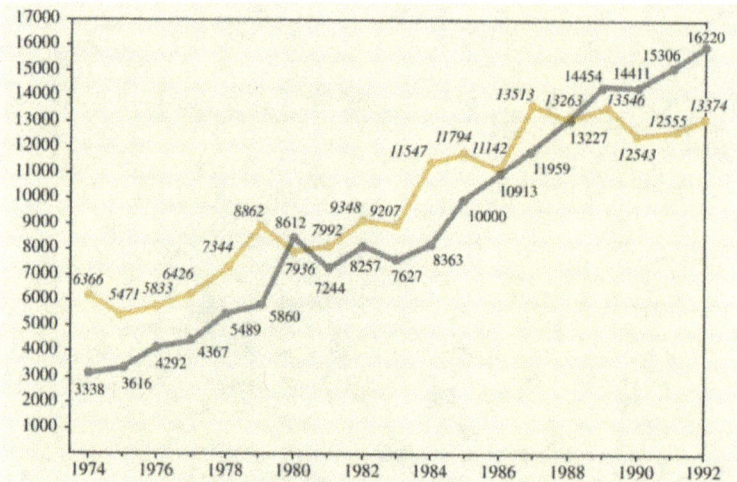

Umsatzentwicklung der Bücher und Zeitschriften in Japan 1974–1992 (in Tsd. DM; Kurve schwarz = Bücher, Kurve ocker = Zeitschriften)

An der günstigen Weiterentwicklung unseres Umsatzes durch EBS hat zweifellos der Springer-Verlag New York mit seiner englischsprachigen Liste großen Anteil gehabt, ebenso wie die sprachliche Umstellung unserer wichtigen Zeitschriften auf die »lingua franca« der Wissenschaft. Hingegen zeigte sich bereits Mitte der siebziger Jahre eine rückläufige Bewegung des Handbuchabsatzes, insbesondere der Beilstein-Fortsetzungen.

Die Verkaufsabteilung von EBS liegt seither in den Händen des äußerst erfahrenen Masakatsu Nakai. Robin hatte im Hinblick auf seine geplante Rückkehr nach Neuseeland einen persönlichen Vertreter bestellt, der mit dem internationalen Buchhandel vertraut war: Hiroto Katakura. Es stellte sich aber bald

177 *Schaufenster für die Springer-Ausstellung in der Buchhandlung Maruzen in Tokyo im März 1978.*

Übernahme von Eastern Book Service (EBS)

178, 179 *Terumasa Hirano (1934) ist seit 1983 Präsident des Springer-Verlags Tokyo. Als Präsident von Eastern Book Service (EBS) in Tokyo wird er im Bereich Werbung und Vertrieb von Masakatsu Nakai (1940) unterstützt.*

heraus, daß man allzu zuversichtlich auf die Finanzkraft des Springer-Verlages baute und daß die zielstrebige Entwicklung zu einer gesunden Rentabilität auf sich warten ließ, eine später auch andernorts gemachte Erfahrung. Ich bat die Firma Arthur Young, mit der wir in New York so erfreulich zusammenarbeiteten, uns einen zuverlässigen Berater in Tokyo zur Verfügung zu stellen, den ich veranlaßte, monatlich die Bücher zu kontrollieren und mir zu berichten; es war Terumasa Hirano. Bei einem persönlichen Besuch im Juni 1982 beeindruckte mich sein Einfühlungsvermögen in die Probleme des wissenschaftlichen Buchhandels, und ich fragte ihn, ob er bereit sei, die Leitung von Eastern Book Service zu übernehmen. Hirano erbat sich zwei Wochen Bedenkzeit und sagte dann zu.

Es war für uns außerordentlich wichtig, eine Persönlichkeit an der Spitze unserer japanischen Unternehmung zu wissen, die im japanischen Unternehmens- und Führungsstil voll integriert war und von japanischen Mitarbeitern als solche akzeptiert wurde.

Seit 1. September 1982 ist Hirano Präsident unseres japanischen Unternehmens. Wir ernannten ihn gleichzeitig zum Mitglied des Direktoriums des Springer-Verlages Berlin Heidelberg New York, um die Notwendigkeit engen Zusammenwirkens herauszustellen. Hirano stammt aus Hiroshima und studierte Wirtschaftswissenschaften an der Kyoto-Universität. 1966 ging er als Investment Officer der International Finance Corporation zur World Bank nach Washington/DC, und arbeitete dort bis 1972. Während dieses Aufenthalts erwarb er von der Graduate School of Business der George Washington Universität den »Master of Business Administration« (MBA). 1973 stieß er zur Niederlassung von Arthur Young in Tokyo, wo er zehn Jahre lang als Direktor des Management Service fungierte.

180 *Terumasa Hirano liebt die europäische klassische Musik und spielt selbst ausgezeichnet die Querflöte.*

181, **182** *Das Domizil von Eastern Book Service (EBS) in Tokyo, 37-3, Hongo 3-chome, Bunkyo-ku, Tokyo 113 und vom Springer-Verlag Tokyo (30-10, Hongo 3-chome).*

Im Oktober 1982 zogen wir mit Eastern Book Service wieder zurück in die Umgebung der Universität Tokyo, nicht weit vom ersten Platz beim »Roten Tor«: 37-3, Hongo 3-chome, Bunkyo-ku, Tokyo 113. Es hatte sich herausgestellt, daß wir mit der Anschrift: Shuwa Toranomon, 3-chome Building, 3-23-6, Toranomon, Minato-ku, Tokyo 105 zu weit von der Universität, ihren Dozenten und Studenten, entfernt gewesen waren.

Am neuen Platz entstanden Arbeitsräume für die Verlagsarbeit, für die wir im Jahre 1991 Platz in einem gegenüber gelegenen neuen Bürohaus fanden, dem sogenannten »K & K« Gebäude mit der Anschrift 30-10, Hongo 3-chome, Bunkyo-ku, Tokyo 113.

Springer-Verlag Tokyo

Am 25. Januar 1983 entschlossen wir uns, den Springer-Verlag Tokyo zu gründen, der nach den gleichen Prinzipien arbeiten sollte wie der Springer-Verlag New York, auch wenn die Voraussetzungen durchaus unterschiedlich waren: Das bedeutete, daß wir die Verlagsaktivitäten zunächst mit Teilen des Erlöses aus Eastern Book Service zu finanzieren suchten. Die zahlreichen Begehren japanischer Verlage nach Übersetzungslizenzen von Springer-Büchern hatten den Gedanken nahegelegt, die japanischen Übersetzungen solcher Werke selbst zu verlegen und damit zugleich unser Image in Japan zu stärken.

Heino Matthies ging zur herstellerischen Ausbildung japanischer Mitarbeiter Anfang 1983 nach Tokyo und betreute die Produktion der ersten Werke:

- ›Unsolved Problems in Number Theory‹ des kanadischen Mathematikers R. K. Guy (Springer-Verlag New York 1981),
- Karl Lennert ›Histopathology of Non-Hodgkin Lymphomas‹ (1981) und
- ›Computer Graphics‹, herausgegeben von Tosiyasu L. Kunii (1983).

Kunii war von Gerhard Rossbach für uns gewonnen worden und wurde im Laufe der Jahre ein zuverlässiger Berater, Zeitschriftenherausgeber und treuer Freund des Verlages.

Besonders erfolgreich war die japanische Übersetzung des orthopädischen Werkes von Augusto Sarmiento: ›Closed Functional Treatment of Fractures‹ von dem innerhalb der ersten drei Monate ca. 1500 Exemplare verkauft wurden!

Es folgten drei Zeitschriften: ›Graphs and Combinatorics — an Asian Journal‹ (1985), ›Heart and Vessels‹ (1985), und ›New Generation Computing‹ (1983). In jüngster Zeit wurde uns die Zeitschrift der japanischen Chirurgischen Gesellschaft übertragen: ›Surgery Today‹, herausgegeben von Yoshio Mishima (1992). Sie unterhält einen Informationsaustausch mit unserer Zeitschrift ›Der Chirurg‹ und dem ›British Journal of Surgery‹ und fördert damit den internationalen Gedankenaustausch in wirkungsvoller Weise.

Bei den Planungsbemühungen des Springer-Verlages Tokyo hatten wir zu berücksichtigen, daß ein Erfolg weniger im innerjapanischen Bereich erwartet werden konnte, in dem zahlreiche hervorragende japanische Verlage tätig sind, sondern vornehmlich in dem Bereich, in dem die japanische Wissenschaft und ihr Informationsbedürfnis nach außen drängt und auch der Information von außen bedarf. Hier liegen unsere Stärken: in der englischsprachigen Publikation hervorragender japanischer Autoren und ihrer Einbindung in internationale wissenschaftliche Publikationsunternehmen und in der Übersetzung von Werken der wissenschaftlichen Weltliteratur ins Japanische. Damit erzielten wir bereits am Anfang Erfolge. Das schließt nicht aus, daß wir Manuskripte, die uns von japanischen Autoren zur Publikation in englischer Sprache anvertraut werden, auch in der Originalsprache veröffentlichen.

Am 1. Januar 1988 wurde T. Hirano Partner der Firma Eastern Book Service und am 5. Mai gedachte Springer-Verlag Tokyo des fünfjährigen Jubiläums seiner Verlagstätigkeit. Vom 27. Februar bis 1. März 1990 nahmen wir mit großem Erfolg an der ersten Tokyoter Internationalen Buchmesse teil. Die damaligen Pressereaktionen bezeichneten uns als »Nummer Eins« unter den nichtjapanischen Verlagen in Japan (s. Börsenblatt vom 28. 9. 1990).

183 *Tosiyasu L. Kunii (1938), Direktor des Kunii Laboratory of Computer Science der Tokyo Universität und seit April 1993 Gründungsrektor und Professor an der Universität von Aizu.*

184 *Das 1983 von T. L. Kunii herausgegebene Buch ›Computer Graphics‹.*

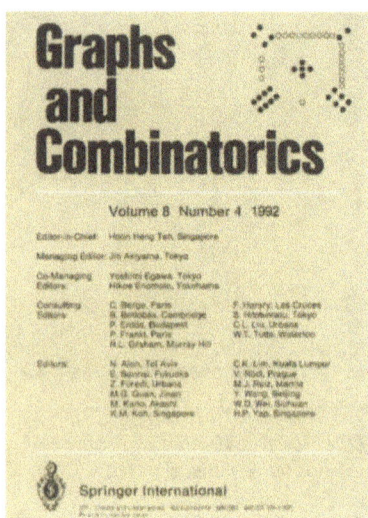

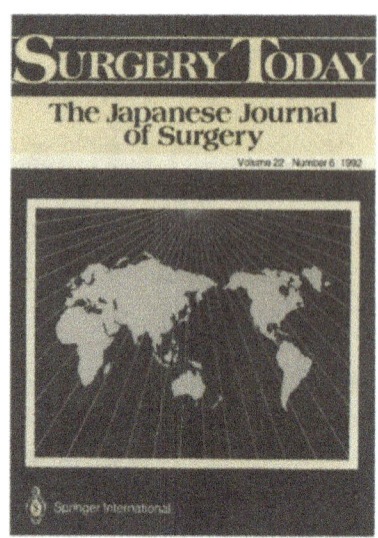

Internationale Konzepte der Springer-Gruppe

Die Stärke der internationalen Unternehmen der Springer-Gruppe liegt in der Möglichkeit, Verlagspublikationen mit internationaler Beteiligung in verschiedenen Weltteilen zu gestalten, je nach Bedarf und je nach Autorenpotential. Die einfache Übernahme von Übersetzungen innerhalb des eigenen internationalen Verlagsbereichs ist problemlos möglich. Der Verlag ist damit in der Lage, sowohl die Autorengewinnung als auch den Verkauf und das Übersetzungswesen in sinnvoller Weise weltweit zu steuern unter dem Stichwort »global publishing«. Schließlich sei auf eine vom Kunstverlag schon seit Jahrzehnten geübte Praxis verwiesen, nämlich Themen mit einem weiten, internationalen Interessenpotential gleichzeitig in mehreren Sprachen zu verlegen und damit die Grundkosten je Ausgabe zu minimieren.

Cosmos Book Inc.

Im Jahre 1988 errichteten wir ein eigenes Auslieferungszentrum des Springer-Verlages Tokyo und der Firma Eastern Book Service in Soka City unter dem Firmennamen Cosmos Book, Inc. Hier sollte auf 520 m² Grundfläche die Verwaltung, Lagerung und Auslieferung der von Springer-Verlag Tokyo produzierten Bücher und Zeitschriften untergebracht werden sowie die für Japan bestimmten Titel der Springer-Gruppe und aller Erzeugnisse, die Eastern Book Service als Agent und Repräsentant anderer Verlage in Japan vertreibt. Eastern Book Service vertritt mehr als 20 Verlage aus den USA, England, Frankreich, der Schweiz und Deutschland. Leiter von Cosmos Book, Inc. wurde Ken Ohmura, der bereits seit 1977 als General

185, 186, 187 (oben) *Die international renommierten Zeitschriften ›Graphs and Combinatorics‹, Bd. 8, Heft 4, 1992; ›New Generation Computing‹, Bd. 10, Heft 4, 1992 und ›Surgery Today‹, Bd. 22, Heft 6, 1992.*

Manager für Eastern Book Service tätig war. Im Laufe des letzten Jahres hat sich allerdings herausgestellt, daß der Aufwand für ein solches Auslieferungszentrum, das sich in Heidelberg so ausgezeichnet bewährt hatte, in dem kleineren japanischen Zuschnitt keine Vorteile gegenüber der Einschaltung einer entsprechenden Agentur bietet.

Am 1. April 1991 gründeten wir in einem der dichtesten Wohn- und Industriezentren Japans, in Osaka, eine Nebenstelle von Eastern Book Service, um dort stets präsent zu sein. Sie steht unter der Leitung von Kazushige Onaka, einem bewährten, treuen Mitarbeiter. Die Anschrift dieser Zweigstelle von EBS lautet: 13-56, Kinya-honmachi 2-chome, Hirakata-shi, Osaka 573.

Die großen Leistungen, die Eastern Book Service für den Verkauf der Produkte des deutschen, österreichischen und des amerikanischen Springer-Verlages ebenso wie für alle anderen Niederlassungen im Verlaufe der Jahre seit der Übernahme dieser Firma im Jahre 1977 geleistet hat, gehen aus der Gesamtdarstellung der Umsätze von Eastern Book Service (s. Übersicht) hervor. Sie haben in den letzten Jahren eine beachtliche Höhe erreicht. Der Anteil der Springer-Produktion am Umsatz EBS beträgt 60 Prozent (ohne Birkhäuser Verlag). Die Erfolge des Einsatzes von EBS für die Mutterfirma haben im Laufe der Jahre die eingesetzten Investitionen bei weitem übertroffen.

Jahr	EBS	Jahr	EBS	SVT
1975	32.7	1983	191.4	4.2
1976	63.7	1984	285.2	51.3
1977	69.8	1985	319.1	118.6
1978	76.7	1986	367.8	150.6
1979	117.2	1987	429.8	208.4
1980	199.1	1988	574.3	245.3
1981	171.1	1989	642.3	269.1
1982	174.3	1990	719.5	323.1
		1991	792.1	386.4
		1992	764.4	358.0

Umsätze von Eastern Book Service (EBS) in den Jahren 1975–1992 (in Mill. ¥). EBS: Verkäufe, die EBS für die gesamte Springer-Gruppe (Berlin/Heidelberg, New York, Tokyo etc.) erzielt hat. SVT: Verkäufe des Springer-Verlags Tokyo in den japanischen Markt und Verkäufe, die SVT mit Springer-Verlag Heidelberg abwickelt

Ausblick in die Zukunft

Nach harter Aufbauarbeit ist die Plattform geschaffen worden, auf der mit Aussicht auf Erfolg weiter gebaut werden kann. Die Voraussetzungen sind gegeben, insbesondere angesichts der bedeutenden wissenschaftlich-technologischen Leistungen Japans. Hier können durch enge Zusammenarbeit innerhalb der Springer-Gruppe — z. B. zwischen den Computer-Science-Planern in Heidelberg, New York/Santa Clara und Tokyo — weiterführende Erfolge erzielt werden. Das gleiche gilt für alle anderen Verlagsbereiche.

Eastern Book Service und Springer-Verlag Tokyo sind heute integrierte Bestandteile einer globalen Verlagsstrategie, die erst im freien, zielstrebig geplanten Zusammenwirken ihre ganze Stärke entfalten kann. Allen, die uns dabei geholfen haben, gebührt herzlicher Dank, insbesondere unseren japanischen Herausgebern und Autoren, den erfahrenen Beratern wie John und Kimiko Powers, den fördernden Freunden wie Choei Ishibashi, Tadashi Imai und dem früheren japanischen Botschafter in Deutschland, Fumihiko Kai.

Unsere gute Stellung im japanischen Markt wird uns in Zukunft an den Chancen teilnehmen lassen, die sich aus dem wachsenden politischen und wirtschaftlichen Einfluß Japans in Ost- und Südostasien ergeben.

Wir haben zahlreichen bedeutenden japanischen Wissenschaftlern den literarischen Weg nach Europa und in die Vereinigten Staaten von Amerika zu ebnen geholfen. Unser heutiges Verlagsprogramm zählt allein in den Nachkriegsjahren mehr als 400 Namen japanischer Autoren. Dies scheint mir ein bemerkenswerter Beitrag zum internationalen wissenschaftlichen Gespräch. Es ist naheliegend, diese Vermittlungsfunktion in einem systematisch geförderten Verlagsprogramm weiterzuführen und auszubauen.

Ein Mitarbeiteraustausch zwischen Tokyo, Heidelberg, Berlin und New York dient in erster Linie der fachlichen Weiterbildung und fördert zugleich das Sichkennen- und Sichachten-

188 *Die Insel Deshima bei Nagasaki (Prinz-Hendrick-Marinemuseum, Rotterdam) war bis zur Öffnung Japans 1868 einziger ausländischer Handelsplatz in Japan – unter holländischer Flagge.*

lernen als Beitrag zur Menschenbildung und zum friedlichen Verständnis zwischen den Völkern.

Faksimileausgabe Engelbert Kaempfer

Im Jahre 1975 brachte der Verlag Kodansha Tokyo, unterstützt von der holländischen Regierung, eine Faksimileausgabe des Werkes ›Nippon — Archiv zur Beschreibung von Japan und dessen Neben- und Schutzländern‹ (in vier Bänden und einem Supplement) des deutschen Arztes und Forschers Philipp Franz von Siebold heraus (1796–1866). Die Holländer statteten damit in nobler Weise ihren Dank an den deutschen Arzt ihrer Faktorei auf der Halbinsel Deshima bei Nagasaki ab.

Es lag nahe, von unserer Seite die reich illustrierten Berichte des anderen großen deutschen Japanforschers, Engelbert Kaempfer aus Lemgo (1651–1716), die ›Geschichte und Beschreibung von Japan‹ in einer Faksimileausgabe vorzulegen.

An der redaktionellen Betreuung einer solchen Edition zeigte sich die Deutsche Gesellschaft für Natur- und Völkerkunde Ostasiens (OAG) interessiert und leistete dankenswerte Hilfestellung. Der Nachlaß Kaempfers war von seinen Erben an das Britische Museum verkauft worden [HABERLAND]. In Deutschland war Kaempfer weitgehend vergessen, während sein Andenken in Japan noch heute lebendig ist. Der vormalige japanische Konsul in Berlin, Tadashi Imai, hatte eine japanische Ausgabe des reinen Textes, ohne die von Kaempfer eigenhändig gefertigten Illustrationen, angefertigt, und der Bruder von Kaiser Hirohito, Prinz Takahito Mikasa, hatte bei der Eröffnungszeremonie des XX. Internationalen Verlegerkongresses in Kyoto im Jahre 1976 einen Festvortrag über Engelbert Kaempfer gehalten, der als Arzt im Dienste der Holländisch-Ostindischen Kompanie 1691/92 auf der Halbinsel Deshima gestanden und die bis dahin zuverlässigste Darstellung Japans und seiner Bewohner aufgezeichnet hatte.

Eine englische Ausgabe der Beschreibung Kaempfers war 1728 postum erschienen, eine deutsche erst fünfzig Jahre später (1777/79). Diese letztere sollte zusammen mit den ›Icones selectae plantarum, quas in Japonia collegit‹ (London 1791) nachgedruckt und durch einen Kommentarband erschlossen werden.

Admiral a.D. Hideo Kujima, Vizepräsident der Japanisch-Deutschen Gesellschaft e.V., Tokyo, hat uns in großzügiger Weise sein persönliches Exemplar der alten Ausgabe für unseren Faksimiledruck zur Verfügung gestellt.

Prinz Takahito Mikasa war so liebenswürdig, unseren Kommentarband einzuleiten. Wir dankten ihm nach der Fertigstel-

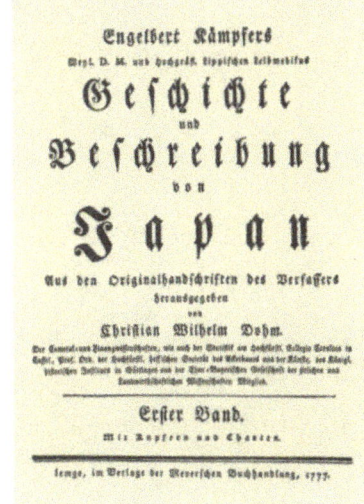

189 *Engelbert Kaempfer ›Geschichte und Beschreibung von Japan‹, Faksimile der Ausgabe von 1777/79. Springer-Verlag 1980.*

190 *Heinz Götze überreicht Prinz Takahito Mikasa das erste Exemplar der numerierten Kaempfer-Ausgabe. Prinz Mikasa verfaßte eine Einleitung zu unserem Kommentarband. Zur Eröffnung des XX. Internationalen Verlegerkongresses 1976 in Kyoto hatte Prinz Mikasa den Festvortrag über Engelbert Kaempfer gehalten.*

lung unserer Edition im Jahre 1980 mit der Überreichung des ersten Exemplares der numerierten Ausgabe.

Günter Holtz, Vertriebsdirektor des Springer-Verlages, hat dieses Unternehmen von Anfang bis Ende energisch gefördert, und Heinz Sarkowski, Direktor der Herstellungsabteilung des Springer-Verlages, durch seinen erfahrenen Rat bei der Herstellung entscheidend mitgeholfen. Projektleiter in Tokyo war Helmuth Holtz, der Sohn von Günter Holtz.

Die Produktion erfolgte mit aller nur denkbaren Sorgfalt bei der Toppan Printing Company in Tokyo. Die Papierfabrik Yamada Shokai fertigte eigens ein dem Original ähnliches Papier. Toppan übernahm auch die buchbinderische Verarbeitung: Halblederbände im Stil der Zeit sowie eine Kassette für die vier Bücher in unterschiedlichem Format, wie sie heute wohl nur noch in Japan so erfindungsreich und elegant hergestellt werden können. Das fertige Buch übertraf alle Erwartungen. Die Firma Maruzen übernahm von der Druckauflage von insgesamt 500 Exemplaren 150 für den Vertrieb in Japan. Johnson Bookseller, New York, reservierte sich 40 Exemplare für Nordamerika.

BEIJING · CHINA

China — das Mutterland der ostasiatischen Kultur — blickt auf eine uralte Geschichte zurück. Seine zivilisatorischen Leistungen schließen die den Verlagsbuchhändler besonders faszinierenden Erfindungen der Papierherstellung und des Satzes mit beweglichen Lettern ein. Das »Reich der Mitte« hat für Ostasien eine ähnliche Rolle gespielt wie die klassische Antike für die Entfaltung der westlichen Kultur.

Vorgeschichte und erster Besuch 1974

Der Springer-Verlag hatte 1956 und 1958 jeweils während der Leipziger Buchmesse Verbindungen mit der Buchhandelsfirma Guoji Shudian, Beijing, aufgenommen, die für den chinesischen Buchexport zuständig war. Die entsprechende für die Einfuhr wissenschaftlicher Bücher nach China verantwortliche Firma Waiwen Shudian war in erster Linie unser Partner, mit dem wir erstmals nach dem Kriege 1957 in Frankfurt zusammentrafen. Während dieser Buchmesse und der folgenden hatte ich persönliche Kontakte zu den Chinesen gesucht. Sie konnten nach einigen Jahren nicht weitergeführt werden, da die VR China aus Protest gegen die Zulassung Taiwans der Frankfurter Messe fern blieb. Jene Kontakte aber waren — wie sich später herausstellte — der Anlaß, daß ich als erster westlicher Verleger im April 1973 zum Besuch der chinesischen Industriemesse nach Kanton eingeladen wurde. Abgesehen davon, daß diese Einladung zu kurzfristig erfolgte, schien dieser Platz für die Wiederherstellung von Buchhandelsbeziehungen nicht geeignet zu sein. Ich schrieb deshalb an die einladende Institution in Beijing und äußerte den Wunsch, unmittelbar nach Beijing kommen zu können, wo die alte Partnerfirma Waiwen Shudian ihren Sitz hatte. Nach längerer Pause erhielt ich am Ostermontag 1974 von der chinesischen Botschaft in Bad Godesberg die telephonische Aufforderung, mich baldmöglichst dort einzufinden zu einem Vorgespräch für die Visaerteilung. Bei der Botschaft lag für mich eine Einladung nach Beijing vor. Der Botschaftssekretär *Yuan* Cheng-Yu erkundigte sich nach den Absichten und Hintergründen des von mir geplanten Besuchs. Nach Erläuterung meiner Vorstellungen äußerte ich den Wunsch, nicht allein, sondern gemeinsam mit unserem damaligen Vertriebschef, Günter Holtz, nach Beijing zu fliegen. Kurze Zeit darauf erhielten wir beide unsere Visa und verließen Paris am 13. Juni 1974 um 19.55 Uhr mit ›Air France‹, der damals einzigen europäischen Flugverbindung nach Beijing. Die Spannung war groß, der Empfang liebenswürdig. Die neu formierte Importbuchhandlung hieß China National Publications Import Corporation (CNPIC).

Unser »Empfangskomitee« bestand aus *Xu* Manshen und *Qin* Zhongjun, erstere des Englischen, letzterer des Französischen mächtig. Beide zeigten eine verständliche Zurückhaltung, denn der Umgang mit Ausländern wurde damals von der chinesischen Regierung nur ausnahmsweise geduldet! Beide, Herr *Qin* und Frau *Xu*, haben all unsere weiteren Bemühungen in der VR China wohlwollend und verständnisvoll gefördert.

Ich fuhr gemeinsam mit Herrn *Qin* und Herrn *Jin* Shengdao, dem deutsch-chinesischen Dolmetscher zum Beijing-Hotel. *Jin* ist im weiteren Verlaufe unserer Verbindung mit CNPIC während vieler Jahre ein treuer Begleiter auf langen Eisenbahnreisen in verschiedene Provinzen des Landes gewesen. Die Tage unseres Aufenthalts waren aufgeteilt in geschäftliche Besprechungen und Besichtigungsfahrten, die dem Kaiserpalast, der Großen Mauer und den Ming-Gräbern galten. Wir wurden auch in das alte originale Beijing-Enten-Restaurant geführt. Für die Gegeneinladung mußten wir uns einer List bedienen, da eine Einladung von Gästen an die Gastgeber nicht angenommen worden wäre. In Abwesenheit des deutschen Botschafters Rolf Friedemann Pauls zeigte sich sein Vertreter, Gesandter Heinrich Röhreke, sehr hilfsbereit und stellte uns offizielle Einladungskarten der Botschaft für unsere Abendeinladung zur Verfügung, die nicht abgelehnt werden konnte. Die Kontakte mit unseren Partnern wurden von Tag zu Tag gelöster und herzlicher.

Im Laufe der geschäftlichen Besprechung erfuhren wir, daß der Springer-Verlag mit seinem in jener Zeit bescheidenen Umsatz an der Spitze aller westlichen wissenschaftlichen Verlage stand, gefolgt von Oxford University Press und McGraw-Hill. Wir versuchten, gangbare Wege zu finden, den Import unserer Bücher und Zeitschriften neu zu beleben; Liefermöglichkeiten

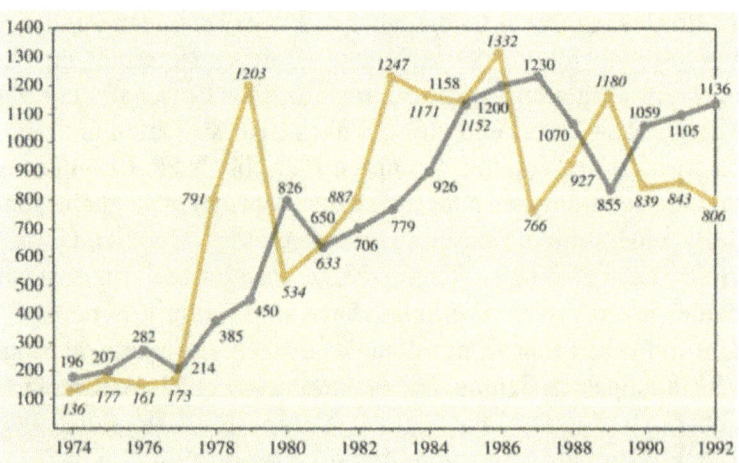

Umsatzentwicklung der Bücher und Zeitschriften in China 1974–1992 (in Tsd. DM; Kurve schwarz = Bücher, Kurve ocker = Zeitschriften)

wurden ausgehandelt. Ein neues Kapitel unserer Buchhandelsverbindungen mit China hatte begonnen, und in wenigen Jahren wurden interessante Umsatzzahlen erreicht (s. Tabelle S. 157).

Der erste Leiter von CNPIC war *Yu* Qiang, der 1977 von *Ding* Bo abgelöst wurde, einem aufgeschlossenen und verständnisvollen Partner. Zu ihm und seinem vorzüglich englischsprechenden Kollegen *Xu* Bangxing entwickelte sich ein Vertrauensverhältnis, das über das Ende seiner Amtszeit im November 1984 hinaus fortwirkte. In diesem Jahre unternahmen wir zu dritt einen unvergeßlichen Aufstieg in das Huangshan-Gebirge — die berühmten Gelben Berge in der Provinz Anhui. 1985 trafen wir uns in der Freihandelszone Shenzhen, um Ausschau nach Lagerraum für unsere geplante Niederlassung in Hong Kong zu halten.

191 *Der Mathematiker Hua Loo Keng (1910–1985) wurde ein guter Freund des Verlags und vertraute uns mehrere seiner Bücher an. 1983 erschienen seine ›Selected Papers‹ im Rahmen unserer »Blauen Reihe«.*

Zurück zu jenem ersten Besuch: Am 19. Juni 1974 trafen wir den bedeutenden chinesischen Mathematiker *Hua* Loo Keng, der mir von Carl Ludwig Siegel, Göttingen, während eines Besuches bei Richard Courant in New Rochelle empfohlen worden war. Die Kulturrevolution war noch in vollem Gange und *Hua* war — wie ich später durch russische Mathematiker erfuhr — für dieses Gespräch aus seinem ländlichen Verbannungsort nach Beijing zitiert worden. Ich hatte ihm eines unserer Mathematikbücher mitgebracht, doch verlief dieses erste Treffen im Kreise von Angehörigen der Akademie und des Akademieverlages recht steif. Lediglich der lang anhaltende Händedruck *Huas* bei der Verabschiedung ließ erkennen, wie dankbar er für diese Begegnung war.

Die innenpolitischen Ereignisse der Folgejahre verhinderten bemerkenswertere Auswirkungen unserer Verabredungen. Erst nach der Niederschlagung der »Viererbande« konnte ein weiterer Besuch geplant und die 1974 hoffnungsvoll begonnenen Gespräche fortgeführt werden. Dies geschah vom 15. bis zum 18. September 1978 und brachte mich nicht nur nach Beijing, sondern auch nach Nanjing und Shanghai. Das Ende der »Kulturrevolution« war allenthalben spürbar. Die Menschen schienen erleichtert und sprachen freimütiger. Das Schlagwort von den »Vier Modernisierungen« beschrieb die Zielsetzungen der nachmaoistischen Ära für entscheidende Verbesserungen in der Landwirtschaft, in der Industrie, in der nationalen Verteidigung und schließlich in den Wissenschaften. Die Reihenfolge war insofern verständlich, als die Ernährung der trotz Familienplanung weiter wachsenden Bevölkerung von

Wiederaufnahme der Verbindungen 1978

höchster Priorität war. Die Landwirtschaft wurde energisch gefördert und erreichte bald eine gesunde Struktur. Damit sollte zugleich der Landflucht der Bauernbevölkerung entgegengewirkt werden.

Weitere folgenreiche Kontakte konnten geknüpft werden — etwa mit dem Vizerektor der Tsinghua-Universität, *Zhang* Wei, der fließend deutsch sprach — er hatte in den dreißiger Jahren an der Technischen Hochschule Berlin studiert und promoviert. Seine Frau hatte gleichfalls in Deutschland und zwar am Institut für Strömungsforschung in Göttingen unter Ludwig Prandtl (1875–1953) gearbeitet. Ihre Tochter war in Berlin zur Welt gekommen!

Die Rektoren der Universitäten bzw. die Präsidenten wissenschaftlicher Institutionen waren in jener Zeit grundsätzlich Politiker, keine Wissenschaftler. Die wissenschaftlichen Leiter vor Ort waren die Vizerektoren. *Zhang* Wei empfing mich am Portal einer völlig leeren Hochschule, denn der Lehrbetrieb war nach der »Kulturrevolution« noch nicht wieder aufgenommen worden. *Zhang* Wei ist zu einem besonderen Freund unseres Hauses geworden, er hat die Übersetzung des ›Dubbel‹ ins Chinesische eingeleitet, überwacht und dem Abschluß entgegengeführt. Der erste Band der in drei Bänden geplanten chinesischen Ausgabe ist 1991 erschienen (Springer-Verlag und Tsinghua University Press). *Zhang* Wei ist eine herausragende Persönlichkeit des chinesischen Wissenschaftslebens, insbesondere auf dem Gebiete der Ingenieurwissenschaften. Er war unter anderem Gründungsrektor der neuen Universität von Shenzhen in der an Hong Kong grenzenden Freihandelszone.

 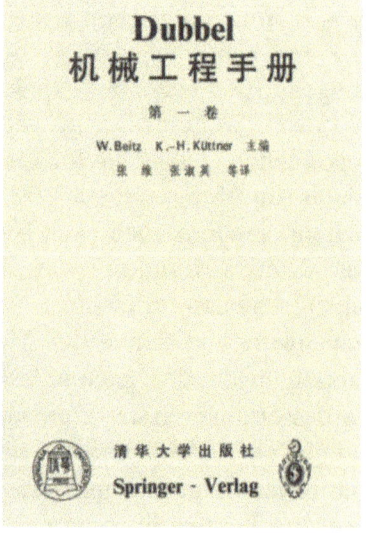

192 *Zhang Wei (1913) war Rektor und Professor an der Tsinghua University (Technische Hochschule) in Beijing. Sein Studium absolvierte er an der Technischen Hochschule in Berlin-Charlottenburg. Daher verfügt er über hervorragende Deutschkenntnisse. Zhang betreute die 1991 erschienene chinesische Ausgabe des ›Dubbel‹.* – **193** *›Dubbel – Handbook of Mechanical Engineering‹ (chinesisch), Bd. 1, 1991.*

Unmittelbar nach der Öffnung Chinas zum Westen veranstalteten wir am 31. März 1979 eine umfassende Springer-Buchausstellung im Kunstpalast ›Fine Arts Gallery‹ in Beijing. Es war die erste westliche Buchausstellung nach dem Kriege überhaupt, die deshalb ein ungewöhnlich starkes Interesse chinesischer Wissenschaftler und Bibliothekare erregte. Sie wurde gleichzeitig in fünf chinesischen Universitätsstädten gezeigt; neben Beijing waren es Jinan, Nanjing, Hangzhou und Chengdu.

Wir haben in den Folgejahren Buchausstellungen dieser Art in Beijing und in vielen anderen Orten Chinas, in Universitäten und in Foreign Language Bookstores durchgeführt und als das wesentliche Mittel angesehen, uns bei Wissenschaftlern, Technikern und Ärzten des ganzen Landes einzuführen. Wir konnten damit bei der älteren Generation das in der Erinnerung vorhandene Ansehen des Springer-Verlages wiederbeleben und uns der mittleren und jüngeren Generation eindringlich vorstellen. Sicher waren die Mittel chinesischer Wissenschaftler und Institute für die Anschaffung von Büchern und Abonnements von Zeitschriften begrenzt, doch gerade deshalb war es wichtig, sich vor Ort als erste zu zeigen.

Die Brücke nach Wuhan am Yangtse

Zu gleicher Zeit konnte die Partnerschaft mit der Medizinischen Hochschule Wuhan, später Medizinische Universität Wuhan, eingeleitet werden. Hannelore Theodor, zu jener Zeit Kulturattaché der Deutschen Botschaft in Beijing, hatte mich auf die Medizinische Hochschule Wuhan aufmerksam gemacht, in der die deutsche Sprache aus alter Tradition gepflegt wurde. Die Universität ging auf eine im Jahre 1907 von dem deutschen Arzt Paulun in Shanghai gegründete Ausbildungsstätte für chinesische Ärzte zurück, die zum Ausgangspunkt der Entwicklung der Tongji-Universität wurde. Deren medizinische Fakultät war 1952 nach Wuhan verlegt worden zur Verbesserung der gesundheitspolitischen Infrastruktur des dort neu formierten Schwerindustriezentrums. Die Medizinische Hochschule Wuhan hatte durch all die Zeiten hindurch, auch während der Kulturrevolution, ihre Anhänglichkeit an die Deutsche Medizin bewahrt. Die Studenten durften erst nach einem Jahr deutschen Sprachunterrichts mit ihrem Fachstudium beginnen. An der Spitze dieser Fakultät stand als Vizerektor *Qiu* Fazu, der in den dreißiger Jahren in Deutschland studiert, bei dem Pathologen Hans-Georg Borst in München promoviert hatte und dann noch mehrere Jahre im Raume München tätig war, unter anderem als Chefarzt der chirurgischen Abteilung am Städtischen Krankenhaus in Bad Tölz. Seine Frau Loni aus Bamberg hatte er

194 *Qiu Fazu (1914, links) ist Ehrenrektor der Medizinischen Hochschule in Wuhan und Mitbegründer der Partnerschaft zur Universität Heidelberg. Wu Zhongbi (1919, rechts), Professor für Pathologie und von 1981 bis 1984 Prorektor des Medical College in Wuhan. Heute ist Wu Vorstand des Instituts für ultrastrukturelle Pathologie in Wuhan.*

während dieser Zeit kennengelernt; sie folgte ihm nach Shanghai. Beide haben während der Kulturrevolution Unsägliches erduldet. *Qiu* Fazu ist einer der angesehensten Chirurgen Chinas und hat das noch heute gültige und wiederholt aufgelegte Standardlehrbuch der Chirurgie geschrieben. Er ist all denen, die mit ihm in den weiteren Jahren zusammenarbeiteten, ein treuer Freund und verläßlicher Berater geworden und hat uns zahlreiche wertvolle Hinweise auf potentielle Verlagsautoren gegeben. Ich leitete die Partnerschaft zwischen der medizinischen Fakultät Heidelberg und der Medizinischen Hochschule Wuhan gemeinsam mit dem damaligen Heidelberger Dekan Gotthard Schettler ein, die bald zustande kam. Als Fakultätsbeauftragter für diese Partnerschaft wurde der Radiologe Paul Gerhard gewählt, der während der Zeit seiner Heidelberger Tätigkeit zusammen mit seiner Frau die chinesischen Studenten, die im Austausch nach Heidelberg kamen, vorbildlich betreut hat.

Dieser offiziellen Entwicklung vorausgegangen war eine ganz inoffizielle, durch persönliche Initiative zustande gekommene Aufnahme eines »postgraduate« aus Wuhan, die der Weitsicht des Heidelberger Pathologen Wilhelm Doerr zu danken war. Er nahm den Fachkollegen *Deng* Zhongduan für zwei Jahre in seinem Institut auf. Der Gast traf Ende November 1979 in Heidelberg ein.

Während der gemeinsam mit Günter Holtz unternommenen vierten Reise vom 1. bis zum 9. November 1979 begegneten wir in Wuhan erstmals persönlich *Qiu* Fazu, seiner Frau und dem ausgezeichnet deutsch sprechenden Pathologen *Wu* Zhongbi.

HEINZ GÖTZE
Dr. phil. Dr. med. h.c. Dr. med. h.c.
Mitinhaber des Springer-Verlages

D-6900 HEIDELBERG 1
Neuenheimer Landstr. 28-30
Telefon 06221/48 72 25

Herrn
Professor Dr. med. Dr. med. h.c. G. Schettler
Vorsitzenden des Klinikum-Vorstandes der Medizinischen Fakultät der Universität Heidelberg
Ludolf-Krehl-Klinik
Bergheimer Straße 58

6900 Heidelberg

6. Juli 1979
Gtz/Wd

Lieber Herr Professor Schettler,

darf ich mich heute als Ehrendoktor Ihrer Fakultät mit einer Anregung an Sie wenden: Im Rahmen meiner wissenschafts-verlegerischen Tätigkeit - verbunden mit meinem persönlichen Interesse für die Kunst und Kultur Ostasiens - habe ich schon 1974 auf Einladung chinesischer Dienststellen China besucht zur Wiederanknüpfung verlagsbuchhändlerischer Verbindungen. Aus dieser Wiederanknüpfung ist inzwischen ein engerer Kontakt erwachsen, der im Frühjahr diesen Jahres zur Durchführung einer umfassenden Exklusivausstellung der Produktion unseres Verlages in fünf chinesischen Universitätsstädten geführt hat. Es war die erste Ausstellung dieser Art eines westlichen Verlegers in China überhaupt.

Im Rahmen dieser Kontakte unterhalte ich besonders enge Verbindungen mit dem Herrn Botschafter der Bundesrepublik Deutschland in Peking, Herrn Dr. Erwin WICKERT, mit dem ich auch seit vielen Jahren freundschaftlich verbunden bin.

Frau Dr. Hannelore THEODOR, die in ungewöhnlich engagierter Weise als Kulturattachée der Botschaft in Peking tätig ist und über die ich bereits Anregungen zur Vermittlung chinesischer Studenten nach Deutschland realisieren konnte, hat mir dieser Tage über einen Besuch der Medizinischen Hochschule in Wuhan, Provinz Hubei, berichtet. Diese Medizinische Hochschule ist zur Hälfte aus der Medizinischen Fakultät der ehemaligen deutschen Tong Ji Universität in Shanghai hervorgegangen. Frau Dr. THEODOR wurde von 12 fließend deutsch sprechenden Professoren der ehemaligen Tong Ji Universität und 2 hauptamtlichen Deutschlehrern begrüßt. Die deutsche Tradition der Tong Ji Universität wird von dieser Gruppe energisch fortgesetzt. Trotz der langen Jahre des Abgeschnittenseins von jedem direkten Kontakt hat sich hier ein Stück deutscher Kulturtradition erhalten, das gefördert werden sollte. Wir unterstützen diese Medizinische Hochschule durch Sendung deutscher medizinischer Publikationen aus unserem Verlage.

Darüber hinaus aber streben die Professoren in Wuhan Kontakte mit deutschen Kollegen an und insbesondere eine Partnerschaft mit einer deutschen Medizinischen Hochschule oder einer Medizinischen Fakultät einer deutschen Universität.

Ich möchte dieses Anliegen zunächst und in erster Linie der mir besonders eng verbundenen Heidelberger Medizinischen Fakultät vortragen und wäre dankbar, wenn ich hierzu die Reaktion der Fakultät erfahren dürfte.

Für die Beantwortung oder Vermittlung weiterer Auskünfte stehe ich jederzeit gern zur Verfügung. Ein gleiches Schreiben habe ich an den Gesamtdekan der Medizinischen Fakultät der Universität Heidelberg, Herrn Professor Dr. H. IMMICH, gerichtet.

Ihrer Antwort sehe ich mit lebhaftem Interesse entgegen und verbleibe

mit den besten Empfehlungen und Grüßen
Ihr

195 *Brief von Heinz Götze vom 6.7.1979 an Gotthard Schettler, in dem er eine Partnerschaft der Medizinischen Fakultät von Heidelberg und der Medizinischen Hochschule Wuhan vorschlägt.*

Wir lernten die Mitglieder der Fakultät kennen, von denen viele deutsch sprachen, und sahen die umfangreiche Bibliothek. Zugleich wurden die letzten Formalitäten für die Ausreise *Deng* Zhongduans geregelt.

Verbindungen nach Shanghai

Etwa zur gleichen Zeit war einem Beitrag in unserer Zeitschrift ›World Journal of Surgery‹ zu entnehmen, daß in Shanghai am ›First Medical College‹ ein hervorragender Mikrochirurg tätig war: *Chen* Zhong-wei, Leiter der Orthopädischen Abteilung. Durch das Wiederansetzen eines bei einem Verkehrsunfall völlig abgetrennten Fingers bei Wiedererlangung seiner vollen Funktion wurde er weltweit bekannt. Ich versuchte, Verbindung mit ihm aufzunehmen und erfuhr, daß er sich gerade zu einer Besuchsreise in Deutschland aufhielt, spürte ihn auf und verabredete mit ihm ein englischsprachiges Buch über Microsurgery, das eine stark verbesserte englische Übersetzung seines bei Shanghai Scientific and Technical Publishers erschienenen Werkes werden sollte. Im November 1979 besuchte ich ihn in seiner Klinik in Shanghai zur weiteren Manuskriptbesprechung. Dieses Buch ›Microsurgery‹, das 1982 unter der Mitautorschaft von *Yang* Dong-yue und *Chang* Di-sheng erschien, hat weltweit große Beachtung gefunden, da die Mikrochirurgie im Westen weniger weit entwickelt war als an einigen Kliniken Chinas. Das Werk hat zweifellos anregend auf die Pflege dieses chirurgischen Fachgebietes in Deutschland, ja im Westen überhaupt, gewirkt. Der Präsident der Deutschen Gesellschaft für Chirurgie, Georg Heberer, hatte *Chen* Zhong-wei

196 *Heinz Götze mit Chen Zhong-wei (1929) in dessen Klinik im Shanghai Zhong-Shan Hospital (First Medical College). Chen ist ein Pionier der Mikrochirurgie.*

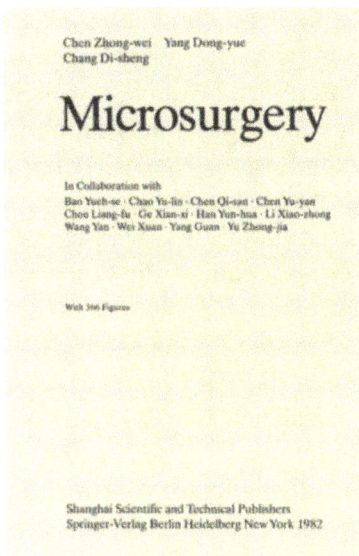 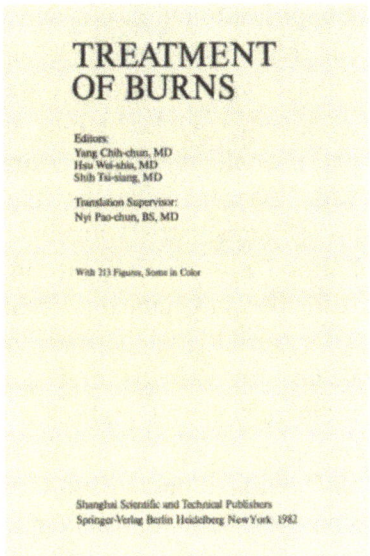

197, 198 *Chen Zhong-wei, Yang Dong-yue and Chang Di-sheng ›Microsurgery‹ (1982) und Yang Chih-chun, Hsu Wei-shia und Shih Tsi-siang ›Treatment of Burns‹ (1982).*

aufgrund unseres Buches für den 97. Kongreß der Gesellschaft am 15. Mai 1980 zu einem Gastvortrag über ›Indications and therapy of replantation based upon long term results‹ eingeladen. Der ausgezeichnete Vortrag regte lebendige Diskussionen an. *Chen* Zhong-wei besuchte anschließend chirurgische Kliniken in Deutschland. Schon 1979 machte mich *Chen* Zhong-wei auf *Yang* Chih-chun aufmerksam, den Leiter der ›Burn Unit‹ des zweiten Medical College in Shanghai, an den ich mich sofort wandte. Er schrieb — zusammen mit *Hsu* Wei-shia und *Shih* Tsi-siang — für uns das 1982 erschienene Buch ›Treatment of Burns‹, das gleichfalls internationales Interesse erregte. Die Chinesen waren in der Verbrennungsbehandlung eigene, erfolgreiche Wege gegangen. Mit diesen beiden Werken konnte der Springer-Verlag beginnen, außergewöhnliche Leistungen der chinesischen Medizin im Westen bekanntzumachen.

Der Bibliothekar vom London Hospital: James T. S. Yang

Anfang 1980 wurde Holtz und mir klar, daß das wachsende Beziehungsnetz in diesem großen Lande der Hilfe eines chinesischsprechenden Mitarbeiters bedurfte. Es gelang uns, James T. S. *Yang* zu gewinnen. Er war in Chengdu geboren, der Hauptstadt der Provinz Sichuan und lange Zeit in Shanghai ansässig gewesen. 1949 siedelte er nach Hong Kong über und ging 1965 von dort nach London an die ›Central Library of the Borough of Kensington and Chelsea‹. 1966 wurde er Librarian am ›Queen Elizabeth College‹, London University. Als Bibliothekar verstand er unser Metier ausgezeichnet, und mit der Situation in der VR China war er gut vertraut. Er sprach — von seinen Landsleuten bewundert — fließend alle Hauptdialekte einschließlich des auch für Chinesen schwierigen Kantonesisch. James *Yang* hat seitdem unsere Interessen in China mit Fleiß, intelligenter Umsicht und größter Loyalität wahrgenommen und hat mitgeholfen, die Gründung unserer Niederlassung in Hong Kong im November 1985 vorzubereiten, deren Leitung er bis 1987 innehatte. Danach kehrte er auf eigenen Wunsch nach London zurück. Er steht uns aber noch immer für besondere Aufgaben in China zur Verfügung.

Im April 1980 stellten wir James *Yang* der Leitung von CNPIC als unseren Verlagsrepräsentanten für die VR China vor. *Yang* widmete sich systematisch den zahlreichen Foreign Language Bookstores, die für die Vermittlung unserer Literatur an die Universitäten und Institute der Academia Sinica eine wichtige Rolle spielten. Am ersten Besuch in Chengdu, Sichuan, im Jahre 1981, nahm ich teil, um einen unmittelbaren Eindruck der Leistungen dieser Buchhandlungen zu erhalten. *Yang* hielt Kurse für chinesische Bibliothekare ab zur Einführung in die westliche Bibliothekspraxis.

Unsere Partnerfirma, China National Publications Import Corporation (CNPIC), dehnte 1981 ihre Aktivitäten auf den Export aus und nannte sich von nun an China National Publications Import and Export Corporation (CNPIEC). Damit oblag unserer Partnerfirma auch der Export chinesischer Literatur ins westliche Ausland. 1986 boten wir CNPIEC in unserem Gebäude in Heidelberg-Rohrbach Raum für eine europäische Außenstelle an, die sich bald vergrößerte, 1989 in ein eigenes Gebäude in Egelsbach übersiedelte und jetzt unter der Leitung

199 *Neues Geschäftshaus der China National Publications Import and Export Corporation (CNPIEC) in 16 Gongti E. Road, Chaoyang District, Beijing, 100704.*

von *Jin* Shengdao steht, der 1974 Holtz und mich als Dolmetscher vom Flugplatz abgeholt hatte!

Ausstellungstätigkeit

Am 27. Oktober 1981 begann eine Ausstellung unserer medizinischen Literatur in Beijing, am gleichen Platz, an dem unsere erste große Buchausstellung im Jahre 1979 stattgefunden hatte. Das fünfzigjährige Jubiläum der Chinesischen Chemischen Gesellschaft im Jahre 1982 fiel fast zusammen mit dem hundertjährigen Jubiläum des Beilstein, ein ausgezeichneter Anlaß für eine umfassende Vorstellung unserer Literatur aus der Chemie und ihren Nachbargebieten. Gleichzeitig zeigten wir unsere Zeitschriften in sechs Foreign Language Bookstores in Beijing, Shanghai, Nanjing, Chengdu, Tianjin und Wuhan. Wir setzten diese Zeitschriftenpräsentationen im Mai/Juni 1983 in insgesamt zwanzig Foreign Language Bookstores fort.

1983 hatten unsere chinesischen Partner neue Ausstellungsmöglichkeiten in historischen Gebäuden des Beihai-Parkes in Beijing erschlossen, der unmittelbar an das riesige Areal des Kaiserpalastes grenzt. Wir konnten sie mit Hilfe von Frau *Xu* Manshen sofort nutzen. Der Plan einer großen Springer-Gesamtschau wurde für 1984 entworfen, das Jahr des zehnjährigen Jubiläums unserer ersten Chinareise. Sie ging 1984 von Beijing nach Hefei in der Provinz Anhui, dem Sitz der einzigen Universität der Academia Sinica.

Der Börsenverein des Deutschen Buchhandels veranstaltete im Herbst 1984 eine Ausstellung deutscher Verlage in Beijing, an der wir maßgeblich beteiligt waren. Unsere eigenen Ausstellungs- und Besuchspläne — abgestimmt mit CNPIEC — setzten wir aufgrund gesammelter Erfahrungen systematisch fort. Neben James T. S. *Yang* und Bernd Grossmann, der mich nach dem Ausscheiden von Holtz im Jahre 1980 zunehmend entlastete und die Federführung für die Betreuung des chinesischen Marktes übernahm, hat sich dabei in jüngster Zeit auch unsere Niederlassung in Hong Kong (Maurice Kwong und Cornelia Schindewolf) erfolgreich eingeschaltet.

Kontakte mit der chinesischen Wissenschaft

Parallel zu unseren Exportbemühungen versuchte ich, Kontakt mit Repräsentanten der chinesischen Wissenschaft zu finden, die über bedeutende Köpfe verfügt. Dem Göttinger Mathematiker Siegel verdankte ich den Hinweis auf seinen chinesischen Kollegen *Hua* Loo Keng, mit dem ich während unseres ersten Besuches in Beijing Verbindung aufgenommen hatte. Er hatte mich nach dem Ende der Mao-Ära im November 1979 in

200 *Hua/Wang ›Applications of Number Theory to Numerical Analysis‹, 1981.*

Heidelberg besucht, als er sich auf dem Rückweg von Nancy befand, wo er die Ehrendoktorwürde erhalten hatte. *Hua* war ein kritischer Berater, der mich mit anderen chinesischen Mathematikern zusammenführte, unter anderem mit seinen fähigen Schülern *Wang* Yuan und *Gong* Sheng. Außerdem veröffentlichte *Hua* im Laufe der folgenden Jahre mehrere erfolgreiche Bücher: 1981 den ihm sehr am Herzen liegenden Titel ›Starting with the Unit Circle‹ und — gemeinsam mit seinem Schüler *Wang* Yuan — ›Applications of Number Theory to Numerical Analysis‹ (1981). 1982 erschien seine ›Introduction to Number Theory‹.

Hua war ein vielseitiger Mathematiker, der besonders in der Zahlentheorie hervorgetreten war. In späteren Jahren interessierte er sich vor allem für Optimierungsprobleme. Wir entschlossen uns, in unserer »Blauen Reihe« einen Band ›Selected Papers‹ von *Hua* Loo Keng zusammenzustellen, der von P. Halberstam, University of Illinois in Urbana/IL, redigiert wurde. Mitte März 1983 überreichte der deutsche Botschafter Günter Schödel dem Autor in einer Feierstunde der Academia Sinica den fertigen Band. *Hua* Loo Keng wurde 1985 zum Korrespondierenden Mitglied der Bayerischen Akademie der Wissenschaften gewählt, hat aber wegen seines plötzlichen Todes während eines Vortrages in Japan im gleichen Jahre diese Ehrung nicht mehr persönlich entgegennehmen können. Der Münchner Mathematiker Karl Stein hat ihm im Jahrbuch der Bayerischen Akademie 1985, Seite 238/39 einen ehrenvollen Nachruf gewidmet [STEIN]. Er sei hier wiedergegeben:

Luogeng Hua
12.11.1910–12.6.1985

Die Akademie betrauert den Tod ihres neugewählten korrespondierenden Mitglieds Luogeng Hua, der am 12. Juni 1985 nach einem von ihm gehaltenen Vortrag in Japan plötzlich verstorben ist.

Luogeng Hua wurde am 12. November 1910 in Jintan County, Jiangsu, China, geboren. Nach kurzem Schulbesuch kam er als Autodidakt zur Mathematik. Von 1932 bis 1935 war er an der Tsing Hua Universität in Peking tätig, zunächst als Assistent, später als Lecturer. In den Jahren 1936 bis 1938 gehörte er als Research Fellow der China Foundation an der Universität Cambridge (England) an; von 1938 bis 1946 war er Professor an der Kunming Universität in China. 1946 und 1947 folgte er Einladungen an die Akademie der Wissenschaften der UdSSR und an das Institute for Advanced Study in Princeton (USA); 1948 ging er als Professor für Mathematik an die Universität Urbana in Illinois. Nach Gründung der Volksrepublik China kehrte er in sein Heimatland zurück; 1950 wurde er an die Tsing Hua Universität und 1951 zum Direktor des Mathematischen Instituts der Academia Sinica berufen. In der Zeit der Kulturrevolution hat er sich mit großem persönlichen Einsatz schützend vor seine Kollegen und Schüler gestellt. Von 1979 bis 1981 war Hua Vizepräsident der Academia Sinica. Seit 1979 hielt er wieder Gastvorlesungen im Ausland, so in der Bundesrepublik Deutschland und in den USA. Er war Ehrendoktor der Universitäten Nancy, Hongkong und Urbana; 1982 wurde er zum Foreign Associate der National Academy of Sciences der USA gewählt.

Das umfangreiche wissenschaftliche Werk von Hua ist ungewöhnlich breit gefächert. Hervorzuheben sind seine Arbeiten zur Zahlentheorie, die unter anderem Untersuchungen zum Waringschen und zum Goldbachschen Problem sowie zur Theorie der Exponential- und Charaktersummen betreffen. In anderen mathematischen Disziplinen reichen seine Beiträge von der Gruppentheorie, der Theorie der Schiefkörper, der komplexen Analysis mehrerer Veränderlichen bis zur Theorie der Fouriertransformationen und zur Theorie der Differentialgleichungen. Alle diese Gebiete sind von ihm wesentlich gefördert worden. — Hua leitete eine Arbeitsgruppe, die mathematische Methoden für industrielle Anwendungen entwickelte. Er hat eine Reihe von Büchern verfaßt, die in Übersetzungen weltweit verbreitet sind. 1983 wurden Teile seines Werks als »Selected Papers« herausgegeben.

Seine Leistungen weisen Hua als schöpferischen Wissenschaftler hohen Ranges aus. Er war einer der führenden Mathematiker Chinas.

1983 gelang es, mit Hilfe unseres Autors Kai Lai *Chung* in Stanford/CA, ›Collected Papers‹ seines in China lebenden Lehrers *Hsu* Pao-Lu vorzustellen. *Hsu* war einer der Pioniere der Wahrscheinlichkeitstheorie.

Ich traf ferner mit dem Pflanzengenetiker *Hu* Han zusammen, einem Mitglied der Academia Sinica, der Mitherausgeber unserer Zeitschrift ›Theoretical and Applied Genetics‹ wurde. Mit ihm veröffentlichten wir 1986 das Buch: ›Haploids of Higher Plants in Vitro‹.

Dem kritisch-zuverlässigen Rat von *Qiu* Fazu verdanke ich Hinweise auf zahlreiche bemerkenswerte Forscher im medizinischen Bereich, allen voran den Chirurgen *Tang* Zhao-you in Shanghai, einen inzwischen weltweit anerkannten Leberchirurgen, der eine Methode zur Früherkennung des Leberkarzinoms ausgearbeitet hatte. Er wurde mit drei anderen Kollegen unser Autor mit den Büchern: ›Subclinical Hepatocellular Carcinoma‹ 1985 und ›Primary Liver Cancer‹ 1989.

Schließlich suchte ich Kontakt zu den beiden bedeutenden und erfahrenen Chirurgen *Huang* Guo Jun und *Wu* Ying K'ai, dem im Westen am besten bekannten chinesischen Chirurgen seiner Generation. Ich verabredete mit beiden ein Buch über ›Carcinoma of the Esophagus and Gastric Cardia‹, das 1984 erschien.

Durch *Chen* Zhong-wei, *Yang* Chih-chun und *Tang* Zhao-you bestanden ausgezeichnete Autorenverbindungen nach Shanghai. Gespräche mit dem hochgebildeten Leiter der städtischen

Scientific books find publisher in Germany

by CD staff reporter

Two books by Chinese scientists have been printed in English by Germany's Springer-Verlag, in the latest Sino-German co-operation in publishing.

The books – "Optical and Spectroscopic Properties of Glass" by professor Gan Fuxi, a well-known optometrist, and "Nitrogen Fixation and Its Research in China" by professor Guo-fan Hong, a famous biologist – are part of the long-term co-operation between the Shanghai Science and Technology Publishing House and Springer-Verlag.

201 »*Scientific books find publisher in Germany*«, Zeitungsausschnitt vom 30.6.1992 aus ›Shanghai Focus‹.

Kinderklinik, *Huang* Zhong, einem Schüler von Fanconi, Zürich, der perfekt deutsch sprach, vermittelten mir wertvolle Einblicke in das chinesische Gesundheitswesen.

Während der zwanziger und Anfang der dreißiger Jahre wurden regelmäßig Professoren aus Deutschland für drei Jahre als Gastdozenten an die Tongji-Universität berufen, z. B. der Mainzer Pharmakologe Gustav Kuschinsky und der Darmstädter Brückenbau-Ingenieur Kurt Klöppel, der seinerzeit erfolgreiche Methoden für den Bau der ersten Straßen- und Eisenbahnbrücke über den Yangtse-Fluß in Nanjing entwickelt hatte. Sein Schüler *Li* Guohao, der eine Zeit bei seinem Lehrer in Darmstadt verbracht hatte, war jetzt Präsident (Rektor) der Tongji-Universität und wurde Autor unseres Buches: ›Analysis of Box Girder and Truss Bridges‹ (1987).

Qiu Fazu verwies mich ferner auf eine Autorengruppe unter Leitung von *Li* Ngao, deren Buch über den neuesten Stand der Verbrennungsbehandlung in China 1992 erschienen ist: ›Modern Treatment of Severe Burns‹.

Verbindungen zur Nankai-Universität in Tianjin

Unser langjähriger mathematischer Autor und Herausgeber *Chern* Shiing-shen, der 1936 in Hamburg studiert hatte (Promotion 1936), später in China und den USA lebte und wirkte, vermittelte uns zusätzlichen Zugang zur Mathematik in China. Wir hatten zwischen 1978 und 1989 seine ›Selected Papers‹ in unserer ›Blauen Reihe‹ publiziert. Mit einem von *Chern* geleiteten mathematischen Symposium im August 1980 in Beijing über ›Partial Differential Equations and Differential Geometry‹ konnten wir eine erfolgreiche Ausstellung unserer mathematischen Literatur verbinden. S. S. *Chern* hatte die wissenschaftliche Verbindung zu seiner Heimat mit großem En-

202 *Foreign Mathematical Books Exibition 1980 in Beijing anläßlich eines mathematischen Symposiums: Horst Drescher, Wu Wen-Jun, Günter Holtz, Chern Shiing-shen, Heinz Götze, Jiang Ze-Han, Ding Bo, James Young.*

thusiasmus wieder aufgenommen und wurde neben seinen Aufgaben als Leiter des Mathematischen Forschungsinstitutes in Berkeley/CA zum Gastprofessor an seiner chinesischen Alma Mater ernannt, der Nankai-Universität in Tianjin. Er vertraute uns im weiteren Verlaufe seiner dortigen Tätigkeit eine ›Nankai Subseries‹ der ›Lecture Notes in Mathematics‹ an. Es wurde mit *Chern* eine Partnerschaft zwischen den Universitäten in Heidelberg und Nankai/Tianjin erwogen, die dank der Aufgeschlossenheit des Heidelberger Rektors Gisbert zu Putlitz und des Rektors von Nankai, *Teng* Weizao, im September 1985 besiegelt werden konnte.

Durch ein Empfehlungsschreiben vom 5. März 1979, das mir *Chern* während eines Besuches in San Francisco übergeben hatte, vermittelte er mir den Kontakt zu *Fang* Yi, dem für Wissenschaft und Technologie zuständigen State Councellor. *Fang* Yi empfing mich wiederholt, wobei die wissenschaftlichen und politischen Entwicklungen außerhalb und innerhalb Chinas Gegenstand lebhafter und offenherziger Gespräche waren. *Fang* Yi war Präsident der Chinesischen Gesellschaft für Kalligraphie, ein deutliches Zeichen für die ungebrochene Kraft chinesischer Tradition, die nicht nur der persönlich geprägten Wiedergabe der chinesischen Schrift den höchsten Rang unter den Künsten zuerkennt, sondern ihre vollkommene Beherrschung auch als selbstverständliches Präjudiz für Führungsfunktionen ansieht.

Minister für Wissenschaft und Technologie

203 (oben) *Der Mathematiker Chern Shiing-shen (1911) studierte in Hamburg bei Wilhelm Blaschke und wurde dort 1936 promoviert. Chern ist Mitherausgeber der ›Grundlehren der mathematischen Wissenschaften‹ und Gründer der chinesischen Unterreihe (›Nankai Subseries‹) des Mathematischen Instituts der Nankai-Universität in Tientsin.*

204 *Der Minister für Wissenschaft und Technologie Fang Yi (1916) empfängt 1980 Heinz Götze und Günter Holtz an seinem Amtssitz in Beijing.*

 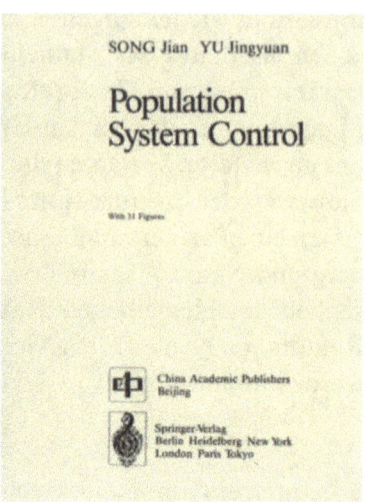

205 *Song Jian (1932), als chinesischer Wissenschaftsminister Nachfolger Fang Yis, beim Eintrag ins Gästebuch vor einem Essen im Restaurant Fang Shan in Beijing am 5. Novemver 1980.* – **206** *In unserem Verlag erschien 1988 sein zusammen mit Yu Jingyuan verfaßtes Buch ›Population System Control‹.*

Mit dem Nachfolger *Fang* Yis, Professor *Song* Jian, der noch heute chinesischer Minister für Wissenschaft und Technologie ist, entwickelte sich seit dem 1. Juli 1985 gleichfalls eine vertrauensvolle Beziehung. Wir wurden der Verleger seines bemerkenswerten Buches ›Population System Control‹ (1988), das er gemeinsam mit *Yu* Jingyuan verfaßt hatte.

In Wuhan war inzwischen der offizielle Vorvertrag über die Partnerschaft zwischen der Medizinischen Fakultät Heidelberg und der Medizinischen Universität Wuhan am 15./16. April 1980 geschlossen worden (s. S. 142).

Das Urheberrecht in China

Neben unserem Hauptanliegen, der Gewinnung chinesischer Autoren für unser Programm und der Förderung des Umsatzes unserer Produktion mit der VR China, die nach einer Reihe von Jahren gute Erfolge brachten (s. Graphik, S. 140), schien es angezeigt, mit unseren Partnern die Urheberrechtslage zu erörtern. Die herrschende Auffassung hatte bisher in der VR China ein Persönlichkeitsrecht nicht gelten lassen. Der Beitritt zu einer der beiden internationalen Urheberrechtsvereinbarungen — der Berner Konvention oder der Universal Copyright Convention (Welturheberrechtsabkommen, WUA) — war nicht möglich, weil beiden das Prinzip der »Inländerbehandlung« zugrunde lag, d. h. für ausländische Autoren sollten die gleichen Rechte gelten wie für inländische. Da aber die VR China kein inländisches Urheberrecht besaß, konnte die Bedingung der Inländerbehandlung nicht erfüllt werden. Ich erörterte dieses Problem während der Gespräche mit dem Vice-Premier *Fang* Yi, der sich durchaus aufgeschlossen zeigte. Rasche Lösungen aber waren nach Lage der Dinge nicht zu erwarten.

Am 29. Januar 1980 hatte ich an *Wang* Heng vom Publishing Administration Office geschrieben und die Gründe dargelegt, die einen Beitritt Chinas zu einem der beiden internationalen Urheberrechtsabkommen dringlich erscheinen ließen. Am 18. April 1980 führte ich ein erstes persönliches Gespräch mit *Wang* Heng in Beijing über die Möglichkeiten einer Urheberrechtsregulierung innerhalb Chinas. An diesem Gespräch, das durch Vermittlung von CNPIC zustande kam, nahm auch *Shen* Ren'gan teil, der später Leiter der ›Copyright Study Group of the Publishers Association of China‹ wurde. Es war ein für unsere weiteren Bemühungen um die Copyrightfrage in China fruchtbares Gespräch.

Ich war in China mit unseren Autorenverabredungen denselben Weg gegangen wie vorher in der Sowjetunion: Die chinesischen Autoren erhielten von uns reguläre Autorenverträge, und wir zahlten die üblichen Honorare, um unsere Absichten glaubhaft zu machen. Wir konnten nicht überzeugend gegen eine Rechtslage angehen, von der wir selbst Nutzen gezogen hätten. Diese Haltung ist von allen verantwortlichen Stellen in China voll anerkannt worden — ebenso wie seinerzeit in der Sowjetunion — und mag zu einem bescheidenen Teil dazu beigetragen haben, die bestehenden Schwierigkeiten zu überwinden. Man war bemüht, ein eigenes »comprehensive copyright law« zu schaffen. Die damit verbundenen Probleme waren groß. Einmal mußten zunächst prinzipielle Fragen geklärt werden, z.B.: Soll die intellektuelle Leistung als Privateigentum (»property«) angesehen werden, für die der Autor einen Entgeltanspruch erheben kann, oder ist ein Honorar nur als Entgelt für die reine Arbeitsleistung des Autors zu betrachten?

Bei einem Anschluß an eine internationale Urheberrechtsvereinbarung bestand ferner das Problem, daß sich die VR China nicht imstande sah, dem westlichen Ausland vergleichbare Honorare zu zahlen.

Englische Urheberrechtsexperten hatten inzwischen in China Kurse abgehalten, um größeren Kreisen eine Vorstellung vom Wesen des Copyrightschutzes zu geben — einschließlich des Patentrechts. Im Rahmen dieses Gedankenaustausches sollten im September 1980 zwei Mitarbeiter *Wang* Hengs, der bereits genannte *Shen* Rengan und *Yang* Jah, nach England gehen. Da die angelsächsische Urheberrechtsentwicklung mit ihrem Prinzip des »fair use« anders verlaufen ist als die kontinentaleuropäische, hielt ich es für dringend erforderlich, daß die chinesischen Experten auch unsere Einrichtungen kennenlernen sollten. Mein Vorschlag fand Zustimmung. Es wurde möglich, daß die beiden Mitarbeiter vor ihrer Rückreise von London nach Deutschland kamen. Das Bundesjustizministerium in Bonn empfing die Abgesandten, und Eugen Ulmer vom Münchner Max-Planck-Institut für Urheberrecht war dankenswerterweise bereit, einen einwöchigen Einführungskurs für sie abzuhalten.

Im Jahre 1984 wurde in Beijing die Copyright Study Group gegründet unter der Leitung von *Li* Qi. Während der Buchausstellung des Börsenvereins des Deutschen Buchhandels in Beijing Anfang November 1984 konnte ein Gespräch zwischen dem deutschen Copyrightexperten Franz-Wilhelm Peter vom Börsenverein und *Li* Qi herbeigeführt werden. Am 20. März 1986 luden wir *Li* Qi zum hundertjährigen Jubiläum der Urheberrechtskonvention nach Heidelberg ein.

Am 2. September 1990 verabschiedete schließlich die VR China ein internes Urheberrecht, das am 1. Juni 1991 in Kraft trat. Damit bestand erstmals die Möglichkeit, einer internationalen Urheberrechtsvereinbarung beizutreten.

Die VR China hat am 12. Juli 1992 einen Antrag an die World Intellectual Property Organization gerichtet, in die Berner Konvention zum Schutze literarischer und künstlerischer Werke, die sogenannte Berner Urheberrechtskonvention, aufgenommen zu werden. Vorausgegangen war eine entsprechende Entscheidung des nationalen Volkskongresses in Beijing vom 1. Juli 1992. Der 1886 in Bern unterzeichneten Konvention gehören inzwischen über neunzig Staaten an.

Es ist keine Frage, daß dieser Abschluß nach einer langwierigen Diskussion innerhalb der VR China ein bedeutungsvoller Schritt war im Sinne des Zusammenrückens aller Völker zum gemeinsamen Schutze geistigen Eigentums.

›*Deutsche Medizin*‹

Der inzwischen enger gewordene Kontakt mit der chinesischen Medizin, vor allem mit jenen Kliniken, die sich traditionsgemäß der deutschen Medizin verbunden fühlten, ließ den Gedanken aufkommen, eine Zeitschrift in chinesischer Sprache ins Leben zu rufen, die die neuen Ergebnisse deutscher bzw. westlicher Medizin in China bekanntmachen sollte. *Qiu* Fazu und seine Mitarbeiter von der Medizinischen Universität in Wuhan waren sofort zur Mitwirkung bereit. Es wurden einschlägige Beiträge von der deutschen Herausgebergruppe unter der Leitung von G. Schettler, Heidelberg, nach Wuhan gegeben, und die Chinesen unter der Leitung von *Qiu* Fazu wählten die Beiträge aus, die ihnen vom chinesischen Standpunkt aus wünschenswert erschienen. Diese Beiträge wurden ins Chinesische übersetzt und einer Druckerei in Shanghai anvertraut, die der frühere Leiter von ›Shanghai Scientific and Technical Publishers‹, *Wang* Guozhong, vermittelt hatte, der inzwischen Leiter des gesamten Druck- und Verlagswesens in Shanghai geworden war. Das erste Heft erschien im November 1984. Die Zeitschrift wurde in die chinesische Postzeitungsliste aufgenommen und steht derzeit im neunten Jahrgang. Inzwischen wird die ›Deutsche Medizin‹ vollständig in Wuhan hergestellt. Heute ist der verantwortliche Herausgeber W.-W. Hoepker in Hamburg.

Die chinesische Titelzeile der Zeitschrift ›Deutsche Medizin‹ erbat *Qiu* Fazu vom damaligen Gesundheitsminister *Qian* Xin-Zhong; wir treffen hier wieder auf die alte chinesische Tradition, die es empfiehlt und als günstiges Omen betrachtet, ein wichtiges Unternehmen vom höchsten zuständigen Beamten durch eigenhändigen Schriftzug auszuzeichnen.

Im September 1983, während ich mich in Beijing befand, erreichte Heidelberg über Springer New York und den amerikanischen Verlegerverband (AAP) die Nachricht von der Einrichtung eines ›Special Book Acquisition Fund Department‹ (SBAFD) an der Bibliothek der Beijing-Universität. Dieses Büro, das unter der Schirmherrschaft des Bildungsministeriums stand, war beauftragt worden, mit Geldern der ›International Bank for Reconstruction and Development‹ (Weltbank), den Einkauf dringend benötigter wissenschaftlicher und technischer Literatur für führende Universitätsbibliotheken Chinas zu koordinieren.* Bevor ein anderer westlicher Verleger oder Buchhändler zur Stelle war, konnte ich die Verbindung mit dem damaligen Direktor des SBAFD, *Ma* Shiyi, an der Beijing-

Special Book Acquisition Fund Department (SBAFD)

207 (oben) *›Deutsche Medizin‹, Bd. 10, Heft 2, 1993. Diese Zeitschrift wurde vom Springer-Verlag gegründet; in ihr erscheinen bedeutende wissenschaftliche Arbeiten aus westlichen Zeitschriften in chinesischer Sprache.*

* Siehe meine interne Aktennotiz vom 14. Oktober 1983.

Jahr	Umsatz Springer-Verlag Berlin	Umsatz Lange & Springer	Umsatz Springer-Verlag Wien	Umsatz gesamt
1984	0,7	90,7	8,0	99,4
1985	226,5	250,7	19,0	496,2
1986	240,1	369,6	21,0	630,7
1987	69,0	130,7	2,0	201,7
1988	223,0	361,4	24,0	608,4
1989	344,3	500,2	28,0	872,5
1990	56,4	266,0	2,5	324,9
Gesamt	1 160,0	1 969,3	104,5	3 233,8

Umsatz mit dem ›Special Book Acquisition Fund Department‹ (SBAFD), Beijing, in den Jahren 1984–1990, einschließlich Große Handbücher. 1991/92 erfolgten keine Zahlungen der Weltbank (in Tsd. DM)

Universität herstellen, der gleichzeitig auch Vizedirektor der Bibliothek dieser wohl wichtigsten Universität Chinas war.

Bereits einen Monat später kam es zu einem grundsätzlichen Übereinkommen zwischen Springer-Verlag/Lange & Springer und dem SBAFD zur Belieferung mit westlicher, vor allem europäischer wissenschaftlicher Literatur, und schon im Januar 1984 trafen die ersten Zahlungen aus Beijing in Berlin ein.

Von 1984 bis 1991 betrugen die konsolidierten SBAFD-Umsätze für Springer-Verlag und Lange & Springer fast 3 Mio. DM. Dann kam die aktive Phase dieses vielversprechenden Programms durch die Ereignisse am Tiananmen-Platz im Juni 1989 völlig zum Erliegen.

B. Grossmann, der die Kontakte sorgfältig weitergepflegt hat, beobachtet die für uns wichtige Entwicklung. Eine Übersicht über die Ergebnisse der Zusammenarbeit mit SBAFD zeigt die vorangegangene Tabelle.

Messen und Kongresse

Internationale Buchmessen in Beijing. Das wachsende Interesse Chinas am internationalen Buchhandel kam in den Veranstaltungen der ersten (5.–10. September 1986), zweiten (2.–7. September 1988), dritten (1.–7. September 1990) und vierten (2.–7. September 1992) Beijinger Internationalen Buchmessen zum Ausdruck, bei denen wir unsere Produktion stets an bevorzugter Stelle in extenso zeigen konnten. Der Springer-Verlag rangierte bei diesen Veranstaltungen stets an ehrenvoller Stelle als derjenige westliche Verlag, der 1974 als erster den Weg nach China gefunden hatte. Einladungen von offizieller chinesischer Seite und Empfänge unserer Botschaft charakterisierten die Bedeutung dieser Messen.

Internationaler Chirurgenkongreß Beijing 1986. Vom 3.–6. November 1986 wurde der erste internationale Chirurgenkongreß in Beijing veranstaltet – ein begrüßenswerter Auftakt zum Ausbau intensiveren Gedankenaustausches in diesem Fachgebiet der Medizin, der von zahlreichen Chirurgen des Westens besucht und von den chinesischen Ärzten sehr positiv aufgenommen wurde.

Internationaler Krebskongreß. Der Springer-Verlag hatte auch seinerseits die Initiative ergriffen und – nach Beratung mit der Deutschen Botschaft in Beijing – zusammen mit den Medizinischen Fakultäten von Beijing (*Lu* Daopei) und Wuhan (*Qiu* Fazu) den ersten internationalen Krebskongreß vom 22.–24. April 1988 in Beijing ins Leben gerufen, an dem sich das ›Deutsche Krebsforschungszentrum‹ unter der Leitung H. zur

208 *Der Minister für Wissenschaft und Technologie Song Jian und Gesundheitsminister Chen Minzhang im Fang Shan Restaurant in Beijing, 1988.*

Hausens außerordentlich aktiv beteiligte. Es haben sich daraus und aus den weiteren Veranstaltungen interessante wissenschaftliche Kontakte entwickelt. Der chinesische Gesundheitsminister *Chen* Minzhang hatte die Schirmherrschaft übernommen. Einer der Gründe für die Veranstaltung dieses Kongresses war die aufgrund sorgfältiger Dokumentation in ganz China begünstigte Untersuchung der Epidemiologie der Krebserkrankungen. Die VR China hat 1979 den ersten, vorbildlich gestalteten Krebsatlas veröffentlicht: ›Atlas of cancer mortality in the People's Republic of China‹, China Map Press, Shanghai. Unser Krebskongreß fand begeisterte Aufnahme, so daß wir uns entschlossen, ihn im Mai 1990 zu wiederholen — mit ebenso großem Erfolg und diesmal unter zusätzlicher Beteiligung des Leiters des japanischen Krebsforschungszentrums Heizaburo Ichikawa.

Für alle Aktivitäten in der VR China war mir die verständnisvolle und fördernde Haltung des Chairman of the State Commission of Science and Technology, *Fang* Yi, besonders wertvoll, ebenso die seines Nachfolgers *Song* Jian. Nicht zu vergessen ist die Unterstützung durch die verantwortlichen Diplomaten der Deutschen Botschaft in Beijing Erwin Wickert, Günter Schödel und Per Fischer.

W ährend der Jahre 1982 bis 1985 wurde wiederholt die Möglichkeit einer Niederlassung des Springer-Verlages in Beijing mit den uns wohlgesonnenen Leitern von ›China National Publications Import and Export Corporation‹ *Ding* Bo

Niederlassung in Beijing?

und *Chen* Weijang besprochen. Die räumliche Anbindung an ein geplantes neues Geschäftsgebäude für CNPIEC schien denkbar. Die Realisierung verzögerte sich jedoch, und der Gedanke mußte schließlich fallen gelassen werden, da die Kosten für ein zwangsläufig in einem Hotel unterzubringendes Büro in keinem vertretbaren Verhältnis zum Ergebnis unserer Bemühungen gestanden hätte. Wir entschieden uns statt dessen für den Aufbau einer Verlagsrepräsentanz in Hong Kong, von wo uns nicht nur engster Kontakt mit der VR China offenstand, sondern darüber hinaus der erwünschte Zugang zu Taiwan, Singapur und den aufstrebenden Ländern um das südchinesische Meer, Malaysia und Indonesien, möglich sein würde. Eine ständige Präsenz in Beijing ist weiterhin erwägenswert angesichts der wachsenden wirtschaftlichen Bedeutung Chinas.

Übersetzungstätigkeit   Die Zusammenarbeit mit den chinesischen wissenschaftlichen Verlagen hat sich im Laufe der Jahre vorteilhaft entwickelt. Seit 1978 bis zum heutigen Zeitpunkt hat der Springer-Verlag 49 Werke chinesischer Autoren in die englische Sprache übersetzt und verlegt, wobei die Übersetzungen im allgemeinen verbesserte und erweiterte Fassungen der chinesischen Originaltexte darstellten. 118 Projekte sind unter Vertrag und weitere 110 Projekte befinden sich zur Zeit in ernsthafter Prüfung. Die Titelliste umfaßt Werke aller Wissensgebiete, vor allem Mathematik, Biologie, Geologie und Medizin mit so hervorragenden Autoren wie *Hua* Loo Keng, *Chern* Shiing-shen, *Hsu* Pao-Lu, *Song* Jian, *Chen* Zhong-wei, *Huang* Guohang, *Chang* Tisheng, *Tang* Zhao-you, *Ma* Xingquan, *Hu* Han, *Huang* Ke und *Yu* Zhong-jia.

Die seit 1984 mit jährlich vier Heften erscheinende chinesischsprachige Zeitschrift ›Deutsche Medizin‹ wurde bereits erwähnt. Sie soll die chinesische Ärzteschaft durch chinesische Übersetzungen ausgewählter Artikel aus westlichen, hauptsächlich deutschen Zeitschriften über die Fortschritte der westlichen Medizin informieren.

Den Übersetzungen aus dem Chinesischen stehen — unter Beachtung geltender Copyrightbestimmungen — bis heute 120 Titel des Springer-Verlages gegenüber, die in China nach legaler Verabredung nachgedruckt wurden und zu den in China möglichen niedrigen Kosten Studenten zur Verfügung stehen. Weitere 75 Titel dieser Art sind unter Vertrag und zum Teil in Herstellung.

Aus leicht einsehbaren Gründen sind genaue Zahlen über Titel unseres Verlages, die ohne Genehmigung der Autoren und des Springer-Verlages in China nachgedruckt und erschienen sind, nicht zu ermitteln; es dürfte sich um viele hundert handeln.

HONG KONG

Aufgrund seiner einzigartigen wirtschafts- und verkehrsgeographischen Lage ist Hong Kong der zentrale Platz für geschäftliche Unternehmungen und Koordinationen im ostasiatischen Raum. Dies dürfte auch nach 1997, dem Jahr des Wechsels zu chinesischer Oberhoheit, so bleiben.

Hong Kong besitzt zahlreiche Universitäten und Hochschulen, so daß eine Niederlassung in dieser Stadt auch im Hinblick auf das akademische Leben vielversprechend erschien. Internationale wissenschaftliche Konferenzen werden in Hong Kong veranstaltet und haben es zu einem Konferenzzentrum in Asien gemacht.

Es wird immer deutlicher erkennbar, daß der Raum um das südchinesische Meer — im Kräftefeld zwischen Festlandchina, Japan und Australien — sich lebhaft entfaltet.

Taiwan und Singapur sind nicht nur wirtschaftliche Zentren, sondern widmen sich in wachsendem Maße der wissenschaftlich-technologischen Entwicklung. Obwohl Taiwan während der achtziger Jahre gegen politische Instabilität kämpfen mußte, sind inzwischen die Fortschritte im Bereich der Erziehung, Wissenschaft und Technik eindrucksvoll. In den späten achtziger Jahren wurde ein Plan entwickelt, ab 1990 innerhalb von fünf Jahren vierzehn neue Universitäten und technische Hochschulen zu gründen. Einige davon sind schon 1992 fertig geworden. Der Springer-Verlag ist auf der Insel Taiwan erfreulich erfolgreich.

In Südkorea ist die Regierung — ähnlich wie in Japan — eifrig bemüht, Forschung und Entwicklung auf allen Gebieten voranzutreiben. Das geflügelte Wort geht bereits um, ob Korea ein zweites Japan werden könnte.

Hong Kong, Taiwan, Korea und Singapur werden als die »Vier kleinen Tiger« Asiens bezeichnet, die eine Art Wirtschaftswunder zustande gebracht haben. Aus diesem Raume wird noch viel zu erwarten sein. Auch der »Fünfte Tiger«, Thailand, ist außerordentlich erfolgreich. Seit 1988 wartet es in vier aufeinander folgenden Jahren mit zweistelligen Wachstumsprozenten auf. Es ist damit zu rechnen, daß an den wirtschaftlichen Erfolgen auch Forschung und Entwicklung teilnehmen werden.

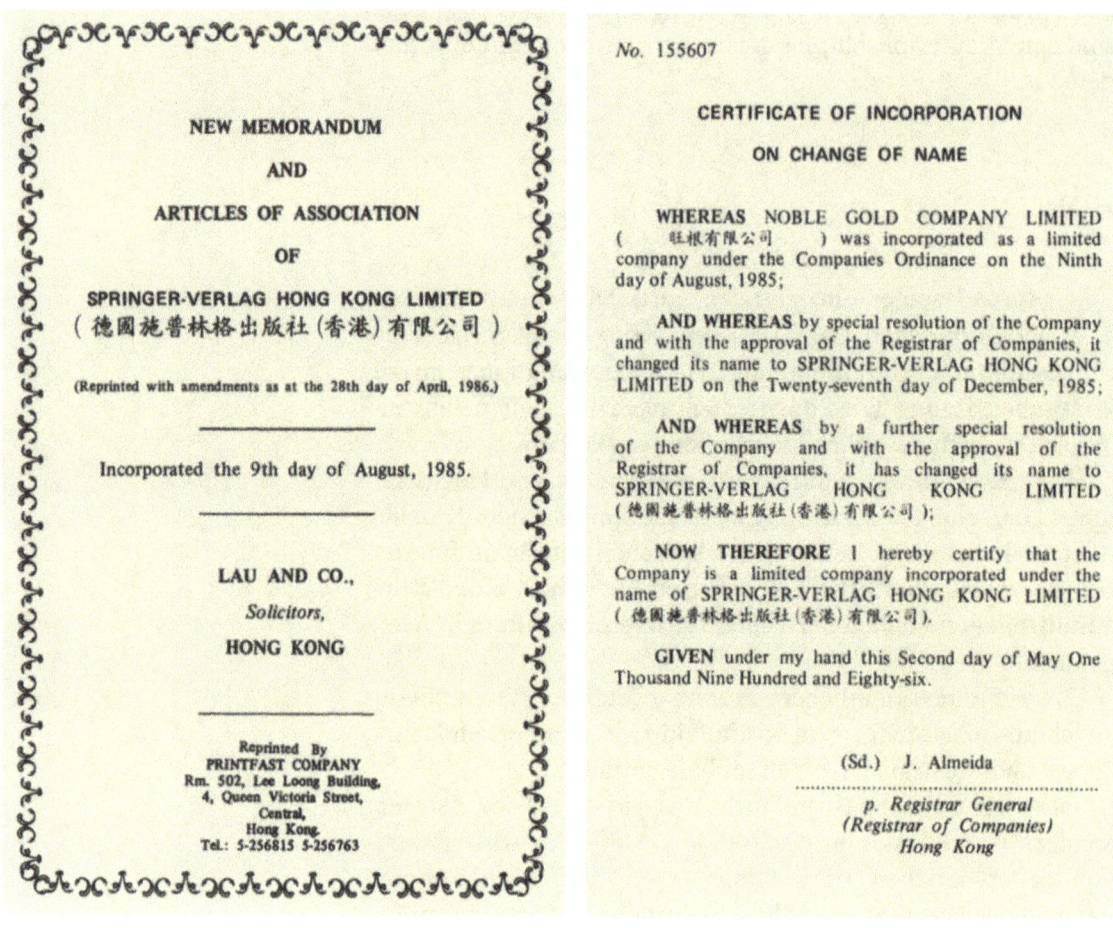

209, **210** »*New Memorandum and Articles of Association of Springer-Verlag Hong Kong Limited*« *1985 (links) und* »*Certificate of Incorporation on Change of Name*« *vom 2. 5. 1986 (rechts).*

Es handelt sich im ganzen um eine Staatengruppe, die — ungleich der übrigen Welt — Jahr für Jahr mit positiven Handelsbilanzen hervortritt.

Für unsere Absichten, nach Hong Kong zu gehen, spielte die Lagerhaltung im Interesse rascher Liefermöglichkeiten in die geschilderten Bereiche, einschließlich der VR China, eine wichtige Rolle.

Jolanda von Hagen vollzog die ersten praktischen und rechtlichen Schritte zur Gründung unserer Niederlassung. Es ist in Hong Kong Brauch, sich einer Hilfskonstruktion zu bedienen, wenn man möglichst rasch eine Firma gründen möchte. Man erwirbt eine »empty shell company«, die bereits registriert ist, ohne geschäftliche Tätigkeit auszuüben. In unserem Falle war es die ›Noble Gold Company Limited‹, die wir am 27. Dezember 1985 kauften. Am 3. März 1986 feierten wir die Eröffnung unseres Hong-Kong-Geschäftes im ›World Trade Centre Club‹.

Am 26. April 1986 wurde der Name unserer Noble Gold Company Ltd. in Springer-Verlag umgewandelt und am 2. Mai

1986 vom Hong Kong Company Registrar offiziell bestätigt (s. Abb. S. 162). Der erste Verantwortliche vor Ort war James T.S. *Yang*, der die praktischen Vorbereitungen für die Eröffnung unseres Büros getroffen hatte, das im neuen Citicorp Centre, Causeway Bay, Hong Kong Island, Unterkunft fand. James *Yang* baute die ersten Verbindungen in Hong Kong und Taiwan auf und besuchte weiterhin chinesische Universitäten und Buchhandlungen auf dem Festland. Er wurde von einem kleinen Stab unterstützt und gewann Maurice *Kwong*, der nach *Yangs* verabredeter Rückkehr nach London, am 1. März 1989 die Führung des Büros übernahm.

Nach gemeinsamen Beratungen beschlossen wir, unseren Standort mehr in die Nähe der Universitäten und Hochschulen, d.h. ins Zentrum von Kowloon zu verlegen. Aus diesem Grunde zogen wir am 1. Dezember 1990 in den ›Mirror Tower‹ des Geschäftsviertels Tsimshatsui auf der Halbinsel Kowloon. Die Eröffnung des neuen Büros wurde verbunden mit dem fünfjährigen Jubiläum der Firma, das wir allerdings erst am 23. März 1991 in Gegenwart zahlreicher Freunde aus dem Universitätsbereich und Geschäftspartner festlich begingen. Der neue Standort bewährte sich nach kürzester Zeit. Zu unseren hochgeschätzten Autoren in Hong Kong gehören unter anderem John *Wong*, PhD, FRACS, FACS am Queen Mary Hospital und der Universität von Hong Kong. Er gehört zum Kreise der Mitherausgeber unserer internationalen chirurgischen Zeitschrift ›World Journal of Surgery‹ und ist Mitglied ihres Zeitschriftenkomitees.

Hong Kong hat eine Niedrigpreisserie von Lehrbuchreprints begonnen, um den Studenten die Anschaffung qualifizierter Lehrbücher zu ermöglichen. In dieser Serie sind erschienen:

- P. Davies: Steps to Follow. 1984
- S. Lang: Calculus of Several Variables. (Undergraduate Texts in Mathematics). 1987
- S. Lang: Linear Algebra. (Undergraduate Texts in Mathematics). 1987
- W.F. Chen und D.J. Han: Plasticity for Structural Engineers. 1988
- R. Nieuwenhuys et al.: The Human Central Nervous System. 1988
- W. Greiner: Theoretical Physics. Vol. 1: Quantum Mechanics. An Introduction. 1989
- W. Greiner: Theoretical Physics. Vol. 2: Quantum Mechanics. Symmetries. 1989
- E. Pretsch: Tables of Spectral Data for Structure. 1989
- S. Lang: Undergraduate Algebra. (Undergraduate Texts in Mathematics). 1990
- C.P. Slichter: Principles of Magnetic Resonance. (Springer Series in Solid-State Sciences, vol. 1). 1990

211 *Maurice Kwong (1960) leitet seit 1989 die Springer-Niederlassung in Hong Kong.*

212 *Im siebten Stockwerk des Mirror Tower auf der Halbinsel Kowloon ist das Büro des Springer-Verlags Hong Kong beheimatet.*

- F. M. Callier und C. A. Desoer: Linear System Theory. 1991
- R. G. Hunsperger: Integrated Optics. (Springer Series in Optical Sciences, vol. 33). 1991
- H. Ibach und H. Lüth: Solid-State Physics. An Introduction to Theory and Experiment. 1991
- P. Meystre und M. Sargent: Elements of Quantum Optics. 1991
- M. H. Protter und C. B. Morrey: A First Course in Real Analysis. (Undergraduate Texts in Mathematics). 1991
- U. Tietze und C. Schenk: Electronic Circuit. 1991
- S. Osaki: Applied Stochastic System Modelling. 1992
- M. Braun: Differential Euations and Their Applications. 1993

Diese verbilligten Ausgaben hatten wir – zuerst in New Delhi – für die Entwicklungsländer konzipiert, um deren Studenten den Erwerb guter Lehrbücher des Springer-Standards zu ermöglichen — zugleich als Werbung für die Zukunft. Wir haben dabei bewußt das Risiko in Kauf genommen, daß diese Ausgaben auch in andere Länder gelangen. Eine sorgfältige Überwachung hat dies bisher begrenzen können.

In Hong Kong arbeiten gegenwärtig fünf Mitarbeiter unter der umsichtigen Leitung von Maurice *Kwong* und seiner Stellvertreterin Cornelia Schindewolf.

NEW DELHI · INDIEN

Im internationalen Buchhandel spricht man noch immer vom »Traditional British Market«, der den geographischen Bereich des britischen Commonwealth umfaßt und zu dem Australien ebenso gehört wie Canada, Ägypten und Teile Kleinasiens sowie Indien. Es ist nicht leicht, in diese Märkte einzudringen, die »entwicklungsgeschichtlich« von London her betreut werden, gefördert und gestützt vom gemeinsamen Gebrauch der englischen Sprache. Versuche, diese Märkte für uns zu erschließen, hatten erst Sinn und Aussicht auf Erfolg, nachdem wir uns der englischen Sprache in unseren wissenschaftlichen Veröffentlichungen bedienten. Wohl gab es auch vorher Bestellungen aus Indien, die ihrer geringen Häufigkeit wegen und der Unsicherheit des Handelsverkehrs im allgemeinen nur gegen Vorkasse bedient wurden. Today and Tomorrow's Book Agency New Delhi (R. K. Jain) waren wohl die ersten, die in der Mitte der sechziger Jahre Springer-Bücher importierten. Der erste Großhändler für unsere Produktion war Chander Mohan Chawla von Universal Bookstall (UBS) Publisher's Distributor's Private Limited mit Niederlassungen in Delhi, Kanpur und

213 *Nandi K. Mehra (1934) mit Ehefrau Rosemarie, die Leiter unserer Partnerfirma Narosa und Springer Books (India) Private Limited in New Delhi.*

Bangalore. Chawla besuchte uns 1968 in Heidelberg. Wir überließen ihm die exklusiven Vertriebsrechte für Indien. 1969 flogen Holtz und ich nach New Delhi zum formalen Abschluß des Vertrages. 1970 folgte das Arrangement mit einem zweiten Wholesaler, ›Allied Publishers‹, repräsentiert durch seinen geschäftsführenden Direktor Ramanand Sachdev, mit Niederlassungen in Delhi, Bombay, Calcutta und Madras.

1973 schließlich vertrauten wir Nandi K. Mehra [MEHRA] die offizielle Vertretung des Springer-Verlages für Indien, Pakistan, Sri Lanka, Bangladesh und Nepal an. Es wurden jetzt erstmals Kundenlisten für diese Länder erarbeitet, mit denen eine intensive Werbung für Springer-Produkte in jenen Bereichen beginnen konnte, die seit der zweiten Hälfte des 19. Jahrhunderts eine nahezu ausschließliche Domäne britischer Verleger und Buchhändler gewesen waren.

1977 folgte ein Abschluß mit Narosa Book Distributors Delhi als drittem Springer-Buchimporteur, repräsentiert durch Rosemarie Mehra. Springer-Verlag und Narosa-Publishing wurden von Nandy Mehra vertreten. Die Wirtschaftsgesetzgebung Indiens erlaubte damals keine ausländischen Mehrheiten in indischen Firmen. Die vertrauensvolle und loyale Zusammenarbeit mit Mr. und Mrs. Mehra ließ uns jedoch unsere Vertriebs- und Verlagsziele in Indien auf gemeinsamem Wege erreichen.

Am 29. September 1980 wurde dieses Zusammenwirken abgerundet durch die formelle Eintragung von ›Springer Books (India) Private Ltd‹. Wir erhielten das »Certificate of Incorpo-

214 *F. M. Callier und C. A. Desoer ›Linear System Theory‹ (›Springer International Student Edition‹, ›First Narosa Publishing House Reprint‹ 1992).*

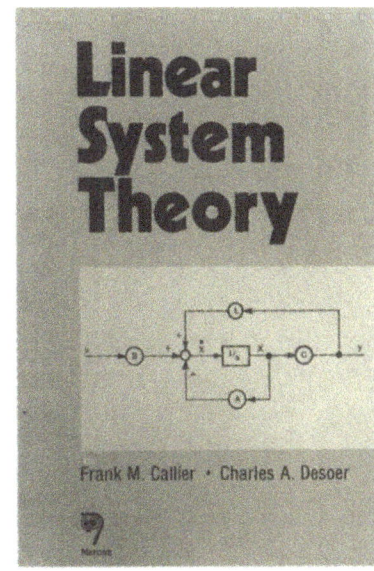

216 (s. gegenüberliegende Seite) *Anläßlich der 4. Internationalen Buchmesse in New Delhi 1980 warben Elefanten erfolgreich für den Springer-Verlag und für Narosa. Im gleichen Jahr, am 29. September, wurde Springer Books (India) Private Limited ins indische Handelsregister eingetragen.*

215 *Srinivasa Ramanujan (1887 bis 1920) beschäftigte sich zunächst autodidaktisch mit Mathematik. Versuche des Studiums an verschiedenen Hochschulen scheiterten. Seine erste Publikation erschien 1912. Von 1913 an wurde ihm schließlich ein Stipendium der Universität in Madras gewährt. Zahlentheoretiker verdanken Ramanujan bemerkenswerte asynoptische Formeln und Ergebnisse zur Theorie der elliptischen Funktionen und über Kettenbrüche.*

ration« des »Registrar of Companies«. Damit übernahm Springer (India) die gesamte Verantwortung für Marketing und Verkauf der Springer-Produktion in Indien, Pakistan, Sri Lanka, Bangladesh und Nepal. Zur weiteren Festigung unserer Präsenz in Indien, die mit der gleichzeitigen Expansion unseres gesamten Verlagsunternehmens einherging, wurden am 13. September 1984 in Madras, am 1. September 1986 in Bombay und am 6. November 1989 in Calcutta Zweigniederlassungen eingerichtet. Springer Books (India) konnte am 25. September 1990 sein zehnjähriges Jubiläum feiern. Es traf mit dem 6. Internationalen Kongreß für medizinisches Bibliothekswesen in New Delhi zusammen.

Indien hat bedeutende Forscher hervorgebracht und besitzt erstklassige Forschungsinstitute, unter denen das Tata Institute of Fundamental Research in Bombay herausragt, mit dem wir eng zusammenarbeiten. Der hervorragende Mathematiker K. Chandrasekharan kehrte 1949 von Princeton nach Indien an das Tata Institute zurück, wo er 1950 mit uns die ›Tata Institute Lectures in Mathematics and Physics‹ begann, deren ersten Band ›Lectures on the Riemann Zeta Function‹ er selbst bestritt. Er folgte 1966 einem Ruf an die ETH Zürich.

Zusammen mit dem Tata-Institut legten wir am 13. September 1984 anläßlich der Eröffnung unseres Büros in Madras zwei Bände ›Note Books of Srinivasa Ramanujan‹ vor, in Gegenwart des Erziehungsministers der Regierung von Tamil Nadu, Herrn C. Aranganayagam, und der Witwe Srinivasa Ramanujans, Smt. Janaki Ammal. Am 22. Dezember 1987 folgte die Übergabe der ›The Lost Notebook and other Unpublished Papers‹ von Ramanujan als gemeinsame Produktion von Springer und Narosa, in Anwesenheit des damaligen Ministerpräsidenten von Indien, Shri Rajiv Gandhi.

1977 begannen wir mit einer Reihe ›Springer International Student Editions‹ (SISE) für den indischen und fernöstlichen Markt, deren erste fünf Titel im Dezember 1977 vorlagen:

- K. Yosida: Functional Analysis
- J. B. Conway: Functions of One Complex Variable
- E. Batschelet: Introduction to Mathematics for Life Scientists
- D. Hess: Plant Physiology
- H. G. F. Winkler: Petrogenesis of Metamorphic Rocks

Bis Dezember 1992 wurden 50 Bände publiziert.

Gemeinsam mit Narosa sind inzwischen dreizehn Einzelmonographien, Lehrbücher und Proceedings wichtiger Kongresse erschienen, weitere sechs befinden sich in der Herstellung, neben den Originalveröffentlichungen des Springer-Verlags Berlin Heidelberg, die durch Narosa vertrieben werden.

Zu Beginn des Jahres 1988 — in der Nacht vom 2. zum 3. Februar — wurde das Verlagsbüro in New Delhi kurz vor der Eröffnung der internationalen Buchmesse durch Feuer weitgehend zerstört. Die Errichtung eines vielbeachteten Buchstandes auf der am 5. Februar beginnenden Messe wurde dadurch nicht beeinträchtigt.

Die Internationale Verlegerunion entschloß sich, ihren Kongreß vom 27.–31. Januar 1992 in New Delhi abzuhalten, gefolgt von der Internationalen Buchmesse, die vom ›National Book Trust‹ in Zusammenarbeit mit der ›Federation of Publishers and Booksellers Associations‹ und anderen indischen Vereinigungen vom 1.–9. Februar 1992 in Indien organisiert wurde. Der Springer-Verlag war gemeinsam mit Narosa hervorragend vertreten und erhielt eine Auszeichnung für die beste Standgestaltung. Es fanden zahlreiche Zusammenkünfte mit indischen Autoren statt. Der Kongreß widmete sich vornehmlich der Förderung weltweiter buchhändlerischer und verlegerischer Beziehungen, insbesondere mit den Entwicklungsländern.

VIERTER ABSCHNITT
Niederlassungen in Europa

217 *Das Firmensignet des Dr. Dietrich Steinkopff-Verlags in Darmstadt.*

DARMSTADT · STEINKOPFF

Theodor Steinkopff (1870–1955) gründete 1898 mit einem Partner den Verlag Steinkopff & Springer in Dresden. Eine auch nur entfernte Verwandtschaft mit der Familie Springer besteht nicht. Seinen eigenen Verlag gründete Theodor Steinkopff am 1. Januar 1908 mit dem noch heute gültigen Verlagsziel: Pflege naturwissenschaftlicher und medizinischer Literatur. Sein Sohn Dietrich (1901–1970) versuchte nach dem Zweiten Weltkrieg den Kontakt mit dem Westen zunächst durch eine Niederlassung in Frankfurt-Griesheim (1945), ab 1950 in Darmstadt, Saalbaustraße 12, zu erhalten und weiter zu entwikkeln. Von Darmstadt aus konnte er die wichtige Verbindung mit der Deutschen Gesellschaft für Herz- und Kreislaufforschung weiterführen, deren Berichte über die Jahrestagungen noch heute zu den wissenschaftlich hervorragenden Publikationen des Verlages zählen, neben der 1909 von M. Herz gegründeten ›Zeitschrift für Kardiologie‹. Im Rahmen des Verlagsschwerpunktes »Physikalische Chemie« wurden erfolgreiche Beziehungen zur Deutschen Kolloidgesellschaft gepflegt. Die ›Kolloidzeitschrift‹ wird seit 1974 als ›Colloid and Polymere Science‹ weitergeführt mit einer eigenen Supplementreihe ›Progress in Colloid and Polymere Science‹, die auch Proceedings aufnimmt.

Das Dresdner Verlagshaus war 1978 aufgelöst worden. Am 1. Juli 1980 übernahm der Springer-Verlag den Dietrich Steinkopff Verlag als Tochterfirma mit Wirkung vom 1. Januar 1980. Die Verlagsleitung lag bis 1993 in den Händen von Bernhard Lewerich, zunächst als alleinigem Geschäftsführer, seit Sommer 1981 gemeinsam mit C. Michaletz. 1993 übernahm Thomas Thiekötter die Leitung der Firma. Die Verlagsziele wurden konsequent weiterverfolgt, mit Ausnahme eines weniger erfolgreichen Psychologieprogrammes.

Geschäftsleitung, Lagerhaltung, Vertrieb und Auslieferung liegen beim Springer-Verlag. 1984 führte Steinkopff einen Kongreßservice für wissenschaftliche Gesellschaften und pharmazeutische Firmen ein, der durch die schnelle Niederschrift von Vorträgen eine erhebliche Verkürzung der Publikationsfristen für die Kongreßberichte bewirkte. 1990 wurde dieser Dienst der Abteilung Wissenschaftliche Kommunikation (WIKOM, s. S. 262) des Springer-Verlags Heidelberg einverleibt, der einen entsprechenden Service auf breiterer Basis betreibt.

Die Anzahl der Mitarbeiter ist seit 1980 mit etwa fünfzehn nahezu gleich geblieben. Parallel zur Übernahme der genannten Dienstleistungsaufgaben durch Springer konnten Planung und Herstellung im Interesse zügiger Verwirklichung neuer Projekte personell verstärkt werden. Der Umfang der Buchproduktion hält sich bei jährlich etwa 35 Titeln mit zunehmend strengerer Auswahl; zum Zeitpunkt der Übernahme des Verlages führte Steinkopff neun Zeitschriften, inzwischen sind es zehn. 1981 wurde die ›Zeitschrift für Gestalttheorie‹ im Zuge der Einstellung des Psychologieprogramms veräußert, zwei Zeitschriften — ›Herz-, Thorax- und Gefäßchirurgie‹ (1987) und ›Herzschrittmachertherapie und Elektrophysiologie‹ (1990) — wurden neu gegründet.

LONDON

Nach der Gründung von Springer-Verlag New York und der Entfaltung unserer damit verbundenen verlegerischen Betätigung in englischer Sprache sowohl von Heidelberg als auch von New York aus, erschien eine Präsenz in London immer zwingender. London war und ist die Zentrale für das verlegerische und buchhändlerische Leben des britischen Commonwealth. Der »traditional British market« ist noch heute nicht nur ein Begriff, sondern eine buchhändlerische Realität. Er umfaßt all jene Erdteile und politischen Bereiche, in denen England im Laufe der Jahrhunderte politisch führend war bzw. es noch ist. Man zählt hierzu Indien, Australien, Kanada, Teile Kleinasiens, Ägypten und andere Bereiche Afrikas. Es war notwendig, auf diesen Domänen englischsprachiger Literatur mit ihrem Autorenpotential Fuß zu fassen. Nur so konnten wir den gesamten englischsprachigen Markt erreichen, was für die Durchschlagskraft unserer Bemühungen erforderlich war. Es sollte sich zeigen, daß das Eindringen in diesen großen, aber festgefügten Marktbereich schwieriger war, als wir erwartet hatten, obwohl das britische Buchhandelssystem — insbesondere dank der Bemühungen von Sir Stanley Unwin — dem mitteleuropäischen, insbesondere dem deutschen System verwandter war als das

218 *Paul B. Mayer (1910–1979), deutscher Emigrant, studierte in Berlin Rechtswissenschaften. Dem noch jungen Springer-Verlag in London konnte er aufgrund seiner Vertrautheit mit dem englischen Markt bei der Werbekonzeption hilfreiche Unterstützung geben und bereitete die Gründung unserer Tochterfirma in London vor.*

219 *Harold F. Roberts (1923) war der erste Verkaufsleiter für den Springer-Verlag London.*

US-amerikanische. Es kam uns zustatten, daß die Herstellungskosten in England zunächst niedriger waren als auf dem Kontinent; das änderte sich bald.

Aus all den genannten Gründen hatte ich schon seit Ende der sechziger Jahre Copublishing agreements mit britischen Verlagen gesucht. Sie gelangen auf medizinischem Gebiet mit Churchill Livingstone und der Longman-Gruppe und auf technischem Gebiet mit Chapman & Hall. Bei diesen Kontakten war uns Paul Mayer hilfreich [Semper Attentus: 237–240], ein als angehender Jurist emigrierter Deutscher, der in Südafrika eine wissenschaftliche Buchhandlung aufgebaut hatte. Er überließ nach einigen Jahren die Leitung des Geschäftes einer treuen Mitarbeiterin und zog mit seiner Familie nach London, um seinen Kindern das Studium in England zu ermöglichen. Ich lernte ihn im Jahre 1966 auf einem der Ausländerabende des Börsenvereins während der Frankfurter Buchmesse kennen. Er hatte sich als Buchhändler für unsere Produktion interessiert, und wir kamen ins Gespräch. Ich erkannte in ihm einen versierten wissenschaftlichen Sortimenter, der in London eine Agentur für Übersetzungsrechte betrieb. Er war äußerst sprachgewandt und mit angelsächsischen Werbemethoden vertraut. Ich bediente mich seines guten Rates für unsere englischsprachigen Werbedrucksachen, die eine andere Konzeption erforderten als die für unsere bisherigen Hauptmärkte übliche. Es entwickelte sich eine zunächst lockere, aber fruchtbare Zusammenarbeit, in der P. Mayer Brücken zu den genannten englischen Verlegern schlug. Er machte mich beispielsweise mit Harold F. Roberts (»Robbie«) bekannt, einem erfahrenen Verkaufsleiter, der 1970 unser Sales Representative, ab 1973 Sales Manager für den Springer-Verlag London wurde. Sein Sohn Paul ist noch heute in der gleichen Funktion für uns tätig.

Die Zusammenarbeit mit P. Mayer verdichtete sich im Laufe der Jahre. Er wurde 1972 Editorial Representative und fand für uns 1973 das erste Büro des Springer-Verlages London in 37A Church Road, Wimbledon, das am 28. November 1973 offiziell eröffnet wurde. Die Wahl Wimbledons war kein »marketing play« oder Ausdruck eines Tennisenthusiasmus. Wimbledon liegt verkehrsgünstig zur Innenstadt, für Autoren gut erreichbar und ohne die überhöhten Preise der City!

Nach Aufgabe seiner eigenen Agentur leitete Mayer gemeinsam mit Roberts erfolgreich die zunächst bescheidene Zweigstelle bis zu seinem Ruhestand. Er starb am 16. August 1979. Zum Londoner Büro hatte sich 1977 Michael Jackson als Medizinplaner gesellt und 1979 Roger Dobbing als Herstellungsleiter für die beginnende eigene Produktion. Das erste Lon-

220 *Die Church Road in Wimbledon, London, um die Jahrhundertwende.*

doner Buch erschien 1980: Beighton und Cremin, ›Sclerosing Bone Dysplasias‹.

Es fügte sich, daß ich Ende der fünfziger Jahre einen fähigen Berater auf dem Gebiete der Medizin kennenlernte: Walter L. von Brunn, Professor für Medizingeschichte in Tübingen. Er war der Sohn des Chirurgen und Medizinhistorikers Walter von Brunn, Autor einer 1928 bei Springer erschienenen Geschichte der Chirurgie. W. L. von Brunn war Autor einer hervorragenden Monographie ›Kreislauffunktion in William Harveys Schriften‹, die 1967 bei Springer erschien. Er machte mich 1960 während des Chirurgenkongresses in München mit Gerald Graham, London, bekannt. Graham war zu jener Zeit Herausgeber der englischsprachigen Ausgabe der ›Deutschen Medizinischen Wochenschrift‹ (Thieme-Verlag) und wirkte als Professor für klinische Physiologie am Hospital for Sick Children in der Great Ormond Street, London. Ich bat Graham, uns bei der Anglisierung und gleichzeitigen Europäisierung unserer Zeitschriften zu helfen und gegebenenfalls auch neue, rein englischsprachige Zeitschriften aufzubauen.

Durch Graham kamen wichtige Verbindungen zustande, etwa zu Alan Chrispin, der von 1973–1990 als Herausgeber der Zeitschrift ›Pediatric Radiology‹ wirkte, und zu dem ausgezeichneten Pathologen Sir Colin Berry. Dank der Aufgeschlossenheit des Hauptherausgebers von ›Virchows Archiv‹, Wilhelm Doerr in Heidelberg, konnte Berry 1984 als gleichberechtigter Mitherausgeber gewonnen werden. Dies war ein wesentlicher Schritt zur Internationalisierung dieser Zeitschrift und ein Gewinn für die darin vertretene klinische Pathologie,

221 *Gerald Graham (1918), Professor am Hospital for Sick Children, Great Ormond Street in London. Er leistete wertvolle Hilfe für unsere Niederlassung, führte uns Autoren und Herausgeber zu und war von 1990 bis 1993 Leiter von Springer London.*

222, 223 *Sir Colin Berry (1937) ist Professor für Pathologie am London Hospital Medical College. 1981 veröffentlichten wir seine ›Paediatric Pathology‹. Sir Colin ist seit 1984 Mitherausgeber von ›Virchows Archiv‹.*

die in England besonders gepflegt wurde. Berry, seit 1993 Sir Colin Berry, ist noch immer für ›Virchows Archiv‹ tätig und hat 1981 (2. Auflage 1989) das sehr erfolgreiche Werk ›Paediatric Pathology‹ bei uns verlegt.

Mit G. Graham wurde 1979 in unserem New Yorker Haus die Zeitschrift ›Pediatric Cardiology‹ gegründet, für die er den seit 1990 aktiven Mitherausgeber Ian Carr (Chicago) gewann. Unsere erste, 1986 in London gegründete Zeitschrift ›Nephrology Dialysis Transplantation‹ geht gleichfalls auf eine Anregung von Graham zurück. Wir verdanken ihm ferner die Gewinnung von Herausgebern und Mitherausgebern für zahlreiche Zeitschriften: R. E. Coupeland (›Surgical and Radiologic Anatomy‹), R. Goldsmith (›European Journal of Applied Physiology‹), D. Grant und M. Precce (›European Journal of Pediatrics‹), R. A. Hughes (›Journal of Neurology‹), F. E. Loeffler (›Archives of Gynaecology and Obstetrics‹) und P. Thomas (›European Archives of Psychiatry and Clinical Neuroscience‹). Er half 1976 schließlich bei der Umwandlung unserer deutschsprachigen Zeitschrift ›Pneumologie‹ (bis 1970: ›Beiträge zur Klinik und Erforschung der Tuberkulose und Lungenkrankheiten‹) in ›Lung‹ unter M. H. Williams in New York.

Im Januar 1985 erwarben wir ein Haus in 43 Church Road, Wimbledon, in das wir mit einem inzwischen vergrößerten Mitarbeiterstab unter der Leitung von G. Graham als Managing Director einzogen.

Für London schien uns in jenen Jahren noch viel mehr zu gelten, was von New York zu berichten war: Die englischen Autoren hielten zu ihren britischen Verlagen, was durchaus verständlich war. Wir mußten durch besseren Service und besonders hervorragende Qualität der Ausstattung — vor allem im

Illustrationsbereich — die britischen Autoren von uns überzeugen. Ein fühlbarer Durchbruch wurde erzielt, als ich mit Hilfe des alten Freundes und Mitbegründers der operativen Knochenbruchbehandlung, Maurice Müller, seinen englischen Kollegen, Sir John Charnley, für dessen Hauptwerk ›Low Friction Arthroplasty of the Hip‹ gewinnen konnte. Es erschien 1979 und war ein weltweiter Erfolg. Allmählich gelang es, neben der Medizin noch andere naturwissenschaftliche und technische Autoren zu gewinnen und insbesondere auf dem Gebiete der Computer Science beachtliche Fortschritte zu erzielen. Hier erfreuen wir uns guter Zusammenarbeit mit Rae A. Earnshaw.

Im Jahre 1986 wurde in Bedford eine Sales- und Marketing-Abteilung gegründet. Der Ort war gewählt worden, um gleichzeitig dem Verlag International Fluidics Services — IFS (Engineering, besonders Robotics), den wir im Juli 1985 übernommen hatten, als Domizil zu dienen. Bald danach entschlossen wir uns, die Londoner Niederlassung auf eine breitere Basis zu stellen und vermehrt im Bereich Computer Science und Engineering tätig zu werden. Zu diesem Zweck wurde J. Cameron als Managing Director eingesetzt, und wir bezogen gemeinsam mit Sales und Marketing Anfang 1988 ein größeres Gebäude nahe der Bahnstation Wimbledon.

In jüngster Zeit haben sich Strukturveränderungen als zweckmäßig erwiesen und einen erneuten Wechsel nahegelegt. J. Cameron hat uns Anfang 1990 verlassen, und unser Büro steht seither wieder unter der Leitung G. Grahams, der sich nunmehr ausschließlich dieser Aufgabe widmen kann. Er wird unterstützt durch eine besonders enge Zusammenarbeit mit dem Leiter des Verkaufsbereichs des Springer-Verlags Berlin Heidelberg, Peter Porhansl.

Im Laufe der Zeit haben sich die Verbindungen zu Autoren und Herausgebern im United Kingdom günstig fortentwickelt, und insbesondere zu einer Reihe von weiteren Zeitschriftengründungen geführt. Von London aus erscheinen nunmehr die folgenden Periodika:

Medizin

Clinical Oncology (1989)
Comparative Haematology International (1991)
International Urogynecology Journal (1990)
Osteoporosis International (1990)
Phlebology (1992)

Biologie

Epithelial Cell Biology (1992)

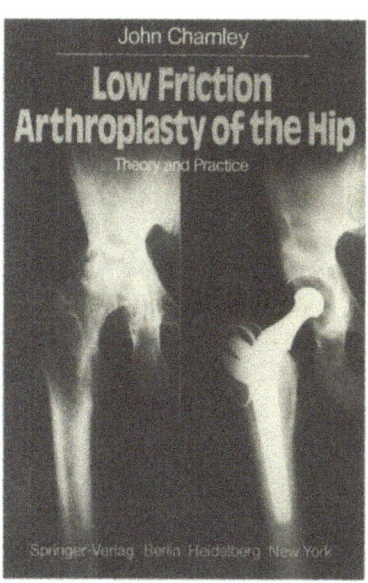

224 *John Charnley ›Low Friction Arthroplasty of the Hip‹, 1979.*

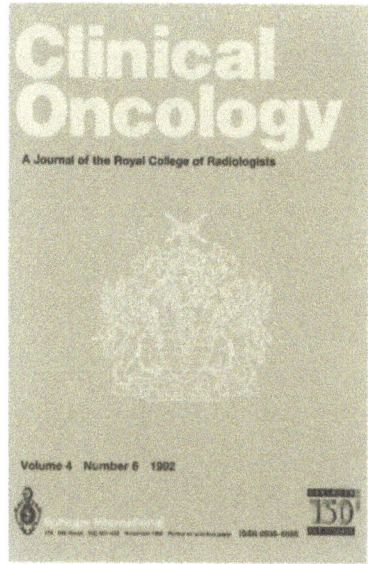

225 *›Clinical Oncology‹, Bd. 4, Heft 6, 1992. Diese Zeitschrift des ›Royal College of Radiologists‹, wird von Terry James Priestman und Basil Arnold Stoll herausgegeben.*

Computer Science

AI & Society (1987)
Formal Aspects of Computing (1989)
Neural Computing & Applications (1993)
The Turing Institute Abstracts in Artificial Intelligence (1991)
Applied Signal Processing (für 1994 geplant)

Technik (Engineering)

International Journal of Advanced Manufacturing
    Technology (1989)
Journal of Systems Engineering (1991)
Machine Vision and Applications (1988)

Accounting

International Journal of Accounting (1989)

PARIS

Frankreich war durch die Besonderheiten seines Marktes, seine Bevorzugung des broschierten Buchs und vor allem durch die nahezu ausschließliche Benutzung der eigenen Sprache für jeden ausländischen Verleger ein abgeschlossener Markt. Andererseits besaß es für uns als unmittelbares Nachbarland mit hervorragenden wissenschaftlichen Instituten, Universitäten und bedeutenden Gelehrten große Anziehungskraft. Es kam hinzu, daß Paris ein beliebter Veranstaltungsort für wissenschaftliche Kongresse ist. Wir waren ferner der Auffassung, daß auch französische Wissenschaftler auf die Dauer nicht ohne Englisch als Publikationssprache auskommen können, wenngleich die maßgebenden staatlichen Instanzen mit allen Mitteln versuchten, an Französisch als Kongreß- und Publikationssprache festzuhalten. Auch heute gibt es noch Kontroversen über das Sprachenproblem in Frankreich, wie aus einem Beitrag in der Zeitschrift ›Nature‹ vom 23. April 1992 hervorzugehen scheint. Dort steht zu lesen, daß ein Professor der Universität Marseille an Staatspräsident Mitterrand, den Schirmherrn des ›Hohen Rates für Frankophonie‹, geschrieben habe, weil das Zentrum für wissenschaftliche Forschung keine französischen wissenschaftlichen Zeitschriften mehr unterstütze:

> Wir können es nicht länger hinnehmen, daß die obersten Instanzen der Forschungseinrichtungen trotz der Erklärungen des Staatsoberhauptes weiterhin die französische Sprache als internationale Sprache der wissenschaftlichen Darstellung mißachten.

Die Lage wird durch eine vor Jahren kursierende Anekdote beleuchtet: Ein bedeutender französischer Naturwissenschaftler trug auf einem Kongreß im Ausland vor und sprach zunächst fünf Minuten lang französisch. Danach wechselte er auf Englisch mit der Begründung: da seine Forschungsarbeit zu 90% von der Rockefeller Foundation finanziert würde, fühle er sich berechtigt, die restlichen 90% seines Vortrages in englischer Sprache zu halten.

Wir versuchten zunächst, unsere Buchhandelsverbindungen mit Frankreich auszubauen und auf allen wichtigen Kongressen vertreten zu sein. Wir hofften, damit zugleich Kontakt mit den besten französischen Autoren auf allen Wissensgebieten zu gewinnen. Das offizielle Festhalten an der französischen Sprache hatte die einheimischen Verlage nicht sehr ermutigt, in Englisch zu publizieren, so daß wir hier einen Vorteil für uns erblicken konnten, der uns im Laufe der Zeit auch tatsächlich zuteil wurde.

226 *Patricia O'Hanlon-Saarbach (1922) war die erste Repräsentantin der Springer-Firmen in Paris.*

Wir konnten jedoch unsere Absichten nicht ohne eine Verlagsrepräsentanz in Paris verwirklichen. Es war ein glücklicher Umstand, daß wir Patricia O'Hanlon-Saarbach begegneten, die sowohl im Buchhandel als auch im Autorenverkehr über reiche internationale Erfahrungen verfügte. Sie war völlig zweisprachig — Englisch/Französisch — und besaß hervorragende Deutsch- und Italienischkenntnisse. Für McGraw-Hill hatte sie ein Repräsentanzbüro in Frankreich aufgebaut; ich traf sie während des internationalen Verlegerkongresses im Jahre 1972 in Paris im Kreise des »Grand Old Man in American Publishing«, Curtis Benjamin, dem damaligen Präsidenten von McGraw-Hill. »Paddy«, wie sie freundschaftlich-leger genannt wurde, hatte schon viele Jahre früher K. F. Springer en passant kennengelernt, als er bei McGraw-Hill volontierte. P. Saarbach war von 1958 bis 1960 als Editor für Pergamon Press und von 1960 bis 1966 für Gauthier-Villars tätig gewesen. Es war für uns von großem Vorteil, daß sie die Buchhandelsszene in Frankreich aus eigener Erfahrung hervorragend kannte. Wir konnten sie 1966 für den Springer-Verlag verpflichten. Sie bemerkte später dazu: »Springer-Verlag struck me as the most enterprising of scientific publishers with her English language editions.« Die Verabredung wurde in Berlin mit Paul Hövel getroffen, da sie zunächst für unseren Buch- und Zeitschriftenvertrieb in Frankreich tätig sein sollte. Ihre Stellenbeschreibung lautete: »... to promote Springer publications, by way of personal visits to booksellers, librarians, professors etc. and organize exhibitions at congresses, book fairs, university libraries, book shops etc.« Geographisch erstreckte sich ihre Aufgabe nicht nur auf Frankreich,

227 *Jeanne F. Tovar (1943), seit 1978 in Kontakt mit dem Springer-Verlag Heidelberg. 1981 übernahm sie die Leitung unseres Pariser Büros, 1985 unsere Niederlassung Springer-Verlag France.*

sondern schloß Belgien, Spanien, Portugal und anfangs auch Italien ein. In den siebziger Jahren kam Algerien hinzu. Wir versuchten gleichwohl, von Anbeginn die Planungserfahrungen von P. Saarbach und ihre Autorenkenntnisse in Frankreich für uns zu nutzen. Ich verdankte ihr vor allem die persönlichen Verbindungen zu Jean Bernard und seinem Schüler Marcel Bessis sowie zu Georges Mathé. Mit Bessis gründeten wir die Zeitschrift ›Blood Cells‹ (jetzt von New York betreut) und übernahmen die ›Nouvelle Revue Française d'Hématologie‹, sowie eine Reihe anderer wichtiger Buchpublikationen.

Auf dem Gebiete der Mathematik existierten bereits gute Verbindungen zu Marcel Berger, Henri Cartan, Jean Pierre Serre und Jacques Tits vom Collège de France; mit Charles Ehresmann bestanden Kontakte von Straßburg her. So entwickelte sich im Laufe der Jahre neben den Vertriebsbeziehungen ein beachtliches Buch- und Zeitschriftenprogramm, das eine eigene Betreuung erforderte. Im September 1981 eröffneten wir mit Jeanne F. Tovar ein bescheidenes Büro, das sich zunächst in ihrer Privatwohnung befand. Wir hatten sie 1978 in Paris im Zuge unserer Diskussionen mit P. Rabischong, Montpellier, über die von ihm angeregte Zeitschrift ›Anatomia Clinica‹ kennengelernt. Sie war P. Rabischongs Mitarbeiterin, die uns durch ihre perfekte Zweisprachigkeit und ihr Verhandlungsgeschick beeindruckte.

Unsere französischen Autoren waren dankbar, daß sie ihre Verlagspläne und Wünsche nicht nach Heidelberg zu richten brauchten, sondern in französischer Sprache einer weltoffenen Landsmännin mitteilen konnten. Für all unsere Kontakte während dieser Zeit sowohl in Paris als auch in London, die sich mit viel Spontaneität und oft sehr unkonventionell entwickelten,

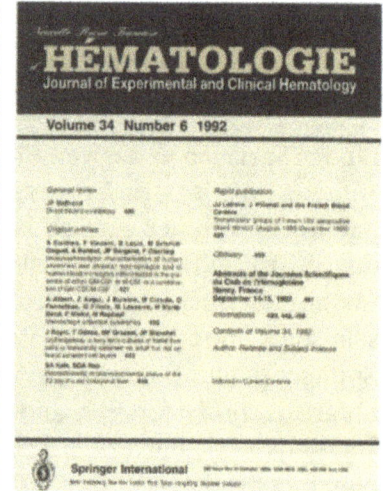

228, 229 *Jean Bernard (1907), Mitglied der Académie Française, verdankte der Verlag – ebenso wie Marcel Bessis – die Übernahme der Zeitschrift ›Nouvelle Revue Française d'Hématologie‹. Er wirkte mit bei der Gründung der Zeitschrift ›Blood Cells‹.*

230 *Der Sitz des Springer-Verlags France in Paris seit 1986: rue des Carmes 26.*

gebührt Gisela Delis aus der Herstellungsabteilung Erwähnung für ihr mitreißendes Engagement zur Erreichung unserer Ziele ohne Einsatz großer Mittel.

Am 14. November 1985 erfolgte schließlich die Eintragung von Springer-Verlag France ins Pariser Handelsregister als ›Société de droit étranger‹ und ab 17. November 1986 sind wir als ›Société à responsabilité limitée‹ registriert. Damit waren wir Teil der anfänglich zurückhaltenden französischen Verlagsszene geworden und fanden lebhafte moralische Unterstützung sowohl durch unsere mathematischen Autoren als durch Persönlichkeiten wie Marcel Bessis und Jean Bernard. Für unsere bescheidene Verlagsniederlassung wählten wir den weiteren Bereich des Quartier Latin und zogen 1986 in die Rue des Carmes 26. Dort arbeitet inzwischen ein engagiertes Team unter der Führung von J. F. Tovar, unterstützt von M. J. E. Mittelmann und von Heidelberg aus betreut von Jürgen Wieczorek. Das erste dort verlegte Buch war die ›Classification TNM des tumeurs malignes‹ der UICC (Internationale Krebsunion).

Die zurückhaltende Einstellung französischer wissenschaftlicher Verlage zur Publikation in englischer Sprache hatte uns Freunde unter den französischen Gelehrten gewonnen. Frankreich besaß hervorragende Wissenschaftler in vielen Bereichen, – ganz besonders in der Mathematik und in der Medizin, vornehmlich in der Radiologie. Seit der Gründung des Springer-Verlags France im Jahre 1985 sind bis Mitte 1992 56 Titel französischer Autoren, davon 45 in französischer und 11 in englischer Sprache erschienen, unter ihnen zwei Werke gemeinsam mit der französischen Gesellschaft für Chirurgie und zwei Lehrbücher (Chevrel et al. ›Les membres‹ und Bossy ›Neuroana-

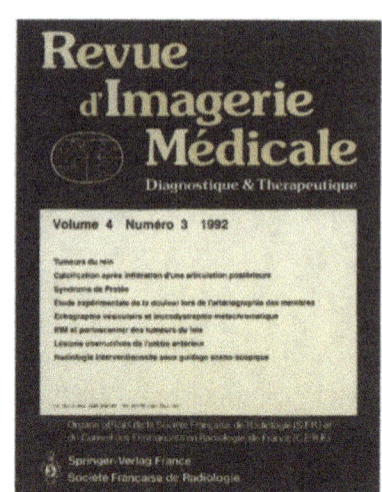

231 ›Radiologie‹, die Zeitschrift des ›Collège d'Enseignement Post-Universitaire de Radiologie (CEPUR)‹.
232 ›Revue d'Imagerie Médicale‹, offizielles Organ der ›Société Française de Radiologie (SFR)‹.

tomie‹). Daneben wurden einige Bücher parallel in französischer und englischer Sprache herausgebracht.

Die derzeit erfolgreichsten Titel sind François Bonnel et al. ›Le Genou‹ und Claus Diebler und Olivier Dulac ›Neurologie et neuroradiologie infantiles‹. Beide Titel gehören in zwei unserer Schwerpunktgebiete: Orthopädische Chirurgie und Neurowissenschaften (s. S. 284 und 293).

Springer-Verlag France betreut sechs Zeitschriften, von denen drei vom Springer-Verlag Heidelberg übernommen (›Nouvelle Revue Française d'Hématologie‹, ›Surgical and Radiologic Anatomy‹, ›Radiologie‹) und drei in Paris neu gegründet wurden (›Revue d'Imagerie Médicale‹, ›Cahiers d'Oncologie‹, ›Orthopédie, traumatologie‹).

Bemerkenswert ist die von Jeanne Hersch, Genf, herausgegebene französische Übersetzung der ›Philosophie‹ von Karl Jaspers; ihr Erscheinen im März 1986 wurde mit einer Feier im Springer-Verlag France und einem Empfang in der Schweizer Botschaft in Paris verbunden. Im Oktober 1989 ließen wir eine »Softcover«-Ausgabe folgen.

Die folgende Tabelle gibt eine Übersicht über die wirtschaftliche Entwicklung unserer Pariser Tochterfirma seit 1988.

Umsatz des Springer-Verlags France 1988–1992 (in FF)

Jahr	Zeitschriften	Bücher	Gesamt
1988	83 459	2 911 325	2 991 784
1989	1 462 101	5 407 611	6 869 712
1990	1 451 136	7 189 368	8 640 504
1991	1 663 939	7 438 653	9 102 592
1992	1 799 523	6 008 174	7 807 697
Gesamt	6 460 158	28 955 131	35 415 289

MOSKAU · UdSSR/GUS

Export in die UdSSR

Der Anteil der Springer-Produktion, der Ende der zwanziger, Anfang der dreißiger Jahre in die Sowjetunion gelangte, betrug 18,8% des gesamten Exportvolumens [HS: 324]. Damit stand die Sowjetunion an der Spitze der Exportländer. Das Bild änderte sich nach 1933/35 aus politischen Gründen. Nach dem Zweiten Weltkrieg kamen neue Faktoren ins Spiel, über die bereits berichtet wurde: Deutschland hatte seine Stellung als ein führendes Land der Wissenschaft im Bereiche der Naturwissenschaften und der Medizin verloren; die Schwerpunkte der Forschung hatten sich in den angelsächsischen Sprachbereich verlagert. Wir waren dieser Entwicklung gefolgt und hatten uns der englischen Sprache geöffnet und den Export in die englischsprachige Welt gefördert.

Die Hinwendung zum Englischen als der lingua franca der internationalen Wissenschaft war die entscheidende Veränderung in jener Zeit. Es gab daneben noch andere bemerkenswerte Wandlungen. Die fortschreitende Spezialisierung ließ es nicht mehr zu, daß alle wissenschaftlichen Sparten in jedem einzelnen Lande gleich gut vertreten waren. Die Zusammenarbeit spielte sich in größeren geographischen Dimensionen ab. Die Geographie der Produktionsstellen wissenschaftlicher Literatur und ihrer Märkte hatte sich verschoben.

All das hatte bewirkt, daß unser Export in die Sowjetunion nach dem Zweiten Weltkrieg ganz anderen Bedingungen unterlag als Anfang der dreißiger Jahre. Die Sowjetunion gehörte ferner keinem internationalen Urheberrechtsabkommen an. Zwar war auch das zaristische Rußland kein Signatarstaat der Berner Konvention gewesen, doch hatte es einige Verlage gegeben (z.B. Ricker und Ettinger in St. Petersburg), die für die Autorisation einer Übersetzung eine Kleinigkeit zahlten, weil dies die Voraussetzung dafür war, Galvanos von Abbildungen zu erhalten.

Urheberrecht

Das bolschewistische Rußland negierte prinzipiell ausländisches Urheberrecht. So wurden zahllose Springer-Bücher in den zwanziger Jahren ohne Lizenzen nachgedruckt. Vorrangig waren es Techniktitel; auch die deutsche Medizin war begehrt. Allein vom ›Dubbel‹ gab es in den zwanziger Jahren fünf russische Ausgaben in verschiedenen Verlagen, und zwar unterschiedlich ausführlich. Daran hatte sich nichts geändert. Das bedeutete weiterhin ungehinderten Nachdruck westlicher

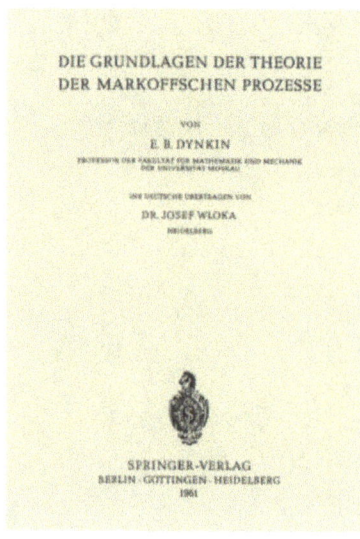

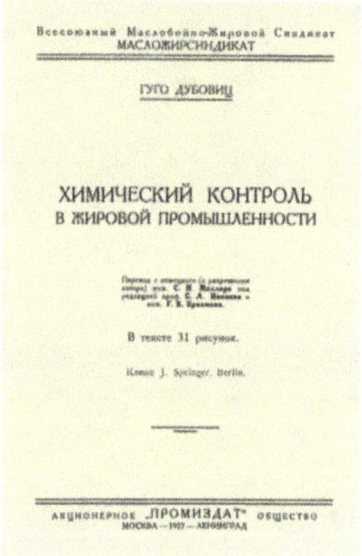

Literatur in der UdSSR und umgekehrt. Zwar wurden wissenschaftliche Zeitschriften und Bücher für die zahlreichen und teilweise bedeutenden wissenschaftlichen Institutionen und Bibliotheken der UdSSR erworben, unter anderem, um nachdrucken zu können. Bei geringem Bedarf lohnte sich aber das Nachdrucken nicht. Umgekehrt waren Übersetzung und Herausgabe sowjetrussischer Werke im Westen auf einem Tiefstand. Es hätte durchaus interessante Titel gegeben, doch kaum ein westlicher Verlag konnte das Risiko eingehen, daß ein anderer westlicher Verlag das gleiche Werk gleichzeitig geplant hatte. Dennoch wurden natürlich Werke aus Sowjetrußland aufgrund der rechtlosen Lage im Westen in Übersetzungen nachgedruckt. Es versteht sich, daß im allgemeinen damit auch keine Honorare an die Autoren gezahlt wurden. Springer hingegen hat an russische Physiker und Mathematiker wie Kolmogoroff, Frenkel und andere die auch in Deutschland üblichen Honorare gezahlt.

Ich habe es nicht für richtig gehalten, aus der Situation mangelnden Rechtsschutzes westlicher Autoren in der Sowjetunion und umgekehrt Nutzen zu ziehen, wenn man gleichzeitig versuchte, dies zu ändern und zu verbessern. Ich habe allerdings angestrebt, von russischen Autoren eine Kopie ihres Manuskriptes zum gleichen Zeitpunkt zu erhalten, an dem sie es ihrem sowjetrussischen Verlag einreichten. Dadurch gewannen wir Zeit für die Anfertigung der Übersetzung und vielleicht sogar der Buchherstellung selbst, bevor das Buch in der Sowjetunion erschien und von anderen westlichen Verlegern zur Kenntnis genommen werden konnte. Dies geschah unter anderem mit dem bedeutenden Werk von E. B. Dynkin ›Die Grundlagen der Theorie der Markoffschen Prozesse‹ (›Grundlehren der mathematischen Wissenschaften‹, Band 108, 1961). Ich stellte auch den sowjetrussischen Autoren grundsätzlich Honorar zur Verfügung, über das sie bei Kongreßaufenthalten im Westen verfügen konnten; Auszahlungen in die UdSSR hätten zu staatlicher Einziehung geführt.

Springer-Verlag und VAAP

Dieses Verhalten ist von den sowjetrussischen Behörden durchaus zur Kenntnis genommen worden. Es führte dazu, daß wir nach dem im Mai 1973 erfolgten Beitritt der UdSSR zum Welturheberrechtsabkommen (Universal Copyright Convention, UCC beziehungsweise WUA) am 27. Mai 1974 von der Zentralstelle für die Vergabe von Übersetzungsrechten VAAP (Vsesojuznoje Agentstvo Po Avtorskim Pravam) eingeladen wurden, bei der Formulierung der nunmehr erforderlich gewordenen Verträge behilflich zu sein. Erster Präsident dieser am 16. August 1973 gegründeten Zentralstelle war Boris Pankin.

Zu diesem Zwecke hielten sich G. Holtz und ich vom 27. bis 29. Juni 1974 in Moskau auf. Fortsetzung und Abschluß der Besprechungen fanden im Oktober des gleichen Jahres in Heidelberg statt, wo am 16. dieses Monats der erste Rahmenvertrag Springer/VAAP unterschrieben wurde. Zu den Unterzeichnern gehörten von sowjetischer Seite Juri P. Sharov, stellvertretender Vorsitzender, und Boris M. Sazepin, Leiter der Verwaltung der Agentur.

Dies wurde zu einem Markstein im Austausch wissenschaftlicher Information. Die technische Abwicklung des Lizenzverkehrs durch die zuständige Dienststelle VAAP waren ebenso wie die zuverlässige finanzielle Regelung durch die Mezhdunarodnaja Kniga die Voraussetzung für die günstige Entwicklung des Übersetzungsverkehrs in beiden Richtungen.

Ein anderes Ereignis, das den Umbruch der buchhändlerisch-verlegerischen Beziehungen zwischen der UdSSR und dem Westen beleuchtete, war diesen Verhandlungen mit der VAAP vorausgegangen. Während der Frankfurter Buchmesse vom 11. bis 16. Oktober 1973 kam es zu heftigen Kontroversen zwischen den westlichen Verlegern und sowjetischen Funktionären über den seit dem Beitritt der UdSSR zur Universal Copyright Convention notwendig gewordenen regulären Erwerb westlicher Bücher und vor allem der Zeitschriften, die man bisher nachgedruckt hatte. Vor dem Hintergrund des sogenannten ›Stockholmer Protokolls‹ [ULMER: 93–95], das Einschränkungen des Urheberrechtes für die unterentwickelten Länder vorsah, in seiner ersten Fassung von 1967 aber auf heftigen Widerstand der westlichen, in der stm-Gruppe repräsentierten Verleger gestoßen und erst am 10. Oktober 1974 (Pariser Fassung) in modifizierter Form in Kraft getreten war, wies man auf die wirtschaftlich prekäre Lage der UdSSR hin. Die Repräsentanten der UdSSR, geführt von Yuri B. Leonov, seinerzeitigem Präsidenten der Mezhdunarodnaja Kniga, verlangten die Vereinbarung einer Übergangsperiode, über deren Dauer nichts gesagt wurde. In dieser Periode sollte die bisherige Form des Nachdrucks mit Erlaubnis der westlichen Verleger weitergeführt werden, allenfalls gegen eine sehr niedrige Lizenzgebühr zwischen 3 und 10 % des russischen (!) Subskriptionspreises, weil die sowjetischen Institute bzw. die interessierten Wissenschaftler die hohen westlichen Subskriptionspreise nicht zahlen könnten. Es wurde während der Gespräche erkennbar, daß die grundsätzlich andere Auffassung unserer Gesprächspartner über die Produk-

233 (s. gegenüberliegende Seite oben) *E. B. Dynkin ›Die Grundlagen der Theorie der Markoffschen Prozesse‹ (›Grundlehren der mathematischen Wissenschaften‹, Bd. 108, 1961)*

234 (s. gegenüberliegende Seite unten) *Hugo Dubovitz ›Chemische Betriebskontrolle in der Fettindustrie‹, Moskau 1927, eine nicht autorisierte russische Übersetzung des 1925 bei Springer erschienenen Buches.*

tion wissenschaftlicher Zeitschriften und ihre wirtschaftliche Basis einen Kompromiß nicht zuließ.

Um einen Begriff der Größenordnung solcher Nachdrucke zu erhalten, kann gesagt werden, daß die Sowjetunion vor 1973 ungefähr 1000 Originalienzeitschriften (»primary journals«) in etwa je 250 Exemplaren nachdruckte. Bei durchschnittlich zehn Heften beläuft sich das auf 2,5 Mio. Exemplare pro Jahr. Von diesen wiederum war mit einem Reexport von etwa einem Drittel in die mit der Sowjetunion befreundeten Länder zu rechnen, die ihrerseits größtenteils einem internationalen Urheberrechtsabkommen angehörten. Der Vorschlag der sowjetischen Vertreter war auch angesichts dieser Zahlen bei bestem Willen nicht akzeptabel.

Die Gruppe wissenschaftlicher, technischer und medizinischer Verleger (stm-Gruppe) mit ihrem Generalsekretär Paul Nijhoff Asser hatte im Namen seiner Mitglieder bei der vor Beginn der Buchmesse 1973 stattfindenden Mitgliederversammlung am 10. Oktober 1973 eine Presseinformation formuliert: »Verleger wenden sich gegen Lizenzforderungen der Sowjetunion«, die auf vehementen Widerstand der sowjetrussischen Delegation während der Frankfurter Buchmesse (11. bis 16. Oktober 1973) stieß (›Publishers Weekly‹ vom 5. November 1973, S. 44). In den Folgejahren beruhigten sich die Dinge, und ein normaler Buchhandelsverkehr spielte sich ein.

Akademie der Wissenschaften in Moskau

Nach dem Beitritt der Sowjetunion zur Universal Copyright Convention (1973) nahmen wir unsere Beziehungen zur sowjetrussischen Akademie der Wissenschaften nachdrücklich und mit Erfolg wieder auf. Die von Peter dem Großen eingeleitete Gründung der Russischen Akademie war am 8. Februar 1724 in St. Petersburg erfolgt. Im Jahre 1934 siedelte sie nach Moskau über und spielt seitdem die führende Rolle unter den wissenschaftlichen Akademien der Sowjetunion. Zur russischen Akademie gehören die bedeutenden Wissenschaftszentren in St. Petersburg und Novosibirsk. Wir suchten die Verbindung zu dieser Akademie, sowohl im Interesse unserer buchhändlerischen Aktivitäten als auch zur Herstellung von Autoren- und Herausgeberverbindungen zu ihren Mitgliedern.

Im Laufe der Zeit haben wir zum mathematischen Institut der Moskauer Akademie, dem Steklov-Institut, aber auch zu den Zweigstellen der Akademie in Novosibirsk und in St. Petersburg besonders freundschaftliche Verbindungen aufgebaut. Dem Steklov-Institut in Moskau gehört der Akademiker R. V. Gamkrelidze an, mit dem wir die Planung und Herstellung einer englischen Ausgabe der ›Enzyklopädie der mathematischen Wissenschaften‹ unternommen haben, für die die bedeutendsten russischen Autoren grundlegende Bände beisteuerten, die in russischer Sprache im Verlag Viniti erscheinen oder erschienen sind. Der Springer-Verlag gewann hervorragende Mathematiker seines westlichen Autorenkreises. Seit dem ersten Band der Enzyklopädie, 1988, sind 32 weitere erschienen. Sie finden weltweite Resonanz und Anerkennung. Darüber hinaus befinden sich zur Zeit 45 Bände in Planung.

Über R. V. Gamkrelidze kam ferner eine Verbindung mit I. M. Vinogradov zustande, dem bedeutenden Zahlentheoretiker und langjährigen Direktor des Steklov-Instituts, dessen ›Selected Papers‹ wir 1985 in unsere »Blaue Reihe« aufnahmen.

Die Beziehung zur Bibliothek der sowjetrussischen Akademie der Wissenschaften in Moskau unter der Leitung von Alexander G. Zakharov gestaltete sich seit unserer ersten Begegnung vor nahezu zwanzig Jahren äußerst erfolgreich. Die weitschauende Politik und praktische Hilfe Zakharovs ermöglichte uns, seit 1973 rund 100 Buch- und Zeitschriftenausstellungen unseres Verlages in den Akademiebereichen aller fünfzehn Sowjetrepubliken zu zeigen.

235 *Revaz Valerianovich Gamkrelidze (1927), langjähriger Berater und seit 1988 Herausgeber unserer erfolgreichen Reihe ›Encyclopaedia of Mathematical Sciences‹.*

Die zentrale Behörde für die Abwicklung aller Buch- und Zeitschriftenimporte in die Sowjetunion, einschließlich des damit verbundenen Zahlungsverkehrs, war von Anfang an die Mezhdunarodnaja Kniga (»Das Internationale Buch«), kurz Mezhkniga genannt.

Mezhdunarodnaja Kniga

Die ersten persönlichen Kontakte mit dieser Buchimportfirma nach dem Zweiten Weltkrieg fanden während der Frankfurter Buchmesse 1971 statt. Wir sprachen mit V. F. Kolossova, die über lange Jahre unsere Partnerin in dem schwierigen Büchergeschäft mit der Sowjetunion blieb.

Unser Buchexport in die UdSSR hatte damals einen Umfang von nur rund DM 160 000. Der Zeitschriftenumsatz machte etwa DM 228 000 aus (905 Abonnements von 111 Zeitschriften). Mit Polen hingegen belief sich zur gleichen Zeit unser Buchumsatz bereits auf DM 600 000!

Wir bemühten uns in den Frankfurter Gesprächen mit V. F. Kolossova um Möglichkeiten der Umsatzverbesserungen, der Veranstaltung von Buchausstellungen und der Regulierung von Übersetzungsrechten. Die Mezhdunarodnaja Kniga versuchte zu jener Zeit auch, die Urheberrechte sowjetischer Autoren wahrzunehmen und räumte dem Springer-Verlag Übersetzungs- und Vertriebsrechte für russische Bücher in englischer Sprache ein, erklärte aber ein gleiches Verfahren in umgekehrter Richtung für unmöglich.

Buchausstellungen

Unsere Arbeit zur Verbesserung des Buch- und Zeitschriftenexports hatte sich zum wesentlichen Teil mit der Bekanntmachung unserer Produkte in allen Republiken der Sowjetunion zu befassen. Es scheint deshalb angezeigt, diesem wichtigen Bereich einen gesonderten, größeren Abschnitt zu widmen. Die Verhandlungen zur Erreichung unserer Ziele waren mühselig, und es bedurfte eines großen Maßes an Unverdrossenheit im Interesse der Sache. Die notwendige Beharrlichkeit wurde von G. Holtz und im weiteren Verlauf von seinem Mitarbeiter H. Drescher aufgebracht. Motiviert waren alle durch die Überzeugung, daß Deutschland den Republiken der Sowjetunion, insbesondere Rußland selbst, durch lange Traditionen — seit Peter dem Großen — verbunden war, was sich darin ausdrückte, daß Rußland und die anderen europäischen Republiken der Sowjetunion stets eine bedeutende Rolle als östlicher Nachbar gespielt hatten und daß die deutsche Sprache noch immer in wissenschaftlich gebildeten Kreisen gepflegt wird. Man spürt es bei Begegnungen in der Russischen Akademie der Wissenschaften, sei es in Moskau, in St. Petersburg oder in Novosibirsk. Traditionen verbinden uns auch mit den Baltischen Staaten ebenso wie mit Weißrußland und der Ukraine.

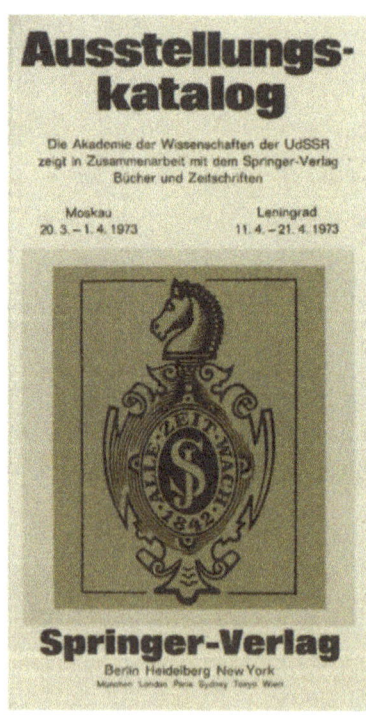

236 *Katalog für die Verlagsausstellungen von Büchern und Zeitschriften in Moskau und Leningrad 1973 (Akademie der Wissenschaften/Springer-Verlag).*

Wir haben versucht, in möglichst vielen Städten, Universitäten und Akademie-Instituten auf unsere Produktion aufmerksam zu machen. Der Erfolg ist diesen Bemühungen nicht versagt geblieben. Schon 1972 wurde eine Wanderausstellung zugesagt; wir waren bemüht, die Information über unsere Produktion so nahe wie möglich an Wissenschaftler und wissenschaftliche Bibliotheken gelangen zu lassen. Vom 20. März bis 1. April 1973 fand in Moskau im Haus der Gelehrten die erste eigenständige Buchausstellung des Springer-Verlages mit 1000 Büchern und 80 Zeitschriften statt (s. Abb.). Diese Ausstellung wurde vom 11. bis 21. April in St. Petersburg (damals Leningrad) im Haus der Akademie der Wissenschaften wiederholt. G. Holtz nahm an beiden für uns wichtigen Veranstaltungen teil. Es war die Zeit des Beitritts der UdSSR zur Universal Copyright Convention, nach dem die Vergabe von Lizenzen und Übersetzungsrechten von Mezhkniga an die VAAP überging.

Am 8. Februar 1974 feierte die Akademie der Wissenschaften der UdSSR ihr 250jähriges Jubiläum, und am 16. Oktober des gleichen Jahres wurde der Rahmenvertrag zwischen VAAP und

Springer-Verlag unterzeichnet. Der Umsatz stieg langsam. Auf der Frankfurter Buchmesse 1975 erschien die VAAP erstmals mit einer großen Delegation neben Mezhdunarodnaja Kniga. Die Atmosphäre wurde gelöster nach Unterzeichnung des Rahmenvertrages. Mit VAAP begannen — neben den Verkaufsgesprächen — Verbindungen mit sowjetrussischen Autoren, besonders auf dem Gebiete der Mathematik und Physik.

Im Mai 1976 wurde auf der Warschauer Buchmesse offiziell die erste Moskauer Internationale Buchmesse für September 1977 angekündigt. Zeit und Ort dieser Bekanntmachung waren geschickt gewählt. Die ›Warschauer Buchmesse‹, die seit 1956 existiert, hatte sich zum dominierenden Buchhandelsplatz in Osteuropa entwickelt.

Während der Frankfurter Buchmesse vom 16. bis 21. September 1976 wurden endlich drei Springer-Ausstellungen in der Sowjetunion für 1977 fest verabredet: in Moskau, Kiew und Minsk. Für diese Ausstellungspläne war die Bibliothek für Naturwissenschaften in Moskau unter Leitung von Zakharov verantwortlich. Dies kennzeichnete den Anfang einer jahrelangen und erfolgreichen Zusammenarbeit nicht nur auf dem Gebiete der Buchausstellungen.

Die erste Moskauer Buchmesse vom 6. bis 14. September 1977 unter der Schirmherrschaft des Staatskomitees für Verlagswesen, Polygraphie und Buchhandel, Minister Stukalin, markierte den Anfang einer vorsichtigen Öffnung der Sowjetunion nach dem Westen. Die Ausstellung der teilnehmenden 193 deutschen Verlage wurde vom Börsenverein organisiert. Unsere »Großkoje« (11 m²) betreute H. Drescher. Erstmalig fanden auch Vertragsabschlüsse mit russischen Autoren statt, vorbereitet von unserer Abteilung Rechte und Lizenzen (W. Bergstedt).

Aufgrund der vorausgegangenen gemeinsamen Erarbeitung der Musterverträge wurde ich als Ehrengast der VAAP empfangen und die Mezhdunarodnaja Kniga überreichte uns ein Ehrendiplom für langjährige gute Zusammenarbeit. Ein Empfang beim Deutschen Botschafter Hans-Georg Wieck krönte die Messe, nicht nur für die deutschen Teilnehmer. Der Besucherstrom zu dieser ersten Messe war unermeßlich.

In etwa zwanzig Geschäften der Sowjetunion sollte in Zukunft westliche Literatur für Rubel erhältlich sein — in Moskau in der großen Buchhandlung »Dom Knigi« (Haus des Buches), mit der geschickten und uns wohlgesonnenen Leiterin V. F. Weschnjakova. Jährliche Buchausstellungen in Bibliotheken wurden uns zugesagt, und wir kehrten mit Aufträgen über DM 280000 zurück. Alles in allem waren es ermutigende Zei-

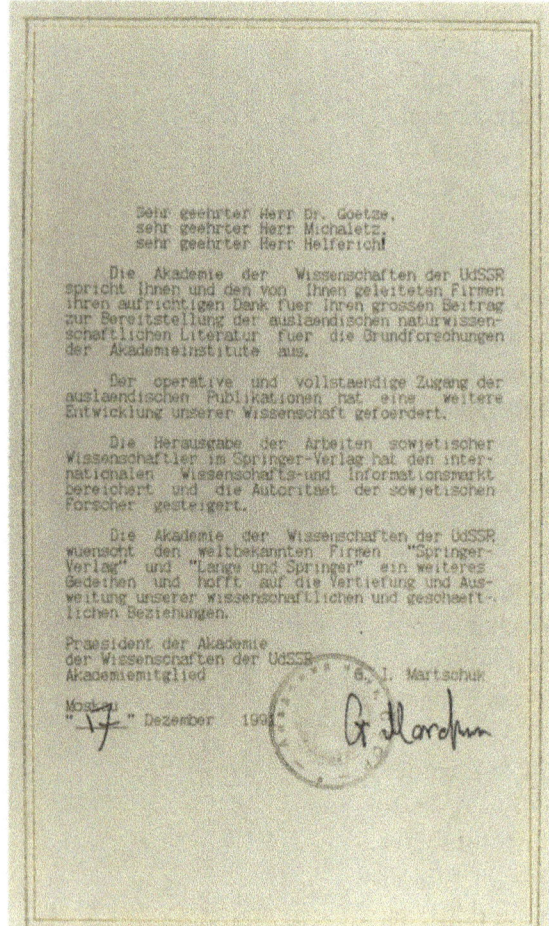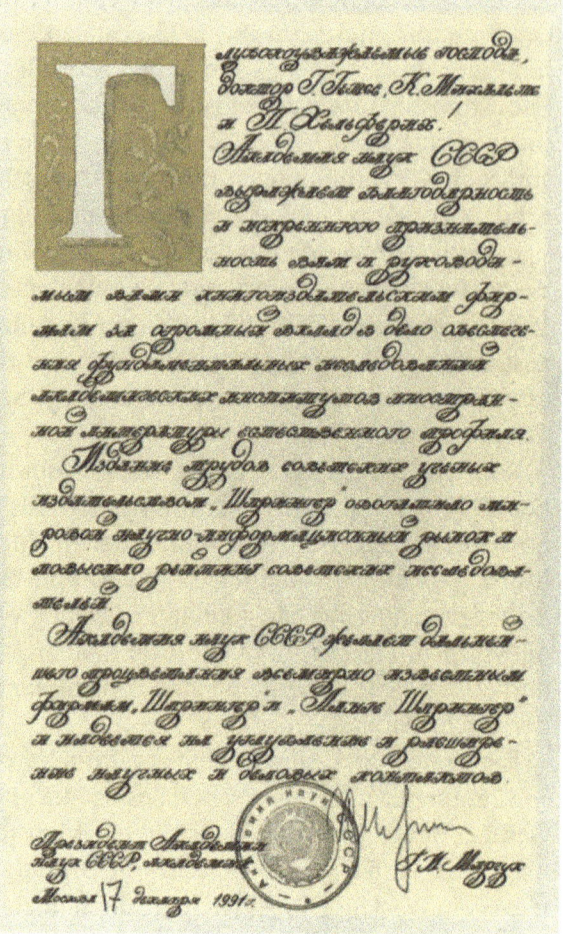

237 Dankesurkunde vom Präsidenten der Akademie der Wissenschaften der UdSSR, Gurii I. Marchuk, an den Springer-Verlag 17.12.1991.

chen mit der Aussicht auf die Möglichkeit der Entwicklung normaler Beziehungen.

Im Jahre 1978 erreichten wir einen Umsatz von DM 1,3 Mio. und veranstalteten eine erste rein medizinische Buchausstellung in der staatlichen wissenschaftlich-medizinischen Bibliothek, die in ein geräumiges neues Bibliotheksgebäude umgezogen war; ihr Leiter war N. A. Jakunin. Dank unbeirrbarer, zugleich einfühlsamer Arbeit Dreschers und verständnisvoller Mithilfe vor allem der Akademiebibliothek unter A. G. Zakharov wurde das Ausstellungswesen weiter vorangebracht — es ist neben der Direktwerbung bei Instituten das beste Werbeinstrument für unsere Produktion, zum Teil auch eine Möglichkeit zur Autorengewinnung. Ein Verzeichnis der im Laufe der Zeit durchgeführten Ausstellungen (s. nächste Seite) zeigt den Umfang der Bemühungen, der sich in den Umsatzzahlen mit der Sowjetunion niedergeschlagen hat, wenngleich beim Verkehr mit Ländern staatlich gelenkter Wirtschaft immer mit unvorhersehba-

1.
Bibliothek für Naturwissenschaften der Akademie der Wissenschaften der UdSSR
ul. Frunse 11
Moskau 121019

Moskau: März 1973, Mai 1977, September 1978, April 1979, April 1980, März 1981, September 1982, Februar 1984, September 1986, September 1988[1], März 1990[2]
Leningrad: April 1973, Oktober 1982
Kiew: Juni 1977, Juni 1979, Mai 1981, Oktober 1986, Dezember 1988
Minsk: Juni 1977, Juni 1981, November 1988, April 1990
Novosibirsk: September 1978, April 1981, Januar 1987
Tiflis: Oktober 1978, April 1984, November 1986, Juni 1990
Taschkent: April 1979, Februar 1989, Juli 1990
Eriwan: Mai 1979, November 1982, Dezember 1986
Alma-Ata: April 1980
Aschchabad: Mai 1980
Baku: Juni 1980, Januar 1989
Lwow: Juni/Juli 1980
Minsk: Juni 1981, November 1988, April 1990
Tallinn: Juni 1981, September 1982
Duschanbe: Dezember 1982
Riga: März 1984, Oktober 1988[3]
Wilna: März 1984
Tiflis: April 1984, November 1986, Juni 1990
Kazan: Mai 1984
Ufa: Juni 1984
Frunse: Januar 1987, März 1989
Kischinew: Mai 1990
Wladiwostok: September 1990[4]
Swerdlowsk: Oktober 1990

2.
Staatsbibliothek der UdSSR für Wissenschaft und Technik
Kuznetskij most 12
Moskau 103032

Moskau: November 1979, September 1986 (Zeitschriften)

[1] Gleichzeitig eine Ausstellung in Moskau bei der Akademie der Wissenschaften der UdSSR/Shemyakin-Institut für Bioorganische Chemie.
[2] Gleichzeitig Symposium ›Semiconductor‹ in Tschernokolovka bei Moskau.
[3] Gleichzeitig eine Ausstellung in Riga bei der Fundamental-Bibliothek der Akademie der Wissenschaften der Lettischen SSR, 17.–22. Oktober 1988.
[4] Gleichzeitig Ausstellung ›Marinebiologie‹, 24.–28. August in Wladiwostok.

3.
Staatliche wissenschaftliche Zentralbibliothek für Medizin
Krasikova 30
Moskau 117418

Moskau: November 1978, März 1980, März 1985
Kiew: November/Dezember 1978
Minsk: Dezember 1978
Tallinn: März/April 1980
Riga: April 1980
Alma-Ata: April 1985
Novosibirsk: Mai 1985

Permanente Ausstellung seit Mai 1990

4.
Bibliothek der Akademie der Wissenschaften der UdSSR
Birgevaja Linija 1
Leningrad 199164

20.–24. Januar 1987
21. Mai – 5. Juni 1988
2.–7. Oktober 1989

5.
Wissenschaftlich-technische Staatsbibliothek der Sibirischen Abteilung der Akademie der Wissenschaften der UdSSR
Voskhod 15
Novosibirsk 630200

Novosibirsk: 11.–16. Mai 1987, 12.–17. September 1988, 21.–25. August 1989
Irkutsk: 5.–10. September 1988
Novosibirsk/Jakutsk: 4.–9. September 1989

International Conference on Algebra dedicated to the 80th anniversary of the birthday of Academician A. I. Mal'tsev

6.
Latvijas PSR Zinatnu Akademijas Fundamentala Biblioteka
Komunala iela 4
Riga 226047

17.–22. Oktober 1988

7.
Staatsuniversität Moskau (Lomonosov), Wissenschaftliche Bibliothek Gorki
Marx Prospekt 20
Moskau 103009

Permanente Ausstellung seit August 1989

8.
Saltykov-Shchedrin Staatsbibliothek
Sadovaja ul. 18
Leningrad 191069

2.–6. April 1990

9.
VAAP Vsesojuznoje Agentstvo po Avtorskim Pravam (Allunionsagentur für Urheberrecht der UdSSR)
Bolschaja Bronnaja 6a
Moskau 103670

September 1980: Congress of Cardiology
Juni 1982: 9th World Congress of Cardiology
Juni/Juli 1984: 10th European Rheumatology Congress
Juni 1985: International Conference on Preventive Cardiology

10.
Expocentr

Moskau: Juni/Juli 1984, FEBS (16th Meeting)

11.
Expocentr/AuM

Moskau: August 1984: 27th International Congress of Geology
Taschkent: 8.–14. September 1986: 1st World Congress of the Bernoulli Society (Steklov Mathematical Institute, Moskau)

12.
Staatsuniversität

Moskau: 17.–22. August 1987: 8th International Congress of Logic, Methodology and Philosophy of Sciences
Wilna: 26. Juni – 1. Juli 1989: 5th International Conference on Probability Theory and Mathematical Statistics
Tallinn: 13.–17. August 1990: 11th World Congress of International Federation of Automatic Control

Internationale Buchausstellung Moskau (AuM und Mezhdunarodnaja Kniga)

1. 1977: 6.–14. September
2. 1979: 4.–10. September
3. 1981: 2.–8. September
4. 1983: 6.–12. September
5. 1985: 10.–16. September
6. 1987: 8.–14. September
7. 1989: 12.–18. September

Ausstellungen des Springer-Verlages in der UdSSR 1973–1990 (chronologisch)

ren Einbrüchen zu rechnen ist, die außerhalb natürlicher Wirtschaftsdynamik liegen. Dennoch: Die alle zwei Jahre sich wiederholenden Buchmessen haben das Bild entscheidend beeinflußt und verändert. Bei der zweiten Messe vom 4. bis 10. September 1979 war der Ansturm russischer Wissenschaftler besonders groß. C. Michaletz und ich waren erneut Ehrengäste der VAAP. Berühmte Besucher wie der Schachgroßmeister Michael M. Botvinnik — Autor unserer Bücher ›Meine neuen Ideen zur Schachprogrammierung‹, 1982, und ›Computers in Chess‹, 1984 — diskutierten Buchpläne mit uns, und die Astronauten Leonov und Berigovoj erwiesen sich als interessierte und verständnisvolle Gäste unseres Buchstandes. Ich besuchte das Nationale Herzforschungszentrum, das unter Leitung von E. I. Chazov stand. Es wurde ein Buch verabredet (›Vessel Wall in Athero- and Thrombogenesis‹) unter der Herausgeberschaft von E. I. Chazov und seinem Mitarbeiter Smirnov. Das fertiggestellte Buch wurde 1982 anläßlich des 9. Weltkongresses für Kardiologie in Moskau überreicht, der unter der Präsidentschaft Chazovs stand.

Der Springer-Verlag veranstaltete im Anschluß an die arbeitsreichen Tage in einem grusinischen Restaurant ›Aragwi‹ einen Messeempfang für seine Partner in der VAAP und der Mezhdunarodnaja Kniga sowie für einige Autoren. Wir wiederholten dies bei den nächsten Messen, allerdings im traditionsreicheren und ausgezeichnet renovierten Hotel National.

Im November 1982 zeigte der Springer-Verlag erstmals eine Ausstellung wissenschaftlicher Bücher aus der Sowjetunion für die Mezhdunarodnaja Kniga in der Technischen Universität

238 *Heinz Götze mit V. F. Weschnjakova und A. G. Zakharov.*

Berlin. Ähnliche Veranstaltungen wurden in den Folgejahren wiederholt.

Die fünfte Wanderausstellung der Bibliothek der Akademie wurde vom 2. bis 7. April 1980 zunächst in Moskau gezeigt. Sie wanderte weiter nach Alma Ata, Aschchabad, Baku und Lwow. A. G. Zakharov verwirklichte den ausgezeichneten Gedanken, im Rahmen dieser Buchausstellungen in seiner Bibliothek Seminare über bibliotheksnahe Themen abzuhalten. Im Zusammenhang mit dieser fünften Wanderausstellung fand ein Seminar über den ›Beilstein‹ unter der Leitung von Reiner Luckenbach statt. Diese Seminare wurden fortgeführt mit Referenten des wissenschaftlichen Planungsabteilung des Springer-Verlags. Im Jahre 1980 erfolgte auch ein Besuch bei dem fast 90jährigen Mathematiker I. M. Vinogradov und bei G. I. Marchuk, dem damaligen Minister für Wissenschaft und Technologie, der auch unser Autor war. Ich sprach mit ihm am 23. September 1980 über die inzwischen stark entwickelten Autorenbeziehungen und überzeugte ihn von unserer Absicht, diese Verbindungen systematisch weiterzupflegen; ein Konkurrenzverlag hatte gegenteilige Behauptungen ausgestreut.

Bei der dritten Messe vom 2. bis 8. September 1981 hatte der Springer-Verlag New York erstmals einen eigenen Stand. Ich führte Gespräche mit Minister B. I. Stukalin über die Pflege unserer weiteren guten Buchhandels- und Autorenverbindungen. Mit dem neuen Direktor der Mezhdunarodnaja Kniga, Kuptsov, gab es Anfang 1982 zunächst Reibungen, die zu einem ausführlichen Brief an Generaldirektor Leonov führten über den Umfang des Springer-Engagements in der UdSSR. Der Umsatz war rückläufig. Erst 1983, im Jahr der vierten Moskauer Messe, stieg er wieder auf DM 1,4 Mio. Im Februar 1983 konnten wir den Vertrag über die Encyclopedia of Mathematical Sciences in Moskau mit R. V. Gamkrelidze unterzeichnen.

Am 11. April 1983 feierte Mezhdunarodnaja Kniga ihr sechzigjähriges Jubiläum, aus dessen Anlaß der Springer-Verlag im Büro der Sowjetischen Außenhandelsvereinigungen in den West-Sektoren Berlins in der Lepsiusstraße eine Sonderausstellung veranstaltete: ›Bücher aus der UdSSR‹. Wir erhielten ein Diplom für enge und fruchtbare Zusammenarbeit. Auch 1984 fanden zwei bedeutende internationale Kongresse in Moskau statt, auf denen wir mit eigenen großen Buchständen vertreten waren: im Juni das 16. Meeting der Federation of European Biochemical Societies (FEBS) und im August der 27. Internationale Geologenkongreß.

Die fünfte Moskauer Buchmesse im Jahre 1985 stand unter dem Eindruck der von M. S. Gorbatschov, dem neuen Generalsekretär der KPdSU, vertretenen Politik »Glasnost und Perestroika«. Den Besuchern war die Hoffnung auf bessere Zeiten deutlich anzumerken. Für uns brachte diese Messe den ersten persönlichen Kontakt mit B. S. Elepov, Direktor der Bibliothek der Akademie der Wissenschaften in Novosibirsk.

Das Zeitschriftengeschäft hatte sich eingespielt, und die Erneuerungen für die kommenden Jahre erfolgten jeweils regelmäßig im Oktober des Vorjahres. Der Zeitschriftenumsatz war von DM 549000 im Jahr 1983 auf DM 910000 im Jahr 1986 gestiegen. Darüber hinaus kaufte Mezhdunarodnaja Kniga für DM 1,2 Mio. Beilstein-Bände. In der Naturwissenschaftlichen Bibliothek Zakharovs sprach E. Fluck einen Tag nach Eröffnung einer neuen Wanderausstellung über die Struktur des Gmelin-Handbuchs. Wir besichtigten mit ihm das Shemyakin-Institut für Bio-organische Chemie unter dem Leiter Y. A. Ovchinikov, dem Vizepräsidenten der Akademie der Wissenschaften. Es ist derzeit neben dem Herzzentrum Chazovs das modernste wissenschaftliche Institut der UdSSR.

Im September 1986 fand in Taschkent der erste Weltkongreß der Bernoulli-Gesellschaft statt, der vom Moskauer Steklov-Institut organisiert worden war. Einer der Brüder Bernoulli, Jacob Hermann (1678–1733), war noch von Peter dem Großen in die Akademie berufen worden und arbeitete von 1724 bis 1731 in St. Petersburg. Die russischen Mathematiker zählen ihn zu den ihren. Fünf weitere Angehörige der Bernoulli-Familie waren Akademiemitglieder. Die mit dem Bernoulli-Kongreß verbundene Buchausstellung organisierte der Springer-Verlag für alle Verlage; hierfür erhielt er eine Auszeichnung. Im Januar 1987 wurde verkündet, daß es von nun an drei autonome Wissenschaftszentren der russischen Akademie geben sollte: Moskau, Leningrad und Novosibirsk. Leningrad/St. Petersburg besitzt die älteste Bibliothek der Akademie, die 1724 von Peter dem Großen gegründet worden war. Dort fand vom 20. bis 25. Januar 1987 eine erste größere Buchausstellung statt.

Bei der sechsten Moskauer Buchmesse im September 1987 stellte ich zusammen mit dem Autor Vladimir I. Arnol'd die Vorabexemplare seines ersten Bandes der ›Enzyklopädie der mathematischen Wissenschaften‹ vor: ›Dynamical Systems III‹ (erschienen 1988).

Eine Entwicklung wurde spürbar, die auf Eigenständigkeit und Unabhängigkeit der Bibliotheken von der Zentralgewalt, d. h. von Mezhdunarodnaja Kniga, abzielte, parallel zu den Bestrebungen nach politischer Unabhängigkeit.

Aufgrund der immer enger und harmonischer werdenden Zusammenarbeit mit der Akademiebibliothek unter A. G. Zakha-

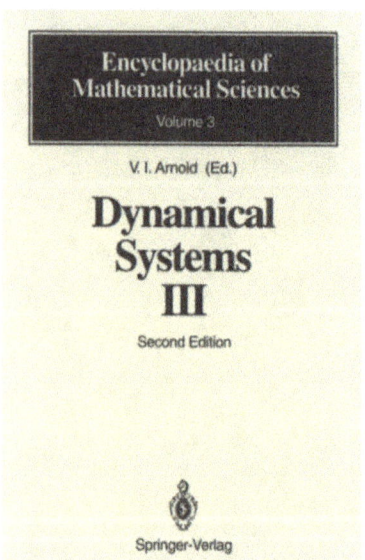

239 *Vladimir I. Arnol'd (Hrsg.) ›Dynamical Systems III‹ (›Encyclopaedia of Mathematical Sciences‹, Bd. 3, 1988; 2. Aufl. 1993).*

Buchausstellungen 191

Institutionen in der Sowjetunion, mit denen wir zusammengearbeitet haben

Bibliothek für Naturwissenschaften der Akademie der Wissenschaften der UdSSR
ul. Frunse 11, Moskau 119890
Gegründet 1973
Zakharov, A. G., Direktor seit 1973
Krasikova, O. L., Leiterin der Abteilung für ausländische Literatur

Wissenschaftlich-technische Staatsbibliothek der Sibirischen Abteilung der Akademie der Wissenschaften der UdSSR
Voskhod 15, Novosibirsk 630200
Elepov, B. S., Direktor
Bosina, L. V., Leiterin der Abteilung für ausländische Literatur

Bibliothek der Akademie der Wissenschaften der UdSSR
Birgevaja Linija 1
Leningrad 199034
Gegründet 1725
Filov, V. A., Direktor
Leonov, W. P., Direktor

Staatliche wissenschaftliche Zentralbibliothek für Medizin
Krasikova 30, Moskau 117418
Gegründet 1919
Yakunin, N. A., Direktor bis August 1986
Loginov, B. R., Direktor
Kiselev, A., ›Sojusmedinform‹

Staatsuniversität Moskau (Lomonosov) Wissenschaftliche Bibliothek Gorki
Marx Prospekt 20
Moskau 103009
Mosyagin, V. V., Direktor
Shikhmurdova, L., Leiterin der Abteilung für ausländische Literatur

Staatskomitee für Verlagswesen, Polygraphie und Buchhandel (Goskomizdat), Strastnoj Boulevard 5, Moskau 104109

Mezhdunarodnaja Kniga
ul. Dimitrova 39
Moskau 113095
Gegründet 1923

VAAP Vsesojuznoje Agentstvo po Avtorskim Pravam (Allunionsagentur für Urheberrecht der UdSSR)
Bolschaja Bronnaja 6a
Moskau 103670
Gegründet 1973

Sojuskniga Buchhandelsgesellschaft
Leninskij Prospekt 15
Moskau 109202
(250 Buchhandlungen)
Gegründet 1930

Dom Knigi Buchhandlung
Kalinin Prospekt 26
Moskau G-19

rov versuchten der Springer-Verlag und Lange & Springer exklusive Lieferverträge mit den Akademiebibliotheken in Moskau und Novosibirsk abzuschließen. Diese Pläne, die von den Bibliotheken unterstützt wurden, mußten mit Mezhdunarodnaja Kniga abgestimmt werden, der einzigen Behörde, über die der Valutatransfer abgewickelt werden konnte. Konkurrenten versuchten zu ähnlichen Abkommen zu gelangen. Unsere jahrelange Vorarbeit und Präsenz verbesserte unsere Ausgangsposition.

Im Februar 1988 zerstörte ein Feuer in der Akademiebibliothek Leningrad wertvolle Bestände. Dennoch konnte im Mai/Juni eine Springer-Ausstellung durchgeführt werden; wir unterstützten den Wiederaufbau der Bibliothek. Im August luden wir A. G. Zakharov nach Heidelberg ein, um die Möglichkeiten der weiteren Zusammenarbeit unter den gegebenen Umständen zu besprechen. Ein Jahr später besuchte uns B. S. Elepov, Direktor der Naturwissenschaftlich-Technischen Bibliothek in Novosibirsk — der unser Autor ist — in Heidelberg, um auch hier Möglichkeiten einer noch engeren Zusammenarbeit mit dem Springer-Verlag und Lange & Springer zu besprechen. Bei der siebten Moskauer Buchmesse vom 12. bis 18. September 1989 war Lange & Springer erstmalig mit einem eigenen Stand vertreten, um mit den Bibliotheken unmittelbar zu verhandeln. Zeichen der Unruhe über die politische Entwicklung wurden erkennbar. Russische Autoren bedrängten uns mit direkten Verlagsangeboten.

Im Februar 1990 wurde H. J. Winterstein als Nachfolger Dreschers allen unseren Geschäftspartnern in Moskau als zukünftiger Verkaufsleiter für die UdSSR vorgestellt. Mit der Mezhdunarodnaja Kniga begannen um diese Zeit schwierige Verhandlungen wegen der Lieferung von Zeitschriften durch Lange & Springer an die Bibliothek der Akademie unter A. G. Zakharov. Dies alles verzögerte einen Vertragsabschluß mit der Akademie.

Am 18. August 1990 war A. G. Zakharov in Heidelberg, um erneut die Lage mit uns zu besprechen. Ich entschied, daß unverzüglich Maßnahmen eingeleitet würden, um ein Springer-Büro in der Naturwissenschaftlichen Bibliothek der Akademie in Moskau einzurichten, im Interesse schneller und ungestörter Abwicklung aller Bücher- und Zeitschriftenaufträge und zu unserer besseren Information über die Entwicklungen vor Ort. Die Zentralbibliothek der Akademie in Moskau ist zugleich eine Verbindungsstelle für alle sowjetrussischen Akademiebibliotheken und deshalb von großem Einfluß. Daneben sollten die Vertragsverhandlungen mit der Akademie und mit Mezhdunarodnaja Kniga vorangetrieben werden. Ein von A. G. Zakharov und C. Michaletz am 8. November 1990 in Berlin unterzeichneter Kooperationsvertrag markierte einen wichtigen Schritt in den gesamten Beziehungen zum sowjetrussischen akademischen Bibliothekswesen. Das Börsenblatt des Deutschen Buchhandels berichtet in seiner Ausgabe Nr. 92 vom 16. November 1990 über den Sinn und Zweck des Vertrages unter der Überschrift ›Richtungsweisendes Modell: Springer eröffnet Moskauer Büro‹.

Zur gleichen Zeit traten Zahlungsrückstände von seiten der Mezhkniga ein, da die Etats von der Regierung noch nicht genehmigt und bestätigt worden waren. Es sammelten sich Verpflichtungen achtstelliger DM-Beträge an.

240 *Feierliche Eröffnung des Springer-Büros in den Räumen der naturwissenschaftlichen Bibliothek der Akademie der Wissenschaften der UdSSR in Moskau 4.9.1991: Bibliotheksdirektor Alexander G. Zakharov, Claus Michaletz und Heinz Götze durchschneiden das Band zum Eingang.*

Die Lage verschärfte sich im Jahre 1991, und wir standen vor einer grundsätzlichen Entscheidung: die Lieferungen weiterzuführen oder einzustellen und damit unsere ganzen bisherigen Bemühungen zu desavouieren und der Konkurrenz, die schon bereitstand, freie Bahn zu schaffen. Wir glaubten uns nicht nur unseren bisherigen Partnern gegenüber verpflichtet, sondern waren auch überzeugt, daß auf lange Sicht die Verantwortlichen in der nun ehemaligen Sowjetunion zu ihren Verpflichtungen stehen würden. Am 6. März 1991 unterzeichneten C. Michaletz und B. S. Elepov in Berlin einen Vertrag über die Zusammenarbeit mit der Akademiebibliothek Novosibirsk. Springer beteiligte sich weiterhin an Buchausstellungen. Vom 18. bis 24. August schließlich fand in Moskau die Tagung der ›International Federation of Library Associations and Institutions‹ (IFLA) statt, das wichtigste Treffen der Bibliothekare aus allen Teilen der Welt. In diese Zeit fiel der Umsturzversuch, den B. N. Jelzin zum Scheitern brachte. Unsere Mitarbeiter blieben unversehrt. Die für 3. bis 9. September geplante achte Buchmesse, für die fast alle Verlage ihre Exponate bereits nach Moskau gebracht hatten, wurde abgesagt: Verschiebung auf 1993! Dennoch: Ausstattung und Eröffnung der Springer-Büros in Moskau und Novosibirsk wurden eingehalten. Die Eröffnung fand am 4. September in Moskau in Gegenwart von C. Michaletz und mir statt und am 6. September in Novosibirsk mit H. Drescher.

Wir unternahmen alle Anstrengungen, um der Finanzmisere Herr zu werden. Die Firma Mezhkniga bestätigte im Dezember ausdrücklich und schriftlich, daß sie die Schulden gegenüber dem Springer-Verlag und Lange & Springer anerkennt.

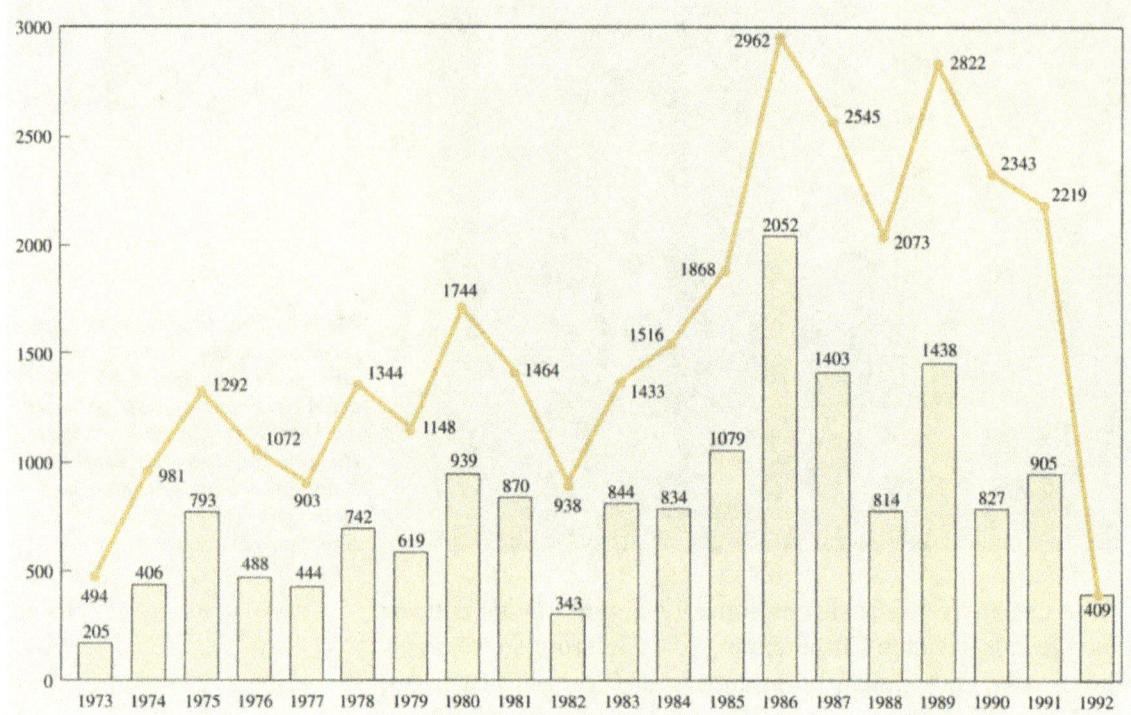

Umsatzentwicklung der Bücher und Zeitschriften mit der UdSSR/ GUS 1973–1992. Das Balkendiagramm zeigt die Buchumsätze, die Kurve den Gesamtumsatz der Bücher plus Zeitschriften (in Tsd. DM). Der Einbruch 1992 spiegelt die politische Lage wider

Die Auflösung der Sowjetunion hatte uns vor neue und schwierige Aufgaben gestellt. Die bisher mit zwei Zentralstellen der Mezhdunarodnaja Kniga für Bücher- und Zeitschriftenimporte und der VAAP für Übersetzungslizenzen abgewickelte Zusammenarbeit mußte jetzt mit den entsprechenden Behörden der fünfzehn ehemaligen Sowjetrepubliken geleistet werden. Dies bedeutet eine erhebliche Mehrbelastung, wenn sie auch für die Zukunft möglicherweise mehr Chancen bietet.

Zur Klärung der Sachlage und um einen persönlichen Eindruck zu gewinnen, begab ich mich am 16. Januar 1992 nach Moskau, um dem neugewählten Präsidenten der russischen Akademie der Wissenschaften, J. S. Osipow, einen Besuch abzustatten. Es kam zu längeren freundschaftlichen Gesprächen in Gegenwart der stellvertretenden Präsidenten A. A. Gontschar und K. W. Frolow. Der anschließende weitere Besuch bei der Akademie in Kiew mit seinem ausgezeichneten Bibliothekar Nikolaj Sentschenko und weitere Kontakte in Minsk und Alma Ata ließ erkennen, daß die Beschaffung von Mitteln für neue Aufträge nicht aussichtslos war.

Fassen wir das Ergebnis unserer Bemühungen seit 1973, dem Jahr des Beitritts der Sowjetunion zur Universal Copyright Convention, bis 1992 zusammen, so stellen wir fest, daß 96 Ausstellungen in 24 Städten der 15 Unionsrepubliken durchgeführt wurden, ferner vier permanente Ausstellungen in Moskau und Novosibirsk. Außerdem haben wir an allen sieben internationalen Buchmessen in Moskau teilgenommen. Das Umsatzergebnis ist unten in der Tabelle zu erkennen.

Hinsichtlich der verlegerischen Aktivitäten konnten von 1975 bis 1992 301 Bücher sowjetrussischer Autoren vom Springer-Verlag in Übersetzung herausgegeben werden. 485 Werke von Springer-Autoren wurden in diesem Zeitraum ins Russische übersetzt und bei russischen Verlagen publiziert.

Am 10. Mai 1992 waren A.G. Zakharov, B.S. Elepov und N.I. Sentschenko Ehrengäste bei der Berliner Jubiläumsfeier des Verlags.

Umsatz mit den »Sozialistischen« Ländern 1989

Land	Außenhandelsunternehmen	Umsatz (TDM)	
DDR	Buchexport, Leipzig	Bücher	1627,7
		Zeitschriften	3080,4
		Gesamt	4708,1
UdSSR	Mezhdunarodnaja Kniga, Moskau	Bücher	1436,6
		Zeitschriften	1384,9
		Gesamt	2821,5
Polen	Ars Polona, Warschau Vertrieb L&S direkt:	Bücher	1274,2
		Zeitschriften	935,6
		Gesamt	2209,8
Ungarn	Kultura, Budapest	Bücher	501,8
		Zeitschriften	861,3
		Gesamt	1363,1
CSSR	Artia, Prag (Böhmen/Mähren) Slovart, Bratislava (Slowakei)	Bücher	663,7
		Zeitschriften	261,7
		Gesamt	925,4
Jugoslawien	Kein Außenhandelsunternehmen, dafür Firmen – meistens Verlage – mit Einfuhrlizenzen (Belgrad, Zagreb, Ljubljana)	Bücher	437,0
		Zeitschriften	440,2
		Gesamt	877,2
Bulgarien	Hemus, Sofia (Zeitschriften-Vertrieb Kubon & Sagner)	Bücher	192,6
		Zeitschriften	–
		Gesamt	192,6
Rumänien	Icecop-Ilexim, Bukarest	Bücher	14,5
		Zeitschriften	22,1
		Gesamt	36,6

Wir haben der Entwicklung unseres Buchhandelsverkehrs mit der Sowjetunion breiteren Raum gewidmet, weil es nach Größe des Landes und Anzahl seiner Bevölkerung das größte der Staatshandelsländer jenseits des ehemaligen ›Eisernen Vorhanges‹ war. Die Umstrukturierungen der politischen und wirtschaftlichen Lebensformen im Osten Europas und in den asiatischen Ländern der ehemaligen Sowjetunion werden noch erhebliche Unruhe stiften. Dennoch ist es nicht unrealistisch, zu erwarten, daß nach einer sicher nicht kurzen Erholungspause diese Länder eine noch wesentlichere Rolle im Buchhandelsverkehr mit Deutschland spielen werden als zuvor.

Rußland und das Gefüge der ehemaligen Sowjetunion sind aus historischen und geographischen Gründen naturgegebene Handelspartner für Deutschland. Die deutsche Sprache ist noch weit verbreitet, und die Bevölkerung jener Länder blickt vertrauensvoll auf uns.

WARSCHAU · POLEN

Der lebhafte Buchhandelsverkehr Deutschlands mit Polen, der eine gute Tradition hat, entspricht alten kulturellen Beziehungen zwischen beiden Ländern, für die es viele Zeugnisse gibt. Polen ist stets ein Land von erstaunlicher Aufnahmefähigkeit für jede Art von Literatur gewesen. So scheint es kein Zufall, daß dort die erste und für lange Zeit bedeutendste Buchmesse im osteuropäischen Raum bereits 1956 ins Leben gerufen wurde: die Warschauer Buchmesse. Sie war 1956/57 Teil einer internationalen Industriemesse in Posen, bevor sie ihren ständigen Platz in Warschau erhielt. Der Springer-Verlag wurde in Posen von R. Lönnies vertreten. Diese Messe war über viele Jahre, d. h. bis zur ersten Moskauer Buchmesse 1977, der zentrale Buchhandelsplatz aller Länder hinter dem Eisernen Vorhang und hat auch nach dem Enstehen der Buchmesse in Moskau ihre Bedeutung behalten. Während der Messeeröffnung 1985 zum dreißigjährigen Jubiläum nahm C. Michaletz eine Ehrenmedaille mit Diplom entgegen als Zeichen des Dankes für regelmäßige Teilnahme des Verlags an der Warschauer Buchmesse von Anfang an.

Polen ist ein Land mit einem ausgezeichnet organisierten Buchhandels- und Verlagswesen, und jeder Besucher der Warschauer Buchmesse ist erstaunt über das große allgemeine Interesse der breiten Öffentlichkeit und den gewaltigen Besucherstrom.

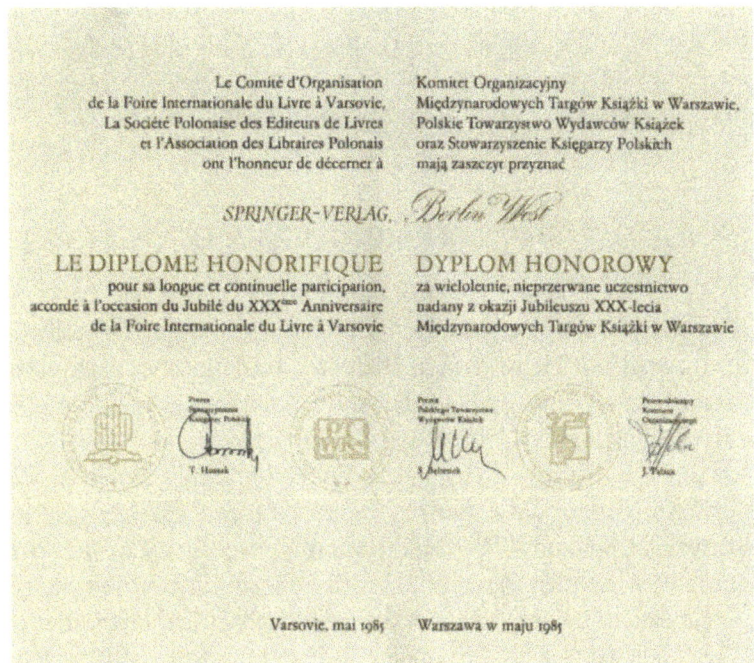

241 *Diplom zur Ehrenmedaille, die Claus Michaletz 1985 für den Springer-Verlag entgegennehmen konnte. Der Verlag war seit 30 Jahren regelmäßiger Teilnehmer der Warschauer Buchmesse.*

Unser Geschäftspartner war Ars Polona-Ruch, ein Staatshandelsunternehmen, das für den Zeitschriften-Im- und -Export zuständig war. Generaldirektor der Firma von 1971 bis 1978 war Waclaw Cebula, von 1978 bis 1990 Janusz Palacz. Seit 1990 ist Monika Bialecka ›Managing Director‹. Langjähriger Mitarbeiter von Ars Polona und rechte Hand des Generaldirektors war Zbigniew Mikolajczak, Miko genannt, der viele Probleme lösen und Unebenheiten glätten half. Neben der offiziellen Ars Polona gab es noch die Import- und Exportbuchhandlung Skladnica Ksiegarska und die Großbuchhandlung Orpan, die für die Polnische Akademie der Wissenschaften zuständig war. Schließlich wirkte Dom Ksiazki als Verteilerorganisation für rund 2200 Buchhandlungen im Lande, geleitet von Generaldirektor Kasimierz Majerowicz.

Exklusive Springer-Buchausstellungen fanden in Bialystok, Breslau, Danzig, Kattowitz, Krakau, Lodz, Posen und Warschau statt.

Unser Geschäft mit Polen wurde von 1968 bis 1990 wirkungsvoll unterstützt durch das kulturpolitische Förderungsprogramm des Börsenvereins, für dessen Zustandekommen sich P. Hövel erfolgreich eingesetzt hatte.

Nach der Errichtung der Militärdiktatur Ende 1981 erlitten wir empfindliche Ausfälle, besonders bei den Zeitschriften: von 1705 Abonnements im Jahre 1981 auf 907 im Jahre 1982! Nach Einführung der freien Marktwirtschaft am 1. Januar 1990 hat

Ars Polona seine Sonderstellung eingebüßt, sich aber dennoch für die Regulierung alter Zahlungsverpflichtungen eingesetzt. Zahlreiche neue Firmen traten auf die Bildfläche, mit denen nunmehr einzeln verhandelt und abgerechnet wird.

BASEL UND BOSTON · BIRKHÄUSER

Die bedeutenden wissenschaftlichen Leistungen der schweizerischen Hochschulen, Kliniken und der chemisch-pharmazeutischen Industrie übten stets Anziehungskraft auf die wissenschaftlichen Verlage der Nachbarländer aus. So hatten sowohl der Springer-Verlag Berlin Heidelberg, als auch der Springer-Verlag Wien umfangreiche Autorenbeziehungen zur Schweiz aufgebaut. Die Redaktionen unserer Zeitschriften sind mit vielen schweizerischen Herausgebern und Mitherausgebern besetzt. Diese dem Verlag freundschaftlich verbundenen Wissenschaftler sind aus unseren Programmen nicht wegzudenken.

Als sich im Laufe des Jahres 1985 die Zeichen mehrten, daß sich der im Wissenschaftsbereich angesehene Birkhäuser Verlag mit seiner großen Druckerei in wirtschaftlichen Schwierigkeiten befand, merkten wir auf. Diese Firma war aus einem bescheidenen Druckereibetrieb am Basler Luftgässlein hervorgegangen, die im Jahre 1879 von Emil Birkhäuser gegründet worden war. Anfangs fast ausschließlich mit Druckaufträgen beschäftigt, erschien 1882 das erste Büchlein, ›Basel in der Westentasche‹. Ein Jahr später folgte ein größeres Werk, die ›Basler Chronik‹ von Christian Wurstisen. Seitdem wuchs die Buchproduktion stetig weiter, und dem aufstrebenden Unternehmen wurde der Raum zu eng. Vom Luftgässlein zog man zunächst in die Freie Strasse und danach in die Elisabethenstrasse. Doch erst während der dreißiger Jahre unseres Jahrhunderts führte eine weitschauende Entscheidung Albert Birkhäusers, des Sohnes des Gründers, den Verlag aus seiner mehr regionalen Bedeutung heraus und legte den Grund für ein wissenschaftliches Verlagsprogramm. Da die Schweizer Wissenschaftler während der ausgehenden dreißiger Jahre zunehmend Mühe hatten, ihre Publikationspläne in Deutschland zu verwirklichen, eröffnete ihnen Birkhäuser in seinem Verlag neue Möglichkeiten und beriet sich dabei mit Wissenschaftlern wie Alexander Ostrowski. Auch eine ganze Reihe von Autoren des Springer-Verlages, wie Andreas Speiser und Alexander von Muralt, fanden damals den Weg zum Birkhäuser Verlag. Damit war der Wandel zum wissenschaftlichen Birkhäuser Verlag vollzogen — ein Meilenstein in seiner Geschichte und zugleich der Ausgangspunkt seines internationalen Ansehens [WANNER].

Im August/September 1985 wurde — nach einem vergeblichem Versuch, Druckerei und Verlag gemeinsam zu veräußern — zunächst die Druckerei an die ›Basler Nachrichten‹ verkauft. Ein überseeisches Unternehmen hatte Interesse an der Übernahme des Verlages bekundet. Nunmehr zeigten wir unser Interesse an und führten am 3. Oktober entscheidende Verhandlungen. Der Firmenverband Birkhäuser stand unter einer Holding-Gesellschaft, Revi-Data AG in Basel, die den Birkhäuser Verlag Basel, die Birkhäuser Verlags GmbH in Stuttgart und den Verlag Birkhäuser Boston umfaßte.

Angesichts des Konkurrenzangebotes mußte kurzfristig gehandelt werden. Die Schweizerische Treuhandgesellschaft und die durch sie vertretenen Gläubiger waren geneigt, unserem Angebot den Vorzug zu geben, weil wir die Erhaltung der bestehenden Firma in Basel als schweizerischen wissenschaftlichen Verlag und damit auch die Erhaltung der Arbeitsplätze garantierten. Die Entscheidung fiel zu unseren Gunsten. Anläßlich unseres traditionellen Verlagsempfanges während der Frankfurter Buchmesse im Oktober 1985 konnten wir das für uns erfreuliche Ergebnis bekanntgeben.

Wir waren der festen Überzeugung, daß wir diese angesehene Firma, deren Verlagsprogramm das unsere — vor allem auf dem Gebiete der Mathematik — ergänzte, durch sinnvolle Organisationsmaßnahmen bald wieder zu alter Höhe führen könnten. Wir trennten uns von der Auslieferungsfirma in Stuttgart und beschlossen bei der Generalversammlung im August 1986, Birkhäuser Boston an New York anzubinden, eine Verbindung, die rechtlich bis heute besteht. Die Verantwortung für das verlegerisch-wirtschaftliche Ergebnis Bostons wird jedoch seit 1991 wieder von Basel getragen.

Der Neubeginn bedurfte einer straffen Führung, die wir dem erfahrenen und zielstrebig handelnden Karl Hauck übertragen. Wir haben seither fest und aus innerer Überzeugung zu unserer Zusage gestanden, den Birkhäuser Verlag als ein rein schweizerisches Unternehmen weiterzuführen, das nach wie vor sein Verlagsprogramm eigenverantwortlich plant und verwirklicht. Damit konnten wir in kürzester Zeit auch die Besorgnisse vieler Autoren zerstreuen, insbesondere aus dem Bereiche der Mathematik, daß der Springer-Verlag in das verlegerische Eigenleben der Basler Firma eingreifen und gewisse Themen und Reihen in den Springer-Verlag einordnen würde. Andererseits war es für uns von großer Bedeutung — und dies war einer

242 Der Mathematiker Edwin F. Beschler (1931) begann das wissenschaftliche Publizieren 1961 bei Academic Press in New York. Seine im Laufe der Jahre geknüpften, ausgezeichneten Verbindungen zu hochrangigen Mathematikern und zur American Mathematical Society brachte er schließlich 1987 mit zum Birkhäuser Verlag Boston, wo er heute Executive Vice President ist.

243 *Hans-Peter Thür (1951) leitet seit 1990 den Birkhäuser Verlag in Basel.*

244, 245 *Die Birkhäuser-Signets von Jan Tschichold (1943) und von Max Bollwage (1988).*

der wesentlichen Gründe für unsere Bemühungen um Birkhäuser —, daß ein innerhalb und außerhalb der Schweiz so angesehenes Unternehmen in unsere Firmengruppe eingebunden war. Das Selbstständigkeitsprinzip hat sich dabei eher förderlich als hinderlich erwiesen. Es kam uns durchaus gelegen, daß wir so bedeutende, wenn auch wirtschaftlich schwer realisierbare Editionen wie die von Leonhard Euler oder der Bernoullis im Bereiche unserer Gesamtbemühungen um die Mathematik angesiedelt sahen. Am 1. September 1990 ging K. Hauck in Pension, nachdem bereits die Bilanz des Jahres 1986 erstmals wieder ein positives Ergebnis gezeigt hatte. Am 1. Juli 1990 übernahm der aus dem Birkhäuser Verlag hervorgegangene Hans-Peter Thür die Leitung des Unternehmens.

Der Verwaltungsrat, der sich im März 1986 konstituierte und seitdem unverändert geblieben ist, besteht aus: Heinz Götze, Vorsitzender; Konrad F. Springer, Mitinhaber des Springer-Verlags; Claus Michaletz, Mitinhaber des Springer-Verlags; Dietrich Götze, Mitglied des Springer-Verlags.

Schweizer Mitglieder des Verwaltungsrates sind: Rechtsanwalt Hans Niederer, dessen sachkundigem und erfahrenem Rat wir in all unseren schweizerischen Aktionen — auch im Falle der Firma Freihofer — viel zu danken haben; Alfred Pletscher, Präsident der Schweizerischen Akademie der Medizinischen Wissenschaften, vormals Präsident des Schweizerischen Nationalfonds zur Förderung der Wissenschaften und ehemaliger Forschungsdirektor der Hoffmann-La Roche AG; Beno Eckmann, em. Ordinarius für Mathematik und früherer Vorsteher des Forschungsinstitutes für Mathematik an der ETH Zürich; Hanspeter Kraft, Ordinarius für Mathematik an der Universität Basel und Vorsteher des dortigen Mathematischen Institutes; Urs Burckhardt, Chemiker und Präsident der Euler-Kommission der Schweizerischen Akademie der Naturwissenschaften.

Der Birkhäuser Verlag befand sich seit Oktober 1984 bis zum Juni 1990 in der Ringstraße 39 in Therwil bei Basel. Seit Juni 1990 sind die Bereiche Planung, Verkauf und Marketing sowie die Herstellung am Klosterberg 23, die Buchhaltung, EDV, Auslieferung und das Lager am Salismattenweg 68 in Biel/Benken bei Basel untergebracht. Der Verlag Birkhäuser Boston hat seinen Standort in 675 Massachusetts Avenue, Cambridge/MA, USA. Im Jahre 1991 waren insgesamt 69 Mitarbeiter tätig.

1988 schenkte der Springer-Verlag Berlin Heidelberg dem Birkhäuser Verlag als Zeichen der Verbundenheit ein neues von Max Bollwage, Stuttgart, entworfenes Verlagssignet, das die Idee des alten Signets von Jan Tschichold (1943) weiterentwickelt hat. Zum Jubiläum des Verlags entbot uns Birkhäuser seine

246 *Im Birkhäuser-Büro Klosterberg 23 in der Baseler Altstadt arbeiten heute 46 Mitarbeiter.*

Reverenz, indem er eine Ausgabe der Briefe von Julius Springer an seinen Schweizer Autor Jeremias Gotthelf verlegte [HOLL].

Heute ist der Birkhäuser Verlag der größte naturwissenschaftliche Verlag der Schweiz, mit dem klaren Ziel des Dienstes an der schweizerischen Wissenschaft. An die inhaltliche und formale Qualität der Produktion werden höchste Anforderungen gestellt.

Das Verlagsprogramm zeigt wissenschaftliche Publikationen — Bücher und Zeitschriften — in den folgenden Bereichen: Mathematik (unter anderem Werkausgaben Euler und Bernoulli), Geschichte der Wissenschaften, Life Sciences, Physik, Ingenieurwissenschaften. Im Ausbau befinden sich neue Programmbereiche wie: Pharmazie, Toxikologie, Chemie. Im nichtwissenschaftlichen Bereich dient der Verlag der Architektur und der naturwissenschaftlichen Sachliteratur.

Schließlich möge eine knappe Übersicht über die Anzahl der Publikationen folgen, die seit der Übernahme durch den Springer-Verlag in Basel und Boston erschienen sind:

	1986	1987	1988	1989	1990	1991	1992
Bücher	110	125	132	148	160	175	183
Zeitschriften	21	22	22	22	26	28	32

ZÜRICH · FREIHOFER

Die Verbindungen des Springer-Verlages und seiner Inhaber zur Schweiz sind alt. Bereits Julius Springer, der Gründer, genoß einen Teil seiner Ausbildung in Zürich [HS: 2f.], sein Sohn Ferdinand in Bern [HS: 77]. Julius Springer d. Ä. wurde der Verleger des schweizerischen Autors Jeremias Gotthelf. Ferdinand Springer d. J., verbrachte einen Teil seiner Lehrjahre bei der Buchhandlung Schmid & Francke in Bern [HS: 156]. Sein Sohn Konrad pflegt persönliche Verbindungen zur Schweiz; von 1946 bis 1948 lebte er in Lausanne, und von 1956 bis 1963 hat er in Zürich studiert und promoviert [MICHALETZ].

Der Vertrieb unserer Bücher und Zeitschriften erfolgte bis dahin auf den normalen und vertrauten buchhändlerischen Wegen. Dazu gehörten Verlagsauslieferungen in der Schweiz. Die letzte besorgte bis 1974 der Verlag für Wissenschaft, Technik und Industrie AG in Basel — im Besitze von Lina Gloor-Vonesch —, der in den Jahren vor 1974 nur noch für den Springer-Verlag tätig war. Unsere guten Verbindungen zu den Schweizer Universitäten und Kliniken und das allgemein lebhafte Interesse an unserer Produktion ließen den Gedanken reifen, mit einem eigenen Buchhandelsunternehmen in der Schweiz vertreten zu sein. In der Universitätsstrasse 11, am Platz unserer heutigen medizinischen und naturwissenschaftlichen Buchhandlung Freihofer, stand früher die Buchhandlung Oberstrass, die am 1. April 1955 vom Ehepaar Hans und Veronika Freihofer von der Vorbesitzerin, S. Launer, erworben worden war. Im Laufe der Jahre gründeten die Freihofers eine zweite Buchhandlung an der Rämistrasse 37 mit den Abteilungen Medizin und Psychologie (»Humana«), die ihren persönlichen Neigungen zur Psychologie besonders entsprach. Zu ihrer Entlastung verkauften sie 1967 das Geschäft in der Universitätsstrasse 11 an Max Hölzle. Er durfte den Namen weiterführen, hat aber die Firma später in eine Freihofer AG umgewandelt, die sich auf Naturwissenschaften und Technik konzentrierte. Diese Buchhandlung erwarben wir zum 1. Januar 1975, und ein Jahr später, am 1. Januar 1976, war es möglich, auch das Geschäft in der Rämistrasse 37 unmittelbar von H. Freihofer zu übernehmen. Beide Firmen wurden als Töchter unserer Berliner Buchhandelsfirma Lange & Springer zusammengeführt. Geschäftsführer war ab 1. Januar 1975 Rainer Gösken. Die Freihofer AG besorgte das Auslieferungsgeschäft für einige deutsche Verlage, so daß es nahe lag, auch die Springer-Auslieferung für die Schweiz in eigene Regie zu übernehmen.

Nach Erwerb der Buchhandlung in der Rämistrasse 37 ging die gesamte Verwaltung einschließlich Verlagsauslieferung, Lager und Finanzwesen in neu gemietete Räume am Granitweg 2. Zum 1. Januar 1981 gab es schließlich noch eine Erweiterung durch das kleine Ladengeschäft im Bereich der Privatschule ›Institut Juventus‹, die fast ausschließlich den Bedürfnissen der Schüler- und Lehrerschaft dient.

Die nunmehr in zweckmäßiger Weise zusammengefaßte Firma Freihofer schien wohl vorbereitet für die erfolgreiche Bewältigung der vor ihr stehenden Aufgaben. Gerade in diese Zeit aber fiel die Gründung von Studentenbuchhandlungen, die vom Schweizerischen Buchhändlerverband akzeptiert und genossenschaftlich organisiert waren, etwa die Buchhandlung im Polytechnikum, ›Poly-Buchhandlung‹ genannt. Diese Buchhandlungen, die zunächst in Zürich, später auch in Bern und anderen Universitätsstädten der Schweiz auftraten, erhielten von den Universitäten kostenlos Räume zur Verfügung gestellt, unterhielten anfänglich kaum ein Lager, sondern konzentrierten sich im wesentlichen auf den raschen Umschlag von Lehrbüchern und wurden von Studenten ohne buchhändlerische Ausbildung geführt. Aufgrund ihrer niedrigen Gemeinkosten waren sie in der Lage, Bücher mit erheblichem Rabatt zu verkaufen. Inzwischen sind diese Firmen normale Verbandsmitglieder und werden buchhändlerisch geführt.

Zu all dem kamen im Zeitschriftenbereich erhebliche Probleme mit den Bibliotheken, hauptsächlich verursacht durch Wechselkursdifferenzen zwischen dem Schweizer Franken und dem US-Dollar. Die Folge war vermehrter Direkteinkauf der Bibliotheken bei den amerikanischen Verlagen. Wir hatten aufgrund ähnlicher Sorgen bei Lange & Springer 1977 in New York ein Einkaufsbüro unter dem Namen ›Lange & Springer Purchase Office‹ gegründet, das zeitweilig auch von Freihofer, Zürich, und Minerva, Wien, in Anspruch genommen wurde. Dadurch konnten die Vorzüge des Direkteinkaufes mit schnellerer Belieferung der Kunden verbunden werden. Die Kosten für diese Aktivitäten waren hoch, der Erfolg begrenzt. All die genannten Unzuträglichkeiten, die harte Preiskonkurrenz und gewisse Schwächen in der Geschäftsführung erforderten dringlich organisatorische und personelle Verbesserungen. Es war schließlich möglich, Gottfried Bürgin als neuen Geschäftsführer für die Freihofer AG zu gewinnen, der am 1. Januar 1982 R. Gösken ablöste. Die Verwaltung war inwischen in die Weinbergstrasse 109 umgezogen. Die Betriebsabläufe wurden verbessert, einschließlich der Einführung einer EDV. Damit begann eine Phase der Aufwärtsentwicklung, die uns nach mehr

247 *Gottfried Bürgin (1929) führt seit 1982 die Freihofer AG.*

als fünfjähriger Verzögerung den von Anfang an gesteckten Zielen näherbrachte. Die personelle Erneuerung betraf auch die Neubesetzung des Leiters des Bereichs Auslieferung durch Ferdinand Koller ab 1984.

Der äußere Zustand der Geschäfte erforderte 1982 einen ersten Umbau an der Universitätstrasse und 1985/87 eine völlige Neugestaltung des Geschäfts in der Rämistrasse 37. 1990 wurde der Laden an der Universitätstrasse neu möbliert und erweitert. Auch die Verwaltung brauchte mehr Raum und wurde ebenfalls 1990 erneuert und erweitert. Durch G. Bürgins fachkundige Leitung — unterstützt von F. Koller und seit 1989 durch T. R. Boos — ist die Firma Freihofer AG zu einem gesunden, attraktiven Buchhandelsunternehmen in der Schweiz herangewachsen, als rein wissenschaftliche Buchhandlung wohl das größte Unternehmen im Lande. Im Rahmen der Auslieferungstätigkeit für andere Verlage betreut Freihofer außer dem Springer-Verlag die Verlage Bibliographisches Institut Wissenschaft, Perimed, Gustav Fischer, Teubner, Oldenbourg, BLV Verlag, Wolfram's Fachverlag und Werner-Verlag.

Der Personalstand der Firma Freihofer AG betrug Ende 1991 insgesamt fünfzig Mitarbeiter. Dem Verwaltungsrat gehören an: Heinz Götze, Präsident; Konrad F. Springer, Delegierter; Hans Niederer, Vizepräsident; Claus Michaletz, Mitglied; Peter Schindler, Mitglied; Beno Eckmann, Mitglied; Rolf Nöthiger, Mitglied.

BARCELONA · SPANIEN

Lizenzgeschäfte mit Spanien

Die Zusammenarbeit des Springer-Verlages mit spanischen Verlagshäusern reicht bis ins 19. Jahrhundert zurück. Es handelte sich dabei hauptsächlich um den Verkauf von Übersetzungsrechten für spanische Ausgaben von Springer-Büchern; bis zum Ersten Weltkrieg waren es vornehmlich medizinische und technische Titel. Der älteste bei uns vorhandene Vertrag wurde 1885 mit dem Verlag Seix in Barcelona geschlossen und bezog sich auf das angesehene Lehrbuch der speziellen Pathologie und Therapie der inneren Krankheiten von Adolf Strümpell, das damals im Verlag F. C. W. Vogel in Leipzig erschien, der 1931 von Springer übernommen wurde. Die erste Auflage im Springer-Verlag erschien 1934. Seix erwarb 1908 die Übersetzungsrechte für das vierbändige ›Handbuch der Kinderheilkunde‹ (1906–1930 bei F. C. W. Vogel; Springer 1931–1940), herausgegeben von Meinhard von Pfaundler und Arthur

Schlossmann, kurz der ›Pfaundler-Schlossmann‹ genannt. Das große Ansehen, das damals deutsche medizinische Werke weltweit genossen, war der Grund für das Interesse der spanischen Verlage, die zudem mit beträchtlichem Absatz in den spanischsprechenden Ländern Mittel- und Südamerikas rechnen konnten. Die Abwicklung der Exporte erfolgte in gewissem Umfang durch bargeldlose Gegengeschäfte. Diese Art des Geschäftsverkehrs wäre von Deutschland aus kaum möglich gewesen.

In den zwanziger Jahren trat erstmals die Firma Editorial Labor, Barcelona, ins Blickfeld, die für lange Zeit unser Hauptpartner in Spanien sein sollte. An ihrer Spitze stand der aus der Verlagsstadt Leipzig stammende Georg Wilhelm Pfleger. Er hatte Editorial Labor zusammen mit Josep Fornési Vila am 16. April 1915 gegründet und blieb bis zu seinem Tode am 20. August 1961 in der Verlagsführung. In der Folgezeit ist eine bemerkenswerte Zunahme der Lizenzen technisch-naturwissenschaftlicher Titel zu beobachten, wenngleich die Medizin weiterhin dominierte. Zwischen den beiden Weltkriegen entfiel auf Editorial Labor fast die Hälfte aller in jener Zeit abgeschlossenen Übersetzungsverträge. Mehr als die Hälfte davon betraf die Medizin.

Neben Editorial Labor erscheint jetzt häufiger der Verlag Espasa Calpe und 1925 erstmals Editorial Científico Médica. Nach dem Zweiten Weltkrieg kam der Lizenzverkehr nur stokkend wieder in Gang; erst ab 1950 wurde eine regelmäßige Zusammenarbeit sichtbar, die bis 1960 durch P. Hövel in Berlin gefördert wurde. Danach übernahm W. Bergstedt in Heidelberg das Ressort ›Rechte und Lizenzen‹, das im Rahmen der erforderlichen Auswertung aller ›Nebenrechte‹ an Bedeutung gewann. Der Anteil spanischer Verlage an der Gesamtzahl der Übersetzungsverträge war in den fünfziger Jahren mit 37% bemerkenswert hoch, wohl vor allem deshalb, weil an die lebhaften Verbindungen der Vorkriegszeit angeknüpft werden konnte. Fast zwei Drittel entfielen in dieser Zeit auf Editorial Labor. Nach dem Ausscheiden Pflegers machte sich dieser Verlag unabhängiger von Übersetzungen, worin sich — wie auch andernorts — das international veränderte Ansehen der deutschen Wissenschaft widerspiegelte. Zwischen 1950 und 1968 hat die Medizin einen Anteil von etwa 40% und die Technik von 33% am Gesamtvolumen spanischer Übersetzungen aus unserer Verlagsproduktion.

Gegen Ende der sechziger Jahre spielte sich die Zusammenarbeit mit Editorial Científico Médica, Barcelona, gut ein, hauptsächlich aufgrund des sachkundigen Verständnisses des Geschäftsführers Enrique Sierra. Inhaber der Firma war

J. Flors. Zwischen 1969 und 1977 gingen die Rechte für 79 medizinische Titel an ECM: damit stieg zugleich der Anteil der Medizin an allen vom Springer-Verlag vergebenen spanischen Übersetzungslizenzen auf fast 70%.

Mitte der siebziger Jahre vereinigte sich Editorial Científico Médica mit der Firma Editorial Dossat, die ebenfalls J. Flors gehört. Die neue Firma Editorial Científico Médica-Dossat S. A. arbeitete in Madrid und wurde finanziell von J. Flors kontrolliert, der sich auf den neuen Geschäftsführer Eugeniano Barrera stützte. E. Sierra in Barcelona blieb nur noch Berater. Die Zusammenarbeit wurde auf eine andere kalkulatorische Basis gestellt, denn der neue Verlag wollte das Risiko nicht mehr allein tragen. 1977/78 wurden noch 15 Koproduktionsabkommen geschlossen.

1978 übergab W. Bergstedt die Abteilung ›Rechte und Lizenzen‹ an B. Grossmann. Die Zusammenarbeit mit ECM-Dossat lief in den achtziger Jahren wegen unbefriedigender Verkäufe und mangelhafter Abrechnung aus.

Von 1978 bis 1992 wurden 124 Übersetzungsverträge für spanische Lizenzausgaben geschlossen mit abnehmender Tendenz bei gleichzeitiger Steigerung der nichtspanischen Lizenzerteilungen. Der Anteil der Medizin betrug in dieser Zeit über 50%. Summiert man die Entwicklung der Lizenzverträge mit Spanien zwischen 1950 und 1992, so ergeben sich insgesamt 387 Übersetzungsverträge — durchschnittlich neun pro Jahr. Davon entfallen 52% auf die Medizin, 20% auf die Technik, 12% auf die Naturwissenschaften und 8% auf die Mathematik. Einige wenige spanisch publizierende Verlage in Amerika sind in diesen Zahlen enthalten.

Ausblick nach Südamerika

Neben der Lizenzvergabe, die einen bescheidenen Beitrag zu unserem Gesamtdeckungsbeitrag erbrachte, versuchten wir ab 1970 unsere Absatzchancen in Südamerika durch eine eigene Vertretung zu verbessern. Vorher hatten wir uns auf direkte Kontakte mit Buchhandlungen wie Carlos Hirsch in Buenos Aires, Canuto/Wolff in Saõ Paulo, Triangulo/Ernesto Reichmann in Saõ Paulo, Aõ Livro Tecnico/Reynaldo Bluhm in Rio und Kosmos/Geyerhahn in Rio gestützt. Anfang der siebziger Jahre vertrat uns Claudio Rothmüller, nach zwei Jahren Germán Casas Ruiz in Caracas. Doch auch damit verbesserten sich unsere Exporte in diesen Kontinent, der durch hohe Inflations- und Zinsraten geprägt ist, nur unwesentlich. Anfang der achtziger Jahre kehrten wir zur Betreuung dieses Marktes von Berlin aus zurück. Von 1985 bis 1992 hat Michael Bates, Inter

Book Marketing Services in Rio de Janeiro, gewisse Hilfestellung geleistet. Der südamerikanische Kontinent ist und bleibt für uns ein verhältnismäßig bescheidener Markt.

Die Ende der siebziger Jahre erkennbare Tendenz zum gemeinsamen europäischen Binnenmarkt erhielt 1986 mit der Entscheidung konkrete Gestalt, die Zollgrenzen innerhalb der EG mit Wirkung vom 1. Januar 1993 fallenzulassen. Damit erfuhr die vom Springer-Verlag seit den sechziger Jahren verfolgte Strategie, gesamteuropäische wissenschaftliche Zeitschriften zu gründen, eine wirkungsvolle Bestätigung. Dies entsprach in wachsendem Maße dem Wunsche der Wissenschaft nach engerem Meinungsaustausch innerhalb Europas. Zugleich wurde der europäische Beitrag zum weltweiten wissenschaftlichen Fortschritt erkennbar — neben den großen Leistungen Nordamerikas. Das inzwischen weiter ausgebaute internationale Vertriebs- und Planungsnetz des Springer-Verlags war in der Lage, für die globale Verbreitung gesamteuropäischer Zeitschriften zu sorgen.

Barcelona

Nach den Tochtergründungen in London und Paris waren Niederlassungen in Spanien und Italien im Rahmen des europäischen Konzeptes eine logische Konsequenz. Diese Überlegungen führten 1990 zur Gründung des Springer-Verlags Ibérica in Barcelona, der von Antonio Tendero geleitet wird. Wir versprechen uns eine positive Entwicklung in diesem geschichtsreichen Lande und denken dabei auch an eine fördernde Zusammenarbeit mit den »lateinischen Schwestern« Frankreich und Italien. Es eröffnete sich ferner mit dieser Gründung ein Weg in die spanischsprechenden Länder Südamerikas.

MAILAND

Dem Gang nach Barcelona folgte in unserem Jubiläumsjahr 1992 die Verbindung zum Wirtschaftszentrum Mailand des wissenschaftlich, industriell und kulturell so lebendigen und europäisch geprägten Landes Italien. Die Leitung des Mailänder Büros liegt bei Madeleine Hofmann-Wenzel; die Betreuung von Heidelberg aus bei Thomas Thiekötter und Georg Ralle.

Die Gründung der Betriebsstätte Mailand dient der Abrundung unserer auf die Entwicklung des europäischen Marktes ausgerichteten Bemühungen. Sie ist als eigenständiges Verlagsunternehmen nach italienischem Recht vorgesehen.

248 *Die Pharmakologin Madeleine Hofmann-Wenzel (1951) leitet das Springer-Büro in Mailand seit seiner Gründung im Januar 1992, die verantwortliche Betreuung von Heidelberg aus liegt bei (**249**) Thomas Thiekötter und Georg Ralle.*

Dafür sprechen gewichtige Gründe: Italien gehört zu den fünf großen Industrienationen der westlichen Welt mit Schwerpunkten in der chemischen und pharmazeutischen Industrie. Das wissenschaftliche Potential dieses Landes ist entsprechend bedeutsam. Dabei spielen die Universitäten in Rom und die Scuola Normale Superiore in Pisa eine besondere Rolle. Die Anzahl der italienischen Universitäten beträgt zur Zeit 58 mit insgesamt 1,1 Mio. Studenten. Es gibt 19 medizinische Fakultäten. Diesem Sachverhalt entspricht es, daß der Springer-Verlag in Italien bereits rund 800 Autoren zählt, davon etwa 250 medizinische. Diese statistischen Tatsachen finden ihren Grund in der alten wissenschaftlichen und kulturellen Tradition dieses Landes, das gemeinsam mit Griechenland die Wiege der westlichen Kultur darstellt. Es ist in diesem Zusammenhang erwähnenswert, daß Italien ein Land mit den verhältnismäßig bestdotierten Bibliotheksetats in Europa darstellt.

BUDAPEST

Die verlegerischen Verbindungen des Springer-Verlags zum großen Epizentrum der alten Donaumonarchie sind alt. Nach 1945 war die Firma Kultura unser Geschäftspartner bis zum Ende des Staatshandelssystems 1990. Danach wurden die staatlichen Firmen in private Unternehmungen umgewandelt. Unser Autor und Herausgeber Géza Csomós, Leiter der medizinischen Forschung bei der Firma Madaus in Köln, vermittelte Kontakte zu dem Verlag Medicina, Budapest. Dieser Verlag pflegte neben einigen anderen Sparten hauptsächlich die Medizin mit der führenden ungarischen Wochenschrift ›Orvosi Hetilap‹, herausgegeben von János Féher. Unsere Bemühungen um diesen Verlag scheiterten, weil die Regierung keine mehrheitliche Beteiligung oder Gesamtübernahme eines ungarischen Unternehmens durch einen deutschen Partner gestattete. Wir planten daraufhin die Gründung einer eigenen Tochterfirma in Budapest. Am 31. August 1990 wurde die Gründungsurkunde unterschrieben und am 30. Oktober 1990 der Name ›Springer Kiado Kft.‹ registriert, der im Dezember des gleichen Jahres in ›Springer Hungarica Kiado Kft.‹ bzw. ›Springer-Verlag Hungarica GmbH‹ abgeändert wurde. Der geschäftsführende Direktor des Verlags ist István Arky.

Glückliche Umstände ermöglichten die Übernahme wesentlicher Teile des medizinischen Programms vom Verlag Medicina einschließlich der Wochenzeitschrift ›Orvosi Hetilap‹, die uns von den Herausgebern angetragen wurde. Sie ist nach Umgestaltungen zum Glanzstück des neuen Verlags geworden.

Im Januar 1991 wurde die Arbeit in provisorischen Räumen aufgenommen bis zur Anmietung neuer Büros im April 1991 in Wesselényi utca 28, 1075 Budapest VII. Die offizielle Einweihung erfolgte in Verbindung mit der ersten Gesellschafterversammlung am 22. Mai 1991.

Der erste Buchtitel P. Burns, Harkányi Zoltán et al.: ›Duplex Ultrahang‹ erschien im Mai 1991. Bis Ende 1992 wurden 52 Titel publiziert. Zwei Zeitschriften ergänzen das Programm, weitere sind zu erwarten. Neben dem Schwerpunkt Medizin widmet sich der Verlag auch den Naturwissenschaften und der Mathematik. Ungarn hat auf diesen Gebieten stets ein bedeutendes Autorenpotential besessen.

Neben den weiteren Verlagssäulen Werbung und Vertrieb ist die Organisation von Kongreß- und Seminarveranstaltungen ein zusätzliches Tätigkeitsfeld. Eine ständige Ausstellung macht die ungarischen Ärzte und Wissenschaftler mit der internationalen Springer-Produktion bekannt. Für enge Kontakte zu den Bibliotheken ist die Zusammenarbeit mit Springer-Verlag, Wien, und Minerva, Wien, hilfreich.

Zur Zeit sind insgesamt 36 Mitarbeiter beschäftigt, einschließlich der Zeitschriftenredaktion.

250 *István Arky (1932), Leiter des Springer-Verlags Hungarica seit 1990.*

251 *Das Domizil des Verlags Springer Hungarica Kiado Kft. in Budapest wurde im Mai 1991 von 25 Mitarbeitern und Mitarbeiterinnen bezogen.*

FÜNFTER ABSCHNITT
Der Springer-Verlag 1965–1992

ARBEITSSTÄTTEN

Die Entfaltung der verlegerischen Tätigkeit in Berlin und Heidelberg war während der bisher beschriebenen Zeitabschnitte charakterisiert durch rasches Personalwachstum und damit einhergehende Raumbedürfnisse. Das änderte sich auch in der Folgezeit nicht, sondern wurde eher noch virulenter.

Berlin Durch zweckmäßigen Innenausbau unseres Geschäftshauses am Heidelberger Platz hatten sich alle Raumwünsche bis 1967 erfüllen lassen. Der Expansionsdruck hielt aber mit zügig wachsender Produktionskapazität und den neu erschlossenen Vertriebswegen an (ab 1964 New York). Zusätzliche Unterbringungsmöglichkeiten mußten gefunden werden. Die Abteilung Honorarabrechnung zog im Oktober 1967 nach Berlin-Dahlem in die Schorlemer Allee 28, und am Heidelberger Platz 3 wurde ein Flachbau für den gesamten Werbe- und Vertriebsapparat errichtet. Für den Bereich Anzeigen und besondere Dienste mußten 1970 Räume am Kurfürstendamm 237, unweit der Gedächtniskirche, belegt werden. Ende 1968 zählten wir in Berlin bereits 332 Mitarbeiter (vgl. die Entwicklung des Personalstandes auf S. 211). Ende 1970 lag die Mitarbeiterzahl für den Verlag bei 367, für Lange & Springer bei 100. Im folgenden Jahr wich die Antiquariatsabteilung von Lange & Springer in die Otto-Suhr-Allee 24–26 aus; sie wurde schließlich im Interesse besserer Beweglichkeit am 1. Januar 1980 ausgegliedert und selbständig gemacht. Ab 1973 konnte Raum für Redaktion und Schreibsatzbüro des ›Zentralblatts für Mathematik‹ in der Otto-Suhr-Allee gewonnen werden, bis 1981 die Verlegung zum Hardenbergplatz 2 erforderlich wurde. Aus organisationstechnischen Gründen formierten sich ab 1. Januar 1984 die Springer-EDV-Dienstleistungsgesellschaft (SEG), die Springer-Produktionsgesellschaft (SPG) und die Springer-Auslieferungsgesellschaft (SAG).

Jahr	SV Berlin	SEG Berlin	SPG Berlin	SV Heidelberg	Bielefeld	SAG Heidelberg	SV Göttingen	Bergm./ SV München	L & S Berlin	L & S Antiquariat	Gesamt
1946	42	—	—	8	—	—	1	3	14	—	68
1947	69	—	—	21	—	—	1	3	42	—	136
1948	101	—	—	43	—	—	1	3	58	—	206
1949	151	—	—	56	—	—	1	3	41	—	252
1950	186	—	—	60	—	—	2	3	38	—	289
1951	195	—	—	60	—	—	2	5	42	—	304
1952	211	—	—	72	—	—	2	7	41	—	333
1953	223	—	—	78	—	—	2	10	42	—	355
1954	232	—	—	84	—	—	3	11	49	—	379
1955	251	—	—	91	—	—	4	11	53	—	410
1956	260	—	—	99	13	—	2	12	47	—	433
1957	272	—	—	99	14	—	—	12	55	—	452
1958	290	—	—	105	23	—	—	14	65	—	497
1959	295	—	—	109	29	—	—	15	65	—	513
1960	295	—	—	118	33	—	—	15	66	—	527
1961	290	—	—	117	32	—	—	15	66	—	520
1962	298	—	—	120	33	—	—	15	69	—	535
1963	302	—	—	124	37	—	—	16	73	—	552
1964	283	—	—	133	44	—	—	16	78	—	554
1965	281	—	—	143	42	—	—	17	79	—	562
1966	279	—	—	177	46	—	—	17	93	—	612
1967	298	—	—	179	50	—	—	18	95	—	640
1968	332	—	—	187	48	—	—	19	97	—	683
1969	350	—	—	202	48	—	—	20	99	—	719
1970	367	—	—	215	48	—	—	22	97	—	749
1971	377	—	—	234	50	—	—	19	100	—	780
1972	382	—	—	232	49	—	—	21	101	—	785
1973	398	—	—	246	41	—	—	22	102	—	809
1974	398	—	—	241	49	—	—	20	108	—	816
1975	371	—	—	257	49	—	—	20	107	—	804
1976	350	—	—	272	42	9	—	19	106	—	798
1977	340	—	—	295	—	40	—	25	105	—	805
1978	342	—	—	339	—	44	—	25	103	—	853
1979	363	—	—	327	—	51	—	25	95	—	861
1980	364	—	—	332	—	54	—	24	85	17	876
1981	358	—	—	332	—	53	—	27	81	18	869
1982	348	—	—	314	—	61	—	27	85	19	854
1983	334	—	—	321	—	60	—	7	76	18	816
1984	242	42	44	344	—	64	—	8	79	18	841
1985	233	42	45	356	—	64	—	8	77	18	843
1986	249	42	44	386	—	70	—	7	64	18	880
1987	237	40	45	424	—	58	—	7	144	18	973
1988	233	38	50	453	—	66	—	7	144	18	1009
1989	239	39	51	480	—	65	—	12	168	18	1072
1990	245	40	53	520	—	68	—	8	166	17	1117
1991	252	37	52	527	—	68	—	8	166	17	1127
1992	248	38	50	475	—	63	—	—	125	16	1015

Abkürzungen: SV = Springer-Verlag, SEG = Springer-EDV-Dienstleistungsgesellschaft, SPG = Springer-Produktionsgesellschaft, SAG = Springer-Auslieferungsgesellschaft (1976 bis einschl. 1983 = Auslieferungszentrum), Bergm. = Verlag J. F. Bergmann, L & S = Lange & Springer

Personalentwicklung der deutschen Betriebsstätten 1946–1992

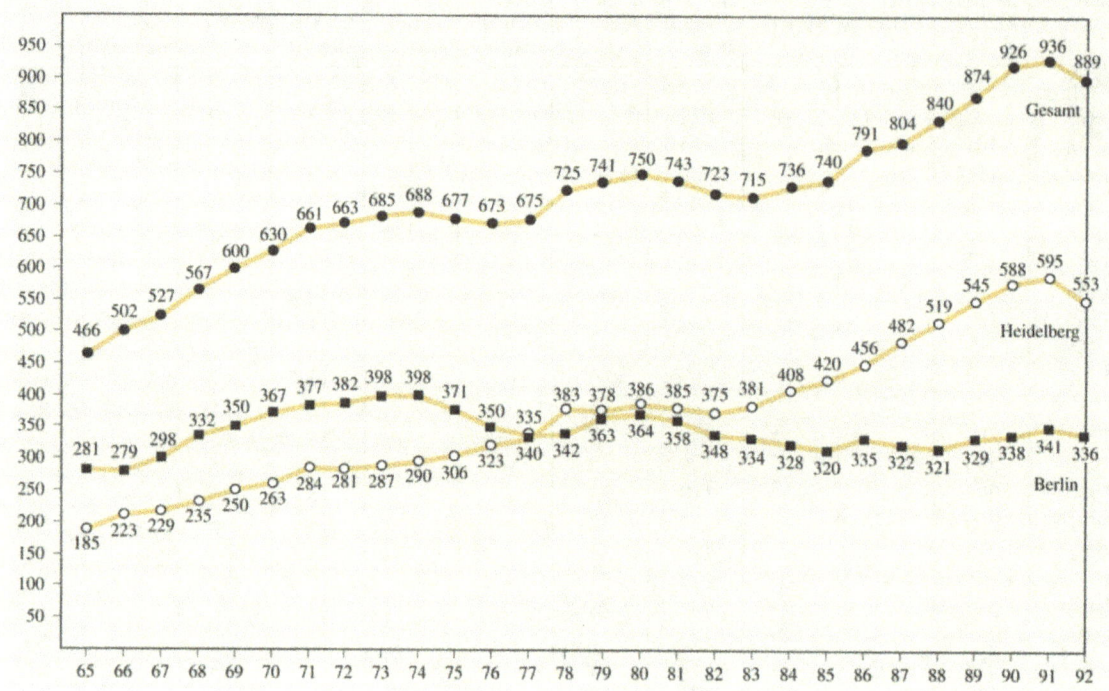

Personalentwicklung im Springer-Verlag Berlin und Heidelberg (einschließlich Bielefeld) sowie die Gesamtentwicklung 1965–1992

Erstmals nach dem Kriege erwarb der Verlag in Berlin am 1. März 1983 wieder ein eigenes Grundstück. Bis dahin waren alle flüssigen Mittel für Investitionen zur Verwirklichung des anspruchsvollen Verlagsprogramms und unserer internationalen Niederlassungen verwendet worden. Wir kauften die Grundstücke Heidelberger Platz 3 und Johannisberger Straße, die zusammengehören, von der ›Kassenzahnärztlichen Bundesvereinigung Köln‹. Raumschaffende Sanierungsmaßnahmen wurden ergänzt durch einen geräumigen Anbau. Die neue Raumdisposition erlaubte die Installation eines modernen Rechenzentrums und die Rückführung der am Kurfürstendamm 237 ausgelagerten Anzeigenabteilung. Im Interesse der Verbesserung der internen Struktur zog am 1. Januar 1984 die Springer-Produktionsgesellschaft vom Heidelberger Platz in die Otto-Suhr-Allee. Gleichzeitig fand unsere Buchhandlung Lange & Springer dort ihren endgültigen Standort. Die neuen Raumbedingungen erlaubten die Einrichtung eines Betriebsrestaurants am Heidelberger Platz. 1987 waren schließlich alle Umbaumaßnahmen abgeschlossen.

Die Abteilungen und Funktionen des Berliner Hauses wurden seit 1985 in eine zweckmäßige, den Arbeitsabläufen angepaßte räumliche Zuordnung gebracht.

Am 31. Dezember 1988 beliefen sich die Mitarbeiterzahlen für den Springer-Verlag Berlin auf 233, für die Produktions-

252 *Modell des Neubaus auf dem Grundstück des Berliner Hauses, Heidelberger Platz 3, der 1993 vollendet wurde. Im Oktober 1992 zog bereits die Springer-EDV-Dienstleistungsgesellschaft ein, Anfang 1993 folgten das Rechenzentrum, das Finanz- und Rechnungswesen und die Auftragsbearbeitung.*

Gesellschaft auf 50, für die EDV-Dienstleistungs-Gesellschaft auf 38 und den Springer-Verlag Heidelberg auf 519 Mitarbeiter. Dies ergab eine Gesamtbeschäftigtenzahl von 840 Mitarbeiter mit steigender Tendenz gegenüber 1987 (746).

Im Laufe des Monats Mai 1990 wurden die Springer-Produktionsgesellschaft und die Anzeigenabteilung in das Philips-Hochhaus verlegt und Ende September des gleichen Jahres die Postausgangsstelle in die Sophie-Charlotte-Straße. Anfang Januar 1991 erfolgte der erste Spatenstich für einen Erweiterungsbau, dem der 1967 errichtete Flachbau zum Opfer fiel. Am 25. November 1992 war der Neubau bezugsfertig. Von der Gesamtbodenfläche werden etwa 70% vom Verlag, 30% von Fremdmietern genutzt. Das Gebäude wird in erster Linie von unserem Rechenzentrum und den mit ihm in enger Verbindung stehenden Diensten belegt — wie Vertrieb mit Auftragsbearbeitung und Finanzwesen. Alle übrigen Abteilungen bleiben im alten Gebäude, Lange & Springer in der Otto-Suhr-Allee.

Lange & Springer

Über die alte Hirschwaldsche Buchhandlung ist im ersten Band der Verlagsgeschichte ausführlich berichtet worden [HS: 245–249].

Nach dem Zweiten Weltkrieg hatte sich Tönjes Lange nachdrücklich bemüht, die 1941 in Lange & Springer umbenannte Buchhandelsfirma [HS: 371] zusammen mit Eberhard Frömmel, der seit 1. April 1926 tätig war, und mit Max Niderlechner für das Antiquariat, wieder in Gang zu bringen. Lange & Springer hatte einen großen Kundenstamm im In- und Ausland —

253, 254, 255 *Eberhard Frömmel (1908–1987), Max Niderlechner (1889–1970) und Friedrich Schröer (1902–1978).*

256 *Manfred Schröer (1928) übernahm 1970 die Aufgaben seines Vaters Friedrich nach dessen Pensionierung in der Zeitschriftenabteilung bei Lange & Springer. 1980 wurde er zum Leiter der Wissenschaftlichen Buchhandlung ernannt.*

vornehmlich in den USA. Viele Emigranten hielten aus alter Anhänglichkeit zu Lange & Springer, wie Ernst Jokl, der Pionier der Sportmedizin, und der Psychiater Erwin Straus, beide in Lexington/KY. Sie wurden von Berlin aus sorgfältig informiert und betreut. Frömmel hatte eine stupende Kenntnis der wissenschaftlichen Publizistik und unterhielt persönlich-freundschaftliche Kontakte mit vielen in- und ausländischen Kunden. Niderlechner wiederum war ein weltbekannter Antiquar, mit dem Walter Johnson von Johnson Bookseller, New York, selbst ein hervorragender Antiquar, schon bald nach Ende des Krieges wieder in Verbindung kam [WENDT]. Niderlechner war von der Liebe zum Buch geprägt, hochgebildet, redlich und zuverlässig und ein Meister des Briefeschreibens. Er liebte seine Geburtsstadt Berlin über alles, in der er am 18. März 1979 verstarb, fühlte sich aber auch nach Bayern, dem Herkunftsland seiner Ahnen, hingezogen. Tönjes Lange, Max Niderlechner und Eberhard Frömmel haben den Stil von Lange & Springer in den Jahren nach dem Kriege bestimmt.

Frömmel war der Repräsentant der Buchhandelsfirma als Ganzes; der Schwerpunkt seiner Tätigkeit war das Buchgeschäft. Die Zeitschriften betreute Friedrich Schröer in Personalunion mit der Leitung der Zeitschriftenabteilung des Springer-Verlags. Diese Verbindung kennzeichnet den Umstand, daß Lange & Springer sich in jenen Jahren überwiegend um die Springer-Produktion bemühte. Frömmel ging am 10. Juni 1975 in den Ruhestand; am 1. April 1980 hatte Manfred Schröer, der Sohn von Friedrich Schröer, die Gesamtleitung der Buchhandelsfirma übernommen.

Allmählich wurde der Vertrieb für andere Verlage verstärkt, und es wurden Serviceleistungen für Bibliotheken erbracht. Ab

1986 trat Peter Helferich hinzu, und beide förderten den Ausbau zu einer internationalen Versandbuchhandlung und zum Bibliothekslieferanten. Dieser Politik entsprach der Erwerb der Firma Häntzschel in Göttingen im Jahre 1986, die zunächst selbständig weitergeführt wurde.

Im Januar 1987 gründeten wir zusammen mit der Mayerschen Buchhandlung in Aachen die Firma M (Mayer) L & S, um einen Bibliotheksservice in Deutschland aufzubauen. 1989 übernahm Lange & Springer das Unternehmen. Am 15. Dezember 1986 erwarben wir von der Firma Saarbach in Köln den internationalen Fachzeitschriftenvertrieb, der besonders in Osteuropa und der Sowjetunion äußerst aktiv war. Auch diese Firma wurde nach zunächst selbständiger Weiterführung 1991 mit Lange & Springer vereinigt, ebenso wie vorher die Firma Häntzschel. Schließlich übernahmen wir 1988 die Versandbuchhandlung des Verlags Chemie in Weinheim, wobei es uns im wesentlichen um die Gewinnung des Kundenstammes ging.

257 *Peter Helferich (1948) ist seit 1992 Sonderbeauftragter für die GUS-Länder und die baltischen Staaten.*

Im Jahr 1991 waren all diese früher selbständigen Firmen unter dem Dach von Lange & Springer vereinigt, mit der Absicht der Konzentration der Arbeit als einer internationalen Versandbuchhandlung, besonders für den weltweiten Bibliotheksservice.

Manfred Schröer hatte sich im April 1989 zurückgezogen, so daß die wesentliche Verantwortung bei Peter Helferich lag, der sich während der letzten Jahre sehr intensiv um das Geschäft mit der Sowjetunion kümmerte. Die Auflösung der UdSSR — Ende 1991 — in fünfzehn Einzelrepubliken stellte uns vor große neue Aufgaben, unabhängig von den mit der Zahlungsunfähigkeit der Mezhdunarodnaja Kniga einhergehenden Belastungen (s. S. 192 ff.).

258 *Harri Kreuschner (1928) leitet seit 1977 das Antiquariat Lange & Springer an der Otto-Suhr-Allee in Berlin.*

Das *Antiquariat* von Lange & Springer hatte sich in früheren Jahrzehnten vorwiegend mit dem Verkauf älterer Zeitschriftenjahrgänge des Verlags an in- und ausländische Bibliotheken und Institute beschäftigt. Die Übernahme des großen Antiquariatslagers von Pietzker, Tübingen, im Jahre 1972 förderte das klassische Antiquariatsgeschäft, was in der Eröffnung eines Ladengeschäftes am 1. März 1973 in der Otto-Suhr-Allee 26/28 in Berlin-Charlottenburg, der Teilnahme an der Stuttgarter Antiquariatsmesse seit 1976 und an der ersten großen Antiquariatsmesse in Köln (1986) deutlich zum Ausdruck kam. 1977 übernahm Harri Kreuschner die Leitung. Im Jahre 1980 wurde das Antiquariat verselbständigt. Die elektronische Datenverarbeitung erleichterte die Herstellung von Katalogen, von denen seit 1977 insgesamt 140 mit Durchschnittsauflagen von 2000 Exemplaren erschienen sind.

259 *Die Neuenheimer Landstraße in Heidelberg mit den Gebäuden, in denen der Springer-Verlag von 1946 bis 1982 residierte: von links nach rechts (1–5) die Häuser Nr. 38, 36, 28–30, 24 und 20.*

Heidelberg

In Heidelberg zog man 1956 in das geräumigere Nachbargebäude in der Neuenheimer Landstraße 26–28. Es gehörte dem Fabrikanten Franz Müller, der bereit war, das ursprünglich für Wohnzwecke gedachte Haus durch Umbau auf unsere Bedürfnisse einzurichten. Zunächst wurden drei Stockwerke, in den folgenden Jahren Zug um Zug alle weiteren verfügbaren Räume übernommen, 1974 das vierte Stockwerk und 1975 schließlich das fünfte. Wachsender Bedarf zwang zur Ausbreitung in andere Nachbargebäude Neuenheimer Landstraße 20, 36 und 38. Dort fanden die Planungsabteilungen Mathematik und Chemie, 1970 die Illustrationsabteilung Unterkunft. Im Mai 1972 zog die gesamte Zeitschriftenherstellungsabteilung in das Nachbargebäude ein. Die Anzahl der Heidelberger Mitarbeiter betrug zu jener Zeit 237.

Die notwendige enge Zusammenarbeit zwischen Planung und Werbung litt mehr und mehr unter der räumlichen Trennung zwischen Berlin und Heidelberg. Wir schufen deshalb 1976 Abhilfe durch die örtliche Zusammenführung beider Abteilungen in Heidelberg unter der Bezeichnung ›Wissenschaftliche Information‹ (WI), die damit 49 Mitarbeiter zählte. Es war eine folgenreiche Entscheidung, die sich bewährt hat.

Die bisherige ›Kontaktstelle‹ der Werbeabteilung in Heidelberg war damit überflüssig geworden. Die dort angesiedelte

Heidelberg 217

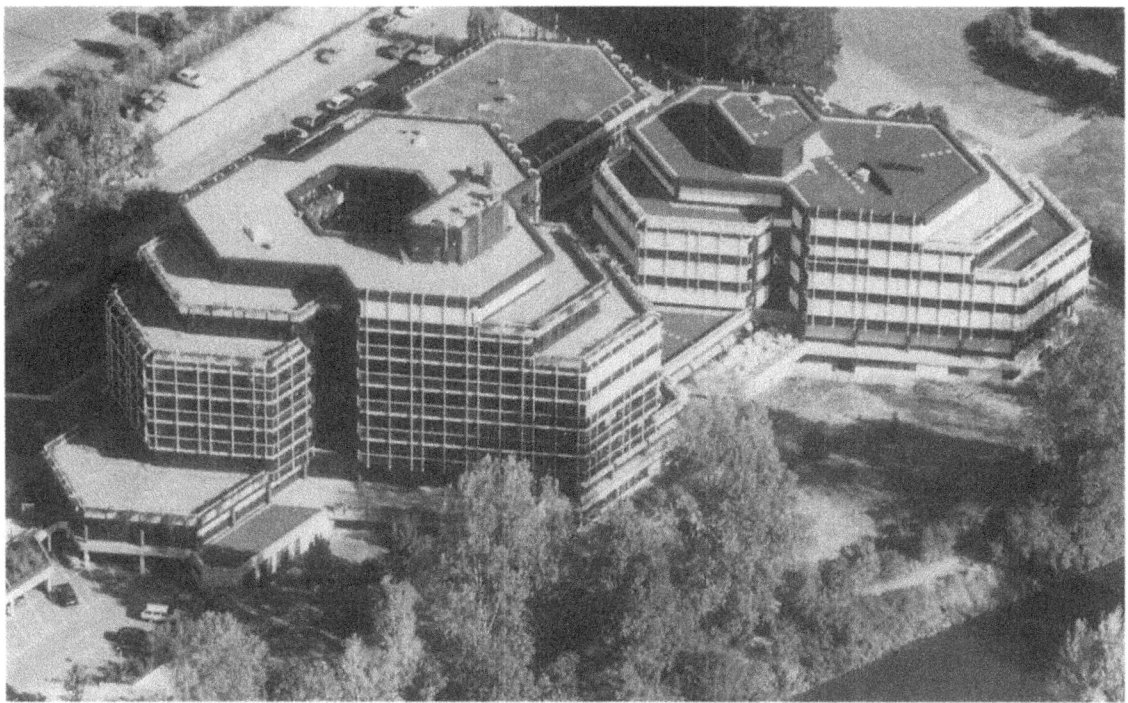

Funktion ›Information und Dokumentation‹ (J. Thuss) ging in der neugebildeten Gruppe ›Dokumentation‹ auf (1976).

Es war abzusehen, daß wir mit den gegebenen räumlichen Möglichkeiten unsere zukünftigen Raumbedürfnisse nicht decken würden. Wir hielten Ausschau nach einer dauerhafteren Lösung. Es gelang, in der Tiergartenstraße am Neckarkanal Grund zu erwerben, der mit Hilfe eines durch die Stadtverwaltung vermittelten Tausches auf insgesamt 16 960 m² Grundfläche ergänzt werden konnte. 1979 begannen die Planungsarbeiten für ein Gebäude, das ausschließlich für die Bedürfnisse und Funktionen des Verlags ausgelegt wurde. Mit Planung und Vorbereitung des Bauentwurfs ließen wir uns die erforderliche Zeit, um zu einer dauerhaften und guten Lösung zu gelangen. Die meist beklemmend wirkenden langen Gänge großer, auf einem rechtwinkligen Raster konzipierten Geschäftshäuser haben in mir immer den Eindruck gestaltgewordener Bürokratie erweckt. Da unser Neubau nicht auf bestehende Bauten Rücksicht nehmen mußte, waren wir frei in der Grundrißgestaltung und wählten ein Sechseckraster, das eine lebendige Ausbildung der Räume und ihrer Zuordnung ermöglichte und sich darüber hinaus noch als raumsparend erwies.

Rambald von Steinbüchel-Rheinwall und sein Sohn Chrysanth waren als verständnisvolle und erfindungsreiche Archi-

260 *Das Heidelberger Verlagsgebäude an der Tiergartenstraße 17, erbaut 1980/82: Hauptbau links, Neubau (1991) rechts.*

261 *Das Tokyo Ensemble, das unter Mithilfe des Springer-Verlags Tokyo am 6. April 1992 im Vestibül des Hauses an der Tiergartenstraße gastierte, schuf einen Höhepunkt unserer musikalischen Nachmittage vor den Hohen Festen Ostern, Pfingsten und Weihnachten. Höchste Qualität und Internationalität sollten hier in einer Parallele zu den Zielen und Bemühungen des Verlages stehen und ein Bild der Unternehmenskultur vermitteln. Die Künstler (von links): Chang-Kook Kim, Flöte; Mie Kobayashi, Geige; Mitsuko Nakau, Bratsche und Fumiaki Kohno, Violoncello.*

262 *Rambald von Steinbüchel-Rheinwall (1902–1990) war gemeinsam mit seinem Sohn Chrysanth aufgefordert worden, Pläne für das Verlagsgebäude in der Tiergartenstraße 17 zu entwerfen.*

tekten gewonnen worden. Die harmonische Zusammenarbeit führte zu einem ästhetisch und wirtschaftlich glücklichen Ergebnis — der Kostenvoranschlag konnte um 10% unterschritten werden.

Die Grundsteinlegung fand am 2. September 1980 statt, und im Februar 1982 zogen wir ein. Erstmals seit Gründung der Heidelberger Niederlassung waren alle Abteilungen in einem eigenen Hause vereinigt. Der Raumbedarf war auf Zuwachs geplant, so daß wir während der ersten Jahre Teile des Gebäudes vermieteten. Erst ab Januar 1987 wurden alle Räume von uns genutzt.

Die zentrale Halle des Hauptbaus hat eine vollendete Akustik. Wir veranstalten dort jeweils vor den hohen Festtagen Ostern, Pfingsten und Weihnachten für unsere Mitarbeiter Konzerte junger Künstler. Das Programm beschränkt sich nicht auf europäische Musik, sondern bezieht auch chinesische und japanische Künstler ein — auch mit ihren eigenen Instrumenten.

Auslieferung. Im Zuge der Nachkriegsereignisse hatte Erich Vogel am 1.4.1947 in Bielefeld, Ritterstraße 1–11, eine Kommissionsbuchhandlung gegründet, in der die auf verschiedene Plätze verstreuten Springer-Bestände eingelagert wurden. Es sei hier erwähnt, daß die Erstauslieferung von Büchern und Zeitschriften früher unmittelbar von den Buchbindereien er-

folgte und erst im Laufe der Zeit schrittweise in eigene Regie übernommen wurde.

Überschuldung führte im Frühjahr 1956 zum Konkurs der Firma Vogel, aus dem das Springergut gesichert werden konnte. Ab 25. Juni 1956 wurde Bielefeld unter der Leitung von Erich Lobbes ausschließlich für die Springer-Auslieferung tätig.

Die große Entfernung von den Stammhäusern erwies sich im Laufe der Zeit als nachteilig. Wir entschlossen uns deshalb zur Errichtung eines mit modernster Technik ausgestatteten Auslieferungszentrums in Heidelberg-Rohrbach, das 1977 die Lager- und Auslieferungsfunktionen für den gesamten Verlag übernahm. Späterhin wurden diese Dienstleistungen auch für verbundene Unternehmen ausgeführt. Ab 1. Januar 1984 erhielt Rohrbach den Status einer selbständigen Auslieferungsgesellschaft (SAG). Ihr Leiter ist Norbert von Nettelbladt.

Ende 1986 lag die Mitarbeiterzahl in der Auslieferungsgesellschaft bei 62. Am 22. August 1986 begannen in Rohrbach die Arbeiten für die Erweiterung des Lagergebäudes der Auslieferungsgesellschaft, die im Juni 1987 beendet wurden. Dadurch vergrößerten sich Lager- und Büroflächen auf mehr als das Doppelte des vorhergegangenen Zustandes.

Das Auslieferungszentrum hat eine Gesamtfläche von 17 411 m², davon sind 9148,5 m² bebaut. Die Hochregale nehmen 5719,6 m² der Grundfläche in Anspruch bei einer Höhe von 12 m. Es stehen 6986 volle, 2222 halbe und 3296 viertel Palettenplätze zur Verfügung. Dazu kommt ein Handlager mit 24 644 Plätzen und der Fachbodenbereich mit etwa 21 000 Plätzen. Gegen Ende unserer Berichtszeit (1992) sind rund 17 000

263, 264 *Das Gebäude der Springer-Auslieferungsgesellschaft (SAG) in Heidelberg-Rohrbach, Außenansicht, und das Hochregallager im Innern.*

265 *Chrysanth von Steinbüchel-Rheinwall (1940) hatte zusammen mit seinem Vater Rambald Pläne für das Verlagsgebäude entworfen. Der Verlag entschied sich für den Entwurf Chrysanths.*

Buchtitel und 3408 Zeitschriftenhefte eingelagert. Der Wareneingang betrug im vergangenen Jahr 3475 t, der Ausgang 3052 t. Das Auslieferungsvolumen erreichte Ende 1992 2429914 Bücher und 2874742 Zeitschriftenhefte. Diese Leistungen sind nur mit Automatisationen im Verpackungs-, Kuvertier- und Adressierbereich möglich.

Das bis Ende 1988 in Berlin ansässige Rezensionswesen nahm ab 1. Januar 1989 aus Gründen der besseren Zusammenarbeit mit anderen Bereichen seine Arbeit in Heidelberg-Rohrbach auf. Dorthin war bereits im März 1988 die Gruppe Organisation/Ausstellungen umgezogen.

Aufgrund der gestiegenen Mitarbeiterzahlen mußten im März 1990 noch weitere Abteilungen vorübergehend nach Rohrbach ziehen: die Planung Technik und die Abteilung VIII/Hagers Handbuch der Planung Medizin.

Zehn Jahre nach dem Einzug in die Tiergartenstraße reichte der Raum auch dort nicht mehr aus. Sehr viel früher als erwartet, mußte einer der beiden beim Erstentwurf bereits eingeplanten Erweiterungsbauten ausgeführt werden, allerdings in abgewandelter Form. Der Entwurf schloß eine beträchtliche Ausweitung der Parkmöglichkeiten ein und eine erhebliche Vergrößerung und Verschönerung des bereits im Hauptbau bestehenden Betriebsrestaurants. Chrysanth von Steinbüchel-Rheinwall bereitete die Arbeiten mit der gleichen Sorgfalt vor wie seinerzeit für den Hauptbau. Das Richtfest fand am 11. Juni 1990 statt, und im März/April 1991 zogen wir ein. Die vorher nach Rohrbach ausgelagerten Abteilungen kehrten in die Tiergartenstraße zurück.

Der seit Anbeginn ununterbrochen wachsende Raumbedarf in Berlin und Heidelberg — im Zusammenhang mit der entsprechenden Personalentwicklung (s. Tabelle S. 211) — spiegelt auf seine Weise das Wachstum des Unternehmens wider.

Wien Der kontinuierliche Ausbau des internationalen Wissenschaftsprogramms ließ auch in Wien eine räumliche Ausweitung dringend notwendig erscheinen, da die vorhandenen Möglichkeiten dem Platzbedarf nicht mehr entsprachen. 1989 fiel die Entscheidung, auf dem Gelände des bisherigen Lagers im 20. Stadtbezirk, Sachsenplatz 4–6, ein Gebäude zu errichten, in welchem der Verlag gemeinsam mit der erfolgreichen Buchhandlung Minerva eine neue, zweckmäßige und allen Anforderungen entsprechende Heimstätte finden konnte. Nach relativ kurzer Bauzeit erfolgte die Übersiedlung im April 1991.

266 *Springer-Verlag Wien: Das neue Verlagsgebäude am Sachsenplatz 4–6 wurde 1991 bezogen.*

ORGANISATION

Gesellschaftsform

Bis 1965 firmierte der Springer-Verlag als Offene Handelsgesellschaft (OHG); nach dem Tode Ferdinand Springers wurden Georg F. Springer und Rösi Joos Kommanditisten der nunmehr als KG eingetragenen Firma.

Es wurden in den Folgejahren weitere Diskussionen über die zweckmäßigste Gesellschaftsform geführt, die den zu erwartenden wachsenden Aufgaben am ehesten gerecht werden könnte. Die Überlegungen mündeten ein in die Formierung einer GmbH & Co KG. Es wurde dabei eine Konstruktion gewählt, in der die Verwaltungs-GmbH nicht nur als Geschäftsführer der GmbH & Co. fungiert, sondern zugleich Komanditist der KG ist. In der Verwaltungs-GmbH können nach Bedarf Geschäftsführer eingesetzt werden. Die neue Firmierung trat am 20. Februar 1974 in Kraft — mit den Geschäftsführern K. F. Springer, H. Götze und dem stellvertretenden Geschäftsführer C. Michaletz, der im Jahre 1976 zum Geschäftsführer berufen wurde. Im Jahre 1983 wurde der Kreis erweitert durch Dietrich Götze und Jolanda L. von Hagen und im Jahre 1986 durch Bernhard Lewerich.

Am 1. November 1974 kündigte Georg F. Springer und schied offiziell laut Handelsregister am 17. März 1975 aus. Die Liquidierung der Verlagsanteile Tönjes Langes, Julius Springers und Georg F. Springers forderte zwischen 1962 und 1975 erhebliche finanzielle Belastungen, die getragen werden konnten.

267 *Rösi Joos (1911) ist die Tochter von Elisabet Springer aus erster Ehe. Als Miterbin Ferdinand Springers ist sie seit 1965 Kommanditistin des Springer-Verlags GmbH & Co KG sowie des Springer-Verlags Wien.*

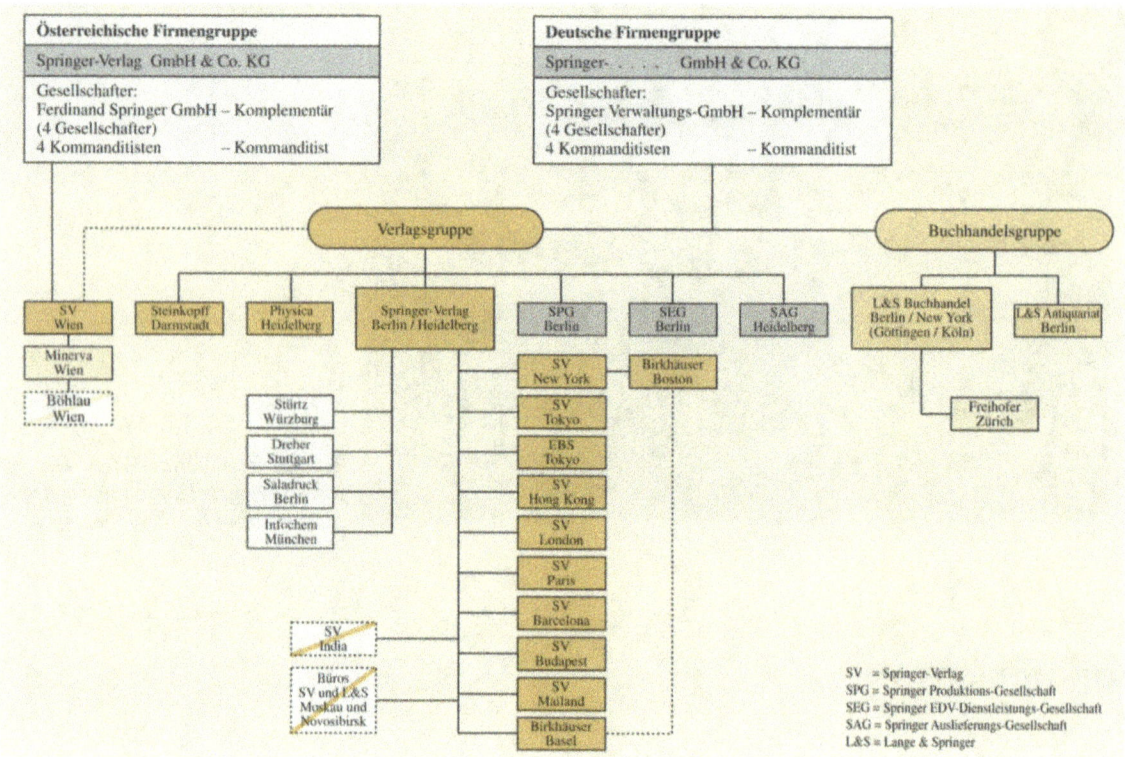

Struktur

Das stetig wachsende Unternehmen bedurfte einer neuen Struktur, die den veränderten Funktionen und ihren Entwicklungsmöglichkeiten gerecht werden mußte. Wir suchten deshalb 1969/70 Rat in der Abteilung Unternehmensberatung der Deutschen Treuhandgesellschaft, der Frau Pankoke angehörte. Wir diskutierten mit ihr in anregender Weise unsere Probleme zur Unternehmensgliederung und erarbeiteten die Konzeption für eine der veränderten Größenordnung angepaßte Organisationsstruktur. Das Ergebnis war eine in ihren wesentlichen Zügen noch heute gültige Einteilung in fünf Unternehmensbereiche mit Bereichsleitern an ihrer Spitze: 1. Planung, 2. Herstellung, 3. Werbung, 4. Marketing und Verkauf, 5. Finanzen und Verwaltung (Personal, Organisation, EDV und Allgemeine Dienste). Dieser Bereich hat eine Serviceaufgabe und steht mit allen anderen Bereichen in Verbindung. Die Personalabteilung wurde nach Eintritt von Manfred Gast am 1. Januar 1978 als eigener Bereich selbständig. Die Abteilung Anzeigen war 1972 mit E. Seidler ein eigener Bereich geworden.

Der Bereich drei, Werbung, hat eine erweiterte Aufgabenstellung, die seit 1977 durch die Bezeichnung »Wissenschaftliche Information« (WI) charakterisiert wird und dem unter an-

268 (oben) *Organigramm der Springer-Firmengruppe (Stand vom Mai 1993).*

derem die Pflege der Verbindung zwischen Planung und Marketing/Verkauf obliegt. Der fünfte Bereich wird ergänzt durch den immer wichtiger werdenden Komplex EDV und der Bereich Herstellung durch das wichtige und wachsende Gebiet »Computer Production«.

Am 15. Juli 1968 richtete ich in Berlin eine Pressestelle ein, die von Traute Hildebrandt geleitet wurde. Sie hatte die Aufgabe, die für das Image des Verlags in der Öffentlichkeit wichtigen Verbindungen mit Presse, Rundfunk und Fernsehen zu pflegen. Eine Pressestelle im wissenschaftlichen Verlag war damals ein Novum. Ab 1972 war T. Hildebrandt zugleich für unser internes Mitteilungsblatt, das ›Zentralblatt‹, verantwortlich, das 1992 das zwanzigjährige Jubiläum feierte. Nachfolgerin von T. Hildebrandt ist ab 1. Januar 1993 Sabine Schaub, die seit April 1983 unserem Unternehmen angehört.

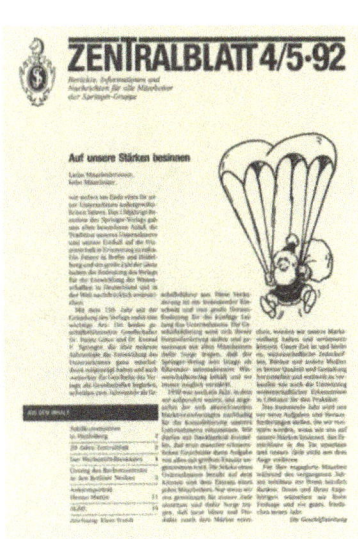

D**ie Leiter der jeweiligen Bereiche wurden zu Verlagsdirektoren ernannt und bildeten den Kern des Direktoriums, das sowohl für konzeptionelle, strukturelle und strategische Verlagsplanung als auch für die operative Verwirklichung zuständig ist. Es mußte im Laufe des Wachstums ergänzt werden entsprechend der Erweiterung der Funktionsbereiche. Auch die Anzeigenabteilung erhielt 1972 durch Edgar Seidler eine Vertretung im Direktorium, ebenso die wissenschaftliche Buchhandlung Lange & Springer und seit 1980 auch das Verlagsbüro.

Im Zuge der Errichtung ausländischer Niederlassungen erwies es sich als notwendig, einzelne Mitglieder des Direktoriums zugleich mit der Kontaktsicherung zu den verschiedenen

Direktorium

269 (oben) *Titel des Jubiläumsheftes unserer 1972 gegründeten hausinternen Zeitschrift* ›Zentralblatt‹, *Heft 4/5, 1992.*

270, 271, 272 *Das Dreierkollegium der Springer-Geschäftsführung seit dem 1.1.1993: Claus Michaletz (1933), Mitinhaber des Springer-Verlags und Sprecher der Geschäftsführung, Dietrich Götze (1941) und Bernhard Lewerich (1944).*

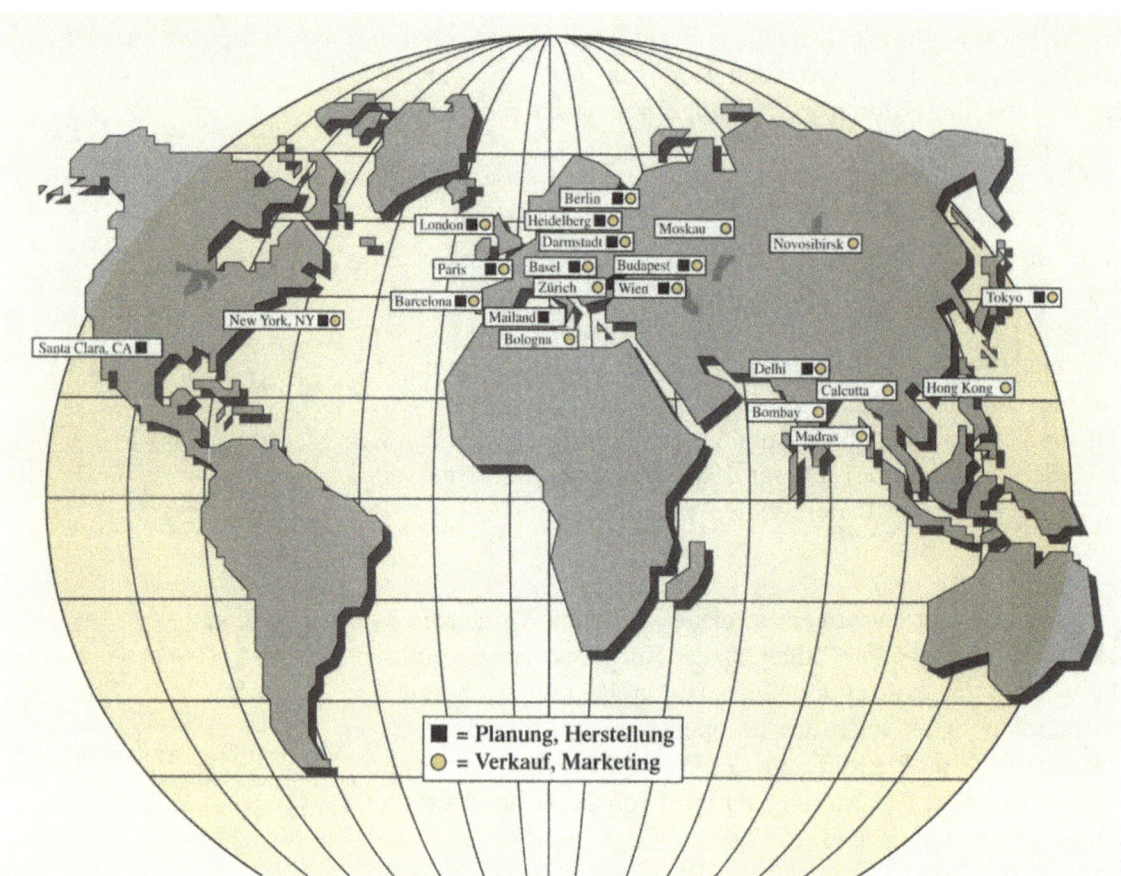

273 *Die »globale« Präsenz und Struktur des Verlags ist erreicht: die internationalen Verlagsniederlassungen und ihre Funktionen (Stand Ende 1992).*

Verlagsniederlassungen zu beauftragen. Sie erhielten die besondere Verpflichtung der Aufrechterhaltung des Informationsflusses und der Vertretung der Anliegen bzw. der Interessen der jeweiligen Tochterfirmen im Direktorium. Besondere Bedeutung erhielt eine solche Funktion für Verlagstöchter, die sehr weit von der Mutterfirma entfernt sind. Hier mußte wirksam werden, was ich an anderer Stelle unter »Long Distance Management« definiert habe. In diesem Sinne wurden Joachim Heinze für Tokyo, Peter Porhansl für London, Jürgen Wieczorek für Paris und Thomas Thiekötter für unser neues Kontaktbüro in Mailand zuständig.

Das Direktorium, zusammengesetzt aus den Bereichsleitern und anderen Repräsentanten wichtiger Unternehmensfunktionen, stellte die Zwischeninstanz dar zwischen der Geschäftsleitung und den einzelnen Bereichen und Abteilungen des Hauses; es ist im Zuge der Diversifikation unserer unternehmerischen Tätigkeiten gewachsen, bewährte sich aber durchaus im Sinne einer modernen »flachen« Hierarchiegestaltung mit dem Vorteil raschen Durchgriffs von oben nach unten und umgekehrt. Das

Direktorium war gehalten, monatlich zu tagen, wobei die Leitung und Programmgestaltung sowie das Protokoll unter den Mitgliedern rotierte. Die Anwesenheit der Geschäftsleitung bei den Direktoriumssitzungen war erwünscht. Die Ziele des Verlagsunternehmens wurden im Zuge der Neustrukturierung erstmals formuliert und wurden seither erforderlichenfalls den veränderten Bedingungen und Zielsetzungen angepaßt, ohne Veränderung der Grundziele.

Ab 1993 erhält das Unternehmen nach dem Ausscheiden von H. Götze und K. F. Springer aus der Geschäftsleitung eine neue Führungsstruktur. Sie wurde im engen Gedankenaustausch mit dem Management Zentrum St. Gallen (MZSG), Schweiz, ausgearbeitet, um den Aufgaben der Zukunft angemessen begegnen zu können.

FUNKTIONSBEREICHE

Planung

Der Bereich Planung ist im Springer-Verlag verantwortlich für das gesamte Verlagsprogramm. Er stellt die erste Station im Ablauf der Verlagstätigkeiten dar. Diese Funktion wird in anderen, vor allem belletristischen Verlagen mit dem Begriff Lektorat bezeichnet. Die Planer im Springer-Verlag haben ein weiter gespanntes Aufgabenfeld. Sie bilden nicht nur die erste »verlegerische Instanz«, sondern entscheiden in der Regel auch weitgehend selbständig, ob ein Projekt in das Verlagsprogramm übernommen werden kann oder nicht. Die Gründe für diese Entscheidung beruhen auf der Beurteilung der sachlichen Qualität und der wirtschaftlichen Durchführbarkeit.

Die Verlagsplanung nimmt im Vergleich mit anderen produzierenden Geschäfts- und Industrieunternehmungen insofern eine Sonderstellung ein, als die Verlagsproduktion nicht von materiellen Rohstoffen und ihren Verarbeitungstechniken ausgeht, sondern von individuellen wissenschaftlichen Leistungen einzelner Personen oder Personengruppen. Dieser Sachverhalt weist der Planung eine außergewöhnliche Aufgabe zu: den persönlich-menschlichen Kontakt zu den Quellen seiner Produktivität — den Gelehrten und Wissenschaftlern der verschiedenen vom Verlag vertretenen Fachgebiete. Diese persönlich-menschliche Komponente, die Menschenkenntnis, Einfühlungsvermögen und Unabhängigkeit des Urteils erfordert, ist entscheidend für den Erfolg des Verlags. Vom Planer eines wissenschaftlichen Verlags wird ferner eine umfassende Vertrautheit mit den Problemen der verschiedenen Wissenschaftssparten verlangt, die von Spezialwissen ergänzt werden muß, für das er entweder selbst zuständig ist oder das Urteil von Fachgutachtern einholt. Die richtige Wahl der Berater ist eine weitere Kunst, die der Planer beherrschen muß, damit sein Programm nicht einseitigen »Schuleinflüssen« unterliegt. Dauerhafte Kontakte mit bewährten Beratern entwickeln sich oft zu einem engeren persönlichen Vertrauensverhältnis, dem der »Verleger-Planer« besonders viel verdankt.

Planerische Entscheidungen können zuweilen von großer Bedeutung für die Entwicklung eines Fachs oder einer Forschungsrichtung sein, erfordern deshalb ein hohes Verantwortungsbewußtsein.

Bei kleineren Verlagen wird die Funktion des »Planer-Verlegers« vom Verleger selbst wahrgenommen, der nach Maßgabe der Ausweitung seines Aktionsradius sachkundiger Helfer bedarf, die in seinem Sinne tätig werden. Als Beispiel mag die Tätigkeit von Hermann Mayer-Kaupp und Henrik Salle aus den Anfangszeiten der verlegerischen Arbeit nach dem Zweiten Weltkrieg dienen. Die Gruppe der Planer hat sich bis zum Jahre 1992 auf insgesamt 44 Personen erweitert.

Bei einem solch großen Stab unabhängig tätiger »Einzelverleger« ist die ständige Ausrichtung aller verlegerischen Aktivitäten auf die gesetzten Verlagsziele eine der Hauptaufgaben der Verlagsleitung, die auch selbst stets planerisch tätig bleiben muß, um den unmittelbaren Kontakt mit dem Autorenkreis nicht zu verlieren. Der Verlag sollte seinen Autoren und Herausgebern einheitlich und in seiner Entscheidungsfindung nachvollziehbar gegenübertreten.

Keine noch so wohldurchdachte Verlagsplanung kann ohne den kontinuierlichen Informationsaustausch mit allen anderen Abteilungen und ohne deren Unterstützung erfolgreich handeln. So muß neben dem wissenschaftlichen Gehalt eines geplanten Projekts vor allem auch sein Marktpotential sorgfältig geprüft werden. Dies erfordert die enge Einbindung der Erfahrungen aus Herstellung, Werbung, Verkauf und Vertrieb von Anfang an bis zur endgültigen Entscheidung. Nur durch dieses sorgfältig abgestimmte und durch die Verlagsleitung zu moderierende Ineinandergreifen von wissenschaftlicher und wirtschaftlicher Planung kann der Verlag seinen Autoren, Herausgebern und Lesern gewährleisten, daß das Ziel »Springer for Science« mit Leben erfüllt bleibt.

Rechtsbeziehungen zwischen Verlag und Autoren. Die formalen Grundlagen der Zusammenarbeit mit den Autoren und Herausgebern werden zum großen Teil vom Urheber- und Verlagsrecht sowie von Vereinbarungen mit den Autorenverbänden — in unserem Falle dem Hochschullehrerverband — geregelt. Weiterhin sind die Regeln und Usancen in der Zusammenarbeit mit dem Buchhandel zu berücksichtigen. Die juristischen Instrumente sind Autoren- und Herausgeberverträge, die in Ländern angelsächsischen Rechts im allgemeinen ausführlicher gehalten sind, während man auf dem europäischen Festland mit knapperen Formulierungen auskommt angesichts bestehender und generell bindender gesetzlicher Regelungen des Urheber- und Verlagsrechts.

Ein wichtiger Gegenstand der Verträge ist die Honorarregelung, für die der Springer-Verlag die folgenden allgemein akzeptierten Modelle anwendet:

— Ein *Beteiligungshonorar* von normalerweise 10% vom Ladenpreis abzüglich der Mehrwertsteuer für jedes verkaufte Exemplar mit jährlicher Abrechnung. Diese Honorarform ist die bei weitem gebräuchlichste. Die Erfahrung lehrt, daß die ebenfalls branchenübliche Honorierung von 15% des Verlagsnettoerlöses für den Autor ungünstiger ist, da Buchhändlerrabatte und Sonderrabatte im allgemeinen mehr ausmachen als ein Drittel des Ladenpreises.

— Ein festes *Bogenhonorar* wird ebenfalls häufig eingesetzt. In diesem Falle wird pro 1000 gedruckter Bögen zu je 16 Seiten ein festes Honorar vereinbart. Diese Honorarform bietet sich vor allem bei Werken mit mehreren oder zahlreichen Beitragsautoren an. Eine Umlage des prozentualen Beteiligungshonorars auf die verschieden langen Einzelbeiträge würde einen erheblichen Verwaltungsaufwand erfordern. Das Bogenhonorar wird je nach Vereinbarung fällig nach Erscheinen des Werkes oder bei Werken mit hoher Auflage jährlich nach Maßgabe der erzielten Verkäufe.

— Die früher zuweilen gewählte Form des *Erfolgshonorars* von 50% vom Reinerlös aus dem Verkauf nach Erreichen der kostendeckenden Auflage wird im Springer-Verlag nicht mehr gewählt. Neben dem hohen Verwaltungsaufwand war dabei auch die Erkenntnis maßgebend, daß die Definition der kostendeckenden Auflage den Autoren nur sehr schwer zu vermitteln ist, da zusätzlich zu den Sachkosten auch noch die Gemeinkosten in die Berechnung einfließen müssen.

Der Wunsch, ein neues Werk möglichst preisgünstig auf den Markt zu bringen, der die Form des Erfolgshonorars hervorgebracht hatte, wird heute eher durch Honorarverzicht für eine Teilauflage erfüllt. Wenn sich das Buch dann durchgesetzt hat, kommt nach dem Erreichen einer vorher vereinbarten Verkaufsstückzahl das volle Honorar zur Geltung.

Für Zeitschriftenredaktionen und -herausgeber sind freie Vereinbarungen üblich, die sich an der Art und an der erreichten Abonnentenzahl der betreffenden Zeitschrift orientieren.

Die Honorarpolitik des Springer-Verlags unterscheidet sich von den Gebräuchen mancher angelsächsischer, insbesondere amerikanischer Verlage dadurch, daß das Honorar unabhängig vom Käuferland ist. In den USA erhalten Autoren für Verkäufe ihrer Bücher in ausländische Märkte in der Regel nur das halbe Honorar. Der Grund für diese Gewohnheit ist in dem erheblich höheren Aufwand für Verkäufe eines Titels in fremden Märkten zu sehen. Da unser Verlagsziel auf eine globale Präsenz sowohl im planerischen als im vertrieblichen Bereich ausgerichtet ist und wir unsere Autoren wie auch die Leser unabhängig von ihrer Nationalität gewinnen wollen, würde eine solche Honorarpolitik unseren Zielen entgegenlaufen.

Es gehört zu den Eigentümlichkeiten von Verlagsverträgen, daß wohl gelegentlich — zum Glück sehr selten — Autoren einen Grund sehen, ihre verbrieften Rechte einzuklagen, wohingegen sich kein Verlag einfallen lassen wird, Autoren juristisch zu belangen — etwa wegen Überschreitens des Manuskriptablieferungstermins. Das Ansehen eines Verlages würde dadurch nur Schaden leiden — abgesehen davon, daß Terminüberschreitungen, so fatal sie für die Produktionsplanung und damit für das wirtschaftliche Ergebnis des Verlags sind, von den Autoren kaum aus schlechter Absicht verursacht werden.

Verlagsbüro Die wachsende Aufteilung unserer planerischen Aktivitäten und die erforderliche Abstimmung mit den Teilverlagen und den Planungsabteilungen der Tochterfirmen erforderten ein Integrationszentrum des Planungsbereiches. Es wurde 1978 unter der Bezeichnung ›Verlagsbüro‹ eingerichtet und die Leitung Karl Hauck übertragen, der am 1. Mai 1978 in unsere Firma eingetreten war. Nach dem Erwerb des Birkhäuser Verlags in Basel übernahm Hauck am 14. Oktober 1985 dessen Führung bis zu seinem Ausscheiden am 1. September 1990 (s. S. 199). Nachfolger Haucks in der Leitung des Verlagsbüros wurde Antonio Tendero, der am 1. Juli 1985 vom Verlag Herder (Freiburg i. Br.) zu uns gekommen war; zunächst war er kommissarisch, ab 1. Juni 1988 endgültig in dieser Funktion tätig.

274 *Der Verlagsbuchhändler Karl Hauck (1923) war seit 1939 eng mit dem Verlag Herder in Freiburg verbunden. 1978 wechselte er zum Heidelberger Springer-Verlag als Leiter des Verlagsbüros. Von 1985 bis 1990 stand Hauck dem vom Springer-Verlag erworbenen Birkhäuser Verlag in Basel vor. –* **275** *Als Nachfolger Haucks in der Leitung des Verlagsbüros trat 1985 Antonio Tendero (1943) in den Springer-Verlag ein. 1990 übernahm der gebürtige Katalane zusätzlich die Führung des Springer-Verlags Ibérica in Barcelona.*

Der Leiter des Büros untersteht der Geschäftsleitung unmittelbar. Als Organ der Geschäftsführung obliegt ihm die Organisation der Verlagsarbeit und ihrer Arbeitsabläufe in den Planungsbereichen einvernehmlich mit dem Leiter der Planung und allen Planern. Er berät die ergebnisverantwortlichen Planer über Wirtschaftlichkeitsfragen und ist für alle Aspekte der Kalkulation und der Deckungsbeitragsrechnung zuständig. Schließlich kontrolliert und interpretiert er die Wirtschaftlichkeit der Planungsarbeit in ihren Auswirkungen auf die Jahresproduktion und bringt die erforderlichen Budgetdaten ein. Außerdem ist das Verlagsbüro verantwortlich für Form und Inhalt der Verlagsverträge einschließlich ihrer Honorargestaltung. Schließlich ist es die Zentralstelle für das gesamte Lizenzwesen und alle urheber- und verlagsrechtlichen Fragen.

Die Herstellung, der Produktionsbereich also, gestaltet das Erscheinungsbild des Verlags durch eine technisch einwandfreie und ästhetisch ansprechende Darstellung seiner Erzeugnisse. Dabei sollen Inhalt und Form miteinander im Einklang stehen. Die Kunst der ›Typographie‹ hilft dem Hersteller, optimale Lesbarkeit durch ein ausgewogenes und ästhetisch ansprechendes Schrift- und Satzbild zu erreichen. Moderne Satztechniken steigern die Variabilität, fördern aber nicht immer die ästhetischen Qualitäten. *Herstellung*

Historisches. In Berlin war die Produktion in der damaligen DDR durch den Mauerbau (1961) zwar sehr erschwert, aber als beachtliches Kompensationsgeschäft weitergeführt worden. Einige Titel wurden nach Heidelberg übernommen (z.B.

›Der Chirurg‹ und Mathematikbücher). Julius Springer hatte stets großes Interesse an der Herstellung gezeigt und sich persönlich darum gekümmert. Nach seinem Ausscheiden 1962 übernahm sie H. Salle — zusammen mit dem Technikprogramm. Ihn unterstützte Franz Soschka in der Zeitschriftenherstellung, nach dessen Tod Horst Scheibel. Die Buchproduktion lag in den Händen von Gotthelf Schulz und seiner Nachfolgerin Eva Cardocus (1971–1977). Nach Salles Entpflichtung für diesen Bereich (1976/77) wurde die Berliner Herstellung der Bereichsleitung H. Sarkowskis in Heidelberg unterstellt und Scheibel zum Leiter der Berliner Herstellungsabteilung bestellt; am 1. September 1990 folgte ihm Gisela Delis.

In Anbetracht der steuerlichen Begünstigung der Produktion in Berlin durch das erweiterte Berlin-Förderungsgesetz wurde 1984 die Berliner Herstellungsabteilung in eine selbständige Firma umgewandelt: die ›Springer-Produktionsgesellschaft‹ (SPG). Seither hat Berlin eine wachsende Anzahl von Titeln aus Heidelberg zur Herstellung übernommen, zumal Heidelberg nach Aufgabe des Verlags J. F. Bergmann als eigene Produktionsstätte (1983) die bisher dort betreuten Titel zu übernehmen hatte [SARKOWSKI (4), GÖTZE (2)].

Im Herstellungsbereich Heidelberg war 1967 dem 65 Jahre aktiv tätig gewesenen Paul Gosse [HS: Anm. 64] zunächst Ludwig Weiß gefolgt; am 1. Februar 1972 übernahm Jürgen Tesch die Abteilung. Er hat sich um die typographische Neugestaltung unserer Produktion verdient gemacht und die Grundlagen für das typographisch-ästhetische Empfinden und Gestalten bei den Mitarbeitern weiterentwickelt und gefestigt. Eine solche Gestaltung kann in einer wissenschaftlichen Produktion aus vielerlei Gründen nicht leicht verwirklicht werden [KLINGSPOR]. Er wurde dabei unterstützt von Theresia Deigmöller, Gisela Delis, Walter Doll, Heino Matthies. Zu nennen sind ferner Erich Kirchner und Karl-Friedrich Koch, denen die Ausarbeitung der 1977 erstmals gedruckten ›Richtlinien‹ zu verdanken ist. Im weiteren Verlauf waren Ralph-Peter Fischer, Reinhold Michels, Monika Weisleder und Ute Bujard in verantwortlichen Funktionen tätig; letztere kehrte nach fünfzehnjähriger Tätigkeit in New York 1991 als Stellvertretende Bereichsleiterin Herstellung nach Heidelberg zurück.

In einer grundlegenden Herstellerbesprechung am 31. Oktober 1967 erarbeiteten wir erstmals nach dem Kriege allgemeine Richtlinien für die typographische Gestaltung unserer gesamten Verlagsproduktion. Dabei wurden die seither gewohnheitsmäßig verwendeten Signalfarben für die verschiedenen Fachgebiete des Verlags festgelegt.

276 *Gisela Delis (1944) war seit 1966 in Heidelberg im Zeitschriftenbereich tätig. 1970 ging sie für sechs Monate zum Springer-Verlag New York. 1990 übernahm sie die Leitung der Springer-Produktionsgesellschaft (SPG). Darüber hinaus leitet sie den Herstellungsservice PRODUserv in Berlin, der seit 1992 erfolgreich ist und bereits namhafte Verlage und Gesellschaften zu seinen Kunden zählt.*

277 *Jürgen Tesch (1941) trat nach typographischer Ausbildung 1963 als Hersteller in den Verlag ein und wurde 1972 Leiter des Bereichs Herstellung. Jürgen Tesch ist heute Inhaber und Leiter des Prestel-Verlags in München. –* **278** *Heinz Sarkowski (1925) übernahm 1976 die Bereichsleitung Herstellung von Jürgen Tesch. Nach seiner Ausbildung im Sortimentsbuchhandel war er seit 1954 Hersteller und später Herstellungsleiter bei verschiedenen deutschen Verlagen, u. a. im Insel-Verlag. Als passioniertem Buchhandelshistoriker betraute ihn der Verlag von 1988 bis 1992 mit der Aufarbeitung des Verlagsarchivs und der Abfassung von Teil I (1842 bis 1945) dieser Firmenchronik. Seit 1980 ist Heinz Sarkowski Mitglied der Historischen Kommission des Börsenvereins des Deutschen Buchhandels.*

Die Typographie unserer Bücher und Zeitschriften, an der sich seit der Jahrhundertwende wenig geändert hatte, wurde modernisiert und zugleich den gewandelten Arbeitsbedingungen in den Setzereien angepaßt. Hierbei waren uns die Unterstützung und die Anregungen unserer technischen Betriebe, insbesondere der Druckerei Stürtz, eine große Hilfe. Mit dem Übergang zum Foto- und Lichtsatz beschleunigte sich dieser Prozeß. Diese Erneuerung der Typographie unserer Bücher und Zeitschriften war mein besonderes Anliegen, und hierin fand ich im damaligen Leiter unserer Heidelberger Herstellung, Jürgen Tesch, ebenso in seinen Nachfolgern Heinz Sarkowski (seit 1976) und Ingo Scholz (seit 1988) einfühlsame und zielstrebige Mitstreiter. Mit Stolz und Genugtuung erfüllt es uns, daß diese Bemühungen von der kritischen Jury für die ›Schönsten Bücher des Jahres‹ anerkannt wurden, die zwischen 1969 und 1992 29 Springer-Titel prämierte.

Doch nicht nur die Typographie unserer Produktion war reformbedürftig, sondern auch die äußere Präsentation der Bücher und Zeitschriften, wenn sie den veränderten Wettbewerbsbedingungen standhalten sollte. Zwar konkurrieren die Bücher eines Wissenschaftsverlags im Schaufenster oder auf dem Ladentisch der Buchhändler nicht mit den Büchern der Publikumsverlage, doch müssen sie sich in der Fülle der immer zahlreicher werdenden Konkurrenztitel behaupten.

Die Neugestaltung des Äußeren unserer Bücher war zugleich an technische Voraussetzungen und Nebenbedingungen geknüpft: Klebebindung, bei Taschenbüchern schon seit 1950 üblich, war für wissenschaftliche Literatur marktfähig geworden und setzte sich bei Springer-Broschüren durch, wobei flexible Klebstoffe den Bedürfnissen der Benutzer entgegenkamen. Leinen wurde häufig durch nichttextile Einbandmaterialien ersetzt, so daß man die Titelschrift oder ein bildliches Motiv im Offset- oder Siebdruck unmittelbar auf den Einband reproduzieren konnte. Dies machte es möglich, künftig auf kostspielige Schutzumschläge zu verzichten.

Erscheinungsbild der Produktion. Seit Mitte der siebziger Jahre hatte Werner Eisenschink (1932–1991), der schon früher gelegentlich für die Gestaltung von Einbänden herangezogen worden war, eine regelmäßige Tätigkeit für den Springer-Verlag aufgenommen. Er verband großes typographisches Können mit einem ausgeprägten Farbensinn. Es war seine Stärke, individuell Akzentuiertes zu schaffen, bei aller Schlichtheit, die bei wissenschaftlichen Titeln geboten ist, und trotz der Vielzahl der Titel die Herkunft aus unserem Verlag, d.h., eine »Familienähnlichkeit« erkennbar werden zu lassen.

Zu dieser Typisierung trugen auch die jedem Fachgebiet zugeordneten Farben bei. Damit erhielten Buchhändler und Bibliothekare eine Orientierungshilfe angesichts der immer zahlreicher werdenden Springer-Titel.

	1967	1976	1987
Medizin, Psychologie	blau	blau	blau
Physik	braun	braun	braun
Biologie	grün	grün	grün
Mathematik	gelb	gelb	gelb
Computer Science	–	gelb	silber
Chemie	grau	orange	orange
Geowissenschaften	orange	ocker	ocker
Technik	schwarz	rot	rot
Wirtschaftswissenschaften, Philosophie	–	grau	grau
Pharmazie	–	blau	türkis (seit 1990)
Recht	grau	grau	petrol (seit 1990)

Das Bollwage-Konzept. In diesen Zusammenhang gehören die gleichgerichteten Anstrengungen, für den Bereich der Werbung und der Akzidenzen des Verlags ein ästhetisch ausgeglichenes Erscheinungsbild im Sinne der »Corporate identity« zu schaffen. Ende 1974 konnte ich Max Bollwage für die Gestaltung eines solchen Konzepts gewinnen [BOLLWAGE]. Er löste die gestellte Aufgabe in einer für lange Zeit gültigen Weise und faßte seine Entwürfe in einem 1976 erschienenen Musterband zusammen, aus dessen Einleitung der erste Absatz zitiert sei:

Für die typographische Gestaltung eines Verlagsprogramms und seiner Werbemittel gilt der Grundsatz, daß die Gesamtheit weit mehr ist als die Summe ihrer einzelnen Teile. Die individuelle Gestaltung eines Buches, einer Zeitschrift oder eines Werbemittels mag noch so gelungen sein, das geschlossene Gesamtbild einer Verlagsproduktion wird nur sichtbar, wenn die typographisch-ästhetische Gestaltung der einzelnen Druckwerke einem übergeordneten Konzept folgt. Erst dann gewinnt das Ganze Anziehungskraft und Ausstrahlung ...

Bei dieser Gelegenheit wurden die schon 1967 offiziell eingeführten Fachbereichsfarben neu geordnet und mit den exakten Druckfarbenbezeichnungen belegt (s. Übersicht S. 232). Bollwage hatte zugleich unser Verlagssignet sowohl im Hinblick auf seine technische Eignung für Druck und Prägung als auch auf den graphischen Gleichklang mit dem typographischen Konzept unseres Programms neu gestaltet.

Die wachsende Fülle der Produktion und die sich ändernden Anforderungen an ihre »Visibilität« im Buchhandel, bei Kongreßausstellungen etc. forderten im Laufe der Zeit eine noch stärkere graphische Charakterisierung einzelner Buchtitel, Zeitschriften und Buchreihen. Es war eine schwierige Aufgabe, diesen Forderungen gerecht zu werden und gleichzeitig die »Familienähnlichkeit« der Springer-Produkte zu wahren. Unser Herstellungsbereich hat ab 1991 Wege entwickelt, die Lebendigkeit und Vitalität des Verlags darzustellen; eine Neugestaltung des Gesamtbildes wird angestrebt ohne Bewährtes zu verlassen oder reinen Modeerscheinungen zu folgen.

Wandel der technischen Verfahren. Der Pflege des äußeren Erscheinungsbildes galt weiterhin unsere größte Aufmerksamkeit, wenn auch im Rahmen unseres expandierenden Unternehmens technisch-organisatorische und wirtschaftliche Anforderungen ein wachsendes Gewicht erhielten.

Ein kurzer Exkurs möge diesen wichtigen Aspekt unserer verlegerischen Bemühungen aufzeigen: In den sechziger Jahren, die sich durch bemerkenswerte wissenschaftliche und technologische Durchbrüche auszeichneten, bahnte sich ein entscheidender Wandel in der Satz- und Drucktechnik an. Seit Gutenberg war außer der Erfindung der Schnellpresse im ersten Viertel des 19. Jahrhunderts wenig Neues geschehen. Seit Anfang des 20. Jahrhunderts hatten sich maschinelle Satzverfahren für wissenschaftliche Publikationen durchgesetzt, doch das Prinzip des Druckes von Lettern, die aus einer Bleilegierung gegossen waren (»Hochdruck«), blieb nahezu unverändert. Im siebten Jahrzehnt wurde der außerhalb der wissenschaftlichen Produktion schon weit verbreitete Offsetdruck (»Flachdruck«)

für die Herstellung wissenschaftlicher Literatur favorisiert, zumal in Verbindung mit dem »Fotosatz« (»Lichtsatz«). Bei der uns nahestehenden Universitätsdruckerei H. Stürtz AG hatte sich Armin Würfel nachdrücklich für die Umstellung vom Buchdruck auf den Offsetdruck verwendet, für den er sich schon bei Brandstetter in Leipzig eingesetzt hatte. Die Skepsis gegenüber dem neuen Verfahren war groß und man bezweifelte, daß die Qualität der Text- und Bildwiedergabe dem bisherigen Standard entsprechen würde, der für das wissenschaftliche Buch und die wissenschaftliche Zeitschrift unabdingbar ist. Es hat sich herausgestellt, daß diese Skepsis unbegründet war. Seit den siebziger Jahren wird bei Stürtz nur noch im Offsetverfahren gedruckt, das zudem beachtliche Vorteile technischer und wirtschaftlicher Art bietet:

1. Ersatz des kostspieligen »Stehsatzes« für neue Auflagen durch billigere und raumsparende Satzfilme.
2. Die Befreiung vom schwerfälligen Blei erlaubte die Verwendung von Offsetfilmen an jedem beliebigen Ort, der preisliche Vorteile bei besserer Qualität versprach.
3. Die zeitraubende und kostspielige Zurichtung des Satzes und der Klischees entfiel.
4. Abbildungen konnten schneller, besser und billiger über Filme hergestellt und gedruckt werden.
5. Die für Abbildungen im Buchdruck (Hochdruck) erforderlichen Kunstdruckpapiere konnten durch leichtere, aber nicht weniger ansprechende Papiere ersetzt werden.
6. Es bestand eine größere Zeichenauswahl im Lichtsatz, was für wissenschaftliche, insbesondere mathematische Texte wichtig war.

Übergangsschwierigkeiten, die es noch bis etwa 1980 gab, wurden von der graphischen Industrie gemeistert, wobei die Qualitätsansprüche des Verlags anspornend wirkten.

Leider kamen die dabei erzielten Kostenersparnisse den Buch- bzw. Zeitschriftenpreisen nur insofern zugute, als sie halfen, Kostensteigerungen zu dämpfen.

Eine Art Notlösung angesichts allgemein wachsender Satzkosten war der Schreib(maschinen)satz — später kam der »Composersatz« hinzu —, den wir 1964 erstmals für die ›Lecture Notes in Mathematics‹ und später für die weiteren Lecture-Notes-Serien einsetzten. Für diese Reihen war eine schnelle Veröffentlichung bei niedrigstem Preis die Vorbedingung. Im Interesse niedriger Buchpreise fanden sich auch Autoren bereit, ihre Manuskripte als reproduzierbare Schreibmaschinentexte zu liefern.

Während der siebziger und achtziger Jahre, vorwiegend unter der Leitung von Heinz Sarkowski (1976–1988), stieg die Anzahl der nur von den deutschen Betriebsstätten hergestellten Titel von jährlich 470 (1976) fast auf das Dreifache. Das Zeitschriftenvolumen verdoppelte sich. Die Mitarbeiterzahl der Herstellung nahm in weit geringerem Umfang zu (25 % Personal zu 175 % Produktion). Dennoch konnten die Herstellungszeiten deutlich verkürzt werden. Hierzu trugen im wesentlichen vier Faktoren bei:

— der Übergang zu schnelleren Satzverfahren;
— die technisch einfachere Ausführung von Autorenkorrekturen;
— die Beschleunigung des Herstellungsablaufs durch den Satz »auf Umbruch«, bei dem sich die Fahnenkorrektur erübrigte.
— Ein einheitliches Formularwesen und andere Verwaltungsmaßnahmen vereinfachten und verkürzten die Verbindungswege zwischen Autor, Verlag und Druckerei. Entsprechende Standards wurden gemeinsam mit den Druckereien entwickelt.

Internationale Produktion. Für einen Verlag, der über 60 % seines Umsatzes im Ausland erzielt, lag es nahe, auch nach Herstellungsmöglichkeiten im Ausland zu suchen. So gaben wir Anfang der siebziger Jahre Aufträge an Druckereien im United Kingdom. Nach einiger Zeit verringerte sich der Preisvorteil, so daß der Verwaltungsaufwand nicht mehr lohnte. Wesentlich günstiger lagen die Dinge in Indien. Ich besuchte Thomson Press, New Delhi, wohin wir 1975 den ersten Satzauftrag gaben.

Diese Druckerei war mit Monotype-Setzmaschinen ausgerüstet und lieferte ausgezeichneten wissenschaftlichen Satz. Der Fahnen- und Umbruchversand erfolgte mit Linienflugzeugen, die die jeweils abends entgegengenommenen Sendungen am nächsten Morgen in London ablieferten — die Zeitverschiebung begünstigte diesen Versand. Das gleiche ließ sich mit New Delhi–Frankfurt einrichten, so daß die erhebliche Distanz vorteilhaft überbrückt werden konnte. Dennoch verlangte diese Zusammenarbeit mehr Zeit als etwa jene zwischen Würzburg und Heidelberg.

Ein Erlebnis ist mir in guter Erinnerung geblieben: Die Firma Thomson hatte kurz vor meinem ersten Besuch eine moderne Falzmaschine von Brehmer erhalten, die sachgemäß aufgestellt und des Einsatzes gewärtig war. Auf der anderen Seite des geräumigen Saales aber saßen etwa ein Dutzend Inder mit unter-

279 *Ingo Scholz (1947) ist Diplom-Ingenieur für Drucktechnik und nach verantwortungsvoller Tätigkeit in einem Zeitungsverlag seit 1988 Leiter des Bereichs Herstellung im Springer-Verlag.*

geschlagenen Beinen und falzten die angelieferten Bögen emsig mit dem Falzbein.

Durch den Kontakt zu Macmillan in Bangalore seit den Jahren 1986/87 verstärkte sich die Auftragserteilung nach Asien: 1988 wurden dort bereits ca. 12000 Buchseiten hergestellt. Auch in Hong Kong, wo wir seit 1980 produzieren, haben sich die Verbindungen zu den Satzbetrieben zuverlässig eingespielt.

Seit 1. Oktober 1988 ist Ingo Scholz für die Herstellung verantwortlich. Er hat die Ziele und Bedürfnisse eines internationalen Verlags mit den sich daraus ergebenden Vorteilen und Synergieeffekten aufgegriffen und erfolgreich weitergeführt. Jährlich findet in Heidelberg anläßlich der Frankfurter Buchmesse ein Herstellertreffen aller Springer-Firmen statt. Dabei werden unter anderem die Einkaufsbedingungen bei internationalen Lieferanten besprochen. Die Heidelberger Herstellung schließt Gesamtlieferverträge mit ihnen ab und koordiniert weltweit die Vertragserfüllung. Das inzwischen entwickelte globale Einkaufsnetz ermöglicht es allen Tochterfirmen, ihre Aufträge zu den Bedingungen eines Großverlages optimal zu vergeben. 1992 betrug der Umfang aller von den Springer-Firmen nach Asien gegebenen Satzaufträge mehr als 140000 Seiten.

In Bangalore, Indien, gründeten wir 1992 gemeinsam mit Macmillan, India, ein Joint venture: SPS (Scientific Publishing Services), das unter der örtlichen Leitung von Martha Gründler steht. Dabei ist es unsere Aufgabe, das Herstellungswissen und gewohnte Qualitätsansprüche in Indien zu verankern. Bereits im ersten Jahr wurden, wie erwähnt, ca. 12000 Seiten in Bangalore hergestellt. Mit dieser Politik stärken wir auf lange Sicht unsere internationale Wettbewerbsposition bei gleichzeitiger Ausnutzung der wirtschaftlichen Vorteile.

Die Herstellung hat inzwischen Organisationsformen und Arbeitsabläufe entwickelt, die meinem globalen Konzept unserer Verlagsgruppe entsprechen. Von den verschiedenen Herstellungsabteilungen werden gemeinsam »Auftragsblöcke« (»gangs«) geeigneter Titel gebildet, die geschlossen produziert werden können. Voraussetzung ist die Standardisierung von Format und Papier für alle Verlagsstätten [SARKOWSKI (5)].

1992 produzierten Heidelberg und Berlin insgesamt 630 Titel im Standardformat. Londoner Werke konnten wir zusammen mit der Heidelberger Produktion drucken; Physica-Verlag und Steinkopff wurden in das Programm einbezogen.

Im Herbst 1987 brachte ich die ersten sechs Buchtitel zur Herstellung nach New York; 1992 waren es über 120 Titel, die zusammen mit der New-York-Produktion zu »gangs« von 6–20 Titeln zusammengestellt und zu fest vereinbarten Terminen einmal monatlich gedruckt werden. Durch die Organisation dieser Blockaufträge spart der Verlag nicht nur erhebliche Kosten, sondern er kann die Aufträge je nach Wirtschaftslage auch in andere europäische Länder, nach Amerika oder nach Asien vergeben.

Springer bietet heute auch für andere Verlage Herstellungsleistungen an.

Technische Weiterentwicklungen: Computer production. Bei der erwähnten internationalen Herstellerbesprechung in Heidelberg findet auch ein umfassender Gedankenaustausch über die neuesten elektronischen Entwicklungen und deren Umsetzungsmöglichkeiten statt. Die Abteilung ›Neue Techniken/Produktentwicklung‹ wurde zu diesem Zwecke 1989 dem Herstellungsbereich zugeordnet.

Für das große Satzvolumen mit hohem Schwierigkeitsgrad im Bereich der Mathematik, Physik und Informatik wird der konventionelle Satz zunehmend durch die Texterfassung mit dem TEX-Programm ersetzt. Das Satz- und Formatiersystem TEX wurde für mathematische Texte von Donald Knuth entwickelt und von der American Mathematical Society eingeführt. Im Springer-Verlag erschien das erste in TEX erstellte Buch 1983 (Proceedings of the CIFMO School and Workshop held at Oaxtepec', ed. by K.B. Wolf). Mit Hilfe der für die obengenannten Fachbereiche speziell geschaffenen »TEX-Makropakete«, die den Autoren über das internationale »e-mail«-Netz oder als Diskette für ihren Personal Computer zur Verfügung gestellt werden, erfolgt die Erfassung ihrer Manuskripte, einschließlich der Layoutvorgaben des Verlags. Der Verlag erhält den vollständigen Text wiederum auf Diskette oder über »e-mail«. Unsere Hersteller kontrollieren die Arbeit, und die Druckereien wandeln sie über ein Konvertiersystem unmittelbar in Satzfilme der gewünschten Schriftart um, oder es werden reproduktionsreife Seiten geliefert. Die Verarbeitung TEX-formatierter Manuskripte ist wirtschaftlich mit den konventionellen Satzkosten in Asien vergleichbar, bringt aber zusätzlich einen beachtlichen Zeitvorteil mit sich. Im Jahre 1992 wurden auf diese Weise über 25000 Druckseiten hergestellt.

So gut sich TEX für mathematisch-physikalische Texte eignet, so ungeeignet hat es sich allerdings für Texte anderer wissenschaftlicher Bereiche erwiesen.

Nach Abstimmung zwischen Planung und Autoren kann der Satz (einschließlich der Abbildungen) auch mit Hilfe anderer

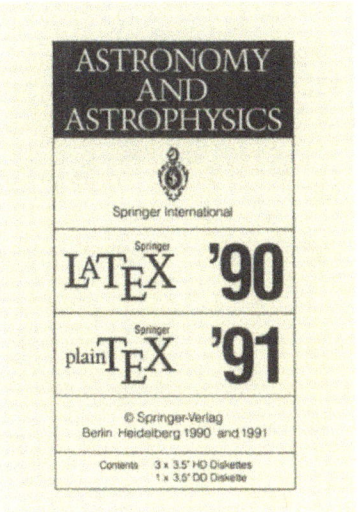

280, 281 *TEX-Makropakete für Springer-Autoren: Die beiden TEX-Versionen für Autoren der Zeitschrift ›Astronomy and Astrophysics‹ und die ›Instructions for Authors Using plainTEX...‹ für Bücher.*

Programme im Verlag selbst elektronisch umbrochen werden. All diese Vorgehensweisen ermöglichen etwa 30 bis 40% kürzere Herstellungszeiten.

Eine 1990 gegründete Abteilung, ›Design & Production‹, ausgerüstet mit modernster Desktop-publishing-(DTP)-Soft- und -Hardware, hat die Herstellung der Werbemittel und Beilagen unter Benutzung der Texte unserer Marketingdatenbank übernommen.

Durch die elektronische Texterfassung wurden im Bereich der Satzherstellung die Grenzen zwischen Autor/Verlag und den technischen Betrieben verwischt. Außerdem wurden die klassischen Aufgaben der Herstellung wissenschaftlicher Bücher und Zeitschriften ergänzt durch Vorbereitung zur zusätzlichen Produktion in elektronischer Form (s. unten, Abschnitt ›Neue Medien‹). Die elektronischen Herstellungsmethoden gewinnen für den Zeitschriftenbereich zunehmend an Bedeutung.

SGML (Standard Generalized Markup Language). Anfang der achtziger Jahre erarbeiteten IBM-Fachleute ein Konzept, das den Zielvorstellungen der EG und des Bundesministeriums für Forschung und Technologie (BMFT) entsprach: die Standard Generalized Markup Language (SGML). Der Verlag hatte ähnliche Formatierungsprinzipien schon für die Verarbeitung von Arbeiten in ›Astronomy and Astrophysics‹ (AA-System) und für die Erfassung der Referate für das ›Zentralblatt für Mathematik‹ 1982/83 entwickelt.

Das SGML-Konzept geht davon aus, daß eine elektronische Verarbeitung von Texten dann relativ einfach ist, wenn diese Texte als Dokumenttypen beschrieben werden können, für die eine Struktur besteht, die die Verarbeitungsmöglichkeiten definiert.

So sind die Texte wissenschaftlicher Originalarbeiten allgemein nach der gleichen Disposition aufgebaut:

1. (Head): Zeitschrift, Jahrgang, Band, Seite (von–bis), Titel, Autoren, Institute, Abstract, Keywords.
2. (Body): Einleitung. Material und Methoden, Ergebnisse, Diskussion, Acknowledgment.
3. (Tail): Literatur.

282 *B. E. Travis und D. C. Waldt ›The SGML Implementation Handbook. A Blueprint for SGML Migration‹ (1994 geplant) – eine der ersten im Springer-Verlag erscheinenden Publikationen über SGML.*

1989 hat sich eine Arbeitsgruppe von Verlagen, Satzspezialisten und Datenbankproduzenten unter Federführung des Springer-Verlags zusammengefunden, um Kodier- und Formatierregeln für derartige wissenschaftliche Dokumenttypen auszuarbeiten. Als erstes Ergebnis wurde 1991 eine Anleitung für den »Head« vorgelegt (MAJOUR = Modular Application for Journals,

EWS, 1991). Diese Entwicklung ermöglicht es, erfaßte Texte elektronisch weiterzuverarbeiten, indem die bibliographischen Daten eines Dokuments (Zeitschrift, Jahrgang, Band, Seiten, Titel, Autoren, Institute, Abstract, Keywords) zur Sekundärverwertung elektronisch überspielt werden können, z. B. für Abstractdienste wie Physics Briefs, Medlars, Embase oder allgemein: Current Awareness Services. Diese Möglichkeit wird in Zukunft auch von ADONIS genutzt werden können.

Zur Zeit sind bereits sechs unserer Zeitschriften auf SGML umgestellt: ›European Journal of Nuclear Medicine‹, ›Langenbecks Archiv für Chirurgie‹, ›Der Radiologe‹, ›Zeitschrift für Physik A‹, ›Zeitschrift für Physik B‹ und ›Zeitschrift für Physik D‹.

Umweltprobleme. Das zunehmende Umweltbewußtsein hat Auswirkungen auf die Herstellungspolitik, insbesondere im Papier- und Verpackungsbereich gehabt. Seit Mitte der achtziger Jahre wird das säure- und chlorfreie Papier diskutiert, das langjährige Haltbarkeit und Farbbeständigkeit garantiert. Außerdem verzichtet der Verlag auf den Einsatz von PVC-Kunststoffen für Umschläge und Folien zum Einschweißen der Bücher. Jedes Druckerzeugnis enthält einen Hinweis auf die umweltorientierte Produktion und den entsprechenden Materialeinsatz.

Der Hersteller. Die Arbeit im kunsthandwerklich geprägten Herstellungsbereich, verbunden mit dem Umgang mit anspruchsvollen wissenschaftlichen Manuskripten und ihren Autoren erfordert Persönlichkeiten mit weitgespannten Interessen. So ist es nicht verwunderlich, daß einzelne Mitarbeiter außerhalb des Verlages als Künstler und Typographen Anerkennung gefunden haben. Auch innerhalb des Hauses veranstalten wir Ausstellungen von Arbeiten aus dem Mitarbeiterkreis.

Besonderes Augenmerk hat der Herstellungsbereich von jeher auf die Aus- und Fortbildung seiner Mitarbeiter gelegt. Interne und externe Seminare — zum Teil bei den Druckereien — und regelmäßige Besprechungen auf allen Ebenen sind in einem Fachbereich unerläßlich, in dem rasche Aufnahme technischer Neuerungen und praktische Information vor Ort unerläßlich sind.

Für die Lösung unserer Herstellungsaufgaben erwiesen sich im Laufe der Zeit zwei Firmen als besonders hilfreich: die Universitätsdruckerei H. Stürtz AG in Würzburg und die Graphische Kunstanstalt Gustav Dreher in Stuttgart.

Universitätsdruckerei H. Stürtz AG in Würzburg. Dieser graphische Großbetrieb gehört mehrheitlich dem Springer-Verlag, mit dem er seit Jahrzehnten eng zusammenarbeitet. Der Springer-Verlag seinerseits hat an der Entwicklung dieses Unternehmens lebhaften Anteil genommen, was sich in der maßgeblichen Mitwirkung im Aufsichtsrat seit dem Jahre 1910 ausdrückt.

Für den Springer-Verlag und seine anspruchsvolle wissenschaftliche Produktion auf den Gebieten der Naturwissenschaften, der Mathematik und der Medizin waren die Leistungen der Firma Stürtz ein hochwillkommener Beitrag zur Erreichung bester Qualität.

Am 17. Juni 1830 hatte Friedrich Ernst Thein eine Druckerei mit drei Gehilfen und zwei Handpressen in der Würzburger Augustinerstraße 3 eröffnet. Der Gründer starb 1869 im Alter von 66 Jahren, und Ludwig Stürtz, Inhaber einer lithographischen Anstalt, kaufte die Druckerei und vereinigte sie mit seinem Unternehmen. 1874 wurden erstmals wissenschaftliche Bücher gedruckt, zum Beispiel die ›Studien über Grund und Einkeilung der Schenkelhalsbrüche‹ von Ferdinand Riedinger; es war dies der Anfang einer für Stürtz bedeutsamen Entwicklung. 1875 trat Heinrich Stürtz, der Bruder Ludwigs, in die Firma ein und wurde 1877 Gesellschafter. Ab 1. September 1878 übernahm er die Druckerei, die am 16. März 1878 durch Dekret des königlich-bayerischen Staatsministeriums die Bezeichnung »Königliche Universitätsdruckerei von H. Stürtz« führen durfte. 1894 druckte Stürtz die Festrede anläßlich des 312. Stiftungstages der Julius-Maximilians-Universität, die vom seinerzeit amtierenden Rektor Wilhelm Konrad Röntgen gehalten worden war.

1898 zog H. Stürtz in das neu errichtete Gebäude an der Beethovenstraße 5 (damals Friedhofstraße) und legte damit den Grund für eine weitere erfolgreiche Entwicklung. 1909 erfolgte die Umwandlung der Druckerei in eine Aktiengesellschaft mit Kommerzienrat Heinrich Stürtz als erstem Vorsitzenden. Dem Aufsichtsrat gehörten seit 1910 die Verlagsbuchhändler Fritz Bergmann, Wiesbaden (Verlag J. F. Bergmann), und Fritz Springer, Berlin, an. 1911 wurde Rudolf Leonhardt zum ordentlichen Vorstandsmitglied ernannt. Kommerzienrat Dr. med. h.c. Heinrich Stürtz starb am 29. Juni 1915.

Seit 1930 ist die Verbindung zum Springer-Verlag durch die Berufung Ferdinand Springers in den Aufsichtsrat, der ihn 1933 zum Vorsitzenden wählte, noch enger geworden. Abgesehen von der Periode des erzwungenen Ausscheidens aus dem Verlag von 1942 bis 1945 ist Springer bis zu seinem Tode 1965 Aufsichtsratsvorsitzender gewesen.

Der Luftangriff vom 16. März 1945 zerstörte das Druckereigebäude in der Beethovenstraße zu 85%. Hans Spanheimer wurde am 9. November 1945 von der US-Militärregierung zum Treuhänder und Lizenzträger des Unternehmens ernannt; die Treuhänderschaft endete am 19. Juni 1948. 1947 begann der Wiederaufbau, und gegen Jahresende 1948 konnte wieder friedensmäßige Druckqualität geliefert werden.

Der Aufsichtsrat entschloß sich Anfang Januar 1953, Armin Würfel, Mitgründer und Mitinhaber der Wiesbadener Graphischen Betriebe, zum ordentlichen Vorstandmitglied zu wählen. Würfel kam von Brandstetter in Leipzig und setzte sich in den Folgejahren erfolgreich für die Umstellung vom Buchdruck auf Offsetdruck ein. Als Würfels Nachfolger berief der Aufsichtsrat am 1. Oktober 1960 Karl-Hermann Klingspor. Ihm folgten am 1. Januar 1971 Wolfram F. Joos und Lorenz Rottland; Joos als technischer, Rottland als kaufmännischer Direktor.

1961 wurden Konrad F. Springer, 1962 Heinz Götze, 1966 Günter Daniel und 1978 Claus Michaletz in den Aufsichtsrat gewählt.

Anfang der siebziger Jahre entstand durch die Ausweitung des Offsetdrucks und der Buchbinderei zusätzlicher Raumbedarf, der durch einen Neubau im Industriegebiet an der Veitshöchheimer Straße erfüllt wurde. Am 1. März 1972 begannen die Vorarbeiten für den ersten Bauabschnitt; die Grundsteinlegung erfolgte am 3. Mai — bei strömendem Regen.

Die Einrichtung maschinellen Satzes für chemische Strukturformeln leitete 1969 eine Periode neuer Satzverfahren ein. 1973 installierte Stürtz eine rechnergesteuerte Fotosatzanlage und

283, 284, 285 *Karl-Hermann Klingspor (1903–1986) stand der Universitätsdruckerei H. Stürtz AG von 1960 bis 1970 vor. Wolfram F. Joos (1933) als technischer Direktor und Lorenz Rottland (1931) als kaufmännischer Direktor folgten ihm.*

286 *Universitätsdruckerei H. Stürtz AG, Werk II in der Alfred-Nobel-Straße 33 in Würzburg.*

1976 als erstes Unternehmen der Welt das Satzsystem Monophoto 400/8 für computergesteuerten Formelsatz. 1978 folgte ein Vierfarbenscanner zur elektronischen Herstellung von Farbauszügen.

Die Universitätsdruckerei Stürtz ist für uns ein kaum mehr wegzudenkender Partner geworden — nicht nur für den Satz, Druck und Einband bedeutender Verlagswerke, sondern in jüngerer Zeit auch für die Zusammenarbeit auf dem weiten Feld der computergesteuerten Produktion. Hier hat die Firma gemeinsam mit dem Herstellungsbereich des Springer-Verlags Pionierarbeit geleistet. Im Rahmen der neuesten Entwicklungen hat Stürtz ein Konvertierprogramm entwickelt, mit dem die im Formatierprogramm TEX erstellten Manuskriptdateien unmittelbar in der vom Verlag bevorzugten Schrift ›Monotype Times‹ belichtet werden.

Die drucktechnischen und buchbinderischen Leistungen der Firma Stürtz erfuhren ungewöhnliche Anerkennung. Die Stiftung Buchkunst zeichnete allein im Jahr 1979 fünf bei Stürtz hergestellter Werke aus: drei Schulbücher, ein anatomisches Werk von Springer und ein Kunstbuch und reihte sie unter die 50 besten Bücher des Jahres 1978 ein.

Am 19. April 1980 beging Stürtz das hundertfünfzigjährige Firmenjubiläum mit einem wohlgelungenen Betriebsfest und einer Feier in den Räumen des Mainfränkischen Museums auf der Marienburg.

Württembergische Graphische Kunstanstalt Gustav Dreher in Stuttgart. Für den wissenschaftlichen Verlag ist die Illustration ein wesentliches Informationsmittel. Die bildliche Darstellung unterstützt oder ergänzt die Aussage des Textes. Das ästhetische Element spielt dabei eine untergeordnete Rolle, wenngleich die ästhetische Wirkung auch im streng wissenschaftlichen Bereich nicht unterschätzt werden sollte, insbesondere in wissenschaftlichen Disziplinen, die stark morphologisch orientiert sind, wie in der Medizin die Anatomie, die Pathologie und die Radiologie, oder die Geologie und Kristallographie, um charakteristische Beispiele zu nennen.

Die Bedeutung der Illustration im wissenschaftlichen Verlag veranlaßte die Inhaber des Springer-Verlags schon frühzeitig, die Verbindung zu einer leistungsfähigen Produktionsstätte zu suchen, die für die Dauer qualitativ hochstehende Ergebnisse zu sichern vermochte. Seit 1918 wurde dies in wachsendem Maße die Firma Gustav Dreher [HS: S. 317; Anm. 65]. Gustav Dreher hatte sie im Juli 1893 als xylographische Anstalt in der Böblinger Straße in Stuttgart gegründet und um 1900 auf die neue, von Georg Meisenbach entwickelte chemographische Technik der Rasterätzung für Klischees umgestellt. 1904 zog Dreher in ein eigenes, noch heute benutztes Gebäude in der Immenhofer Straße 23.

287 *Württembergische Graphische Kunstanstalt Gustav Dreher in Stuttgart, Immenhofer Straße 23.*

1918 verstarb Gustav Dreher, und die Firma wurde in eine GmbH umgewandelt mit den Gesellschaftern Doris Dreher (75%), Rudolf Stark (12,5%) und Karl Schuster (12,5%). Der Springer-Verlag Berlin erteilte 1921 den ersten Probeauftrag als Beginn einer jahrzehntelang währenden ungetrübten Zusammenarbeit. 1922 trat Springer als vierter Gesellschafter mit einem Kapitalanteil von 20% (15000 Mark) ein. Im Laufe der enger werdenden Verbindung richtete Dreher ein Zeichenbüro für die Springer-Aufträge ein und übernahm hierfür Verlagszeichner aus Berlin. Eugen Jennewein erhielt 1936 Prokura; gleichzeitig schied Rudolf Stark als Gesellschafter aus.

Nach dem Kriege wurde 1946 die Verbindung mit dem Springer-Verlag Heidelberg wieder aufgenommen.

Der wachsende Geschäftsumfang und die Einführung neuer Reproduktionstechniken erforderten zusätzlichen Raum. In den Jahren 1971/73 wurde deshalb ein zweites Gebäude errichtet.

Die Herren Schuster und Stark hatten uns ihre Anteile im Juli 1985 bzw. im März 1987 übertragen. Die Anteile von Jennewein, der am 31. Dezember 1975 ausschied, blieben zunächst bei seiner Familie, bis sie im August 1987 dem Springer-Verlag angeboten wurden und ihn zum Alleininhaber machten.

288 *Eugen Jennewein (1892–1979) war langjähriger Mitarbeiter der Firma Gustav Dreher, seit 1936 Prokurist und von 1949 bis zu seinem Ausscheiden 1975 Unternehmensleiter.*

289 *Kurt Söll (1930), seit 1973 Geschäftsführer für den technischen Bereich, folgte Eugen Jennewein 1975 zusammen mit* **(290)** *Lothar Steingrube (1941), der in der Geschäftsführung den kaufmännischen Bereich vertritt.*

E. Jennewein hatte den Übergang der konventionellen chemographischen Ätztechnik auf den Scanner und zur Filmherstellung für den Offsetdruck eingeleitet und durchgeführt. 1976 wurden die letzten Buchdruckklischees hergestellt und 1979 der erste Farbscanner angeschafft.

Die Zusammenarbeit mit der unter der Leitung von Dora Großhans stehenden Illustrationsabteilung des Verlags war von beiden Seiten stets von Sachkenntnis und gegenseitigem Verständnis getragen. Sie hat es ermöglicht, daß wir das Ziel einer hochqualifizierten Illustration unserer Publikationen erreichen und durch ständigen Austausch von Erfahrungen auf einem gleichbleibend hohen Stand der Wiedergabequalität halten konnten.

Der Springer-Verlag legt Wert darauf, daß die Firma Dreher auch Arbeiten aus dem Bereich der Kunst, Buchgestaltung und der Werbung übernimmt, um seinen Mitarbeitern eine vielseitige und motivierende Tätigkeit bieten zu können.

Seit 1. Juli 1973 ist Kurt Söll Geschäftsführer für den technischen und seit 1. Oktober 1975 Lothar Steingrube für den kaufmännischen Bereich.

Information und Dokumentation

Dokumentationszentren und -organe. Die weltweit wachsende wissenschaftliche Forschung, ihre internationalen Verknüpfungen und die parallel dazu zahlreicher werdenden Buch- und Zeitschriftenveröffentlichungen waren immer weniger zu überschauen und entzogen sich damit selbst der Informationsmöglichkeit von Spezialisten.

Die bereits beschriebene geographische Ausbreitung wissenschaftlicher Tätigkeit hatte schon in den zwanziger und dreißiger Jahren zu einer immer rascher wachsenden Menge an Informationen geführt, die nach Ordnung verlangte und nach Übersicht für die Benutzer. Im Jahre 1942 wurde die ›Deutsche Gesellschaft für Dokumentation‹ in Köln gegründet (ihr jetziger Sitz ist Frankfurt am Main). Diese Entwicklung setzte sich nach dem Zweiten Weltkrieg kräftig fort, unter anderem mit der Gründung des ›Instituts für Dokumentationswesen‹ in Frankfurt am Main. Literaturdokumentation wurde eine Hilfswissenschaft nicht nur für die Forschungsarbeit, sondern für alle Gebiete der Industrie, der Wirtschaft und des täglichen Lebens, die auf zuverlässige Information angewiesen sind.

Es war nur natürlich, daß man versuchte, Sammelstellen für definierte Wissensgebiete zu schaffen: Dokumentationszentren oder Abstract Services, im deutschen Sprachgebrauch ›Zentralblätter‹. Zwei Typen sind zu unterscheiden: Berichte mit kritischen Referaten über Bücher und Zeitschriftenartikel, z. B. die medizinischen, biologischen und mathematischen Zentralblätter des Springer-Verlags oder das Beilstein-Handbuch der Organischen Chemie. Auf der anderen Seite stehen Dienste, die lediglich die publizierten Arbeiten ohne kritische Bewertung registrieren und ordnen, wie etwa ›Excerpta Medica‹ (Elsevier ab 1947) oder die ›Chemical Abstracts‹ der Amerikanischen Chemischen Gesellschaft (seit 1907). Der zweite Typus hat sich praktisch insofern als vorteilhafter erwiesen, als er mit seinen Informationen schneller an die Gegenwart heranführen kann — auf Kosten einer kritischen Vorprüfung des referierten Materials. Der Springer-Verlag hat die Notwendigkeit derartiger Informationsdienste früh erkannt und sich nachdrücklich dafür eingesetzt: die medizinisch-biologischen Zentralblätter begannen 1911, das Zentralblatt für Mathematik und ihre Grenzgebiete 1931 und Beilsteins Handbuch der organischen Chemie (gegründet 1881) wurde ab 1916 vom Verlag übernommen.

Eine Sonderform der nichtkritischen Informationsvermittlung stellten die 1958 begonnenen ›Current Contents‹ von ISI, Philadelphia/PA, dar, die die Inhaltsverzeichnisse ausgewählter, international anerkannter Zeitschriften abdruckten und durch einen ›Science Citation Index‹ seit 1961 jährlich eine qualitative Bewertung der Zeitschriften durchführt. Das Bewertungssystem beruhte auf der Zählung der Literaturzitate aus der betreffenden Zeitschrift in der weltweiten Zeitschriftenliteratur. Dieses System ist angreifbar, u. a. weil Zeitschriften neuer Forschungsgebiete naturgemäß noch nicht häufig zitiert werden können, auch wenn sie sehr gut sind.

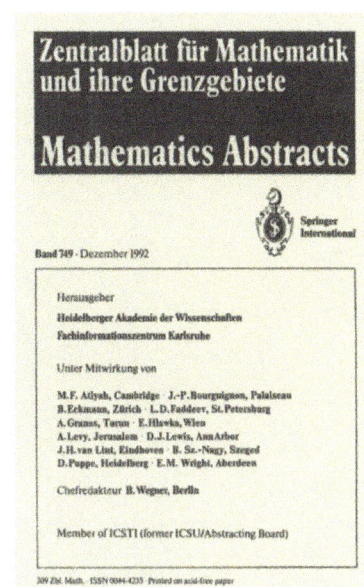

291 ›*Zentralblatt für Mathematik und ihre Grenzgebiete*‹, (›*Mathematics Abstracts*‹), Bd. 749, 1992.

Ab 1969 schuf der Bundesminister für Forschung und Technologie die Fachinformationszentren (FIZ) für jeweils verschiedene Wissensgebiete: z. B. FIZ Medizin/DIMDI, Köln, FIZ Karlsruhe für Naturwissenschaften, FIZ Technik in Frankfurt und FIZ Chemie in Berlin, JURIS Saarbrücken für die nationale Rechtsprechung und noch weitere Dienste für die Wirtschaft. Sie haben alle Hostfunktionen übernommen.

1968 hielt ich die Zeit für gekommen, auch für unsere Arbeit — insbesondere in der Planung und im Marketing/Vertrieb — die kompetente Hilfe eines mit der Dokumentationsarbeit versierten Mitarbeiters regelmäßig in Anspruch zu nehmen. Joachim Thuss, heute bei uns Wissenschaftsberater und Informationsvermittler, hat seither in vielfältiger Weise durch Analysen und Gutachten für die Planung, Strukturuntersuchungen, Aufwandsermittlungen für organisatorische und technische Abläufe, Rationalisierungsuntersuchungen, Literaturzusammenstellungen, zur Bereitstellung und Verbesserung verläßlicher interner Information und Dokumentation beigetragen. Ferner oblagen ihm bis Mitte der achtziger Jahre die Zusammenarbeit mit den Fachinformationszentren und Untersuchungen zur Disposition und Auswertung unseres Zentralblattsystems.

Hier ergaben sich insbesondere in den Jahren 1968–1974 lebhafte Diskussionen über eine mögliche Zusammenarbeit unseres medizinischen Zentralblattsystems mit dem neu zu gründenden FIZ Medizin/DIMDI mit dem Ziel der Überführung unserer Zentralblattorganisation in eine Nonprofit-Institution. Die von den Herausgebern der medizinischen Zentralblätter und den wissenschaftlichen Gesellschaften unterstützten Bemü-

292 *Leiter der Abteilung medizinisch-biologischer Zentralblätter: Georg Kuder (1894–1985, rechts) und Klaus Wolff (1934–1993), der dem Springer-Verlag seit 1968 angehörte.*

hungen scheiterten schließlich — nach anfangs erfolgversprechenden Verhandlungen mit dem Staatssekretär Ludwig von Manger-Koenig vom Bundesministerium für Gesundheitswesen.

Das seit 1911 existierende medizinisch-biologische Zentralblattsystem des Springer-Verlags in Heidelberg, von 1924 bis 1970 unter der Leitung von G. Kuder (bis 1947 in Berlin), anschließend und bis zuletzt unter Klaus Wolff († 1993), wertete weiterhin die Literatur zur Medizin (ohne Zahnmedizin und Tiermedizin) sowie der Biologie und Biochemie aus.

Das System umfaßte während der Periode des weitesten Ausgreifens um 1973/74 18 Referateorgane mit 50 nebenberuflichen Redakteuren und mehr als 30 Mitarbeitern. Es wurden 2600 Zeitschriften von 5600 Referenten in 40 Staaten ausgewertet. Jährlich erschienen insgesamt 120000 Referate.

Die Referateorgane des Springer-Verlags sind — nach Gründungsjahren geordnet:

- Zentralblatt für die gesamte Kinderheilkunde (1911)
- Kongreßzentralblatt für die gesamte innere Medizin und ihre Grenzgebiete (1912)
- Zentralorgan für die gesamte Chirurgie und ihre Grenzgebiete (1913)
- Zentralblatt für die gesamte Ophthalmologie und ihre Grenzgebiete (1914)
- Berichte Physiologie, physiologische Chemie und Pharmakologie (1920)
- Zentralblatt für die gesamte Neurologie und Psychiatrie (1921)
- Zentralblatt für Haut- und Geschlechtskrankheiten sowie deren Grenzgebiete (1921)
- Zentralblatt für die gesamte Tuberkuloseforschung (1921)
- Zentralblatt für Hals-, Nasen- und Ohrenheilkunde sowie deren Grenzgebiete (1922)
- Berichte über die gesamte Gynäkologie und Geburtshilfe (1923)
- Zentralblatt für die gesamte Radiologie (1926)
- Berichte Biochemie und Biologie (1926)
- Berichte über die allgemeine und spezielle Pathologie (1947)
- Zentralblatt für die gesamte Rechtsmedizin und ihre Grenzgebiete (1970).

Neue Medien. Der Begriff »neue Medien« ist unscharf. Man versteht darunter im allgemeinen elektronische Informationsvermittlungssysteme, die sich in den letzten Jahrzehnten, d.h. insbesondere nach dem Einzug der Computertechnik in den Informationstransfer, neben den »alten Medien«, also den konventionell gedruckten Büchern und Zeitschriften, herausgebildet haben.

Die nahezu unbegrenzten Speichermöglichkeiten prädestinieren die elektronischen Medien für die Sammlung und Ordnung großer Datenmengen, die die Kapazität der »alten Medien« (gedruckte Handbücher, Lexika, Datensammlungen) weit übersteigen. Ein Vorzug ist die Flexibilität hinsichtlich möglicher Ordnungs- und Suchsysteme. Für die letzteren sind Zugriffstechniken (Software) erforderlich, deren Entwicklung jeweils spezielle Sachkenntnis voraussetzen.

Im Bereich der Verarbeitung und Bereitstellung großer Datenmengen sind die »neuen Medien« von beachtlicher Bedeutung für den wissenschaftlichen Verlag.

Der Aufwand zur Erstellung umfangreicher und sich ständig vergrößernder Datenbanken für umschriebene Wissenschaftsgebiete übersteigt in der Regel die wirtschaftlichen Möglichkeiten eines Verlags, auch wenn damit zu rechnen ist, daß sich die Kosten der Computerausstattungen im Laufe der Zeit verringern werden. Allein die notwendige Ergänzung und Wartung des Datenmaterials, das zum Teil gedruckten »alten« Medien entnommen wird, erfordert laufend beachtliche Mittel, und der Kapitaleinsatz kann durch Benutzergebühren allein kaum gedeckt werden.

Der Verlag wird sich zweckdienlicher auf übersichtliche Datengruppen aus Arbeitsgebieten konzentrieren, in denen er selbst bereits über ein gewisses Potential an gedruckten Medien verfügt, die er auf diese Weise zusätzlich für schnelle Zugriffsmöglichkeiten anbieten kann. Speichersysteme wie CD-ROM oder Disketten sind hierfür besonders geeignet.

 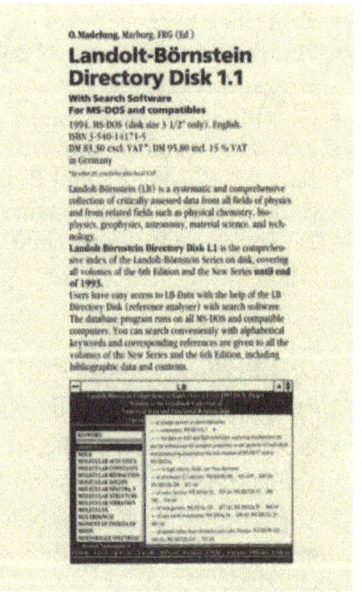

293, 294 ›*Gefahrgut CD-ROM*‹ *und* ›*Landolt-Börnstein Directory Disk*‹.

Ein gutes Beispiel der ersten Gruppe ist unsere ›Gefahrgut CD-ROM‹, die aus einer gedruckten Form, dem ›Handbuch der gefährlichen Güter‹, entwickelt wurde; für die zweite Gruppe sei die ›Directory Diskette‹ zu unserem Handbuch ›Landolt-Börnstein‹ angeführt — beides Entwicklungen des Springer-Verlags. Darüber hinaus gibt es Gemeinschaftsprojekte, etwa ›CompactMath‹, eine CD-ROM-Datenbank unseres ›Zentralblatts für Mathematik und ihre Grenzgebiete‹ — eine Gemeinschaftsentwicklung mit dem FIZ Karlsruhe. Daneben gibt es Fremdentwicklungen, die vom Springer-Verlag lediglich vertrieben werden.

Damit sei der Stand unserer Bemühungen im Bereich ›Neue Medien‹ skizziert, der sachkundig von Arnoud de Kemp betreut und weiterentwickelt wird. Im Oktober 1990 wurde de Kemp zum Präsidenten der Deutschen Gesellschaft für Dokumentation e.V. gewählt. Im Kreise der Geschäftsführer des Hauses unterstehen die ›Neuen Medien‹ Dietrich Götze.

295 *Arnoud de Kemp (1944) leitete ab 1986 den Bereich ›Marketing/Wissenschaftliche Information (WI)‹ und seit 1992 den Bereich ›Corporate Development/Customer Services‹, von dem auch die ›Neuen Medien‹ betreut werden.*

Die unbezweifelbare Faszination, die von den Möglichkeiten elektronischer Speicherung (Storage) und den vielgestaltigen Suchmöglichkeiten (Retrieval) ausgeht, läßt hier und da leider vergessen, daß es sich um »Medien« handelt, die grundsätzlich dem *Produktions- und Vertriebsbereich* angehören, da sie Information benutzergerecht ordnen und vertreiben, nicht aber dem *Planungsbereich*, der Information *erzeugt*. Schlagworte wie »Anbruch des Informationszeitalters« etc. haben dazu beigetragen, daß gelegentlich die Informations*verbreitung* mit der Informations*erzeugung* verwechselt wird. Der Benutzer von Informationsträgern sucht in erster Linie *die Information* als solche, nicht ihr Medium, das ihm lediglich den Zugriff erleichtern soll — was durchaus von Bedeutung ist.

Das in unserem Büro in Santa Clara entstandene TELOS-Projekt (s. S. 327 f.) ist eine ideale Verbindung zwischen Informationserzeugung und Informationsverarbeitung durch alte und neue Medien.

Der Springer-Verlag hat sich frühzeitig mit der elektronischen Textverarbeitung im *Herstellungs*prozeß beschäftigt. Ausgangspunkt war die Idee, die vom Autor verfaßten Texte immateriell und für unterschiedliche Ausgabemöglichkeiten, also mehrfach zu bearbeiten; d. h. ein Text sollte so formatiert werden, daß er

— über einen Belichtungscomputer für den regulären Druck zu gebrauchen wäre,
— über einen Laserprinter als Reproduktionsvorlage dienen oder

— aus einem Speicher elektronisch übermittelt und vor Ort des Benutzers am Bildschirm wiedergegeben bzw. ausgedruckt werden könnte.

Gleichzeitig sollten alle Teile des Dokuments für weitere Verwertungsmöglichkeiten verfügbar sein. Als wir uns, wie oben erwähnt, 1984 an dem von der EG und dem BMFT geförderten Projekt ›Elektronisches Publizieren technisch-wissenschaftlicher Texte‹ beteiligten, erschien das Ziel, ein »neutrales Format« für alle denkbaren Dokumenttypen zu entwickeln, zunächst zu hoch gesteckt. Seither sind mit TEX und SGML (s. S. 237–239) jedoch bereits erhebliche Schritte zu seiner Verwirklichung getan worden.

Audiovisuelle Medien. Die endsechziger Jahre können rückschauend als ein endgültiger Abschluß der Nachkriegsperiode gelten, der durch das Wiedererlangen des Status quo ante charakterisiert ist. Darüber hinaus markiert dieser Zeitpunkt den Beginn der Einführung neuer Medien im Verlagswesen. Schon einige Zeit vorher waren Mikrofiche und Mikrofilme entwickelt worden, mit denen es gelang, den Inhalt umfangreicher Bücher so stark zu verkleinern, daß man hierin die Rettung für die Raumnot der Bibliotheken sah. Die Aussicht, künftig die Bereitstellung riesiger Regalflächen durch ein paar handliche Schränke mit Mikrofilmen ersetzen zu können, schien für viele Bibliothekare verlockend. Dem Verleger drohte die drastische Rückführung der Druckauflage von Büchern und Zeitschriften auf einige wenige Exemplare, die zur Herstellung von Mikrofilmen gebraucht würden. Die naheliegende Folgerung war, daß sich die Verlage selbst mit der Herstellung der Mikrofilme beschäftigen mußten. Tatsächlich bedrängte uns mancher, dies zu tun. Wir waren der Überzeugung, daß sich Bücher- oder Zeitschriftenleser nicht von der direkten Lektüre auf ein Lesegerät abdrängen lassen würden, und beteiligten uns nur begrenzt an der Herstellung von Mikromedien. Wir ließen eine Reihe von Zeitschriften und Büchern in Lizenz bei Firmen herstellen, die sich auf den Vertrieb von Mikroformausgaben spezialisiert hatten. Die Mikromedien haben für die allgemeine Lesepraxis keine große Bedeutung erlangt. Dennoch hat diese Mikrotechnik eine bibliothekarische Bedeutung, da sie erlaubt, wertvolle alte, aber empfindliche Werke jeder Zeit zugänglich zu halten.

Neben der geschilderten Entwicklung der elektronischen Informationstechnik eröffnete sich parallel dazu die Möglichkeit, bewegliche Vorgänge, Handlungen und fortlaufende Beschreibungen auf Filmstreifen mit Tonspur zu speichern und auf einem Monitor wieder sichtbar und hörbar werden zu lassen. Der Gedanke an ein lebendiges, sprechendes Lehrbuch war verführerisch, die Produktionskosten allerdings außerordentlich hoch. Ausgangsmaterial waren meist 36-mm-Filme, die mit einer magnetischen Tonspur versehen auch auf 16-mm-Material oder Super-8-Filme überspielt werden konnten. Im weiteren Verlauf wurden sie auch auf Magnetband übertragen. Die neue Technik schien geeignet für die Vermittlung vornehmlich visuell erfaßbarer Vorgänge, d.h. in der Medizin zum Beispiel für die Darstellung chirurgischer Vorgänge, insbesondere dann, wenn sie dem Betrachter die Anwendung neuer Methoden vermitteln sollte. Nachteilig erschien, daß Veränderungen, die in der Neuauflage eines Buches verhältnismäßig leicht eingebracht werden können, im Film beträchtliche Kosten verursachen.

In Japan hatte sich SONY mit der neuen Technik befaßt, und ich tauschte mit Hajime Kanehara von Igaku Shoin Gedanken aus (s. S. 120). Während der Frankfurter Buchmesse 1971 führte ich ihn zur Firma ›Videothek-Programm GmbH‹ in Wiesbaden, die sich in Deutschland mit der Herstellung audiovisueller Medien befaßte.

Die ›Arbeitsgemeinschaft für Osteosynthesefragen‹ (AO) (s. S. 63 ff.) war daran interessiert, daß ihre neuen Operationsmethoden exakt vermittelt würden, damit dem Lernenden keine Kunstfehler unterliefen; der breite Erfolg der neuen Methode hing in entscheidender Weise davon ab. Hier schien ein Idealfall für die Anwendung der neuen Technik gegeben, die es gestattete, neue Operationsverfahren in ihren Bewegungsabläufen so genau und eindringlich darzustellen, daß Mißverständnisse ausgeschlossen wurden.

Wir bereiteten deshalb mit dem Team der ›Videothek-Programm GmbH‹, Wiesbaden, die Herstellung eines Films für die ›AO‹ vor. Hierfür wurde von seiten des Verlags Marianne Kalow federführend. Einer der beiden Pioniere der operativen Knochenbruchbehandlung, Maurice E. Müller, Bern, widmete sich der filmischen Gestaltung mit größter Aufmerksamkeit unter strenger Beobachtung aller Details. Als »stille Sensation« wurde die Vorführung eines ersten Farbkassettenfilms, ›Internal Fixation‹ (deutscher Titel: ›Osteosynthese — Grundlagen und moderne Anwendungen‹), auf der Photokina in Köln am 6. Oktober 1970 in der Presse bezeichnet. Er war nach dem ›EVR‹-System (Electronic Video Recording) erstellt, das von der amerikanischen Firma CBS entwickelt worden war. In Deutschland wurden EVR-Geräte von Robert Bosch, Stuttgart, gebaut.

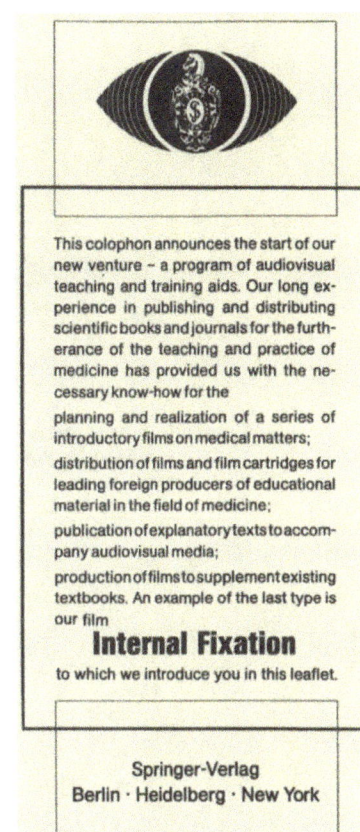

296 *Einführung in das audiovisuelle Medium ›Internal Fixation‹.*

Wenige Tage nach der Photokina führten wir unseren Film auf dem amerikanischen Chirurgenkongreß in Chicago im Rahmen einer Veranstaltung für medizinische Weiterbildung vor. Die Programmleitung des Kongresses hatte uns 20 Minuten eingeräumt. Es war eine erfolgreiche Weltpremiere im Bereich medizinischer Kongresse! Der Film war eine Ergänzung zu dem bereits erwähnten ›Manual der Osteosynthese‹ der schweizerischen Autorengruppe Maurice E. Müller, Bern, Martin Allgöwer, Basel und Hans Willenegger, Liestal bei Basel, das im vorausgegangenen Jahr bei uns erschienen war und inzwischen auch in englischer Sprache vorlag [HOHMEYER].

Filmprogramm ›Operative Frakturenbehandlung‹

Osteosynthese	Kompressions-Osteosynthesen bei Tibiafrakturen
Grundlagen und moderne Anwendungen	
Osteosynthesen bei Vorderarmfrakturen	Osteosynthesen bei Malleolarfrakturen
Osteosynthesen bei Patella-Frakturen – Zuggurtungsprinzip	Marknagelung
	Pseudarthrosen

Wir haben gemeinsam mit der ›Arbeitsgemeinschaft für Osteosynthesefragen‹ noch weitere Filme hergestellt und sie auf einschlägigen Kongressen weltweit vorgeführt. Sie stießen überall auf lebhaftes Interesse. Darüber hinaus waren sie ein geeignetes Mittel für die Herstellerfirmen der AO-Instrumentarien, um deren richtigen Gebrauch zu demonstrieren. Ein wesentlicher Teil des Absatzes der Filme ging in diese Richtung, und nur mit diesen Verkäufen konnten wir ein »return on investment« erreichen.

Diese lehrreiche Erfahrung hielt uns davon ab, im Bereich des sogenannten »Kassettenfernsehens« zu investieren. Dieser damals gebräuchliche Ausdruck war übrigens irreführend, denn es handelte sich dabei nicht um eine drahtlose Übertragung von Bildern durch einen Sender auf die Fernsehgeräte, sondern um einen Vorläufer der heutigen Videokassette. Es entwickelte sich in jener Zeit eine phantasievolle Zukunftsvision über die Bedeutung, Ausbreitung und die wirtschaftlich unbegrenzt erscheinenden Möglichkeiten dieses neuen Mediums (vgl. den Artikel ›Video Records‹ in *Publishers Weekly* vom 4. Januar 1971, S. 30–32). Wir haben uns in Heidelberg und in New York sehr eingehend mit diesem Thema befaßt und viele Kontakte hergestellt, sind jedoch — wie sich inzwischen gezeigt hat mit Recht — zurückhaltend geblieben.

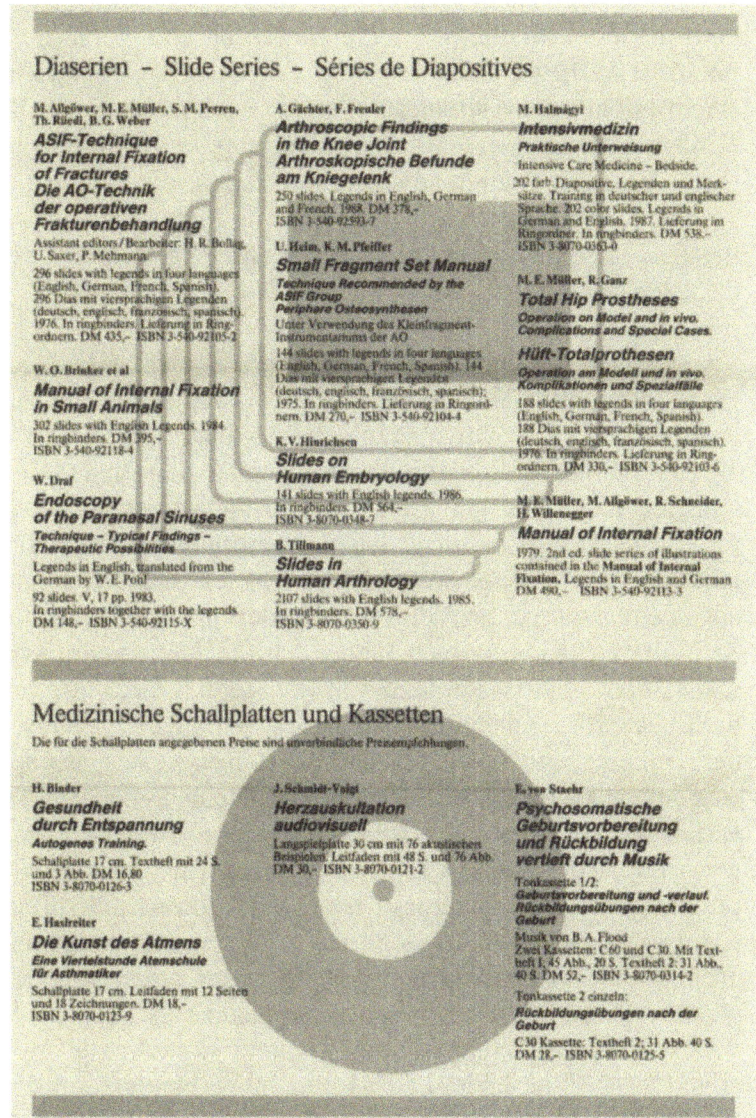

297 *Überblick über die Springer-Diaserien, medizinischen Schallplatten und Kassetten.*

Zahlreiche Firmen wetteiferten in der Herstellung von Geräten, AEG-Telefunken (TED) und Philips (LASERVISION) produzierten abspielbare Bildplatten — es gab eine Reihe von Systemen [SCHÜTZ]. Gleichzeitig stellten Verlagsfirmen zahlreiche Filme her, z. B. für die ärztliche Fort- und Weiterbildung. Man erwartete einen Massenmarkt, der jedoch ausblieb. Ein Grund war wohl der relativ hohe Preis sowohl der Geräte als auch der Filme bzw. Magnetbänder. Ein weiterer Grund war sicher die Tatsache, daß diese Filme kaum neue Informationen vermittelten, sondern lediglich bereits Bekanntes in Bildform darstellten. Der Benutzer legt aber in erster Linie Wert auf *neue Information*, nicht auf *neue Medien* (s. auch S. 249).

298 *Springer-Diaserien auf dem Gebiet der Radiologie und Ultrasonographie, z. B. von P. Peetrons und L. Jeanmart sowie von L. Divano, M. Osteaux, T. Darras und L. Jeanmart.*

299 *H. Götze ›Reprographic Reproduction‹, 1976.*

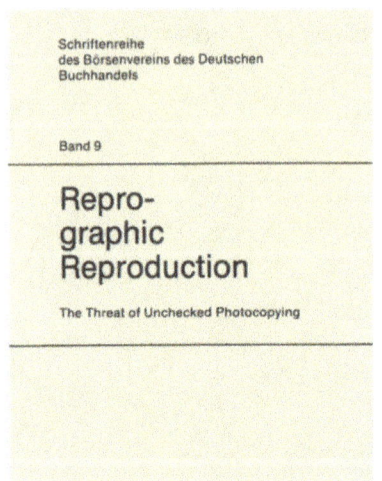

Wir wandten uns seit 1973 statt dessen der Bereitstellung eines anderen Mediums zur Unterstützung von Vorlesungen und Ausbildungsveranstaltungen zu: den Diaserien über ein bestimmtes Thema, basierend auf *jüngsten* Buchpublikationen des Verlags. Sie waren wesentlich preiswerter zu erstellen, flexibel in der Ergänzung durch neueres Informationsmaterial und erfüllten ein erkennbares Bedürfnis. Renate Kebelmann hat sich um die Durchsetzung der audiovisuellen Medien besonders verdient gemacht.

Fotokopierwesen. Die Grundlage der Verbreitung wissenschaftlicher Information ist nach wie vor die wissenschaftliche Originalarbeit in einer Originalien- oder Primärzeitschrift. Der Wissenschaftler liest die für ihn wichtigen Beiträge in den Zeitschriften seines Fachgebietes. Über Artikel, deren Inhalt ihn für eigene wissenschaftliche Arbeit unmittelbar interessieren, möchte er am Arbeitsplatz verfügen können. Das kann er im allgemeinen durch Sonderdruckanforderungen beim Autor. Seit Anfang der sechziger Jahre, d.h. seit der Verbreitung schnell und billig arbeitender Fotokopiergeräte, wird diese Sonderdruckanforderung durch einfaches Kopieren des gewünschten Artikels ersetzt. Soweit es sich dabei um eine einzelne Kopie zum persönlichen Gebrauch handelt, liegt keine Urheberrechtsverletzung vor. Der gesetzliche Rahmen wird überschritten, wenn durch dieses Kopieren mehr als die zum privaten Gebrauch erlaubte Kopie hergestellt und verbreitet wird. In diesen widerrechtlichen Bereich gehörten nach meiner Auffassung auch das öffentliche Anbieten und Versenden durch einen Kopierservice auf Bestellung über Bibliotheken.

Der widerrechtliche Gebrauch breitete sich rasch aus und erhielt ab 1968 besondere Bedeutung in Verbindung mit dem sogenannten ›Stockholmer Protokoll‹ [ULMER: 94f.], das erhebliche Erleichterungen, ja kostenlose Nachdruck- bzw. Kopiermöglichkeiten für die Beschaffung wissenschaftlicher Literatur in den unterentwickelten Ländern vorsah. Der Stand der aus diesen Betrachtungen hervorgegangenen Geisteshaltung gegenüber dem Urheber- und Verlagsrecht, auf dem die weltweite Tätigkeit aller Verlage beruht, geht aus dem abwegigen Artikel in der ›Harvard Law Review‹ hervor [BREYER], in der die Aufhebung des Urheberrechts überhaupt gefordert wurde.

Der Internationale Verlegerkongreß der ›International Publishers Association‹ (IPA) in Genf widmete sich auf seinem XX. Kongreß in Tokyo/Kyoto 1976 schwerpunktmäßig diesem Problem. Als damaliges Mitglied des Urheberrechtsausschußes der IPA wurde ich aufgefordert, während dieses Kongresses am

29. Mai 1976, ein Grundsatzreferat mit dem Titel ›Reprographic Reproduction‹ zu halten, das gleichzeitig auch in englischer Sprache veröffentlicht wurde [GÖTZE (5)]. Nahezu gleichzeitig wurde dieser Vortrag in englischen, spanischen und japanischen Verlegerzeitschriften im englischen Original bzw. in spanischer und japanischer Übersetzung gebracht.

In Deutschland fand vor der Ratifizierung des Stockholmer Protokolls ein Hearing vor dem Bundestag statt, in dem sich die Anwesenden — insbesondere auch die Vertreter der Autorenverbände — gegen eine Ratifizierung aussprachen. Eugen Ulmer, der Autor unseres Verlagswerkes ›Urheber- und Verlagsrecht‹ 1951 (3. neubearbeitete Auflage 1980) und Direktor des Max-Planck-Instituts für ausländisches und internationales Patent-, Urheber- und Wettbewerbsrecht in München, setzte sein weltweites Ansehen als Urheberrechtsexperte im Interesse der Erhaltung des Urheberrechts ein. Das Stockholmer Protokoll wurde daraufhin nicht in der vorgeschlagenen Fassung ratifiziert, sondern in einer abgewandelten Form, die die Grundlagen des Urheberrechts intakt ließ.

300 *E. Ulmer ›Urheber- und Verlagsrecht‹, 1980 (›Enzyklopädie der Rechts- und Staatswissenschaften‹).*

Wohl aber war es notwendig geworden, angesichts der unerhörten und nicht kontrollierbaren Durchbrechungen des Rechts durch das schrankenlose Fotokopieren eine Novellierung des deutschen Urheberrechts zu erreichen. Hier hat der Börsenverein des Deutschen Buchhandels durch seinen damaligen Justitiar, Rechtsanwalt F.-W. Peter, und durch den unermüdlichen und geschickten Einsatz des früheren Vorstehers des Börsenvereins Friedrich Georgi eine Lösung vorgeschlagen, die 1985 in Kraft trat. Der Schutz geistigen Eigentums wurde damit nicht nur theoretisch anerkannt, sondern es wurde ihm der gleiche Schutz wie körperlichem Eigentum zugesichert.

In der Folge wurde für die Nutzung geistigen Eigentums, d. h. für die Herstellung von Fotokopien wissenschaftlicher Arbeiten, eine Gebühr festgesetzt, die sich aus einer Abgabe für jede kopierte Seite und für jedes verkaufte Kopiergerät zusammensetzt. Beide Abgaben werden in Deutschland von der Verwertungsgesellschaft WORT eingezogen und die Einnahmen nach einem vereinbarten Schlüssel an die Verlage und Autoren ausgeschüttet.

Diese Abgaben sind verhältnismäßig gering und stellen bei weitem keine *Kompensation* der Verluste durch Abonnentenrückgänge dar.

Die Diskussionen um diesen, für die Verlage lebenswichtigen Gegenstand hat die Verlegerverbände weltweit — insbesondere auch die Urheberrechtskommission der stm-Gruppe — bis heute beschäftigt.

Zur Feier des hundertjährigen Bestehens der Berner Urheberrechtskonvention fand vom 23. bis 25. April 1986 in Heidelberg ein internationales Urheberrechtssymposium statt. Heidelberg war gewählt worden, weil die auf Veranlassung des seinerzeitigen Vorstehers des Börsenvereins, Julius Springer, für den 4. bis 6 September 1871 nach Heidelberg einberufene Konferenz den ersten Schritt auf dem Wege zur Berner Konvention von 1886 darstellte [HS: 75f.].

Das Fotokopierproblem war mit der Novellierung unseres Urheberrechtes im Juli 1985 und durch entsprechende Initiativen in anderen Ländern grundsätzlich gelöst. Der wirtschaftliche Effekt für die Verlage stand allerdings, wie schon bemerkt, in keinem realistischen Verhältnis zu den durch das Fotokopierwesen entstandenen Schäden.

Die Verlage überlegten daher Anfang der siebziger Jahre, einen eigenen Kopierdienst bzw. einen Document Delivery Service aufzubauen aufgrund von Analysen des Kopieraufkommens, die die British Library zusammen mit wissenschaftlich-technischen Verlagen durchgeführt hatte. Anfang der achtziger Jahre versuchte eine Gruppe von Verlagen, Konzepte für ein elektronisches, verlegerkontrolliertes Dokumentenliefersystem auszuarbeiten.

Im Frühjahr 1981 begann die Arbeitsgruppe ›ADONIS‹ die Realisierungsmöglichkeiten eines solchen Projekts zu untersuchen. Die Partnerverlage waren Academic Press, Blackwell, Elsevier, Pergamon Press, John Wiley und Springer-Verlag — zusammen mit der British Library. Es stellte sich aber 1984 heraus, daß die technischen Voraussetzungen für den Benutzer zu aufwendig gewesen wären. Erst als CD-ROM auf den Markt kam, konnte 1987 an eine Verwirklichung gedacht werden. Zusammen mit der British Library, die für dieses Projekt von der Europäischen Gemeinschaft Zuschüsse erhielt, wurde ein ADONIS-Arbeitsplatz entwickelt, der aus einem IBM-kompatiblen Personal Computer mit hochauflösendem Bildschirm, einem CD-Player und einem Laserdrucker bestand. Für eine zweijährige Versuchsperiode (1987/1988) mit *zehn Testbibliotheken* erfaßte man Artikel aus 219 Zeitschriften von *zehn Verlagen* aus dem Fachgebiet Biomedizin. Jedes Dokument wurde mit einer ADONIS-Nummer versehen und auf CD-ROM gebracht. In diesen zwei Jahren speicherte man fast 200000 Textseiten auf 84 CD-ROMs. Mehr als 50000 Artikel wurden von den teilnehmenden Bibliotheken in diesem Zeitraum ausgedruckt. Das Ergebnis wurde so positiv beurteilt, daß sich das ADONIS-Konsortium (Blackwell, Elsevier, Pergamon, Springer) entschloß, ein Document Delivery System auf kommerzieller Basis aufzubauen und anzubieten. Zu diesem Zwecke wurde eine neue Speicher- und Retrievalsoftware entwickelt und nach sorgfältiger Marktforschung das Fachgebiet Pharmakologie ausgewählt — einschließlich angrenzender Gebiete. Seit Frühjahr 1991 werden Artikel aus anfänglich 360, nunmehr (Ende 1992) 500 Zeitschriften dieses Fachgebiets angeboten. Vierzig Verlage haben dafür ihre Zeitschriften zur Verfügung gestellt. Diese Dienstleistung hat großes Interesse der pharmazeutischen Industrie und der großen Bibliotheken in Europa, Japan und Nordamerika gefunden. Schon knapp ein Jahr nach Einführung sind Verhandlungen mit zahlreichen Subskriptionskunden abgeschlossen oder stehen kurz davor.

Die zehn Testbibliotheken waren:

in Europa: British Library, Boston Spa.; CDST (Centre de Documentation Scientifique et Technique), Paris; ICYT (Instituto de Información y Documentación en Ciencia y Tecnología), Madrid; Karolinska Institute, Stockholm; KNAW (Koninklijke Nederlandse Akademie der Wetenschappen), Amsterdam; Zentralbibliothek der Medizin, Köln;

in den USA: Information on Demand, Berkeley; University Microfilms, Ann Abour;

in Mexiko: University of Monterrey;

in Australien: National Library of Australia, Canberra;

in Japan: Kinokuniya, Tokyo.

Die zehn Verlage waren: Blackwell Scientific Publications, Butterworth Scientific, Churchill Livingstone Medical Journals, Elsevier Science Publishers, C. V. Mosby, Munksgaard International Publishers, Pergamon Journals, Springer-Verlag, Georg Thieme Verlag, John Wiley.

Die Bereiche Werbung und Vertrieb/Verkauf haben sich in ihrer Grundkonzeption während der Jahrzehnte nach dem Zweiten Weltkrieg gleichfalls stark gewandelt. Die alten Bezeichnungen lauteten beim Verlag »Werbeabteilung« oder »Propagandaabteilung« [HS: 319]. Der Vertrieb hieß bis Ende der fünfziger Jahre »Expedition«. Eine Abteilung »Verkauf« wurde geschaffen, als G. Holtz 1971 aus New York zurückkehrte. In diesem Bezeichnungswandel Expedition–Vertrieb–Verkauf drückt sich ein wachsender Trend zu aggressiverem Verhalten aus.

Werbung und Vertrieb (›*Corporate Development*‹, ›*Customer Services*‹)

Unser erstes Preisverzeichnis der Nachkriegszeit erschien 1948. Die zunehmende Fülle der Neuerscheinungen und die für den Kunden daraus erwachsende Schwierigkeit, das ihn Interessierende rasch zu finden, erforderte neue Wege der Information und neue Techniken der Markterforschung. In den USA entstand der Begriff Marketing.

Adressenaufbereitung nach speziellen Interessentengruppen sowie gezielte Ausstellungsaktivitäten wurden erforderlich, um ein Produkt dorthin zu bringen, wo ein Kaufinteresse dafür besteht. Es bedurfte weiterer Verkaufshilfen durch Vertreter, Sales Representatives (in den USA kurz »sales reps« genannt), Telefonwerbung u. a. Eine besondere Bedeutung kam der Pflege des internationalen und nationalen Buchhandels zu und der Förderung verständnisvoller Beziehungen zu den Bibliothekaren in aller Welt.

Die Werbe- bzw. ›Propagandaabteilung‹, der die Herstellung von Ankündigungen neuer Bücher, die Abfassung von Werbeschriften und Katalogen oblag, gab es bei Springer seit 1920 [HS: 319]. Die ›Propagandaabteilung‹ holte sich die erforderlichen Informationen von der Herstellungsabteilung. Der langjährige Leiter unserer ›Expedition‹ Rudolf Lönnies begnügte sich damit nicht, sondern schuf sich zusätzliche Informationsmittel. Am erfolgreichsten waren seine bereits seit 1949 hergestellten Fachgebietslisten. Es wurden bibliographische Aufnahmen aus Rundschreiben, Prospekten, Anzeigen etc. ausgeschnitten, zusammengeklebt und auf Kleinoffsetmaschinen (Rotaprint) gedruckt. Diese Listen enthielten auch Hinweise auf Handbuchbeiträge und Ergebnisseberichte. Sie sollten die Fachinteressenten möglichst schnell über die Neuerscheinungen ihres speziellen Arbeitsgebietes informieren und ihnen das Durchsuchen umfangreicher Kataloge ersparen. Lönnies griff damit als Vertriebsleiter energisch und erfolgreich in die Werbung ein.

Am 20. Juni 1962 übernahm Holtz die Werbeabteilung von Ernst-Alfred von Dücker. Dessen Vorgänger war Willi Wolff gewesen (bis 1958). Mit Erwin Schwartz zusammen führte Holtz auch die Gruppe »Direktwerbung« der Buchhandlung Lange & Springer. Nach Übernahme der Leitung New Yorks im September 1964 übertrug die Verlagsleitung die kommissarische Werbeleitung H. Drescher.

Ab 1965 verschickte die Werbeabteilung in enger Zusammenarbeit mit der Planung (H. Mayer-Kaupp) die ersten Fachgebietsschlüssel und Fragebogen an Autoren, Herausgeber, Mitglieder wichtiger Gesellschaften sowie an die Werbe- und Kundenadressen von Lange & Springer, mit der Bitte, die interessierenden Fachgebiete anzuzeigen. Die Auswertung der zurückgeschickten Fragebogen führte zu einer gezielten Werbung: Der Adressat erhielt nur Informationen über Veröffentlichungen seiner persönlichen Interessengebiete. Die Rücksendungsquote war überraschend hoch: 65%. Die Aufbereitung der Schlüssel erwies sich allerdings als zeitaufwendig.

Seit 1968 wurden die Adressen nicht mehr von Adressenplatten (›ADREMA‹) gedruckt, sondern über unseren neu installierten Honeywell-Bull-Computer. Kuvertieren und Etikettieren erfolgten maschinell.

Anfang der siebziger Jahre erwogen wir einen gemeinsamen Adreßpool mit Elsevier und North-Holland. Organisatorische Schwierigkeiten und hohe Kosten standen dem entgegen. Gleichzeitig begann die noch heute bestehende Zusammenarbeit mit der holländischen Versandfirma für Werbedrucksachen »AMSI«.

Seit Oktober 1966 leitete Drescher selbstständig die Werbeabteilung, und am 30. April 1971 ging Lönnies in den Ruhestand. Sein Nachfolger G. Holtz (ab 1. April 1971) gliederte die ›Vertriebsabteilung‹ in Verkauf, Auftragsbearbeitung, Werbung und Ausstellungsbetreuung.

Das geographisch weite Ausgreifen unserer Werbe- und Verkaufsbemühungen erforderte einen verstärkten Einsatz der »sales force«. Die Verlagsniederlassungen in New York, Tokyo und anderen Orten der Welt hatten die Aufgabe, die ihnen zugeordneten Märkte systematisch zu erschließen. Hierfür sollte nach Lage der gegebenen Möglichkeiten eine Vertriebs- und Verkaufsorganisation geschaffen werden, die den jeweiligen Marktbedingungen anzupassen war. Bestimmte geographische Bereiche, wie der Iran, der Mittlere Osten, China und die GUS-Länder (bis Ende 1991 UdSSR), wurden und werden durch Mitglieder der Vertriebsabteilung der Mutterfirma betreut und regelmäßig besucht. Dies geschah erstmals 1968, als Heinz Hamilton eine Buchhandelsrundreise in England durchführte.

Im Jahre 1971 erschien das erste ›Verzeichnis lieferbarer Bücher‹ (VLB) nach der Titeldatenbank des Börsenvereins. Der Springer-Verlag war als einer der ersten Verlage mit seiner Produktion darin vertreten. Unser erstes Preisverzeichnis, das aus dem Titelmaterial der VLB-Datenbank erarbeitet worden war, erschien 1973 mit dem Stand von November 1972. Druck und Verarbeitung erfolgten bei H. Stürtz in Würzburg.

Eine weittragende Entscheidung wurde am 22. Januar 1976 getroffen: die Stillegung der ›Werbung‹ in Berlin und die Schaffung einer Abteilung ›Wissenschaftliche Information‹ innerhalb des Planungsbereichs in Heidelberg mit dem Ziel der Sicherung einer wissenschaftlich einwandfreien Werbeinformation. Maßgebend war die Überzeugung, daß die Werbung eines wissenschaftlichen Verlags nur dann erfolgreich sein und die richtigen Interessenten erreichen kann, wenn sie Ziel und wissenschaftlichen Gehalt eines Buches oder einer Zeitschrift knapp, aber fachlich überzeugend charakterisiert. Dies war nur in enger fachlicher Zusammenarbeit mit der Planung der betreffenden Produktion möglich. Darüber hinaus sollten die Marketingüberlegungen unmittelbar in den Bereich Planung einbezogen werden. Seit 1. Januar 1977 begann die neue Abteilung in Heidelberg mit ihrer Arbeit. In Berlin verblieb eine Gruppe der ›Vertriebswerbung‹ als Bestandteil der Abteilung ›Verkauf und Verkaufsförderung‹, die H. Drescher leitete (vgl. *Zentralblatt* Nr. 29 vom Februar 1976, Springer-Archiv). Im Juli 1984 gingen wir einen Schritt weiter mit der Gründung eines Bereichs ›Marketing‹, dem die ›Wissenschaftliche Information‹ zugeordnet wurde.

Adressenpool. Nach Stillegung der Werbeabteilung in Berlin und mit der Gründung der ›Wissenschaftlichen Information‹ (WI) in Heidelberg verabschiedeten wir ein neues Direktwerbekonzept, nachdem eine externe Lösung geprüft und verworfen worden war. Unsere Fachgebietsklassifikation wurde gemeinsam mit der Planung überarbeitet und eine Adressenverwaltung in Heidelberg aufgebaut mit vier Mitarbeitern unter der Gruppenleiterin Renate Sparfeld. Gezielte Maßnahmen, einschließlich eines neuen Selektionsprogramms sollten der quantitativen und qualitativen Verbesserung des Adressenmaterials dienen. 1980 stellten wir die Adressenselektion auf ein neues Honeywell-Bull-System 64 um — verbunden mit ersten Überlegungen zur Onlineverarbeitung, die wir 1983 begannen. 1987 wurden etwa 200000 Adressen auf unsere Siemens-Anlage übernommen und ein großer Teil der Adressen aus Qualitätsgründen eliminiert. 1988 verbesserten wir die Fachgebietsklassifikation und erweiterten das Programm — auch für das

301 *Das ›Rundschreiben‹ in seiner neuen Fassung unter dem Titel ›Neu bei Springer/Springer News‹. Im Juli 1992 wurden ohne Zeitschriften und Neue-Medien-Produkte 212 Titel angezeigt.*

Versandsystem. Seit Ende 1992 stehen rund 270000 Adressen für die Direktwerbung zur Verfügung.

Das schon vor dem Ersten Weltkrieg zur Information des Sortiments geschaffene Rundschreiben, nunmehr ›Neue Bücher‹ genannt, verschickten wir wieder seit 1950; es steht seit 1987 zugleich als Diskette zur Verfügung. Der Inhalt dieses Rundschreibens kann seit 1992 direkt von Heidelberg aus über Internet und Bitnet abgefragt werden.

1985/86 entwickelte unsere EDV-Abteilung einen Produktpool, der seit November 1986 allen Heidelberger und Berliner Mitarbeitern zugänglich ist. Daran anschließend wurden völlig neue Vertriebssysteme für Bücher und Zeitschriften eingeführt. Die Fachabteilung »Auftragsbearbeitung«, Leitung Hannelore Pohl, schuf dafür die organisatorischen Voraussetzungen.

1987 begann der Aufbau einer Marketingdatenbank als Grundlage für weitere Marketingaktivitäten einschließlich der Werbemittelherstellung.

302 Peter Porhansl (1943) kam mit langjähriger Verlagserfahrung 1986 als Verkaufschef zum Springer-Verlag.

Seit Oktober 1986 werden die Bereiche Marketing/WI Heidelberg (A. de Kemp), Verkauf Berlin (P. Porhansl) und Vertrieb Berlin (H. Drescher bis Mitte 1990) getrennt geführt. Die Abteilung Rezensionswesen war seit 1. Januar 1989 von Berlin nach Heidelberg verlegt worden, um eine engere Verbindung zur Planung und Werbemittelherstellung zu schaffen. Im Frühjahr 1992 folgte aufgrund unseres vielseitigen Verlagsprogramms eine Neugliederung im Interesse besserer Kundenorientierung in die Hauptabteilungen:

— ›Customer Services‹ (P. Porhansl) mit den Marketingdiensten sowie dem Verkauf/Vertrieb und
— ›Corporate Development‹ (A. de Kemp) mit den Unterabteilungen ›Marktforschung‹ und ›Große Handbücher/Neue Medien‹.

Es gibt für diese englischen Ausdrücke leider keine ähnlich treffenden und international verwendbaren deutschen Bezeichnungen.

Die Bedeutung, die wir den Tätigkeiten dieser Bereiche zuordnen, ist daran ablesbar, daß der Bereich ›Customer Services‹ zur Zeit 157 Mitarbeiter beschäftigt, zuzüglich unseres Lagers und der Auslieferung mit 65 Beschäftigten. Der Bereich ›Corporate Development‹ zählt 19 Mitarbeiter.

Betrachtet man rückschauend die Linien der Entwicklung, so beobachtet man nach den Jahrzehnten des Aufbaus weltweiter wissenschaftlicher Verbindungen und des Abbaus von Behinderungen zugleich die trennenden Kräfte zwischen West und Ost. Der wissenschaftliche Verlag konnte in bescheidener Weise

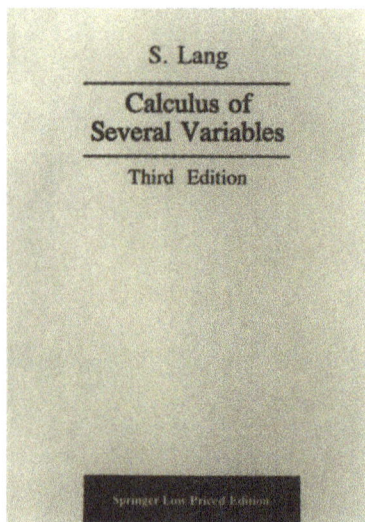

303 *S. Lang ›Calculus of Several Variables‹, 3. Aufl. (Springer-Verlag Hong Kong ›Reprint Edition‹ 1992).*

dazu beitragen, die wissenschaftliche Zusammenarbeit weltweit zu fördern. Unser Vordringen sowohl in die Räume jenseits des Eisernen Vorhangs in die damalige Sowjetunion als auch nach China sind so zu verstehen. Inzwischen hat sich die Richtigkeit dieser langfristigen Planung bewährt. Ein anderes, nicht neues, aber in deutlicheren Umrissen erkennbares Problem ist die Versorgung der Dritten Welt, die, unabhängig von politischen Unsicherheiten, den Anschluß an die Weltstandards des Bildungswesens und der Technologie anstrebt. Hier erwachsen neue Aufgaben, für die wir uns rüsten, zum Beispiel durch den Ausbau von ›International Student Editions‹ (Springer/Narosa, New Delhi und Hong Kong, s. S. 166 und 163).

Unabhängig von diesen eher »politischen« Aspekten erlebten wir etwa seit Beginn der achtziger Jahre im wissenschaftlichen Buchhandel eine Veränderung, die man als eine Ablösung des »Verkäufermarkts« durch einen »Käufermarkt« definieren kann. Das heißt, daß anstelle der Dominanz des Angebots die Aufnahme*bereitschaft* des Käuferpotentials das entscheidende Marktkriterium geworden war. Dies entspricht einer allgemeinen und begrüßenswerten Entwicklung, die dem Kunden, d. h. dem Käufer/Verbraucher die Priorität im Marktgeschehen einräumt. Dieses kundenorientierte Konzept ist auch unter den Schlagwörtern ›market in‹ im Gegensatz zu ›product out‹ bekanntgeworden [IMAI].

Der seit Ende der siebziger Jahre zu beobachtende relative Rückgang der Bibliotheksetats in Europa und den USA erfordert neue Marktkonzepte. Dieser Rückgang kann in Zukunft möglicherweise durch steigende Nachfrage im ost/südostasiatischen Raum und einigen Entwicklungsländern ausgeglichen werden. Die systematische und sorgfältige Untersuchung und Erfassung aller Märkte und ihrer Bedürfnisse ist daher weiterhin eine der wichtigsten Aufgaben.

Wissenschaftliche Kommunikation (WIKOM)

Die Erschließung zusätzlicher Märkte, die durch unsere Expansionsmaßnahmen lange Zeit erfolgreich waren, sind noch nicht abgeschlossen, sie entwickeln sich aber angesichts wachsender Konkurrenz zu einem immer härter werdenden Verdrängungswettbewerb. Eine Steigerung des Umsatzes muß daher zusätzlich und noch stärker als bisher durch die Nutzung von Nebenrechten und durch engere Zusammenarbeit mit der Industrie gestützt werden. Günter Holtz und Edgar Seidler sind hier vorangegangen.

Anfang 1991 ist in konsequenter und ideenreicher Fortführung dieser Bemühungen der Bereich ›Wissenschaftliche Kom-

304 *Mitglieder des Bereichs ›Wissenschaftliche Kommunikation‹ (von links): Georg Ralle, Edda Lückermann, Claudia Winkhardt, Udo Lindner. Mit dieser Gruppe, ergänzt durch Reinhold Kress und Ingrid Schamal, damalige Mitarbeiterin des Deutschen Hygiene-Museums, wurde der Deutsche Ärztekongreß erstmalig am 17. Juni 1990 aus der Taufe gehoben.*

munikation‹ (WIKOM) unter der Leitung von Georg Ralle eingerichtet worden — mit Edda Lückermann (Anzeigen), Udo Lindner (Fachredaktion Medizin) und Claudia Winkhardt (Kongreßbüro). Anzeigenwerbung, Literaturservice, Kongreßorganisation und Marktforschung sollen praxisrelevanter Information der Ärzte und zweckmäßigem Industrieservice dienen.

In den Zusammenhang dieser Überlegungen gehört der 1990 noch vor der endgültigen deutschen Wiedervereinigung von mir ins Leben gerufene gesamtdeutsche Ärztekongreß im Hygiene-

305 *Deutsches Hygiene-Museum in Dresden, 1930 erbaut von W. Kreis, der dem Bauhaus nahestand.*

306 *Auch die Hausarzt-Zeitschrift ›Der Praktische Arzt‹ bescheinigte 1992 dem Deutschen Ärztekongreß Dresden: ›Das Konzept kommt an‹.*

museum meiner Heimatstadt Dresden, dem bereits drei weitere Jahreskongresse am gleichen Ort gefolgt sind. Es scheint, als ob daraus eine ständige Einrichtung erwachsen wird. Die Mitwirkung zahlreicher Ärzte aus Ost und West hat diese Kongresse zu einem gesamtdeutschen medizinischen Forum werden lassen. Die Beteiligung der sächsischen Landesärztekammer, aber auch des ›Berufsverbandes Deutscher Internisten e.V.‹, des ›Berufsverbandes der praktischen Ärzte‹ (BPA) und des ›Deutschen Krebsforschungszentrums‹ (Harald zur Hausen) kennzeichnen das Ansehen, das sich dieser Kongreß bei Ärzten und Wissenschaftlern inzwischen erworben hat.

All diese Aktivitäten sind nur auf der Grundlage unserer wissenschaftsverlegerischen Tätigkeit möglich: der Produktion hervorragender, qualitativ hochwertiger Information in den hierfür vorgesehenen Medien, dem wissenschaftlichen Buch und der wissenschaftlichen Zeitschrift in den verschiedenen Wissensbereichen. Dem Praxisbezug unserer insgesamt 15 Facharztzeitschriften gilt, ebenso wie den entsprechenden Zeitschriften des Bereiches Technik, unsere besondere Aufmerksamkeit.

Eine hochentwickelte Informationstechnik erlaubt aktuelle Berichterstattungen verschiedenster Art und Zweckbestimmung, sei es für Kongreßberichte, Kongreßschnellinformationen, Leserdialoge, Fallstudien, Pharmainformationen, Interviews und vieles andere.

Anzeigen und Besondere Dienste. Die Anzeigenabteilung, die 1882 als Teil der Zeitschriftenabteilung aufgebaut worden war, stellte 45 Jahre danach (1927) der werbungtreibenden Industrie 70 Zeitschriften [HS: 150, 317] zur Verfügung. Nur in Ausnahmefällen wurde mit Agenturen gearbeitet, und auch nach dem Zweiten Weltkrieg versah der Verlag das Anzeigengeschäft von Berlin aus weitgehend in eigener Regie mit einem Stab von ausschließlich für ihn tätigen Vertretern. Der erste Leiter nach dem Neuanfang war Hans Georg Halfter, der 1952 von G. Holtz abgelöst wurde. Die Erfüllung der Aufgaben der Anzeigenabteilung erforderte viel praktisches Geschick, gesunden Geschäftssinn und gelegentlich auch unkonventionelles Handeln. Zwischen 1950 und 1963 war Rösi Joos erfolgreich für die Anzeigengewinnung tätig.

Die wesentlichen Werbeträger sind die für einen großen, klar abgegrenzten Leserkreis (Zielgruppen) bestimmten Titel. Das sind vor allem die Fachzeitschriften mit den VDI-Organschaften im Technikbereich und die Fach- und Facharztzeitschriften in der Medizin. Wie auch alle anderen Zeitschriften des Verlags sind sie in der Regel nur im bezahlten Abonnement erhältlich und weisen aufgrund hoher wissenschaftlicher Leistung und Glaubwürdigkeit eine enge Leserbindung auf.

Auch Gesellschaftszeitschriften mit relativ großer Abonnentenzahl sind resonanzstarke Werbeträger. Dazu gehören die Organe internationaler Gesellschaften, obwohl die Anzeigengewinnung im übernationalen Bereich Schwierigkeiten begegnet, da die als mögliche Inserenten in Frage kommenden Unternehmen im allgemeinen nur Werbeetats bei ihren nationalen Vertretungen führen, die wiederum und verständlicherweise nur begrenzt an internationaler Werbung interessiert sind.

Wissenschaftliche Archivzeitschriften mit ihren niedrigeren Auflagenzahlen sind im Anzeigengeschäft weniger attraktiv. Wohl aber gibt es Bücher für klar definierte Benutzergruppen mit hohen Auflagen, die sich als Werbeträger eignen; ihre Anzeigeneinnahmen leisten einen wichtigen Beitrag zur günstigen Preisgestaltung.

Unser bestes Pferd im Zeitschriftenbereich ist die medizinische Facharztzeitschrift ›Der Internist‹ mit einer derzeitigen Auflage von 27500 Exemplaren. Gerade bei dieser Zeitschrift gab es in den Jahren nach ihrer Gründung Schwierigkeiten: Die Anzahl der Anzeigen war erfreulich hoch, doch die damit erforderliche Plazierung zwischen den Seiten der redaktionellen Teile erregte das Mißfallen der Herausgeber. Wir sahen uns daher veranlaßt, die Anzeigen vor bzw. nach dem redaktionellen Teil auf zusammenhängenden Seitenblöcken unterzubringen. Diese Handhabung mißfiel wiederum ganz und gar den inserierenden Unternehmen, was schließlich dazu führte, daß die »Großen« im deutschen pharmazeutischen Bereich (BASF, Bayer, Hoechst) einen Anzeigenboykott gegen den ›Internist‹ verhängten. Ich suchte daraufhin Kurt Hansen auf, den damaligen Vorstandsvorsitzenden von Bayer, Leverkusen, und Präsidiumsmitglied des Bundesverbandes der Pharmazeutischen Industrie in Deutschland, um ihn zur Rücknahme dieses Boykotts zu bewegen — zunächst vergeblich. Der Druck löste sich jedoch nach einer gewissen Zeit.

Bei diesem Vorgang kam eine bei Herausgebern und Autoren verbreitete Auffassung deutlich zum Ausdruck. Sie neigen dazu, die Bedeutung des Anzeigenwesens für die Existenz der Zeitschriften gering einzuschätzen. Für viele Zeitschriften sind aber die Anzeigeneinnahmen die entscheidende Grundlage für die Festsetzung ausgewogener Abonnementpreise, für manche sind sie gar die Existenzgrundlage.

Übrigens erschienen in den Anzeigen des ›Internist‹ lange vor dem Beschluß des ›Deutschen Ärztetages‹ (1972) bereits die

307, 308 *Edgar Seidler (1927–1980) war seit 1957 in der Anzeigenabteilung tätig und wurde 1964 als Abteilungsleiter Nachfolger von Günter Holtz. 1972 übernahm er die Bereichsleitung ›Anzeigen und besondere Dienste‹. Nach Seidlers Tod 1980 folgte ihm Lothar Siegel (1928).*

heute selbstverständlichen Hinweise über Indikation und Kontraindikation sowie Packungsgrößen der angekündigten Präparate. Der ›Internist‹ ist das Organ des ›Berufsverbandes Deutscher Internisten‹ (BDI) und seit kurzem der ›Deutschen Gesellschaft für Innere Medizin‹.

Auch die anderen Facharzttitel mit ihren klar umrissenen Zielgruppen fanden zunehmend Aufnahme in die Mediapläne der Industrie und Werbeagenturen. Das gleiche galt für den technischen Bereich, etwa für die Titel ›wt-Werkstattstechnik‹ und ›Konstruktion‹.

Holtz übernahm 1962/63 neue Aufgaben für die Vorbereitung der Gründung des Springer-Verlags New York, dessen Leiter er ab September 1964 wurde. Im Anzeigenbereich folgte ihm sein enger Mitarbeiter Edgar Seidler nach, der mit großem Einfallsreichtum ans Werk ging. Darüber hinaus bemühte er sich um die Pflege der guten Beziehungen zu den Berufsverbänden, deren Anliegen unsere Fachzeitschriften in gesonderten Rubriken oder Heften vermitteln.

Im Zusammenhang mit einer 1972 erfolgten Neuordnung der Verlagsstruktur erhielt die Anzeigenabteilung den Status eines »Bereichs« mit zusätzlichen Aufgaben im Servicesektor. Nach Seidlers plötzlichem Tod am 14. Dezember 1980 übernahm sein langjähriger Mitstreiter Lothar Siegel die Leitung des Bereichs bis zu seinem Eintritt in den Ruhestand am 31. Dezember 1990. Er wurde nachdrücklich unterstützt von Edda Lückermann, die bis heute das Anzeigengeschäft sachkundig leitet; dieses wurde 1991 in den neugeschaffenen Bereich WIKOM (Wissenschaftliche Kommunikation) eingegliedert.

Finanzverwaltung

Schon vor der weltweiten Expansion erforderten die organisatorischen und finanztechnischen Aufgaben eine straff organisierte Finanzverwaltung. Tönjes Lange hatte den Grund gelegt, auf dem nach seinem Tode im Jahre 1961 P. Hövel weiter bauen konnte. Angesichts der vielschichtigen Finanzprobleme — insbesondere auch im internationalen Geldverkehr — wurde der Wunsch lebendig, eine Kraft zu gewinnen, die im Rahmen der allgemein gewachsenen Verpflichtungen der Verlagsleitung das Finanz- und Verwaltungsressort selbstverantwortlich betreuen konnte. Wir sahen uns um und fanden im Dipl.-Kfm. Claus Michaletz die Person, die sich — vom Verlag Herder, Freiburg, kommend — intensiv mit den betriebswirtschaftlichen Problemen des Verlagswesens befaßt und eine entsprechende Ausbildung durchlaufen hatte. Er trat sein Amt am 1. Januar 1972 an und ließ sich am Verlagsort Berlin nieder, an dem die betriebswirtschaftlichen und organisatorischen Verwaltungseinheiten angesiedelt sind, einschließlich der zentralen Personalverwaltung und der EDV. Er wurde auch zum Leiter der verlagseigenen Buchhandlung Lange & Springer bestellt — auch dies in der Tradition Tönjes Langes und Paul Hövels. Angesichts der bedeutenden ihm zugeordneten Aufgaben wurde Michaletz im Jahre 1978 als dritter Gesellschafter in die Firma aufgenommen, deren alleinvertretungsberechtigter Geschäftsführer er seit 1976 ist.

Die Betreuung der Buchhaltung hatte von 1943 bis 31. Dezember 1969 bei R. Halling gelegen, einem Mitarbeiter der »alten Garde«, die Tönjes Lange als die »Korsettstangen« des Verlags zu bezeichnen pflegte. Halling gehörte dem Verlag seit dem 26. Januar 1928 an. Ihm folgte 1975 Klaus Dolainski nach und seit 1. April 1982 besorgt Margita Sperling die komplizierter gewordene Buchhaltung. 1968 wurde eine betriebswirtschaft-

309, 310, 311 *Reinhard Halling (1901) betreute über 25 Jahre die Buchhaltungs- und Finanzabteilung. Die Leitung des Bereichs Zentrale Finanzen liegt heute bei Margita Sperling (1945). Manfred Gohlke (1939) war bis 1992 Abteilungsleiter ›Betriebswirtschaft‹.*

liche Abteilung unter Manfred Gohlke eingerichtet, der am
1. September 1966 zum Springer-Verlag kam. Sie hatte ihren
Vorläufer in der Abteilung Statistik, die Fritz Springer schon vor
dem Ersten Weltkrieg ins Leben gerufen hatte.

Zur Sicherung eines geordneten und kontrollierten Finanzwesens beauftragte ich 1969 die Deutsche Treuhand GmbH zur Prüfung unserer Bilanzen.

Diese Firma stand unter der Leitung von Ulrich Goerdeler, dem Sohn des Leipziger Oberbürgermeisters, der im Widerstand gegen das Hitler-Regime 1945 hingerichtet worden war. Innerhalb dieser Organisation hat Hans-Joachim Siering 1967 das Referat Springer-Verlag übernommen. Seine große Sachkenntnis und Erfahrung und seine Zuverlässigkeit haben uns seither begleitet. Seine unmittelbaren Verlagspartner im täglichen Austausch des Zahlenwerkes waren seit 1966 Manfred Gohlke, seit 1982 gemeinsam mit Margita Sperling.

EDV Die elektronischen Informationssysteme, wie sie Anfang der sechziger Jahre entstanden, hatten weitreichende Konsequenzen für unsere Lebensbedingungen. Dies galt auch für die Regulierung von Arbeitsabläufen in wirtschaftlichen und wissenschaftlichen Unternehmen. Der Arbeitskräftemangel jener Zeit, vor allem aber das Wachstum unserer Produktions- und Vertriebskapazitäten, beschleunigte diesen Prozeß.

Schon 1964 installierten wir eine Tabelliermaschine vom Typ Bull 60.10 mit angeschlossenem, kleiderschrankgroßem und röhrengesteuertem Elektronenmultiplyer, der von Heinz Nixdorf persönlich konstruiert worden war. Das Aggregat unterstützte uns bei der Fakturierung von Büchern und Zeitschriften und in anderen Teilgebieten des Finanz- und Rechnungswesens. Bereits ein Jahr später folgte die erste Version einer speichergesteuerten Maschine, die dem aktuellen Stand der Technik entsprach: die ›Gamma 10‹ von Bull. Die Anwendungsgebiete waren die gleichen, jedoch mit zweckdienlichen, auf unsere Bedürfnisse zugeschnittenen Ergänzungen.

Im Jahre 1968 kam der erste »reinrassige« Computer des amerikanischen Herstellers Honeywell, Typ Serie 200, ins Haus. Bis dahin waren alle betriebsrelevanten Daten auf Lochkarten gespeichert. Erst die Honeywell ermöglichte die Speicherung auf Magnetbändern. Seit dieser Zeit wurde die Direktwerbung bei Personen und Institutionen über EDV geführt.

Weitere Etappen der Entwicklung waren:

— 1970 Einführung der »Internationalen Standardbuchnummer« (ISBN),

— 1971 erste Magnetplattenstation; Einführung der Fakturierung für Buchreihen,
— 1973 Einführung EDV-gestützter Lohn- und Gehaltsabrechnung.

Bis 1976 wurde der Anwendungsbereich entsprechend dem raschen Wachstum des Hauses kontinuierlich erweitert. Die EDV hat wesentlich zu seinem reibungslosen Fortschritt beigetragen.

Die ersten Dialoganwendungen erprobten wir 1975, so daß die Dateneingabe für die Auftragsbearbeitung der Bücher direkt von den Fachabteilungen erfolgen konnte. In gewissem Umfang waren Informationen auch unmittelbar vom Arbeitsplatz abrufbar. 1978 ging die Auftragsbearbeitung für Zeitschriften auf den Bildschirm.

Seit 1981 setzten wir eine neue Honeywell-Bull-Serie System 64 PM ein. War bis zu diesem Zeitpunkt die EDV-Unterstützung — mit Ausnahme der Direktwerbung — auf die klassischen kaufmännischen Bereiche begrenzt, so sollten nunmehr auch die verlegerischen Vorgänge durch die EDV gestützt werden. Wir diskutierten eingehend die Wahl des geeigneten Systems und besuchten Computerhersteller in Europa und in den USA. Die Entscheidung fiel 1984 zugunsten von Siemens und einem Datenbanksystem unter Benutzung einer Programmiersprache der vierten Generation: ADABAS/NATURAL. In der Folge wurde die Software für unsere speziellen Bedürfnisse entwickelt und Dialogverbindungen zum Heidelberger Haus und zum Auslieferungszentrum Heidelberg-Rohrbach hergestellt. Die seither betriebene systematische Weiterentwicklung ermöglicht den Zugriff auf den Siemens-Rechner von allen Standorten des Hauses in Deutschland mit etwa 700 Endgeräten. Weiterhin versorgen wir unsere Töchter in New York, Tokyo, London, Paris usw. mit den zentralen Produktdaten über Leitungen oder Datenträger. Die Systeme des Finanz- und Rechnungswesens sind auf SAP-Software (von der Firma Systeme, Anwendungen, Produkte in der Datenverarbeitung, Walldorf) umgestellt.

Daneben helfen Bürokommunikationstechniken in sämtlichen Arbeitsgebieten mit Textverarbeitung, Kalkulationsprogrammen und Mailboxsystemen. Kleinere Datenbanken stehen mit dem zentralen Rechner in Berlin in direkter Verbindung. Auch unsere Titel für das Verzeichnis lieferbarer Bücher (VLB) sind einbezogen. Das Ziel ist erreicht, alles in einem zentralen Rechnersystem nach allen Richtungen hin verfügbar zu halten. Von der Planung bis zum Zahlungseingang unterstützt uns die

312 *Seit 1985 leitet Herbert Maas (1948) die Springer-EDV-Gesellschaft.*

EDV in allen Produktbereichen und ermöglicht den Abruf zahlreicher Statistiken für operative Entscheidungen in allen Abteilungen.

Eine vergleichbare Entwicklung hat es in New York gegeben. Nach Ablösung einer UNIVAC wurde 1971 das Honeywell-System 200 speziell für Auftragsbearbeitung Bücher und Zeitschriften gewählt und seitdem ständig erweitert. 1983 ging die Zeitschriftenbearbeitung auf DEC/PDP 11 Modell 70 über, und 1987 entschlossen wir uns, in bewährtem Einvernehmen zwischen New York und Berlin das IBM-Modell 9375 einzuführen, das nunmehr sämtliche Funktionen, einschließlich Finanzwesen und Statistik, vereinigt.

In unserer Buchhandlung Lange & Springer war 1982 eine Datapoint-Anlage zur Auftragsbearbeitung für Bücher und Zeitschriften eingesetzt worden. Durch den Erwerb anderer Buchhandelsunternehmen, die mit eigenständigen Systemen ausgestattet waren, entstand zunächst eine komplizierte Lage, die einen Neuentwurf des Gesamtsystems erforderte. Alle Restsysteme sollen bis 1994 abgelöst sein. Ein modernes, kundenorientiertes EDV-System für die Auftragsbearbeitung der Zeitschriften wurde schon im August 1991 eingerichtet.

Die Leitung unserer EDV-Abteilung lag vom 1. Dezember 1962 bis zum 31. März 1972 bei Horst Christian Etmer, der am 1. April 1972 von Peter Sämann abgelöst wurde (bis 31. März 1983). Anschließend folgte am 1. August 1982 Helmut Becker. Seit 1. Mai 1985 liegt die Führung der 1984 geschaffenen EDV-Dienstleistungsgesellschaft in den Händen von Herbert Maas, dessen langjähriger Erfahrung wir die Vervollkommnung der ganz auf die Bedürfnisse unseres Unternehmens eingerichteten EDV verdanken.

Die Aufgaben der EDV in den kommenden Jahren lauten »Konsolidierung«, das heißt z. B. für Lange & Springer die Übertragung aller noch verbleibenden Datapoint-Anwendungen auf den Siemens-Rechner und die Schaffung eines zentralen Adreßpools. Ferner bedarf der Herstellungsbereich weiterer EDV-Unterstützung.

Personal Im Jahre 1970 wurde im Rahmen unserer Überlegungen zur Neugestaltung der Unternehmensstruktur die Personalverwaltung für alle Standorte in einer einzigen Abteilung zusammengefaßt und deren Leitung am 15. Januar 1970 Rolf Schudt übertragen. Seine Leistungen sind für das Unternehmen in folgender Hinsicht bedeutsam gewesen:

313, 314 *Rolf Schudt (1921) und nach ihm, seit 1978, Manfred Gast (1942), entwickelten das Personal- und Sozialwesen zu einem zentralen Bereich für Berlin und Heidelberg.*

1. Schaffung *einer* Personalabteilung für Heidelberg und Berlin mit zentraler Gehaltsabrechnung (Frau Ilse Hardt);
2. Mitwirkung an einer ersten *Tarifvereinbarung*, die für Berlin, Baden-Württemberg und Bayern am 1. Januar 1972 in Kraft trat;
3. Entwicklung einheitlicher Arbeitsverträge für alle Mitarbeiter, was nach Ziffer 2. notwendig wurde;
4. Anpassung der Gewohnheiten des Verlags an das Betriebsverfassungsgesetz von 1972 und Aufbau einer arbeitsfähigen Grundlage für den Verkehr zwischen Unternehmensleitung und Arbeitnehmervertretung.

Die tarifvertraglichen und die betriebsverfassungsrechtlichen Probleme standen in den folgenden Jahren im Vordergrund.

Nach dem Ausscheiden Schudts am 31. Dezember 1977 und dem Eintritt von Manfred Gast am 1. Januar 1978 wurde beschlossen, einen Bereich Personal- und Sozialwesen zu schaffen. Ihm wurden auch die Allgemeinen Dienste in Berlin und Ende 1985 auch in Heidelberg zugeordnet. Um dem schnellen Wachstum in Heidelberg gerecht zu werden, verwandelte die Geschäftsleitung die bisherige Gruppe Personal in eine Abteilung unter der Leitung von Christa Voss.

Seit 1977 wuchsen die Auseinandersetzungen zwischen Betriebsrat und Unternehmen. Es fehlte nicht an Versuchen Linksradikaler, den Verlag zu unterwandern. Die damalige Entwicklung der Personalfragen kann nicht losgelöst von den politischen Gegebenheiten in der Bundesrepublik gesehen werden, doch wurden sie günstig beeinflußt von einer konsequenten und langfristig konzipierten Personalpolitik.

Aus wirtschaftlichen und organisatorischen Gründen gliederten wir zum 1. Januar 1980 das Antiquariat und das Sortiment Lange & Springer aus. Zum 1. Januar 1984 wurde eine Springer-Auslieferungsgesellschaft (SAG), Springer-EDV-Gesellschaft (SEG) und Springer-Produktionsgesellschaft (SPG) gegründet.

In jener Zeit lösten wir auch als eines der ersten Unternehmen unserer Branche die Probleme der Einführung EDV-gestützter Bildschirmarbeitsplätze durch eine Reihe von Betriebsvereinbarungen.

Unsere Beschäftigungsbedingungen sind unseren Unternehmenszielen angepaßt. Es ist stets der Wunsch der Geschäftsleitung gewesen, ein den hohen Anforderungen an die Mitarbeiter entsprechendes Arbeitsklima zu schaffen. Die räumliche und ästhetische Gestaltung unserer Arbeitsstätten reflektiert diese Bemühungen, die darauf abzielen, den Mitarbeitern ein Gefühl der Zugehörigkeit zu einer Gemeinschaft zu vermitteln, die nicht nur ihre Leistungen schätzt, sondern die auch an ihrem menschlichen Befinden teilnimmt. Hierzu gehören die Förderung eines Kindergartens und die Unterstützung der Teilnahme am öffentlichen Nahverkehr.

Wachsende Mitarbeiterzahlen verlangten darüber hinaus hinreichende Aus- und Fortbildungsmöglichkeiten einschließlich der Karriereplanung für Nachwuchskräfte und der Förderung von Führungsqualitäten auf allen Ebenen. Wir haben deshalb

Übersicht aus dem Bildungsprogramm 1993

Fachseminare
Betriebswirtschaftliche
 Grundlagen
Textworkshop
Organisation im
 Büro/Zeitmanagement

Marketing/Vertrieb
Teamentwicklung Marketing
 Communication
Präsentationsplanung und
 Selbstorganisation im
 Verkauf

Herstellung
Workshop Konflikt-
 management
Dreher-Kurse
Weiterbildungswoche in der
 Druckerei Stürtz
Typographie-Workshop
Herstellungsinterne
 Veranstaltungen

Finanzwesen
Führungsseminar
Finanzbuchhaltung

Ausbildung
Mitarbeitereinführungsseminar
Einführungstag für
 Auszubildende
Seminare für Auszubildende

Offene Veranstaltungen
Besuch in der Druckerei Beltz
Vortragsreihe Springer-Intern

EDV
HIT für Einsteiger
HIT für Fortgeschrittene
Einführung in die Benutzung
 der Adreßdatenbank
Spezifische Schulungen für
 Standardsoftwareprodukte
Einführungen in
 Softwareprodukte, spezifisch
 für Fachabteilungen

1988 eine eigene Abteilung für Aus- und Fortbildung ins Leben gerufen unter der Leitung von Sabine Schaub (ab Ende 1992 Ute Kammerer).

Auf der Basis des bisher gemeinsam Erreichten werden wir unsere Bemühungen auf den Gebieten der Mitarbeiterführung, der Beurteilungs- und Gehaltsgrundsätze und der persönlichen Entwicklungsmöglichkeiten konsequent fortführen. Dies gilt ebenso für die Karriereplanung von Nachwuchskräften wie für unsere Anstrengungen, Fortbildungsmöglichkeiten für alle Mitarbeiter zu schaffen.

Schließlich sei noch eine für den Verlagsstil bezeichnende Gepflogenheit vermerkt: Bis weit in die fünfziger Jahre hinein war es üblich, daß der Firmenchef die Weihnachtsgratifikation kurz vor dem Fest persönlich an alle Mitarbeiter aushändigte. Die zunehmenden Mitarbeiterzahlen setzten diesem Brauch ein Ende. Vor dem Ersten Weltkrieg – so weit reicht die freiwillige Weihnachtsgratifikation im Springer-Verlag zurück – wurde den Mitarbeitern bei dieser Gelegenheit ein goldenes Zwanzigmarkstück überreicht.

DAS INTERNATIONALE VERLAGSPROGRAMM

Das internationale Ausgreifen der verlegerischen Arbeit. Unsere Expansion war nur von der Basis der Mutterfirmen aus möglich gewesen. Sie bewirkte umgekehrt spürbare Rückwirkungen auf die Mutterfirmen. Die Umsatzsteigerungen erforderten die Pflege engster Zusammenarbeit von Mutter- und Tochterfirmen im Werbe- und Vertriebsbereich. Auch Planungskonzepte mußten abgestimmt werden, wenngleich wir in jeder Hinsicht die Politik des offenen Marktes pflegten. Es wäre schädlich gewesen, das unermeßliche Autorenpotential — etwa der USA — nur noch von New York aus betreuen zu wollen und damit die Idee einer globalen verlegerischen Tätigkeit von vornherein zu behindern. Daher reisten auch nach der Gründung des Springer-Verlags New York Planer aus Heidelberg in die USA, später nach Japan und in andere Länder, in denen wir uns niederließen, um wichtige Kontakte weiter zu fördern und Verlagspläne zu verwirklichen. Dabei kam es äußerst selten zu Kollisionen, die zudem rasch bereinigt werden konnten. Faires Verhalten und gegenseitiger Respekt, verbunden mit zweckmäßigen Absprachen, waren und sind dafür die Voraussetzung. Diese Verhaltensweisen wurden auch für alle unsere weiteren Tochterfirmen selbstverständlich. Letzten Endes muß das Wohl des

Vorbemerkungen

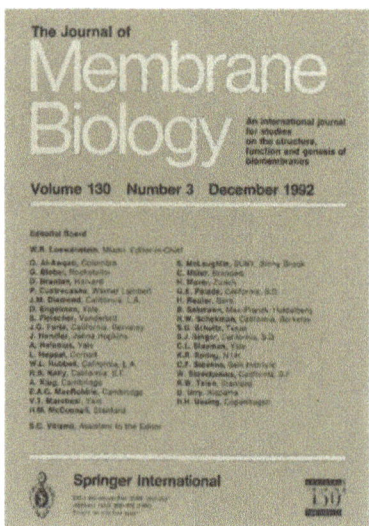

315 ›The Journal of Membrane Biology‹, Bd. 130, Heft 3, 1992.

Gesamtunternehmens der Maßstab für alle Entscheidungen sein.

Austausch von Mitarbeitern zwischen allen Betriebsstätten fördert das Verständnis für andere Denkweisen und Praktiken, stärkt zugleich den Korpsgeist und wirkt motivierend auf alle Beteiligten. In einem international tätigen Unternehmen muß ein Geist internationalen Verstehens und die Bereitschaft zum immerwährenden Gedankenaustausch bestehen — sei es auf dem Korrespondenzweg, sei es durch Reisen. Beweglichkeit ist oberstes Erfordernis.

Die weltweite Präsenz förderte unsere Anziehungskraft gerade für erstklassige Autoren und Herausgeber, die eine internationale Resonanz ihrer wissenschaftlichen Arbeit erwarteten. Dies war nicht über Nacht zu erreichen, sondern bedurfte der Beharrlichkeit. Eines der ermutigenden Beispiele war die Gründung der Zeitschrift ›Journal of Membrane Biology‹ im Jahre 1969 — die noch heute äußerst erfolgreich ist — auf Anregung von W. R. Loewenstein, damals an der Columbia University, New York. Dieses Periodikum bedurfte einer weltweiten Resonanz, sowohl hinsichtlich des Einzugs der Manuskripte als des Bezieherkreises.

Eine wissenschaftspolitisch bedeutsame Aufgabe sah ich in der Überwindung der mangelnden Darstellung der Leistungen der europäischen Wissenschaften, die auf zahlreiche nationale Publikationsorgane verstreut waren und deshalb unterschätzt wurden.

Gegen starke englische Konkurrenz gewannen wir 1967 den Verlag der neu zu gründenden Zeitschrift der ›Federation of European Biochemical Societies‹ (FEBS), das sogenannte FEBS-Journal. Man hatte die Bedingung gestellt, daß eine bestehende Zeitschrift in ihr aufgehen mußte. Wir brachten unsere ›Biochemische Zeitschrift‹ ein, obwohl sie über einen großen Abonnentenstamm verfügte, da wir von der Zweckmäßigkeit gesamteuropäischer Wissenschaftsorgane überzeugt waren.

Im Laufe der Jahre folgten zahlreiche Zeitschriften, die die Bezeichnung »European« im Titel trugen:

- European Journal of Biochemistry (1967)
- Pflügers Archiv – European Journal of Physiology (1968)
- European Journal of Clinical Investigation (1970 bis 1977)
- European Journal of Clinical Pharmacology (1971)
- European Journal of Applied Physiology and Occupational Physiology (1974)
- European Journal of Nuclear Medicine (1976)
- European Journal of Pediatrics (1976)
- European Biophysics Journal (1984)
- European Journal of Cardio-Thoracic Surgery (1987)

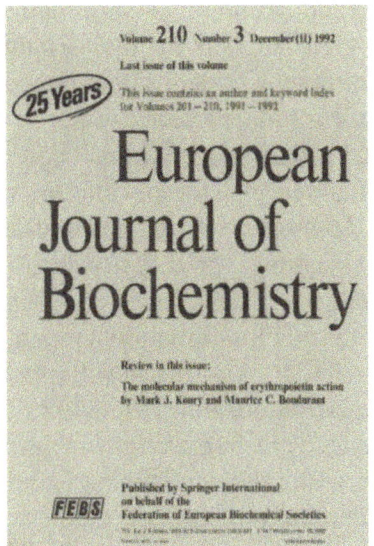
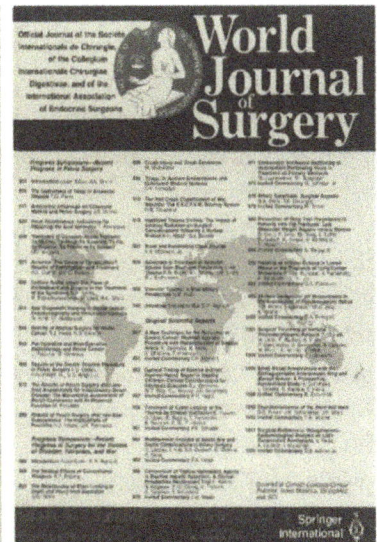

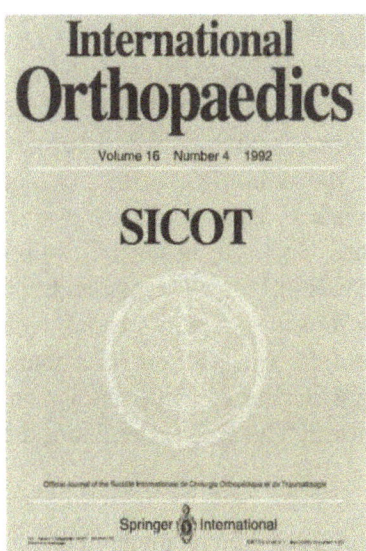
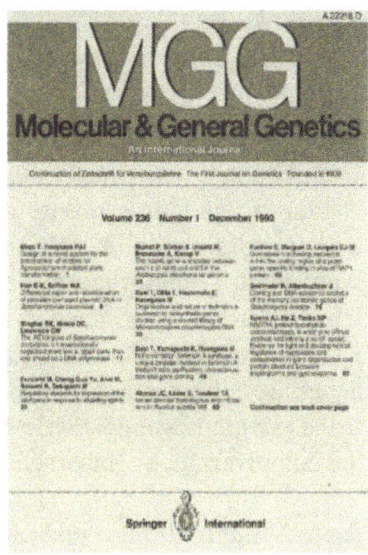

316 *Als Herausgeber unserer Zeitschriften ›Langenbecks Archiv für Chirurgie‹ (1969–1989) und ›Zentralorgan für die gesamte Chirurgie und ihrer Grenzgebiete‹ (1948 bis 1952 und 1970–1982) war der Chirurg Fritz Linder (1912) dem Springer-Verlag zugleich ein kompetenter Berater.*

317–320 *›European Journal of Biochemistry‹, Bd. 210, Heft 3, 1992; ›World Journal of Surgery‹, Bd. 16, Heft 5, 1992; ›International Orthopaedics‹, Bd. 16, Heft 4, 1992 und ›Molecular & General Genetics‹, Bd. 236, Heft 1, 1992.*

- European Journal of Plastic Surgery (1987)
- European Archives of Oto-Rhino-Laryngology (1991)
- European Archives of Psychiatry and Clinical Neurosciences (1991)
- European Radiology (1991)
- European Spine Journal (1992)

Das allmählich errungene Erscheinungsbild eines international tätigen Verlags war nicht nur die Voraussetzung für unsere zahlreichen internationalen Zeitschriftengründungen und Buchreihen, sondern vor allem auch für Zeitschriften renommierter internationaler Gesellschaften, wie der ›Société Internationale de Chirurgie‹ (SIC), für die wir 1977 mit Empfehlungen von M. Allgöwer und F. Linder das ›World Journal of Surgery‹ beginnen konnten. Eine entsprechende Gründung — ›International Orthopaedics‹ — folgte im gleichen Jahr für die ›Société Internationale de Chirurgie, Orthopédie et de Traumatologie‹ (SICOT) durch Vermittlung von M. Müller, Bern.

Daneben gab es nicht ausdrücklich als »International« oder »European« benannte Zeitschriften, die gleichwohl völlig international ausgelegt waren in der Zusammensetzung der Redaktionen und hinsichtlich der Verbreitung. Zwei Beispiele für viele: die ›Inventiones mathematicae‹ (1966), unser »Flaggschiff« der Mathematik, und die gleichfalls international renommierten ›Mathematischen Annalen‹. Im biologischen Bereich ist die ›Planta‹ zu nennen und die traditionsreiche ›Zeitschrift für induktive Abstammungs- und Vererbungslehre‹ — jetzt ›Molecular and General Genetics‹. Entscheidend für das Gelingen all der genannten Bemühungen war der begeisterte Einsatz kompetenter Herausgeber, denen wir zu Dank verpflichtet sind.

Die Gründung internationaler Zeitschriften erforderte Investitionskraft, die wir weitgehend durch die beachtlichen Umsatzausweitungen über unsere Tochterfirmen decken konnten. Der Abonnentenzuwachs durch die neuen Zeitschriften, der wiederum nur durch unsere globale Präsenz realisierbar war, trug weiterhin zum Ausgleich bei. So hatte unser weltweites Ausgreifen — natürlich nur in Verbindung mit entsprechend lebendigen verlegerischen Aktivitäten — einen produktiven Kreislauf erzeugt, der der Grund dafür war, daß die wirtschaftlichen Belastungen unseres Expansionskurses nicht außer Kontrolle gerieten, wenngleich es natürlich zu Engpässen kam, die das Standvermögen ansprachen.

Long-Distance Management. Gründung und Management unserer Verlagsniederlassungen haben unseren internationalen Erfahrungshorizont entscheidend erweitert. Für die Führung weit entfernter Tochterfirmen und ihre Einbeziehung in den Gesamtrahmen der Unternehmensziele habe ich den Begriff ›Long-distance management‹ geprägt, um den besonderen Charakter der darin eingeschlossenen Aufgaben stets präsent zu halten. Es hat sich inzwischen in eindrucksvoller Weise bestätigt, daß die Führung einer geographisch weit diversifizierten Firmengruppe auf zwei Säulen ruht, die tragfähig sein müssen: *Loyalität* der örtlichen Führung gegenüber der Mutterfirma und reibungsloses *Funktionieren des Informationsflusses* in beiden Richtungen. Ohne diese beiden Voraussetzungen ist kein Erfolg zu erringen. Die ausreichende Sicherung des Informationsflusses bedarf größter Aufmerksamkeit. Dies geschieht am besten durch Benennung eines verantwortlichen Angehörigen des Direktoriums der Mutterfirma.

Wirtschaftliche und personelle Aspekte. 1950 hatte die gesamte Verlagsgruppe einen Umsatz von 7,985 Mio. DM, 1964 von 44,136 Mio. DM und 1992 von 406,218 Mio. DM.

Diese Zahlen fassen die Nachkriegsgeschichte des Verlags zusammen. Sie wurden ohne finanzielle Hilfe von außen erreicht. Gleichzeitig verwirklichten wir die nach dem Zweiten Weltkrieg angesprochene Vorstellung einer globalen Präsenz des Verlags.

Welches waren die Mittel, ein solches Ziel zu erreichen? An erster Stelle steht der verlegerische Instinkt für die Erfordernisse der Zukunft. An zweiter Stelle stehen die Analyse und die realistische Einschätzung der eigenen Möglichkeiten, die gesteckten Ziele zu erreichen.

Es ist nicht nur ein quantitativer Unterschied, ob für die Errichtung einer Tochterfirma 30000 oder 3 Mio. Dollar zur Verfügung stehen, sondern zugleich ein qualitativer. Im ersten Falle wird man viel vorsichtiger entscheiden müssen, welches Risiko jeweils eingegangen werden kann; es sollte nicht größer sein als die eigenen Möglichkeiten, es im Verlustfalle selbst decken zu können. Das macht bei geringem Kapital größere Risiken gefährlich. Dennoch müssen sie zur Erreichung bestimmter Ziele eingegangen werden. Die Risikobeurteilung erfordert Vorstellungskraft. Im allgemeinen ist ein Vorgehen in kleinen, aber zielstrebigen Schritten angezeigt. Wichtig ist, daß sich diese kleinen Schritte gegenseitig stützen und ergänzen.

Diese Vorgehensweise ist nur in Verbindung mit einer guten Personalführung möglich. Selbst bei bester Personalauswahl wird man aber mit Stärken und Schwächen der ausgewählten Personen rechnen müssen. Man kann sich seine Mitarbeiter nicht »malen«, wie man sie sich am besten wünscht. Doch muß man, wie es der Gründer von Prentice Hall, Richard P. Ettinger, formuliert hat, »mit den guten Seiten seiner Mitarbeiter« arbeiten. Sie zu erkennen, ist eine der keineswegs weit verbreiteten, aber wichtigsten Fähigkeiten. Der Verlag braucht verantwortungsfreudige Mitarbeiter. Man muß ihnen dabei die gleiche Irrtumsquote zugestehen wie sich selbst, sonst werden sie Angst vor eigenen Entscheidungen haben, was zur Bürokratisierung und damit zum Erstickungstod des Unternehmens führt.

Bei der Gründung vieler unserer Niederlassungen haben wir wenig oder gar kein Anfangskapital eingesetzt, sondern begeisterte Mitarbeiter zu Leistungen motiviert, die ihnen selbst Freude gemacht und Befriedigung gebracht haben.

Eine besondere Rolle spielt die persönliche Verhaltensweise des Führenden in ihrer positiven oder negativen Vorbildfunktion, die erstaunlich weit wirkt. Der Respekt vor der Persönlichkeit des anderen, selbstverständlich auch des Unterstellten, ist die Voraussetzung für harmonische und erfolgreiche Zusammenarbeit.

Schlaglichter auf das Programm

Im folgenden soll eine Übersicht über unsere verlegerischen Bemühungen in der Berichtszeit 1965–1992 in den verschiedenen Planungsgebieten gegeben werden. Es kann sich dabei nur um eine Art »impressionistischer« Gesamtschau handeln, die vermitteln möge, was wir im Rahmen unserer strategischen Zielsetzungen zu erreichen suchten. Dabei kann eine solche Darstellung — wie schon im Vorwort gesagt — nicht in rein zeitlicher Folge vorgehen, da die einzelnen Unternehmungen verschiedene Vorgeschichten und Laufzeiten hatten.

Medizin

Das Medizinprogramm des Verlages hatte sich in den fünfziger und sechziger Jahren wiederum zum stärksten Verlagszweig entwickelt und stellt noch heute den größten Anteil der Titel (s. Tabelle S. 367). Die Entwicklung des Programms hat sich an den Fortschritten der wissenschaftlichen Grundlagenforschung und der klinischen Praxis orientiert, ebenso wie an der Ausbildung der Studenten und der ärztlichen Weiterbildung.

Der ersten Gruppe dienen zahlreiche der bereits zitierten Zeitschriften, angefangen mit der ›Klinischen Wochenschrift‹, die ab Band 70, 1992, in ›The Clinical Investigator‹ umbenannt worden ist, mit einer entsprechend veränderten Zielsetzung als internationales Organ für die Bedürfnisse der klinischen Forschung. Es steht weiter eine große Anzahl von ›Archivzeitschriften‹ (Originalien- oder Primärzeitschriften) für die verschiedenen medizinischen Disziplinen zur Verfügung, die zur Gruppe 1a), der in der Einführung gegebenen Übersicht, gehören. Es entspricht der Ausrichtung und dem Verbreitungspotential dieser Zeitschriften, daß sie hauptsächlich englischsprachig sind. Hierzu gehören so traditionsreiche Organe wie ›Virchows Archiv‹ (A und B), ›Pflügers Archiv‹, ›Naunyn-Schmiedebergs-Archiv‹, ›Graefes Archiv‹. Entsprechend sind im Buchbereich die wissenschaftlichen Spezialmonographien zu nennen, deren Veröffentlichung trotz ihrer großen Bedeutung für den gesamten Fortschritt der Gesundheitspflege infolge immerfort

schrumpfender Bibliotheksetats wachsende Risikobereitschaft des Verlages und eine stärkere Ausrichtung auf Individualbezieher erfordern, die in größerem Umfang angesprochen werden müssen.

In den Bereich der Forschungsliteratur gehören ferner Reihen wie die 1967 mit Leo T. Samuels, Salt Lake City, gegründeten und mit Franz Gross, Basel, Alexis Labhart, Zürich, Thaddeus Mann, Cambridge, und Josef Zander, Heidelberg/München herausgegebenen ›Monographs on Endocrinology‹ [ZANDER]. Aber nicht nur Neugründungen waren von Bedeutung. Die bereits seit 1914 bestehenden ›Ergebnisse der Immunitätsforschung, experimentellen Therapie, Bakteriologie und

321, 322, 323 *Leo T. Samuels (1899 bis 1978), Professor für Biochemie an der Universität von Salt Lake City (Utah), der sich der Chemie der endokrinen Drüsen gewidmet hatte, gründete auf Anregung des Verlages die ›Monographs on Endocrinology‹ mit Alexis Labhart (1916) und Josef Zander (1918) als Mitglieder des Herausgeberkollegiums.*

 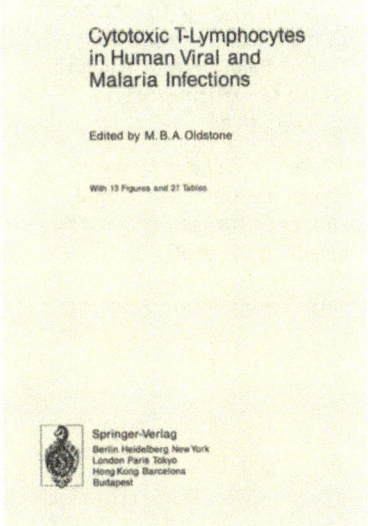

324 ›*Monographs on Endocrinology*‹, *Bd. 31, 1990.* – **325** ›*Current Topics in Microbiology*‹, *Bd. 189, 1994.*

Alexis Labhart: Klinik der Inneren Sekretion. 3. Aufl. 1978 (engl. Ausgabe: Clinical Endocrinology. 2nd edition 1986)

Friedrich W. Ahnefeld: Sekunden entscheiden. Notfallmedizinische Sofortmaßnahmen.
2. Aufl. 1981 (Heidelberger Taschenbücher, Bd. 32)

Helmut Roskamm und Herbert Reindell: Herzkrankheiten.
3. Aufl. 1989

Ernst Habermann und Helmut Löffler: Spezielle Pharmakologie und Arzneitherapie.
4. Aufl. 1983 (Heidelberger Taschenbücher, Bd. 166).

Robert B. Taylor (ed.): Fundamentals of Family Medicine.
2nd edn. 1983

Otto Braun-Falco, Gerd Plewig und Helmut H. Wolff: Dermatologie und Venerologie.
4. Aufl. 1992

Peter Otto und Klaus Ewe: Atlas der Rectoskopie und Coloskopie.
3. Aufl. 1984

Kurt W. Brunner und Gerd A. Nagel: Internistische Krebstherapie. 3. Aufl. 1985

Thomas Wuppermann: Varizen, Ulcus cruris und Thrombose.
5. Aufl. 1986

Gabriel Stux: Grundlagen der Akupunktur. 2. Aufl. 1988

Heinrich Matthys: Pneumologie.
2. Aufl. 1988

Albert A. Bühlmann und Ernst R. Froesch: Pathophysiologie.
5. Aufl. 1989

Bodo Gorgass und Friedrich W. Ahnefeld: Rettungsassistent und Rettungssanitäter.
3. Aufl. 1993

Harald Lutz: Ultraschallfibel Innere Medizin. 2. Aufl. 1989

John A. Nakhosteen, Norbert Niederle und Donald C. Zavala: Atlas und Lehrbuch der Bronchoskopie. 2. Aufl. 1989

Wolfgang Leydhecker: Augenheilkunde (Lehrbuch)
24. Aufl. 1990

Michael Berger und Viktor Jörgens: Praxis der Insulintherapie. 4. Aufl. 1990

Franz Daschner: Antibiotika am Krankenbett. 5. Aufl. 1990

Gustav A. von Harnack und Gerhard Heimann (Hrsg.): Kinderheilkunde (Lehrbuch).
8. Aufl. 1990

Bernd Spiessl, O. H. Beahrs, Paul Hermanek, R. V. Hutter, Otto Scheibe, Leslie H. Sobin und Gustav Wagner (Hrsg.): Tumornomenklaturatlas. Illustrierter Leitfaden zur TNM/pTNM-Klassifikation maligner Tumoren.
2. Aufl. 1990 (UICC)

J. Rüdiger Siewert, Felix Harder, Martin Allgöwer, André L. Blum, Werner Creutzfeldt, L. F. Hollender und Hans-Jürgen Peiper (Hrsg.): Chirurgische Gastroenterologie.
2. Aufl. 1990

Nepomuk Zöllner (Hrsg.): Hyperurikämie, Gicht und andere Störungen des Purinhaushalts. 2. Aufl. 1990

Hans Borst, Werner Klinner und H. Oelert: Kirschnersche Operationslehre, Band 6, Teil 2: Die Eingriffe am Herzen und an den herznahen Gefäßen.
2. Aufl. 1991

Georg Heberer, Friedrich-Wilhelm Schildberg, Ludger Sunder-Plassmann und Ingolf Vogt-Moykopf (Hrsg.): Lunge und Mediastinum. 2. Aufl. 1991

Gerhard Riecker (Hrsg.): Klinische Kardiologie (Lehrbuch).
3. Aufl. 1991

Gerhard Riecker (Hrsg.): Therapie innerer Krankheiten.
7. Aufl. 1991

L'age-Stehr, Johann et al.: Aids und die Vorstadien. Loseblattsammlung. 14. Lieferung 1992

J. Tinker and M. Rapin (eds.): Care of the Critically Ill Patient. 2nd edn. 1991

Elliot Chesler: Clinical Cardiology. 5. Aufl. 1992

Alfred Doenicke, Dietrich Kettler, Werner F. List, Jörg Tarnow und Dick Thomson: Lehrbuch der Anästhesiologie und Intensivmedizin. Band 1: Anästhesiologie, unter Mitarbeit von J. Radke. 6. Aufl. 1992; Band 2: Intensivmedizin (Hrsg. Herbert Benzer, Hilmar Burchardi, Reinhard Larsen, Peter Suter). 6. Aufl. 1993

Felix Anschütz: Anamneseerhebung und allgemeine Krankenuntersuchungen. 5. Aufl. 1992

Ausgewählte medizinische Titel des letzten Jahrzehnts

Hygiene‹ (Bd. 1–25: 1914–1943), ab 1949 ›Ergebnisse der Hygiene, Bakteriologie, Immunitätsforschung und experimentellen Therapie‹ (Bd. 26–39: 1949–1966) wurden Mitte der sechziger Jahre mit besonders verständnisvoller Hilfe von Werner Henle, Philadelphia, Enkel des durch die ›Henle-Schleife‹ bekannt gewordenen Heidelberger Anatomen Jacob Henle (1809–1885), der modernen internationalen Forschung geöffnet als ›Current Topics in Microbiology and Immunology/Ergebnisse der Hygiene- und Immunitätsforschung‹.

Für den Gesamtbereich der Medizin mag eine Reihe besonders wichtiger Titel genannt werden — stellvertretend für die beträchtlich angewachsene Anzahl der Bücher und Zeitschriften, die aus dem Gesamtkatalog bestimmbar sind.

Innere Medizin

Unter den wichtigsten Titeln aus dem Zentralbereich der Inneren Medizin ist zu nennen der 1955 von Ludwig Heilmeyer und Herbert Begemann begründete ›Atlas der klinischen Hämatologie‹, der 1987 von Begemann und Johann Rastetter in vierter, völlig neubearbeiteter Auflage vorgelegt wurde.

Ferner der alte Titel des Bergmann-Verlages ›Müller/Seifert‹, das ›Taschenbuch der medizinisch-klinischen Diagnostik‹, der 1989 in 72., überarbeiteter und erweiterter Auflage erschienen ist. 1945 hatte Hans Freiherr von Kreß, Berlin, der noch aus der Schule Friedrich von Müllers stammte, für die Weiterführung gesorgt. Aus seiner Hand übernahm es Günter A. Neuhaus.

Zu nennen sind ferner zahlreiche zwischen 1980 und 1992 in 5. Auflage erschienene Einzelbände des von Mohr und Staehelin begründeten, nach dem Kriege von Herbert Schwiegk und

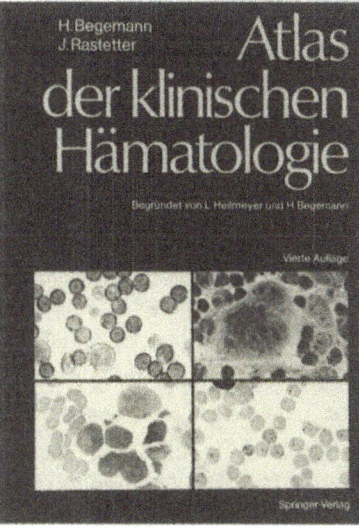

326 *Ludwig Heilmeyer (1899–1969) und Herbert Begemann (1917–1994) begründeten 1955 den (327) ›Atlas der klinischen Hämatologie‹. Die vierte Auflage erschien 1987.*

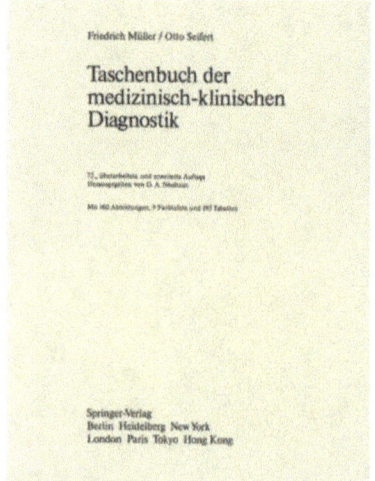

328 ›Taschenbuch der medizinisch-klinischen Diagnostik‹, 72. Aufl. 1989. Die 1.–71. Aufl. erschien im Verlag J. F. Bergmann, München. **329** Hans Freiherr von Kreß (1902 bis 1973) hat als einer der letzten Schüler Friedrich von Müllers über lange Jahre dieses Taschenbuch betreut und war ein enger Freund des Springer-Verlags. 1967 hielt er beim 125jährigen Firmenjubiläum die Festrede über die ›Bedeutung eines wissenschaftlichen Verlages für die Entwicklung der letzten 100 Jahre‹. – **330** *Eberhard Buchborn (1921), Schüler von Herbert Schwiegk und sein Nachfolger auf dem Münchner Lehrstuhl für innere Medizin, Herausgeber des ›Handbuchs der inneren Medizin‹ seit 1981.*

Eberhard Buchborn fortgeführten ›Handbuchs der inneren Medizin‹:

1980	Friedrich Kuhlencordt und Heinrich Bartelheimer: Klinische Osteologie (Band 6, Teil 1)
1981	Heinrich Jentgens: Lungentuberkulose (Band 4, Teil 3)
1982	Herbert Begemann: Non-Hodgkin-Lymphome (Band 2, Teil 7)
	Kurt Müller-Wieland: Dickdarm (Band 3, Teil 4)
1983	Wolfgang Caspary: Dünndarm (Band 3, Teil 3A und 3B)
	Berndt Lüderitz: Herzrhythmusstörungen (Band 9, Teil 1)
1983/4	A. Matthies: Rheumatologie (Band 6, Teil 2B)
1984	Gerhard Riecker: Schock (Band 9, Teil 2)
	Helmut Roskamm: Koronarerkrankungen (Band 9, Teil 3)
	Gerhard Riecker: Herzinsuffizienz (Band 9, Teil 4)
1985	Friedrich Trendelenburg: Tumoren der Atmungsorgane und des Mediastinum (Band 4, Teil 4A und B)
	Dieter-Ludwig Heene: Blutgerinnung und hämorrhagische Diathesen II (Band 2, Teil 9)
1989	Paul Schölmerich, Hansjörg Just und Thomas Meinertz: Myokarderkrankungen, Perikarderkrankungen, Herztumoren (Band 9, Teil 5)
1992	Werner Schoop und Horst Rieger: Gefäßkrankheiten (Band 9, Teil 6)

Konnte man noch vor rund zwanzig Jahren die verschiedenen naturwissenschaftlichen Disziplinen wie Biologie, Biochemie und die Grundlagenforschung der Medizin in Berufsbilder und Sparten einteilen, die ausbildungsmäßig ebenso wie in der späteren Berufsausübung getrennt waren, so haben sich inzwischen aufgrund des Vordringens der Forschung in den molekularbiologischen Bereich die Trennungslinien der genannten Fächer verwischt. Dies spiegelt sich im Spektrum der themenübergreifenden Informationszeitschriften wie ›Nature‹, ›Science‹ oder

›Die Naturwissenschaften‹ und in den ›Trendserien‹ sowie in den bereits genannten Ergebnisse-Berichten. Bestimmte Grundlagenwissenschaften, wie etwa die Immunologie sind sowohl mit der Medizin als auch mit zahlreichen anderen naturwissenschaftlichen Disziplinen verbunden. Die Molekularbiologie bildet die gemeinsame Grundlage für alle.

Es haben sich daraus neue Anwendungsbereiche entwickelt wie Biotechnologie oder Hilfsmittel für die medizinische Diagnostik. Der Verlag trägt diesem Trend Rechnung, indem er die Bereiche Chemie, Biochemie, Biologie, Physiologie, Pharmakologie unter der Bezeichnung ›Life Sciences‹ zusammenfaßt und verlegerisch programmiert.

Ein solch umfassendes Konzept führt zugleich aus der Überspezialisierung der Lesergruppierungen und der damit verbundenen Marketingstrategien heraus und kann unsere internationale Präsenz optimal einsetzen. Es schließt Lehrbücher/Textbooks, Referencebooks und Graduate Texts ebenso ein wie wissenschaftliche Monographien.

Wenden wir uns der *ärztlichen Ausbildung* zu. Unser Programm für die Facharztinformation wird in konsequenter Weiterführung und Ergänzung des Typs Facharztzeitschriften (›Der Nervenarzt‹, ›Der Chirurg‹, beide 1928) und Praxisreihen charakterisiert. Das Flaggschiff und Vorbild für die neuen Facharztzeitschriften ist der 1960 gegründete ›Internist‹, nach dessen Vorbild eine Reihe von acht weiteren gleichartigen Zeitschriften folgte, bis zu der 1992 gegründeten Facharztzeitschrift ›Der Ophthalmologe‹. Die höchste Auflage erreicht ›Der Internist‹, der mit zur Zeit 23 700 Abonnenten über 76 % der Internisten erreicht. Die Verwirklichung dieses Programms wäre ohne die Inseratenaufträge der pharmazeutischen Industrie zur Entlastung der unaufhaltsam steigenden Produktionskosten schwer möglich gewesen.

Im Buchprogramm gibt es zwei Reihen für Fachärzte: die 1973 gegründeten Kliniktaschenbücher, die den im Krankenhaus tätigen Arzt über die neuesten diagnostischen und thera-

331 *Neben seiner Mitwirkung am ›Handbuch der inneren Medizin‹ ist Gerhard Riecker (1926) seit 1974 Herausgeber von ›Der Internist‹ und der Bücher ›Therapie innerer Krankheiten (1973; 7. Aufl. 1991) und ›Klinische Kardiologie‹ (1975; 3. Aufl. 1991).*

Der Anaesthesist (1952)	Der Ophthalmologe (1992)
Der Chirurg (1928)	Der Orthopäde (1972)
Der Gynäkologe (1968)	Der Pathologe (1979)
Der Hautarzt (1950)	Der Radiologe (1961)
HNO (1947)	Ultraschall (1987)
Der Internist (1960)	Der Unfallchirurg (1985)
Monatsschrift für Kinderheilkunde (1931)	Der Urologe A (1970)
	Der Urologe B (1970)
Der Nervenarzt (1928)	

Facharztzeitschriften (alphabetisch)

334 (s. gegenüberliegende Seite unten) ›Hefte zur Unfallheilkunde‹, Bd. 225, 1992. – **335** ›Der Orthopäde‹ wurde 1972 im Rahmen der Facharztzeitschriften des Springer-Verlags gegründet. – **336** *Heinz Wagner (1929) war einer der ersten Herausgeber der Facharztzeitschrift ›Der Orthopäde‹. Außerdem betreute er seit 1981 die traditionsreiche Zeitschrift ›Archives of Orthopaedic and Trauma Surgery‹, die aus dem ›Archiv für orthopädische und Unfall-Chirurgie‹ (gegr. 1903 im J. F. Bergmann Verlag, Wiesbaden) hervorgegangen war.*

332 (unten) *Christian Herfarth (1933) ist seit 1981 Direktor der Chirurgischen Universitätsklinik Heidelberg. 1982 wurde er Hauptherausgeber unserer Facharztzeitschrift ›Der Chirurg‹.*

Chirurgie/Orthopädie

peutischen Entwicklungen zu Kernproblemen seines Faches informieren; sie sind für den Klinikalltag konzipiert. Eine große Anzahl dieser Kliniktaschenbücher erreicht inzwischen Verkaufsauflagen von über 100000 Exemplaren. Die ›Taschenbücher Allgemeinmedizin‹ greifen seit 1974 den verstärkt geforderten Bezug zur Praxis auf.

Über das medizinische Lehrbuchprogramm wird auf S. 354 ff. ausführlich berichtet. Dieses auf der Wende zu den siebziger Jahren neugeschaffene Programm wurde Ende der achtziger Jahre für alle Fachgebiete neu geordnet, erweitert und A. Repnow in Obhut gegeben. Zur deutlichen Kennzeichnung der zugrundeliegenden einheitlichen Konzeption wurde ein neues Layout mit einem leicht erkennbaren Blickfang entworfen, dem »Haken« (»Hakenkonzept«).

Wendet sich der Verlag grundsätzlich allen Gebieten und Teilaspekten der Medizin zu, so können neben der alles umfassenden Inneren Medizin vier Hauptsäulen erkannt werden, die sich im Laufe der letzten Jahrzehnte stärker profiliert haben: die operativen Fächer Chirurgie und Orthopädie, die Radiologie mit allen bildgebenden Verfahren, das Gebiet der Neurowissenschaften – von der Psychiatrie bis hin zur Neurophysiologie – und schließlich das breite Feld der allgemeinen und speziellen Pathologie. Es ist ganz unmöglich, die Entfaltung dieser Schwerpunkte auch nur annähernd im Rahmen dieser historischen Gesamtdarstellung zu behandeln; es kann nur eine Reihe charakteristischer Beispiele gegeben werden.

Der Bereich Chirurgie/Orthopädie wird in erster Linie vertreten durch die weit verbreiteten Facharztzeitschriften. In der Chirurgie ist es ›Der Chirurg‹, Organ der Deutschen Gesellschaft für Chirurgie und des Berufsverbandes der Deutschen Chirurgen mit einem eigenen Mitteilungsblatt. ›Der Chirurg‹ wird seit 1982 von Christian Herfarth betreut.

Alle Facharztzeitschriften haben eine sinnvolle Beziehung zu den einschlägigen Berufsverbänden, da beide die ärztliche Fort- und Weiterbildung als eine ihrer vornehmsten Aufgaben ansehen.

Das wissenschaftliche Archivorgan der Chirurgie ist ›Langenbecks Archiv für Chirurgie‹, das von einem der großen deutschen Chirurgen 1860 gegründet worden ist [HS: 279]. Es veröffentlicht wissenschaftliche Originalarbeiten in deutscher und englischer Sprache und hält redaktionellen Kontakt mit dem ›British Journal of Surgery‹, zu dem der derzeit federführende Herausgeber des Archivs, Michael Trede, gute Verbindung hält, und zum Organ der Japanischen Gesellschaft für Chirurgie ›Surgery Today‹ (Springer-Verlag Tokyo), dessen Herausgeber Yoshio Mishima als Schüler Georg Heberers mit der deutschen Chirurgie persönlich eng verbunden ist.

Spezielle Originalienzeitschriften für die Plastische und Wiederherstellungschirurgie sind ›European Journal of Plastic Surgery‹ (Ian T. Jackson) und für die Herz- und Thoraxchirurgie ›European Journal of Cardio-thoracic Surgery‹ (Hans G. Borst). Ein neues Gebiet wird durch die Zeitschrift ›Surgical Endoscopy‹ repräsentiert. ›Pediatric Surgery International‹ und ›Transplant International‹ ergänzen diesen Kreis der Spezialzeitschriften.

Im Bereich der Orthopädie ist die entsprechende Facharztzeitschrift ›Der Orthopäde‹ (seit 1972) mit den Herausgebern Rudolf Bauer, R. Graf, Norbert Gschwend, Dietrich Hohmann, L. Jani, Erwin Morscher, Leonhard Schweiberer, Harald Tscherne, Heinz Wagner, C. Wirth. Ferner steht das Periodikum ›Archives of Orthopaedic and Trauma Surgery‹ zur Verfügung, das von Heinz Wagner als Hauptherausgeber zusammen mit G. Hierholzer und H.-G. Willert betreut wird.

Die Zeitschrift ›Der Unfallchirurg‹, 1894 vom Verlag F. C. W. Vogel als ›Monatszeitschrift für Unfallheilkunde‹ gegründet, wird jetzt von Leonhard Schweiberer und Harald Tscherne herausgegeben, sowie die Reihe ›Hefte zur Unfallheilkunde‹, die 1929 ebenfalls von F. C. W. Vogel gegründet und 1931 von Springer übernommen wurde. Beide ergänzen unsere chirurgisch-orthopädische Literatur auf dem so praxisrelevanten Felde der Traumatologie.

333 *Yoshio Mishima (1931), Tokyo, Präsident der Japanischen Gesellschaft für Chirurgie, als Redner bei einer gemeinsamen Tagung der Deutschen und der Japanischen Gesellschaft für Chirurgie 1993. Mishima ist seit 1992 Herausgeber der Zeitschrift ›Surgery Today: The Japanese Journal of Surgery‹.*

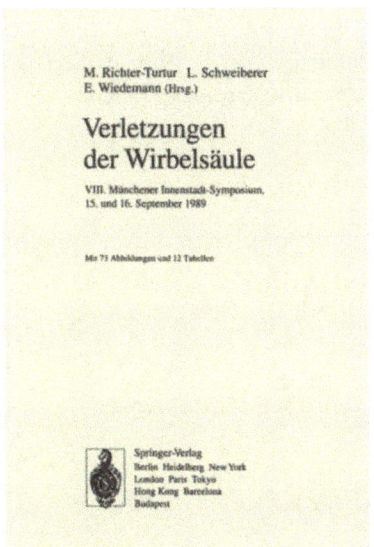
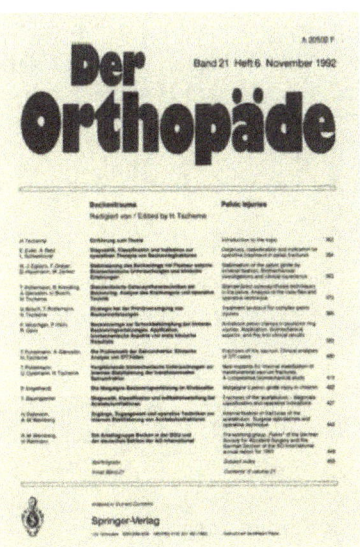

M. Kirschner: Allgemeine und spezielle Operationslehre

12 Bände. Begründet von M. Kirschner. Herausgegeben von R. Pichlmayr und G. Heberer

1. Band:
G. Hegemann: Allgemeine Operationslehre. 2 Teile. 2. Aufl. 1958

2. Band:
N. Guleke: Die Eingriffe am Gehirnschädel, Gehirn, an der Wirbelsäule und am Rückenmark. 2. Aufl. 1950

3. Band:
R. Pichlmayr (Hrsg.): Transplantationschirurgie. 1981

4. Band:
G. Mackensen, H. Neubauer (Hrsg.): Augenärztliche Operationen. 3. Aufl. 1. Teil 1988. 2. Teil 1989

5. Band:
1. Teil: H. J. Denecke, W. Ey: Die Operationen an der Nase und im Nasopharynx. 3. Aufl. 1984
2. Teil: H. J. Denecke, M.-U. Denecke, W. Draf, W. Ey: Die Operationen an den Nasennebenhöhlen und der angrenzenden Schädelbasis. 3. Aufl. 1992
3. Teil: H. J. Denecke: Die oto-rhino-laryngologischen Operationen im Mund- und Halsbereich. 3. Aufl. 1980
4. Teil: K. Schwemmle: Die allgemein-chirurgischen Operationen am Halse. 3. Aufl. 1980
5. Teil: Die Operationen im Ohrbereich. In Vorbereitung

6. Band:
1. Teil: H. Pichlmaier, F. W. Schildberg (Hrsg.): Thoraxchirurgie. Die Eingriffe an der Brust und in der Brusthöhle. 3. Aufl. 1987
2. Teil: H. G. Borst, W. Klinner, H. Oelert (Hrsg.): Herzchirurgie. Die Eingriffe am Herzen und an den herznahen Gefäßen. 2. Aufl. 1991

7. Band:
1. Teil: R. Zenker, R. Berchtold, H. Hamelmann (Hrsg.): Die Eingriffe in der Bauchhöhle. 3. Aufl. 1975
2. Teil: M. Kirschner, neubearbeitet von R. Zenker: Die Eingriffe bei den Bauchbrüchen einschließlich der Zwerchfellbrüche. 2. Aufl 1957

8. Band:
1. Teil: W. Mauermayer: Transurethrale Operationen. 3. Aufl. 1981
2. Teil: Richard Hautmann (Hrsg.): Operative Urologie. Offene urologische Operationen. In Vorbereitung

9. Band:
J. Zander, H. Graeff (Hrsg.): Gynäkologische Operationen. 3. Aufl. 1991

10. Band:
Unfallchirurgie. Teil 1 und 2: H. Tscherne (Hrsg.). 3. Aufl. 1993
Teil 3: W. Wachsmuth, A. Wilhelm (Hrsg.): Die Operationen an der Hand. 1972

11. Band:
G. Heberer, R. J. A. M. van Dongen (Hrsg.): Gefäßchirurgie. 1. Aufl. 1987. Korrig. Nachdruck 1993

12. Band:
A. Berger, H. U. Steinau, P. Kunert (Hrsg.): Plastische Chirurgie. In Vorbereitung

337 *Georg Heberer (1920), Herausgeber der Kirschnerschen ›Allgemeine und spezielle Operationslehre‹ nach Rudolf Zenker.* – 338 *Gerd Hegemann (1912) verfaßte den ersten Band ›Allgemeine Operationslehre‹.* – 339 *Rudolf Pichlmayr (1932) ist Mitherausgeber.*

Im Auftrag der ›Societé Internationale de Chirurgie‹ (SIC) und der ›Societé Internationale de Chirurgie Orthopédique et de Traumatologie‹ (SICOT) verlegt der Springer-Verlag seit 1977 das ›World Journal of Surgery‹ und ›International Orthopaedics‹.

Spezialzeitschriften ergänzen diese Weltorgane, die die Gesamtbereiche der beiden Fächer repräsentieren. Zu nennen sind hier: ›Arthroskopie‹ (W. Glinz, H. R. Henche, H. Hofer, J. Krämer); sowie die Zeitschriften ›European Spine Journal‹ (M. Aebi, S. Nazarian); ›Knee Surgery, Sportstraumatology, Arthroscopy‹ (E. Erikson, G. P. Hermans, W. Müller).

Die ›Kirschnersche Operationslehre‹ ist die Schule der chirurgischen Praxis. Von Martin Kirschner begründet, wurde sie ab 1950 von seinem Schüler Rudolf Zenker herausgegeben, später zusammen mit Georg Heberer, seit 1988 von Heberer zusammen mit Rudolf Pichlmayr.

In New York konzipierten wir mit Richard Egdahl, Boston, eine Reihe über spezielle Themen der Klinik und chirurgischen Therapie: die ›Comprehensive Manuals of Surgical Specialties‹ (CMSS), von denen einige ins Deutsche übersetzt wurden.

Seit 1963 ist der Springer-Verlag der Verleger der ›Arbeitsgemeinschaft für Osteosynthesefragen‹ (AO) mit dem Sitz seines wissenschaftlichen Forschungsinstitutes in Davos. Auf S. 63 ff. ist hierüber ausführlich berichtet worden.

Aus dem Umkreis dieser Bemühungen um die bestmögliche Therapie aufgrund des Studiums der Biomechanik nach dem Vorbild von Friedrich F. Pauwels (›Gesammelte Abhandlungen zur funktionellen Anatomie des Bewegungsapparates‹ 1965; englisch 1980. ›Atlas zur Biomechanik der gesunden und kran-

340 *Richard Egdahl (1926), Dekan der Medical School der Boston University, gab die ›Comprehensive Manuals of Surgical Specialties‹ ab 1979 heraus.* – **341** *Rüdiger Siewert (1940), Mitherausgeber des Lehrbuchs ›Chirurgie‹ mit Martin Allgöwer.*

ken Hüfte‹ 1973; englisch 1976) stammt das Werk von Renato Bombelli ›Osteoarthritis of the Hip‹ (1976). Schließlich gehört hierher: John Charnley ›Low Friction Arthroplasty of the Hip‹ (1979).

Die anatomischen Grundlagen für alle chirurgischen Eingriffe in den verschiedenen Körperregionen behandelt ein 1935 begonnenes Standardwerk, das einer Anregung des zuletzt in Würzburg tätig gewesenen Chirurgen Werner Wachsmuth zu danken ist. Es wurde von Titus Ritter von Lanz, München, und Werner Wachsmuth verwirklicht unter dem Titel ›Praktische Anatomie‹. In didaktisch neuartiger Darstellung, die auf die

T. von Lanz und W. Wachsmuth: Praktische Anatomie

Ein Lehr- und Hilfsbuch der anatomischen Grundlagen ärztlichen Handelns. Fortgeführt und herausgegeben von J. Lang und W. Wachsmuth

1. Band

1. Teil: Kopf. Teilband A: Übergeordnete Systeme. 1985
   Teilband B: Gehirn- und Augenschädel. 1979
2. Teil: Hals. 1955
3. Teil: Arm; von W. Lierse. 3. Aufl. 1994
4. Teil: Bein und Statik. 2. Aufl. von J. Jung und W. Wachsmuth. 1972

2. Band

5. Teil: Thorax; von M. von Lüdinghausen und Eckart Stofft. 1993
6. Teil: Bauch; von Hans Loeweneck und G. Feifel. 1992
7. Teil: Rücken; von J. Rickenbacher, A. M. Landolt und K. Theiler. 1982
8. Teil: Teilband A: Becken; von W. Lierse. 1984
   Teilband B: Becken in der Schwangerschaft und das Neugeborene; von W. Lierse. 1988

Bedürfnisse des operierenden Chirurgen ausgerichtet ist, wurde in Zusammenarbeit mit akademischen Zeichnern ein Werk vorgelegt, das von allen operativ tätigen Ärzten hoch geschätzt wird. Es steht kurz vor dem Abschluß mit dem wichtigen von Hans Loeweneck und Gernot Feifel verfaßten Band ›Bauch‹, dem noch fehlenden dritten Teilband der chirurgischen Anatomie des Kopfes und dem Band ›Thorax‹.

Aus der großen Anzahl bedeutender Einzelwerke aus Chirurgie und Orthopädie seien vier in ihrer Art besonders profilierte Einzelwerke herausgehoben:

1) 1975: Der amerikanische Herzchirurg Wallace A. McAlpine [Semper Attentus: 241–248] in Toledo/OH studierte nach seinem chirurgischen Tagespensum in einem von ihm selbst sinnreich eingerichteten Labor im Keller seines Hauses die funktionelle Anatomie des Herzens. Er untersuchte an präparierten Herzen, deren Kammern er unter dem natürlichen Druck eines lebenden Herzens hielt, die Funktionen der Kammern, Klappen und Gefäße. Er nahm alles, was er sah und entdeckte, mit einer perfekt angeordneten Technik in farbigen Photographien auf und erarbeitete eine bis ins kleinste eindrucksvoll illustrierte Monographie ›Heart and Coronary Arteries‹, die selbst so erfahrene Herzpathologen wie W. Doerr in Heidelberg in Erstaunen setzte. McAlpine fand in den USA keinen Verleger und fragte bei Leitz, Wetzlar, um Rat, da er mit einer kompletten Leica-Ausrüstung in seinem Labor gearbeitet hatte. Leitz empfahl ihn an den Springer-Verlag. So stand er eines Tages in meinem Zimmer. Ich war tief beeindruckt von dem hervorragenden Bildmaterial und holte noch während des Besuches eine »Schnelldiagnose« von Doerr ein, die positiv ausfiel. Ich erklärte mich zur Verlagsübernahme bereit, vorbehaltlich einer sorgfältigen Kalkulation des umfangreichen und schwierigen Bildmaterials, wobei ich die Bitte um einen Kostenbeitrag für die Illustration sogleich hinzufügte. McAlpine war seinerseits beeindruckt von der raschen positiven Entscheidung und stellte einen erheblichen Zuschuß zu den Herstellungskosten in Aussicht, der uns die Produktion des reich illustrierten Werkes unter normalen kalkulatorischen Voraussetzungen erlaubte.

Das Werk ist zu einem vorbildlichen Beispiel hochentwickelter Herstellungs- und Reproduktionstechnik geworden, das wir noch heute voller Stolz demonstrieren.

2) 1977 kamen wir in Davos in Verbindung mit Augusto Sarmiento, San Francisco, der mit seinem Koautor L. L. Latta ein auf langjähriger Erfahrung beruhendes Manuskript über ›Closed Functional Treatment of Fractures‹ ausgearbeitet

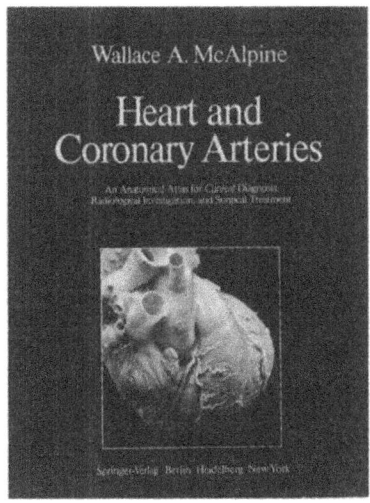

342, 343 Der Herzchirurg Wallace A. McAlpine (1920) veröffentlichte 1975 sein Werk ›Heart and Coronary Arteries‹ im Springer-Verlag.

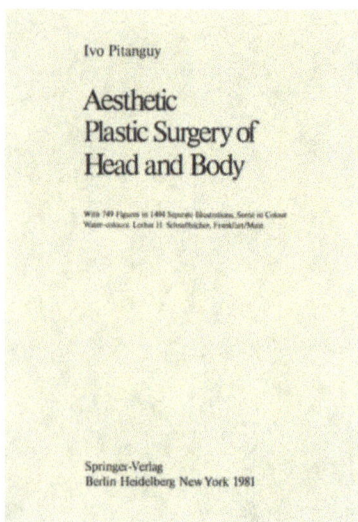

344 *Ivo Pitanguy ›Aesthetic Plastic Surgery of Head and Body‹, 1981.*

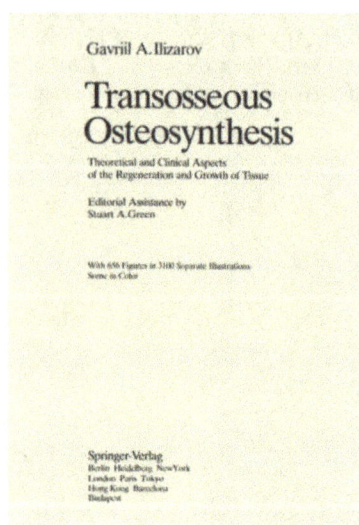

345 *Gavriil A. Ilizarov ›Transosseous Osteosynthesis‹, 1992.*

hatte, das die konservative, nichtoperative Frakturenbehandlung darstellte. Von dem Manuskript waren wir sehr angetan, zögerten allerdings ein wenig angesichts unserer engen Verbindung zur Arbeitsgemeinschaft für Osteosynthesefragen (AO), die die *operative* Frakturenbehandlung ins Blickfeld gerückt hatte. Die AO hatte aber volles Verständnis für unseren Wunsch, ja ermunterte uns, das Buch von Sarmiento zu verlegen, das 1981 in Heidelberg in englischer Sprache erschien. 1984 folgte eine deutsche Übersetzung. Bald darauf schlug ein Mitglied der japanischen Gesellschaft für Orthopädie, Hideo Ogishima, eine Übersetzung ins Japanische vor, die er für sich persönlich bereits weitgehend fertiggestellt hatte. Wir übernahmen diese Übersetzung sofort in das Programm unseres jungen Verlages in Tokyo, wo das Buch 1984 erschien und trotz seines, wegen der zahlreichen Abbildungen zwangsläufig hohen Preises einen überraschend schnellen Absatz fand.

3) 1981: Ivo Pitanguy, Rio de Janeiro, war von Haus aus kein plastischer Chirurg. Nach einer Feuersbrunst in einem Waisenhaus hatte er Tag und Nacht operiert, um den verletzten Kindern so weit wie möglich ihre körperlichen Funktionen zu erhalten bzw. wiederherzustellen. Er tat das mit großem Erfolg und fand ein seiner Begabung entsprechendes Arbeitsfeld, das er ausbaute. Anläßlich eines AO-Kurses in Rio 1978 fand Marianne Kalow Kontakt zu ihm, und 1981 konnte sein vielbeachtetes Werk ›Aesthetic Plastic Surgery of Head and Body‹ erscheinen. Die vorzügliche Illustration des Werkes stammt von Lothar Schnellbächer, der monatelang in Rio arbeitete.

4) Das Problem der Gliedmaßenverlängerung beschäftigt die Orthopäden seit geraumer Zeit. In Deutschland hat sich insbesondere Heinz Wagner, Rummelsberg, intensiv und erfolgreich damit befaßt. Mit ihm ist ein Buch zu diesem Thema geplant.

Es beschäftigte sich aber auch ein Orthopäde in Kurgan, Sibirien, mit dem weiten Bereich des Wachstums und der Regeneration von Geweben: G. A. Ilizarov. Das Ergebnis seiner langjährigen Studien war ein Manuskript mit dem Titel ›Transosseous Osteosynthesis; Theoretical and Clinical Aspects of the Regeneration and Growth of Tissue‹. Ilizarovs monumentales Werk (mit 656 Abbildungen in 3100 Einzeldarstellungen) erschien 1992. Es reflektiert die vierzigjährigen Bemühungen eines höchst originellen und erfindungsreichen Wissenschaftlers um erfolgreiche Methoden zur Restitution von Form und Funktion der Glieder des Bewegungsapparates. Das Buch ist voller Anregungen für praktische Behandlungsmethoden. Es ist in einer Besprechung von J.E. Herzenberg im ›New England Journal of Medicine‹ (vol. 329, no. 5 vom 29. Juli 1993) bereits ein Jahr nach seinem Erscheinen als ›an instant classic‹ bezeichnet worden.

Schließlich sei ein für das Selbstverständnis des Chirurgen bedeutsames Werk genannt: ›Der Chirurg heute. Eine persönliche Auseinandersetzung‹ (1986) von W. Müller-Osten, der sich mit Enthusiasmus der Gründung und Förderung des Berufsverbandes der Chirurgen gewidmet hatte. Wir pflegen die Verbindungen unserer Facharztzeitschriften zu den einschlägigen Berufsverbänden im Hinblick auf das gemeinsame Ziel der ärztlichen Aus- und Weiterbildung.

Radiologie

Das mit Heinz Vieten und Franz Strnad in Gemeinschaft mit Olle Olsson und Adolf Zuppinger 1957 gegründete ›Handbuch der medizinischen Radiologie‹ ist später systematisch mit Lothar Diethelm und Friedrich Heuck weitergeführt und ergänzt worden. Bis 1989 sind 58 Teilbände erschienen.

Mit diesem Handbuch hat sich der Springer-Verlag als einer der führenden Verlage für das Gesamtgebiet der Radiologie ausgewiesen und zahlreiche neue Autoren aus dem Bereich der Radiologie gewonnen. Wir haben seitdem dieses wichtige Feld intensiv weiterentwickelt und frühzeitig Fachbücher und Atlanten zu den neuen Untersuchungstechniken in der Radiologie, der Ultraschalldiagnostik, der Computertomographie und der Kernspintomographie veröffentlicht. Insbesondere für die Ultraschalldiagnostik wurde ein umfangreiches Programm mit namhaften Autoren innerhalb weniger Jahre aufgebaut.

Der Atlas zur ›Ganzkörper-Computer-Tomographie‹ des französischen Neuroradiologen J. Gambarelli (1977) erregte nicht nur in internationalen Fachkreisen Aufsehen; er wurde aufgrund seiner hervorragenden Gestaltung mit mehreren Preisen ausgezeichnet. Die vom Verlag systematisch gepflegte illustrative Ausstattung dient nicht nur einem ästhetischen Anspruch. Ärzte, die Diagnosen anhand bildlicher Darstellungen stellen müssen, schätzen technische Sorgfalt gerade in diesem Bereich besonders hoch. Die Qualität der Ausstattung hat unseren guten Ruf weltweit bestätigt und uns manchen hervorragenden Autor, auch aus entfernteren Regionen, zugeführt.

Neben unserer deutschsprachigen Facharztzeitschrift ›Der Radiologe‹ (1961) gründete ich seit 1970 eine Reihe von sechs rein englischsprachigen radiologischen Spezialzeitschriften, vorwiegend mit US-amerikanischen Herausgebern, die sich rasch weltweit durchsetzten. Die redaktionelle Ansiedlung die-

346 (oben) *Wolfgang Müller-Osten (1910) war 1960 Mitbegründer des Berufsverbandes der Deutschen Chirurgen, wurde 1961 Vorsitzender und später Präsident; Autor der Bücher ›Der Beruf des Chirurgen‹ (1970) und ›Der Chirurg heute‹ (1986).*

347 *J. Gambarelli, G. Guérinel, L. Chevrot und M. Mattèi ›Ganzkörper-Computer-Tomographie‹, 1977.*

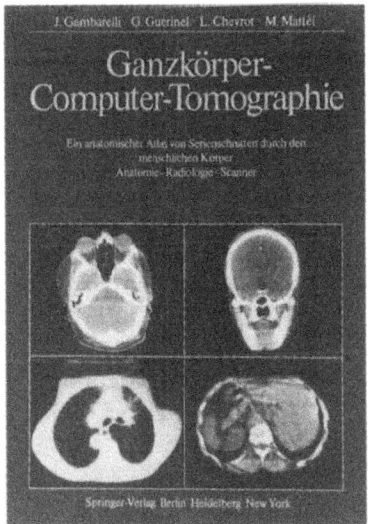

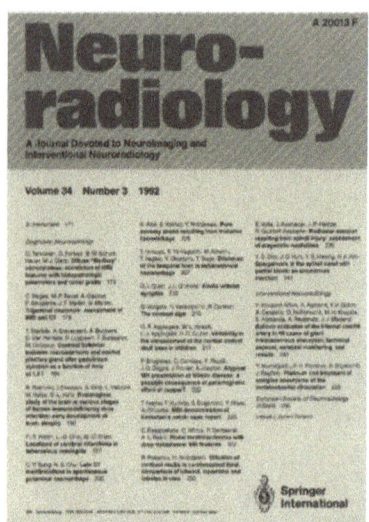 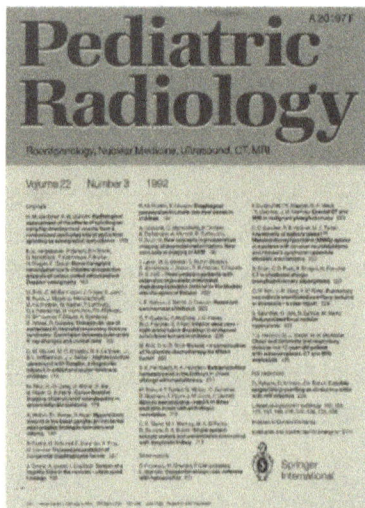 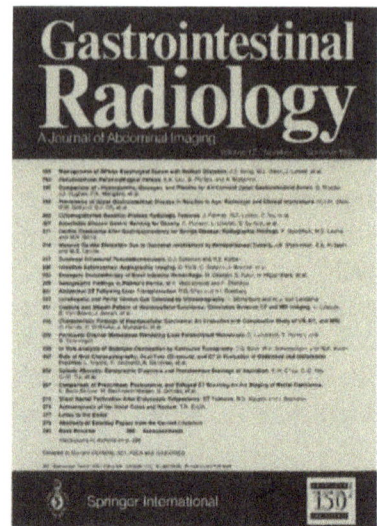
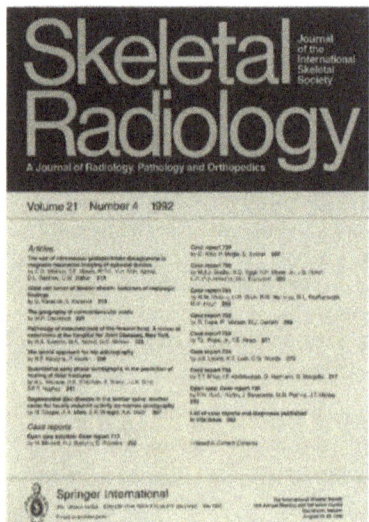 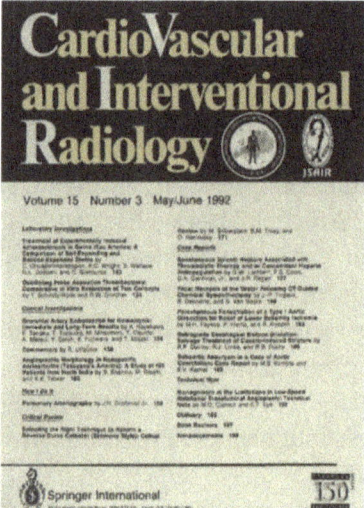 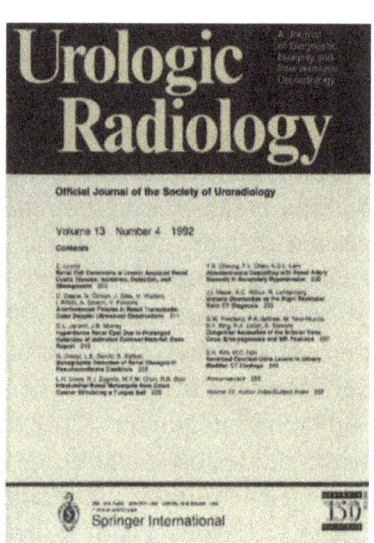

348–353 *Radiologische Spezialzeitschriften:* **348** ›*Neuroradiology*‹, Bd. 34, Heft 3, 1992. – **349** ›*Pediatric Radiology*‹, Bd. 22, Heft 3, 1992. **350** ›*Gastrointestinal Radiology*‹, Bd. 17, Heft 3, 1992. – **351** ›*Skeletal Radiology*‹, Bd. 21, Heft 4, 1992. **352** ›*Cardiovascular and Interventional Radiology*‹, Bd. 15, Heft 3, 1992. – **353** ›*Urologic Radiology*‹, Bd. 13, Heft 4, 1992.

ser Zeitschriften in den USA hatte neben der fachlichen Kompetenz einen weiteren wichtigen Grund: In Europa und besonders in Deutschland sah man in der Gründung spezieller radiologischer Fachzeitschriften eine Bedrohung der Einheit der Radiologie, während dies in Amerika begrüßt wurde. Dort bildeten sich sogar eigene Gesellschaften für einzelne Spezialgebiete, ohne damit der großen Dachgesellschaft, der Radiological Society of North America (RSNA) Abbruch zu tun.

Radiologische Spezialzeitschriften:

1970	Neuroradiology	1977 Cardiovascular Radiology,
1973	Pediatric Radiology	seit 1980: Cardiovascular and
1976	Gastrointestinal Radiology	Interventional Radiology
1976	Skeletal Radiology	1979 Urologic Radiology

Bei der Gründung dieser Zeitschriften waren mir behilflich K.-J. Zülch, Köln, S. Wende und L. Diethelm, Mainz und B. G. Ziedses des Plantes, Amsterdam, A. Wackenheim, Straßburg, M. Schechter, New York und G. Du Boulay, London, für die ›Neuroradiology‹, A. Lassrich, Hamburg, Alan Chrispins, London, und E. Willich, Heidelberg, für die ›Pediatric Radiology‹.

Klaus Ranniger und G. G. Ghahremani standen Pate bei ›Gastrointestinal Radiology‹ und Herbert Abrams mit Eberhard Zeitler bei ›Cardiovascular Radiology‹. Ich fragte E. Uehlinger, Zürich, nach der Zweckmäßigkeit einer Zeitschrift für Knochenradiologie; er empfahl mich an Harold G. Jacobson, New York. Mit ihm, Ronald O. Murray, London, und Jack Edeiken, Baltimore, kam dann die ›Skeletal Radiology‹ zustande und mit Joshua A. Becker und Morton A. Bosniak die ›Urologic Radiology‹.

1981 gründeten wir die frankophone Zeitschrift ›Radiologie‹, die der Bedeutung Frankeichs für die moderne Entwicklung der Radiologie Rechnung trug. Es ist einleuchtend, daß uns die französischsprachigen Länder diese Zeitschrift nie anvertraut hätten, wenn wir nicht durch unsere expansive Verlagspolitik, unser Ausgreifen in den internationalen Markt ihren Wünschen nach weltweiter Verbreitung entsprochen hätten. Dies bestätigte sich insbesondere bei der Gründung der ›Revue d'imagerie médicale‹ der französischen Gesellschaft für Radiologie, die auf dem International Congress of Radiology in Paris 1988 vorgestellt wurde. 1991 folgte die gesamteuropäische Zeitschrift ›European Radiology‹.

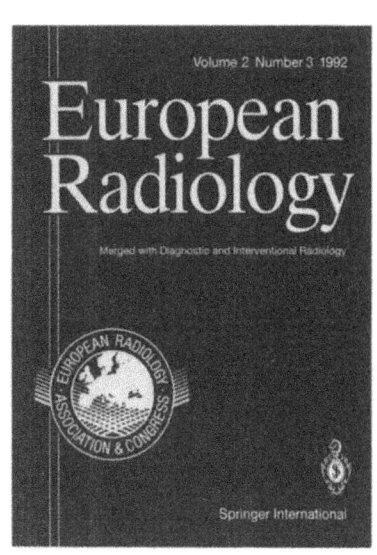

354 ›*European Radiology*‹, *Bd. 2, Heft 3, 1992.*

Neurowissenschaften

Ein bedeutendes Feld, dem wir uns zuwandten und das einen faszinierenden Aufschwung nahm, waren die Neurowissenschaften.

Die traditionellen Gebiete der klinischen Neurologie und Psychiatrie hatten im Verlag eine gute Tradition, etwa durch das 1868 gegründete und 1921 von Hirschwald übernommene ›Archiv für Psychiatrie und Nervenkrankheiten‹ und die ›Deutsche Zeitschrift für Nervenheilkunde‹, 1931 vom Verlag F. C. W. Vogel übernommen. Schließlich war 1928 die Facharztzeitschrift ›Der Nervenarzt‹ geschaffen worden [ZÜLCH].

Verfeinerte Experimentiertechniken, hochempfindliche Meßgeräte und der Einsatz des Elektronenmikroskops hatten in den fünfziger Jahren neue Möglichkeiten der medizinischen Grundlagenforschung eröffnet. Das betraf alle medizinischen Fachbereiche, einschließlich der Physiologie, der mikroskopische Anatomie, der Pathologie und der Pharmakologie.

355 *Richard Jung (1911–1986), vormaliger, neurophysiologisch orientierter Ordinarius für Psychiatrie an der Universitätsklinik in Freiburg i. Brsg. Von 1950 bis 1956 war er Mitherausgeber der Zeitschrift ›Der Nervenarzt‹. –* **356** *Der Zoologe Hansjochem Autrum (1907) lehrte in Göttingen (ab 1948), Würzburg (1952–1958) und München, wo er Nachfolger Karl von Frischs wurde. Von 1961 bis 1972 war Autrum Herausgeber der ›Zeitschrift für vergleichende Physiologie‹ und ist seit 1967 Herausgeber der Zeitschrift ›Die Naturwissenschaften‹. 1977 wurde er Mitglied des Ordens Pour le mérite für Wissenschaft und Künste.*

357 *John C. Eccles ›Physiology of Synapses‹, 1964.*

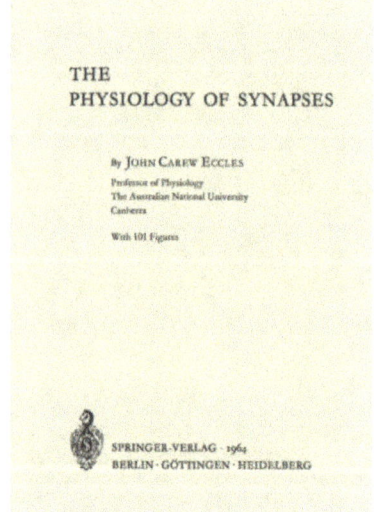

Richard Jung in Freiburg und Hansjochem Autrum, damals in Würzburg, waren unsere hauptsächlichsten Berater, zu denen auch Alexander von Muralt in Bern als alter Freund des Verlages zu zählen war [HS: 374 ff.].

Durch Hans Hermann Weber lernte ich 1962 in Heidelberg Sir John Eccles, damals Canberra, Australien, kennen, den Weber für einen Beitrag zu unseren ›Ergebnissen der Physiologie‹ gewonnen hatte. Während eines Gespräches mit Eccles und Weber verabredeten wir die Herausgabe einer stark erweiterten Fassung dieses Beitrags als Monographie unter dem Titel ›The Physiology of Synapses‹. Im Verlaufe der Herstellung dieses Buches erhielt Eccles den Nobelpreis für seine Forschungsarbeit, und wir setzten alles daran, das Buch zum Termin der Preisverleihung 1964 in Stockholm fertigzustellen. Obwohl noch kurz vorher Korrekturen auszuführen waren, lagen druckfrische Exemplare pünktlich in den Stockholmer Buchhandlungen aus.

Wir haben Sir John Eccles im Laufe der Jahre eine Reihe bedeutender Publikationen zu verdanken:

- The Physiology of Synapses. 1964
- Studies in Physiology. Mit D. R. Curtis und A. K. McIntire. Presented to J. C. Eccles. 1965
- Brain and Conscious Experience. Study Week September 28 to October 4, 1964, of the Pontificia Academia Scientiarum. 1966
- The Cerebellum as a Neuronal Machine. Mit M. Ito und J. Szentágothai. 1967
- Facing Reality. Philosophical Adventures by a Brain Scientist. 1970
- Brain and Human Behavior. Mit Alexander G. Karczmar. 1972

- Wissenschaft und Öffentlichkeit. Wahrheit und Wirklichkeit. Mensch und Wissenschaft. 1975
- The Self and Its Brain. Mit Karl R. Popper. 1977. (3. Auflage 1985)
- The Human Mystery. The Gifford Lectures. University of Edinburgh 1977–1978. 1979
- Sherrington. His Life and Thought. Mit W. C. Gibson. 1979
- The Human Psyche. 1980
- The Principles of Design and Operation of the Brain. Proceedings of a Study Week, Vatican City. Mit Otto Creutzfeldt 1990 (=Experimental Brain Research Series. Vol. 21)
- From Neuron to Action. An Appraisal of Fundamental and Clinical Research. Mit Lüder Deecke und Vernon B. Mountcastle. 1991
- How the Self Controls Its Brain. 1994

Eccles wurde ferner Hauptherausgeber der 1965 begonnenen Zeitschrift ›Experimental Brain Research‹, für die neben ihm so bedeutende Forscher wie János Szentágothai, P. Dell, D. M.

358 *Sir John Eccles (1903) erhielt 1963 den Nobelpreis für die Entdeckung der chemischen Mechanismen der erregenden und hemmenden synaptischen Übertragungen im Rückenmark. Sein lebenslanges Interesse galt der Frage nach dem Wesen des Bewußtseins und seines neurologischen Substrats.*

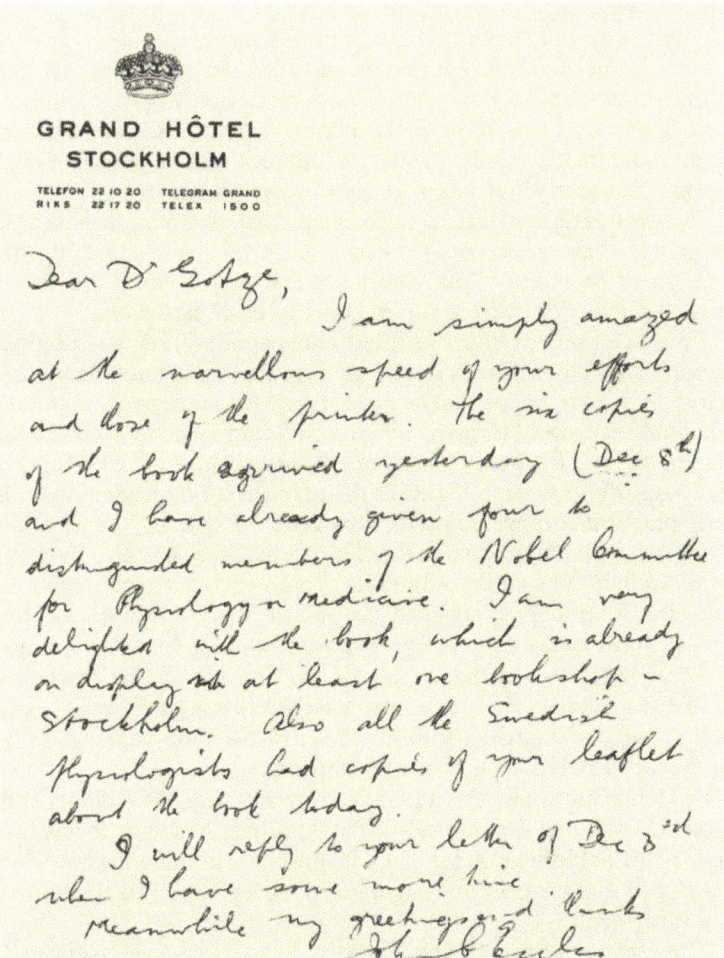

359 *Brief vom 18. 12. 1963 von Sir John Eccles nach Erhalt der ersten Exemplare seines Buches ›The Physiology of Synapses‹.*

360 *Detlev Ploog (1920) war Autor und Berater des Springer-Verlags für die medizinische Psychologie und langjähriger Mitherausgeber der Zeitschrift ›Psychologische Forschung‹ und des ›Handbuchs der Sinnesphysiologie‹.*

MacKay, D. Ploog und H. Waelsch gewonnen werden konnten.

Sir John hatte uns die weltweite Verbreitung des von ihm mit der Päpstlichen Akademie in Rom im Jahre 1964 veranstalteten Symposiums ›Brain and Conscious Experience‹ anvertraut. Er hatte hierfür eine Gruppe von 22 herausragenden Neurowissenschaftlern gewonnen. Die Proceedings der Sitzungen wurden im Regelfalle nur in einer geringen Auflagenhöhe gedruckt und nach einem engen Verteilerschlüssel der Akademie versandt. Sir John lag daran, daß sie weltweit verbreitet würden. Die vatikanischen Behörden machten jedoch Schwierigkeiten, die zu einer erzählenswerten Episode führten, zu der sich Sir John für unsere Verlagsgeschichte persönlich geäußert hat:

The President of the Pontifical Academy of Science, Mons. Lemaitre, the great cosmologist, invited me to organize a study week on psychology and the neurosciences in October 1962. It was held on September 28th to October 4th 1964 with Mons. Lemaitre as chairman of the opening meeting.

There was a distinguished group of neuroscientists, who provided papers for publication. All discussions were recorded, but the secretariat was poor in English and so I had great trouble to get a publishable text. I was fortunate to discover a good secretary in Canberra, who spent more than a year in my department producing a publishable text of the discussions that was approved by the participants.

The preceding conferences had been published as scripta varia of the Academy. This one eventually came out in 1965 as volume 30 with a very small printing of 250; it was not available beyond the Vatican private circulation, with 2 copies going to each participant.

I was determined to have an international publication, and proposed this to Chancellor Salviucci while on a car drive to Castel Gandolfo in early 1965. I was happy that he agreed and, furthermore, that the chosen publisher would be given the text without payment. To make sure that there was no mistake I discussed the project in detail with Salviucci and suggested Springer-Verlag as the publisher; I then went on to discuss practical arrangements for this generous gift by the Pontifical Academy with the suggestion that Dr. Heinz Götze come to the Pontifical Academy to sign the publishing agreements. It was for me a great occasion as Springer Verlag had just published my »Physiology of Synapses« and Heinz and I had been close associates for several years.

There were two witnesses in the car during all this discussion: (1) Father Daniel O'Connell, who was substituting for President Lemaitre, who was seriously ill and died in the next year; and (2) a professor of psychology of Rome University.

So Heinz came to Rome in 1965 and we had a wonderful dinner at the Hotel Hassler that evening before the Pontifical Academy formality of signing the publishing agreement. Having heard nothing from Salviucci I assumed that the offer he had made in the car would be the terms of the agreement.

The next day we went to the Pontifical Academy in the Casina Pio IV in the Vatican Gardens for the agreed meeting, which I expected to be friendly and formal. However, we were told that we had to wait while some financial discussion was held. So Heinz and I waited for more than 30 minutes in the pleasant courtyard until being called in.

I was surprised to see a number of officials sitting at the large round table in the anteroom to the President's office. Two were introduced as Vatican financiers attached to the Pontifical Academy. There were at least two other officials and Chancellor Salviucci.

Then came the big shock. Salviucci announced that the Vatican would agree to publication by Springer Verlag, who would pay $17 000 for publishing 5 000 copies.

My shock turned to anger as I reminded Salviucci that he had agreed to give the right of publication to Springer Verlag without charge. He completely denied my statement. I then stated that I had two witnesses, who I named, who were in the car when we discussed the free offer to Springer Verlag. I also reminded Salviucci that I had made a great effort, both in time and money, for the publication, employing for one year a full-time secretary in my department at Canberra to organize particularly the discussions that I had edited and sent to each participant for criticism or approval. But to no avail. Heinz and I agreed that the deal was off. I abruptly left the Academy with him. I even declined a lunch with Heinz as I walked the streets of Rome in a frenzy of anger at the lies with which Salviucci humiliated me. I did not resign from the Academy, but ceased all communications with them, while Salviucci remained as Chancellor.

I discovered that no participant had signed a copyright document on behalf of the Academy. So all felt free to agree to publication by Springer Verlag without the Pontifical Academy's agreement. Salviucci got to hear of this. Strangely, the Vatican operates by the fascist laws of Mussolini, according to which they automatically have the copyright for all publications of the conferences they organize. I received a threatening letter from Salviucci to the effect that I would be attacked as an international criminal if I went on with free publication by Springer Verlag. At this stage Heinz was, I think, greatly helped by the Professor of International law of Heidelberg University. So he and the Vatican financiers reached an agreement that Springer Verlag would pay the Vatican $5 000 for the right to publish 5 000 copies. These were soon sold, and a later edition published. So there came about the first open publication of the Pontifical Academy.

In retrospect I discovered that at the Vatican interview Salviucci had a concealed microphone unknown to Heinz and me. I heard of this dirty trick when Salviucci played to the Council of the Academy selected portions of my angry interview. The Council should not have listened to that dirty trick of Salviucci's.

Nach fast 25 Jahren fand 1988 ein zweites, von Eccles vorbereitetes Symposium statt über ›The Principles of Design and Operation of the Brain‹, an dem eine Reihe von Forschern des ersten Symposiums von 1964 wiederum teilnahm: John C. Eccles (Contra), Per Andersen (Oslo), Otto C. Creutzfeldt (Göttingen), Benjamin Libet (San Francisco) und Vernon B. Mountcastle (Baltimore). Schließlich regte Eccles die Veröffentlichung des von ihm gemeinsam mit Sir Karl Popper ver-

 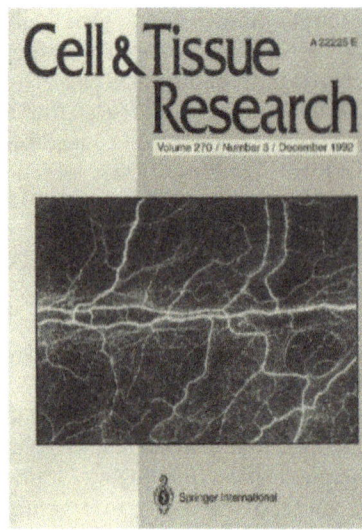 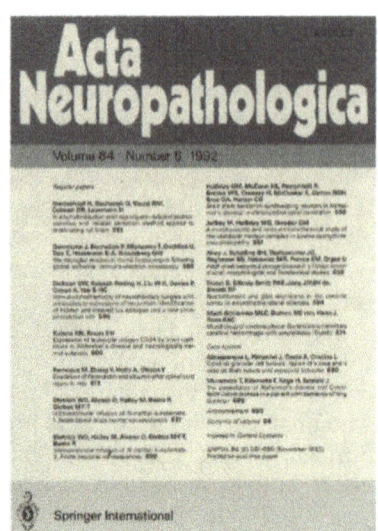

361 *J. C. Eccles ›How the Self Controls Its Brain‹, 1994.* – **362** *›Cell and Tissue Research‹, Bd. 270, Heft 3, 1992.* – **363** *›Acta Neuropathologica‹, Bd. 84, Heft 6, 1992.*

364 *Theodor Heinrich Schiebler (1923), Anatom in Würzburg, war von 1974 bis 1991 Herausgeber der ›Histochemistry‹ und Autor des ›Lehrbuchs der gesamten Anatomie des Menschen‹.*

faßten Werkes ›The Self and Its Brain‹ (1977) in unserem Verlag an, das sich große Beachtung errang.

Während der Drucklegung des vorliegenden Bandes erschien der Titel ›How the Self Controls Its Brain‹, das Sir John als den Schlußstein seiner wissenschaftlichen Bemühungen um das Brain/Mind- bzw. das Leib/Seele-Problem ansieht.

1959 gründete ich mit Ernst Rothlin, Basel, dem Entdecker der Wirkung der Rauwolfiaalkaloide, die Zeitschrift ›Psychopharmacologia‹, die zum Organ des von Rothlin gegründeten Collegium Psychopharmacologicum wurde. 1961 folgten die ›Acta Neuropathologica‹, gemeinsam mit dem Springer-Verlag Wien, der schon 1950 die ›Acta Neurovegetativa‹ ins Leben gerufen hatte. 1964 wurde schließlich von der ›Zeitschrift für Zellen- und Gewebslehre‹ — 1924 gegründet, 1925 in ›Zeitschrift für Zellforschung und mikroskopische Anatomie‹ umbenannt — die Zeitschrift ›Histochemie‹ (seit 1974 ›Histochemistry‹) abgezweigt, die Theodor Heinrich Schiebler zum Erfolg führte [SEMPER ATTENTUS: 297–307]. Er war Schüler Wolfgang Bargmanns, der seit 1949 (Bd. 34) zusammen mit I. Seiler, ab 1960 (Bd. 53) zusätzlich mit B. Scharrer und ab 1967 (Bd. 83) mit A. Oksche und Donald S. Farner der ›Zeitschrift für Zellforschung und mikroskopische Anatomie‹, seit 1974 (Bd. 148) ›Cell and Tissue Research‹, internationale Geltung verschafft hatte. Ab 1978 (Bd. 193) wirkt A. Oksche als ›Coordinating Editor‹. Bargmann publizierte in dieser Zeitschrift seine Arbeiten zur Neurosekretion.

Die ›Deutsche Zeitschrift für Nervenheilkunde‹, seit 1970 ›Zeitschrift für Neurologie‹, wurde 1974 in ›Journal of Neurology‹ umbenannt, und das Wiener ›Journal of Neural Transmission‹ setzte 1972 die ›Acta Neurovegetativa‹ (1950–1967) und das ›Journal of Neuro-Visceral Relations‹ (1968–1972) fort. Das ›Archiv für Psychiatrie und Nervenkrankheiten‹ (1868 gegründet) wurde 1984 umbenannt in ›European Archives of Psychiatry and Clinical Neurosciences‹.

Schließlich erhielt die ›Zeitschrift für Anatomie und Entwicklungsgeschichte‹ (gegründet 1921) 1974 den Titel ›Anatomy and Embryology‹. Wir konnten 1978 Kurt Fleischhauer, Hamburg, jetzt Bonn, gewinnen, der die Zeitschrift gemeinsam mit Sanford L. Palay, Harvard [SEMPER ATTENTUS: 272–277], auf die Neuroanatomie ausrichtete.

Aus den thematischen Schwerpunktbildungen dieser Zeitschriften und ihrem Übergang auf Englisch als Publikationssprache werden die wissenschaftlichen Tendenzen jener Zeit und unsere verlagspolitischen Reaktionen deutlich erkennbar. Eine entsprechende Bewegung spiegelt auch die Buchproduktion wider. In den Rahmen der Neurosciences gehört das von W. Tönnis und H. Olivecrona herausgegebene ›Handbuch der Neurochirurgie‹, über das bereits berichtet wurde.

In dem 1971 begonnenen ›Handbook of Sensory Physiology‹ waren die Grenzen zwischen humanem und animalem Bereich aufgehoben. Dieses Handbuch, das unter internationaler Beteiligung in englischer Sprache erschien, gehört zu unseren erfolgreichsten Handbüchern, das seine Aufgabe der zusammenfassenden Darstellung wissenschaftlicher Forschungsergebnisse auf den unterschiedlichen Teilgebieten der Sinnesphysiologie vorzüglich erfüllt hat. Es erschien zwischen 1971 und 1981 in neun Bänden (23 Teilbänden) unter der Herausgeberschaft von Hansjochem Autrum, Richard Jung, Wolf-Dieter Keidel, Werner R. Loewenstein, D. M. MacKay und Hans-Lukas Teuber.

Der Anspruch des ursprünglichen Handbuchgedankens [GÖTZE (7)], eine berichtende und zusammenfassende Darstellung eines größeren Wissens- und Forschungsgebietes mit ausführlicher Literaturdokumentation vorzulegen, wurde mit wachsender Spezialisierung immer schwieriger (s. S. 27 ff. und 44 ff.). Einmal war es kaum noch möglich, Herausgeber und Autoren für größere Kapitel zu finden. Aber auch die Benutzer waren meist nicht mehr am ganzen Handbuch, sondern nur noch an einzelnen Teilthemen interessiert. Hinzu kam schließlich, daß sich bestimmte Gebiete schneller entwickelten als andere, die nur vollständigkeitshalber mit aufgenommen werden mußten.

Die logische Konsequenz war, das Handbuch zwar als Themenrahmen zu erhalten, aber den Einzelbänden Selbstständigkeit zu verleihen und sie ihrer Eigendynamik zu überlassen.

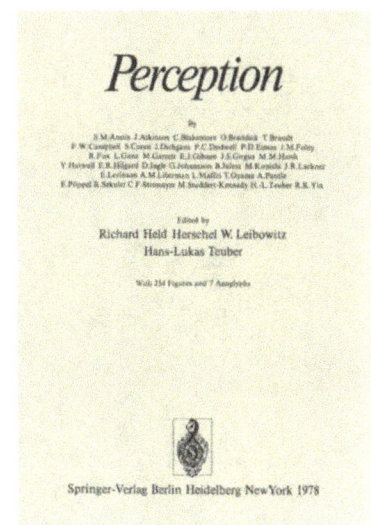

365 *H. Autrum et al. (Hrsg.) ›Handbook of Sensory Physiology‹, Bd. 8, 1978.*

366 *Wolf-Dieter Keidel (1917), Professor für Physiologie in Erlangen, dessen Schwerpunktinteresse auf dem Gebiet des Gehörsystems liegt; Mitherausgeber des ›Handbook of Sensory Physiology‹.*

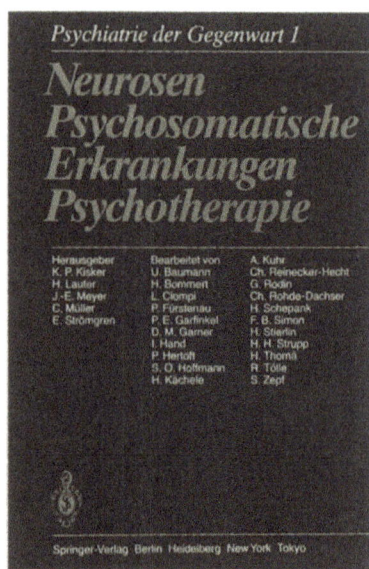

367 ›Psychiatrie der Gegenwart‹, Bd. 1, 1986.

368 Hans-Lukas Teuber (1916 bis 1977), Berater des Verlags und Mitherausgeber des ›Handbook of Sensory Physiology‹.

Dies mußte konsequenterweise auch zum Einzelangebot und Einzelverkauf der selbstständig gewordenen Bände führen. Vorteil dieser veränderten Konzeption waren höhere Publikationsgeschwindigkeit, d. h. größere Aktualität, bessere Benutzbarkeit und zweckmäßigere Preisgestaltung, da Bände mit höherem Leserinteresse und damit höherer Verkaufsauflage günstiger kalkuliert werden können.

Das Werk ›Psychiatrie der Gegenwart‹ war 1961–1967 in drei Themengruppen und sechs Teilbänden erschienen: ›Grundlagen und Methoden‹, ›Klinische Psychiatrie‹ und ›Soziale und angewandte Psychiatrie‹, mit den Herausgebern Hans W. Gruhle, Richard Jung, Willy Mayer-Gross und Max Müller. Die von 1986 bis 1989 in neun Bänden vorgelegte Neufassung behandelte jeweils voneinander unabhängige Einzelthemen:

1. Neurosen, Psychosomatische Erkrankungen, Psychotherapie
2. Krisenintervention, Suizid, Konsiliarpsychiatrie
3. Abhängigkeit und Sucht
4. Schizophrenien
5. Affektive Psychosen
6. Organische Psychosen
7. Kinder- und Jugendpsychiatrie
8. Alterspsychiatrie
9. Brennpunkte der Psychiatrie.

In den Gesamtrahmen der Neurosciences gehört auch unsere ›Psychologische Forschung‹ [SCHEERER]. Sie war eine der Zeitschriften, die unter den wissenschaftlichen Entwicklungen der dreißiger Jahre und der erzwungenen Emigration besonders gelitten hatte. Am 15. Mai 1921 gegründet — der 1. Band datiert 1922 —, wurde sie mit ihren Herausgebern Kurt Koffka, Wolfgang Köhler, Max Wertheimer, Kurt Goldstein, Hans W. Gruhle und später Adhemar Gelb sogleich das führende Organ der Berliner Gestaltpsychologie. Durch ihre wegweisenden neuen Forschungsmethoden, -ergebnissen und Theorien war die Gestaltpsychologie der einflußreichste Gegner der herkömmlichen, assoziationistisch geprägten Psychologie. Sie wurde der herausragende und durch beweiskräftige empirische Verankerung überzeugendste Modellfall unter den konkurrierenden holistischen Theorien der Psychologie ihrer Zeit. In den USA übernahm sie die Rolle des kräftigsten Antagonisten der verschiedenen Spielarten des Behaviorismus.

Mit dem 23. Band wurde sie Ende 1938 eingestellt. Ihr Wiedererscheinen nach dem Krieg begann 1949 unter den Herausgebern Hans W. Gruhle und Johannes v. Allesch, unter der

Mitwirkung von H. Düker, R. Heiss, P. Lersch, W. Metzger und R. Thurnwald. Allerdings änderte sich die Liste der Herausgeber und Mitarbeiter nahezu mit jedem Band. Die Zeitschrift hatte ihr einstmaliges Profil verloren und ich versuchte, sie der medizinisch orientierten Psychologie zu öffnen — der naturwissenschaftlichen Ausrichtung unseres Verlages entsprechend. Zu diesem Zwecke wandte ich mich an Hans-Lukas Teuber am MIT in Boston und an Detlev Ploog vom Max-Planck-Institut für Psychiatrie in München. Beide waren von der Richtigkeit dieser Wendung überzeugt und halfen in aufopfernder Weise. Beide gehörten der von R. Schmid in Boston gegründeten Forschungsgruppe für Neurosciences an. Teuber widmete mir viele Stunden für die erforderlichen Überlegungen. Mit dem 37. Band 1974/75 wurde der Name in ›Psychological Research‹ geändert.

Pathologie

Das alle medizinischen Disziplinen umgreifende Fach der Pathologie ist im Springer-Verlag seit früher Zeit exemplarisch vertreten. Man denke an das monumentale, schon seit 1912 mit Friedrich Henke geplante ›Handbuch der speziellen pathologischen Anatomie und Histologie‹ [HS: 256f.], das bis 1931 von Otto Lubarsch und bis 1955 von Robert Rössle betreut wurde. Danach übernahm es Erwin Uehlinger, der den Band ›Placenta‹ von Kurt Benirschke und Peter Kaufmann anregte, der jüngst (1990) in einer Neuauflage erschienen ist.

1955 begann F. Springer das ›Handbuch der allgemeinen Pathologie‹ mit den Herausgebern F. Büchner, E. Letterer und F. Roulet, dessen letzter Band 1977 erschien. Es ist der »naturwissenschaftlichen« Tradition R. Virchows verpflichtet.

Die Herausgabe des alten ›Lehrbuches der allgemeinen Pathologie und der pathologischen Anatomie‹ von Ribbert/Hamperl hat 1975 (29. Auflage) Max Eder in München übernommen, in Gemeinschaft mit Peter Gedigk, und es als souveräner Hauptautor zu anhaltendem Erfolg geführt.

Die vielfältigen Wurzeln der Pathologie und pathologischen Anatomie, die bis auf Vesalius' ›De corporis humani fabrica‹ (1543) zurückgehen und durch William Harvey (1628), Giovanni Battista Morgagni (1761), Karl von Rokitansky und Rudolf Virchow repräsentiert werden, bestimmen noch heute das komplexe Bild der Pathologie, wobei die Konzeption der Zellularpathologie Virchows die nachhaltigste und entschiedenste Wirkung ausgeübt hat. Von dem 1847 entstandenen und seinen Namen tragenden Archiv [HS: 252] waren bis zu seinem Tode im Jahr 1902 70 Bände erschienen. Die nachfolgenden Herausgeber waren Johannes Orth, O. Lubarsch und R. Rössle; nach

369 *Rudolf Virchow (1821–1902), gezeichnet von H. Varges; Geschenk von Sir Colin Berry.*

370 ›Heidelberger Jahrbücher‹, Bd. 1, 1957. Diese Jahrbücher werden von der Universitäts-Gesellschaft Heidelberg herausgegeben und enthalten neben Publikationsübersichten Heidelberger Autoren Artikel über Themen aus dem Universitätsbereich und wurden ursprünglich vom Direktor der Heidelberger Universitätsbibliothek betreut. Der Springer-Verlag hat sie als Zeichen der Verbundenheit mit der Heidelberger Universität wirtschaftlich unterstützt und verlegerisch betreut [GALL; SARKOWSKI (3)].

dessen Tod 1956 traten ab Band 330 zwei Herausgeber an seine Stelle: Herwig Hamperl, Bonn, und Erwin Uehlinger, Zürich. 1966 kam Wilhelm Doerr hinzu, der das Archiv bis 1968 als managing editor betreute; er blieb bis Band 415 (1989) im Herausgeberstab. Seit 1968 erscheint das Archiv in zwei Abteilungen. Abteilung A blieb in der Linie der Tradition, allerdings mit neuem Nebentitel: ›Pathological Anatomy and Histopathology‹. Abteilung B führte die Tradition der ›Frankfurter Zeitschrift für Pathologie‹ fort, die sich vornehmlich der allgemeinen Pathologie gewidmet hatte. Der neue Nebentitel lautete ›Cell Pathology Including Molecular Pathology‹. Das Herausgeberkollegium erweiterte sich mit Spezialkennern der bevorzugten Fachrichtungen. Von nun an wurde überwiegend in Englisch publiziert. Einer der beiden Hauptherausgeber, H. Hamperl, schied zum Zeitpunkt der Neuordnung 1968 aus, während E. Uehlinger der Zeitschrift bis zu seinem Ableben 1980 verbunden blieb. In dieser Neuordnung hat sich ein gewisser Strukturwandel der Pathologie ausgedrückt [DOERR].

1992 erschien der 421. Band der Traditionsabteilung A des Archivs mit den Hauptherausgebern Colin L. Berry, London, und Gerhard Seifert, Hamburg. Die Mitwirkung Berrys, eines herausragenden englischen Pathologen, dokumentiert die Absicht, die traditionsreiche Zeitschrift gesamteuropäisch zu orientieren. Berry verdanken wir auch die Monographien ›Teratology. Trends and Applications‹ (1975), ›Paediatric Pathology‹ (1981; 2. Aufl. 1989) und zahlreiche Beiträge für die ›Current Topics in Pathology‹. In der Abteilung B vertrat seit 1985 W. H. Kirsten, Chicago, (1992 verstorben) die Tradition der Frankfurter Pathologenschule.

371 Wilhelm Doerr (1914) war von 1968 bis 1986 Herausgeber von ›Virchows Archiv‹ und – gemeinsam mit E. Uehlinger – Begründer des Lehr- und Nachschlagewerks ›Spezielle pathologische Anatomie‹. Aus Anlaß der Sechshundertjahrfeier der Universität Heidelberg, 1986, gab er die sechsbändige Festschrift ›Semper Apertus‹ federführend heraus. Doerr hat dem Verlag durch viele Jahre beratend zur Seite gestanden. – **372** Doerr/Seifert/Uehlinger ›Spezielle pathologische Anatomie‹, Bd. 13/VII, 1992.

Doerr und Uehlinger begannen 1966 ein anspruchsvolles Werk, das zugleich Lehrbuch und Nachschlagewerk für den praktisch tätigen Pathologen sein sollte: eine ›Spezielle pathologische Anatomie‹, von der bis 1991 26 Bände erschienen sind. Nach Uehlingers Tod folgte G. Seifert als Mitherausgeber. Zwei abschließende Bände befinden sich in Vorbereitung.

Enge Verbindungen entwickelten sich mit Bob Wissler (Pathologisches Institut Chicago), der sich intensiv mit der Arteriosklerose beschäftigte. Mehrere Verhandlungsberichte der Internationalen Arteriosklerosekongresse gelangten durch Vermittlung von Gotthard Schettler, Heidelberg [SEMPER ATTENTUS: 290–296], zur Veröffentlichung an den Springer-Verlag.

Der besonderen Erwähnung bedarf die harmonische Zusammenarbeit mit Marcel Bessis, Paris, Schüler von Jean Bernard, der sich als Pathologe nachdrücklich der hämatologischen Forschung widmete. Wir begannen 1975 gemeinsam die Zeitschrift ›Blood Cells‹, die uns Bessis aufgrund unserer internationalen Verbindungen anvertraute. Schließlich übergaben uns J. Bernard und M. Bessis 1978 die ›Nouvelle Revue Française d'Hématologie‹, eine der besten Zeitschriften für Hämatologie, deren Verbreitung fast ausschließlich auf den französischsprachigen Bereich beschränkt war. Wir konnten ihre internationale Verbreitung fördern.

Die Pathologie ist ein Fach, für das die Erkennung morphologischer Strukturen wesentlich ist. Bessis maß aber nicht nur diesem Aspekt große Bedeutung bei, es lag ihm zusätzlich daran, das ästhetische Element im natürlichen Formenreichtum der roten Blutzellen aufzuzeigen. Wir verabredeten ein atlasartiges Werk: ›Corpuscles‹ (1974), in dessen Einleitung zu lesen ist:

373 *Der Internist Gotthard Schettler (1917) war von 1963 bis 1986 Ordinarius an der Universität Heidelberg und Direktor der Ludolf-Krehl-Klinik.*

... For those who are not microscopists, red blood cells are peculiar objects. Yet, glancing over their contours for the first time, one may experience a certain pleasure, a certain emotion, and may find in them a certain beauty. A theologian of the seventeenth century states that when one appraises beauty, one appraises order, proportion, and appropriateness. Perhaps some, as they view these pictures of red cells, will sense a law underlying the seeming haphazardness, a rhythm hidden behind the welter of accidents, a purpose within the variety of forms...

... Is the resemblance between certain forms created by the artist and the shapes discovered under the microscope due purely to chance? The number of possible forms is not unlimited. The course of a river, the branches of a tree, the veins of a leaf, the ramifications of a coral reef, the dendrites of a cell are all built on the same model. Nature uses identical forms of different ends and on vastly different scales. The artist who expresses his feelings in shapes thus necessarily retraces the models of nature: certain sculptures by Miró, who had never seen a red blood cell, look exactly like acanthocytes...

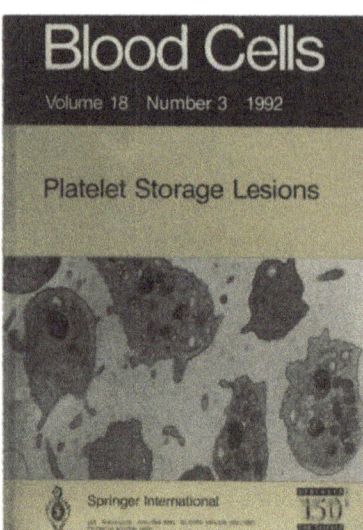

374 ›Blood Cells‹, Bd. 18, Heft 3, 1992. – **375** M. Bessis ›Corpuscles‹, 1974.

Ich habe diese Bemerkungen von Marcel Bessis ausführlicher zitiert, weil die Zusammenhänge zwischen Natur, Kunst und unserem ästhetischen Empfinden zwar immer bestanden, aber selten so gut beschrieben worden sind. In neuerer Zeit wächst das Verständnis, wobei vor allem die Mathematik ein neues Tor aufgestoßen hat: die Lehre von den »Fractalen« [PEITGEN].

Die Pathologie hat in den letzten Jahrzehnten an der weiter oben geschilderten bedeutungsvollen Ausweitung der biologischen Forschung in den molekularen Bereich teilgenommen. Das heißt, daß sie außer ihrer ureigensten morphologischen Betrachtungsweise auch die Methoden der molekularen Biologie zum Verständnis des Krankheitsgeschehens eingesetzt hat.

Ein großer und mutiger Entwurf in dieser Richtung war das Werk von Julien van Lancker, Pathologisches Institut der Medical School in Los Angeles: ›Molecular and Cellular Mechanisms in Disease‹ in zwei Teilbänden 1976. 1977 folgte auf der Grundlage dieses Werkes vom gleichen Autor eine Springer Study Edition unter dem Titel: ›Molecules, Cells and Disease. An Introduction to the Biology of Disease‹.

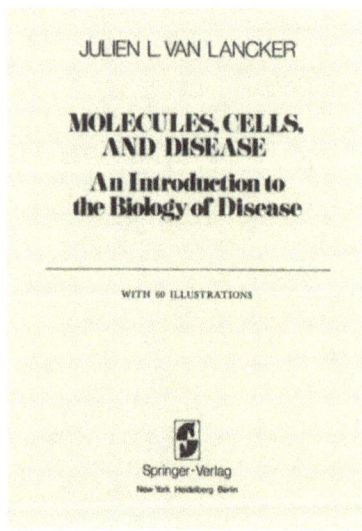

376 J. L. van Lancker ›Molecules, Cells, and Disease‹, 1977.

Ein weiteres, auf die ärztliche Fortbildung ausgerichtetes Werk erschien 1980 unter der Herausgeber- und Autorschaft von H. Cottier mit zahlreichen Mitarbeitern: ›Pathogenese. Ein Handbuch für die ärztliche Fortbildung‹ in zwei Bänden.

Erwähnenswert ist ein auf die Laborpraxis ausgerichtetes Buch: ›Pathologie der Laboratoriumstiere‹ von Paul Cohrs, Rudolf Jaffé und Hubert Meessen. Meessen hatte es angeregt; es erschien 1958 in zwei stattlichen Bänden.

Eine moderne Fortsetzung hat dieses Werk in der Reihe ›Monographs on Pathology of Laboratory Animals‹ gefunden, die vom ›International Life Sciences Institute‹ gefördert wird. Zwischen 1983 und 1991 sind zehn Bände dieser Serie erschienen; weitere sind geplant.

Im Bereich der Pharmakologie hat sich das 1919 von Arthur Heffter begründete ›Handbuch der experimentellen Pharmakologie‹, von dem zwischen 1920 und 1935 drei Bände in sieben Teilen erschienen sind, höchstes Ansehen erworben. Das 1935 mit neuer Bandzählung begonnene, von Wolfgang Heubner und Josef Schüller herausgegebene Ergänzungswerk enthielt als vierten Band (1937) den Klassiker ›General Pharmacology‹ von Alfred Joseph Clark, Edinburgh, den ersten Band in englischer Sprache. Er wurde 1970 und 1973 nachgedruckt.

Mit dem 10. Band begann 1950 unter der Herausgeberschaft von Oskar Eichler die Fortsetzung des Handbuchs. Alfred Farah war seit 1955 (Band 11) Mitherausgeber. Ab 1963 traten H. Herken, Berlin, und Arnold D. Welch, Princeton/NJ, dem Redaktionsstab bei, der von einem Beirat ergänzt wurde.

Parallel zu unserem Vordringen in den englischsprachigen Raum erhielt das Handbuch neben dem deutschen einen zweiten englischsprachigen Titel ›Handbook of Experimental Pharmacology‹. 1975 war Gustav V. R. Born, Cambridge/UK, in die Redaktion eingetreten. 1978 schied O. Eichler aus.

Ab Band 50 (1978) rückte der englischsprachige Titel an die erste Stelle: ›Handbook of Experimental Pharmacology‹ mit dem Untertitel ›Continuation of Handbuch der Experimentellen Pharmakologie‹. Hier spiegelt sich die selbstverständlich gewordene internationale Zusammenarbeit der Wissenschaft und das parallel dazu verlaufende weltweite Ausgreifen unseres Hauses wider.

Ab Band 82 (1987) schieden Farah und Welch aus und die neue Herausgebergruppe bestand aus G. V. R. Born und H. Herken — wie bisher — und den neu hinzugewählten Pedro Cuatracasas, jetzt Ann Arbor/MI, und A. Schwartz, Cincinnati/OH (bis Band 94). Gleichzeitig entfiel der deutsche Untertitel.

Hans Herken, nach Heubners Tod 1957 dessen Nachfolger in der Redaktion von Naunyn-Schmiedebergs Archiv, trat 1963 auch als Mitherausgeber des Handbuches Heubners Nachfolge an. Er ist dem Werk am längsten verbunden. Es gelang ihm und seinen Mitherausgebern, hervorragende Bandherausgeber und Autoren aus aller Welt zu gewinnen, so daß die beachtliche Anzahl von Darstellungen, die während Herkens Herausgeberschaft erschienen ist, ein lebendiges und modernes Bild der pharmakologischen Forschung vermittelt.

Pharmakologie

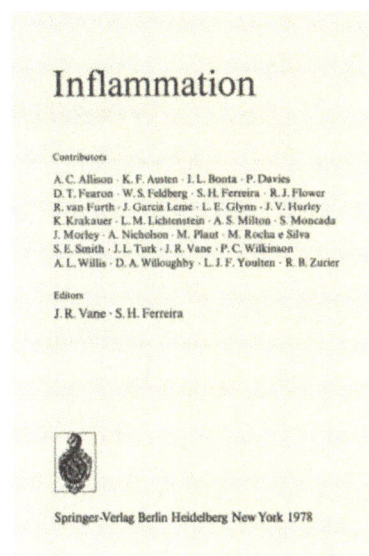

377 ›*Handbuch der experimentellen Pharmakologie*‹, *Bd. 50, Teil 1, 1978.*

378 *Hans Herken (1912) war seit 1943 Dozent an der Friedrich-Wilhelm-Universität in Berlin. 1953 wurde er zum ordentlichen Professor und Direktor des Pharmakologischen Instituts der Freien Universität berufen.*

Bis zum Ende unserer Berichtszeit (1992) sind insgesamt 103 Bände des Handbuchs erschienen, weitere sind geplant. Obwohl der Handbuchzusammenhang weiterhin gewahrt bleibt, zeigen die Bände seit 1972 nach außen hin nur den Bandtitel und den oder die Namen der Bandherausgeber, da die Teilbände sämtlich einzeln lieferbar sind, um auch Angehörigen der Nachbardisziplinen, insbesondere Klinikern, den Erwerb der Arbeiten ihres jeweiligen Interessenbereichs zu erleichtern.

Dermatologie

Dieser Fachbereich ist im Springer-Verlag hervorragend repräsentiert durch die Zeitschrift ›Archives of Dermatological Research‹, die weltweit zu den führenden und ältesten Wissenschaftszeitschriften zählt (gegr. 1869 und 1921 als ›Archiv für Dermatologie und Syphilis‹ von Springer übernommen; von 1955 bis 1970 wurde sie als ›Archiv für klinische und experimentelle Dermatologie‹, danach, bis 1975, als ›Archiv für dermatologische Forschung‹ weitergeführt). Seit 1975 wird diese Zeitschrift von Enno Christophers herausgegeben.

Unter den Lehrbüchern galt ›Dermatologie und Venerologie‹, 1961 gegründet von Egon Keining und Otto Braun-Falco im J. F. Lehmanns Verlag, München, als Standardwerk der deutschen Dermatologie (2. Aufl. 1969). 1984 wurde es im Springer-Verlag von O. Braun-Falco zusammen mit Gerd Plewig und Helmut H. Wolff fortgeführt. 1991 erschien die englische Übersetzung ›Dermatology‹ (mit Co-Autor Richard K. Winkelmann). Das ›Lehrbuch der Hautkrankheiten und venerischen Infektionen für Studierende und Ärzte‹ von T. Nase-

379, 380, 381 *Die Dermatologen Alfred Marchionini (1899–1965), Otto Braun-Falco (1922) und Detlef Petzoldt (1936).*

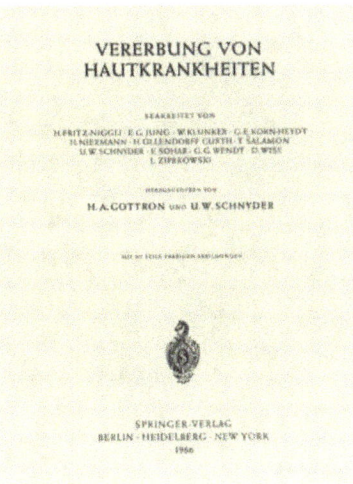

382 Urs W. Schnyder (1923), Zürich, erhielt 1965 den Ruf als Professor für Dermatologie und Venerologie und als Leiter der Universitäts-Hautklinik nach Heidelberg. 1978 kehrte er als Direktor der Hautklinik nach Zürich zurück, wo er bis zu seiner Emeritierung 1991 tätig war. – **383** U. W. Schnyder und H. A. Gottron (Hrsg.) ›Vererbung von Hautkrankheiten‹ (Bd. 7 des ›Handbuchs der Haut- und Geschlechtskrankheiten‹, herausgegeben von A. Marchionini), 1966.

mann und W. Sauerbrey hat sich als erfolgreiches Studentenlehrbuch durchgesetzt (1. Aufl. 1974, 5. Aufl. 1987). T. Nasemann hatte frühzeitig Verbindungen zur Universität Seoul/Korea aufgebaut.

Alfred Marchionini hatte die Facharztzeitschrift ›Der Hautarzt‹ seit ihrer Gründung 1950 bis zu seinem Tode betreut und zu Ansehen gebracht. 1968 übernahm O. Braun-Falco die Hauptredaktion, die seit 1985 bei seinem Schüler Detlef Petzoldt, Heidelberg, liegt. Große Verdienste um die Zusammenarbeit mit Österreich und der Schweiz haben sich Urs Schnyder (Mitglied des Boards von 1966 bis 1991) und Klaus Wolf (Mitglied des Boards seit 1980) erworben – neben H. G. Schirren (1968), T. Nasemann (1969) und Günter Burg (seit 1984).

U. Schnyder leitete von 1965 bis 1978 die Universitäts-Hautklinik Heidelberg. In dieser Zeit (1966) erschien der von ihm mit H. A. Gottron editierte Ergänzungsband VII zum Jadassohnschen ›Handbuch der Haut- und Geschlechtskrankheiten‹ (herausgegeben von A. Marchionini) über die ›Vererbung von Hautkrankheiten‹. Ferner redigierte er für die ›Spezielle pathologische Anatomie‹ (Doerr/Seifert/Uehlinger) 1973 den Band 7: ›Haut und Anhangsgebilde‹ (2. Aufl. als ›Histopathologie der Haut‹, 1. Teil 1978, 2. Teil 1979). Schließlich gab er zusammen mit F. Eichmann 1981 das Werk ›Das Basaliom. Der häufigste Tumor der Haut‹ heraus.

Gynäkologie

Das ›Archiv für Gynäkologie‹ (gegründet 1870 bei August Hirschwald) wurde nach dem Zweiten Weltkrieg von Carl Kaufmann (1939–1978), Karl-Günther Ober und Hans Alois Hirsch betreut und 1978 in das ›Archives of Gynecology‹, ab

  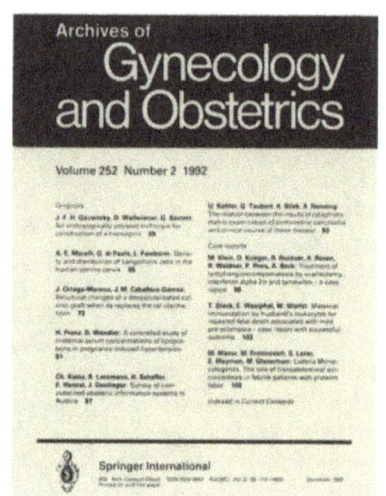

384 *Carl Kaufmann (1900–1980), einer der führenden Gynäkologen seiner Zeit und Förderer der gynäkologischen Endokrinologie.*
385 *Karl-Günther Ober (1915), der das ›Archiv für Gynäkologie‹ von 1957 bis 1980 betreute; Autor des gynäkologischen Bandes 9 der Kirschnerschen Operationslehre, zusammen mit H. Meinrenken.*
386 *›Archives of Gynecology and Obstetrics‹, Bd. 252, Heft 2, 1992.*

1987 ›Archives of Gynecology and Obstetrics‹ übergeleitet, das weiterhin von C. Kaufmann (bis 1980), K.-G. Ober (bis 1980), H. A. Hirsch und zusätzlich durch Frank E. Löffler (seit 1978), Hans Ludwig (seit 1978) und Karl-Heinrich Wulf (seit 1980) herausgegeben wird. ›Der Gynäkologe‹ ergänzte ab 1968 die erfolgreiche Reihe unserer Facharztzeitschriften. Unter den Herausgebern Volker Friedberg, Otto Käser (beide seit 1968), Lutwin Beck, Wolfgang Künzel (beide seit 1983) und Hans Georg Bender (seit 1991) setzte sich vor allem der aus den USA zurückgekehrte Ernst J. Plotz (1968–1990) begeistert für die Gestaltung dieser Zeitschrift ein.

Josef Zander und H. Graeff gaben den 9. Band der Kirschnerschen Operationslehre heraus: ›Gynäkologische Operationen‹ (3. Aufl. 1991).

HNO Für diesen Bereich war Hermann Frenzel, Göttingen, über lange Jahre ein hochgeschätzter Berater F. Springers, zugleich Herausgeber des ›Archiv für klinische und experimentelle Ohren-, Nasen- und Kehlkopfheilkunde‹. Der langjährige Betreuer des Zentralblatts ›HNO‹, Hans-Joachim Denecke, Heidelberg, hat sein Fach durch zwei erfolgreiche chirurgische Werke bereichert: ›Die Operationen an der Nase und im Nasopharynx‹ (3. Aufl. 1984) zusammen mit W. Ey unter Mitarbeit von Maria-Ursula Denecke und ›Die oto-rhino-laryngologischen Operationen im Mund- und Halsbereich‹ (3. Aufl. 1980) als Teil 1 und 3 der Kirschnerschen Operationslehre, 5. Band.

Im Lehrbuchbereich hat sich das von Hans-Georg Boenninghaus 1970 erstmals vorgestellte Lehrbuch ›Hals-Nasen-Ohrenheilkunde‹ eine führende Stellung erworben (9. Aufl. 1993).

Schlaglichter auf das Programm: Humangenetik – Ophthalmologie

Humangenetik

Die Humangenetik hatte unter dem Nationalsozialismus besonders gelitten und bedurfte nach dem Ende des Zweiten Weltkrieges einer gewissen Zeit der Regeneration. In Berlin lehrte in jener Zeit Hans Nachtsheim, der sich von politischen Einflüssen freigehalten hatte. Sein Schüler, Friedrich Vogel, ab 1962 Ordinarius für Humangenetik in Heidelberg, schrieb für uns 1961 ein ›Lehrbuch der allgemeinen Humangenetik‹. Gemeinsam mit Arno G. Motulsky, Seattle/WA, schuf er in den folgenden Jahren das Werk ›Human Genetics. Problems and Approaches‹ (1. Aufl. 1979, 2. Aufl. 1986). Es gilt als internationales Standardwerk dieses sich rasch entwickelnden Fachgebiets. F. Vogel und A. G. Motulsky sind auch die Herausgeber der Zeitschrift ›Humangenetik‹, die 1964 die ›Zeitschrift für menschliche Vererbungs- und Konstitutionslehre‹ – seit 1976 ›Human Genetics‹ – abgelöst hatte.

388 *Friedrich Vogel (1925), von 1962 bis 1993 Ordinarius am Institut für Anthropologie und Humangenetik in Heidelberg. –* **389** *Hans-Georg Boenninghaus (1921), von 1965 bis 1987 Ordinarius für Hals-, Nasen- und Ohrenheilkunde und Direktor der Universitäts-HNO-Klinik. –* **390** *H.-G. Boenninghaus ›Hals-Nasen-Ohrenheilkunde‹ (›Springer-Lehrbuch‹), 9. Aufl. 1993.*

Ophthalmologie

Das alte und traditionsreiche ›Albrecht von Graefes Archiv für klinische und experimentelle Ophthalmologie‹, seit 1982: ›Albrecht von Graefe's Archive for Clinical and Experimental Ophthalmology‹, konnte nach dem Zweiten Weltkrieg aufgrund seines internationalen Rufes bald seine alte Geltung wiedererlangen. Seit der Umstellung des Titels ins Englische (1982) waren die Herausgeber Alan C. Bird (1982–1988), Robert Machemer (seit 1982), Gerhard Meyer-Schwickerath (1982 bis 1987), Manfred Spitznas (1982–1991), Bradley R. Straatsma (1982–1987), Stephen M. Drance (1988–1991), William R. Lee (seit 1988), Rainer Sundmacher (1988–1992), Klaus Heimann (seit 1991) und Günter K. Krieglstein (seit 1991).

387 *(s. gegenüberliegende Seite) Hans-Joachim Denecke (1911 bis 1990) Professor für Hals-Nasen-Ohrenheilkunde in Heidelberg. Sein Hauptarbeitsgebiet war die plastische und rekonstruktive Chirurgie an Kopf und Hals. Neben vielen HNO-chirurgischen Publikationen im Springer-Verlag war er von 1948 bis 1981 Mitherausgeber unseres ›Zentralblatt für Hals-, Nasen- und Ohrenheilkunde‹.*

391 *Wolfgang Jaeger (1917), von 1958 bis 1986 Ordinarius für Augenheilkunde und Direktor der Universitäts-Augenklinik in Heidelberg.*

Das gut eingeführte Lehrbuch ›Augenheilkunde‹ von E. Engelking wurde 1968 von Wolfgang Leydhecker völlig neu bearbeitet (25. Aufl. 1993, mit Franz Grehn). Von W. Leydhecker stammen ferner ›Glaukom. Ein Handbuch‹ (1. Aufl. 1960, 2. Aufl. 1973) und ›Die Glaukome in der Praxis. Ein Leitfaden‹ (1. Aufl. 1962, 5. Aufl. 1991).

Günter Mackensen und Helmut Neubauer schufen den 4. Band ›Augenärztliche Operationen‹ (in 3., völlig neubearbeiteter Auflage, 1. Teil 1988, 2. Teil 1989) zur Kirschnerschen Operationslehre. Schließlich folgte 1991 ›Der Ophthalmologe‹ (Zeitschrift der Deutschen Ophthalmologischen Gesellschaft) als vorläufig letzte der Facharztzeitschriften unter der Redaktion von Hans Eberhard Völcker.

Die ›Berichte über die Zusammenkünfte der Deutschen Ophthalmologischen Gesellschaft‹ wurden erstmals ab Band 63 (Kongreß 1960) von Wolfgang Jaeger redigiert, und zwar bis einschließlich Band 78, 1980. Beginnend mit dem Kongreß 1981, Band 79, wurden diese Berichte als Zeitschrift ›Fortschritte der Ophthalmologie‹ fortgesetzt. Der letzte von W. Jaeger herausgegebene Band war der des Jahres 1986 (Band 84). Die folgenden Bände edierten R. Grewe und H. E. Völcker.

Hier und in den weiter oben genannten Archiven/Originalienzeitschriften spiegeln sich im Laufe der Jahre sowohl thematische Schwerpunktverschiebungen als vor allem auch der Übergang in die englische Sprache.

Biologie Über die Nachkriegsentwicklung der Biologie und ihrer hauptsächlichen Zeitschriften wurde schon berichtet. Tübingen mit seinen Max-Planck-Instituten und den entsprechenden Instituten der Universität entwickelte sich zu einem Schwerpunkt der biologischen Forschungsgebiete, zu denen der Springer-Verlag bis heute enge Verbindung pflegt.

Die Genetik erwies sich als ein außerordentlich fruchtbares, gelegentlich ausuferndes Gebiet sowohl in der Botanik als auch in der Zoologie und der Biochemie. Die alten Gebietsbezeichnungen verloren ihre Gültigkeit. Im Kölner Max-Planck-Institut für Züchtungsforschung war neben Tübingen ein weiteres Zentrum der Genetik entstanden, dem unter anderem Carsten Bresch und gastweise Max Delbrück angehörten. Eine gute Zusammenarbeit bestand auch mit dem Institut für Kulturpflanzenforschung in Gatersleben (damals DDR).

Von Bresch erhoffte ich mir eine allgemeinverständliche, aber wissenschaftlich fundierte und moderne Darstellung der Genetik im Rahmen unserer ›Heidelberger Taschenbücher‹.

Bresch war kaum erreichbar. Ich entschloß mich deshalb zu einem mir sonst wenig sympathisch erscheinenden Schritt und suchte ihn unangemeldet in seiner Wohnung während der Abendstunden auf. Er war daheim; es wurde offensichtlich ein Fest gefeiert, doch Bresch warf mich nicht hinaus. Mein unverdrossener Versuch, seiner habhaft zu werden, hatte ihn beeindruckt, und wir schlossen im Vorraum seiner Wohnung mündlich einen Vertrag über das 1964 erschienene erfolgreiche Buch ›Klassische und molekulare Genetik‹.

Es gab verschiedene Bereiche der Botanik, in denen die genetischen Mechanismen erforscht wurden: die allgemeine Pflanzengenetik, die Pilzgenetik, die Hefegenetik. Die Hefegenetikforschung nahm Ende der siebziger Jahre einen besonderen Aufschwung, so daß eine schnell wachsende Anzahl von Manuskripten an die Redaktion der Zeitschrift ›Molecular and General Genetics‹ (bis 1957 ›Zeitschrift für induktive Abstammungs- und Vererbungslehre‹, danach ›Zeitschrift für Vererbungslehre‹) gelangte. Der Hauptherausgeber Georg Melchers versuchte, die Flut zu dämmen, was den zuständigen Mitherausgeber und Hefegenetiker Fritz Kaudewitz veranlaßte, mit dem Verlag eine neue Zeitschrift zu gründen: die ›Current Genetics‹. Das erste Heft erschien 1979, und der abtrünnige Kaudewitz erhielt von Melchers den Spitznamen »Spaltpilz«.

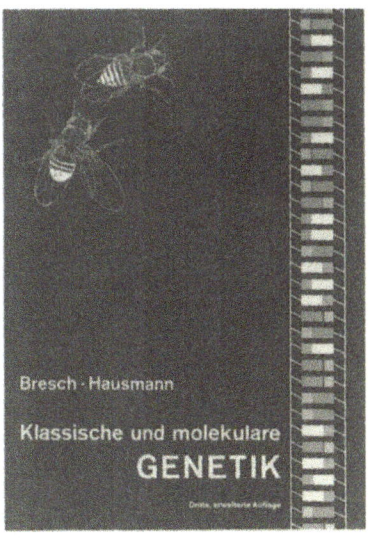

392 *Carsten Bresch und Rudolf Hausmann ›Klassische und molekulare Genetik‹, 3. Aufl. 1972.*

Im Bereiche der Zoologie wurde 1967 die ›Zeitschrift für Morphologie und Ökologie der Tiere‹ geteilt in die englischsprachige Zeitschrift ›Oecologia‹ und die ›Zeitschrift für Morphologie der Tiere‹ (seit 1975 ›Zoomorphologie‹ und seit 1980 mit dem entsprechenden englischen Titel). Die Ökologie gewann wachsendes Interesse, während die Morphologie gegenüber der quantitativen Betrachtungsweise in den Hintergrund trat, ebenso wie Systematik und Taxonomie. Die intensive Beschäftigung mit der wissenschaftlichen Genetik kam Zeitschriften wie dem praxisorientierten ›Züchter‹ zugute.

393 *›Oecologia‹, Bd. 92, Heft 4, 1992.*

In der Zoologie erlangte — ebenso wie in der Humanphysiologie — die Neuro- und Sinnesphysiologie große Bedeutung und erzielte aufgrund verfeinerter Meßtechniken und des Einsatzes von Elektronenmikroskopen hervorragende Ergebnisse. Hansjochem Autrum galt hier als führender Repräsentant. Er war seit 1948 in Göttingen, anschließend in Würzburg (bis 1958) und danach in München tätig. Als Mitherausgeber unseres ›Handbook of Sensory Physiology‹, langjähriger Herausgeber der ›Zeitschrift für vergleichende Physiologie‹ (seit 1961) und besonders aktiver und verdienstvoller Herausgeber der ›Naturwissenschaften‹ war und ist er dem Verlag sehr eng verbunden [SEMPER ATTENTUS: 22–25].

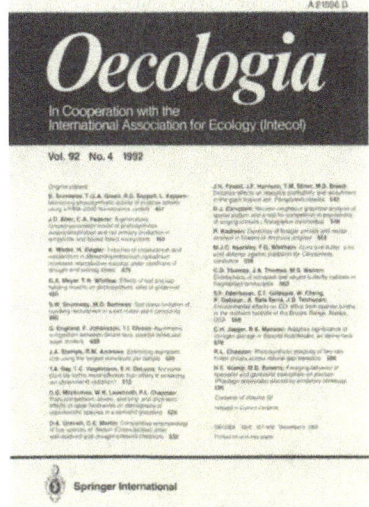

394 *Der Botaniker Erwin Bünning (1906–1992), langjähriger Herausgeber der ›Planta‹.*

395 *Die zweite Auflage des Lehrbuchs ›Biologie‹ von G. Czihak, H. Langer und H. Ziegler wurde 1981 im Wettbewerb ›Die schönsten Leinenbände Deutschlands‹ mit der Goldmedaille ausgezeichnet.*

Erwin Bünning setzte sich mit besonderer Hingabe für die weltweit geachtete Zeitschrift ›Planta‹ ein, die er von 1956 bis 1978 als Hauptherausgeber betreute. 1958 erschien sein originelles und bedeutendes Buch ›Die physiologische Uhr‹, dem wir 1963 eine englische Ausgabe ›The Physiological Clock‹ folgen ließen und mit deren Nachdruck 1967 in New York die interdisziplinäre Reihe ›Heidelberg Science Library‹ erfolgreich begonnen wurde.

1960 wandte ich mich an Werner Reichardt, der kurz vorher vom Californian Institute of Technology in Pasadena/CA zurückgekehrt war und schlug ihm die Gründung der Zeitschrift ›Kybernetik‹ (seit 1975 ›Biological Cybernetics‹) vor, die sich mit dem damals neuen Forschungsgebiet biologischer Regelungsvorgänge beschäftigen sollte. Reichardt sagte sofort zu und führte die Zeitschrift seit 1961 mit großem Erfolg bis zu seinem unerwarteten Tod am 18. September 1992.

Vom ›Mosbacher Colloquium‹ — den Berichten über die Jahrestagungen der Gesellschaft für biologische Chemie — wurde schon berichtet. 1992 erschien der 43. Band.

Die Ende der sechziger Jahre mit O. L. Lange, Würzburg, geplante und 1970 mit dem 1. Band erschienene Reihe ›Ecological Studies‹ hat 1992 den 100. Band erreicht.

Eine über zwanzig Jahre aktive und wissenschaftlich hochstehende Publikation war die 1967 von A. Kleinzeller, Georg F. Springer und H. G. Wittmann gegründete Reihe ›Molecular Biology, Biochemistry and Biophysics‹. Sie stellte 1987 mit dem 37. Band ihr Erscheinen ein.

Das hervorragende, von Gerhard Czihak, Helmut Langer und Hubert Ziegler 1976 gegründete und sehr erfolgreiche Lehrbuch ›Biologie‹ erlebte 1992 die 5. Auflage. Ziegler war und ist in vielfältiger Weise mit dem Springer-Verlag verbunden, einmal als Gründer und Herausgeber der Zeitschrift ›Trees‹ (seit 1987), als Mitherausgeber der Zeitschrift ›Planta‹ (1965 bis 1976) und der ›Naturwissenschaften‹ (seit 1987), und schließlich des ›Handbuchs der Pflanzenphysiologie/Encyclopedia of Plant Physiology‹.

Seit meiner Studentenzeit war ich der Zoologischen Station Neapel, seinem damaligen Leiter Reinhard Dohrn und dessen Sohn Peter eng verbunden. Wir unterstützten die von der Deutschen Forschungsgemeinschaft geförderten ›Pubblicazioni della Stazione Zoologica di Napoli‹ durch Rat und praktische Hilfe — etwa bei der Herausgabe des Supplementbandes 25 über die Meeresalgen von Neapel von Georg Funk (1955), der Reinhard Dohrn zum 75. Geburtstag gewidmet war. 1964 veröffentlichten wir nach dessen Tod einen Gedenkband mit Reden, Briefen und

Schlaglichter auf das Programm: Biologie

Nachrufen und 1983 gab Christiane Groeben in Gemeinschaft mit Peter und Antonietta Dohrn einen weiteren Band zu Ehren ihres Vaters heraus. 1982 erschien schließlich im Springer-Verlag das Prachtwerk über die ›Opisthobranchia des Mittelmeeres‹. Dieses Unternehmen war von dem Basler Zoologen Adolf Portmann angeregt worden und enthält einzigartig schöne Bilder der ungarischen Zeichnerin Ilona Richter.

In jüngster Zeit (1990) erschien im Gemeinschaftsverlag mit der Harvard University Press ein faszinierendes Werk: ›The Ants‹ von Bert Hölldobler, Würzburg (von 1978 bis 1989 Professor in Harvard) und Edward O. Wilson, Harvard. Die Autoren erhielten für dieses Werk 1991 den R. R.-Hawkins-Preis

396 *L. A. Staehelin und C. J. Arntzen (Hrsg.) ›Photosynthesis III‹ (›Encyclopedia of Plant Physiology‹, Neue Serie, Bd. 19, 1986).*
397 *R. K. Olson, D. Binkley, M. Böhm (Hrsg.) ›The Response of Western Forests to Air Pollution‹ (›Ecological Studies‹, Bd. 97, 1992).*
398 *L. Schmekel und A. Portmann ›Opisthobranchia des Mittelmeeres‹, 1982.*

399 *Bert Hölldobler (1936) und Edward O. Wilson (1929) wurden 1991 mit dem Pulitzer-Preis im Bereich Wissenschaftliches Sachbuch für den Titel (**400**) ›The Ants‹ (1990) ausgezeichnet.*

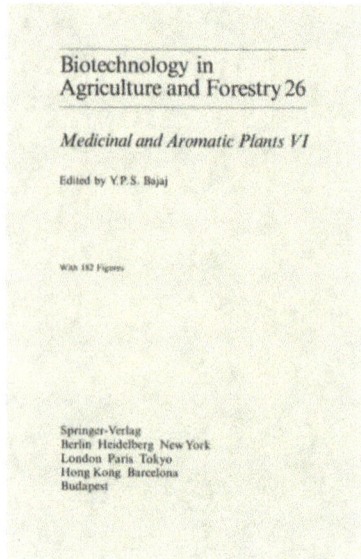

401 *Y. P. S. Bajaj (Hrsg.) ›Medicinal and Aromatic Plants VI‹ (›Biotechnology in Agriculture and Forestry‹, Bd. 26, 1994).*

402 *Tore E. Timell ›Compression Wood in Gymnosperms‹, Bd. 1, 1986.*

der ›Professional and Scholarly Publishing Division‹ der amerikanischen Verlegervereinigung und wenig später den Pulitzer-Preis für das Gebiet Sachbuch, den »Oscar des Schreibhandwerks«, wie sich Bert Hölldobler ausdrückte.

Im Gesamtbereich der Biologie werden derzeit insgesamt 38 Buchreihen geführt, und es erscheinen jährlich etwa 50–60 monographische Werke. Die Gesamtzahl der Zeitschriften beträgt 41. Die Publikationssprache war schon frühzeitig Englisch mit einem Anteil von heute etwa 90%.

Im Bereich der Biologie hat die Publikationsform des Handbuchs den Bewältigungsmöglichkeiten des Stoffes besonders gut entsprochen. Durch frühzeitige Gewinnung angelsächsischer Mitherausgeber und Autoren wurde es möglich, sie weitgehend in englischer Sprache zu bringen. K. F. Springer hat sich seit seinem Eintritt in die Firma im Jahre 1963 nachdrücklich darum bemüht, unterstützt von Dieter Czeschlik. Der Springer-Verlag New York hat am Erfolg dieser Bemühungen großen Anteil gehabt durch die engagierten Planer Mary Lou Motl und Mark Licker (CZESCHLIK).

Von dem 1955 mit Wilhelm Ruhland gegründeten ›Handbuch der Pflanzenphysiologie/Handbook of Plant Physiology‹ erschien noch ein letzter Band im Jahre 1967. Eine ›New Series‹ wurde rein englischsprachig geplant und von A. Pirson und M. H. Zimmermann (bis zu dessen Tode 1984) herausgegeben. Der 1. Band erschien 1975, der 25. Band im Jahr 1986 (19 Bände in 25 Teilen). Als Abschluß ist 1993 als Band 20 ein Generalregister fertiggestellt worden.

Auch von den ›Modern Methods of Plant Analysis‹ wurde eine ›New Series‹ veranstaltet mit den Herausgebern Hans F. Linskens und John F. Jackson. Von diesen in englischer Sprache abgefaßten Werken erschien der 1. Band 1985; es liegen bisher 13 Bände vor.

Ein weiteres, vollständig englischsprachiges Handbuch wird von Y. P. S. Bajaj, Delhi, allein betreut: das seit 1986 erscheinende Werk ›Biotechnology in Agriculture and Forestry‹, von dem bis jetzt 20 Bände vorliegen. Das ebenfalls in englischer Sprache geplante ›Tropical Forestry Handbook‹ mit dem alleinigen Editor L. Pancel, steht seit 1993 in drei Bänden zur Verfügung.

Ein dreibändigs Handbuch, ›Compression Wood in Gymnosperms‹, wurde gleichfalls von einem einzigen Autor, Tore E. Timell, verfaßt und erschien 1986 mit insgesamt 2183 Druckseiten. Timell ist zugleich alleiniger Herausgeber unserer Buchreihe ›Springer Series in Wood Science‹, in der bislang 14 Bände vorliegen.

Schlaglichter auf das Programm: Biologie

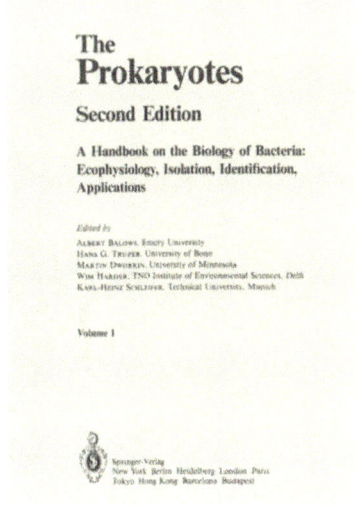

Ein sehr erfolgreiches Handbuch, ›The Prokaryotes‹, das 1981 in zwei Bänden erschienen war, wurde 1991 vierbändig neu aufgelegt.

1988 schließlich verlegte Springer das zweibändige Werk ›Laboratory Diagnosis of Infectious Diseases‹, herausgegeben von A. Balows, W. J. Häusler und E. H. Lennette.

Neben den genannten nahezu ausschließlich botanischen Handbuchreihen sind verhältnismäßig wenige zoologische Themen vertreten, wie etwa die Reihe ›Zoophysiology‹ (früher ›Zoophysiology and Ecology‹), deren 1. Band 1971 erschien und die heute in 31 Bänden vorliegt. Herausgeber war von 1974 bis 1988 der uns als Mitherausgeber unserer Zeitschrift ›Cell and Tissue Research‹ vertraute und nahestehende Donald S. Farner.

403 *Hans G. Schlegel, Dieter Czeschlik, Hans G. Trüper und Konrad F. Springer (von links) bei der Überreichung der ersten Exemplare des Handbuchs ›The Prokaryotes‹.* – **404** *A. Balows, H. G. Trüper, M. Dworkin, W. Harder und K. H. Schleifer (Hrsg.) ›The Prokaryotes‹, Bd. 1, 2. Aufl. 1992*

405 *Heinz Stolp (1921, links) und Hans G. Trüper (1936, rechts) signieren die ersten Exemplare von ›The Prokaryotes‹.* – **406** *Albert Balows (1921) bei einer Besprechung über die zweite Auflage.*
407 *D. Starck ›Vergleichende Anatomie der Wirbeltiere‹, Bd. 3, 1982.*

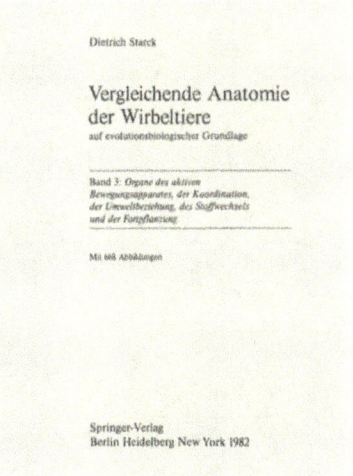

Schließlich ist hier die zwischen 1978 und 1982 erschienene ›Vergleichende Anatomie der Wirbeltiere auf evolutionsbiologischer Grundlage‹ des Frankfurter Anatomen D. Starck zu nennen. Dieses dreibändige Werk stellt das wissenschaftliche Lebenswerk des Autors dar und dürfte für lange Zeit das Standardwerk dieses Forschungsgebietes bleiben. Der Inhalt der Bände: 1. Theoretische Grundlagen, Stammesgeschichte und Systematik unter Berücksichtigung der niederen Chordata (1978), 2. Das Skelettsystem (1979), 3. Organe des aktiven Bewegungsapparates (1982).

Mathematik

Die Pflege der Mathematik im Springer-Verlag geht auf die Zeit kurz vor dem Ersten Weltkrieg zurück und ist eng mit den Interessen Ferdinand Springers verbunden [HS: 230f.]. 1918 gründete er die ›Mathematische Zeitschrift‹ mit Leon Lichtenstein, Berlin, als Hauptherausgeber. 1920 erwarb er in schwerer Zeit von B.G. Teubner, Leipzig, die 1868 von Alfred Clebsch und Carl Neumann gegründeten ›Mathematischen Annalen‹ [HS: 261f.]. Ihre Geschichte hat Heinrich Behnke anläßlich des Erscheinens des 200. Bandes im Jahre 1973 lebendig geschildert. Behnke betreute die Annalen von 1938 bis 1969 als Hauptherausgeber in souveräner Weise. Ihm folgte von 1970 bis 1984 Hans Grauert, der das von ihm repräsentierte hohe Qualitätsniveau weiterhin für die ›Annalen‹ sicherte, seit 1. Januar 1993 ist Herbert Amann ›managing editor‹.

Die Gründung der 1921 mit Richard Courant begonnenen ›Grundlehren der mathematischen Wissenschaften‹ vertiefte die engen Beziehungen zu Göttingen [HS: 261–265], dem Zen-

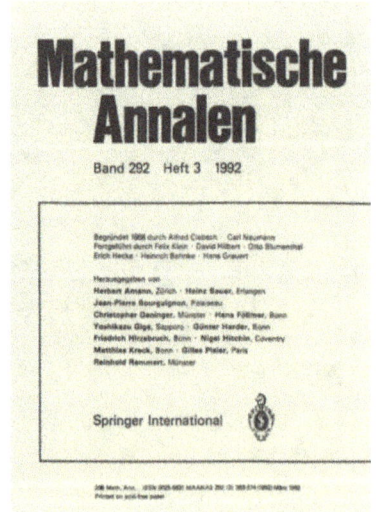
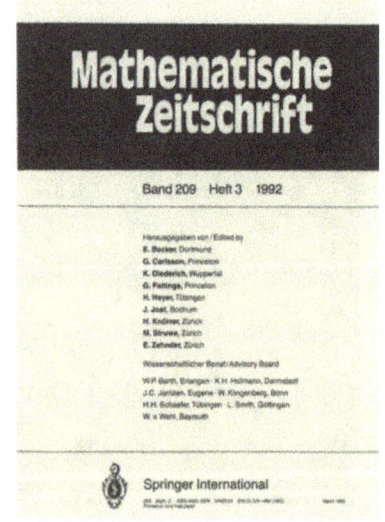

408 *Hans Grauert (1930), Ordinarius für Mathematik in Göttingen, war von 1963 bis 1984 Hauptherausgeber der ›Mathematischen Annalen‹.* – **409** *›Mathematische Annalen‹, Bd. 292, Heft 3, 1992.* – **410** *›Mathematische Zeitschrift‹, Bd. 209, Heft 3, 1992.*

trum der Mathematik seit C. F. Gauß und B. Riemann, Felix Klein, David Hilbert und Richard Courant. Diese Unternehmungen bildeten den Kern aller weiteren Bemühungen, die sich nach dem Zweiten Weltkrieg mit Friedrich Karl Schmidt als zuverlässigem Berater fortsetzten. Schmidt hatte Springer schon seit Mitte der 30er Jahre als Mitherausgeber der Grundlehrensammlung zur Verfügung gestanden, während R. Courant noch bis 1939 für die Titel nordamerikanischer Mathematiker zuständig war.

Courant beriet und half mir bei Kontakten mit amerikanischen Mathematikern nach Gründung des Springer-Verlages New York. Nach seinem Tode am 27. Januar 1972 bezeugten wir unseren Dank durch die Organisation eines »Richard Courant Chairs« für das ›Courant Institute for Mathematical Research‹ in New York. Am 18. April 1977 erfolgte dessen offizielle Übergabe. Das Institut stand damals unter der Leitung von Peter Lax. Der erste Inhaber des Chairs wurde Fritz John, ein Schüler Richard Courants.

1931 war das ›Zentralblatt für Mathematik und ihre Grenzgebiete‹ ins Leben gerufen worden, mit Otto Neugebauer, Göttingen, als Schriftleiter, der später nach seiner Emigration im Jahre 1940 die ›Mathematical Reviews‹ gründete.

Hermann Ludwig Schmid erfüllte seit 1947 das ›Zentralblatt‹ mit neuem Leben. Er betreute es bis zu seinem Tode (1956) als Hauptherausgeber. Ihm folgten Erika Pannwitz (1956–1969), Walter Romberg (1966–1977) und Ulrich Güntzer (1969 bis 1974). Nach Errichtung der Berliner Mauer 1961 geriet das Zentralblatt mit seinem Redaktionssitz in der Ostberliner Akademie in Schwierigkeiten, die, zunächst notdürftig überbrückt,

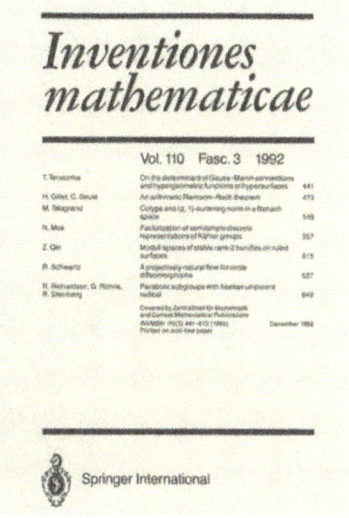

411 *Reinhold Remmert (1930) bekleidete, nach Professuren in Erlangen und Göttingen, seit 1967 den Lehrstuhl für Mathematik in Münster und ist seit 1964 Hauptberater des Verlags für den Bereich Mathematik und Gründer der Zeitschrift ›Inventiones Mathematicae‹.*
412 *›Inventiones Mathematicae‹, Bd. 110, Heft 3, 1992.*

413 *Joachim Heinze (1948) promovierte 1977 an der Universität Münster im Fachbereich Mathematik. Seit 1980 betreut er im Springer-Verlag die Gesamtplanung Mathematik.*

1978 zur Übernahme der Redaktion durch die westdeutschen Akademien unter Federführung der Heidelberger Akademie der Wissenschaften führte. Dieter Puppe vom Mathematischen Institut der Universität Heidelberg wurde zum Akademiebeauftragten gewählt. Seit 1978 erscheint das ›Zentralblatt‹ (›Mathematics Abstracts‹) unter der Herausgeberschaft der Heidelberger Akademie der Wissenschaften gemeinsam mit dem Fachinformationszentrum 4, Karlsruhe. Chefredakteur ist seit 1975 Bernd Wegner in Berlin. Neben der traditionellen gedruckten Ausgabe ist das Datenwerk auch »online« verfügbar über den »host« »Fachinformationszentrum 4 (FIZ 4)« in Karlsruhe. Die Jahrgänge ab 1985 – fast 200 Bände mit mehr als 100 000 Druckseiten – sind auch als CD-ROM erhältlich.

Unsere Mathematikplanung hatte mit der Gewinnung von Reinhold Remmert als externem Berater im Jahre 1963 einen kräftigen Auftrieb erhalten. Mit der Gründung des Springer-Verlags New York 1964 eröffnete sich die willkommene Möglichkeit, unser mathematisches Programm gemeinsam mit der New Yorker Planung auch in den USA kräftig zu entwickeln mit wirkungsvoller Unterstützung durch so zuverlässige und kompetente Berater wie Richard Courant, Paul Halmos, Peter Hilton, Fritz John, Peter Lax und Saunders MacLane. Die Heidelberger Planer Klaus Peters (1964–1979) und insbesondere Joachim Heinze (seit 1980), unterstützt von Catriona Byrne (seit 1981) bauten mit Walter Kaufmann-Bühler (1973–1986) in New York, seit 1987 mit Rüdiger Gebauer, ein modernes Programm auf, das durch intensive Kontakte Heidelbergs zu russischen und japanischen, zu indischen und chinesischen Mathematikern und Computerwissenschaftlern weltweit ergänzt wurde. Neuerdings hergestellte Verbindungen zwischen unseren Zweigstellen in Santa Clara und Tokyo gehen in die gleiche Richtung eines globalen Mathematik- und Computer-Science-Programms.

414 *Das Institute for Advanced Study in Princeton wurde 1930 als außeruniversitäre Forschungseinrichtung gegründet. Hervorragende Wissenschaftler forschen hier auf den Gebieten der Mathematik, der theoretischen Physik sowie der Geschichts- und Sozialwissenschaften.*

Zum erstenmal in der knapp hundertjährigen Geschichte des Internationalen Mathematikerkongresses (ICM, gegründet 1893) wurde uns die Veröffentlichung der Proceedings des Internationalen Kongresses in Kyoto 1990 anvertraut (›Proceedings of the International Congress of Mathematicians, August 21–29, 1990, Kyoto, Japan‹). Schon im Dezember 1991 konnten wir die vollständige Dokumentation in zwei Bänden vorlegen. Wir betrachteten das Vertrauen des ICM als ein Zeichen, daß unser Mathematikprogramm als Ganzes — ergänzt und erweitert durch die Numerische Mathematik und Computer Science — zu weltweiter Anerkennung gelangt war.

Den bereits erwähnten »klassischen« Zeitschriften folgten im Jahre 1966 die von Remmert angeregten ›Inventiones Mathematicae‹, eine internationale Zeitschrift höchsten wissenschaftlichen Anspruchs, und 1969 die ›Manuscripta Mathematica‹, die aufgrund unmittelbarer Reproduktion der Manuskripte eine besonders rasche Publikation erlauben.

Der schnellen Bekanntmachung relevanter Texte dienen seit 1964 — einer von K. F. Springer aufgenommenen Anregung B. Eckmanns folgend — die ›Lecture Notes in Mathematics‹, zur Zeit herausgegeben von A. Dold, B. Eckmann und F. Takens. Dieser Publikationstyp der ›Lecture Notes‹ ist nachfolgend auch von anderen Wissenschaftsdisziplinen des Hauses übernommen worden.

Auf die Bedeutung der 1959 gegründeten Zeitschrift ›Numerische Mathematik‹ als »Basisorgan« für die Entwicklung unseres Computer-Science-Programms wurde bereits hingewiesen.

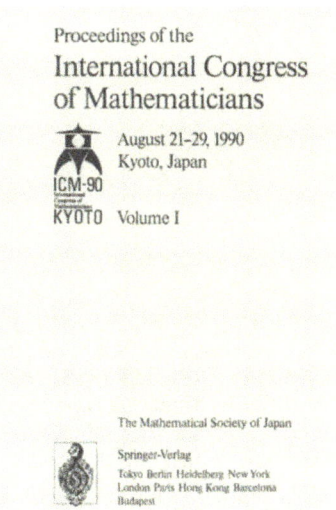

415 ›*Proceedings of the International Congress of Mathematicians Kyoto 1990*‹, *Bd. 1, 1991.*

416 ›*Manuscripta Mathematica*‹, *Bd. 77, Heft 4, 1992.* – 417 ›*Numerische Mathematik*‹ *Bd. 1, 1959.*
418 ›*Lecture Notes in Mathematics*‹, *Bd. 1525, 1992.*

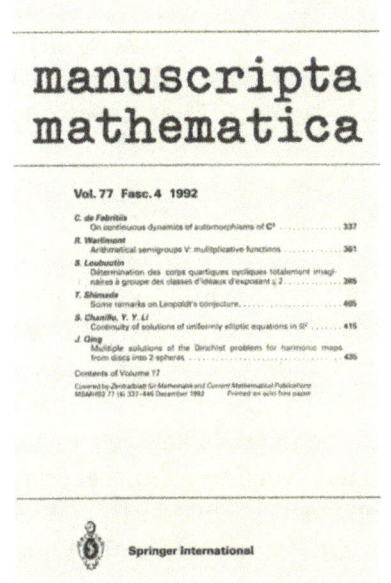
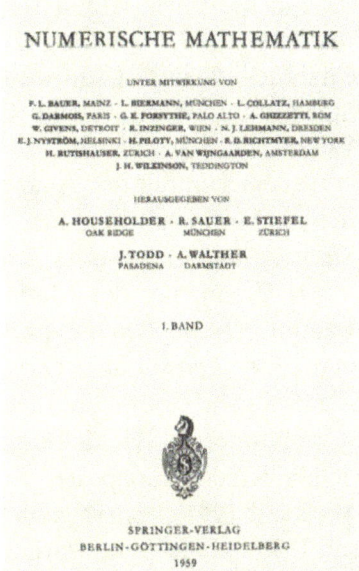
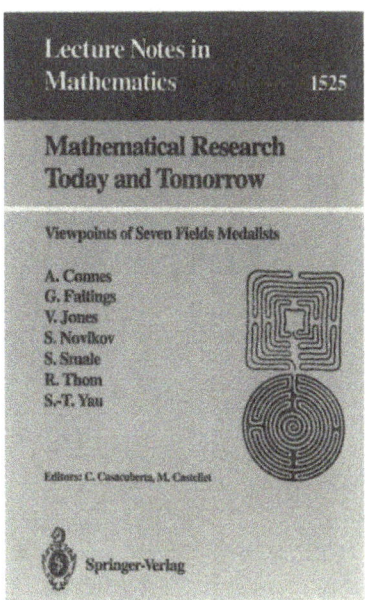

419 *Albrecht Dold (1928) und Beno Eckmann (1917), Mitherausgeber der ›Lecture Notes in Mathematics‹ und der ›Grundlehren der mathematischen Wissenschaften‹ (Eckmann).*

420 *›The Mathematical Intelligencer‹, Bd. 14, Heft 2, 1992.*

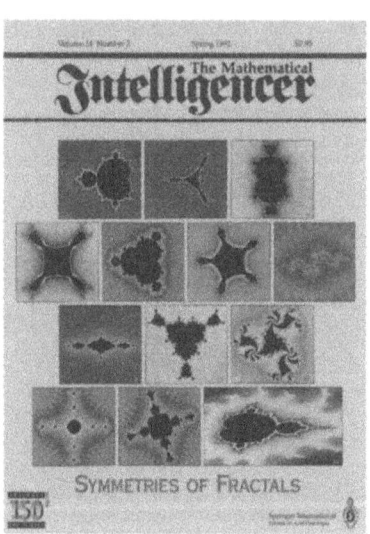

1978 erschien ›The Mathematical Intelligencer‹ erstmals als regelmäßig erscheinende Zeitschrift, nachdem vorher einzelne Hefte unter dem gleichen Titel kostenfrei an unsere mathematischen Freunde und Interessenten verteilt worden waren. Die Idee stammte von K. Peters und W. Kaufmann-Bühler. Die Ziele der viermal im Jahr erscheinenden Zeitschrift sind in einem Editorial des ersten Heftes erläutert worden: »The purpose... is to provide a means of communication for the tens of thousands of people with a serious interest in higher mathematics who are scattered throughout the world«, und am Schluß dieses Textes wird unter Anspielung auf Carl Friedrich Gauß' Motto »pauca sed matura« das Prinzip »immatura sed multa« verkündet. Die ersten Herausgeber waren Bruce Chandler, Harold M. Edwards und Irene Heller als Managing Editors. Im Jahre 1993 erschien Band 15 mit den Herausgebern Chandler Davis (Editor-in-Chief), Robert Burckel, Ian Stewart, Jet Wimp, David Gale, Jeremy J. Gray und Robin Wilson.

Gemeinsam mit der American Statistical Association wurde in New York 1989 die Zeitschrift ›Chance – New Directions for Statistics and Computing‹ gegründet.

Als Ergänzung des Mathematikprogramms in den »angewandten« Bereichen und im ›Scientific Computing‹ entstanden in neuerer Zeit ›Graphs and Combinatorics‹ (Tokyo seit 1985), ›Discrete and Computational Geometry‹ (New York seit 1986), ›Combinatorica‹ (Heidelberg; seit 1988 Kopublikation mit Akadémiai Kiadó, Budapest), ›Journal of Nonlinear Science‹ (New York seit 1991), ›Surveys on Mathematics for Industry‹ (Wien seit 1991), ›Calculus of Variations and Partial Differential Equations‹ (Heidelberg seit 1993).

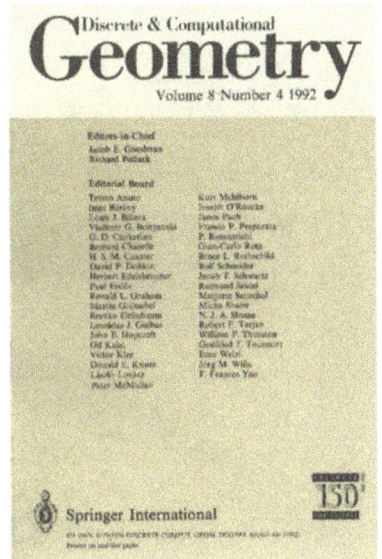 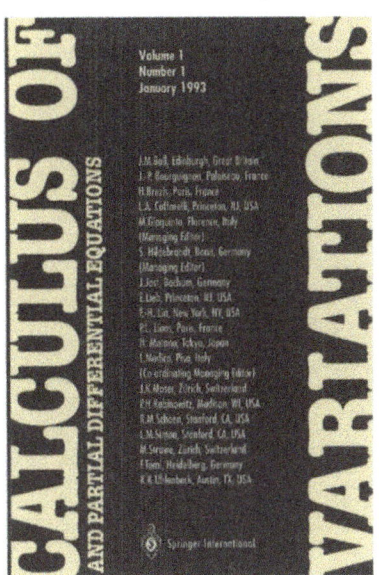 

Unter den Buchreihen sind zu nennen: ›Springer Series in Computational Mathematics‹ (Heidelberg seit 1983), ›Algorithms and Combinatorics‹ (Heidelberg seit 1987), ›Texts in Applied Mathematics‹ (New York seit 1989), ›Interdisciplinary Applied Mathematics‹ (New York seit 1991) sowie ›Springer Series in Statistics‹ und ›Springer Texts in Statistics‹ (New York seit 1985) und ›Applications of Mathematics‹ (Heidelberg/New York seit 1985).

Die ›Graduate‹ und ›Undergraduate Texts in Mathematics‹ (beide New York) ergänzen das Programm unter der Herausgeberschaft von J. H. Ewing, F. W. Gehring und P. R. Halmos.

Mit Hilfe des uns seit langer Zeit verbundenen Mathematikers Revaz Gamkrelidze vom Steklov-Institut für Mathematik der Russischen Akademie der Wissenschaften in Moskau und aufgrund der historisch gewachsenen engen Zusammenarbeit mit herausragenden Mathematikern der Republiken der ehemaligen Sowjetunion, insbesondere in Moskau und St. Petersburg, ist es seit 1988 gelungen, eine ›Encyclopaedia of Mathematical Sciences‹ zu schaffen. Die von Gamkrelidze gewonnenen russischen Texte werden ins Englische übersetzt und die vom Springer-Verlag besorgten englischsprachigen Bände russisch im Moskauer Verlag Viniti publiziert. Der hohe Standard der ersten Bände russischer Autoren hat die hervorragendsten Mathematiker des Westens zur Mitwirkung angeregt. Bisher sind 42 Bände in englischer Sprache erschienen, die weite Verbreitung gefunden haben.

Der Verlag fühlte stets die Verpflichtung, die Erkenntnisse der Forschung den Studierenden durch Lehrbücher zugänglich

421 ›*Discrete and Computational Geometry*‹, Bd. 8, Heft 4, 1992.
422 ›*Calculus of Variations and Partial Differential Equations*‹, Bd. 1, Heft 1, 1993. – **423** ›*Surveys on Mathematics for Industry*‹, Bd. 2, Heft 1, 1992.

424 *Jerrold E. Marsden (1942) ist seit 1982 Mitherausgeber der Reihe* ›Applied Mathematical Sciences‹, *Gründungsmitglied (1991) und Mitherausgeber der Zeitschrift* ›Journal of Nonlinear Science‹. *1990 konnte Marsden den Norbert-Wiener-Preis der American Mathematical Society entgegennehmen.*

425 ›Applications of Mathematics‹, Bd. 21, 1990. – **426** ›Graduate Texts in Mathematics‹, Bd. 133, 1992.
427 M. Koecher ›Lineare Algebra‹ (›Springer-Lehrbuch‹), 3. Aufl. 1992.

428 *Heinz-Otto Peitgen (1945) ist seit 1977 Professor für Mathematik an der Universität Bremen, wo er maßgeblich am Aufbau des Instituts für Dynamische Systeme beteiligt war. In dessen Rahmen gründete er 1982 ein Computergrafiklabor für mathematische Experimente, das mit den Visualisierungen von Fraktalen weltweit bekannt wurde. Seit 1991 lehrt Peitgen zugleich an der Florida Atlantic University in Boca Raton/Florida.*

zu machen. Seit Anfang der achtziger Jahre wurde dies insbesondere durch die Reihe ›Grundwissen Mathematik‹ verwirklicht, die von einer Herausgebergruppe (G. Hämmerlin, F. Hirzebruch, M. Koecher († 1990), H. Kraft, K. Lamotke, R. Remmert, W. Walter) betreut wird.

Das Lehrbuchprogramm hat in der Mathematik seinen besonderen Platz. Es wird zielstrebig ausgebaut und ist in das Gesamtlehrbuchprogramm des Verlages integriert.

Dem Ausbildungsbereich zuzuordnen sind die seit 1991 bei uns in englischer Sprache erscheinende Zeitschrift ›Quantum‹, die in Rußland konzipiert wurde, und seit 1992, in Zusammenarbeit mit der Deutschen Mathematiker-Vereinigung, die ›Mathematischen Semesterberichte‹. In den USA wird in Verbindung mit dem ›National Council of Teachers of Mathematics‹ (NCTM) das Buch von H.-O. Peitgen et al.: ›Fractals for the Classroom‹ publiziert. Bei uns erscheint zusammen mit dem Verlag Klett-Cotta die deutsche Ausgabe ›Bausteine des Chaos‹.

Für einen größeren Kreis an der Mathematik interessierter Leser sind Bücher wie die von Heinz-Otto Peitgen und Peter H. Richter: ›The Beauty of Fractals‹ oder Vladimir I. Arnol'd: ›Catastrophe Theory‹ bestimmt, geschrieben von Autoren, die dem Verlag eng verbunden sind.

Schließlich verdient die Edition gesammelter oder ausgewählter Werke bedeutender Mathematiker Beachtung, die hervorragendes Ansehen in der internationalen ›mathematical community‹ genießt. Diese Edition ist als »Blaue Reihe« – nach der Farbe der Einbände — jedem Mathematiker geläufig. Zu ihren Autoren gehören A. Borel, H. Cartan, S. S. Chern, I. M. Gel-

fand, F. Hirzebruch, L. K. Hua, K. Ito, E. Noether, K. Oka, B. Riemann, A. Selberg, J-P. Serre, C. L. Siegel und A. Weil. Unser Mathematikprogramm ist als Ganzes ein Beispiel für die Durchsetzungskraft bei den Käufern — auch im rein akademischen Bereich —, wenn in allen Teilgebieten höchste Qualität der Information angestrebt wird.

Es liegt in der Mathematik und in den Computerwissenschaften, der Physik und der Technik nahe, die modernen Möglichkeiten der elektronischen Texterfassung zu pflegen und zu entwickeln. Wir leisten hier in einer eigenen Abteilung Pionierarbeit durch den Einsatz von TEX-Makros für die Layoutgestaltung. Zweckmäßige und zeitsparende Hilfsmittel dieser Art werden rasch auch in anderen Disziplinen Verbreitung finden.

Erwähnenswert ist schließlich ein kleines Werk, sowohl wegen seines Themas als auch wegen seines Erfolges. Im Anschluß an die Osterfestspiele in Salzburg veranstaltete Herbert von Karajan im Landesstudio Salzburg des Österreichischen Rundfunks jeweils die ›Salzburger Musikgespräche‹ über Themen, die mit Musik im weitesten Sinne in Verbindung stehen. Er wurde dabei von dem Salzburger Ordinarius W. Simon unterstützt. Ich schlug 1984 das Thema ›Musik und Mathematik‹ vor, das unter der redaktionellen Leitung des Mathematikers Rudolf Wille, TH Darmstadt, vorbereitet und durchgeführt wurde. Es fand lebhaftes Interesse nicht nur unter den Zuhörern; die Schrift mit der Publikation der Vorträge wurde zur Freude der Autoren und des Verlages rasch ausverkauft und mußte zweimal nachgedruckt werden. Darüber hinaus erschien eine chinesische Lizenzausgabe — eine russische wird demnächst erscheinen.

429 *H.-O. Peitgen und P. H. Richter ›The Beauty of Fractals‹, 1986.*
430 *V. I. Arnol'd ›Catastrophe Theory‹, 3. Aufl. 1992.* – **431** *Jean-Pierre Serre (1926), vielfacher Autor des Verlags und Mitherausgeber der ›Ergebnisse der Mathematik und ihrer Grenzgebiete‹ und der ›Inventiones Mathematicae‹.*

432 *Heinz Götze und Rudolf Wille (Hrsg.) ›Musik und Mathematik‹, 1985.*

Computer Science / Informatik

433 (oben) ›Acta Informatica‹, Bd. 29, Heft 8, 1992. – 434 *Robert Sauer (1898–1970), Ordinarius für Mathematik 1948–1966 an der Technischen Hochschule München; Gründer der ›Numerischen Mathematik‹ zusammen mit F. K. Schmidt.* 435 *Friedrich L. Bauer (1924) war Assistent bei Fritz Bopp und bei Robert Sauer an der Technischen Hochschule München, 1962 o. Professor für Angewandte Mathematik an der Universität Mainz, ab 1963 o. Professor für Mathematik, ab 1972 für Informatik, an der Technischen Universität München, wo er aus seinem Hauptarbeitsgebiet Numerische Mathematik heraus zusammen mit seinem Freund Klaus Samelson die neue Disziplin Informatik aufbaute. Autor von Standardwerken, Herausgeber der ›Numerischen Mathematik‹ und der Sammlung ›Informatik‹ in der Reihe ›Heidelberger Taschenbücher‹ sowie Gründungsherausgeber von ›Acta Informatica‹ und ›Informatik-Spektrum‹. Sein lebenslanges wissenschaftliches Hobby ist die Kryptologie.*

Anfang der siebziger Jahre begann die Entwicklung eines neuen Teilgebietes der Mathematik, das in seinen Anwendungen eine kaum geahnte Bedeutung erlangt und schon heute von allen Bereichen menschlichen Handelns Besitz ergriffen hat. Die Ursprünge reichen weit in die Geschichte zurück. Gottfried Wilhelm Leibniz hat sich als erster in Europa mit dem digitalen Rechensystem befaßt [LEIBNIZ] und dabei auf frühere chinesische Überlegungen aufmerksam gemacht.

Die ersten Arbeiten auf dem Gebiete der numerischen Mathematik und der Automatentheorie erschienen in der ersten Hälfte unseres Jahrhunderts. Die Gründung unserer Zeitschrift ›Numerische Mathematik‹ im Jahre 1959 mit Alston S. Householder (Oak Ridge), Robert Sauer (München), Eduard Stiefel (Zürich), John Todd (Pasadena), Alwin Walther (Darmstadt) und einer hervorragend besetzten Gruppe von Mitherausgebern setzte ein Zeichen für den Beginn der theoretischen und praktischen Computerwissenschaften. Die Verselbständigung der neuen Wissenschaft wurde 1971 durch die Gründung der Zeitschrift ›Acta Informatica‹ mit Friedrich L. Bauer, München, Alan J. Perlis, Pittsburgh/PA und einem hochrangigen internationalen Editorial Board bestätigt.

Die technische Entwicklung von Computern und ihrer Programmierung ging parallel zu den formalen mathematischen Ansätzen: Beides wurde zum Gegenstand wissenschaftlicher Forschung und Lehre. Dabei verlief die Entwicklung in verschiedenen Ländern durchaus unterschiedlich. War das als »Informatik« bezeichnete Fach in Deutschland und Europa zunächst wesentlich von den mathematischen Grundlagen her bestimmt, so wurde die im Englischen als »Computer Science«

bezeichnete Fachrichtung in den USA und Japan sehr viel stärker den Ingenieurwissenschaften zugeordnet. Aus heutiger Sicht ist der eher praktische Zugang der Amerikaner und Japaner hinsichtlich der wirtschaftlichen Umsetzung wissenschaftlicher Forschung besonders erfolgreich gewesen.

Der Springer-Verlag ist durch seine alten und engen Verbindungen zur Mathematik und zu den Ingenieurwissenschaften sehr früh mit deutschen und internationalen Wissenschaftlern in Verbindung gekommen, die sich dem Auf- und Ausbau dieses Faches widmeten, und der Verlag hat seit den siebziger Jahren

436 *Wilfried Brauer (1937) wurde 1971 erster Ordinarius für Informatik der Universität Hamburg; 1985 Wechsel zur Technischen Universität München. Mitgründer und Hauptherausgeber des ›Informatik-Spektrums‹ und der ›Informatik-Fachberichte‹; Mitgründer und -herausgeber der ›Studienreihe Informatik‹ und der ›EATCS Monographs on Theoretical Computer Science‹.* – **437** *Gerhard Goos (1937) ist seit 1970 Professor der Informatik an der Universität Karlsruhe. Lehrbuchautor des Springer-Verlags, Hauptherausgeber der ›Lecture Notes in Computer Science‹, Mitherausgeber der ›Studienreihe Informatik‹ und mehrerer wissenschaftlicher Zeitschriften.* – **438** *Juris Hartmanis (1928) ist seit 1965 Professor am Computer Science Department der Cornell University, Ithaca/NY. 1993 erhielt er den Alan M. Turing Award der ACM, der als »Nobel-Preis der Informatik« gilt. Er ist Hauptherausgeber der ›Lecture Notes in Computer Science‹.*

Computing. 1966 (Wien)
Mathematical Systems Theory. 1966 (New York)
Acta Informatica. 1971
Informatik-Spektrum. 1978
Annals of the History of Computing. 1979 (1988 übernommen. New York)
Abacus. 1983 (New York; bis 1988)
New Generation Computing. 1983 (mit Ohmsha)
Structured Language World. 1985 (New York; seit 1989: Structured Programming; 1993 Heidelberg; seit 1994: Software – Concepts and Tools)
The Visual Computer. 1985
Algorithmica. 1986 (New York)
APL News. 1986 (New York; bis 1991)
Distributed Computing. 1986
Informatik – Forschung und Entwicklung. 1986
AI & Society. 1987 (London)
The Turing Institute Abstracts in Artificial Intelligence. 1987 (1991 übernommen, London)
Journal of Cryptology. 1988 (New York)
Machine Vision & Applications. 1988 (New York)
Formal Aspects of Computing. 1989 (London)
AAECC – Applicable Algebra in Engineering, Communication and Computing. 1990
Kognitionswissenschaft. 1990
Offene Systeme. 1992
Multimedia Systems. 1993
Neural Computing & Applications. 1993 (London)

Informatik-Zeitschriften im Springer-Verlag. Mit Jahr der Gründung bzw. Übernahme (chronologisch)

439 *D. Gries ›The Science of Programming‹, 1981 (in der Reihe ›Texts and Monographs in Computer Science‹)* – **440** *David Gries (1939) ist seit 1969 Professor am Computer Science Department der Cornell University, Ithaca/NY. Er ist Hauptherausgeber der Buchreihe ›Texts and Monographs in Computer Science‹ (ab 1993 zusammen mit Fred B. Schneider), Herausgeber von ›Acta Informatica‹ und mehrfacher Autor des Springer-Verlags.* – **441** *Fred B. Schneider (1953) ist Professor am Computer Science Department der Cornell University, Ithaca/NY. Er ist Hauptherausgeber der Zeitschrift ›Distributed Computing‹ und (zusammen mit D. Gries) der Buchreihe ›Texts and Monographs in Computer Science‹ sowie Buchautor im Springer-Verlag*

ein beachtliches Verlagsprogramm entwickelt, das heute mit mehr als 1000 erschienenen Büchern und 15 Fachzeitschriften zu den erfolgreichsten Programmen des Verlages gehört.

Dabei haben wir uns der Mithilfe einiger herausragender Wissenschaftler erfreut, die sowohl die Entwicklung der Computer Science insgesamt als auch das Programm des Springer-Verlags geprägt haben. In Deutschland waren es Robert Sauer und vor allem Friedrich L. Bauer, Gerhard Goos, Wilfried Brauer und José L. Encarnaçao, in den USA Alston S. Householder, Juris Hartmanis und David Gries und in Japan Tosiyasu L. Kunii. Sie haben an der Entwicklung unseres Programms als Herausgeber und als Berater des Verlags maßgebend teilgenommen.

Trotz der ursprünglich besonders engen Verbindung zur Mathematik haben sich die Publikationen zum Thema Computer Science/Informatik sehr schnell eigenständig und vorwiegend anwendungsbezogen entwickelt. Als Beispiele seien genannt: Kathleen Jensen, Niklaus Wirth: ›Pascal User Manual and Report‹ (seit 1974); Niklaus Wirth: ›Programming in Modula 2‹ (1982 ff.); William F. Clocksin und Christopher S. Mellish: ›Programming in Prolog‹ (seit 1981); Jürgen Gulbins: ›UNIX‹ (seit 1984). Diese Bücher sind Standardpublikationen am Weltmarkt bzw. am deutschsprachigen Markt geworden.

Die Gestaltung des Gesamtprogramms ging zwar vom Heidelberger Haus aus, ist aber sehr rasch und mit Nachdruck in New York, in Tokyo und in London aufgenommen und vorangetrieben worden. 1985 entschloß ich mich, im Zentrum der angewandten Computer Science, im »Silicon Valley« in Kalifornien, ein Kontaktbüro zu gründen. Wir wählten zunächst Santa Barbara/CA, und Gerhard Rossbach übernahm die Leitung. Er

442 *Gerhard Rossbach (1950) begann seine Springer-Laufbahn 1983 als Planer Informatik. 1986 ging er nach Santa Barbara, um schließlich 1990 in Heidelberg die Leitung der Informatik II zu übernehmen. –*
443 *Hans Wössner (1941) promovierte 1970 in Informatik an der Technischen Universität München bei F. L. Bauer, mit dem er das Lehrbuch ›Algorithmische Sprache und Programmentwicklung‹ verfaßte (in deutsch und englisch, Springer-Verlag). Seit 1985 ist er Leiter der Planung Informatik I.*

kehrte im Oktober 1990 nach Heidelberg in den Planungsbereich Informatik zurück, der von Hans Wössner, einem Schüler F. L. Bauers, weitergeführt worden war.

Die Verbindung zum »Silicon Valley« haben wir von New York aus im Oktober 1991 durch die Gründung eines Büros in Santa Clara weitergeführt. Es steht unter der Leitung von Allan M. Wylde, der seine Aufgaben und sein mit TELOS, The Electronic Library of Science, bezeichnetes Programm selbst beschrieben hat. Daraus seien die folgenden wichtigen Aussagen zitiert:

The TELOS vision embraces the publishing philosophy of providing high quality information for the scientific community by coupling the publication of books and periodicals produced in the traditional paper medium with the interactive capabilities offered by the new electronic media. This, then, is a »turning point«.

444 *Seit November 1991 Stützpunkt des Springer-Verlags an der Westküste der USA: das Büro in Santa Clara/CA im ›Silicon Valley‹, einem Zentrum der Computertechnik. –*
445 *Allan M. Wylde (1936) betreut als Leiter des Büros in Santa Clara u. a. ›TELOS, The Electronic Library of Science‹.*

At the same time, however, TELOS completely subscribes to the longstanding Springer philosophy of publishing excellence. The value of the message is foremost, while the vehicle for delivery of the information, although certainly important, is of secondary significance.

TELOS is on the forefront of scientific and technical information delivery for the 21st century.

Dieses Programm hat zwei wesentliche Vorzüge:

1. Es enthält neueste und wertvolle Informationen zu wichtigen Anwendungsbereichen.
2. Diese Informationen werden über moderne Medien vermittelt, die dem heutigen Stand der Computer Science entsprechen.

Wichtig ist dabei die Rangfolge der Wertigkeit: Den Käufer interessiert in erster Linie die Qualität der *Information*. Die Technologie der *Vermittlung* dieser Information ist bei aller Eigenbedeutung zweitrangig. Das TELOS-Programm ist zur Verbreitung über unser inzwischen globales Vertriebssystem besonders geeignet.

In Heidelberg erfreuten wir uns für unser Informatikprogramm der Mithilfe so sachkundiger, an der Front der Wissenschaft tätiger Berater wie — neben den bereits oben Erwähnten — Cliff B. Jones (Manchester), Gustav Pomberger (Linz), Grzegorz Rozenberg (Leiden), Arto Salomaa (Turku), Fred B. Schneider (Ithaca), Niklaus Wirth (Zürich), Manfred Broy (München), Jacques Calmet (Karlsruhe), Albert Endres (Böblingen/München), Peter C. Lockemann (Karlsruhe), Manfred Nagl (Aachen), Peter Schnupp (München), Jörg Siekmann (Saarbrücken) und Horst Strunz (Köln).

446 ›*Lecture Notes in Computer Science*‹, Bd. 606, 1992. – **447** ›*Algorithmica*‹, Bd. 8, Hefte 5/6, 1992. **448** ›*Informatik-Spektrum*‹, Bd. 15, Heft 5, 1992.

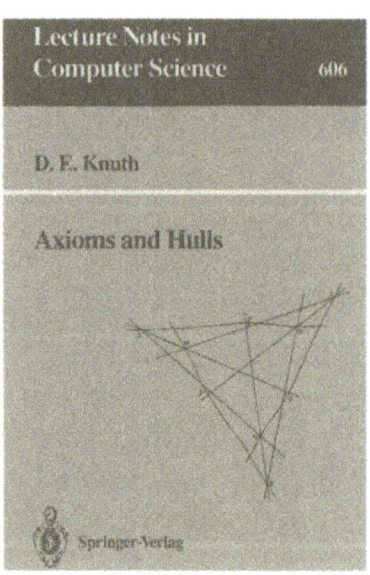

Ein Grundpfeiler des Programms ist die Reihe ›Lecture Notes in Computer Science‹, in der seit 1973 mehr als 750 Bände erschienen sind: Monographien und überwiegend Tagungsberichte. Die Bedeutung und Beliebtheit dieser Reihe ist daran erkennbar, daß in ihr fast jeder aktive Wissenschaftler einmal Springer-Autor oder -Herausgeber geworden ist.

Im deutschsprachigen Bereich ist es dem Springer-Verlag gelungen, den Kontakt zur Informatikszene durch fruchtbare Zusammenarbeit mit der Gesellschaft für Informatik (GI) im Buch- und Zeitschriftenbereich intensiv zu pflegen.

Die Informatik ist im »Haken-Lehrbuchprogramm« mit folgenden neueren Titeln vertreten:

- Helmut Bähring: Mikrorechner-Systeme. 1991
- Bernd Page: Diskrete Simulation. 1991
- Rolf G. Henzler: Information und Dokumentation. 1992
- Max Mühlhäuser und Alexander Schill: Software Engineering für verteilte Anwendungen. 1992
- Peter H. Schmitt: Theorie der logischen Programmierung. 1992
- Reinhard Wilhelm und Dieter Maurer: Übersetzerbau. 1992
- Friedrich L. Bauer und Gerhard Goos: Informatik 1 und 2. 4. Aufl. 1992
- Friedrich L. Bauer: Kryptologie. 1993
- Manfred Broy: Informatik. Teil I 1992, II 1993
- Walter Felscher: Berechenbarkeit. 1993
- Wolfgang K. Giloi: Rechnerarchitektur. 2. Aufl. 1993
- Paul Rojas: Theorie der neuronalen Netze. 1993

449 *F. L. Bauer und G. Goos ›Informatik 1. Eine einführende Übersicht‹ (›Springer-Lehrbuch‹), 4. Aufl. 1991, bearbeitet von F. L. Bauer und W. Dosch.*

Physik

Auf die verlegerischen Bemühungen in diesem der Mathematik nahestehenden Gebiet der exakten Naturwissenschaften ist schon hingewiesen worden: auf das ›Handbuch der Physik‹, die Lehrbücher von Gerthsen und Pohl und vor allem die seit den 20er Jahren angesehene ›Zeitschrift für Physik‹, eine der erfolgreichsten physikalischen Zeitschriften des 20. Jahrhunderts. Die unseligen Zeiten der 30er Jahre und des Zweiten Weltkrieges hatten die Forschung in Deutschland zurückgeworfen und damit auch die entsprechende Zeitschriftenliteratur beeinträchtigt. Der Anschluß an die internationale Forschung gelang nur schrittweise. Die planerischen Leistungen der ersten Nachkriegsjahrzehnte im Verlag unter der Leitung von Hermann Mayer-Kaupp, besonders auch die wichtigen Kontakte in die USA zu Clifford Truesdell, waren erfolgreich und haben Bestand gehabt.

Am 5. Mai 1955 wurden die Forschungsbeschränkungen des Potsdamer Abkommens durch die ›Pariser Verträge‹ aufgehoben. Deutschland erhielt seine Souveränität zurück. Dies war

 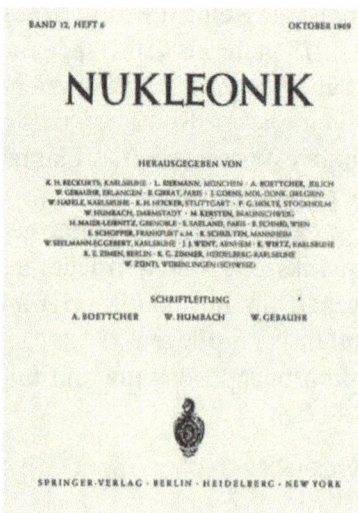 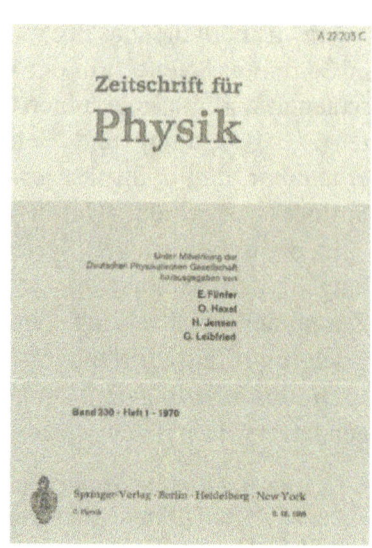

450 *Heinz Maier-Leibnitz (1911), Förderer und Mitherausgeber unserer Zeitschriften ›Nukleonik‹ und ›Naturwissenschaften‹; von 1974 bis 1979 Präsident der Deutschen Forschungsgemeinschaft.* – **451** *›Nukleonik‹, Bd. 12, Heft 6, 1969.* – **452** *›Zeitschrift für Physik‹, Bd. 230, Heft 1, 1970.*

453 *›Astronomy and Astrophysics‹, Bd. 266, Heft 2, 1992. – Bei der Gründung dieser Zeitschrift spielten die Astronomen (**454**) Hans Elsässer (1929) und (**455**) Albrecht Unsöld (1905) eine entscheidende Rolle.*

von besonderer Bedeutung für die Kernphysik. Noch im gleichen Jahre wurde das Bundesministerium für Atomfragen gegründet (1. Dezember 1955). Wir begannen 1958 die Zeitschrift ›Nukleonik‹. Sie wurde 1969 mit Band 12 eingestellt, da ihr Themenbereich im Rahmen der ›Zeitschrift für Physik‹ hinreichend repräsentiert werden konnte.

Zu Mayer-Kaupps Verdiensten gehört ein verlegerisches Unikum: die 1969 mit Unterstützung des deutschen Astronomen, insbesondere Hans Elsässer geschaffene Zeitschrift ›Astronomy and Astrophysics‹. Für diese gesamteuropäische Zeitschrift stellten sieben Länder und Verlage, darunter auch der Springer-Verlag mit seiner erfolgreichen, von Albrecht Unsöld herausgegebenen ›Zeitschrift für Astrophysik‹ (seit 1930), ihre Jour-

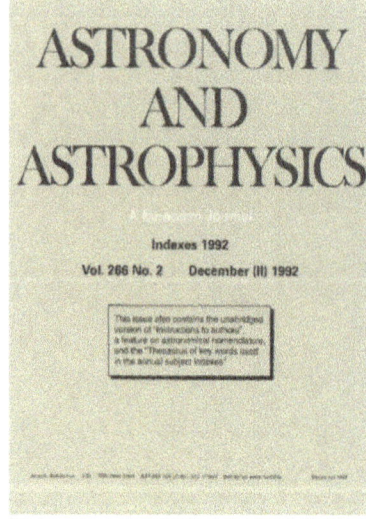  

nale zugunsten einer einzigen europäischen Zeitschrift ein, die dem Springer-Verlag anvertraut wurde. Die Zeitschrift gehört allerdings nicht uns, sondern ihrem ›Board of Directors‹, das der ESO (European Southern Observatory) angegliedert ist. Die Neigung, diese Zeitschrift Springer in Verlag zu geben, entsprang sowohl wirtschaftlichen Überlegungen als auch dem Vorbild unserer inzwischen systematisch geschaffenen Gruppe international-*europäischer* Zeitschriften.

Ebenfalls im Jahre 1969 begann das erfolgreichste Projekt in der Astronomie, die ›Astronomy and Astrophysics Abstracts‹, herausgegeben von Walter Fricke, später Roland Wielen vom Astronomischen Recheninstitut in Heidelberg.

Die mit Siegfried Flügge und Gerhard Höhler begonnenen, von P. Falk-Vairant und Otto Haxel geförderten ›Springer

456, 457 *Der Träger des Nobelpreises für Physik (1963) J. Hans D. Jensen (1907–1973) und Otto Haxel (1909), zu dessen Hauptarbeitsgebiet in der Kernphysik die Umwandlung von Atomen gehört, verhalfen den ›Springer Tracts in Modern Physics‹ zu ihrer heutigen Geltung.* – **458** ›*Springer Tracts in Modern Physics‹, Bd. 126, 1992.*

459 *Wolf Beiglböck (1939), Professor für Mathematische Physik am Institut für Angewandte Mathematik in Heidelberg, ist seit 1973 beratend für den Springer-Verlag tätig.* **460** *Helmut K. V. Lotsch (1933) kam 1972 nach einem zehnjährigen USA-Aufenthalt zum Springer-Verlag; er war von 1961 bis 1963 NATO-Stipendiat am California Institute of Technology und an der Stanford University (1963/64).*

461 *Hans A. Weidenmüller (1933), Professor für Theoretische Physik und Direktor des Max-Planck-Instituts für Kernphysik in Heidelberg. Er gab die wesentlichen Impulse, die traditionsreiche deutsche ›Zeitschrift für Physik‹ in eine internationale, inzwischen vierteilige Fachzeitschrift umzugestalten. –*
462 *Hans-Joachim Queisser (1931) ist seit 1971 Direktor des Max-Planck-Instituts für Festkörperforschung in Stuttgart, dem wissenschaftlichen Zentrum Deutschlands für dieses Arbeitsgebiet.*

Tracts in Modern Physics‹ kündigten die Öffnung unseres Programms zur internationalen physikalischen Forschung an.

Am 17. Juni 1966 wurde Wolf Beiglböck freier Mitarbeiter, und am 1. Januar 1972 kam Helmut Lotsch als Physikplaner zu uns. Beide konnten an das bis dahin Geleistete anschließen. Sie setzten sich im Sinne der Geschäftsleitung für den Aufbau eines internationalen, englischsprachigen Physikprogramms höchsten Niveaus ein — parallel zu dem wiedererlangten Anschluß der deutschen Forschung an internationale Standards. Hierbei waren zahlreiche deutsche Physiker der jüngeren Generation beteiligt, wie Jürgen Ehlers, Klaus Hepp, Gisbert Frhr. zu Putlitz und Hans A. Weidenmüller sowie die Direktoren am Stuttgarter Max-Planck-Institut für Festkörperphysik Manuel Cardona, Peter Fulde, Klaus von Klitzing (Nobelpreis 1985) und Hans-Joachim Queisser.

Von maßgeblicher Bedeutung für die Entwicklung unseres Physikprogramms war der weitere Ausbau der ›Zeitschrift für Physik‹. Mit Beiglböck, unterstützt von Weidenmüller, haben wir sie 1975 zweigeteilt: Teil A: ›Atom- und Kernphysik‹ (›Atomics and Nuclei‹), wie in der alten Zeitschrift, und Teil B: ›Festkörperphysik‹ (›Condensed Matter‹) unter Einbeziehung der Gebiete unserer 1963 gegründeten Zeitschrift ›Physik der kondensierten Materie‹, die wir gleichzeitig einstellten. Damit erhielt die Zeitschrift ein neues Momentum, wurde stärker beachtet und überstand den damals dramatischen Verfall der Bibliotheksetats, dem die angesehene und dem Genfer Forschungszentrum CERN nahestehende italienische Zeitschrift ›Nuovo Cimento‹ zum Opfer fiel. Wir hatten 1979 Teil C: ›Teilchenphysik‹ (›Particles and Fields‹) gegründet und waren damit

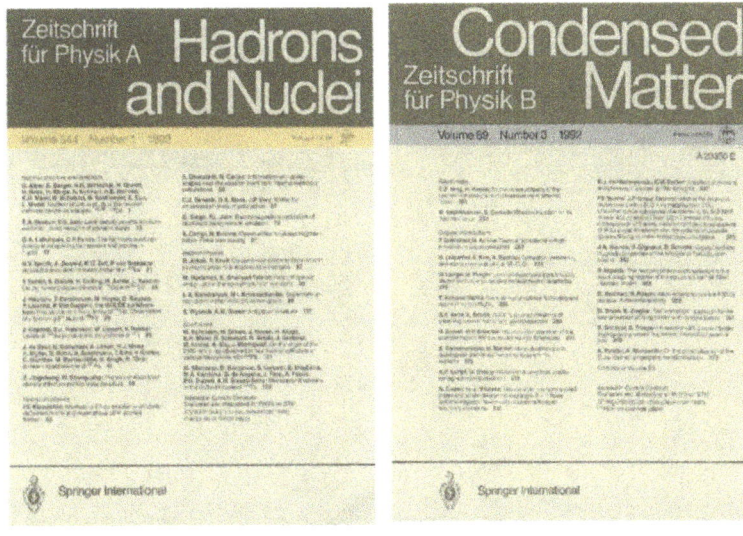

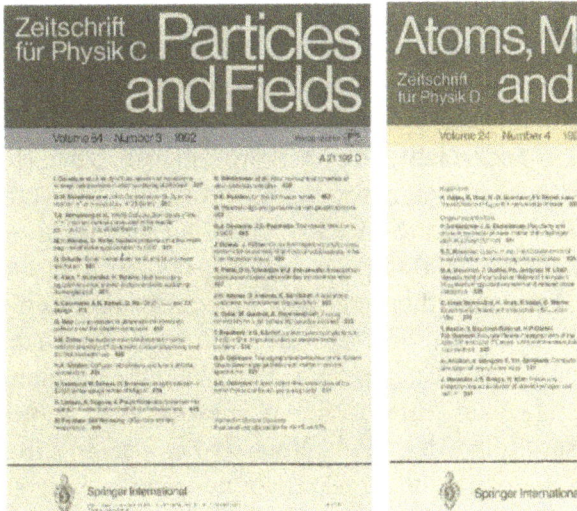

463–466 *Die ›Zeitschrift für Physik‹, die seit 1921 im Springer-Verlag erscheint, wurde seit 1975 wegen der fortschreitenden Spezialisierung in vier thematisch orientierte Ausgaben (A bis D) gegliedert.* **463** *Ausgabe A, Bd. 344, Heft 1, 1992.* – **464** *Ausgabe B, Bd. 89, Heft 3, 1992.* – **465** *Ausgabe C, Bd. 54, Heft 3, 1992.* – **466** *Ausgabe D, Bd. 24, Heft 4, 1992.*

erfolgreich in die Bresche gesprungen. Mit der Einbeziehung der ›Molekularphysik‹ (›Atoms, Molecules and Clusters‹) seit 1986 als Teil D der ›Zeitschrift für Physik‹ waren alle Teilbereiche der Physik vertreten — ergänzt durch die zweiteilige Zeitschrift ›Applied Physics‹. Der Vorgang ist ein gutes Beispiel dafür, daß man gerade in schlechten Zeiten versuchen muß, der Beste zu werden und aufgrund höchster Qualität die Krise zu überstehen. In der ›Zeitschrift für Physik‹ Teil B Band 64, S. 189, ist 1986 die Arbeit ›Possible High T_c Superconductivity in the Ba–La–Cu–O System‹ von Georg Bednorz und Karl Alexander Müller erschienen, die 1987 für ihre Forschungen auf diesem Gebiet den Nobelpreis erhielten.

Daneben wurde das physikalische Zeitschriftenprogramm insgesamt weiter ausgebaut, so daß wir heute elf erfolgreiche

467 ›Springer Series in Solid-State Sciences‹, Bd. 1, 3. Aufl. 1990. –
468 ›Springer Series in Information Sciences‹, Bd. 8, 3. Aufl. 1989. –
469 ›Topics in Applied Physics‹, Bd. 1, 3. Aufl. 1990.

470 A. Unsöld und B. Baschek ›Der neue Kosmos‹, 5. Aufl. 1991.

Physikzeitschriften verlegen, darunter die ›Communications in Mathematical Physics‹ (1965). Parallel dazu wurde im Planungsbereich von Helmut Lotsch, in enger Zusammenarbeit mit dem Stuttgarter Max-Planck-Institut für Festkörperphysik, ein hochqualifiziertes Buch- und Reihenprogramm entwickelt. Die dort verankerte Reihe ›Springer Series in Solid-State Sciences‹ — seit 1978 sind mehr als 100 Bände erschienen — dürfte in ihrem Fachgebiet international führend sein. Ferner ist die Reihe ›Springer Series in Optical Sciences‹ zu nennen, deren erster Band ›Solid-State Laser Engineering‹ von Walter Koechner, sich zu einem Klassiker entwickelt hat. Besonders beachtet wurde aus dieser Reihe der Titel ›Nonlinear Laser Spectroscopy‹ von V. S. Letokhov und V. P. Chebotayev, zwei hervorragenden russischen Autoren. Als eine Bibel der neuronalen Netzwerke hat sich ›Self-Organisation and Associative Memory‹ von Teuvo Kohonen erwiesen, das in der ›Springer Series in Information Sciences‹ 1989 in 3. Auflage erschien.

Hinzuweisen ist ferner auf die Reihen ›Topics in Applied Physics‹ und ›Springer Series in Chemical Physics‹ deren 42. Band die Arbeiten der Nobelpreisträger I. Deisenhofer, R. Huber und H. Michel als Proceedingsband bringt: ›Antennas and Reaction Centers of Photosynthetic Bacteria‹.

Ergänzt wird dieses Buchprogramm durch eine Reihe moderner Lehrbücher wie ›Atomic and Quantum Physics‹ von Hermann Haken und Hans C. Wolf (5. Aufl. 1993) oder ›Festkörperphysik‹ von Harald Ibach und Hans Lüth (3. Auflage 1990). Das klassische Lehrbuch von Albrecht Unsöld ›Der neue Kosmos‹ ist in der Neubearbeitung seines Schülers Bodo Baschek weiterhin erfolgreich (5. Auflage 1991).

Schlaglichter auf das Programm: Chemie

Chemie

Die chemischen Wissenschaften haben in Deutschland eine lange und interessante Geschichte, die von der Entwicklung einer potenten chemischen Industrie begleitet wurde. ›Beilsteins Handbuch der Organischen Chemie‹ und das von Gmelin gegründete ›Handbuch der Anorganischen Chemie‹ (seit 1973 im Vertrieb durch den Springer-Verlag) legen davon Zeugnis ab [BECKE-GOEHRING] (s. oben S. 55f.).

Über die älteste, 1862 gegründete Fachzeitschrift ›Fresenius' Zeitschrift für Analytische Chemie‹ wurde bereits berichtet [FRESENIUS; GÖTZE (3); SARKOWSKI (2)].

Zwei Handbücher aus dem Bereich der Chemie gelten als Standardwerke ihres Faches, die noch heute regelmäßig konsultiert werden: Das von Ludwig Fresenius (gestorben 1936) vorbereitete ›Handbuch der analytischen Chemie‹ wurde seit 1940 von dessen Vetter Remigius Fresenius zusammen mit Gerhart Jander herausgegeben (bis 1949). Wilhelm Fresenius setzte die Tradition fort; bis 1967 noch mit Jander, nach dessen Tod allein. Geplant waren drei Teile: Die ›Allgemeine Methodik und Spezielle Verfahren‹ (Teil 1), ›Qualitative Nachweisverfahren‹ (Teil 2) und ›Quantitative Bestimmungs- und Trennungsmethoden‹ (Teil 3). Der zweite Teil erschien von 1944 bis 1963 in insgesamt neun Bänden, der dritte in insgesamt acht Bänden von 1940 bis 1978. Die Teile waren nach dem Periodensystem der Elemente geordnet. Der Band ›Allgemeine Methodik und Spezielle Verfahren‹ wurde nicht realisiert.

Das zweite Standardwerk der Chemie, das ›Handbuch der Lebensmittel-Chemie‹, erschien erstmals 1933 bis 1942 in neun Bänden mit zwölf Teilbänden. Herausgeber waren Joseph Tillmans (bis 1935), Aloys Bömer (bis 1936), Adolf Juckenack (bis

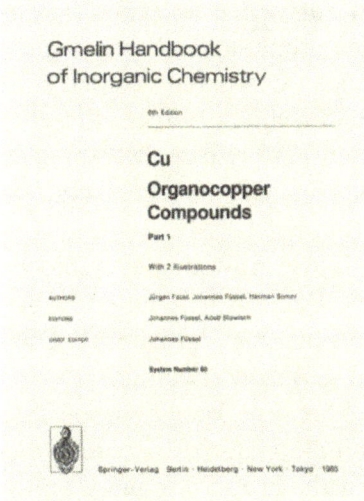
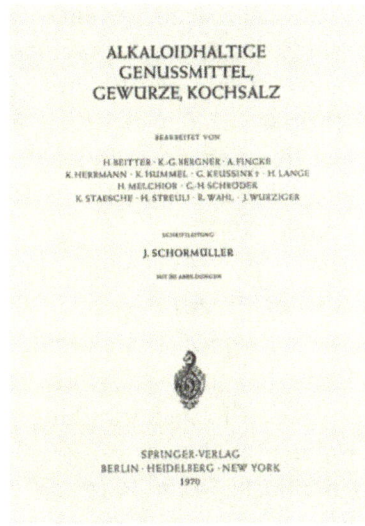

471 ›*Gmelin Handbook of Inorganic Chemistry*‹, *8. Aufl.,* ›*Cu – Organocopper Compounds, Part 1*‹, *1985.* – **472** *L. Acker et al. (Hrsg.)* ›*Handbuch der Lebensmittel-Chemie*‹, *Bd. 6, 1970.*

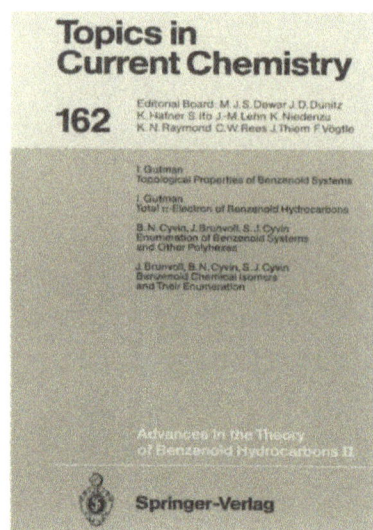
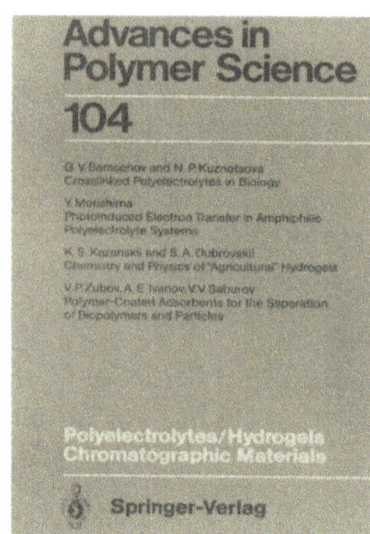
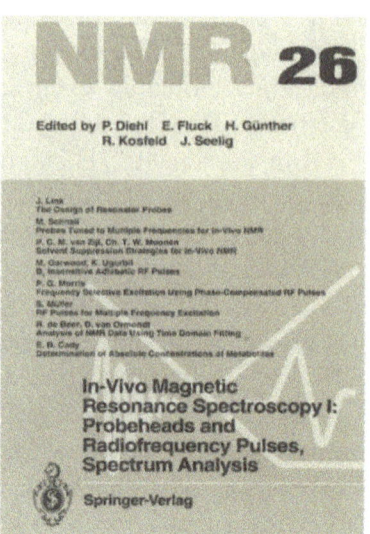

473 ›Topics in Current Chemistry‹, Bd. 162, 1992. – **474** ›Advances in Polymer Science‹, Bd. 104, 1992. – **475** ›NMR Basic Principles and Progress‹, Bd. 26, 1992.

476 Friedrich L. Boschke (1920), bis 1984 Planer für Chemie, betreute zugleich die Zeitschrift ›Die Naturwissenschaften‹.

1938), sowie Ernst Bames, Benno Bleyer und Johann Großfeld (alle 1938 bis 1942). Die zweite Auflage wurde von 1965 bis 1970 wiederum in neun Bänden mit zwölf Teilen publiziert. Die Gesamtredaktion lag bei Josef Schormüller. Als Herausgeber zeichneten Ludwig Acker, Karl-G. Bergner, W. Diemair, W. Heimann, F. Kiermeier, J. Schormüller und S. W. Souci.

Die 1949 als Zeitschrift gegründeten ›Fortschritte der chemischen Forschung‹, wurden 1965 in eine Buchreihe umgewandelt und 1973 umbenannt in ›Topics in Current Chemistry‹. Sie sind seither völlig englischsprachig, nachdem wir durch unsere Niederlassung in New York, später auch in Tokyo, den englischsprachigen Markt gewonnen hatten. Um die Betreuung unseres Verlagsprogramms Chemie hat sich von 1964 bis 1984 Friedrich L. Boschke verdient gemacht.

Im Zuge der Hinwendung zur englischen Sprache erfolgten zahlreiche englischsprachige Neugründungen. Hierher gehören: ›Advances in Polymer Science‹, gegründet 1958 als Fortschrittsreihe der Hochpolymerenforschung, ferner ›Structure and Bonding‹, gegründet 1966, seit 1970 rein englischsprachig, und schließlich ›NMR — Basic Principles and Progress‹, gegründet 1969.

Für die Entwicklung industrieller Anwendungen biochemischer Prozesse wurde 1971 die Fortschrittsreihe ›Advances in Biochemical Engineering/Biotechnology‹ gegründet. Diese Reihe hat sich inzwischen hohes Ansehen erworben.

Zu den Reihengründungen gehört ›The Handbook of Environmental Chemistry‹ (1980) und die materialwissenschaftlich orientierte Reihe ›Crystals. Growth, Properties and Applications‹ (1978). Mit diesen englischsprachigen Veröffentlichun-

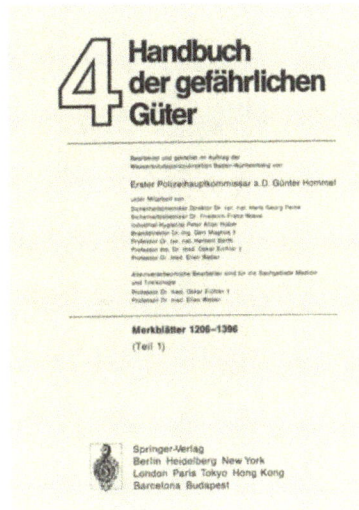 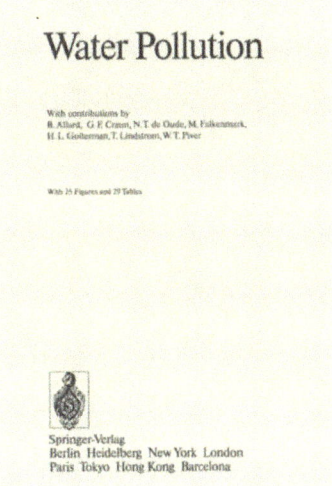 

gen, insbesondere den Fortschrittsreihen, konnten Autoren aus den USA und Japan für den Springer-Verlag gewonnen werden; sie kennzeichnen seither das weltweite Spektrum der wissenschaftlichen Verlagsarbeit im Bereiche der Chemie.

Das deutschsprachige Lehrbuchprogramm wurde in den siebziger Jahren zugunsten des Konzepts eines englischsprachigen ›Advanced Textbook‹ zeitweilig zurückgedrängt. Allerdings erschienen das dreibändige Lehrbuch ›Chemie für Laboranten und Chemotechniker‹ von Hans P. Latscha, Helmut A. Klein und Klaus Gulbins (1980, 1982, 1984) sowie das ›Lehrbuch der Lebensmittelchemie‹ von Hans D. Belitz und Werner Grosch (3. Aufl. 1987), das das seinerzeit berühmte Lehrbuch von Joseph Schormüller (1961 und 1974) fortführte. Das Lehrbuch ›Lebensmittelchemie‹ von Werner Baltes (1983) legt das Schwergewicht auf die Lebensmittel-Technologie.

Mit dem ›Handbuch der gefährlichen Güter‹ von Günter Hommel (1974) setzte sich der Verlag frühzeitig für den sicheren Umgang mit Chemikalien ein. Es ist ein weit über die Grenzen Deutschlands hinaus unentbehrlich gewordenes Standardwerk, das heute schon auf vier Bände angewachsen ist und durch Ergänzungslieferungen ständig aktualisiert wird. Die Daten sind inzwischen zusätzlich auf CD-ROM verfügbar.

Neben den Kerngebieten der organischen und anorganischen Chemie pflegt der Verlag weitere thematische Schwerpunkte mit Zeitschriften, Reihen und Lehrbüchern. Genannt seien die theoretische Chemie mit der Zeitschrift ›Theoretica Chimica Acta‹, 1962 als erste Zeitschrift dieses Gebietes gegründet, die Lebensmittelchemie mit der bewährten ›Zeitschrift für Lebensmittel-Untersuchung und -Forschung‹, die älteste, 1886 von

477 *G. Hommel (Hrsg.) ›Handbuch der gefährlichen Güter‹, Bd. 4: Merkblätter 1206–1396 (Teil 1), 1992.* – **478** *Otto Hutzinger (Hrsg.) ›Handbook of Environmental Chemistry‹, Bd. 5, Teil A, 1991.* **479** *H. P. Latscha, H. A. Klein und K. Gulbins ›Chemie für Laboranten und Chemotechniker‹, 2. Aufl. 1992.*

480 *Rainer W. Stumpe (1947) hat F. L. Boschke als verantwortlicher Planer des Chemieprogramms 1984 abgelöst.*

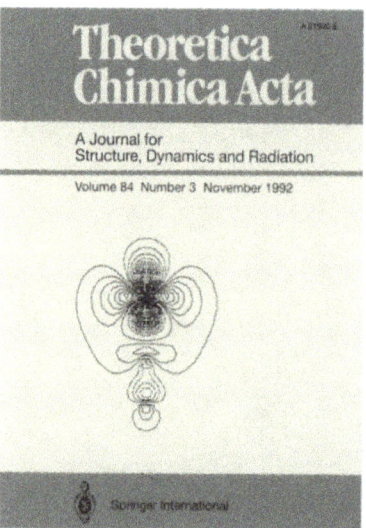

481 ›Theoretica Chimica Acta‹, Bd. 84, Heft 3, 1992. – **482** ›Zeitschrift für Lebensmittel-Untersuchung und -Forschung‹, Bd. 195, Heft 6, 1992.

Springer gegründete Zeitschrift [HS: 116 ff.]. Schon erwähnt wurde bereits die Fortschrittsreihe ›Advances in Polymer Science‹, für die 1978 ergänzend das ›Polymer Bulletin‹ geschaffen wurde. Das Chemieprogramm betreut seit 1983 Rainer Stumpe als verantwortlicher Leiter der Planung Chemie.

Geologie und Mineralogie

Für das Programm dieser Arbeitsgebiete in der unmittelbaren Nachkriegszeit haben Heidelberg (Otto Erdmannsdörffer) und Göttingen (Carl W. Correns) Pate gestanden. Bis Anfang der achtziger Jahre waren zwei Schwerpunkte für unser Programm maßgebend: die Sedimentologie und die Petrologie/Geochemie. Das ›Handbook of Geochemistry‹ (1969/1978) und der bis heute erfolgreiche Titel von Helmut G. F. Winkler: ›Petrogenesis of Metamorphic Rocks‹ (1. Aufl. 1967; 6. Aufl. in Vorbereitung) wurden bereits erwähnt.

Seit Mitte der sechziger Jahre erschienen Werke, die zu Klassikern auf dem Gebiete der Sedimentologie geworden sind wie Pettijohn/Potter: ›Atlas and Glossary of Primary Sedimentary Structures‹ (1964); Pettijohn/Potter/Siever: ›Sand and Sandstones‹ (1973); Reineck/Singh: ›Depositional Sedimentary Environments‹ (1973; 2. Aufl. 1986), Wilson: ›Carbonate Facies in Geologic History‹ (1975) und schließlich Potter/Maynard/Pryor: ›Sedimentology of Shale‹ (1980). Ihnen folgten in den achtziger Jahren so erfolgreiche Titel wie Andrew D. Miall: ›Principles of Sedimentary Basin Analysis‹ (1984; 2. Aufl. 1990) oder Galloway/Hobday: ›Terrigenous Clastic Depositional Systems‹ (1983). Die Entwicklung dieses Programms hat K.F. Springer maßgeblich bestimmt.

Der Erfolg unserer Planung war mitbedingt durch die expandierende Ölindustrie, die trotz der seit Mitte der achtziger Jahre einsetzenden und noch anhaltenden Krise den Markt günstig beeinflußte. Das bestätigen noch kürzlich erschienene Titel wie Einsele/Ricken/Seilacher: ›Cycles and Events in Stratigraphy‹ (1991) und Gerhard Einsele: ›Sedimentary Basins‹ (1992).

Im Bereiche Petrologie/Geochemie besitzt der Springer-Verlag die seit Jahren international angesehene Zeitschrift ›Contributions to Mineralogy and Petrology‹, die 1957 unter dem Titel ›Beiträge zur Mineralogie und Petrographie‹ von Erdmannsdörffer gegründet worden war und seit Band 12 (1966) einen englischen Titel trägt. Diese Zeitschrift steht in der Rubrik ›Mineralogie‹ des Journal's Citation Index (ISI) an der Spitze. An dritter Stelle rangiert seit 1990 ›Physics and Chemistry of Minerals‹ (gegründet 1977).

Seit Anfang der achtziger Jahre wurde das Gebiet Geophysik/Geodäsie ausgebaut und 1991 von der European Geophysical Society die ›Annales Geophysicae‹ übernommen. Zusammen mit dem ›Bulletin géodesique‹, Organ der International Association of Geodesy, und den ›Manuscripta geodaetica‹ ist die Geodäsie im Zeitschriftenbereich nahezu vollständig im Springer-Verlag angesiedelt. Das erfolgreichste Buch ist von Joseph Pedlosky: ›Geophysical Fluid Dynamics‹ (1979; 2. Aufl. 1986). Derzeit bauen wir unter der planerischen Leitung von Wolfgang Engel (seit 1984) die Fachbereiche Umweltgeologie und Angewandte Geologie aus, unter anderem durch die in New York erscheinende Zeitschrift ›Environmental Geology and Water Sciences‹. Auf diesem Gebiet wächst das allgemeine Interesse weltweit.

483 *Carl W. Correns (1893–1980), Pionier auf dem Gebiet der Sedimentpetrographie.* – **484** *Helmut G. F. Winkler (1915–1980) lehrte bis zu seinem Tode Petrologie am Mineralogisch-Petrologischen Institut der Universität Göttingen, dessen Direktor er auch war. Bis zuletzt führte er Feldarbeiten im Damera-Orogen in Namibia durch.*
485 *Francis J. Pettijohn (1904), bedeutender Forscher auf den Gebieten der sedimentären Geologie und Beckenanalyse.*

486 *Wolfgang Engel (1940) hat 1984 den Planungsbereich Geologie übernommen.*

Lehrbücher der Geowissenschaften

- Hartmut Heinrichs und Albert G. Herrmann: Praktikum der Analytischen Geochemie. 1990
- Siegfried Matthes: Mineralogie. 1983; 3. Aufl. 1990
- Hans J. Voigt: Hydrogeochemie. Lizenzvertrag mit Verlag Grundstoffindustrie. 1990
- Walter Borchardt-Ott: Kristallographie. 1976; 3. Aufl. 1990
- Wolfgang R. Dachroth: Baugeologie in der Praxis. 1990; 2. Aufl. 1992
- Dierk Henningsen: Geologie für Bauingenieure. 1982; 2. Aufl. 1992.

Technik

Der Planungsbereich Technik hat in unserem Hause seit je eine bedeutende Rolle gespielt [HS: 93; 196]. Dabei führte die mit den Jahren zunehmende »Verwissenschaftlichung« fast aller technischen Fachgebiete dazu, daß die Literatur für den Ingenieur sich in höherem Ausmaß als früher auf Hochschul- bzw. Fachhochschulniveau einstellte. Die Verbindung zur »Praxis« wurde durch verstärkte Bemühungen um Autoren aus der Industrie aufrecht erhalten.

Die ingenieurwissenschaftlichen Fakultäten der deutschen Universitäten und Fachhochschulen zählen mit etwa 250 000 Studenten zur stärksten Gruppe in der Hochschulausbildung. Das Lehrbuchprogramm des Springer-Verlags in der Technik nimmt deshalb einen wichtigen Platz ein. Klassische Texte wie Karl Küpfmüllers ›Einführung in die theoretische Elektrotechnik‹ (14. Aufl. 1993), die ›Thermodynamik‹ von Ernst Schmidt (13. Auflage 1992), weitergeführt von Mayinger und Stephan, Hans D. Baehrs ›Thermodynamik‹ (8. Aufl. 1992) oder István

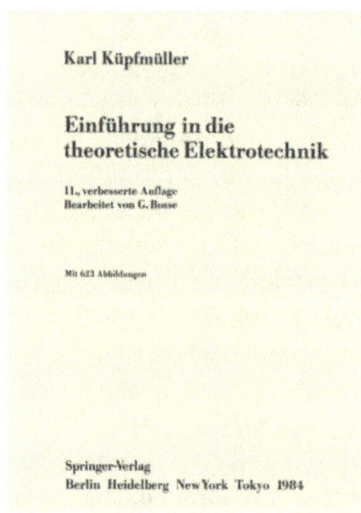

487 *Karl Küpfmüller ›Einführung in die theoretische Elektrotechnik‹, 11. Aufl. 1984.* – **488** *István Szabó ›Einführung in die Technische Mechanik‹, 8. Aufl. 1975.*

489, 490 *Wolfgang Beitz (1935) veröffentlichte 1977 zusammen mit Gerhard Pahl die ›Konstruktionslehre‹.*

Szabós ›Einführung in die Technische Mechanik‹ (8. Aufl. 1975) haben hohe Verkaufszahlen erreicht. Aber auch neuere Standardwerke wie die ›Technische Mechanik‹ von Dietmar Gross, Werner Hauger und Walter Schnell oder die ›Konstruktionslehre‹ von Gerhard Pahl und Wolfgang Beitz (3. Aufl. 1993) setzten sich rasch durch.

Nach dem Zweiten Weltkrieg hatte Julius Springer die Planung Technik mit großer Umsicht und umfassender Sachkenntnis wieder aufgebaut. Henrik Salle und Johannes Gaebeler unterstützten ihn kräftig, wobei Salle erst 1962 nach der Aufgabe unserer Göttinger Niederlassung wieder zur Verfügung stand. Am 1. Juli 1968 begann Manfred Hofmann seine Tätigkeit im Springer-Verlag Berlin und übernahm im April 1969 ein Büro für die Technikplanung in München. Das Motiv dafür waren die wachsenden Verlagskontakte im süddeutschen Raum. Die hervorragenden Hochschulen in München, Erlangen, Stuttgart und Karlsruhe konnten von München aus weit besser betreut werden als von Berlin. Auch die Verbindung zur Eidgenössischen Technischen Hochschule (ETH) in Zürich war von München aus sehr viel leichter zu halten, und die Konzentration deutscher Industrieunternehmen in Süddeutschland — es sei nur Siemens genannt — war ein weiterer Grund für diese Außenstelle.

Zwischen Siemens, Berlin, und dem Springer-Verlag bestehen alte Verbindungen [HS: 101 ff.]. Sie sind auch nach dem Zweiten Weltkrieg lebendig geblieben (Siemens, München/Erlangen). Es herrschten vertrauensvolle Beziehungen zum Vorstand und seinen Vorsitzenden, und viele wissenschaftliche Mitarbeiter zählten wir zu unseren Autoren und Herausgebern.

491 *Konrad Sattler (1905) war von 1944–1946 an der Technischen Hochschule Graz, 1951–1961 an der Technischen Universität Berlin, Nachfolger Ferdinand Schleichers als Redakteur des ›Bauingenieur‹, Autor des ›Lehrbuchs der Statik‹, bis 1975 Professor für Baustatik an der Technischen Hochschule Graz; Herausgeber der Wiener Buchreihe ›Ingenieurbauten. Theorie und Praxis‹.*

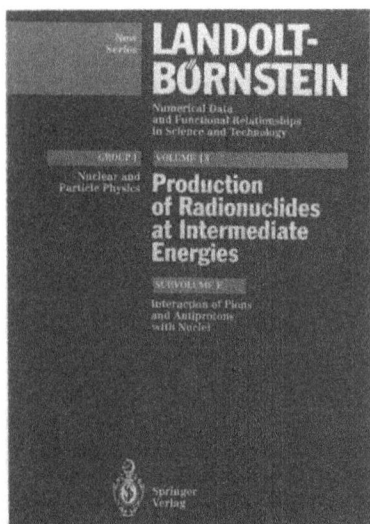

492 Landolt-Börnstein. New Series‹. O. Madelung (Haupthrsg.), Gruppe I, Bd. 13, Teilband e, herausgegeben von H. Schopper, 1994.

Die Leitung der Siemens AG förderte die Publikationstätigkeit ihrer Forscher. Von 1971 bis 1988 publizierten wir die ›Siemens Forschungs- und Entwicklungs-Berichte‹, die internationales Ansehen genossen und weite Verbreitung fanden. Fruchtbarer Zusammenarbeit erfreuten wir uns mit dem langjährigen Leiter des Siemens-Forschungslabors, Erwin Hölzler.

Salle widmete sich wieder voll der technisch-ingenieurwissenschaftlichen Planung in Berlin und kümmerte sich mit großem Nachdruck um die Weiterführung des ›Landolt-Börnstein‹. Die Arbeit an der 6. Auflage dieses Werkes war 1946 durch Eucken wieder aufgenommen worden [EUCKEN], unterstützt von Karl-Heinz Hellwege, mit dem 1950 ein Herausgebervertrag geschlossen worden war. Hellwege erhielt 1952 einen Ruf nach Darmstadt. Von dort aus war er, unter wirkungsvoller Mitarbeit seiner Frau Anne Marie, unermüdlich für das Werk tätig.

Etwa 1959 begann eine Diskussion über die Form der Weiterführung des Landolt-Börnstein nach Abschluß der 6. Auflage. Es wurde beschlossen, keine 7. Auflage zu beginnen, sondern das Werk in flexibler Form zu ergänzen, nach Maßgabe der wissenschaftlichen Bedürfnisse, der erreichbaren Datensammlungen und der Möglichkeiten, geeignete Autoren zu gewinnen. Ich schlug die Bezeichnung ›Neue Serie‹ vor, für die im Interesse der Übersichtlichkeit von K.-H. Hellwege die Einteilung in sechs Gruppen vorgesehen wurde: I. Nuclear Physics; II. Atomic and Molecular Physics; III. Crystal and Solid State Physics; IV. Macroscopic and Technical Properties of Matter; V. Geophysics and Space Research; VI. Astrophysics, Astronomy, später ergänzt durch: VII. Biophysics, sowie — ohne Gruppenbezeichnung — Bände über Einheiten und Fundamentalkonstanten in Physik und Chemie. Für die Planung und Herausgabe der einzelnen Bände innerhalb der genannten Gruppen wurden hervorragende Fachwissenschaftler gewonnen, die ihrerseits namhafte Spezialisten als Autoren für die verschiedenen Kapitel heranzogen. Die ›Neue Serie‹ begann im September 1961 mit Vol. 1 ›Energy Levels of Nuclei‹ — zur Gruppe I gehörend — mit der Hauptautorin K. Way.

Für dieses Hauptprogramm konnte Herwig Schopper auch russische Autoren gewinnen, und die Zusammenarbeit mit japanischen Bandherausgebern und japanischen Datenbanken erwies sich als fruchtbar. Überhaupt ist die kritische Bearbeitung und Veröffentlichung der Inhalte von Datenbanken als eine wichtige Aufgabe des ›Landolt-Börnstein‹ anzusehen.

Im Zeichen der zunehmenden Spezialisierung der Arbeitsgebiete und im Interesse schnellen Erscheinens wurde die Aufteilung der ›Neuen Serie‹ in kleinere Teilbände gefördert. In den

493 *Walther Ludwig (1943) hatte als Planer unseres deutschsprachigen Technikprogramms entscheidend zu dessen lebendiger Entfaltung beigetragen.* – **494** *Der Physiker Hubertus Riedesel Frhr. zu Eisenbach (1953) leitet seit 1990 den Planungsbereich Technik.*

nunmehr vorliegenden nahezu 200 Bänden ist ein unübersehbarer Reichtum an Datenmaterial zusammengefaßt, der durch den ›Comprehensive Index‹ zu erschließen ist: er steht den Beziehern seit 1991 kostenlos als Diskette zur Verfügung. Eine noch bessere und schnellere Informationsmöglichkeit bietet neuerdings der ›Comprehensive Index‹ auf ›e-mail‹. Zusätzlich wird ab Herbst 1992 die ›Directory Disk‹ mit Suchoberfläche angeboten. Um nicht nur Fragen nach den Eigenschaften von Stoffen, sondern auch nach den in ihnen enthaltenen Substanzen beantworten zu können, ist derzeit ein Substanzenverzeichnis für alle bisher erschienenen ›Landolt-Börnstein‹-Bände in Arbeit. Eine Umfrage der ›Deutschen Physikalischen Gesellschaft‹ hat ergeben, daß der ›Landolt-Börnstein‹ das meistgenutzte Nachschlagewerk für physikalische Daten darstellt. Deshalb wird die Erschließung der Bände des ›Landolt-Börnstein‹ für ein Physik-Informationssystem erwogen.

1985 zogen sich »die Hellweges« aus der Redaktion zurück, und Otfried Madelung trat die Nachfolge an. 1991 übernahm in unserem Hause Rainer Poerschke die planerische Führung und ab 1992 die Redaktion aus den Händen Madelungs, der sich jedoch weiterhin allgemeinen herausgeberischen Aufgaben widmet. Zugleich beendete Salle seine jahrzehntelange zuverlässige und kritische Tätigkeit für dieses Standardwerk.

Der Arbeitsbereich ›Landolt-Börnstein‹ war seit 1962 — dem Termin des Umzuges von Salle nach Berlin — aus rein organisatorischen Gründen weiterhin der Gesamtplanung Technik zugeordnet, die von April 1979 bis Oktober 1990 von Walther Ludwig geführt und seitdem von Hubertus Riedesel Frhr. zu Eisenbach geleitet wird.

495 *O. Madelung (Hrsg.) ›Semiconductors Other than Group IV Elements and III–V Compounds‹ (1992) in R. Poerschke (Haupthrsg.) ›Data in Science and Technology‹.*

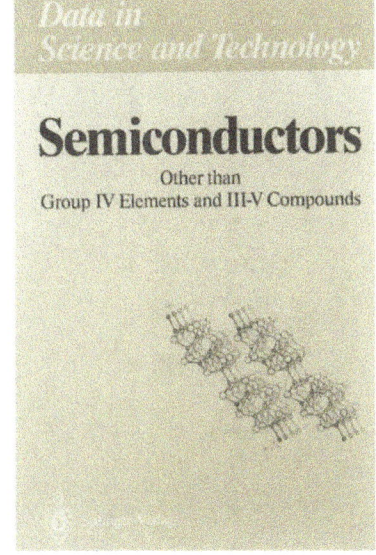

496 ›Dubbel – Taschenbuch für den Maschinenbau‹, herausgegeben von W. Beitz und K.-H. Küttner, 17. Aufl. 1990.

497 ›Hütte – Die Grundlagen der Ingenieurwissenschaften‹, herausgegeben von H. Czichos, 29. Aufl. 1989.

Madelung regte vor einigen Jahren neben der Fortführung des regulären Hauptwerkes ›Neue Serie‹ die Herausgabe kurzer, thematisch eng umrissener Ausgaben an. In diese Ausgaben mit dem Reihentitel ›Data in Science and Technology‹, abgekürzt DST, sollen auch Datenbereiche einbezogen werden, die bisher im ›Landolt-Börnstein‹ nicht oder noch nicht vertreten waren. Der Beginn der konkreten Planung setzte 1989 ein. Bisher sind folgende Bände erschienen, die teilweise auf Daten des Hauptwerkes aufbauen: O. Madelung: ›Semiconductors‹ (1991); H. P. Wijn: ›Magnetic Properties of Metals‹ (1991). Ein weiterer Band über Halbleiter von Madelung ist 1992 erschienen. Weiterhin sind geplant: H. Fischer: ›Magnetic Properties of Free Radicals‹ und H. H. Voigt: ›Astronomy and Astrophysics‹. Diese Bände werden im Anschluß an die für 1993/94 vorgesehene Produktion der entsprechenden Supplementbände des ›Landolt-Börnstein‹ erscheinen können. Weitere Bände sind in der Diskussion. Eines der Ziele dieser DST-Reihe, die zum schnellen Nachschlagen auf dem Schreibtisch der Benutzer stehen soll, ist die Brückenfunktion zu den großen Nachschlagewerken in der Bibliothek.

Das bekannteste Werk des Planungsbereiches Technik ist der fast schon legendäre ›Dubbel – Taschenbuch für den Maschinenbau‹. Auf seinen Werdegang wurde bereits in Teil I der Verlagsgeschichte eingegangen [HS: 210ff.]. Nach dem Kriege hat er schnell wieder seine führende Stellung unter den Handbüchern für deutschsprachige Maschinenbauingenieure eingenommen, nicht zuletzt dank der hervorragenden Herausgeberschaft von F. Sass (s. S. 37, 71 und 349).

Insgesamt wurden bisher 965 000 Exemplare in siebzehn Auflagen verkauft. Damit ist der ›Dubbel‹ das am weitesten verbreitete Buch des Springer-Verlags. Seit 1981 wird er von Wolfgang Beitz (s. Abb. S. 341), einem der führenden Konstruktionswissenschaftler und Ordinarius an der TU Berlin, gemeinsam mit Karl-Heinz Küttner herausgegeben.

Vom ›Dubbel‹ wurden Lizenzen für italienische, spanische, portugiesische, griechische, jugoslawische und tschechische Übersetzungen erteilt, und 1992 erschien der erste Teil einer chinesischen Ausgabe, betreut von *Chang* Wei. Daneben gab es etliche illegale russische Versionen.

Der ›Dubbel‹ hat seit vielen Jahren einen kaum weniger erfolgreichen Gefährten mit einer noch längeren Tradition, die ›Hütte – Des Ingenieurs Taschenbuch‹, ein 1857 — allerdings nicht bei Springer — begonnenes Handbuch für Ingenieure. Der Akademische Verein Hütte, Begründer und Herausgeber, war ein Zusammenschluß von Studenten und Professoren des Königlichen Gewerbeinstituts in Berlin, des Vorgängers der Technischen Hochschule Charlottenburg, der heutigen TU Berlin. Seine Mitglieder waren 1856 federführend an der Gründung des Vereins Deutscher Ingenieure (VDI) beteiligt.

Von Anfang an hatte sich der Akademische Verein Hütte die Förderung und Veröffentlichung wissenschaftlichen Schrifttums zur Aufgabe gestellt. So erschien seit vielen Jahrzehnten mit großem Erfolg dieses für alle Ingenieure hilfreiche Werk, das wie der ›Dubbel‹ ins Französische, Italienische, Spanische und Russische übersetzt wurde. Als es in den sechziger Jahren durch eine Veränderung der Konzeption zu einem drastischen Erfolgseinbruch kam, fand der Akademische Verein Hütte in Springer einen neuen Partner für den Verlag seiner Bücher. Die ›Grundlagen-Hütte‹ erschien 1989 in neuer Ausstattung und rückte trotz nahezu zwanzigjährigen Fehlens am Markt rasch wieder in das Bewußtsein vieler Ingenieure und Ingenieurstudenten. Neuer wissenschaftlicher Herausgeber ist Horst Czichos, Präsident der Bundesanstalt für Materialforschung und -prüfung (BAM) in Berlin.

Ein weiteres der erfolgreichen technischen Werke des Verlages ist die ›Halbleiter-Schaltungstechnik‹ von Ulrich Tietze und Christoph Schenk. Ursprünglich hatten diese beiden jungen Ingenieure der Universität Tübingen ihre Schaltungen mit Halbleiterbauelementen nur für institutsinterne Zwecke zusammengestellt. Werner Reichardt vom Institut für Biokybernetik hatte mich auf diese beiden Autoren aufmerksam gemacht. Der Verlag erkannte den Wert dieses damals neuartigen Materials, nicht allerdings die Größe des Marktpotentials. Die 1. Auflage aus

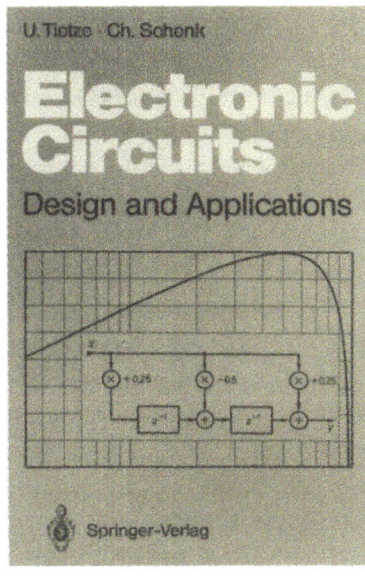

498 *U. Tietze und Ch. Schenk* ›Halbleiter-Schaltungstechnik‹, *10. Aufl. 1993 und die* (**499**) *englische Übersetzung* ›Electronic Circuits. Design and Applications‹, *1991.*

dem Jahre 1969 war mit 2700 Exemplaren zu niedrig angesetzt. Zwanzig Jahre später begann die 9. Auflage mit 15 000 Exemplaren, die bis heute durch mehrmals aktualisierte Nachdrucke auf 24 000 angewachsen ist. Ein weiterer Nachdruck wird vorbereitet, so daß in wenigen Jahren mit der nächsten Auflage die Gesamtzahl von 200 000 Exemplaren überschritten werden wird. 1978 hat der Springer-Verlag eine gekürzte, 1991 eine vollständige englischsprachige Ausgabe verlegt. Darüber hinaus sind von 1973 bis 1990 vier ungarische, 1976 und 1987 polnische, 1982/83 zwei russische, 1987 eine spanische und 1985 eine chinesische Ausgabe erschienen. Leider hat es auch von diesem Werk Raubdrucke gegeben. So wurden vor wenigen Jahren illegale Nachdrucke vor einem Gebäude der Technischen Hochschule Darmstadt angeboten. Die strafrechtliche Verfolgung ist meist schwierig, zumal der Diebstahl geistigen Eigentums von den Gerichten immer noch als eine Art Kavaliersdelikt angesehen wird.

In der industriellen Fertigung waren die beiden letzten Dekaden geprägt von der Einführung neuer Technologien. Die Umsetzung physikalischer Grundlagenforschung im Bereich der Festkörper- und Halbleiterphysik hat zur Entwicklung von Mikroelektronik und Lasertechnik geführt und die Produktionsmittel teilweise revolutioniert. Die umfassenden Anwendungsmöglichkeiten immer leistungsfähigerer Rechner haben die industrielle Fertigung mit computergestützten Technologien gefördert. Die ›C-Technologien‹ (Computer Aided Design: CAD; Computer Integrated Manufacturing: CIM; Computer Aided Engineering: CAE) werden diesen Prozeß voranbringen. Der Springer-Verlag hat hierauf mit zahlreichen Buchreihen und Einzelwerken reagiert und plant ihren weiteren Ausbau.

Im Bereich der Energieerzeugung wurden in den letzten Jahren regenerative Systeme entwickelt: Solartechnik, Photovoltaik, Windenergietechnik und Geotechnik. Die Bewältigung der Umweltprobleme haben die Ingenieurwissenschaften vor neue Aufgaben gestellt. Die Neuorientierung der Aufgabenfelder der Großforschungseinrichtungen in Karlsruhe und Jülich weist in die gleiche Richtung.

Ein weiteres Aufgabenfeld ist die Entwicklung neuer Werkstoffe für Höchstleistungsmaschinen und -anlagen. Hier ist in mehreren Ländern der westlichen Welt, in einigen Republiken der ehemaligen Sowjetunion und in Japan Hervorragendes geleistet worden. Und schließlich hat das wachsende Informationsangebot in Verbindung mit moderner Computertechnik und den Erfahrungen der Raumfahrt (Nachrichtensatelliten) zu weltumspannenden Telekommunikationstechniken geführt.

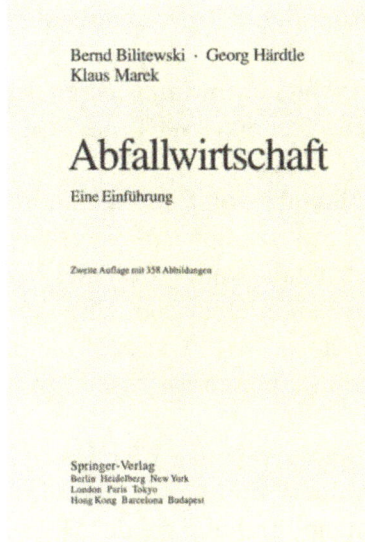  

Der Springer-Verlag hat sich all dieser Themen in einem facettenreichen Programm angenommen. Für das Thema Umwelt, das im Springer-Verlag schon sehr früh (1875!) behandelt wurde [HS: 116/117], seien Ulrich Förstners ›Umweltschutztechnik‹ (4. Aufl. 1992), Bernd Bilitewskis ›Abfallwirtschaft‹ (mit Georg Härdtle und Klaus Marek; 2. Aufl. 1993) und Günter Baumbachs ›Luftreinhaltung‹ (2. Aufl. 1992) neben den beiden Zeitschriften ›Staub — Reinhaltung der Luft‹ und ›Zeitschrift für Lärmbekämpfung‹ als Beispiele genannt. Hierher gehört auch das ›Engineering Compendium on Radiation Shielding‹ in drei Bänden (I. 1968, II. 1974, III. 1970), angeregt von Th. Jaeger, herausgegeben von drei amerikanischen, einem tschechoslowakischen und drei deutschen Forschern, gefördert von der International Atomic Energy Agency (IAEA) in Wien.

Das Fachgebiet Elektronik wird unter anderem in den Reihen ›Halbleiter-Elektronik‹ und ›Mikroelektronik‹ behandelt. Für das aktuelle Thema ›Mikromechanik‹ zeichnet der deutsche Begründer dieses Arbeitsfeldes, Anton Heuberger, als Herausgeber.

Die Raumfahrttechnik wird in mehreren Büchern und in der von der Deutschen Gesellschaft für Luft- und Raumfahrt (DGLR) und der Deutschen Forschungsanstalt für Luft- und Raumfahrt (DLR) herausgegebenen ›ZFW – Zeitschrift für Flugwissenschaften und Weltraumforschung‹ behandelt.

Der Lasertechnik gehört seit kurzem eine eigene Reihe, herausgegeben von Gerd Herziger, dem Leiter des größten deutschen Laserforschungsinstituts in Aachen.

500 *B. Bilitewski, G. Härdtle und K. Marek ›Abfallwirtschaft‹, 2. Aufl. 1993.* – **501** *A. Heuberger (Hrsg.) ›Mikromechanik‹, 1989.* – **502** *›ZFW Zeitschrift für Flugwissenschaften und Weltraumforschung‹, Bd. 16, Heft 6, 1992.*

503 *Rolf Prümmer ›Explosivverdichtung pulvriger Substanzen‹ in B. Ilschner (Hrsg.) ›WFT Werkstoff-Forschung und -Technik‹, Bd. 7, 1987.*

504 *›Experiments in Fluids‹, Bd. 13, Heft 6, 1992.*

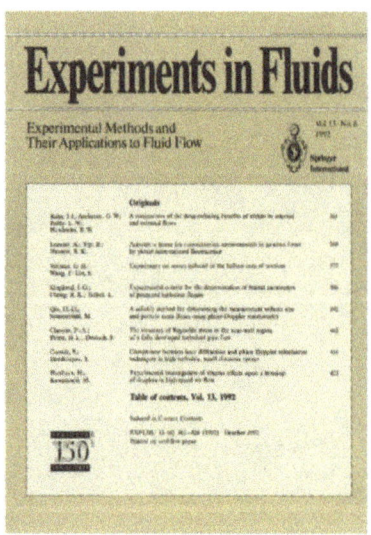

Der Werkstoffkunde ist ein ausführliches Programmsegment gewidmet, vom Standardwerk ›Keramik‹ von Salmang/Scholze (6. Aufl. 1982/83) über Bücher zur Werkstoffprüfung bis zu den Reihen ›Werkstoff-Forschung und -Technik‹ (WFT) und ›Materials Research and Engineering‹ (MRE).

Das ›Handbuch der Sonderstahlkunde‹ von Eduard Houdremont (1935, 2. Aufl. 1956), eine Fortsetzung der 1935 erschienenen ›Einführung in die Sonderstahlkunde‹ des gleichen Autors, ist 1984/85 in einem vom Verein Deutscher Eisenhüttenleute (VdEh) edierten zweibändigen Werk ›Werkstoffkunde Stahl‹ gemeinsam mit dem Verlag Stahleisen fortgesetzt worden.

Zur Holztechnologie hat der Springer-Verlag wichtige Beiträge geleistet. Neben dem großen, inzwischen allerdings veralteten Werk von Franz Kollmann ›Technologie des Holzes und der Holzwerkstoffe‹ (1. Aufl. 1936, 2. Auflage in 2 Bänden 1951 und 1955) stehen die beiden Zeitschriften ›Holz als Roh- und Werkstoff‹, 1937 von Kollmann gegründet und derzeit herausgegeben von Horst Schulz, München, und die von Kollmann gemeinsam mit Tore E. Timell 1967 begründete internationale Zeitschrift ›Wood Science and Technology‹, Organ der ›International Academy of Wood Science‹.

Das von seinen Anfängen her deutschsprachig bestimmte Technikprogramm des Springer-Verlags zog Nutzen aus unserer Hinwendung zur englischen Sprache. Technik/Engineering ist eine Disziplin, die aufgrund historischer Traditionen von Maßsystemen, Normen, Konstruktions- und Produktionsgewohnheiten eher zu nationaler oder regionaler Inselbildung neigt. Die weltweite Vereinheitlichung der Maßsysteme, die wachsende Bedeutung einheitlicher physikalisch-technischer Komponenten und der internationale Warenaustausch haben jedoch inzwischen auch den verschiedenen Sparten der Technik ein internationales Gepräge gegeben.

Übersetzungen erfolgreicher deutschsprachiger Titel ins Englische haben eine Vorreiterrolle für die Etablierung des Springer-Verlags als »publisher of engineering sciences« nach 1965 gespielt. Bald kamen aus den Ländern, in denen wir vertreten waren, international renommierte Ingenieurwissenschaftler als Autoren zu uns. Es wurden ferner erfolgreiche internationale, englischsprachige Zeitschriften gegründet, insbesondere seit Beginn der achtziger Jahre, wie ›Experiments in Fluids‹ (1983) oder ›Computational Mechanics‹ (1986). Der in Mathematik und Physik eingeführte Buchtyp der ›Lecture Notes‹ fand auch in der Technik Eingang, etwa mit den ›Lecture Notes in Control and Information Sciences‹ (seit 1977 170 Bände). Sie wird der-

zeit von dem international angesehenen Manfred Thoma, Hannover, betreut, der über viele Jahre Präsident der internationalen Gesellschaft für Regelungstechnik IFAC war.

Das englischsprachige Technikprogramm umfaßt heute 820 lieferbare Titel und 13 Zeitschriften. Seit 1992 wird es schwerpunktmäßig von London aus betreut.

Insgesamt 30 Zeitschriften stützen das Technikprogramm, unter denen sich das führende wissenschaftliche Organ für die methodische Konstruktionslehre, die 1949 von F. Sass gegründete ›Konstruktion‹, und die ›wt Produktion und Management‹ befinden, letztere 1907 als ›Werkstattstechnik‹ gegründet [HS: 201 ff.]. Erster Nachkriegsherausgeber der ›wt‹ war Otto Kienzle.

Ende der achtziger Jahre kam eine Analyse des VDI-Verlages zu dem Ergebnis, daß die Publikationen des Springer-Verlags im Bereiche der technischen Literatur in Deutschland qualitativ und quantitativ an der Spitze liegen.

›*Hagers Handbuch der pharmazeutischen Praxis*‹. Aus mehr zufälligen Gründen wurde dieses Standardwerk des Fachgebietes vor dem letzten Krieg und in den Jahrzehnten danach von der Planung Technik betreut. Zwischen 1967 und 1980 erschien die sehr erfolgreiche ›Vollständige (vierte) Neuausgabe‹, begonnen von W. Kern, herausgegeben von P. H. List und L. Hörhammer in Gemeinschaft mit H. J. Roth und W. Schmid in acht Bänden mit insgesamt elf Teilbänden.

1988 ist das Handbuch in den Planungsbereich Medizin überführt und mit Peter Heinrich neu konzipiert worden. Inzwischen ist der 4. Band der fünften Auflage erschienen mit den Heraus-

505 *Otto Kienzle (1893–1969) folgte 1934 Georg Schlesinger auf dessen Lehrstuhl für Betriebswirtschaft und Werkzeugmaschinen an der Technischen Hochschule Berlin. Von diesem Zeitpunkt an war er (bis 1957) Herausgeber der Zeitschrift ›Werkstattstechnik‹. –* **506** *Hans R. Victor (1923–1980) gab von 1969 bis 1980 die Zeitschrift ›Werkstattstechnik‹ heraus. –* **507** *›wt Produktion und Management‹, 82. Jg., Heft 12, 1992.*

508 *›Hagers Handbuch‹, 5. Aufl., Bd. 8, ›Stoffe E–O‹ (1993).*

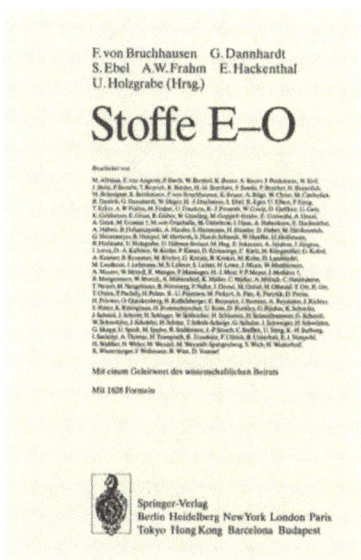

Rechtswissenschaften

Die Rechtswissenschaften sind früh im Verlagsprogramm vertreten, z.B. 1848 mit Julius von Kirchmann: ›Von der Werthlosigkeit der Jurisprudenz als Wissenschaft‹. 1922 beginnt die ›Enzyklopädie der Rechts- und Staatswissenschaften‹, herausgegeben von Franz von Liszt und Walter Kaskel [HS: 304 ff.]. Nach dem Zweiten Weltkrieg hat sie unter der Redaktion von Hans Peters, Wolfgang Kunkel und Erich Preiser eine Reihe hervorragender Titel hervorgebracht, im rechtswissenschaftlichen Teil etwa das ›Römische Recht‹ von Paul Jörs, Wolfgang Kunkel und Leopold Wenger (zuerst 1927), die ›Methodenlehre‹ von Karl Larenz (1960), das ›Rechtsgeschäft‹ von Werner Flume (1965) und als letzte Werke im Jahre 1991 Hans J. Wieling ›Sachenrecht I‹ und Reiner Schmidt ›Öffentliches Wirtschaftsrecht, Allgemeiner Teil‹. Im rechtswissenschaftlichen Programm sind seit 1974 Publikationen des Max-Planck-Institutes für ausländisches öffentliches Recht und Völkerrecht in Heidelberg erschienen; besonders zu nennen sind die ›Beiträge zum ausländischen öffentlichen Recht und Völkerrecht‹.

1991 entschloß ich mich angesichts eines wachsenden Informationsbedürfnisses auf rechtswissenschaftlichem Gebiet zur Gründung einer neuen Planungsgruppe Rechtswissenschaften. Sie sollte das Konzept des rechtswissenschaftlichen Teils der ›Enzyklopädie‹ umsichtig weiterführen, und darüber hinaus hochqualifizierte Lehrbücher und Monographien auf den vielen neu entstandenen Teilgebieten der Rechtskunde schaffen.

Nicht nur die Zusammenführung der Europäischen Gemeinschaft erforderte neue Gesetze. Neue Entwicklungen in Medizin und Biologie, wie die Gentechnologie oder moderne Therapieverfahren, riefen nach neuen Ordnungen. Heinrich Honsell, bisheriger Mitherausgeber der Enzyklopädie, hat uns beim Entwurf dieser neuen Konzeption entscheidend geholfen, so daß wir bereits für das Wintersemester 1992/93 unter der planerischen Betreuung von Jutta Becker mit einer Reihe von neun aktuellen Lehrbüchern aufwarten können.

- Hans J. Wieling: Sachenrecht. 1992
- Bernd Müller-Christmann und Franz Schnauder: Wertpapierrecht. 1992
- Heinrich Honsell: Römisches Recht. 2. Aufl. 1992
- Karl Larenz: Methodenlehre der Rechtswissenschaft. 2. Aufl. 1992
- Thomas Zerres: Bürgerliches Recht. 1993

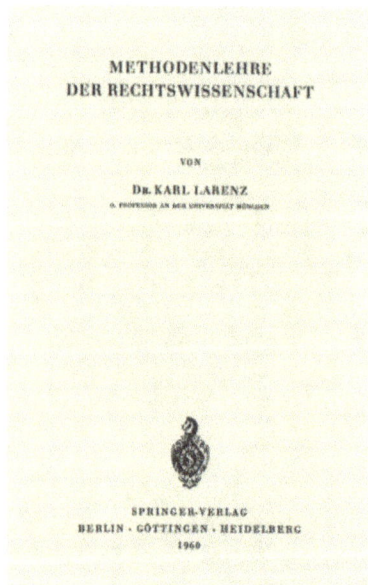

509 *Karl Larenz ›Methodenlehre der Rechtswissenschaft‹, 6. Aufl. 1991. Die zweite Auflage erschien 1992 als ›Springer-Lehrbuch‹.*

- Peter Salje: Arbeitsbuch Bürgerliches Recht. 1993
- Hans J. Wieling: Bereicherungsrecht. 1993
- Theo W. J. Mayer-Maly: Einführung in die Rechtswissenschaft. 1993
- Marian Paschke: Medienrecht. 1993

Wirtschaftswissenschaften

Auch die Wirtschafts- und Staatswissenschaften waren im Springer-Verlag frühzeitig vertreten. Während der dreißiger Jahre traten sie zurück, da ihre Themen oft ideologisch belastet waren [HS: 357]. Der Bereich »Wirtschaft« wurde nach dem Zweiten Weltkrieg zum Teil innerhalb der ›Enzyklopädie der Rechts- und Staatswissenschaft‹ betreut, zu einem weiteren Teil durch betriebs- und volkswirtschaftliche Einzelmonographien. Zur Enzyklopädie gehören die Klassiker von Walter Eucken ›Die Grundlagen der Nationalökonomie‹ (1. Aufl 1940; 6. Aufl., zugleich 1. Aufl. in der ›Enzyklopädie der Rechts- und Staatswissenschaft‹ 1950; 9. Aufl. 1989) und das dreibändige Werk Erich Gutenbergs ›Grundlagen der Betriebswirtschaftslehre‹ (Erster Band: ›Die Produktion‹, 1. Aufl. 1951, 24. Aufl. 1983; Zweiter Band: ›Der Absatz‹, 1. Aufl. 1954, 17. Aufl. 1984; Dritter Band: ›Die Finanzen‹, 1. Aufl. 1968, 8. Aufl. 1980).

Im Rahmen unseres Lehrbuchprogramms erschienen seit Beginn der siebziger Jahre wirtschaftswissenschaftliche Lehrbücher vorwiegend im Rahmen der ›Heidelberger Taschenbücher‹. Als einer der ersten und erfolgreichsten Autoren darf Alfred Stobbe, Mannheim, gelten, dessen 1969 erstmals erschienenes Buch ›Volkswirtschaftliches Rechnungswesen‹ inzwischen eine Gesamtauflage von 220000 Exemplaren erreicht hat. Weitere Erfolgstitel jener Zeit waren Jochen Schumanns ›Grundzüge der mikroökonomischen Theorie‹ und das mittler-

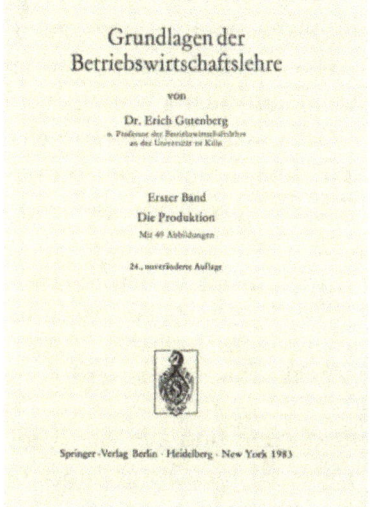

510 *Walter Eucken ›Grundlagen der Nationalökonomie‹, 9. Aufl. 1989.* **511** *Erich Gutenberg ›Grundlagen der Betriebswirtschaftslehre‹; 24. Aufl. 1983.* – **512** *Erich Gutenberg (1897–1984).*

513, 514 *Alfred Stobbe (1924) und sein Buch ›Volkswirtschaftliches Rechnungswesen‹, 7. Aufl. 1989 (Bd. 14 der ›Heidelberger Taschenbücher‹).* – **515** *Peter Stahlknecht ›Einführung in die Wirtschaftsinformatik‹, (›Springer-Lehrbuch‹), 5. Aufl. 1991.*

516 *Werner A. Müller (1947) leitet den Planungsbereich Wirtschaftswissenschaften seit 1981; außerdem ist er Geschäftsführer des 1983 von Springer übernommenen Physica-Verlags.*

weile dreibändige Werk der Bochumer Autoren Walther Busse von Colbe, Peter Hammann und Gert Laßmann: ›Betriebswirtschaftstheorie‹.

1981 übernahm Werner A. Müller die Weiterentwicklung dieses zukunftsreichen Planungsgebietes. Er bildete drei Schwerpunkte: Der erste galt dem deutschsprachigen Lehrbuchprogramm mit dem Ergebnis, daß während der vergangenen zwölf Jahre über 100 Titel erschienen sind, unter denen Peter Stahlknecht: ›Einführung in die Wirtschaftsinformatik‹ (6. Aufl. 1993) und Bernhard Felderer und Stefan Homburg: ›Makroökonomik und neue Makroökonomik‹ (6. Aufl. 1994) herausragen. Beide Bücher haben Verkaufszahlen von nahezu 100 000. Als weitere erfolgreiche Autoren dieses Programmes sind Helmut Laux mit seinen Büchern zur Entscheidungs- und Organisationstheorie sowie Christoph Schneeweiß und Günter Fandel mit ihren Publikationen zur Produktionswirtschaft zu nennen.

Der systematische Ausbau des Planungssegments Wirtschaftsinformatik war ein weiterer Schwerpunkt. Dieses Gebiet berührt sich mit dem Bereich der angewandten Informatik. Neben dem bereits genannten Autor Stahlknecht ist August W. Scheer, Saarbrücken, mit vier Hauptwerken zu nennen:

- EDV-orientierte Betriebswirtschaftslehre. 4. Aufl. 1990
- CIM, Der computergesteuerte Industriebetrieb. 4. Aufl. 1990
- Wirtschaftsinformatik. 4. Aufl. 1994
- Architektur integrierter Informationssysteme. 2. Aufl. 1992

Inzwischen sind alle vier Titel ins Englische übersetzt worden. Weiter ist hier Peter Mertens zu nennen, der als Autor und Herausgeber für mehrere Publikationen zeichnet.

517 *August-Wilhelm Scheer (1941), Leiter des CIM-Technologie-Transfer-Zentrums in Saarbrücken, das neben Forschungsleistungen auch Transferfunktionen gegenüber der mittelständischen Wirtschaft erbringt; Autor und Herausgeber mehrerer Buchreihen und Zeitschriften. – **518** A.-W. Scheer ›CIM – Der computergesteuerte Industriebetrieb‹, 4. Aufl. 1990.*

Der dritte Schwerpunkt richtete sich auf den Ausbau des internationalen Programms und nutzte damit die durch unsere Expansion in den englischen Sprachraum erwachsenen Vorteile. Wir boten damit als einziger deutscher Verlag im wirtschaftswissenschaftlichen Bereich die Möglichkeit internationaler Präsenz, was zahlreiche Autoren, insbesondere auch der jüngeren Generation, zu uns führte. Mit Neugründungen oder Übernahme englischsprachiger Zeitschriften und Reihen ebenso wie mit dem Verlag englischsprachiger Einzelpublikationen drangen wir weltweit in neue Märkte vor. Dies hat sich zugleich befruchtend auf das deutschsprachige Lehrbuchprogramm ausgewirkt.

Die Übernahme des Physica-Verlags Ende 1985 bereicherte das Programm, insbesondere der Zeitschriften, deren Gesamtzahl sich inzwischen auf 14 erhöht hat. Der Name ›Physica‹-Verlag ist nur historisch begründet; der Verlag hatte mit einer Zeitschrift für Physik begonnen, die nicht mehr existiert.

Das erhebliche Wachstum des Gesamtbereichs Wirtschaftswissenschaften ist zu einem guten Teil der Konzentration auf den Lehrbuchsektor zu danken (W. A.: ›Betriebswirtschaft sieht bald anders aus‹ in: ›Buchmarkt‹ 12/87, S. 130–132).

Der ›Gesenius‹

Eine Art Exotikum in unserem Verlag ist das ›Hebräische und Aramäische Handwörterbuch‹ von Wilhelm Gesenius, dessen Geschichte bis in den Anfang des 19. Jahrhunderts zurückreicht. Gesenius, 1786 in Nordhausen geboren, wurde 1810 im Alter von 24 Jahren an die Universität Halle berufen. Noch in diesem Jahr beginnend erschien bis 1812 in Lieferungen sein

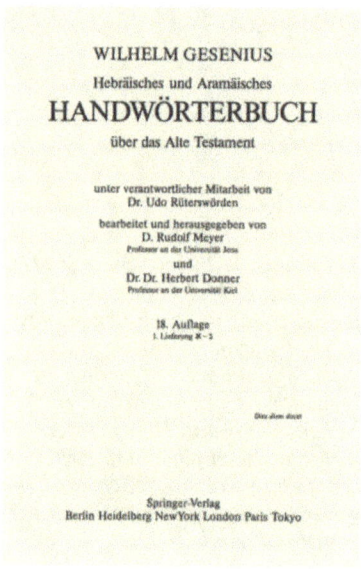

519 *Wilhelm Gesenius ›Hebräisches und Aramäisches Handwörterbuch über das Alte Testament‹, Teillieferung 1: א–ג , 18. Aufl. 1987.*

zweibändiges ›Hebräisch-deutsches Handwörterbuch über die Schriften des Alten Testaments mit Einschluß der geographischen Namen und der chaldäischen Wörter beym David und Ezra‹. Die letzte, 17. Auflage von 1921 war ein Nachdruck der von Frants Buhl bearbeiteten 16. Auflage von 1915. Sie erschien im Verlag F. C. W. Vogel, der 1931 vom Springer-Verlag erworben wurde [HS: 311, Anm. 62, Abb. 312]. Die von Anfang an auf das theologische Studium ausgerichtete Anlage des Wörterbuchs hat ihm ein langes Leben beschert; es wurde immer wieder nachgedruckt, vor allem, um dem Bedürfnis der Theologiestudenten zu genügen. Bald nach dem Ende des Zweiten Weltkrieges fragte ich den Alttestamentler Albrecht Alt in Leipzig, ob es vertretbar sei, den Gesenius nur immer weiter nachzudrucken. Er hielt eine Neubearbeitung für durchaus angezeigt und empfahl mir, mich an seinen Schüler, Rudolf Meyer in Jena, zu wenden. Dies war der Beginn einer höchst erfreulichen Zusammenarbeit. Meyer begann die Arbeit mit großer Begeisterung unter sehr schwierigen Bedingungen. 1980 konnte er Herbert Donner in Kiel als Mitherausgeber gewinnen, so daß 1987 schließlich die erste Lieferung der 18. Auflage mit den Buchstaben א–ג erscheinen konnte, für die noch in Jena das Schreibmaschinenmanuskript erstellt worden war.

Lehrbücher

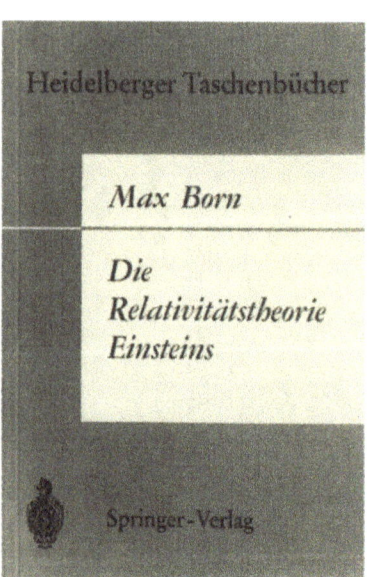

In allen vorstehend skizzierten Programmbereichen spielen die Lehrbücher eine besonders wichtige Rolle. Es sei ihnen deshalb eine eigene Darstellung gewidmet. Gute Lehrbücher können beachtliche Druckauflagen erreichen, zahlreiche Neuauflagen erleben und vor allem eine bedeutende Aufgabe der Wissensvermittlung erfüllen und damit einem Hauptanliegen des wissenschaftlichen Verlags gerecht werden. Dabei war es in früheren Zeiten, als der Fortschritt der wissenschaftlichen Forschung noch nicht mit Siebenmeilenstiefeln voranging wie heute, durchaus möglich, daß sich ein Lehrbuch vom Vater auf den Sohn vererbte. Das gibt es schon seit langer Zeit nicht mehr.

Ein gutes Lehrbuchmanuskript zu erhalten, schien immer ein wenig vom Glück abzuhängen. Der Verlag zählte in den ersten Jahrzehnten nach dem Zweiten Weltkrieg eine Reihe erfolgreicher Lehrbücher auf den Gebieten der Medizin, der Mathematik und der Physik, doch es war nie ganz leicht, dahinterzukommen, wo das Geheimnis des Erfolges lag. Es gab Lehrbücher hervorragender Autoren, die sich schwer durchsetzten. Der Erfolg hing wohl im wesentlichen davon ab, ob der Autor ein begeisterter Lehrer war, ob er sich mit didaktischen Fragen befaßt hatte oder ob sie ihm im Blute lagen. Zweifellos waren auf der Seite der Studenten auch psychologische Faktoren im Spiel. Ein einmal eingeführtes Lehrbuch war so schnell nicht aus dem Felde zu schlagen, selbst wenn der neue Konkurrent besser war.

Im Verlaufe der sechziger Jahre wurde die Organisation des Ausbildungswesens infolge der zügig wachsenden Studentenzahlen immer wichtiger — parallel zu der Fragestellung, auf welche Weise die beste und objektivste Form der Kontrolle des erworbenen Wissens in den Examina erfolgen könnte. Die zunehmenden Studentenzahlen bewirkten zudem ein immer unpersönlicher werdendes Verhältnis zwischen Lehrer und Studenten. Das wiederum hatte zur Folge, daß ein Lehrbuch weniger durch den Ruf und das Vorbild des Verfassers eine Wirkung ausübte. Ausschlaggebend wurden vielmehr die didaktischen Grundsätze einer Lehrbuchkonzeption, die intensives Lernen erleichterten. Dies war auch deshalb geboten, weil nicht nur die Studentenzahlen wuchsen, sondern auch die Fülle des zu Lernenden durch den immer rascheren Gang der Forschung beträchtlich anwuchs. Neue Wege der Wissensvermittlung und der Wissensabfragung wurden diskutiert.

In Bern war unter der Leitung des Internisten Hannes Pauli ein Institut für Ausbildungs- und Examensforschung entstanden, in dem sich von Zeit zu Zeit ein Kreis Interessierter zusammenfand. Es waren hauptsächlich Dozenten aus allen Bereichen, Theoretiker für Didaktikfragen und Vertreter von Universitäten. Es gab nur zwei Verleger in diesem Kreis. Zur gleichen Zeit wurde das »Multiple-choice-Fragensystem« geschaffen, das zur Versachlichung der Prüfungsmodalitäten beitragen sollte. Es hat sich nicht alles bewährt, was damals erarbeitet wurde, doch ist sicher manches objektiviert worden, etwa der Umfang des Prüfungsstoffes in den sorgfältig ausgearbeiteten Fragenkatalogen. Was aus jenen, angesichts der Strukturveränderungen der Universitäten verständlichen Überlegungen und Experimenten übrig geblieben ist, sind Lernzielkataloge der verschiedenen medizinischen Disziplinen mit ihren Fragensammlungen.

Aufgrund aller bis dahin gemachten Erfahrungen hatte ich seinerzeit ein dreistufiges Lehrbuchsystem konzipiert. Es bestand aus der ersten, unteren Stufe, die ich als ›Basislehrbuch‹ bezeichnete. Ihr Umfang und Format entsprach unseren 1964 gegründeten ›Heidelberger Taschenbüchern‹. Die zweite, mittlere Gruppe sollte das normale ›Standardlehrbuch‹ bilden, das für die Hauptfächer aller Disziplinen zum Examen führt. Die dritte Gruppe schließlich stellte das ausführliche ›Lehr- und Nachschlagebuch‹ dar. Es bedurfte intensiver und systemati-

520 (s. gegenüberliegende Seite unten) *Die ›Heidelberger Taschenbücher‹ habe ich 1964 begonnen mit dem Band von Max Born über ›Die Relativitätstheorie Einsteins‹ als eine preisgünstige Paperback-Reihe für wissenschaftlich aktuelle Themen aus dem Gesamtbereich der exakten Naturwissenschaften Biologie, Medizin, Mathematik und Wirtschaftswissenschaften. Das Format wurde größer gewählt als üblich, um gut lesbaren Text und kompliziertere Illustrationen bieten zu können. Die Reihe wurde auch für den Typus der ›Basislehrbücher‹ verwendet. Diese Reihe hat es inzwischen auf 260 Bände gebracht, die erfolgreich waren und zahlreiche Neuauflagen erlebt haben. Im Laufe der Zeit wurden auch erfolgreiche Einzel- oder Reihentitel, etwa aus den ›Grundlehren der mathematischen Wissenschaften‹ aufgenommen. Am 1. Januar 1967 ließ ich in New York die Reihe ›Heidelberg Science Library‹ folgen mit dem ersten Band von E. Bünning ›The Physiological Clock‹ (s. auch S. 312).*

521 *H. Frick, H. Leonhardt und T. H. Schiebler ›Examens-Fragen Anatomie. Zum Gegenstandskatalog‹, 3. Aufl. 1979.*

522 *Kurt Kramer (1906–1985), Schüler des Physiologen Hermann Rein, war von 1965 bis 1975 Ordinarius am Physiologischen Institut der Universität München.*

scher Arbeit, Lehrbücher für die zahlreichen Sachgebiete zu schaffen und geeignete Autoren zu finden, die bereit und in der Lage waren, die schwierige, besondere Begabung erfordernde Aufgabe zu lösen. Ich betrachtete es deshalb als eine glückliche Fügung, daß mich 1970 der Physiologe Kurt Kramer aus München anrief und mich fragte, ob ich aufgrund unserer zahlreichen Verlagsverbindungen eine Möglichkeit sähe, einem deutschstämmigen Psychologen, der in Amerika ausgebildet war und dort lehrte, eine entsprechende Tätigkeit in Deutschland zu vermitteln. Kramer hatte ihn für sein Institut gewonnen, doch fehlten ihm angesichts offizieller Sparmaßnahmen plötzlich die Mittel. Ich erkundigte mich nach den Qualifikationen von Wilhelm F. Angermeier — dies war der Name des von Kramer genannten Psychologen — und erfuhr, daß er aus einer naturwissenschaftlich geprägten Psychologenschule in den USA hervorgegangen war und sich mit Lernpsychologie befaßt hatte. Dies gab den Ausschlag, und ein Interview führte zur Einstellung Angermeiers mit der fest umrissenen Aufgabe, das Lehrbuchprogramm auszugestalten. Angermeier ging mit Geschick zu Werke und gab unseren Lehrbuchautoren wichtige Hilfen. Er versuchte mit Erfolg durch zweckmäßige Anordnung des Stoffes eine didaktisch sinnreiche Disposition zu erreichen und die leichte Erfaßbarkeit wesentlicher Aussagen durch farbiges Herausheben von Lehrsätzen zu ergänzen und zu beleben.

Das neue Programm begann 1971 mit der 2. Auflage des Lehrbuches der ›Kinderheilkunde‹ von Gustav-Adolf von Harnack, dem zugleich eine eigene äußere Form mit der neuen Farbkombination blau/rot gegeben wurde. 1972 folgte das ›Lehrbuch der klinischen Chemie‹ von Wirnt Rick.

523 *Gustav Adolf von Harnack (Hrsg.) ›Kinderheilkunde‹, 6. Aufl. 1984. –* 524 *Philip G. Zimbardo ›Psychologie‹ (›Springer-Lehrbuch‹), 5., neu übersetzte Auflage 1992.*

Für sein eigenes Fach Psychologie empfahl Angermeier die Übersetzung eines amerikanischen Lehrbuches von Philip G. Zimbardo und Floyd L. Ruch, dessen 1. Auflage 1974 erschien. Es folgten Neuauflagen in den Jahren 1975, 1978 und schließlich die 4. Auflage 1983, alle mit jeweils einem oder mehreren Nachdrucken. Im Frühjahr 1992 konnte eine komplett neu übersetzte und aktualisierte Auflage vorgelegt werden, mit der wir den Verkauf von insgesamt 100 000 Exemplaren Ende 1992 erreichten.

Bei meinen Bemühungen, Lehrbücher für alle medizinischen Disziplinen zu schaffen, konnte ich für das Fach ›Medizinische Mikrobiologie‹ keinen geeigneten Autor in Deutschland finden, da sich dieses Fach noch nicht etabliert, bzw. sich noch nicht von den Traditionen des alten Faches ›Hygiene‹ befreit hatte. Ich stieß auf ein englischsprachiges Lehrbuch von Jawetz, Melnick und Adelberg, das in dem kurz vorher gegründeten Lehrbuchverlag von Jack Lange in San Francisco erschienen war. Es stellte sich heraus, daß Adelberg aus Österreich stammte, und ich hoffte, von ihm eine deutsche Textfassung erhalten zu können.

Jack Lange

Bei meiner Reise an die Westküste Nordamerikas im Jahre 1962 besuchte ich Jack Lange in Los Altos bei San Francisco. Er war Professor für medizinische Propädeutik und damit Mitglied der Medical School von San Francisco. Auch er hatte einen Mangel an modernen Lehrbüchern festgestellt und sich entschlossen, ihn mit Hilfe seiner Kollegen selbst zu beheben. Er war lebhaft an didaktischen Fragen interessiert und konnte die Fakultätskollegen bei der Abfassung ihrer Manuskripte kritisch

Von den 14 ursprünglich in Aussicht genommenen Bänden sind folgende realisiert worden:

Jawetz/Melnick/Adelberg: Medizinische Mikrobiologie. November 1963, 5. Aufl. 1980

Ganong: Medizinische Physiologie. April 1971, 3. Aufl. 1974

Harper: Physiologische Chemie, später Löffler/Petrides/Weiss. November 1975, 5. Aufl. 1990

Meyers/Jawetz/Goldfien: Pharmakologie. November 1975

Chusid: Funktionelle Neurologie. Mai 1978

Vaughan/Asbury: Ophthalmologie. Oktober 1983

Junqueira/Carneiro: Histologie, Oktober 1984. 2. Aufl. 1990

Sokolow/McIlroy: Kardiologie. April 1985

Harper: Medizinische Biochemie, Oktober 1986. 2. Aufl. 1987

Tanagho/McAninch (Hrsg.): Smiths Urologie. Juli 1992

Übersetzungen von Lange Medical Publications

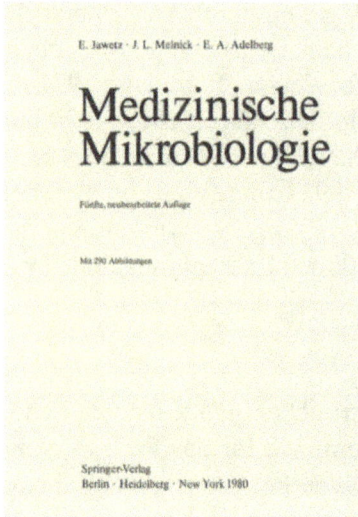 

525 *Ernest Jawetz, Joseph L. Melnick und Edward A. Adelberg ›Medizinische Mikrobiologie‹, 5. Aufl. 1980.* – **526** *Harold A. Harper, David W. Martin, Peter A. Mayes und Victor W. Rodwell ›Medizinische Biochemie‹, 2. Aufl. 1987.*

führen. In der Campusbuchhandlung von San Francisco, später in allen anderen Universitätsbuchhandlungen Kaliforniens und schließlich weltweit, wurden seine Bücher Bestseller. Auch die deutsche Übersetzung des Mikrobiologielehrbuchs wurde erfolgreich. Wir wählten im Laufe der Jahre noch weitere neun Titel aus dem Programm von Jack Lange, die sämtlich einen ausgezeichneten Absatz fanden. Marianne Kalow betreute die Zusammenarbeit mit Los Altos über viele Jahre.

Es ist noch über ein anderes Experiment im Lehrbuchbereich aus jener Zeit zu berichten: Aus den Bemühungen um eine neue Didaktik im Bereiche der Medizin entwickelte sich die Idee »programmierter« Lehrbücher, in denen nach Grundsätzen logischen Aufbaus ein Lernschritt aus dem anderen hervorging. Mit dem Physiologen Robert F. Schmidt, damals in Heidelberg, der später gemeinsam mit Gerhard Thews das Rein/Schneidersche Lehrbuch der Physiologie erfolgreich fortführte, wagte ich 1971 das erste programmierte Lehrbuch ›Neurophysiologie‹. Es war ebensowenig erfolgreich wie die weiteren Lehrbücher dieses Typs, etwa die Übersetzung von R.L. Sidman und M. Sidman ›Neuroanatomie programmiert‹ (1971) und ein weiteres von R.F. Schmidt und Mitarbeitern: ›Sinnesphysiologie programmiert‹ (1973). Diese programmierten Lehrbücher hatten einen entscheidenden Nachteil: es war nicht möglich, irgendein Kapitel herauszugreifen, um etwas nachzulesen; man konnte nicht an beliebiger Stelle des »programmierten« Gedankenaufbaues einsteigen. Das Einzelne wurde nur sinnvoll und sichtbar im logischen Zusammenhang des Ganzen. Zum Glück hatte ich R.F. Schmidt gebeten, seine Lehrbücher auch in »konventioneller Form« zu erarbeiten.

527 *Marianne Kalow (1931) kam 1971 zum Springer-Verlag, wo sie für AV-Neue Medien, Chirurgie und Orthopädie verantwortlich war. Ab 1975 betreute sie das neu geordnete Lehrbuchprogramm für alle Bereiche.*

Es waren auf jeden Fall höchst interessante Versuche gewesen, und das Lehrbuchthema, das mich stets gefesselt hat, beschäftigte uns weiter. Nach dem Weggang von W. F. Angermeier, der 1974 die Leitung eines Primatenzentrums bei Köln übernahm, entwickelte ich das Lehrbuchprogramm mit lebhafter Unterstützung von Marianne Kalow weiter. Es ist jüngst unter Anne Repnow erneut überarbeitet, fortgeführt und mit einem Erkennungszeichen, dem »Haken« versehen worden.

528 *Robert F. Schmidt (1932), Professor für Physiologie in Würzburg und Mitherausgeber des Lehrbuchs ›Physiologie des Menschen‹, zusammen mit* (**529**) *Gerhard Thews (1926).* – **530** *R. F. Schmidt und G. Thews (Hrsg.) ›Physiologie des Menschen‹, 25. Aufl. 1993.*

Loseblattausgaben

Die Publikation umfangreicher Buchtitel oder Handbücher in Loseblattform – bei Gesetzessammlungen u. ä. ist sie seit langer Zeit in Gebrauch – ist unter bestimmten Voraussetzungen das geeignete Mittel der Wahl. So erschien das von K. H. Wedepohl, Göttingen, herausgegebene englischsprachige ›Handbook of Geochemistry‹ in sechs Bänden als Loseblattsammlung (1969–1978), die es erlaubte, die Stichworte jeweils in der Reihenfolge ihrer Fertigstellung erscheinen zu lassen. Damit konnte das außergewöhnlich umfangreiche Material in einem Zeitraum von 10 Jahren veröffentlicht werden.

Für das im Jahr 1974 begonnene ›Handbuch der gefährlichen Güter‹ von Günter Hommel wurde die Loseblattform deshalb gewählt, weil sie eine kontinuierliche Ergänzung durch laufend neu zugehende Informationen erlaubt. Die Herstellung von jeweils neuen Auflagen würde bei weitem zu aufwendig und kostspielig gewesen sein.

Aus den gleichen Gründen empfahl sich dieses System für die folgenden, von J. Wieczorek betreuten Themen, für die der aktuelle Wissensstand durch Nachlieferungen ergänzt wird:

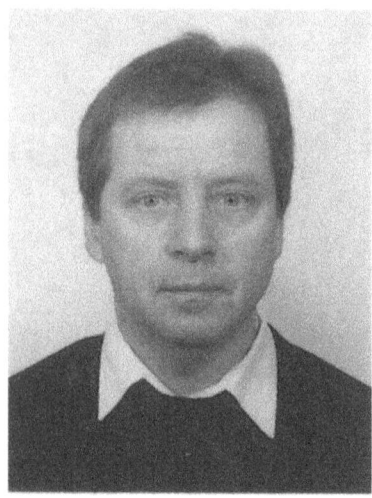

531 *Jürgen Wieczorek (1948) ist seit 1978 Planer für das Gebiet der Medizin und Life Sciences. Darüber hinaus führt er von Heidelberg aus die Tochterfirma Springer-Verlag France in Paris.*

- ›Aids und die Vorstadien‹. Erschienen im Oktober 1988, derzeit vierzehn Nachlieferungen.
- ›Praxis und Computer‹. Erschienen im August 1991, derzeit drei Nachlieferungen.
- ›Naturheilverfahren und Unkonventionelle Medizinische Richtungen‹. Erschienen im Oktober 1992.

Weitere Pläne ähnlicher Loseblattausgaben bestehen für Themen aus verschiedenen Verlagssparten:

Medizin:	Ambulante Therapie; Arbeitsmedizin; Arztrecht; Umweltmedizin
Technik:	Entwicklungs-, Konstruktionsleiter; Logistikleiter; Produktionsleiter; Qualitätssicherungsleiter; Vertriebsleiter
Chemie:	Abfallwirtschaft; Altlasten
Geologie:	Altlastenhandbuch Niedersachsen; Leitfaden zur Altlastensanierung
Recht:	EDV-Projektentwicklung.

STRATEGISCHE VERLAGSPLANUNG

Das Motiv der Verlagsführung in der Mitte der sechziger Jahre, unsere wissenschaftliche Produktion der englischen Sprache zu öffnen, war begründet in der nach dem Kriege sichtbar gewordenen Dominanz der englischen Sprache auf allen Gebieten der internationalen Spitzenforschung. Englisch war ihre lingua franca geworden. Begünstigt wurde diese Entwicklung durch die allgemeine Verbreitung der englischen Sprache auch außerhalb der Vereinigten Staaten und Großbritanniens.

Im weiteren Verlauf der Nachkriegszeit hatte sich auch in Europa die wissenschaftliche Tätigkeit wieder kräftig entfaltet, ebenso in Ostasien und anderwärts — die Vorherrschaft der englischen Sprache im wissenschaftlichen Schrifttum ging damit einher.

Ein wissenschaftlicher Verlag, der sich der Spitzenforschung auf allen Wissenschaftsgebieten widmet, konnte dies nicht mehr von einem einzigen Lande aus tun; er mußte vielmehr der internationalen Bewegung und Ausbreitung wissenschaftlicher Tätigkeit folgen, um ihr dienen und die besten Autoren in allen Fachgebieten vor Ort gewinnen zu können.

Dabei mußten *gleichzeitig* die entsprechenden internationalen Absatzmärkte erschlossen werden — ein anspruchsvolles Ziel, dessen Verfolgung mit großen Risiken verbunden war. Finanzielle Engpässe wurden unvermeidlich.

Das Vertrauen der Deutschen Bank, repräsentiert durch den Mannheimer Bankdirektor Heinz G. Rothenbücher, half uns, die kritischen Phasen zu überwinden. Der Sachverstand und die Begeisterungsfähigkeit unseres Leiters der Finanzen, Reinhold Halling, wirkten in gleicher Richtung. Ich selbst war voller Zuversicht und hatte in G. Holtz einen kompetenten Mitarbeiter bei den entscheidend wichtigen Gründungen in New York und Tokyo.

Die Verankerung unseres Verkaufs- und Autorenpotentials *an diesen beiden Vororten* internationalen wissenschaftlich-technologischen Fortschritts — *neben Europa* (s. Plan S. 224) — gab die Möglichkeit einer universalen Ausrichtung unserer Verlagsziele in einem System größtmöglicher Beweglichkeit des Verkaufsapparates sowie der Autorengewinnung. Dies zu erreichen, war an eine Politik der offenen Märkte gebunden. Zugleich aber verbot sich die gerade damals zeitgemäße Bildung von »Profitcenters«, die sich in einem kommunizierenden System als hinderlich erwiesen hätte. An ihre Stelle mußten übergreifende Kosten-Nutzen-Ermittlungen treten.

Eine schematische Darstellung der Entwicklung dieses Systems ist auf S. 365 zu finden.

Als *sekundäres Ergebnis* konnten wir damit eine relative Unabhängigkeit des gesamten Systems von vorübergehenden regionalen Marktschwächen, d. h. eine *Risikominderung*, erwarten.

Die Kapitalkraft des nach dem Kriege vom Nullpunkt begonnenen Unternehmens erlaubte keine Investitionen einer Größenordnung, die normalerweise für internationale Neugründungen erforderlich gewesen wäre. Meine Planung sah deshalb eine Vorgehensweise in kleinen Schritten vor, die es erlaubte, Aufwendungen für die Gründung New Yorks aus dem Verkauf europäischer Produktion in den USA und Kanada zu decken. Da die Verkaufs-, sprich Gewinnmöglichkeiten einer zwangsläufig kleinen Organisation ebenfalls nicht groß sein konnten, war eine langfristige Planung erforderlich. De facto sind für den Anfang der Arbeit in New York nur $ 35 000 eingesetzt worden — alles Weitere wurde durch Warenkredite der Mutterfirma finanziert. Der Break-even point kam nach fünf, die Deckung der gesamten Aufwendungen nach neun Jahren.

Das erklärt zugleich, daß die Beurteilung der jährlichen Bilanzen ausschließlich mit dem in den USA üblichen Blick auf die »bottom line« nicht adäquat war. Entscheidend war die Beobachtung der *Entwicklungsdynamik*.

Die erwähnten Warenkredite stellten für die Mutterfirmen das »Eintrittsgeld« für die Eroberung des USA-Marktes dar, der sich in erhöhtem Umsatz seiner Produkte niederschlug, die ihm — neben der Rückzahlung der Warenkredite — eigene *Verkaufsgewinne* brachten. Warenkredite und »return on investment« waren unlösbar miteinander verbunden.

Die beschriebene, aus den Zwängen der Nachkriegssituation hergeleitete *»Politik der kleinen Schritte«* oder — anders ausgedrückt — des *»management without capital«* wurde nach dem Gelingen der Gründung New Yorks die Richtschnur für weitere expansive Schritte.

Die Aktivität in Nordamerika verschaffte uns im Laufe der Zeit erhöhtes Ansehen sowohl im Lande unseres neuen Standortes, als auch in Deutschland, in Europa und in Ostasien.

Waren die erzielten Gewinne zunächst für den Ausbau der Neugründung gedacht, so ergaben sich früher als zunächst beabsichtigt Möglichkeiten, verlegerisch tätig zu werden. Es war aber von vornherein klar, daß das amerikanische Autorenpotential nicht allein von New York aus betreut werden konnte.

Dennoch hat sich im Laufe der Zeit eine bedeutende und umfangreiche New Yorker Eigenproduktion entwickelt, hauptsächlich auf den Gebieten Mathematik, Biologie, Geowissenschaften und im weiteren Verlaufe auch der Medizin und Psychologie. Der Gesamtumsatz von Springer-Verlag New York wurde und wird allerdings zum größeren Teil mit dem Verkauf der europäischen Produktion erzielt. Das Verhältnis zwischen eigenen und von Europa übernommenen Titeln lautete im Laufe der Jahre 7:3 oder 6:4. Für 1992 ist 6:4 zu ermitteln.

Das Gesamtjahresergebnis New York wird also zu etwa zwei Dritteln von der Produktion der Mutterfirma bestimmt. Enge Zusammenarbeit New Yorks mit der Mutterfirma ist deshalb dringend geboten — zumal auch die Mutterfirma US-Autoren und -herausgeber zu gewinnen sucht.

Das geschilderte strategische Grundprinzip der Gründung New Yorks ist auch für unsere weiteren Tochtergründungen maßgeblich gewesen — nicht in starrer Form, sondern eher im Sinne Helmuth James Graf von Moltkes, der »Strategie« als ein »System von Aushilfen« verstand.

In Japan kam es zunächst darauf an, unsere neue englischsprachige Produktion bekannt zu machen und umzusetzen. Auch dabei gingen wir ab 1965 vorsichtig und mit minimalen Einsätzen ans Werk.

Einen Sprung vorwärts bedeutete 1977 der Erwerb von Eastern Book Service (EBS). Dieses Unternehmen vertrat westliche Verlagsfirmen in Japan und tat dies auch unter unserer Führung.

Anders als in New York waren in Japan eigene verlegerische Initiativen durch die Sprachbarriere begrenzt, die wir seit 1983 vorsichtig mit Übersetzungen eigener erfolgreicher Werke aus Heidelberg/Berlin und New York zu überwinden begannen. Der Vertrieb englischer Übersetzungen japanischsprachiger Bücher und vor allem Zeitschriften erweiterte unseren Tätigkeitshorizont. Auch japanische Ausgaben englischsprachiger Publikationen unserer japanischen Autoren waren möglich.

Die internationale Charakteristik unseres Verlages war nicht nur für japanische Autoren Anlaß, bei uns in englischer Sprache zu publizieren, sondern es wandten sich auch wissenschaftliche Gesellschaften mit ihren Gesellschaftszeitschriften an uns mit dem Wunsche, sie im englischen Sprachbereich weltweit zu vertreiben, wobei unser Ansehen als international operierendes Unternehmen den Ausschlag gab.

Dies war beispielsweise der Grund, daß der in Deutschland ausgebildete und uns von seiner Zusammenarbeit mit G. H. Heberer und J. R. Siewert bekannte Präsident der Japanischen Chirurgischen Gesellschaft, Yoshio Mishima, dem Springer-Verlag 1992 die Zeitschrift der Japanischen Chirurgischen Gesellschaft ›Surgery Today‹ zum Vertrieb im Westen übergab.

Es gibt weitere Möglichkeiten der Zusammenarbeit zwischen den Tochterfirmen, wie das von Allan Wylde, Santa Clara/CA, entworfene Projekt TELOS auf dem Gebiet der Computer Science. Es führt sowohl zum Vertrieb englischsprachiger Bücher und Reihen in Japan als auch zu Übersetzungen solcher Bücher und Reihen ins Japanische (s. S. 326).

Die Vertriebs- und Verkaufstätigkeit für unsere europäischen und amerikanischen Produkte bringen wiederum erhebliche Umsatzgewinne für die Mutterfirma, die für die Rentabilität unseres wissenschaftlichen Programms insgesamt von ausschlaggebender Bedeutung waren und sind.

Die Gründung Hong Kongs hat sich erfolgreich für den Absatz unserer Literatur in der inzwischen besonders aufstrebenden Region der sogenannten fünf asiatischen Tiger (Taiwan, Singapur, Malaysia, Thailand und Hong Kong) erwiesen — unter gleichzeitiger Betreuung Festlandchinas und seines Zentrums in Beijing, mit dem wir seit 1974 in enger Verbindung stehen. Die Bedeutung des gesamten ostasiatischen Raumes, die von uns früh erkannt wurde, wird rasch weiterhin zunehmen und erfordert deshalb ständig unsere größte Aufmerksamkeit.

Ich habe in einem Schaubild auf S. 365 versucht darzustellen, daß die notwendigen Beziehungen zwischen Mutterfirma und Tochterfirmen, zu denen im Laufe der Zeit weitere hinzugekommen sind, nicht allein auf einer ungehinderten Zusammenarbeit zwischen Mutterfirma und Tochterfirmen in beiden Richtungen beruht, sondern daß auch die Tochterfirmen unmittelbar zusammenarbeiten und alle Bemühungen darauf abstellen müssen, gemeinsam Vorteile zum Wohle des Ganzen zu erreichen. Der Mutterfirma muß dabei ein Weisungsrecht verbleiben.

Selbstverständlich wird und soll der Ehrgeiz jeder einzelnen Tochterfirma darin liegen, optimale Ergebnisse zu erzielen. Sie dürfen nur nicht zum offenkundigen Schaden einer anderen Tochterfirma oder zu Lasten des gesamten internationalen Image der Springer-Gruppe führen.

Strategische Verlagsplanung 365

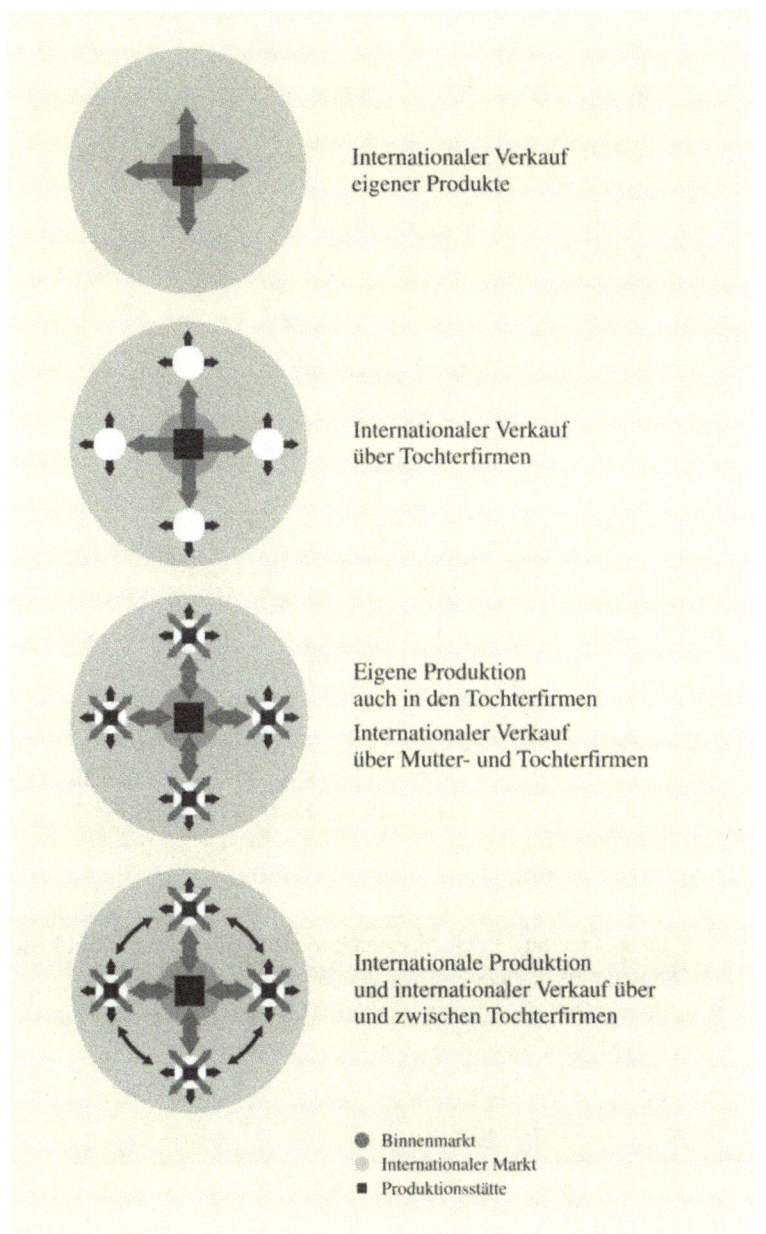

532 *Die vier Stufen der Entfaltung vom nationalen Verlag zur globalen verlegerischen Präsenz.*

So muß beispielsweise die Firmierung des Verlages mit sämtlichen Niederlassungsorten für alle Verlautbarungen sowohl für die Mutterfirma als auch für alle Tochterfirmen einheitlich sein.

Nur die damit dokumentierte volle Internationalität hat uns die besten Autoren aus aller Welt – einschließlich der USA – zugeführt – ebenso wie die Übertragung von Gesellschaftszeitschriften internationaler Gesellschaften (›World Journal of Surgery‹, ›International Orthopedics‹).

Herkunft der Erstauslieferungen (Neuerscheinungen, Neuauflagen) 1970–1992 nach Betriebsstätten

Jahr	Erstaus- lieferung*	Heidel- berg	Berlin	Mün- chen	New York	London	Paris	Tokyo E	J
1970	417				6				
1971	429				26				
1972	394				13				
1973	467				21				
1974	498				34				
1975	590				45				
1976	517				46				
1977	560				64				
1978	622				71				
1979	686				100	3			
1980	736				82	3			
1981	797	546	142	57	121	7			
1982	881	588	151	59	120	12			
1983	981	640	193	29	135	13		1	(2)
1984	1038	723	192	11	146	11		3	(1)
1985	1163	783	224	11	159	13		4	(3)
1986	1244	803	277	13	189	19**		8	(12)
1987	1435	928	338	10	196	20	1	9	(17)
1988	1560	967	325	17	234	38	6	11	(11)
1989	1551	918	336	17	288	39	13	10	(17)
1990	1543	878	324	15	262	70	19	13	(28)
1991	1705	1083	366	–	301	79	15	21	(28)
1992	1675	1074	397	–	267	66	21	25	(17)

* Zahlen aus dem Jahres-Abschlußbericht der Deutschen Treuhand-Gesellschaft; die weiteren Zahlen enthalten auch Nachdrucke.
** Im Laufe des Jahres 1986 erschien der Hinweis »London« zum ersten Mal auf den Titelseiten.

Tokyo E = Titel in *englischer* Sprache
Tokyo J ( ) = Titel in *japanischer* Sprache

Neben der Konsolidierung der europäischen Märkte, insbesondere der osteuropäischen, wird sich Ostasien weiterhin zu einem beachtlichen wirtschaftlichen, industriellen und wissenschaftlichen Schwerpunkt in der Welt entwickeln.

Eine besondere Leistung des Verlags und all seiner Mitarbeiter ist darin zu sehen, daß die Entwicklung zu einem weltweiten Unternehmen zwischen 1945 und 1992 *ohne jede fremde finanzielle Hilfe von außen* gelang — trotz erforderlicher Auszahlungen an ausscheidende Partner — und damit die volle Unabhängigkeit des Unternehmens und seiner Führung erhalten blieb [GÖTZE (8)].

	Neuproduktion ohne Nachdrucke (Titelanzahl)				
	1988	1989	1990	1991	1992
1. Medizin	545	553	530	546	486
2. Mathematik u. Informatik	332	324	345	413	436
3. Technik	266	253	242	260	262
4. Biologie	139	120	132	108	108
5. Physik	133	146	117	164	186
6. Wirtschaftswissenschaften	93	95	102	119	106
7. Chemie	64	65	58	68	63
8. Geowissenschaften	40	33	50	40	39
9. Beilstein Handbuch der organ. Chemie	15	18	17	28	34
Gesamt	1627 (67)*	1607 (56)*	1593 (50)*	1746 (60)*	1720 (71)*
( )* = Anteil der Kommissionstitel					

Erstauslieferungen (Neuerscheinungen, Neuauflagen) aufgeteilt nach Fachgebieten (Springer-Verlag Heidelberg, Berlin, New York, London, Paris, Tokyo und J. F. Bergmann, München)

Mit dem Mitte der sechziger Jahre begonnenen Aufbau einer globalen Verlagsstruktur und Verlagspräsenz mit dem Zentrum Berlin-Heidelberg und den Knotenpunkten New York und Tokyo besitzt der Verlag ein in die Zukunft gerichtetes Konzept, das nach konsequenter Weiterführung verlangt.

MITARBEIT IN BUCHHANDELSGREMIEN

Internationale stm-Gruppe

Während des Internationalen Verlegerkongresses in Amsterdam im Jahre 1968 fand sich eine Gruppe wissenschaftlicher Verleger zusammen, die nach den Turbulenzen um die erste Fassung des sogenannten Stockholmer Protokolls mit seinen urheberrechtlichen Implikationen einen internationalen Zusammenschluß aller wissenschaftlichen Verlage für erforderlich hielt, um ihre Interessen weltweit mit einer starken Stimme vertreten zu können. Im Vordergrund stand zunächst die Ver-

Mitglieder des Springer-Verlags in der stm-Gruppe

Heinz Götze	One of stm's Founding Fathers	1968
	Member of the Steering Committee	1968–1969
	Member of stm Group Executive	1969–1975
	2nd Chairman (succeeding Piet Bergmans (Elsevier))	1971–1973
	Chairman of stm Copyright Committee	1975–1977
Claus Michaletz	Member of stm Group Executive	1982–1988
Jolanda L. von Hagen	Chairman of stm Marketing Committee	1984–1987
	Member of stm Group Executive	1987–1992
	Chairman of stm Library Relations Committee	1990–1992
Günter Holtz	Chairman of stm Marketing Committee	1976–1978
Dietrich Götze	Member of stm Innovations Committee (succeeded by G. Rossbach)	1985–1989
	Member of stm Copyright Committee	seit 1983
Bernd Grossmann	Member of stm Copyright Committee	seit 1983
Gerhard Rossbach	Member of stm Innovations Committee	seit 1989
Hans-Ulrich Daniel	Member of stm Group Executive	seit 1992

teidigung des gültigen Urheberrechtes, doch gab es im Zeichen fortschreitender Internationalisierung im Buchhandels- und Verlagswesen zahlreiche andere wichtige Themen, die nach internationalen Übereinkünften verlangten — zum Nutzen aller. Es gab aber auch Probleme nationaler Buchhandelsorganisationen, deren Lösung durch ein internationales Gremium gefördert werden konnte.

Die acht ›Founding Fathers‹ der sich bildenden International Group of Scientific, Technical and Medical Publishers, kurz ›stm‹ genannt, waren Piet Bergmans (Elsevier), Ed Booher (McGraw-Hill), Robert Code Holland (Pitman), Georges Dunod (Dunod), Daniel Frank (North-Holland), Heinz Götze (Springer-Verlag), Robert Maxwell (Pergamon Press) und Bradford Wiley (Wiley). Die offizielle Gründung der Gruppe erfolgte 1969 in Florenz. Die große Anzahl der in kurzer Zeit beigetretenen Mitglieder bestätigte den dringenden Bedarf für einen solchen Zusammenschluß. Es war ein glücklicher Umstand, daß als ständiger Sekretär Paul Nijhoff Asser gewonnen werden konnte, der die Arbeit der Gruppe mit Umsicht und Sachkenntnis bis zu seinem Ausscheiden am 28. Februar 1993 betreut hat.

Der erste Chairman der stm-Gruppe war Piet Bergmans, dem ich 1971 folgte, um das Amt 1973 an Ed Booher weiterzugeben.

Die Mitgliedschaften und Aufgabenbereiche von Angehörigen des Springer-Verlags sind in der vorangegangenen Übersicht zusammengefaßt.

533 *Edward E. Booher (1910 bis 1990, links), ehemals Präsident von McGraw-Hill Book Company, war einer der Gründungsväter der stm-Gruppe 1968/69, deren Chairman von 1973–1975 und Mitglied der Group Executive von 1969 bis 1975. Bart van Tongeren (1920) war Chairman von 1975–1977 und Treasurer von 1977–1980.*

Börsenverein des Deutschen Buchhandels

Der Springer-Verlag und seine Repräsentanten hielten seit der Verlagsgründung bis zum heutigen Tag enge Verbindung zum Börsenverein der Deutschen Buchhändler. Heinz Sarkowski hat hierüber bereits ausführlich berichtet [HS: 427, Register]. Im folgenden Verzeichnis ist die Mitarbeit Verlagsangehöriger im Berichtszeitraum vermerkt.

Mitgliedschaften und Auszeichnungen von Angehörigen des Springer-Verlags in Gremien des Börsenvereins des Deutschen Buchhandels e.V.

Tönjes Lange	
Vorstand, stellvertretender Schriftführer	1956–1959
Mitwirkendes Vorstandsmitglied:	
Verlegerausschuß	
Wirtschaftsausschuß	
Satzungs-und Rechtsausschuß	
Ausschuß für Urheber- und Verlagsrecht	
Ausschuß für Bibliotheks- und Dokumentationsfragen	
Ausschuß für Außenhandelsfragen	
Ausschuß für Veröffentlichungen des Börsenblatts	
Ausschuß für Auslandsausstellungen	1959–1961
Ausschuß für Außenhandelsfragen und Interzonenhandel	1959–1961
Julius Springer	
Ehrenzeichen des BV in Gold	1954
Plakette »Dem Förderer des Deutschen Buches«	1965
Paul Hövel	
Interzonenhandelsausschuß	1960–1971
Außenhandelsausschuß	
(davon Vorsitzender 1965–1971)	1961–1971
Ausschuß für Auslandsausstellungen	1961–1964
Verlegerausschuß	1965–1973
Inkassostelle für urheberrechtliche Vervielfältigungsgebühren	1964–1970
Wirtschaftsausschuß	1965–1971
Abgeordnetenversammlung	1967–1973
Arbeitsgruppe Stockholm	1968–1969
Plakette »Dem Förderer des Deutschen Buches«	1968
Heinz Götze	
Urheber- und Verlagsrechtsausschuß	1968–1983
Deutsche Forschungsgemeinschaft, Sachverständiger im Verlagsausschuß	1978–1984
Auszeichnung des BV:	
Ehrenzeichen des BV in Gold	1977
Plakette »Dem Förderer des Deutschen Buches«	1982
Claus Michaletz	
Rationalisierungsausschuß und Leiter der Unterkommission VLB (Verzeichnis lieferbarer Bücher)	1972–1974
Vorsitzender des VLB-Ausschusses	1974–1976
Haushaltsausschuß	1974–1977
Verlegerausschuß	1976–1977

Mitgliedschaften und Auszeichnungen (Fortsetzung)

ferner:

Betriebwirtschaftliche Kommission der AGZV (Arbeitsgemeinschaft der Zeitschriftenverlage)	1976–1977
Mitglied des Vorstands (Schatzmeister)	1977–1983
Stellvertretender Vorsteher	1986–1989
Vorsitzender des Außenhandelsausschusses	1989–1992
Delegierter des Vorstands für auswärtige Kulturpolitik und Außenwirtschaft	1989–1992
Mitglied im Berliner Buchhändler-Club*	seit 1973
Mitglied des Aufsichtsrats im Rechenzentrum Buchhandel GmbH	1975–1989
Beirat im Vorstand der Berliner Verleger- und Buchhändlervereinigung e.V.*	1975–1989
Seit Gründung des Deutschen Buchhändler-Seminars Dozent für betriebswirtschaftliche Themen	1969–1978
Mitglied des Aufsichtsrates der Ausstellungs- und Messe-GmbH	seit 1989

Lothar Siegel

Mitglied der Anzeigenkommission der AGZV (Arbeitsgemeinschaft der Zeitschriftenverlage)	1974–1989
Vorsitzender	1976–1988

Heinz Sarkowski

Mitglied der Historischen Kommission	seit 1980

Dietrich Götze

Ausschuß Neue Medien	1983–1989
Urheber- und Verlagsrechts-Ausschuß	1986–1992
Abgeordnetenversammlung	1988–1994
Verleger-Ausschuß	1988–1994

Horst Drescher

Ausschuß für Buchmarktforschung	1986–1989
AwL (Arbeitsgemeinschaft wissenschaftliche Literatur) – Vorsitzender	1986–1990

* Nicht BV.

DAS JUBILÄUM 1992

Im abschließenden Berichtsjahr 1992 begingen wir das 150jährige Jubiläum der Gründung unseres Verlagshauses. Den Geburtstag am 10. Mai feierten wir am Gründungsort Berlin im Kammermusiksaal der Berliner Philharmonie.

Die persönliche Anwesenheit des Herrn Bundespräsidenten Richard von Weizsäcker empfanden wir als eine ehrenvolle Auszeichnung. Das Hartog-Quartett des Radio-Symphonie-Orchesters Berlin mit B. Hartog, A. Malich, T. C. Turner und G. Donderer eröffnete die Feier mit Robert Schumanns Streichquartett F-Dur op. 41 Nr. 2, das im Gründungsjahr des Verlages 1842 komponiert worden ist.

Danach begrüßte C. Michaletz die Gäste, gefolgt von einer kurzen Ansprache meinerseits. Der Bundesminister für Forschung und Technologie, Heinz Riesenhuber, informierte in programmatischer Weise über ›Perspektiven der Wissenschaft im vereinten Deutschland‹, ein Thema von größter Aktualität für einen wissenschaftlichen Verlag.

Es folgten Grußworte des Regierenden Bürgermeisters von Berlin, Eberhard Diepgen, und der Vorsteherin des Börsenvereins des Deutschen Buchhandels, Frau Dorothee Hess-Maier.

534 *Bundespräsident Richard von Weizsäcker, Heinz Götze. Im Hintergrund: Dietrich Götze (links), Brita Springer (Mitte).*

Den Festvortrag bestritt Hubert Markl in faszinierender Weise über ›Verständigung durch Wissenschaft‹.

Anschließend versammelten sich die Gäste zu einem Empfang mit Buffet, der reiche Gelegenheit zu persönlichem Gedankenaustausch bot. Den musikalischen Hintergrund verdankten wir dem 1989 von der Musikschule Wedding gegründeten ›Courorchester Gesundbrunnen‹.

Die Anzahl der Besucher aus dem In- und Ausland war ungewöhnlich groß.

Für die Mitarbeiter des Heidelberger Verlages und die Freunde aus dessen Umkreis begingen wir das Jubiläum am 27. September in der Heidelberger Stadthalle. Wir hatten den Sonntag vor der Frankfurter Buchmesse gewählt, um den zahlreichen Buchhandels- und Verlagsfreunden aus Europa und Übersee Gelegenheit zu geben, gemeinsam mit uns zu feiern. So waren die Vereinigten Staaten von Amerika, Japan und China, Hong Kong und Indien, die ehemalige Sowjetunion, die Schweiz, London und Paris, Wien, Mailand und Budapest vertreten.

535 *Vordere Reihe von links: Linde Götze, Bundesminister Heinz Riesenhuber, Brita Springer, Bundespräsident Richard von Weizsäcker, Heinz Götze, Regierender Bürgermeister Eberhard Diepgen, Dorothee Hess-Maier, Hubert Markl, Ursula Lehr. Zweite Reihe von links: Dietrich Götze, Johanna Joos, Wolfram Joos, Charlotte Lewerich, Bernhard Lewerich.*

536–538 *Bundesminister Heinz Riesenhuber, Dorothee Hess-Maier und Hubert Markl bei ihren Vorträgen bzw. Grußworten.*

539 *Claus Michaletz, Heinz Götze, Bundespräsident Richard von Weizsäcker und Regierender Bürgermeister Eberhard Diepgen nach ihrer Ankunft vor der Berliner Philharmonie.*

540 *Claus Michaletz, Regierender Bürgermeister Eberhard Diepgen, Bundespräsident Richard von Weizsäcker, Georg Ralle, Heinz Götze, Brita Springer, Dorothee Hess-Maier.*

Das Jubiläum 1992

541 *Das ›Courorchester Gesundbrunnen‹ sorgte für musikalische Unterhaltung.*

542 *Hans-Peter Thür, Gottfried Bürgin und Rudolf Siegle.*

543 *Traute Hildebrandt; Sascha, Rosemarie und Nandi K. Mehra.*

544, 545 *Hansjochem Autrum und Oberbürgermeisterin Beate Weber beim Vortrag bzw. bei ihrer Ansprache.*

546 *Karl Heinz Karcher, Brita Springer, Albert Böhm (stehend), Konrad F. Springer, Hansjochem Autrum.*

547 *Sir John C. Eccles im Gespräch mit Bernhard Lewerich (rechts) und Hans Donth (links).*

Das Jubiläum 1992

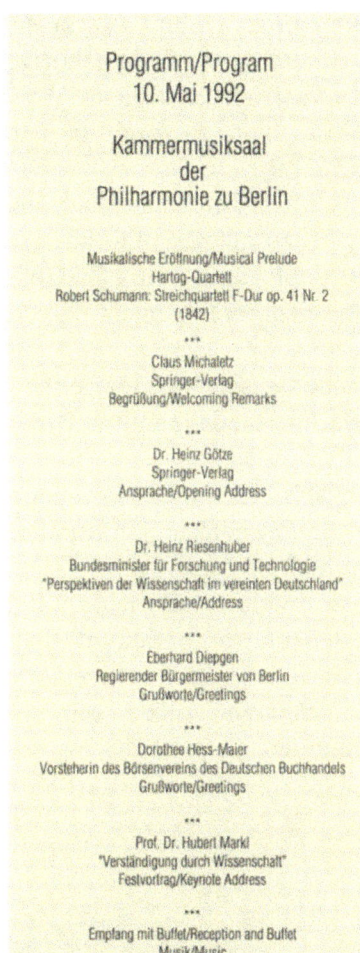

550 *Die Heidelberger Jubiläumsfeier erfreute sich – ebenso wie jene in Berlin – des Besuches prominenter Gäste wie des weit bekannten Heidelberger Philosophen Hans-Georg Gadamer.*

548, 549 *Das Programm der Jubiläumsveranstaltungen in Berlin und Heidelberg.*

Die Feier wurde eröffnet mit einem Konzert des Heidelberger Ärzteorchesters unter der Leitung von Michael Steinhausen. Peter Tschaikowskis Variationen über ein Rokokothema für Violoncello und Orchester erhielten besonderen Glanz durch das brilliante Spiel des jungen Cellisten Manuel von der Nahmer aus Berlin.

Karl Heinz Karcher begrüßte die Gäste mit herzlichen Worten im Namen unseres Gesellschafters Konrad F. Springer. Ich sprach zu grundsätzlichen und aktuellen Fragen der verlegerischen Tätigkeit.

Es folgten Grußworte von Brigitte Unger-Soyka, Ministerin des Landes Baden-Württemberg für Familie, Frauen, Weiterbildung und Kunst und von der Heidelberger Oberbürgermeisterin Beate Weber, die lebhaften Anteil an unserer Veranstaltung nahm.

551 *Eine kunstvolle, in Silber getriebene Darstellung (von Takehiko) eines Segelbootes (»Treasure Ship«) auf hoher See: ein Geschenk der Firmen Springer-Verlag Tokyo und Eastern Book Service Tokyo anläßlich des Verlagsjubiläums. Die Darstellung ist ein schönes Symbol unserer während der vergangenen Jahrzehnte erfolgreichen Bemühungen um eine globale Präsenz unserer Firma und der engen gegenseitigen Verbindungen der verschiedenen Springer-Firmen untereinander.*

Die Festansprache hielt der langjährige Freund, Autor und Herausgeber des Verlages, Hansjochem Autrum, Angehöriger des Ordens pour le mérite. Er äußerte sich in geistreicher Weise zum Thema ›Wissenschaften einst, heute – und die Zukunft?‹

Zu den Ehrengästen gehörte unser hochverehrter Autor und Nobelpreisträger Sir John Eccles, der zusammen mit Lady Helena erschienen war, sowie der Philosoph Hans-Georg Gadamer und der Physiker Heinz Maier-Leibnitz, beide Angehörige des Ordens pour le mérite.

Ein ausgedehntes geselliges Beisammensein bot Gelegenheit, alte und neue Freunde zu sprechen und Gedanken und Erfahrungen auszutauschen.

Das Musiktrio ›Rädelchen‹ aus Karlsruhe mit H. Hachmann, R. Wagenmann und P. Karl sorgte für eine gelöste Atmosphäre, die unsere Gäste lang beisammen hielt.

Der festliche Ausklang der Jubiläumsfeiern gab wiederholten Anlaß, unserer Vorgänger zu gedenken. Gute Zukunft setzt gute Herkunft voraus. Unsere derzeitigen und zukünftigen Mitarbeiter haben Grund, auf ihr Unternehmen stolz zu sein und mögen dies als Verpflichtung empfinden.

552, 553 *Ausgabe der Briefe von Julius Springer d. Ä. an Jeremias Gotthelf [HOLL]. Es handelt sich um eines der Geschenke, die der Springer-Verlag anläßlich seines 150jährigen Jubiläums erhielt. Dieses Gemeinschaftsgeschenk der schweizerischen Springer-Töchter Birkhäuser Verlag Basel und Buchhandlung Freihofer Zürich führt uns am Ende unserer historischen Darstellung zurück zum Gründer des Verlages, der auf dem Schutzumschlag neben seinem Autor Gotthelf abgebildet ist.*

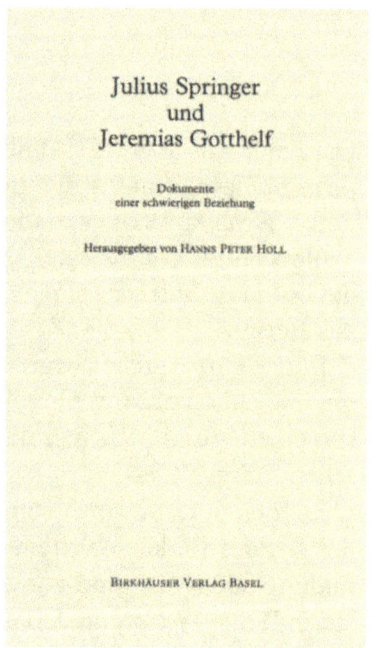

EPILOG

Der Springer-Verlag blickt auf eine 150jährige Geschichte zurück. Während dieses Zeitraums hat sich die heutige Gestalt des Unternehmens geformt im Wechselspiel der Kräfte: den jeweiligen geistigen, politischen und wirtschaftlichen Gegebenheiten und den darauf erfolgten oder sie vorwegnehmenden unternehmerischen Antworten der Verlagsführung.

Es haben sich dabei Traditionen gebildet, die für unser Haus charakteristisch geworden sind: allen voran der hohe Qualitätsanspruch an Niveau und Erscheinungsbild unserer Publikationen und eine loyale Beziehung der Führung zu den Mitarbeitern, die sich in ungewöhnlich langen Zugehörigkeiten zur Firma ausgedrückt hat.

Durch die gemeinsame Arbeit der vergangenen Jahrzehnte haben wir den Verlag zu einem global agierenden Unternehmen entwickeln können, das zu weiterem verantwortungsbewußtem Handeln für die Sicherung der Zukunft verpflichtet. Entscheidungsfreude und selbständiges Denken sind hierfür die unabdingbaren Voraussetzungen. Planung, Herstellung, Werbung und Vertrieb sind die Motoren der Produktivität, die immer wieder aufs neue die wirtschaftliche Basis sichern müssen — ohne die Verantwortung für die Wissenschaft außer acht zu lassen.

Der vertrauensvollen Zusammenarbeit mit all unseren Autoren und Herausgebern und dem engagierten Einsatz all unserer Mitarbeiter verdanken wir den Erfolg unserer Bemühungen.

ANHANG

Julius-Springer-Schule 383
Mitarbeiterjubiläen 384
Inhaberübersicht 387
Literatur 388
Register 392
Bildquellennachweis 412

JULIUS-SPRINGER-SCHULE

Am 18. Oktober 1987 beschloß der Gemeinderat der Stadt Heidelberg, die Handelslehranstalt II – eine der größten kaufmännischen Schulen des Landes Baden-Württemberg – in Zukunft Julius-Springer-Schule zu nennen. Seit 1970 wird die Schule von den angehenden Buchhändlerinnen und Buchhändlern aus Nordbaden besucht. Wegen der hohen Qualität und der vorbildlichen Zusammenarbeit aller an der Ausbildung Beteiligten spricht man in der Branche von einem ›Heidelberger Modell‹. Da die Buchhandels- und Verlagsfachklassen nur etwa 10% der Gesamtschülerzahl der Schule ausmachen, empfinden sie das Votum für den Namen des Verlegers Julius Springer als Auszeichnung dieses Berufszweiges und als Verpflichtung. Außerdem sollte der Name die Bedeutung Heidelberg als Stadt des Buches unterstreichen.

Zudem ist Julius Springer für Heidelberg insofern von Bedeutung gewesen, als er für den 4. bis 6. September 1871 eine Konferenz des Börsenvereins des Deutschen Buchhandels, dessen Vorsteher er zu jener Zeit war, nach Heidelberg einberief, um über grundlegende Fragen des Buchhandels, insbesondere des Urheberrechts, zu diskutieren, deren Ergebnisse Bestandteil der 1886 verabschiedeten Berner Urheberrechtskonvention wurden.

Der Springer-Verlag stiftete für die Eingangshalle der Schule eine Bronzetafel mit dem Zitat aus einem Brief Julius Springers an seinen Autor Jeremias Gotthelf (siehe nebenstehende Abbildung).

MITARBEITERJUBILÄEN

Springer-Verlag Berlin, Heidelberg, New York und Wien in der Zeit von 1945 bis 1992. In Klammern das Eintrittsjahr; W = Springer-Verlag Wien; NY = Springer-Verlag New York.

65 Jahre

Gosse, Paul (1902)

55 Jahre

Salle, Henrik (1935)

50 Jahre

Jungmann, Kurt (1925)
Kuder, Georg (1920)

45 Jahre

Lange, Anna (1926)
Maetzigen, Irmgart (1939)
Mayer-Kaupp, Armgart (1946)
Munsky, Hans (1921)
Soschka, Franz (1924)
Vahlteich, Johanna (1920)
Witkowski, Erich (1924)

40 Jahre

Drescher, Horst (1948)
Fibiger, Klaus (1952)
Großhans, Dora (1947)
Hoffbauer, Otto (1947)
Kühn, Bodo (1952)
Pfeiffer, Alfred (1927)
Przybilla, Lothar (1952)
Schmid, Charlotte (1947)
Schollmeyer, Ilse (1948)

35 Jahre

Bergstedt, Wolfgang (1954)
Billing, Brigitte (1954)
Bülow, Ingrid (1952)
Cardocus, Eva (1948)
Deigmöller, Theresia (1954)
Eder, Margarete (1951, W)
Elfeldt, Christa (1952)
Fischer, Erika (1953)
Hillert, Gisela (1953)
Hofmann, Horst (1953)
Kleindienst, Herbert (1953, W)
Krambs, Karl-Heinz (1953)
Scheibel, Horst (1955)
Schlegel, Rudolf (1952)
Schultz, Lutz-Peter (1957)
Schwabl, Wilhelm (1948, W)
Skuhra, Bruno (1950, W)
Stehle, Siegfried (1947)
Wieser, Manfred (1956, W)
Wölfel, Dieter (1955)
Zillmann, Dieter (1956)

30 Jahre

Albrecht, Renate (1961, W)
Baumann, Wilhelm (1948)
Blümel, Hannelore (1959)
Dahlmann, Kurt (1947)
Dammert, Helmuth (1949)
Esser, Ilse (1962)
Felgner, Waltraut (1960)
Glaeser, Wolfgang (1961)
Gollnisch, Joachim (1960)
Gordziel, Gerlinde (1956)
Graetz, Ilse (1951)
Hardt, Ilse (1952)
Hardt, Vera (1956)
Hinz, Peter (1962)
Huber, Oskar (1954)
Jacob, Alinde (1962)
Kammhuber, Elfriede (1949)
Köhler, Godehard (1955)

Latzkowski, Elli (1950)
Lauer, Erich (1958)
Leppert, Gerhard (1949)
Lowinsky, Hedwig (1937)
Montenbruck, Barbara (1962)
Müller, Edith (1952)
Muzeniek, Marianne (1962)
Schenk, Walter (1959)
Schmid, Leopoldine (1937, W)
Siegel, Lothar (1961)
Sobotta, Uta (1962)
Spindler, Josef (1950)
Strass, Gerlinde (1961, W)
Veith, Hildegunde (1952)
Vilardo, Doris (1961)
Vogel, Günter (1955)
Weiß, Ludwig (1947)
Wiesner, Sigrid (1953)
Wolter, Irmgard (1955)

25 Jahre

Baumann, Peter G. (1950)
Baumann, Wilhelm (1948)
Behncke, Margot (1955)
Benger, Irmgard (1962)
Bonath, Evelyn (1966)
Bornheim, Elfriede (1956)
Brumm, Jürgen (1967)
Delis, Gisela (1966)
Fischer, Lydia (1956)
Fischer, Ralph-Peter (1967)
Fröhlich, Lotte (1950)
Goebel, Horst (1963)
Gohlke, Manfred (1966)
Groeben, Inge v. d. (1946)
Gummert, Gertraud (1965)
Habel, Volker (1966)
Hamilton, Heinz (1966)
Harzer, Siegfried (1948)
Hensel, Detlef (1957)
Herrmann, Isolde (1967)
Heyn, Eva (1954)
Höferth, Lydia (1963)

Hoffmann, Gisela (1956)
Holtz, Günter (1951)
Hövel, Paul (1945)
Hüttig, Hertha (1963)
Jankowski, Maria (1964)
Jungherr, Gerhard (1963, W)
Karch, Petra (1967)
Karwatzki, Evelin (1966)
Kröning, Heinz (1949)
Kutz, Ilse (1961)
Legner, Irmgard (1964)
Leisterer, Ingeborg (1957)
Liebmann, Dieter (1967)
Lönnies, Rudolf (1946)
Lowien, Georg (1958)
Lüttke, Cornelius (1967)
Manzel, Edith (1954)
Marquardt, Otto (1956)
Matthies, Heino (1967)
Mayer-Kaupp, Hermann (1947)
Melchert, Ingeborg (1956)
Müller, Dagmar (1963)
Müller, Elfriede (1964, W)
Müller, Erika (1966)
Müller, Ingeborg (1950)
Müller, Margot (1958)
Oelschläger, Dora (1966)
Piotrowski, Ingeborg (1954)
Presche, Frank (1967)
Preuss, Renate (1967)
Raedel, Marianne (1965)
Rathgeber-Manns, Dorothee (1966)
Rausch, Peter (1964)
Rehfeldt, Ursula (1954)
Riemer, Willy (1948)
Schäfler, Annemarie (1959)
Schlape, Edeltraud (1954)
Schmitz, Gabriele (1966)
Schröer, Manfred (1951)
Schulz, Gotthelf (1945)
Siebert, Gisela (1956)
Simke, Ursula (1960)
Storz, Günther (1957)
Synowitz, Claudia (1960)
Tirpitz, Hildegard (1955)
Trötzmüller, Walter (1966, W)
Tschöpe, Edeltraut (1961)
Ungersbäck, Ernestine (1955, W)
Vogt, Brigitte (1961)
Voss, Christa (1967)
Weisleder, Monika (1964)

Wenz, Gerlinde (1956)
Wiessler, Hans (1947)
Wojewoda, Hans (1962)

20 Jahre

Abetz-Endter, Marianne (1971)
Ammon, Dagmar (1971)
Arndt, Hartmut (1972)
Aryan, Margret (1972)
Bartz, Rainer (1969)
Baumann, Karl-Dieter (1972)
Baumeister, Manfred (1972)
Beyer, Christa (1968)
Beyer, Martin (1969)
Bielfeldt, Irene (1968)
Birkenstock, Renate (1970)
Blecha, Edith (1972, W)
Bloche, Sigrid (1969)
Borde, Dagmar (1972)
Boehm, Albert (1968)
Bordt, Marika (1952)
Bornschein, Sibylle (1972)
Borowy, Gisela (1970)
Boschke, Friedrich L. (1965)
Braun, Adelheid (1968)
Bürkner, Rosa (1949)
Bujard, Ute (1971)
Csernyanszky, Irene (1972, NY)
Dangers, Ingeborg (1969)
Dehmel, Horst (1966)
Deus, Gerda (1971)
Doerr, Hans-Peter (1972)
Eckhardt, Margarete (1948)
Edwards, Yvonne (1972, NY)
El-Halabi, Heidemarie (1968)
Eschenhagen, Willy (1948)
Fabian, Angela (1971)
Fenske, Karin (1968)
Fordan, Elise (1970)
Gabriel, Jutta (1969)
Gassmann, Alfred (1969)
Gerl, Edeltraud (1971)
Gersbach, Volker (1970)
Gesche, Detlef (1969)
Grossmann, Bernd (1970, NY)
Haala, Hildegard (1970)
Haertel, Ingeborg (1949)
Hagen, Albrecht v. (1970)
Hailwax, Alois (1947, W)
Heckenberger, Gertrud (1951)
Heidt, Pauline (1972, NY)

Henze, Margot (1950)
Hesse, Erich (1952)
Hesse, Kurt (1952)
Hildebrandt, Gertraut (1968)
Hiltner, Renate (1970)
Hoffmann, Marianne (1967)
Hofmann, Manfred (1968)
Hoiczyk, Monika (1970)
Holzer, Eva (1972)
Horn, Gerhard (1969)
Hornoff, Hans-Joachim (1967)
Hortig, Margot (1959)
Huhn, Bernd (1972)
Ihloff, Willi (1948)
Janik, Eva (1970)
Kälke, Hans-Joachim (1965)
Kalow, Marianne (1971)
Kinnemann, Claudia (1971)
Klieme, Gisela (1972)
Kluge, Ulrich (1968)
Kräft, Anneliese (1949)
Krügel, Margarete (1956)
Krüger, Hans (1950)
Kühn, Heinz (1952)
Kühn, Helga (1968)
Kürschner, Rudolf (1948)
Kussmann, Gabriele (1970)
Lampert, Walter (1971)
Lax, Ellen (1950)
Liemert, Heide (1970)
Link, Dora (1971)
Lohse, Albertine (1949)
Lotsch, Helmut (1972)
Lückermann, Edda (1972)
Marschinke, Elfriede (1968)
Matton, Elfriede (1951)
May, Frank C. (1970, W)
Medem, Maria (1970)
Mees, Erika (1960)
Mees, Georg (1958)
Moechel, Klaus (1953)
Motza, Martha (1956)
Münster, Karl (1956)
Mutz, Dieter (1972)
Nather, Hans-Michael (1970)
Naujoks, Edith (1963)
Neuhaus, Anni (1947)
Noth, Max (1958)
Oppelt, Ingeborg (1970)
Ortel, Karola (1969)
Pamberger, Elfriede (1957)
Peusch, Wilfried (1972)
Pfeuffer, Ursula (1969)

Porawski, Marianne (1972)
Pozimsky, Ursula (1969)
Pupp, Julius (1969)
Pura, Visitacion (1968, NY)
Reinhalter, Johanna (1972)
Rhein, Helmut (1970)
Richter, Hans (1955)
Rosenbaum, Klothilde (1966)
Rünger, Werner (1950)
Sachse, Dagmar (1966)
Sattler, Elli (1959)
Schaepe, Heidrun (1972)
Schiketanz, Anna (1971, W)
Schlosser-Nassar, Carla (1971)
Schmidt, Ingrid (1969)
Schneider, Gerda (1962)
Schneider, Heinz (1965)
Schönefeldt, Hans (1969)
Schreiber, Edmund (1947)
Schröer, Friedrich (1946)
Schultz, Margarete (1947)
Schumann, Ingeborg (1958)
Schwinzer, Ursula (1948)
Seidler, Edgar (1957)
Seydel, Anneliese (1968)
Siewert, Fritz (1948)
Stäck, Harald (1972)
Sturm, Rosita (1968)
Sturmheit, Brigitte (1969)
Sturzbecher, Leonie (1950)
Teppert, Sieglinde (1972)
Thielen, Hans (1949)
Thuss, Joachim (1969)
Voelker, Bernd (1970)
Vollbrecht, Helga (1971)
Weinert, Brigitte (1972)
Weise, Helga (1968)
Wendt, Holger (1968)
Werner, Ingrid (1971)
Wilde, Alfred (1950)
Winckelmann, Joachim (1969)
Winckelmann, Jutta (1972)
Wirth, Ingeborg (1972)
Wolf, Sabine (1972)
Wolff, Klaus (1968)
Yaulema, Christa (1971)
Zaruba, Edith (1972, W)

INHABERÜBERSICHT

Jahr	Ferdinand Springer	Tönjes Lange	Otto Lange	Julius Springer	Heinz Götze	Konrad F. Springer	Rösi Joos	Georg F. Springer	Claus Michaletz
1945				1.1.47					
1946									
1947									
1948									
1949									
1950			7.10.50						
1951	1.1.53								
1952									
1953									
1954									
1955									
1956					19.1.57				
1957									
1958		31.12.58							
1959									
1960									
1961		7.5.61		31.12.61					
1962									
1963						3.1.63			
1964									
1965	12.4.65	12.4.65				12.4.65	12.4.65 1.2.65	12.4.65 1.2.65	
1966			31.12.66						
1967									
1968									
1969									
1970									
1971									
1972									
1973									
1974									
1975								17.3.75	
1976									
1977									
1978									27.7.78
1979									
1980									
1981									
1982								31.12.82	
1983					1.1.85				
1984									
1985									1.1.85
1986									
1987									
1988									
1989									
1990									
1991									
1992									

Der linke Balken bezeichnet jeweils die Inhaberschaft beim Springer-Verlag Wien, der rechte Balken die beim Springer-Verlag Berlin/Heidelberg. K. F. Springer, H. Götze und C. Michaletz waren schon längere Zeit vorher im Verlag tätig gewesen: K.F. Springer mit längeren Unterbrechungen seit 1.10.1948, H. Götze seit 15.2.1949, C. Michaletz seit 1.1.1972. Seit 12.4.1965 ist der Springer-Verlag Wien Kommanditgesellschaft mit der Ferdinand Springer GmbH als Komplementär.

LITERATUR

Autrum, Hansjochem: Ein Handbook in Tusche-Pinsel-Strichen. In: Semper Attentus. S. 22–25

Becke-Goehring, Margot: Attractio Electiva Simplex. Heinz Götze und das Gmelin-Institut. In: Semper Attentus. S. 26–34

Behnke, Heinrich: Rückblick auf die Geschichte der Mathematischen Annalen. In: Mathematische Annalen 200 (1973). S. I–VII

Beilstein. – Festschrift, herausgegeben anläßlich der Feier des 100jährigen Bestehens von Beilsteins Handbuch der Organischen Chemie am 13. Mai 1981 in der Jahrhunderthalle in Frankfurt/M.-Höchst. Privatdruck. Würzburg 1981

Bessis, Marcel: International English for Scientific Publications. In: Semper Attentus. S. 42–48

Bollwage, Max: Ein neues Verlagsgesicht – Make up oder kosmetische Operation? In: Semper Attentus. S. 49–60

Breyer, St.: The Uneasy Case for Copyright: A Study of Copyright in Books, Photocopies and Computer Programms. In: Harvard Law Review 84 (1979). S. 281–351

Czeschlik, Dieter (Hrsg.): Konrad F. Springer zum 60. Geburtstag. 23.9.1985. Springer, Berlin Heidelberg New York 1985

Dodeshöner, Werner: Am Grabe von Tönjes Lange. In: Börsenblatt 1961. S. 750

Doerr, Wilhelm: Geleitwort zum 400. Band von Virchows Archiv. In: Virchows Archiv A 400 (1983). S. 1–12

Eckmann, Beno: Von der Studierstube in die Öffentlichkeit. In: Miscellanea Mathematica. Springer, Berlin Heidelberg New York 1991. S. 109–118

Fluck, E.: Wirkung des Werks Leopold Gmelins in Gegenwart und Zukunft. In: Lippert. S. 40f.

Fresenius, Wilhelm: Die ›Zeitschrift für Analytische Chemie‹ und ihre Verleger. In: Semper Attentus. S. 106–110

Frisch, Karl von: Fünfzig Jahre ›Verständliche Wissenschaft‹. In: Semper Attentus. S. 113–116

Gall, Lothar: Die Heidelberger Jahrbücher. Geschichte und Neubegründung. In: Zeitschrift für Geschichte des Oberrheins 111 (1963). S. 307–331

Götze, Heinz (1): Ansprache anläßlich der Verleihung der Ehrendoktorwürde der Medizinischen Fakultät der Universität Erlangen-Nürnberg am 15. Juli 1972. Privatdruck. Heidelberg 1972

– (2): J.F. Bergmann Verlag. In: Estermann/Knoche (Hrsg.), Von Göschen bis Rowohlt. Beiträge zur Geschichte des deutschen Verlagswesens. Harrassowitz, Wiesbaden 1990. S. 150–157

– (3): Future Prospects for Literature Documentation. In: Fresenius' Zeitschrift für Analytische Chemie 327 (1987). S. 1–4

- (4): The Future of Scientific Books. In: Jahreskatalog von Kinokuniya, Tokyo 1974
- (5): Gefahren des schrankenlosen Fotokopierens. ›Reprographic Reproduction‹ (Schriftenreihe des Börsenvereins des Deutschen Buchhandels, Heft 9). Frankfurt am Main 1976
- (6): Springer-Verlag 1970. Bericht anläßlich der Bilanzsitzung der deutschen Firmengruppe Springer-Verlag am 17. Juli 1970
- (7): Das wissenschaftliche Handbuch. In: Beilstein. S. 83-98
- (8): Ausblicke in die Zukunft. Privatdruck. Heidelberg 1992

Haberland, Detlev: Von Lemgo nach Japan. Das ungewöhnliche Leben des Engelbert Kaempfer 1651-1716. Westfalen Verlag, Berlin 1990

Hamperl, Herwig: Werdegang und Lebensweg eines Pathologen. Schattauer, Stuttgart New York 1972

Heuck, Friedrich und Heinz Vieten: Heinz Götze und die Medizinische Radiologie. In: Semper Attentus. S. 147-149

Hilton, Peter J.: A Friendship and a Bond. In: Semper Attentus. S. 150-153

Hövel, Paul: Vom Biedermeier zum Atomzeitalter. Ein Beitrag zur Geschichte des Julius-Springer-Verlages von 1842-1965. Privatdruck in 100 Exemplaren. Berlin 1982

Hohmeyer, D.: Kein Interesse an Verlagsfunktionen. In: Handelsblatt vom 8.10.1970

Holl, Hanns Peter (Hrsg.): Julius Springer und Jeremias Gotthelf. Dokumente einer schwierigen Beziehung. Birkhäuser, Basel 1992

Imai, Masaki: ›Kaizen‹. Der Schlüssel zum Erfolg der Japaner im Wettbewerb. München 1992

Ishibashi, Choei: Deutsche Medizin in Japan. In: Semper Attentus. S. 158-161

Jaspert, Reinhard: Lieber Tönjes Lange! In: Börsenblatt 1959. S. 1557

Keene, Donald: The Japanese Discovery of Europe, 1720-1830. Revised Edition. Stanford, Calif. 1969. S. 76 ff. und 126 ff.

Kemp, Arnoud de: Neue Wege der Verbreitung von Information. In: Zeitschrift für Bibliothekswesen und Bibliographie. Sonderheft 58. Frankfurt a. M. 1993

Klingspor, Karl Hermann: Das naturwissenschaftliche Buch und die Buchkunst. In: Semper Attentus. S. 219-228

Kraas, E. und Y. Hiki: 300 Jahre deutsch-japanische Beziehungen in der Medizin. Springer, Tokyo Berlin Heidelberg New York 1992

Labhart, Alexis: Durch die Wissenschaft zur Freundschaft. In: Semper Attentus. S. 229-231

Leibniz: Herrn von Leibniz' Rechnung mit Null und Eins. 3. Auflage. Siemens, München 1979. S. 51

Linder, Fritz (Hrsg.) (1): Karl Heinrich Bauer. Konturen einer Persönlichkeit. Springer-Verlag, Berlin Heidelberg New York 1979

- und Wilhelm Doerr (Hrsg.) (2): Karl Heinrich Bauer. Worte zu seinem Gedenken. Ansprachen, gehalten am 12. Juli 1978. Springer, Berlin Heidelberg New York 1978
- (Hrsg.) (3): In Memoriam Karl Heinrich Bauer. Feier aus Anlaß des 100. Geburtstages. 26. September 1990. Springer, Berlin Heidelberg New York 1991

Lippert, W. (Hrsg.): Der 200. Geburtstag von Leopold Gmelin. Eine Dokumentation der Festveranstaltung. Frankfurt am Main 1990

Lock, Stephen (Hrsg.): The Future of Medical Journals. British Medical Journal, London 1991. Besonders S. 205 (Richard Smith)

Matsubara, Hisako: Weg zu Japan. Albrecht Knaus Verlag, Hamburg 1983. S. 14f.

McAlpine, Wallace A.: A Panegyricus to Doctor Götze, Scientific Publisher of the Twentieth Century. In: Semper Attentus. Seiten 241–248

Mehra, Nandi K.: Scientific Books for India. In: Semper Attentus. S. 249–253

Michaletz, Claus: Springer und unser Engagement in der Schweiz. In: Czeschlik, S. 11–19

Palay, Sanford L.: Notes for a History of Friendship. In: Semper Attentus. S. 272–277

Peitgen, Heinz-Otto und Peter H. Richter: The Beauty of Fractals. Springer, Berlin Heidelberg New York 1986

Rosa, Renato de (Hrsg.): Karl Jaspers/K. H. Bauer. Briefwechsel 1945–1968. Springer, Berlin Heidelberg New York 1983

Sarkowski, Heinz (1): Amerikanische Nachdrucke deutscher Wissenschaftsliteratur während des Zweiten Weltkriegs. In: Buchhandelsgeschichte 3 (1987). S. 97–103

– (2): Einhundertfünfundzwanzig Jahre Fresenius' Zeitschrift für Analytische Chemie. In: Ebd. 326. (1987). S. 1–4

– (3): Die Heidelberger Universität und der Springer-Verlag. In: Zentralblatt ... für Mitarbeiter der Springer-Gruppe. 1985, Heft 4. S. 7f.

– (4): Hundert Jahre Herstellung im Springer-Verlag. Privatdruck. Heidelberg 1989

– (5): Springer hat Format(e). In: Zentralblatt... für Mitarbeiter der Springer-Gruppe. 1988, Heft 3. S. 6–8

– (6): Der Springer-Verlag. Stationen seiner Geschichte. Teil I: 1842–1945. Springer, Berlin Heidelberg New York 1992. [Abkürzung: HS]

Sass, Friedrich: Dr. Ing. E.h. Julius Springer 75 Jahre. In: Börsenblatt 1955. S. 277

Scheerer, E.: Fifty volumes of Psychological Research/Psychologische Forschung. In: Psychological Research 50 (1988) S. 71–88

Schettler, Gotthard und Egbert Nüssel: Epidemiologische Herzinfarktforschung in West-Europa. In: Semper Attentus. S. 290–296

Schiebler, Theodor Heinrich: Histochemie: Hoffnungen, Wirklichkeit und Träume. In: Semper Attentus. S. 297–309

Schnedler, Friedrich: Dem ›Beilstein‹ verbunden. In: Semper Attentus. S. 317–325

Schneider, Lambert: Ferdinand Springer zum achtzigsten Geburtstag. In: Börsenblatt 1961. S. 1346f.

Schütz, Gerhard: Kassetten-Fernsehen. Audiovisuelle Wiedergabeverfahren. In: Börsenblatt 1970. S. 2103f.

Semper Attentus. Beiträge für Heinz Götze zum 8. August 1977. Hrsg. von Konrad F. Springer. Springer, Berlin Heidelberg New York 1977

Siebeck, Ernst-Georg: Hat der wissenschaftliche Verlag noch Daseinsberechtigung? J.C.B. Mohr, Tübingen 1951

Springer New York (Hrsg.): Twenty Years Springer-Verlag New York. 1964–1984. New York 1984

Stein, Karl: Luogeng Hua. In: Jahrbuch der Bayerischen Akademie der Wissenschaften. Verlag der Bayerischen Akademie der Wissenschaften, in Kommission bei der C. H. Beck'schen Verlagsbuchhandlung. München 1985

Sugita, Genpaku: Dawn of Western Science in Japan. Translated by Ryozo Matsumoto. Tokyo 1969

Ulmer, Eugen: Urheber- und Verlagsrecht. 3., neubearbeitete Auflage. Springer, Berlin Heidelberg New York 1980

Umlauff, Ernst: Der Wiederaufbau des Buchhandels. Beitrag zur Geschichte des Büchermarktes in Deutschland nach 1945. Buchhändler-Vereinigung, Frankfurt am Main 1978

Vieten, Heinz: Radiologe aus Leidenschaft. Erinnerungen aus fünf Jahrzehnten. Privatdruck. 1983

Wanner, Gustav Adolf: Hundert Jahre Birkhäuser 1879–1979. Birkhäuser Verlag, Basel 1979

Wendt, Bernhard: Abschied von Max Niderlechner. In: Aus dem Antiquariat 26 (1970/4) S. A1–A3

Zander, Josef: Überleben nach der Verdunkelung. 20 Jahre gynäkologische Grundlagenforschung in der Nachkriegszeit. Thieme, Stuttgart 1993

Zülch, Klaus-Joachim: Die Stellung der Neurologie unter den medizinischen Disziplinen. In: Semper Attentus. S. 341–354

REGISTER

Ein der Seitenzahl hinzugefügtes ›u‹ verweist auf die Erwähnung in einer Bildunterschrift, sofern das Lemma auf der Seite sonst nicht vorkommt. Auf abgebildete Buch- und Zeitschriftentitel wird nicht verwiesen. Dies gilt auch für die großen, eingerahmten Titellisten. Auf die Namen von Inhabern aus der Familie Springer wird nur bei besonderen Ereignissen hingewiesen. Ebenso wurde beim Verfasser dieses Buches verfahren.

A

Abrams, Harry N. 122
Abrams, Herbert 293
Abstract Services 245
Academic Press, New York 85, 86, 256
Acker, Ludwig 335u, 336
Acta Informatica 324, 326u
Acta Neurochirurgica 38
Acta Neuropathologica 298
Acta Neurovegetativa 298, 299
Ad-interim copyright 99
Adelberg, Edward A. 357, 358u
ADONIS 239, 256
ADREMA 259
Adressenpool 260
Advances in Biochemical Engineering/Biotechnology 336
Aebi, Max 287
AEG-Telefunken 253
Ärztekongreß Dresden 263
ärztliche Ausbildung 283
Ärztliche Wochenschrift 35
Agnes-Bernauer-Platz 11
Ahnefeld, Friedrich W. 280
Akadémiai Kiadó, Budapest 320
Akademie der Wissenschaften der UdSSR 182f., 184, 321

Akademie der Wissenschaften, Heidelberg 7, 318
Akademiebibliothek Leningrad 191
Akademische Verlagsgesellschaft, Leipzig 86
Akademischer Verein Hütte 345
Akateeminen Kirjakauppa (Buchhandlung), Helsinki 15
Akita, Masao 120
Albrecht von Graefes Archiv für klinische und experimentelle Ophthalmologie 309
Algorithmische Sprache und Programmentwicklung 327u
Algorithms and Combinatorics 321
Alken, Carl-Erich 46, 47u, 118
Allen & Unwin (Verlag), London 87
Allesch, Johannes v. 300
Allgöwer, Martin 63, 64u, 65u, 68, 275, 280
Allied Publishers (Indien) 165
Alt, Albrecht 354
Am Karlsbad 39
Amann, Herbert 316
American Journal of Physiology 83
American Mathematical Society 237
American Statistical Association 320
Amerikanische Chemische Gesellschaft 245
Amerikanischer Verlegerverband (AAP) 157
Ammal, Janaki 166
AMSI (niederländische Versandfirma) 259
Anaesthesist, Der 58f.
Anatomia Clinica 176
Anatomy and Embryology 299
Andersen, Per 297
Andersen Nexö (Druckerei), Leipzig 20

Ando, Naobumi 120
Angermeier, Wilhelm F. 356f., 359
Annales Geophysicae 339
Anschütz, Felix 280
Antiquariatsmesse, Köln und Stuttgart 215
Ants, The 313
Anzeigenabteilung 213, 222, 264–266
Aõ Livro Tecnico/Reynaldo Bluhm (Buchhandlung), Rio de Janeiro 206
Applications of Mathematics 321
Applied Mathematical Sciences 321u
Applied Physics 333
Aranganayagam, C. 166
Arbeitsgebiete der Geschäftsleitung 43
Arbeitsgemeinschaft für Osteosynthesefragen (AO) 63–68, 251f., 287, 290
Arbeitsgemeinschaft Wissenschaftlicher Verleger (AWV) 70
Arbeitsverträge 271
Arber, W. 79
Archiv für Gynäkologie 307
Archiv für Ohren-, Nasen- und Kehlkopfheilkunde 4
Archiv für Psychiatrie und Nervenkrankheiten 293, 299
Archive for History of Exact Sciences 57
Archive for Rational Mechanics and Analysis 57
Archives of Dermatological Research 306
Archives of Gynecology and Obstetrics 308
Archives of Orthopaedic and Trauma Surgery 285
Archivzeitschriften 278
Arky, István 209
Arnold, Gottfried E. 38

Arnol'd, Vladimir I. 190, 322, 323u
Arntzen, C.J. 313u
Ars Polona-Ruch 195, 197f.
Artia, Prag 195
Asbury, T. 357
Asian Reprints 125
Astronomisches Recheninstitut, Heidelberg 331
Astronomy and Astrophysics 330
Astronomy and Astrophysics Abstracts 331
Atlas of cancer mortality in the People's Republic of China 159
Aubert, X. 82
Audiovisuelle Medien 250–254, 358u
Auftragsbearbeitung 213
Aus- und Fortbildung 273
Autrum, Hansjochem 294, 299, 311, 376u, 377, 378
Ayala, L.A. 111

B

Badische Anilin- und Sodafabrik (BASF), Ludwigshafen 265
Baehr, Hans D. 340
Bähring, Helmut 329
Bälz, Erwin 118
Baensch, Robert E. 113
Baensch, Willy 113
Bagel, August (Druckerei), Düsseldorf 20
Bajaj, Y.P.S. 314
Balows, Albert 315
Baltes, Werner 337
Bames, Ernst 336
Bargmann, Wolfgang 27f., 298
Barrera, Eugeniano 206
Bartelheimer, Heinrich 282
Bartels, Julius 26
Baschek, Bodo 334
Basislehrbuch 355u
Basler Nachrichten 199
Bates, Michael 206
Bauer, Friedrich L. 324, 326, 329
Bauer, Hans 34
Bauer, Karl Heinrich 22f., 32, 58
Bauer, Rudolf 285
Bauingenieur, Der 37, 341u

Baumbach, Günter 347
Bayer, Farbenfabriken, Leverkusen 57, 265
Beahrs, O.H. 280
Beauty of Fractals, The 322
Beck, C.H. (Druckerei), Nördlingen 20
Beck, Lutwin 308
Becke-Goehring, Margot 55, 56u
Becker, Gustav 34
Becker, Helmut 270
Becker, Joshua A. 293
Bednorz, Georg 333
Beekman Tower Hotel 90
Beermann, Wolfgang 34
Begemann, Herbert 281, 282
Behnke, Heinrich 34, 61, 316
Beighton, Peter 171
Beiglböck, Wolf 331u, 332
Beijing 139f., 159f.
Beilstein, Friedrich Konrad 51
Beilstein-Datenbank 56
Beilstein-Institut für Literatur der Organischen Chemie 52
Beilstein-Stiftung 53
Beilsteins Handbuch der Organischen Chemie 51–55, 189, 190, 245, 335
Beiträge zum ausländischen öffentlichen Recht und Völkerrecht 350
Beitz, Wolfgang 341, 344
Belitz, Hans D. 337
Bell Telephone, Murray Hill/NJ 27
Beltz, J., Langensalza, später Weinheim (Druckerei) 20
Bender, Hans Georg 308
Benirschke, Kurt 48, 110, 112, 114, 301
Benjamin, Curtis 175
Bereichsleiter 222
Berger, Marcel 61, 176
Berger, Michael 280
Bergmann, Fritz 240
Bergmann, Gustav von 51
Bergmann, J.F. (Verlag), München 10, 32, 43, 230, 285u
Bergmans, Piet 54, 369
Bergner, Karl-G. 336
Bergstedt, Wolfgang 41, 42u, 185, 205f.
Berichte über die wissenschaftliche Biologie 33
Berigovoj, Leonov 188

Berlin-Blockade 16
Berlin-Förderungsgesetz 230
Bernard, Jean 76u, 176f., 303
Berner Urheberrechtskonvention 99, 154, 256
Bernoulli, Jacob Hermann 190, 200
Berry, Sir Colin L. 171f., 302
Berufsverband der praktischen Ärzte (BPA) 264
Berufsverband Deutscher Chirurgen 291u
Berufsverband Deutscher Internisten (BDI) 264, 266
Besatzungsstatut 4
Beschler, Edwin F. 117, 199u
Bessis, Marcel 76, 176, 303f.
Beteiligungshonorar 227
Bethe, Albrecht 51
Bethe, Erich 69u
Betriebsrat 271
Betriebsvereinbarungen 272
Betriebsverfassungsgesetz 1972 271
Bialecka, Monika 197
Bibliographisches Institut, Mannheim 204
Bibliotheksetats 262, 279
Biewen, Robert L. 113
Bildplatten 253
Bildschirmarbeitsplätze 272
Bildungsprogramm 272
Bilitewski, Bernd 347
Binkley, D. 313u
Biochemische Zeitschrift 83, 274
Biological Cybernetics 312
Biologie (Lehrbuch) 312
Biologieprogramm 61f., 111, 310–316
Biotechnology in Agriculture and Forestry 314
Bird, Alan C. 309
Birkhäuser, Albert 198
Birkhäuser, Emil 198
Birkhäuser Verlag, Basel und Boston 117, 198–201, 378u
Birkmayer, Walter 38
Blackwell (Verlag) 256
Blaue Reihe 150, 183, 322
Bleisteiner, Georg 51
Bleyer, Benno 336
Blood Cells 176, 303
Blum, André L. 280
Blumenthal, Otto 34
BLV Verlagsgesellschaft, München 204

Board of Directors 116 (New York), 127 (Tokyo)
Bödefeld, Theodor 37
Böhm, Albert 376u
Böhm, M. 313u
Boeles, J.Th.F. 82
Bömer, Aloys 335
Boenninghaus, Hans-Georg 308, 309u
Börsenverein des Deutschen Buchhandels 149, 156, 197, 255, 370
Bogenhonorar 227
Boit, Hans-Günther 53, 53u
Bollwage, Max 12u, 103, 200, 232f.
Boltzmannstraße 3 1
Bombelli, Renato 288
Bonnel, François 178
Booher, Edward E. 369u
Boos, T.R. 204
Bopp, Fritz 324u
Borchardt-Ott, Walter 340
Borel, Armand 322
Born, Gustav V.R. 305
Born, Max 355u
Bornträger (Verlag), Stuttgart 34
Borst, Hans-Georg 143, 280, 285
Bosch, Robert 251
Boschke, Friedrich L. 336
Bosina, L.V. 191
Bosniak, Morton A. 293
Botvinnik, Michael M. 188
Boulay, G. Du 293
Brandstetter (Druckerei), Leipzig, später Wiesbaden 20, 234
Brauer, Wilfried 325u, 326
Braun, M. 164
Braun-Falco, Otto 280, 306f.
Breite Straße 1
Bresch, Carsten 310f.
British Journal of Surgery 284
British Library 256
Broglie, Maximilian Guido 58
Brouder, Bernard 113u
Brown, Charles 4
Broy, Manfred 328f.
Bruggenkate, Paul ten 26
Brühl (Druckerei), Gießen 20
Brunn, Walter L. von 171
Brunner, Kurt W. 280
Buchausstellungen
 Beijing 143, 149, 156, 158
 Japan 128

Polen 197
UdSSR 184–192
Buchausstellungen, Abt. des Springer-Verlags 149, 220
Buchborn, Eberhard 24, 282
Buchexport, Leipzig 195
Buchhaltung 267f.
Buchhandelsgremien, Mitarbeit in 368–371
Buchmessen
 Beijing 158
 Frankfurt 139, 170, 181, 183, 185, 199, 251
 Leipzig 139
 Moskau 185, 189, 190, 192
 New Delhi 166u, 167
 Tokyo 133
 Warschau 185, 196, 197u
Budelmann, Günther 58
Büchner, Franz 24, 44, 301
Bühlmann, Albert A. 280
Bünning, Erwin 312, 355u
Bürgin, Gottfried 203f., 375u
Buhl, Frants 354
Bujard, Ute 99, 230
Bulgarien 195
Bull: s. Honeywell-Bull
Bulletin géodesique 339
Bundesministerium für Atomfragen 330
Bundesministerium für Forschung und Technologie 246, 250
Bundesverband der Pharmazeutischen Industrie 265
Burckel, Robert 320
Burckhardt, Urs 200
Burg, Günter 307
Burns, P. 209
Busse von Colbe, Walther 352
Butterworth Scientific Publications Ltd. 15f., 87, 123, 257
Butterworth-Springer Ltd. 15, 17
Byrne, Catriona 318

C

Calau (Niederlausitz) 3
Calculus of Variations and Partial Differential Equations 320
Callier, F.M. 164, 165u
Calmet, Jacques 328
Cameron, J. 173
Campenhausen, Hans Freiherr von 62

Campos-Ortega, J. 34
Cardiovascular Radiology 50, 291u
Cardocus, Eva 230
Cardona, Manuel 332
Carl-Bosch-Haus 53
Carlsson, Arvid 38
Carneiro, J. 357
Carnuto/Wolff (Buchhandlung), São Paulo 206
Carr, Ian 172
Cartan, Henri 61, 176, 322
Casas Ruiz, Germán 206
Caspary, Wolfgang 282
Catastrophe Theory 322
CBS 251
CD-ROM 248, 318, 337
Cebula, Waclaw 197
Cell and Tissue Research 298, 315
Centrex (Verlagsgruppe) 102
CERN, Genfer Forschungszentrum 332
Chance – New Directions for Statistics and Computing 320
Chandler, B. 320
Chandrasekharan, Raman 60u, 61, 166
Chang Di-sheng 146
Chang Tisheng 160
Chang Wei 344
Chapman & Hall (Verlag), London 170
Charnley, John 173, 288
Chawla, Chander Mohan 164
Chazov, E.I. 188
Chebotayev, V.P. 334
Chemical Abstracts 245
Chemical Bank 91
Chemie für Laboranten und Chemotechniker 337
Chemieprogramm 335–338
Chen Minzhang 159
Chen, W.F. 163
Chen Weijang 160
Chen Zhong-wei 146f., 151, 160
Cheng Ching-shui 61
Chern Shiing-shen 61, 152f., 160, 322
Chesler, Elliot 280
Chevrot, L. 291u
Chiang Tse-Pei 61
China 139–160
China Map Press, Shanghai (Verlag) 159

China National Publications Import Corporation (CNPIC) 139, 148–155
China National Publications Import and Export Corporation (CNPIEC) 148, 159
Chirurg, Der 58, 284
Chirurgenkongreß 1970 (Chicago) 252
Chirurgenkongreß, Internationaler, 1986 (Beijing) 158
Chirurgieprogramm 284–291
Chmelka, Fritz 37, 38u
Chrispin, Alan 171, 293
Christophers, Enno 306
Chromosoma 34
Chung Kai Lai 61, 108, 151
Churchill Livingstone (Verlag), London 87, 170, 257
Chusid, J. G. 357
Church Road 37A, Wimbledon 170
Clark, Alfred Joseph 305
Classification of Brain Tumours 45
Classification TNM des tumeurs malignes 177
Clebsch, Alfred 34, 316
Clemens, H. J. 32
Clincal Investigator, The 32
Clive-Lowe, Robin de 120u, 123, 126–128
Clocksin, William F. 326
Code, Robert 369
Cohrs, Paul 304
Collège de France 176
Combinatorica 320
Commission salesmen 106
Communications in Mathematical Physics 334
CompactMath (CD-ROM-Datenbank) 249
Composersatz 234
Comprehensive Manuals of Surgical Specialties (CMSS) 110, 287
Compression Wood in Gymnosperms 314
Computer production 237
Computer Science 135f., 324 – s. auch Informatik
Conklin, William W. 91
Contributions to Mineralogy and Petrology 339
Copublishing agreements 85f., 170

Copyeditoren 76
Copyright 99; s. a. Urheberrecht
Corporate Development 257, 261
Corporate Identity 232
Corpuscules 303
Correns, Carl W. 43, 338, 339u
Cosmos Book, Inc., Tokyo 134
Cottier, H. 304
Coupeland, R. E. 172
Courant, Richard 25, 34, 59, 78, 88, 109, 141, 316–318
Cremin, B. J. 171
Creutzfeldt, Otto C. 295, 297
Creutzfeldt, Werner 280
Crystals 336
Csomós, Géza 208
CSSR 195
Cuatracasas, Pedro 305
Current Contents 245
Current Topics in Microbiology and Immunology 79, 279u
Customer Services 257, 261
Czeschlik, Dieter 314, 315u
Czichos, Horst 344u, 345
Czihak, Gerhard 312

D

Dachroth, Wolfgang R. 340
Dai Nippon Printing Ltd. 122
Daniel, Günter 241
Daniel, Hans-Ulrich 110, 116, 117, 368
Danis, Robert 64
Daschner, Franz 280
Datapoint-Anlage 270
Datenbanken 248
Datenbanksystem der vierten Generation 269
Datenzentren (Oak Ridge/TN, Boston/MA, Berkeley/CA) 27
Datta, Prakash S. 84
Davidson, James 91
Davies, Patricia 163
Davis, Chandler 320
Daxwanger, Irmgard 47
Day, William 111
DDR 20, 195, 229
DEC/PDP 11 270
Dechant, Hans 13
Deecke, Lüder 295
Degkwitz, Rudolf 35
Deigmöller, Theresia 230

Deisenhofer, I. 334
Delbrück, Max 33, 310
Delis, Gisela, geb. Teusen 99, 177, 230
Dell, P. 295
Denecke, Hans-Joachim 308, 309u
Denecke, Maria-Ursula 308
Deng Zhongduan 144, 146
Dermatologieprogramm 306f.
Derra, Ernst 45, 46u, 49
Design & Production 238
Desktop publishing (DTP) 238
Desoer, C. A. 164, 165u
Deutsche Bank 18
Deutsche Forschungsanstalt für Luft- und Raumfahrt (DLR) 347
Deutsche Forschungsgemeinschaft (DFG) 70
Deutsche Gesellschaft für Chirurgie 284
Deutsche Gesellschaft für Dokumentation, Köln 245, 249
Deutsche Gesellschaft für Herz- und Kreislaufforschung 168
Deutsche Gesellschaft für Innere Medizin 266
Deutsche Gesellschaft für Luft- und Raumfahrt (DGLR) 347
Deutsche Gesellschaft für Natur- und Völkerkunde Ostasiens (OAG) 137
Deutsche Kolloidgesellschaft 168
Deutsche Medizin 156, 157u, 160
Deutsche Physikalische Gesellschaft 343
Deutsche Treuhandgesellschaft 222, 268
Deutsche Zeitschrift für Nervenheilkunde 293, 298
Deutsches Hygiene-Museum, Dresden 263
Deutsches Krebsforschungszentrum 158, 264
Diebler, Claus 178
Diemair, W. 336
Diepgen, Eberhard 372, 373u, 374u
Diethelm, Lothar 50, 291, 293
Ding Bo 141, 152u, 159
Directory Diskette 249
Direktorium 223–225
Direktwerbung 258, 260f.

*Discrete and Computational
  Geometry* 320
Distributed Computing 326u
Dix, Victor 46
Dobbing, Roger 170
Document Delivery Service 256
Dodeshöner, Werner 72
Doenicke, Alfred 280
Doerr, Robert 79
Doerr, Wilhelm 24, 48, 76, 144,
  171, 289, 302
Dohrn, Antonietta 313
Dohrn, Peter 312f.
Dohrn, Reinhard 312
Dolainski, Klaus 267
Dolan, Peter 91
Dold, Albrecht 61, 319, 320u
Doll, Walter 230
Dollarkurs 1964–1992 97
Dom Knigi (Haus des Buches)
  185
Dom Ksiazki (polnische Import-
  buchhandlung) 197
Donner, Herbert 354
Donner, Martin 50u
Donth, Hans 55, 376u
Dosch, W. 329u
Drance, Stephen M. 309
Dreher, Doris 243
Drescher, Horst 19u, 113, 152u,
  184f., 192f., 258–261, 371
Driscoll, Shirley G. 49
Druckereien 9
Druckhaus Köthen 20
*Dubbel – Taschenbuch für den
  Maschinenbau* 142, 344
Dubovitz, Hugo 181u
Dücker, Ernst-Alfred von 258
Düker, H. 301
Dulac, Olivier 178
Dunod, Georges 369
Duschek, Adalbert 38
Dworkin, M. 315u
Dymorz, Klaus 125
Dynkin, E.B. 180, 181u

E

e-mail-Netz 237
Earnshaw, Rae A. 173
Eastern Book Service (EBS)
  86, 123, 126–132, 134f., 378u
*EATCS Monographs on
  Theoretical Computer Science*
  324u
Eccles, Sir John 294–298, 376u,
  378
Eccles, Helena 378
Eckmann, Beno 60, 61, 200,
  204, 319, 320u
Ecological Studies 312, 313u
Edeiken, Jack 48u, 293
Eder, Max 301
Edismud, A.J. 111
Editorial Científico Médica,
  Barcelona 205f.
Editorial Científico Médica-
  Dossat 206
Editorial Labor 205
EDV 223
EDV-Abteilung 268–270
EDV-Dienstleistungs-Gesell-
  schaft 213
Edwards, H.M. 320
Edwards, J.W. (Druckerei und
  Verlag), Ann Arbor/MI
  4, 101
Egdahl, Richard 111, 287
Ehlers, Jürgen 332
Ehresmann, Charles 176
Eichler, Oskar 305
Eichmann, F. 307
Einfuhrzoll, USA 100
Einkaufsbedingungen 236
Einsele, Gerhard 339
Einstein, Albert 34
Eiselsberg, Anton v. 12u
Eisenschink, Werner 232
Elektronenmikroskopie-Kongreß
  IV. (Berlin) 118
elektronische Datenerfassung 55
Elektronisches Publizieren
  technisch-wissenschaftlicher
  Texte (EG-Projekt) 250
Elepov, B.S. 190–193, 195
Ellinger, Alexander 51
Elliot, George 90
Elsässer, Hans 330
Elsevier (Verlag) 54, 85, 123,
  245, 256, 259
Embden, Gustav 51
Encarnação, José L. 326
*Encyclopaedia of Mathematical
  Sciences* 183, 189, 190u, 321
*Encyclopedia of Organic
  Chemistry* 54
Encyclopedia of Plant Physiology
  44, 313u
Enderlen, Eugen 47u
Endres, Albert 328
Engel, Wolfgang 339
Engelking, E. 310
Englisch als Publikationssprache
  56, 60, 70, 74–77, 80f., 164,
  174f., 179, 299, 348f.
englischsprachige Neugrün-
  dungen 336
englischsprachiges Verlagspro-
  gramm 77–84, 107–111, 119
englischsprachiges Physikpro-
  gramm 332
*Environmental Geology and
  Water Sciences* 339
*Enzyklopädie der mathematischen
  Wissenschaften* 183
*Enzyklopädie der Rechts- und
  Staatswissenschaften* 25, 350
EPPAC 14f.
Erdmannsdörffer, Otto H. 35,
  338f.
Erfolgshonorar 227
*Ergebnisse der Hygiene, Bakterio-
  logie, Immunitätsforschung und
  experimentellen Therapie* 79
*Ergebnisse der Mathematik und
  ihrer Grenzgebiete* 60
*Ergebnisse der Mikrobiologie,
  Immunitätsforschung und
  experimentellen Therapie* 79
Erikson, E. 287
Ernst & Sohn, Wilhelm
  (Verlag) 15
Erstauslieferungen 1970–1990
  (nach Betriebsstätten) 366
Erstauslieferungen (nach Fach-
  gebieten) 367
ESO (European Southern
  Observatory) 331
Espasa Calpe (Verlag) 205
Etmer, Horst Christian 270
Ettlinger, Richard P. 277
Eucken, Arnold 26
Eucken, Walter 351
Euler, Leonhard 200
Euler, U.S. von 82
*European Archives of Oto-Rhino-
  Laryngology* 275
*European Archives of Psychiatry
  and Clinical Neurosciences*
  275, 299
European Biophysics Journal
  274
European Geophysical Society
  339
*European Journal of Applied
  Physiology and Occupational
  Physiology* 274

European Journal of Biochemistry 83f., 274
European Journal of Cardio-Thoracic Surgery 274
European Journal of Clinical Investigation 274
European Journal of Clinical Pharmacology 274
European Journal of Nuclear Medicine 274
European Journal of Pediatrics 274
European Journal of Physiology 82
European Journal of Plastic Surgery 275
European Periodicals Publicity and Advertising Company Ltd. (EPPAC) 14
European Radiology 50, 275, 293
European Spine Journal 275, 287
EVR (Electronic Video Recording) 251
Ewe, Klaus 280
Ewing, J.H. 321
Excerpta Medica 245
Experimental Brain Research 295
Export 14–16
Ey, W. 308

F

Fachartzinformation 283
Facharztzeitschriften 58f., 283, 291f., 307
Fachbereichsfarben 232
Fachgebietsklassifikation 260
Fachgebietsschlüssel 258
Fachinformationszentrum 4 (FIZ 4) 318
Fachinformationszentrum Medizin (DIMDI) 246
Falk-Vairant P. 331
Falkow, S. 79
Fandel, Günter 352
Fang Yi 153f.
Farah, Alfred 305
Farbkassettenfilm 251
Farbwerke Hoechst 52, 265
Farner, Donald S. 298, 315
Federation of American Societies for Experimental Biology 86

Federation of European Biochemical Societies (FEBS) 83, 189, 274
Federation of Publishers and Booksellers Associations 167
Fehér, János 209
Feifel, Gernot 288
Felderer, Bernhard 352
Felscher, Walter 329
Field, John 51
Filmprogramm 252
Filov, V.A. 191
Finanzwesen 40, 213, 267f.
Fischer, Gustav (Verlag) 204
Fischer, H. 344
Fischer, Per 159
Fischer, Ralph-Peter 230
Flatiron Building 93
Fleischhauer, Kurt 299
Flors, J. 206
Fluck, Ekkehard 56, 190
Flügge, Siegfried 26, 28f., 331
Flume, Werner 350
Foerster, Otfrid 45
Förstner, Ulrich 347
Folien zum Einschweißen 239
Formelsatz 241
Forschungsliteratur 279
Fortschritte der Botanik 62, 84
Fortschritte der Chemie organischer Naturstoffe 37
Fortschritte der chemischen Forschung 62, 336
Foto- und Lichtsatz 231, 234
Fotokopierwesen 254
Foy, Rex 17
Frank, Daniel 369
Frankfurter Buchmesse 139, 170, 181, 183, 185, 199, 251
Frankfurter Zeitschrift für Pathologie 302
französische Sprache 174f., 177
Freihofer, Hans 202
Freihofer, Veronika 202
Freihofer AG (Buchhandlung), Zürich 200, 202–204, 378u
Frenzel, Hermann 26, 308
Fresenius, Ludwig 335
Fresenius, Remigius 335
Fresenius, Wilhelm 335
Fresenius' Zeitschrift für Analytische Chemie 34, 335
Frey, Rudolf 58
Frick, H. 355u

Fricke, Walter 331
Friedberg, Volker 308
Friedrich, Johannes 62
Frisch, Karl von 61
Frömmel, Eberhard 19, 213f.
Froesch, Ernst R. 280
Frolow, K.W. 194
Fulde, Peter 332
Funk, Georg 312

G

Gadamer, Hans-Georg 377u, 378
Gaebeler, Johannes 42, 43u, 44, 341
Gädeke, Armgart (später Mayer-Kaupp; s. dort) 7
Gale, David 320
Galloway, W.E. 338
Gambarelli, J. 291
Gamkrelidze, Revaz Valerianovich 61, 182f., 189, 321
Gamma 10, Fakturiercomputer von Bull 268
Gandhi, Shri Rajiv 166
gang production 236f.
Ganong, William Francis 357
Garrè, Carl 23
Gast, Manfred 222, 271
Gastrointestinal Radiology 50, 291u
Gatterer, Alois 17
Gauß, Carl Friedrich 25, 317
Gauthier-Villars (Verlag) 175
Gebauer, Rüdiger 61, 109f., 318
Gebhardt, O. 18
Gedigk, Peter 301
Gefahrgut CD-ROM 249
Gehring, F.W. 321
Geiger, Hans 45
Geinitz, Wolfgang 41, 42u
Gelb, Adhemar 300
Gelfand, I.M. 322
General Pharmacology 305
Genou, Le 178
Geologieprogramm 338–340
Georgi, Arthur 71
Georgi, Friedrich 255
Gerhard, Paul 144
German Bookstore, Los Angeles 90
Gerthsen, Christian 62, 63u, 329

Gesellschaft Deutscher
    Chemiker 55
Gesellschaft Deutscher Naturforscher und Ärzte 36
Gesellschaft für Biologische
    Chemie 57
Gesellschaft für Informatik (GI)
    329
Gesenius, Wilhelm 353
Gewerbegenehmigung 6
Ghahremani, G.G. 293
Gibson, W.C. 295
Giesecke, Fritz 43
Giloi, Wolfgang K. 329
Girkmann, Karl 37
Glinz, W. 287
Gloor-Vonesch, Lina 202
Gmelin – Handbuch der Anorganischen Chemie 55f., 190, 335
Gmelin-Datenbank 56
Goerdeler, Ulrich 268
Gösken, Rainer 202f.
Götze, Dietrich 200, 221, 223u,
    249, 368, 371, 372u, 373u
Götze, Heinz 13u, 25, 40–42,
    43u, 70, 200, 204, 221, 241,
    323u, 368–370, 372–374, 377
Götze, Linde 373u
Gohlke, Manfred 268
Goldfien, Alan 357
Goldschmidt, Richard 61f.
Goldsmith, R. 172
Goldstein, Kurt 300
Gong Sheng 150
Gontschar, A.A. 194
Goos, Gerhard 325u, 326, 329
Gorbatschow, M.S. 189
Gorgaß, Bodo 280
Gosse, Paul 3, 7, 19, 40, 230
Gotthelf, Jeremias 201f., 378u,
    383
Gottron, H.A. 307
Gottwald, Heinz 91
Graduate Texts in Mathematics
    321
Graeff, H. 308
Graf, R. 285
Graham, Gerald 171–173
Grammel, Richard 37
Grant, C.S. 111
Grant, D. 172
Graphs and Combinatorics 320
Grassl, Ludwig Josef 47
Grauert, Hans 61, 316
Gray, Jeremy J. 320
Grehn, Franz 310

Greiner, W. 163
Grewe, R. 310
Gries, David 326
Groeben, Christiane 313
Grosch, Werner 337
Gross, Dietmar 341
Gross, Franz 279
Großfeld, Johann 336
Großhans, Dora 7, 244
Grossmann, Bernd 11, 111f.,
    149, 158, 206, 368
Großmann, Franz Joseph 11
Gründler, Martha 236
Gruhle, Hans W. 300
Grumbach, M.M. 110
*Grundlagen der Theorie der
    Markoffschen Prozesse, Die*
    180
*Grundlehren der mathematischen
    Wissenschaften* 181u, 316,
    320u, 355u
Grundwissen Mathematik 322
Grune & Stratton (Verlag),
    New York 85, 102
Gruppe wissenschaftlicher, technischer und medizinischer Verleger (stm-Gruppe) 182, 368
Gruyter, Walter de
    (Verlag) 15
Gschnitzer, Franz 68
Gschwend, Norbert 285
Guben (Stadt in der Niederlausitz) 3
Güntzer, Ulrich 317
Guérinel, G. 291u
Gulbins, Jürgen 326
Gulbins, Klaus 337
Gunther, Francis A. 57, 112
Guoji Shudian (Buchhandelsfirma), Beijing 139
Gutenberg, Erich 351
Gutmann, E. 82
Guy, R.K. 133
Gynäkologe, Der 59
Gynäkologieprogramm 307f.

H

Haag-Drugulin (Druckerei),
    Leipzig 20
Habermann, Ernst 280
Hänsel, Rudolf 350
Häntschel (Buchhandlung),
    Göttingen 215
Härdtle, Georg 347

Häusler, W.J. 315
Hagen, Jolanda L. von 113,
    116, 162, 221, 368
Hagers Handbuch der pharmazeutischen Praxis 349f.
Haken, Hermann 334
Hakenkonzept 284
Halbleiter-Schaltungstechnik 345
Halfter, Hans Georg 6, 264
Halling, Reinhold 19, 98, 267,
    361
Halmos, Paul 60, 109, 318, 321
Hals-, Nasen-, Ohrenheilkunde
    (Programm) 308
Hamilton, Heinz 259
Hammann, Peter 352
Hamperl, Herwig 75, 301f.
Han, D.J. 163
Hanaoka, Hideharu 127
*Handbook of Environmental
    Chemistry, The* 336
*Handbook of Experimental
    Pharmacology* 305
Handbook of Geochemistry 51,
    338, 359
Handbook of Physiology 51
*Handbook of Sensory
    Physiology* 112, 299, 311
*Handbuch der allgemeinen
    Pathologie* 44, 301
*Handbuch der analytischen
    Chemie* 335
*Handbuch der Anorganischen
    Chemie*: Gmelin
*Handbuch der experimentellen
    Pharmakologie* 305
*Handbuch der gefährlichen
    Güter* 249, 337, 359
Handbuch der inneren Medizin
    27, 48, 281f., 283u
Handbuch der Lebensmittelchemie 335
*Handbuch der medizinischen
    Radiologie* 49f., 291
*Handbuch der mikroskopischen
    Anatomie* 27
Handbuch der Neurochirurgie
    45, 299
*Handbuch der normalen und
    pathologischen Physiologie* 51
*Handbuch der Organischen
    Chemie*: s. Beilstein
Handbuch der Pflanzenphysiologie 33, 44f., 314
Handbuch der Physik 26, 28,
    45, 329

Handbuch der Regelungstechnik
51
Handbuch der Sinusphysiologie
296u
Handbuch der Sonderstahlkunde
348
Handbuch der speziellen pathologischen Anatomie und Histologie 28, 48, 301
Handbuch der Thoraxchirurgie/ Encyclopedia of Thoracic Surgery 45
Handbuch der Urologie 47
Handbücher 27–29, 299
Handbücher (Biologie) 314
Handbücher (Chemie) 51–56
Handbücher (Medizin) 27, 44–51
Handbücher (Psychologie) 299f.
Hansen, Kurt 265
Hardenbergplatz 2 210
Harder, Felix 280
Harder, W. 315u
Hardt, Ilse 271
Harkányi, Zoltán 209
Harnack, Gustav-Adolf von 280, 356
Harper, Harold A. 357, 358u
Harrassowitz, Otto (Exportbuchhandlung) 97, 103f.
Hartmanis, Juris 325u, 326
Harvard University 313
Harvey, William 301
Hasegawa, Izumi 120
Hata, Sahachiro 117
Hauck, Karl 199f., 228
Hauger, Werner 341
Hausen, Harald zur 158
Hauszeitschrift (*Zentralblatt*) 223
Hautarzt, Der 58f., 307
Haxel, Otto 331
Heberer, Georg 46, 146, 280, 285–287, 364
Hebräisches und Aramäisches Handwörterbuch 353f.
Hecke, Erich 34
Heene, Dieter-Ludwig 282
Heffter, Arthur 305
Hefte zur Unfallheilkunde 285
Hegemann, Gerd 46
Heidelberg College 7, 40
Heidelberg Science Library 312, 355
Heidelberg-Rohrbach 219f.
Heidelberger Beiträge zur Mineralogie und Petrologie 35

Heidelberger Jahrbücher 302u
Heidelberger Platz 3 39, 210, 213u
Heidelberger Taschenbücher 324u, 351, 355u
Heidelberger Universität 302u
Heidelberger Universitätsbibliothek 302u
Heilmeyer, Ludwig 32, 114, 281
Heimann, Gerhard 280
Heimann, Klaus 309
Heimann, W. 336
Heinemann (Verlag), London 87
Heinrich, Peter 349
Heinrichs, Hartmut 340
Heinze, Joachim 41, 224, 318
Heiss, R. 301
Helferich, Peter 215
Heller, I. 320
Hellner, Hans 26
Hellwege, Anne Marie 27, 342
Hellwege, Karl-Heinz 26f., 342
Hemus, Sofia 195
Henche, H.R. 287
Henke, Friedrich 28, 29u, 301
Henle, Jacob 281
Henle, Werner 79, 281
Hennig, Wolfgang 34
Henningsen, Dierk 340
Henzler, Rolf G. 329
Hepp, Klaus 332
Herfarth, Christian 284
Herken, Hans 24, 301, 305f.
Hermanek, Paul 280
Hermans, G.P. 287
Herrmann, Albert G. 340
Hersch, Jeanne 23, 178
Herstellungsabteilung 3, 7, 40, 110 (New York), 222, 229–239
Herz, M. 168
Herzenberg, J.E. 291
Herziger, Gerd 347
Hess-Maier, Dorothee 372, 373u, 374u
Heuberger, Anton 347
Heubner, Lisa 69u
Heubner, Wolfgang 24, 305f.
Heuck, Friedrich H.W. 50, 291
Hierholzer, G. 285
Hilbert, David 25, 34, 317
Hildebrandt, Traute 223, 375u
Hilton, Peter 60, 108, 112, 318
Hirano, Terumasa 131, 133
Hirsch, Carlos (Buchhandlung), Buenos Aires 206

Hirsch, Hans Alois 307f.
Hirschwald, August (Verlag), Berlin 307
Hirschwaldsche Buchhandlung 72, 213 – s. auch Lange & Springer
Hirzebruch, Friedrich 61, 322f.
Histochemie 298
Histochemistry 298
HNO-Programm 308
Hobday, L.D.K. 338
Höhler, Gerhard 331
Hölldobler, Bert 313
Hölzle, Max 202
Hölzler, Erwin 342
Hoepker, W.-W. 157
Hörhammer, L. 349
Hövel, Paul 20, 42–44, 73, 98, 175, 197, 205, 267, 370
Hofer, H. 287
Hoffbauer, Otto 7
Hofmann, Manfred 11, 43u, 44, 341
Hofmann-Wenzel, Madeleine 207, 208u
Hofschneider, P.H. 79
Hoheisel, H. 47
Hoher Rat für Frankophonie 174
Hohmann, Dietrich 285
Hollender, L.F. 280
Holtz, Günter 88, 90, 93, 99, 111, 113, 119, 138f., 144, 147, 149, 152u, 165, 181, 184, 257, 264, 266, 361, 388
Holtz, Helmut 138
Holz als Roh- und Werkstoff 348
Holzknecht, G. 50
Homburg, Stefan 352
Hommel, Günter 337, 359
Honeywell-Bull-Computer 259, 268–270
Hong Kong 160–164, 236, 364
Honorare 227f.
Honsell, Heinrich 350
Hopf, Heinz 34
Houdremont, Eduard 348
Householder, Alston S. 324, 326
Hsu Pao-Lu 61, 151, 169
Hsu Wei-shia 147
Hu Han 151, 160
Hua Loo Keng 141, 149f., 160, 323
Huang Gouhang 160

Huang Guo Jun 151
Huang Ke 160
Huang Zhong 152
Huber, R. 334
Hughes, R.A. 172
Human Genetics 309
Humangenetik 309
Humphrey, J.R. 79
Hunsperger, R.G. 164
Hütte – Des Ingenieurs Taschenbuch 344f.
Hutter, R.V. 280
Hutzinger, Otto 337u

I

Ibach, Harald 164, 334
IBM-Computer 270
Icecop-Ilexim, Bukarest 195
Ichikawa, Heizaburo 159
Igaku Shoin (Buchhandelsfirma) 119, 126, 251
Ilizarov, Gauriil A. 290
Illustration, wissenschaftliche 243
Illustrationsabteilung 244
Ilschner, B. 348u
Imai, Tadashi 121, 136f.
Indien 164–167
Indonesien 160
Informatik-Fachberichte 324u
Informatikprogramm 109f., 324–329
Informatik-Spektrum 325u
Information und Dokumentation 217
Ingenieur-Archiv 37
Ingenieurbauten 341u
Innere Medizin (Programm) 281–284
Institut für Ausbildungs- und Examensforschung 355
Institut für Dokumentationswesen 245
Institut Juventus 203
Institute for Advanced Study 318u
Intercontinental Medical Booksellers, New York 90
Interdisciplinary Applied Mathematics 321
Interdruck (Druckerei), Leipzig 20
International Academy of Wood Science 348

International Association of Geodesy 339
International Atomic Energy Agency (IAEA) 347
International Bank for Reconstruction and Development (Weltbank) 157
International Documentation Conference, Washington/DC 27
International Federation of Library Associations and Institutions (IFLA) 193
International Fluidics Services – IFS, Bedford 173
International Orthopaedics 287
International Publishers Association (IPA), Tokyo/Kyoto 1976 254
International Student Edition 262
Internationale Standardbuchnummer (ISBN) 268
Internationale stm-Gruppe 182, 368
internationale Zeitschriften 88
internationaler Mathematikerkongreß, Kyoto 319
internationaler Verlegerkongreß: s. Verlegerkongreß
Internationales Verlagsprogramm 273
Internationalisierung von Zeitschriften 79–84
Internist, Der 35, 58f., 265, 283
Internistenkongreß, Wiesbaden 59
Interscience (Verlag), New York 85
Interzonenhandel 20
Introduction to the Fine Structure of Plant Cells 90
Inventiones Mathematicae 275, 317u, 319
Ishibashi, Choei 120, 136
Isoda, Sensaburo 121
Italien 207f.
Ito, K. 323

J

Jackson, F. 314
Jackson, Ian T. 285
Jackson, Michael 170

Jacobson, Harold G. 48u, 49, 293
Jacoby, Kurt 86
Jadassohn, Josef 307
Jaeger, Th. 347
Jaeger, Wolfgang 310
Jaffé, Rudolf 304
Jahrmärker, Hans 32
Jakunin, N.A. 186
Jander, Gerhart 335
Jani, L. 285
Japan 117–138, 363f.
Japan Publications Trading Company Ltd. 121
Jaspers, Karl 22f., 178
Jaspert, Reinhard 72
Jawetz, Ernest 357, 358u
Jebensstraße 1 2–4, 39
JEIA (Joint Export and Import Agency) 14f.
Jelzin, B.N. 193
Jennewein, Eugen 243
Jensen, J. Hans D. 331u
Jensen, Kathleen 326
Jentgens, Heinrich 282
Jiang Ze-Han 152u
Jin Shengdao 140, 149
Jochum, Clemens 55
Jörgens, Viktor 280
Jörs, Paul 350
John, Fritz 25, 61, 108u, 109, 317f.
Johnson Bookseller 86, 90, 97, 103f., 138
Johnson, Walter J. 86, 214
Jokl, Ernst 214
Jones, Cliff B. 328
Joos, Georg 26, 35
Joos, Johanna 373u
Joos, Rösi 221, 264
Joos, Wofram F. 241, 373u
Jores, Arthur 32
Journal of Applied Physiology 83
Journal of Membrane Biology 274
Journal of Neural Transmission 38, 299
Journal of Neuro-Visceral Relations 299
Journal of Neurology 298
Journal of Nonlinear Science 320
Journal of Physiology 83
Journal's Citation Index (ISI) 339

Juckenack, Adolf 335
Jugoslawien 195
Julius-Springer-Schule 383
Jung, Richard 294, 299, 300
Junqueira, L.C. 357
JURIS 246
Juristische Blätter 38
Just, Hansjörg 282

K

Kaempfer, Engelbert 118, 137f.
Käser, Otto 308
Kai, Fumihiko 136
Kaiser-Wilhelm-Gesellschaft 1, 9, 33, 36
Kaiser-Wilhelm-Institute 7, 26, 83
Kalow, Marianne 251, 290, 358f.
Kammerer, Ute 273
Kanehara, Hajime 119, 120u, 251
Kanehara, Ichiro 119f.
Kanehara, Yu 120
Kaneko, T. 121
Kapferer, H. 18
Kappert, Hans 34
Karajan, Herbert von 323
Karcher, Karl Heinz 376u, 377
Karlsplatz 7
Kaskel, Walter 350
Kassenzahnärztliche Bundesvereinigung Köln 39, 212
Kassettenfernsehen 252
Katakura, Hiroto 127, 130
Kaudewitz, Fritz 311
Kaufmann, Carl 46, 307f.
Kaufmann, Peter 301
Kaufmann-Bühler, Walter 61, 109, 110u, 114u, 318, 320
Kebelmann, Renate 254
Keidel, Wolf-Dieter 299
Keining, E. 306
Keller, Konstantin 350
Kellogg, Oliver Dimon 77u
Kemp, Arnoud de 249, 261
Kempe, Ludwig G. 90, 120
Kern, W. 349
Kettler, Dietrich 280
Kidd, Robert 111
Kienzle, Otto 37, 349
Kiermeier, F. 336
Kikuth, Walter 79

Kinokuniya Bookstore Co. Ltd. 121, 126
Kirchmann, Julius von 350
Kirchner, Erich 230
Kirschner, Martin 22u, 46, 286
Kirsten, Werner H. 110, 303
Kiselev, A. 191
Kitasato, Shibasaburo 117
Klebebindung 231
Klein, Felix 34, 317
Klein, Helmut A. 337
Klein, J. 79
Kleinzeller, A. 312
Klingspor, Karl-Hermann 241
Kliniktaschenbücher 283
Klinische Kardiologie 283u
Klinische Wochenschrift 18, 32, 36
Klinner, Werner 280
Klischees 234
Klitzing, Klaus von 332
Klöppel, Kurt 152
Kneser, Hans O. 63
Knuth, Donald 237
Koch, Karl-Friedrich 230
Kodansha (Verlag), Tokyo 137
Koecher, Max 322
Koechner, Walter 334
Köhler, Wolfgang 300
König, Fritz 45, 64
Koeniger, Luise 7, 40
Koffka, Kurt 300
Kohonen, Teuvo 334
Koldovsky, P. 79
Koller, Ferdinand 204
Kollmann, Franz 348
Kolossova, V.F. 183
Kongreß für medizinisches Bibliothekswesen, 6. Internationaler, New Delhi 166
Kongreßzentralblatt für Innere Medizin 18
Konstruktion 37, 266, 349
Kontaktstelle (der Werbeabteilung) 216
Kopecky, Alfred 68
Koprowski, H. 79
Kosmos/Geyerhahn (Buchhandlung), Rio de Janeiro 206
Krämer, J. 287
Kraft, Hanspeter 200, 322
Kraft, Victor 38
Kramer, Kurt 356f.
Kramers, K. 83u
Krasikova, O.L. 191

Krayer, Otto 75, 78
Krebskongreß, Internationaler, 1988 (Beijing) 158f.
Kreis, Wilhelm 263u
Kreß, Hans Freiherr von 35, 58, 281
Kreuschner, Harri 215
Kreuzer, Ferdinand 79, 82
Krieglstein, Günter K. 309
Kriegsnachdrucke 21, 100f.
Kriegsschäden 1–3, 21, 241
Krüger, H. 6
Kuckuck, Hermann 34
Kuder, Georg 7, 40, 247
Kühn, Jörg 47
Künzel, Wolfgang 308
Küpfmüller, Karl 340
Küttner, Karl-Heinz 344
Kuhlencordt, Friedrich 282
Kuhn, Richard 54
Kujima, Hideo 137
Kulmus, Johann Adam 121
Kultura (Buchhandelsunternehmen), Budapest 195, 208
Kunii, Tosiyasu L. 133, 326
Kunkel, Wolfgang 25, 350
Kuptsov 189
Kurfürstendamm 237 210, 212
Kuroda, T. 121
Kurssicherungsmaßnahmen 101
Kurtenacker, Albin 35
Kuschinsky, Gustav 152
Kwong, Maurice 149, 163f.
Kybernetik 63, 312

L

Labhart, Alexis 48, 110, 279
L'age-Stehr, Johann 280
Lambotte, Albin 64
Lamotke, K. 322
Lancker, Julien van 304
Landolt-Börnstein 20, 26f., 249, 342–344
Lang, Anton 33, 78
Lang, Konrad 32
Lang, Serge 163, 262u
Lang, Solon 91
Lange, Jack (Verleger) 357–359
Lange, Maria 12
Lange, Maxwell & Springer (LMS) 15f., 42
Lange, Otto 2, 12f., 37, 72, 312

Lange & Springer 2f., 6, 19, 40, 72, 157f., 191–193, 202f., 210, 212, 213–215, 223, 258, 267, 270
Lange & Springer (Antiquariat) 86, 112, 272
Lange & Springer (Sortiment) 272
Lange, Tönjes 2, 3u, 20, 42f., 69f., 72, 214, 221, 267, 370
Langenbecks Archiv für Chirurgie 4, 284
Langer, Helmut 312
Lanz, Titus Ritter von 47, 47u, 288
Larenz, Karl 350
Laßmann, Gert 352
Lassrich, A. 293
Latscha, Hans P. 337
Latta, L.L. 289
Launer, S. 202
Laux, Helmut 352
Lax, Ellen 26
Lax, Peter 25, 61, 108u, 109, 317f.
Lecture Notes 234
Lecture Notes in Computer Science 325u, 329
Lecture Notes in Control and Information Science 348
Lecture Notes in Mathematics 319, 320u
Ledbetter, Myron C. 90
Lee, William R. 309
Lehmann, J.F. (Verlag), München 11
Lehr, Ursula 373u
Lehr- und Nachschlagebuch 355
Lehrbuch der allgemeinen Pathologie und der pathologischen Anatomie 301
Lehrbuch der Statik 341u
Lehrbuch der Lebensmittelchemie 337
Lehrbücher 354–359
Lehrbuchreprints 163
Leibniz, Gottfried Wilhelm 324
Leipziger Buchmesse 139
Leitz (Fotografische Apparate), Wetzlar 289
Lemaitre 296
Lennert, Karl 133
Lennette, E.H. 315
Leonhardt, H. 355u
Leonhardt, Rudolf 240
Leonov, W.P. 189, 191

Leonov, Yuri B. 181
Lersch, P. 301
Letokhov, V.S. 334
Letterer, Erich 24, 44, 301
Lewerich, Bernhard 168, 221, 223u, 373u, 376u
Lewerich, Charlotte 373u
Leydhecker, Wolfgang 280, 310
Li Guohao 152
Li Ngao 152
Li Qi 156
Libet, Benjamin 297
Lichtenstein, Leon 316
Lichtsatz 234
Licker, Mark 111, 314
Liébecq, Claude 84
Life Sciences 32, 283, 360u
Linder, Fritz 275
Lindner, Udo 263
Linkstraße 23/24 1–3, 6, 39
Linskens, F. 314
List, Hans 68u
List, P.H. 349
List, Werner F. 280
Liszt, Franz von 350
Liu Sinn Min 122
Lobbes, Erich 98, 219
Lockemann, Peter C. 328
Löffler, Frank E. 172, 308
Löffler, Helmut 280
Löffler, Wilhelm 48
Lönnies, Rudolf 6, 19, 19u, 42, 196, 258f.
Loew, Fritz 38
Loeweneck, Hans 288
Loewenstein, Werner R. 274, 299
Loginov, B.R. 191
Lohn- und Gehaltsabrechnung 269
London 14, 16
Long Distance Management 224, 276f.
Longman-Gruppe (Verleger) 87, 170
Loseblattausgaben 359f.
Lost Notebook and other Unpublished Papers, The 166
Lotsch, Helmut 331u, 332, 334
Low Friction Arthroplasty of the Hip 173
Lu Daopei 158
Lubarsch, Otto 28, 29u, 301f.
Luchsinger, Richard 38
Luckenbach, Rainer 54, 189
Lückermann, Edda 263, 266

Lüderitz, Berndt 282
Ludwig, Hans 308
Ludwig, Walther 343
Lung 172
Lüth, Hans 164, 334
Lutz, Harald 280
Lynen, Feodor 76

M

Ma Shiyi 157
Ma Xingquan 160
Maaloe, O. 79
Maas, Herbert 270
Machemer, Robert 309
MacKay, D.M. 295, 299
Mackensen, Günter 46, 310
MacLane, Saunders 61, 108, 318
Macmillan (Druckerei), Bangalore 236
Madelung, Otfried 27u, 342u, 343f.
Maier-Leibnitz, Heinz 330u, 378
Majerowicz, Kasimierz 197
MAJOUR = Modular Application for Journals 238
Malaysia 160, 364
Malaysia Publishing House Ltd. 122
Management Zentrum St. Gallen (MZSG) 225
Manger-Koenig, Ludwig von 247
Mangoldt, Walter 51
Mann, Thaddeus 110, 279
Manual der Osteosynthese 66–68
Manual of Endocrine Surgery 111
Manufacturing clause 99
Manuscripta Geodaetica 339
Manuscripta Mathematica 319
Marchionini, Alfred 58, 306u, 307
Marchuk, Gurii I. 186u, 189
Marek, Klaus 347
Mark-up 125
Marketing 222, 258, 260
Marketingdatenbank 261
Markl, Hubert 373, 374u
Marktforschung 261
Marsden, Jerrold E. 321u
Martin, David H. 358u
Maruzen (Buchhandelsfirma), Tokyo 118, 121, 126, 131u, 138

Materials Research and Engineering (MRE) 348
Mathé, Georges 176
Mathematical Intelligencer, The 320
Mathematical Reviews 317
Mathematikerkongreß, Internationaler, Kyoto 109, 319
Mathematikprogramm 24f., 59–61, 108f., 316–323
Mathematische Annalen 21, 34, 275, 316
Mathematische Zeitschrift 316
Matsubara, Hisako 124
Matsubara, Osamu 121, 121u
Mattei, M. 291u
Matthes, Siegfried 340
Matthies, A. 282
Matthies, Heino 132, 230
Matthys, Heinrich 280
Maurer, Dieter 329
Max-Planck-Gesellschaft 36, 54f.
Max-Planck-Institut für ausländisches öffentliches Recht und Völkerrecht, Heidelberg 350
Max-Planck-Institut für Festkörperphysik, Stuttgart 332, 334
Maxwell, I.R. & Co 16
Maxwell, Robert 14–17, 369
Mayer, Lange & Springer (ML & S) 215
Mayer, Paul B. 170
Mayer-Gross, Willy 300
Mayer-Kaupp, Armgart 42u
Mayer-Kaupp, Hermann 7, 28f., 40f., 57, 62, 84, 225, 329f.
Mayer-Maly, Theo W.J. 351
Mayersche Buchhandlung, Aachen 215
Mayes, Peter A. 358u
Mayinger, Franz 340
Maynard, J.B. 338
McAlpine, Wallace A. 288
McAninch, Jack W. 357
McGraw-Hill (Verlag) 42, 140, 175, 369u
McIlroy 357
Medan, Ernst 37, 38u
Medicina (Verlag), Budapest 208f.
Medizinprogramm 23f., 110f., 278–309
Meessen, Hubert 304
Mehmel, Alfred 37

Mehra, Nandi K. 165, 375u
Mehra, Rosemarie 165, 375u
Mehra, Sascha 375u
Meilicke, Heinz 90, 106
Meinertz, Thomas 282
Meinrenken, H. 308u
Meißner, Walther 35
Melcher, Georg 33, 76, 311
Melchers, F. 79
Mellish, Christopher S. 326
Melnick, Joseph L. 357, 358u
Mercedes Distribution Service, Brooklyn 93, 106, 117
Mertens, Peter 352
Meteorologische Rundschau 35
Metzger, W. 301
Meyer, K.F. 79
Meyer, Rudolf 354
Meyer-Schwickerath, Gerhard 309
Meyers, Frederick H. 357
Meystre, P. 164
Mezhdunarodnaja Kniga (Buchhandelsfirma), Moskau 181, 183f., 185, 188–194
Miall, Andrew D. 338
Michaletz, Claus 127, 168, 188, 192f., 193u, 196, 200, 204, 221, 223u, 241, 267, 368, 370, 372, 374u
Michel, H. 334
Michel, Kurt 68
Michels, Reinhold 230
Microsurgery 146
Mikasa, Prinz Takahito 137, 138u
Mikolajczak, Zbigniew 197
Mikrofiche 250
Mikrofilme 250
Miles, Jessey 91
Mineralogie 338
Minerva (Buchhandlung), Wien 203
Mishima, Yoshio 133, 285, 364
Mishima, Yukio 127
Mitarbeiter-Austausch 274
Mitarbeiterjubiläen 384
Mittelmann, M.J.E. 177
ML & S (Mayer, Lange & Springer) 215
Mölkerbastei 5 12
Möllendorff, Wilhelm von 27
Moens, Peter B. 34
Mohr, Leo 281
Molecular and General Genetics 33, 276, 311

Monatszeitschrift für Unfallheilkunde 285
Monbijouplatz 1
Monographs on Endocrinology 110, 279
Monographs on Pathology of Laboratory Animals 306
Monophoto 400/8 242
Morel, F. 82
Morgagni, G.B. 301
Morrey, C.B. 164
Morscher, Erwin 285
Moruzzi, G. 82
Mosbacher Colloquien 57, 312
Mosby, C.V. (Verlag) 110, 257
Mosyagin, V.V. 191
Motl, Mary Lou 111, 314
Motulsky, Arno G. 309
Mountcastle, Vernon B. 297
Mühlhäuser, Max 329
Müller, Franz 216
Müller, Friedrich von 281
Müller, Gert H. 61
Müller, Karl Alexander 333
Müller, Maurice 64, 68, 173, 251f., 300
Müller, O. 6
Müller, W. 287
Müller, Werner A. 352
Müller-Christmann, Bernd 350
Müller-Osten, W. 291
Müller-Wieland, Kurt 282
Multiple-choice-Fragensystem 355
Munksgaard International Publishers 257
Munsky, Hans 3
Muralt, Alexander von 32, 79, 82, 198, 294
Murayama, T. 121f.
Murray, Ronald O. 48u, 293
Musik und Mathematik 323

N

Nachdrucke 21, 101f. (USA), 182 (UdSSR)
Nachtsheim, Hans 309
Nagel, Gerd A. 280
Nagl, Manfred 328
Nakai, Masakatsu 127, 130, 131u
Nakata, Masao 121
Nakhosteen, John A. 280

Nankai-Universität, Tianjin 152f.
Nankodo (Buchhandelsfirma) 118, 126
Narosa Book Distributors, Delhi 165–167
Nasemann, Theodor 306
National Book Trust 167
National Bureau of Standards, Washington/DC 27
Naturwissenschaften, Die 4, 26, 36, 312
Nauck, E. G. 79
Naunyn-Schmiedebergs Archiv 306
Nazarian, Serge 287
Nedden, Franz Zur 37
Nephrology Dialysis Transplantation 172
Nervenarzt, Der 58f., 293
Nettelbladt, Norbert von 219
Neubauer, Helmut 46, 310
Neuberg, Carl 83
Neue Bücher (Verlagsankündigungen) 261
neue Kosmos, Der 334
Neue Medien 247–253, 358u
Neuenheimer Landstraße 7, 40, 216
Neugebauer, Otto 317
Neuhaus, Günter A. 281
Neumann, Carl 34, 316
Neurologie et neuroradiologie infantiles 178
Neurologieprogramm 293–301
Neuroradiology 50, 291u
Niderlechner, Max 19, 86, 213f.
Niederer, Hans 200, 204
Niederle, Norbert 280
Niemann, Gustav 36
Nieuwenhuys, R. 163
Nijhoff Asser, Paul 182, 369
Nissen, Rudolf 63
Nixdorf, Heinz 268
NMR – Basic Principles and Progress 336
Noble Gold Company Limited, Hong Kong 162
Noether, Emmy 323
Nöthiger, Rolf 204
North-Holland (Verlag) 85, 123, 259
Note Books of Srinivasa Ramanujan 166
Nouvelle Revue Française d'Hématologie 176, 178, 303

Nukleonik 330
Numerische Mathematik 319, 324
Nuovo Cimento 332
Nüssl, Siegfried 47

O

O'Connell, Daniel 296
O'Hanlon-Saarbach, Patricia 175f.
Ober, Karl-Günther 307f.
Oberstrass (Buchhandlung), Zürich 202
Oecologia 83, 311
Oelert, H. 280
Österreichische botanische Zeitschrift 38
Office of the Alien Property Custodian 100
Offsetdruck 234
Ogishima, Hideo 290
Ohmura, Ken 121, 127, 134
Oka, K. 323
Oksche, A. 298
Oldenbourg, R. (Verlag), München 204
Olivecrona, Herbert 45, 299
Olson, R. K. 313u
Olsson, Olle 50, 291
Onaka, Kazushiga 135
Ophthalmologe, Der 59, 283, 310
Ophthalmologieprogramm 309f.
Opisthobranchia des Mittelmeeres 313
Originalienzeitschriften 254
Orpan (polnische Importbuchhandlung) 197
Orth, Johannes 302
Orthopäde, Der 59, 285
Orthopädie (Programm) 284
Orvosi Hetilap 209
Osaki, S. 164
Osipow, J. S. 194
Osthoff, Claudia 32
Ostrowski, Alexander 198
Otto, Peter 280
Otto-Suhr-Allee 24–26 210, 212f., 215
Ovchinikov, Y. A. 190
Overseas Publications Ltd. 121
Oxford University Press 140

P

Paediatric Pathology 172
Pätau, K. 34
Page, Bernd 329
Pahl, Gerhard 341
Palacz, Janusz 197
Palay, Sanford L. 299
Pancel, L. 314
Pankoke 222
Pannwitz, Erika 317
Papier 9, 20, 239 (säure- und chlorfrei)
Pariser Verträge 329
Pascal User Manual and Report 326
Paschke, Marian 351
Pathologe, Der 59
Pathologieprogramm 301–304
Pauli, Hannes 355
Pauli, Wolfgang 45
Pauls, Rolf Friedemann 140
Paulun 143
Pauwels, Friedrich F. 287
Pediatric Cardiology 172
Pediatric Radiology 50, 291u
Pedlosky, Joseph 339
Peiper, Hans-Jürgen 280
Peitgen, Heinz-Otto 116, 322, 323u
Pergamon Press, London 17, 29, 85, 175, 256f.
Perimed (Verlag) 204
Perlis, Alan J. 324
Personalabteilung 49, 222, 270–273
Personalentwicklung 6, 39 (1949–1958), 211f. (1946–1992)
Peter, F. W. 255
Peter, J. P. (Druckerei), Rothenburg 20
Peters, Hans 25, 350
Peters, Klaus 41, 109, 318, 320
Petrogenesis of Metamorphic Rocks 57
Pette, Heinrich 69u
Pettijohn, Francis J. 338, 339u
Petzoldt, Detlef 306u, 307
Pfaundler, Meinhard von 204
Pfleger, Georg Wilhelm 205
Pflügers Archiv – European Journal of Physiology 79, 82, 274
Pharmakologieprogramm 305f.
Philips-Hochhaus 213
Philips-Konzern 102, 253
Photokina, Köln 1970 251

Physica-Verlag 236, 352u, 353
Physics and Chemistry of Minerals 339
Physikprogramm 62f., 329–334
Physiological Clock, The 355
physiologische Uhr, Die 312
Physiology of Synapses, The 294
Pichlmayr, Rudolf 46, 286f.
Pierer (Druckerei), Altenburg 20
Pietzker (Antiquariat), Tübingen 215
Pirson, A. 314
Pitanguy, Ivo 290
Plant Systematics and Evolution 38
Planta 33, 276
Planungsabteilungen 41–44, 222, 225–228
Planungsbereich Technik 36, 44
Planungssekretariat, New York 107
Plenum Press 123
Pletscher, Alfred 200
Plewig, Gerd 280, 306
Ploog, Detlev 112, 296, 301
Plotz, Ernst J. 308
Poerschke, Rainer 343
Pohl, Hannelore 261
Pohl, Robert Wichard 63
Polascek, Richard 114
Polen 183, 195–198
Polymer Bulletin 338
Pomberger, Gustav 328
Popper, Karl R. 295, 297
Population System Control 154
Porhansl, Peter 173, 224, 261
Porter, Keith R. 90
Portmann, Adolf 313
Potsdamer Abkommen 329
Potter, Paul E. 338
Powers, John G. 85f., 114, 118, 127, 136
Powers, Kimiko 85u, 136
Prandtl, Ludwig 142
Precce, M. 172
Preiser, Erich 25, 350
Preisverzeichnis 257, 259
Prentice Hall (Verlag) 85f., 277
Pressestelle 223
Pretsch, E. 163
Priestman, Terry James 173u
Primärzeitschriften 254
Probst, Friedrich 10, 11u

Produktionsumfang 95 (New York), 169 (Steinkopff), 201 (Birkhäuser)
Produktions-Gesellschaft 212
Produktpool 261
Programmentwicklung 1965–1992 278–368
Programmierte Lehrbücher 358
Progress in Botany 62, 84
Prokaryotes, The 315
Protoplasma 34, 38
Protoplasmatologia 68
Prümmer, Rolf 348u
Pryor, Wayne A. 338
Psychiatrie der Gegenwart 300
Psychological Research 301
Psychologische Forschung 112, 296u, 300
Psychopharmacologia 298
Pubblicazioni della Stazione Zoologica di Napoli 312
Publishing Administration Office 155
Pucher, Adolf 38, 68
Pupp, Julius S. 47
Puppe, Dieter 318
Putlitz, Gisbert zu 153

Q

Qian Xin-Zhong 157
Qin Zhongjun 140
Qiu Fazu 143, 151f., 156f., 158
Quantum 322
Queisser, Hans-Joachim 332
Quennell, Hugh 17

R

Rabischong, P. 176
Radiologe, Der 50, 59
Radiologenkongreß, XII. Internationaler, Tokyo 125
Radiological Society of North America (RSNA) 292
Radiologie 50, 178
Radiology Today 50u
Radiologieprogramm 291–293
Radt, Fritz 54
Ralle, Georg 207, 208u, 263, 374u
Ramanujan, Srinivasa 166
Ranninger, Klaus 50, 110, 293
Rapin, M. 280

Rastetter, Johann 281
Raubdrucke 346
Recent Results in Cancer Research 84
Rechtswissenschaften (Programm) 25, 350f.
Redeker, Franz 35
Referateorgane: s. Zentralblätter
Reichardt, Werner 63, 312
Reichpietschufer 6, 39
Reichsbürger-Gesetz 71
Reidel (Verlag) 102
Reidemeister, Kurt 34
Rein, Hermann 356u
Reindell, Herbert 280
Reineck, H.E. 338
Reinwein, Helmuth 58
Rellich, Franz 34
Remmert, Reinhold 41, 60, 317u, 318f., 322
Repnow, Anne 284, 359
Research Branch of the British Military Government 9
Residue Reviews 57
Revi-Data AG, Basel 199
Reviews of Environmental Contamination and Toxicology 58
Revue d'Imagerie Médicale 178u, 293
Rezensionswesen 220, 261
Ribbert, Hugo 301
Richter, Friedrich 52–54, 323
Richter, Ilona 313
Richter, Peter H. 322, 323u
Richtlinien für die typographische Gestaltung 230
Rick, Wirnt 356
Ricken, Werner 339
Riecker, Gerhard 24, 280, 282f.
Riedesel, Hubertus, Frhr. zu Eisenbach 343
Rieger, Horst 282
Riemann, Bernhard 25, 317
Riesenhuber, Heinz 372, 373u, 374u
Rimpler, Horst 350
Roberts, Harold F. 170
Roberts, Paul 170
Rockefeller Foundation 175
Rodwell, Victor W. 358u
Röhreke, Heinrich 140
Röpke, Wilhelm 62
Röseler, Lotte 7, 40
Rössle, Robert 24, 28, 301f.
Rojas, Paul 329

Rokitansky, Karl von 301
Romberg, Walter 317
Rosbaud, Paul 16f., 28f., 69
Rosenberg, Mary S. (Buchhandlung), New York 90
Roskamm, Helmut 280, 282
Rossbach, Gerhard 110, 133, 326f., 368
Rosskaten (Neumark) 3
Roth, H.J. 349
Roth, Walther 26
Rothenbücher, Heinz G. 18, 361
Rothlin, Ernst 298
Rothmüller, Claudio 206
Rott, R. 79
Rottland, Lorenz 241
Roulet, Frédéric Charles 24, 44, 301
Royal College of Radiologists 173u
Rozenberg, Grzegorz 328
Ruch, Floyd L. 357
Ruge, Wolfgang 58
Ruhland, Wilhelm 34, 44, 314
Rumänien 195
Rundschreiben 261
Russische Akademie der Wissenschaften 321

S

Saarbach (Zeitschriftengrossist), Köln 215
Sachsenplatz 4–6 220
Saedler, H. 34
Sämann, Peter 270
Saito, S. 122
Sakurai, K. 118, 121
Salje, Peter 351
Salle, Henrik 9, 18, 26, 36, 42, 43u, 44, 72, 226, 230, 341
Salle, Victor 18
Salmang 348
Salomaa, Arto 328
Salviucci 296
Salzburger Musikgespräche 323
Samuels, Leo T. 110, 279
Samelson, Klaus 324u
Santa Barbara/CA 110, 326
Santa Clara/CA 109u, 110, 249, 327
Sargent, M. 164
Sarkowski, Heinz 138, 230f., 371

Sarmiento, Augusto 133, 289f.
Sass, Friedrich 37, 71, 344, 349
Sattler, Konrad 341u
Satz- und Druckkapazität 10, 20
Satz- und Drucktechnik 233
Sauer, Robert 324, 326
Sauerbrey, Wolfhard 307
Saunders (Verlag) 110
Sazepin, Boris M. 181
Scanner 242
Schamschula, Rudolf 68
Scharrer, B. 298
Schaub, Sabine 223, 273
Schechter, M. 293
Scheel, Karl 45
Scheer, August-Wilhelm 352, 353u
Scheibe, Otto 280
Scheibel, Horst 230
Schellingstraße 5-7 6, 39
Schenk, Christoph 164, 345
Schettler, Gotthard 144, 145u, 156, 303
Scheufelen, Papierfabrik 18
Schiebler, Theodor Heinrich 298, 355u
Schildberg, Friedrich-Wilhelm 280
Schill, Alexander 329
Schindewolf, Cornelia 149, 164
Schindler, Peter 204
Schirren, H.G. 307
Schlegel, Hans G. 315u
Schleicher, Ferdinand 3, 37, 341u
Schleifer, K.H. 315u
Schlesinger, Georg 349u
Schlossberger, Hans 79
Schlossmann, Arthur 204
Schmekel, L. 313u
Schmid & Francke (Buchhandlung), Bern 202
Schmid, R. 301
Schmid, W. 349
Schmidt, Charlotte 7
Schmidt, Ernst 26, 340
Schmidt, Friedrich Karl 24f., 25u, 88, 317, 324u
Schmidt, Hermann Ludwig 317
Schmidt, Reiner 350
Schmidt, Robert F. 358, 359u
Schmitt, Peter H. 329
Schmitz, Gaby 99
Schnauder, Franz 350
Schnedler, Friedrich 53
Schneeweiß, Christoph 352

Schneider, Fred B. 326u, 328
Schneider, Georg 350
Schneider, Max 82, 358
Schneider, Robert 64
Schnell, Walter 341
Schnellbächer, Lothar 290
Schner, Lester 91
Schnupp, Peter 328
Schnyder, Urs W. 307
Schödel, Günter 159
Schölmerich, Paul 282
Schoen, Rudolf 26
Schönste Bücher des Jahres 231
Scholz, Ingo 231, 236
Scholze, H. 348
Schoop, Werner 282
Schopper, Herwig 342
Schorlemer Allee 28 210
Schormüller, Josef 336f.
Schottengasse 4 12
Schramm, Gerhard 33
Schreibsatz 234
Schreibsatzbüro 210
Schriften der Universität Heidelberg 23u
Schröer, Friedrich 6, 19, 214
Schröer, Manfred 214f.
Schudt, Rolf 270f.
Schüller, Joseph 305
Schulz, Gotthelf 6, 19. 230
Schulz, Horst 348
Schumann, Jochen 351
Schuster, Karl 243
Schwabl, Wilhelm 13
Schwartz, A. 305
Schwartz, Erwin 6, 258
Schweder, Bruno 13
Schweiberer, Leonhard 285
Schweiger, H.G. 79
Schweizerische Treuhandgesellschaft 199
Schwiegk, Herbert 24, 27, 32, 48, 58, 281
Schwind, Fritz 38
Science Citation Index 245
Secaucus (Lagerhaus) 106, 117
Seidler, Edgar 222, 266
Seifert, Gerhard 48, 302
Seifert, Otto 281
Seilacher, Adolf 339
Seix (Verlag), Barcelona 204
Selberg, A. 323
Semper Apertus 302u
Sender Freies Berlin 39
Sentschenko, N.I. 195
Sequenz, Heinrich 37

Serre, Jean-Pierre 61, 176, 323
SGML (Standard Generalized Markup Language) 238
Shanghai 146f.
Shanghai Scientific and Technical Publishers 146, 157
Sharov, Juri P. 181
Sharpe 90f.
Shen Rengan 155
Shih Tsi-siang 147
Shikhmurdova, L. 191
Shokai, Yamada 138
Sidman, M. 358
Sidman, R. L. 358
Siebold, Franz von 118
Siebold, Philipp Franz von 137
Siegel, Carl Ludwig 141, 149, 323
Siegel, Lothar 266, 371
Siegle, Rudolf 13u, 14, 375u
Siekmann, Jörg 328
Siemens, München/Erlangen 11, 51, 269, 341f.
Siemens-Computeranlage 260
Siering, Hans-Joachim 268
Sierra, Enrique 205
Siever, Raymond 338
Siewert, Rüdiger 280, 287, 364
Signalfarben 230, 232
Silicon Valley 109, 326f.
Simon, W. 323
Singapur 160f., 364
Singh, L. B. 338
Skeletal Radiology 49f., 291u, 293
Skladnica Ksiegarska (polnische Importbuchhandlung) 197
Slichter, C. P. 164
Smirnov (Kardiologe) 188
Smiths Urologie 357
Sobin, Leslie H. 280
Société Internationale de Chirurgie, Orthopédie et de Traumatologie (SICOT) 276, 287
Société Internationale de Chirurgie (SIC) 275, 287
Söll, Kurt 244
Sokolow, Maurice 357
Solid-State Laser Engineering 334
Sonderdrucke 254
Song Jian 154, 160
SONY (Elektronikfirma) 251
Sophie-Charlotte-Straße 213
Soschka, Franz 6, 19, 230

Souci, S. W. 336
Sozialistische Länder, Umsatz 195
Spamer (Druckerei), Leipzig 20
Spanheimer, Hans 241
Spanien 204–206
Sparfeld, Renate 260
Special Book Acquisition Fund Department (SBAFD) 157f.
Spectrochimica Acta 17
Speiser, Andreas 198
Sperling, Margita 267
Spezialmonographien 278
Spezielle pathologische Anatomie 48, 303
Spiessl, Bernd 280
Spitznas, Manfred 309

SPRINGER

Familienname:
Springer, Bernhard 89
Springer, Brita 372u, 373u, 374u, 376u
Springer, Elisabet 69u
Springer, Ferdinand (1861–1965) 1–3, 7, 12f., 21f., 32, 52, 69–71, 75, 87f., 240, 316
Springer, Ferdinand (Jg. 1907) 16u
Springer, Fritz 71, 240, 268
Springer, Georg F. 13u, 16u, 32, 221, 312
Springer, Julius (1817–1877) 201f., 256, 378u, 383
Springer, Julius (1880–1968) 2, 3u, 9, 36, 42, 44, 71f., 370
Springer, Konrad Ferdinand 13u, 34, 40, 42, 74, 83, 87f., 175, 200, 202, 204, 221, 241, 315u, 338, 376u, 377

Betriebsstätten, Firmen:
Springer-Auslieferungsgesellschaft (SAG) 210, 219f., 272
Springer Books (India) Private Ltd. 165, 166u
Springer-EDV-Gesellschaft (SEG) 210, 272
Springer Hungarica Kiado Kft. 209
Springer Moskau 192
Springer-Produktionsgesellschaft (SPG) 210, 212f., 230, 272
Springer Publishing Company Limited (London 1948) 16

Springer-Verlag Berlin 1–7, 39, 40, 210–212
Springer-Verlag France 174–178, 360u
Springer-Verlag Freiburg 11
Springer-Verlag Göttingen 7–9, 26f., 56
Springer-Verlag Heidelberg 7, 22f., 40f., 213, 216–220
Springer-Verlag Hong Kong 162–164
Springer-Verlag Ibérica, Barcelona 207
Springer-Verlag London 169–174
Springer-Verlag Mailand 207f.
Springer-Verlag New York 70, 87–116, 362
Springer-Verlag Tokyo 132–135, 378u
Springer-Verlag Wien 12, 73f., 68, 220, 298

Buchserien:
Springer International Student Editions (SISE) 165u, 166
Springer Series in Chemical Physics 334
Springer Series in Computational Mathematics 321
Springer Series in Information Sciences 334
Springer Series in Optical Sciences 334
Springer Series in Solid-State Sciences 334
Springer Series in Statistics 321
Springer Series in Wood Sciences 314
Springer Tracts in Modern Physics 331u, 332
Springer Tracts in Natural Philosophy 57

Springer Publishing Company (New York, Bernhard Springer) 89
SPS (Scientific Publishing Services), Bangalore 236
Stacey's Booksellers 90
Staehelin, L. A. 313u
Staehelin, Rudolf 281
Stahleisen (Verlag), Düsseldorf 348
Stahlknecht, Peter 352

Standardlehrbuch 355
Starck, D. 315u, 316
Stark, Rudolf 243
Staub – Reinhaltung der Luft 347
Stechert & Hafner (Buchhandelsfirma), New York 90, 97, 103f.
Stehsatz 234
Stein, Karl 61, 150
Steinbüchel-Rheinwall, Chrysanth von 217, 220
Steinbüchel-Rheinwall, Rambald von 217
Steingrube, Lothar 244
Steinkopff, Dietrich (Verlag), Darmstadt 168f., 236
Steinkopff, J.F. (Verlag), Dresden 168
Steinkopff & Springer, Dresden 168
Steinkopff, Theodor 168
Steklov-Institut, Moskau 182, 321
Stephan, Karl 340
Stewart, Ian 320
Stich, Rudolf 23
Stiefel, Eduard 324
Stiftung Buchkunst 242
Stobbe, Alfred 351, 352u
Stockholmer Protokoll 181, 254f., 368
Stoll, Basil Arnold 173u
Stolp, Heinz 315u
Straatsma, Bradley R. 309
Straß, Fritz 49
Strategische Verlagsplanung 361–367
Stratton, Henry 90, 102
Straus, Erwin 78, 214
Streiks, New York 100
Strnad, Franz 49u, 50, 291
Structure and Bonding 336
Strümpell, Adolf 204
Strunz, Horst 328
Stubbe, Hans 34
Studentenbuchhandlungen, Schweiz 203
Studienreihe Informatik 324u, 325u
Studium Generale 23
Stukalin, B.I. 189
Stumpe, Rainer W. 337u, 338
Stürtz, Heinrich AG (Druckerei), Würzburg 10, 15, 18, 20, 231, 235, 239–242, 259

Stux, Gabriel 280
Südamerika 206f.
Südkorea 161
Sullivan & Cromwell (Anwaltsfirma) 90f.
Sunder-Plassmann, Ludger 280
Sundmacher, Rainer 309
Super-8-Filme 251
Surgery Today 133, 285, 364
Surgical and Radiologic Anatomy 178
Surveys on Mathematics for Industry 320
Syrucek, L. 79
Szabó, István 340
Szentágothai, János 295
Szökefalvi-Nagy, B. 60

T

Taiwan 139, 160f., 364
Takens, F. 319
Tanagho, Emil A. 357
Tang Zhao-you 151, 160
Tarifvereinbarungen 271
Tarnow, Jörg 280
Taschenbücher Allgemeinmedizin 284
Tata Institute Lectures in Mathematics and Physics 166
Tata Institute of Fundamental Research, Bombay 166
Tayama, Honan 127
Taylor Carlisle Bookstore 90
Taylor, Robert B. 280
Technical Book Company, Los Angeles 90
Technik der Operativen Frakturenbehandlung 65
Technikprogramm 36f., 340–349
Technique of Internal Fixation of Fractures 68
Technische Hochschule (ETH), Zürich 341
TELOS-Projekt 249, 327, 364
Ten Years of Springer New York 112
Tendero, Antonio 207, 228
Teng Weizao 153
Terry, Charles S. 122
Tesch, Jürgen 231, 304
Teuber, Hans-Lukas 112, 299, 300u, 301
Teubner, B.G. (Verlag), Leipzig und Stuttgart 21, 204, 316

Teusen, Gisela (später Delis; s. dort) 99
T$_E$X-Programm 237, 242, 323
Texts and Monographs in Computer Science 326u
Texts in Applied Mathematics 321
Thailand 161, 364
Tharandt (Ort bei Dresden) 52
Thein, Friedrich Ernst 240
Theodor, Hannelore 143
Theoretica Chimica Acta 337
Therapie innerer Krankheiten 283u
Thews, Gerhard 358
Thiekötter, Thomas 207, 224
Thiel, Manfred 23
Thieme-Verlag, Georg 171, 257
Thoma, Manfred 349
Thomas, P. 172
Thomson, Dick 280
Thomson Press (Druckerei), New Delhi 235
Thür, Hans-Peter 200, 375u
Thurau, Klaus 83u
Thurnwald, R. 301
Thuss, Joachim 246
Tiergartenstraße 17 217f., 220
Tietze, Ulrich 164, 345
Tillmans, Joseph 335
Timell, Tore E. 314, 348
Timoféeff-Ressovsky, Nikolai W. 33
Tinker, J. 280
Titelproduktion 30f. (Zeitschriften 1945/49), 105 (New York), 201 (Birkhäuser), 366 (Verlagsgruppe 1970/92), 367 (dto., nur Neuerscheinungen)
Tits, Jacques 61, 176
Today and Tomorrow's Book Agency, New Delhi 164
Todd, John 324
Tönnies, Wilhelm 45, 299
Tokyo Ensemble 218
Tomcsik, J. 79
Tongeren, Bart van 369u
Topics in Applied Physics 334
Topics in Current Chemistry 336
Toppan Printing Company Ltd. 122, 138
Tosho Printing Company Ltd. 122
Tovar, Jeanne F. 176f.
Trading with the Enemy Act of 1917 53, 100f.

Traditional British Market 164, 169
Travis, B.E. 238
Treatment of Burns 147
Trede, Michael 284
Trendelenburg, Friedrich 282
Trendelenburg, Paul 75u
Trendelenburg, Ulrich 78
Triangulo/Ernesto Reichmann (Buchhandlung), São Paulo 206
Triltsch, Konrad (Druckerei), Würzburg 20
Trogerstraße 56 10
Trüper, Hans G. 315u
Truesdell, Clifford 57, 329
Tscherne, Harald 285
Tschichold, Jan 200
Tsubaki, Takao 120
Tsukasa, Tadashi 118, 121
Typographie 229–231

U

UdSSR/GUS 179–196
Übersetzungen 133 (Japan), 134, 160 (China), 180, 195 (Rußland), 204–206 (Spanien)
Uehlinger, Erwin 28, 48f., 76, 110, 293, 301f.
Ulmer, Eugen 156, 255
Umsatz 96f. (New York), 103f., 107 (New York), 130 (Japan), 135 (EBS), 140 (China), 178 (Paris), 194 (UdSSR/GUS), 195 (Sozialistische Länder), 277 (Verlagsgruppe)
Umweltprobleme 239, 347
Undergraduate Texts in Mathematics 321
Unfallchirurg, Der 59, 285
Ungarn 195, 208f.
Unger-Soyka, Brigitte 377
United Publishers Services Ltd. 122
UNIVAC 270
Universal Bookstall (UBS) 164
Universal Copyright Convention (Welturheberrechtsabkommen, WUA) 99, 154, 180, 182
Universitäts-Gesellschaft Heidelberg 302u
Unsöld, Albrecht 330, 334

unterentwickelte Länder 254
Unternehmensstruktur 222
Unwin, Sir Stanley 87, 169
Urban & Schwarzenberg (Verlag), München 15
Urheber- und Verlagsrecht 227, 254
Urheberrechtssymposium, Heidelberg 256
Urheberrecht 154–156 (China), 179f. (UdSSR)
Urologe, Der 59
Urologic Radiology 50, 291u, 293
US Asiatic Company Ltd. (Verlag) 122f.

V

VAAP (Vsesojuznoje Agentstvo Po Avtorskim Pravam) 180f., 185, 194
Vahlteich, Johanna 9
Valentin, Fritz 58
Van Nostrand (Verlag) 60, 109, 123
Vanishing Animals 114
Varges, H. 301u
Vaughan, D. 357
Verdroß, Alfred 38
Verein Deutscher Eisenhüttenleute (VdEh) 348
Verein deutscher Ingenieure (VDI) 345
Verkauf/Vertrieb 222, 257–262
Verlag Chemie GmbH 15, 215 (Versandbuchhandlung)
Verlag für Wissenschaft, Technik und Industrie AG, Basel 202
Verlagsbüro 223, 228f.
Verlagsjubiläen 112 (New York), 116 (Indien)
Verlagsjubiläum 282u (Springer 1967), 372–378 (Springer 1992)
Verlagslizenz 3–5, 10
Verlagsprogramm, internationales 273–276
Verlagssignet 12u (Wien), 102f. (New York), 168 (Steinkopff), 200 (Birkhäuser)
Verlegerkongreß, Internationaler
Amsterdam (1968) 368
Kyoto/Tokyo (1976) 137, 254
New Delhi (1992) 167
Paris (1972) 175

Verständliche Wissenschaft 61, 62u
Vertreter 264
Vertrieb 213, 257, 259–261
Vertriebswerbung 260
Verzeichnis lieferbarer Bücher (VLB) 259
Victor, Hans R. 349u
Videothek-Programm GmbH, Wiesbaden 251
Vieten, Heinz 49, 291
Vieweg, Richard 35
Vila, Josep Fornési 205
Viniti (Verlag), Moskau 183, 321
Vinogradov, I.M. 183, 189
Virchow, Rudolf 301f.
Virchows Archiv 48, 171, 302
Visokay, Charles 111
Völcker, Hans Eberhard 310
Vogel, Erich (Kommissionsbuchhandlung), Bielefeld 218f.
Vogel, F.C.W. (Verlag), Leipzig 204, 285, 293, 354
Vogel, Friedrich 309
Vogel, Helmut 63
Vogt, P.K. 79
Vogt-Moykopf, Ingolf 280
Voigt, H.H. 344
Voigt, Hans J. 340
Voss, Christa 271

W

Wachsmuth, Werner 35, 47, 288
Wackenheim, Auguste 293
Währungsreform 14, 18
Waelsch, H. 296
Waerden, Bartel L. van der 34
Wagner, Gustav 280
Wagner, Heinz 285, 290
Waiwen Shudian 139
Waldt, D.C. 238
Walter, W. 322
Walther, Alwin 324
Wang Heng 155
Wang Guozhong 157
Wang Yuan 150
Warhol, Andy 114
Way, K. 342
Weber, Beate 376u, 377
Weber, Hermann 294
Wechselkursdifferenzen 203

Wedepohl, K. H. 51, 359
Wegner, Bernd 318
Weidenmüller, Hans A. 332
Weihrauch, Henry 46
Weil, André 61, 323
Weisleder, Monika 230
Weiß, Ludwig 230
Weiß, Rudolf 12u
Weizsäcker, Richard von 372, 373u, 374u
Weißbuch (New York) 87
Welch, Arnold D. 305
Weltkongreß der Bernoulli-Gesellschaft 190
Welturheberrechtsabkommen 99, 154 (China), 180 (UdSSR)
Wende, S. 293
Wenger, Leopold 350
Werbeabteilung 40, 222, 257–262
Werbeagenturen 264
Werkstattstechnik 349
Werkstattstechnik und Maschinenbau 37
Werkstoff-Forschung und -Technik (WFT) 348
Werner-Verlag, Düsseldorf 204
Wertheimer, Max 300
Weschnajakova, V. F. 185, 188u
Wettstein, Fritz von 33, 62, 84
Weyl, Hermann 60u
Wickert, Erwin 159
Wieck, Hans-Georg 185
Wieczorek, Jürgen 177, 224, 359
Wieland, Theodor 54
Wielen, Roland 331
Wieling, Hans J. 350
Wiener Klinische Wochenschrift 12u
Wiener, Norbert 63
Wiesbadener Graphische Betriebe 20, 241
Wijn, H. P. 344
Wildbolz, Egon 46
Wiley, Bradford 369
Wiley, John (Verlag) 85, 256
Wilhelm, Reinhard 329
Wille, Rudolf 323
Willenegger, Hans 64
Willert, H.-G. 285
Williams, M. H. 172
Williams & Wilkins (Verlag) 110

Willich, E. 293
Wilson, Edward O. 313
Wilson, J. L. 338
Wilson, Robin 320
Wimbledon 170
Wimp, Jet 320
Winkelmann, Richard K. 306
Winkhardt, Claudia 263
Winkler, Günther 68u
Winkler, Hans 34
Winkler, Helmut G. F. 56, 57u, 338, 339u
Winterstein, H. J. 192
Wirth, C. 285
Wirth, Niklaus 326, 328
Wirtschaftswissenschaften (Programm) 351–353
Wissenschaftliche Information 216, 222, 259f.
Wissenschaftliche Kommunikation (WIKOM) 169, 262–264
Wissenschaftsverlage (amerikanische, englische, niederländische) 85
Wissler, Bob 303
Wittenberger, Walter 38
Wittmann, H. G. 312
Wössner, Hans 327
Wolf, Hans C. 334
Wolf, Klaus 307
Wolff, Helmut H. 280, 306
Wolff, Klaus 247
Wolff, Willi 6, 258
Wolfram's Fachverlag 204
Wong, John 163
Wood Science and Technology 348
World Journal of Surgery 275, 287
wt Produktion und Management 349
wt – Werkstattstechnik 266
Wu Wen-Jun 152u
Wu Ying K'ai 151
Wu Zhongbi 144
Würfel, Armin 20, 234, 241
Württembergische Graphische Kunstanstalt Gustav Dreher, Stuttgart 239, 243f.
Wuhan, medizinische Universität 143–146
Wulf, Karl-Heinrich 308
Wuppermann, Thomas 280
Wylde, Allan M. 110, 327, 364
Wyllie, Peter J. 112

X

Xu Banxing 141
Xu Manshen 140, 149

Y

Yakunin, N. A. 191
Yamakawa 123
Yang Chih-chun 147, 151
Yang Dong-yue 146
Yang Jah 155
Yang, James T. S. 147–149, 163
Yazawa, Shizuko 123, 125f.
Yoshida, Tomizo 120
Yosida, Kosaku 121
Young, Arthur 91, 131
Yu Jingyuan 154
Yu Qiang 141
Yu Zhong-jia 160
Yuan Cheng-Yu 139

Z

Zakharov, Alexander G. 183, 186, 189–192, 193u, 195
Zander, Josef 110, 279, 308
Zavala, Donald C. 280
Zechmeister, Lâszló 37, 78
Zeitler, Eberhard 293
Zeitlin & Verbrügge (Buchhandlung), Los Angeles 90
Zeitschrift für Anatomie und Entwicklungsgeschichte 4, 299
Zeitschrift für Angewandte Physik 4, 35
Zeitschrift für Astrophysik 330f.
Zeitschrift für Hygiene und Infektionskrankheiten 79
Zeitschrift für Induktive Abstammungs- und Vererbungslehre 33f., 275
Zeitschrift für Kardiologie 168
Zeitschrift für Lärmbekämpfung 347
Zeitschrift für Lebensmittel-Untersuchung und -Forschung 337
Zeitschrift für Morphologie der Tiere 311
Zeitschrift für Morphologie und Ökologie der Tiere 83, 311
Zeitschrift für Neurologie 298

Zeitschrift für Physik (A, B, C und D) 329, 332f.
Zeitschrift für Vererbungslehre 33
Zeitschrift für vergleichende Physiologie 4, 61, 311
Zeitschrift für Zellen- und Gewebslehre 298
Zeitschriften 29–36
Zeitschriften, internationale 274–276
Zeitschriftensubskriptionen (USA) 101
Zenker, Rudolf 46, 287

Zentralblätter 245, 247
Zentralblatt (Hauszeitschrift) 223
Zentralblatt der Medizin 7, 22
Zentralblatt für Hals-, Nasen- und Ohrenheilkunde 309u
Zentralblatt für Mathematik und ihre Grenzgebiete 22, 245, 317
Zerres, Thomas 350
ZFW – Zeitschrift für Flugwissenschaften und Weltraumforschung 347

Zhang Wei 142
Ziedses des Plantes, B.G. 293
Ziegler, Hubert 312
Zimbardo, Philip G. 357
Zimmermann, M.H. 314
Zobten (Niederschlesien) 52
Zöllner, Nepomuk 32, 280
Züchter, Der 4, 34
Zülch, Klaus-Joachim 45, 293
Zuppinger, Adolf 48, 49u, 50, 291
Zutt, Jörg 3

BILDQUELLENNACHWEIS

Für die Abbildungsvorlagen (Bildnummern in Klammern) danken Autor und Verlag den nachstehend genannten Personen, Firmen und Institutionen:

Bad Krozingen: Daniela-Maria Brandt (76).

Basel: Werner Blaser (246). – V.+R. Jeck (243).

Berlin: Ludwig Binder (151). – Harry Croner (27). – Fritz Eschen (40). Marianne Fleitmann (534, 536–538). – Foto Baumgartner (258). – Foto Kirsch (312). – Foto-Klebbe (87). – Foto-Dienst Leppin (73). – Traute Hildebrandt (304). – G. Hübner (308). – Heinz O. Jurisch (25, 26, 255, 309). – Stefan Kresin (165). – Rainer Schwesig (252, 270). – Technische Universität, Universitätsbibliothek (491). – Horst Urbschat (489). – Dieter Wurster (Frontispiz).

Bern: Fotolabor Inselspital (93).

Beuerbach: Ibab Kunkel (450).

Davos Platz: Foto B. Rustmeier (127).

Düsseldorf: Foto-Studio Faber (91).

Frankfurt am Main: Beilstein-Institut (99, 100). – Gesellschaft Deutscher Chemiker (Archiv) (41). – H. Boris Kerber (85). – Messe Frankfurt/Stettin (295).

Göttingen: Foto-Blankhorn (121).

Heidelberg: Foto-Borchard (275, 302, 443, 476, 516). – Foto-Gärtner (278). – Foto Sauer (272). – Otto Haxel (457). – Ingeborg Klinger (550). – Franziska Krisch (230, 311). – Lossen-Foto (8 [freigegeben RPKA C Nr. 10/5900A]; 260). – Angelika Meiß (261). – Meyer Fotografie (442). – Dagmar Welker (541, 543–547). – Dieter Wölfel (292).

Junkersdorf b. Köln: Photo Hildegard Lotz (337).

Köln: Foto Scharkowski (511). – Erika Kaufmann (384). – Dr. Dr. Herbert Mück (532).

Langen: Dr. R. Strnad (92).

Mannheim: F. A. Brockhaus (2; aus: Brockhaus Enzyklopädie, Bd. 2, 1967, Ausschnitt aus farbigem Stadtplan Berlin XVIII/XIX nach S. 400).

Müllheim: Foto Studio Thoma (274).

München: Dermatologische Klinik und Poliklinik der Ludwig-Maximilians-Universität, Prof. Dr. G. Plewig (Archiv) (379). – Irmingard Grashey-Straub (46, Tuschpinselzeichnung). – Ernst-Habbo Hampe (83). – Foto-Studio Plaschka (356). – KES (373). – Medizinische Klinik

Innenstadt der Universität München, Prof. Dr. E. Buchborn (35). – Porträt-Studio Meinen (330, 380). – Frauke Sinjen (144). – Studio Sexauer (277). – Ruth Weiß (11). – Hilde Zemann (323).

New York: Bo Parker Photo (152; nach Farbfoto aus: Flatiron. A photographic history of the world's first steel frame skyscraper 1901–1990, photographs and commentary collected by Peter Gwillim Kreitler, The American Institute of Architects Press, Washington/DC 1992). – New York University, L. Pellettieri Photo (158). – Star Black (146, 428). – Hilde Zemann (323).

Paris: E. Boubat »Agence TOP« (116).

Princeton/NJ: Institute for Advanced Study, Rachel D. Gray (414).

Reinach/Schweiz: Prof. Dr. M. Allgöwer (127).

San Diego/CA: Zoological Society of San Diego, Photo Ron Garrison (89).

Schaffhausen: Rolf Wessendorf (247).

Stuttgart: Gustav Dreher Württemb. graphische Kunstanstalt GmbH (287). – Franziska Krisch (230, 311).

Tübingen: Pathologisches Institut der Universität Tübingen, Prof. Dr. B. Bültmann (77).

Wien: Photo Simonis (16, 17). – Foto Winkler (18).

Wiesbaden – Mainz – Limburg: Studio Besier (529).

Worms: Foto-Bender (69).

Würzburg: Foto de Selliers (28). – Foto Studio Gundermann GmbH (284, 285). – Wolfram F. Joos (267). – Universitätsdruckerei H. Stürtz AG (283, 286).

Wuppertal: Ingrid von Kruse (55, 360).

Ohne Ortsangabe: Foto Swiridoff (30). – Ulrich Zillmann (493).

Weiterhin wurden Fotos ohne Urhebernachweis von Autoren und Mitarbeitern oder von deren Angehörigen zur Verfügung gestellt. Zahlreiche weitere Fotos stammen aus den Verlagsarchiven und vom Verfasser. – Die Maßverhältnisse der Titelblätter, Einbände und Umschläge (alle aus dem Verlagsarchiv) mußten den räumlichen Gegebenheiten angepaßt werden.

HINWEISE ZUR HERSTELLUNG

Satz: Die Texterfassung erfolgte im Verlag. Die Datenkonvertierung, Belichtung und den Umbruch übernahm die Firma Satz- und Reprotechnik GmbH, Hemsbach/Bergstraße

Druck und Bindearbeiten: Universitätsdruckerei H. Stürtz AG, Würzburg

Reproduktionen: Gustav Dreher, Württemb. graphische Kunstanstalt GmbH, Stuttgart und Schneider-Repro GmbH, Heidelberg

Papier: Calypso elfenbein, 135 g/qm (holzfrei einfach mattgestrichen), von Arjomari, Frankreich, lieferte die Feinpapier-Großhandlung Hartmann & Flinsch GmbH, Bereich Verlage, München

Einbandmaterial: Buckram 255 mit Griffschutz von Vereinigte Göppinger-Bamberger Kaliko GmbH, Bamberg. – Siebdruck: Löw Siebdruck GmbH, Stuttgart

Schutzumschlag: Phoenix Imperial originalgestrichen holzfrei Kunstdruck, 135 g/qm (halbmatt naturweiß chlorfrei), der Papierfabrik Scheufelen GmbH & Co. KG, Lenningen. – Glanzfolienkaschierung: W. Achilles GmbH & Co. KG, Flörsheim

Der Verlag dankt den obengenannten Firmen für ihr besonderes Engagement.

Einband- und Schutzumschlaggestaltung: Erich Kirchner, Heidelberg
Hersteller: Karl-Friedrich Koch, Heidelberg

Der Springer-Verlag

Katalog seiner Veröffentlichungen
1842–1945

Bearbeitet von Hans-Dietrich Kaiser und Wilhelm Buchge
Herausgegeben von Heinz Sarkowski
XXIV, 594 Seiten. Leinen. ISBN 3-540-55222-7

Dieser nach über zehnjähriger Vorbereitungszeit fertiggestellte Katalog erfaßt alle Bücher und Zeitschriften, die der Springer-Verlag seit seiner Gründung 1842 bis zum Jahre 1945 veröffentlicht hat. Die Buchtitel sind zunächst nach Inhaberperioden (1842–1877; 1878–1906; 1907–1945) und dann alphabetisch nach Fachgebieten geordnet. Insgesamt sind über 10 000 Titel sowie deren Nachdrucke ausgewiesen. Durch diese Gliederung des Titelmaterials wird die Entwicklung der naturwissenschaftlichen, technischen und medizinischen Forschung und deren zunehmende Verästelung in einhundert Jahren eindrucksvoll dokumentiert. Man erkennt auch die verlegerische Initiative, die sichtbar wird in der Gewinnung qualifizierter, häufig erst am Anfang ihrer wissenschaftlichen Karriere stehender Autoren und Herausgeber. Es begegnen uns aber nicht nur viele weltbekannte Autoren der exakten und der angewandten Naturwissenschaften. Auch die Ansätze für den Aufbau eines Philosophie- und Psychologieprogrammes in den 20er Jahren werden sichtbar. Diese Entwicklung wurde dann im Jahre 1933 jäh abgebrochen, als der Verlag sich konsequent von Arbeitsgebieten zurückzog, die unweigerlich zu Konflikten mit den neuen Machthabern geführt hätten.

Der Zeitschriftenteil mit 286 Titeln ist alphabetisch geordnet und weist sowohl die Erscheinungszeit als auch alle Herausgeber mit der Dauer ihrer Tätigkeit nach. – Register der Namen, Sachtitel, Korporationen und Verlage, die insgesamt oder mit Teilen ihrer Produktion übernommen wurden, schließen den Band ab. Der historische Springer-Katalog wird als Nachschlagewerk und als Dokumentation der Arbeit des Verlags in den ersten hundert Jahren seiner Geschichte für Bibliothekare, Antiquare und Wissenschaftshistoriker von besonderem Interesse sein.

Springer-Verlag
Berlin Heidelberg New York
London Paris Tokyo
Hong Kong Barcelona
Budapest

Der Springer-Verlag

Katalog seiner Zeitschriften
1843–1992

Bearbeitet von Wilhelm Buchge
XIX, 161 Seiten. Leinen. ISBN 3-540-56270-2

Dieser Katalog weist alle seit 1843 im Springer-Verlag bis zum 30. April 1992 erschienenen Zeitschriften einschließlich der aus anderen Verlagen übernommenen Titel nach.

Die Titelaufnahmen sind alphabetisch geordnet und beinhalten den Lebenslauf der betr. Zeitschrift mit ihren Beziehungen zu anderen Zeitschriften, auch wenn es sich um verlagsfremde Titel handelt, sowie alle Herausgeber mit der Dauer ihrer jeweiligen Tätigkeit. Ferner sind die Titel entsprechend dem Jahr ihres Erscheinens und schließlich auch nach Fachgebieten geordnet. Register der Herausgeber und der wissenschaftlichen Vereinigungen, die an der Herausgabe beteiligt waren bzw. sind, beschließen den Band.

Der Katalog ergänzt das 1992 anläßlich des 150. Jahrestags der Verlagsgründung erschienene Werk ›Der Springer-Verlag. Katalog seiner Veröffentlichungen 1842–1945‹, in dem neben den Büchern auch die bis 1945 erschienenen Zeitschriften nachgewiesen sind (XXIV und 594 Seiten, ISBN 3-540-55222-7). Die gesonderte Herausgabe eines Katalogs sämtlicher bis 1992 erschienener Zeitschriften ist in ihrer zentralen Bedeutung für den Verlag begründet, dessen Rückgrat sie seit über hundert Jahren ideell und materiell darstellen.

Sämtliche Bücher und Zeitschriften können auch auf einer CD-ROM recherchiert werden. Wer dieses Medium kennt, weiß, daß der Zugriff einfach und rasch ist und viele Verknüpfungsmöglichkeiten zuläßt. Neben den aktuell lieferbaren Titeln enthält die CD-ROM auch alle inzwischen vergriffenen Veröffentlichungen seit dem Jahr der Verlagsgründung. Die CD-ROM-Ausgabe wird in kürzeren Zeitabständen aktualisiert.

Springer-Verlag
Berlin Heidelberg New York
London Paris Tokyo
Hong Kong Barcelona
Budapest

GPSR Compliance

The European Union's (EU) General Product Safety Regulation (GPSR) is a set of rules that requires consumer products to be safe and our obligations to ensure this.

If you have any concerns about our products, you can contact us on

ProductSafety@springernature.com

In case Publisher is established outside the EU, the EU authorized representative is:

Springer Nature Customer Service Center GmbH
Europaplatz 3
69115 Heidelberg, Germany